画法几何及工程制图

（第三版）

主　编　王　玲
副主编　许淑慧　李辛沫
参　编　马国刚　郑觉清
　　　　周俊荣　陈敏华
主　审　温文炯

华南理工大学出版社
·广州·

内 容 简 介

本书是参编教师多年教学经验的总结。内容包括：绪论、计算机绘图、制图基本知识、投影法基本知识、立体的投影、轴测投影、组合体、机件的常用表达方法、标准件和常用件、零件图、装配图、计算机绘图及附录。与之配套出版的有《画法几何及工程制图习题集》和 CAI 课件。

本书引用了如 GB/T1182—2008、GB/T131—2006 技术制图等最新国家制图标准，可作为高等学校非机械类和非土木类各工科专业教材使用，也可供其他专业师生和技术人员参考。

图书在版编目（CIP）数据

画法几何及工程制图/王玲主编 . —3 版 . —广州：华南理工大学出版社，2010. 9（2019. 9 重印）

ISBN 978 - 7 - 5623 - 2870 - 4

Ⅰ. 画⋯ Ⅱ. 王⋯ Ⅲ. ①画法几何-高等学校-教材 ②工程制图-高等学校-教材 Ⅳ. TB23

中国版本图书馆 CIP 数据核字（2010）第 177205 号

总 发 行： 华南理工大学出版社（广州五山华南理工大学 17 号楼，邮编 510640）
营销部电话：020 - 22236378 87113487 22236378（传真）
E-mail：scutc13@scut. edu. cn http：//www. scutpress. com. cn

责任编辑： 詹志青

印 刷 者： 佛山市浩文彩色印刷有限公司

开 本： 787mm × 1092mm 1/16 **印张：** 35. 5 **字数：** 622 千

版 次： 2010 年 9 月第 3 版 2019 年 9 月第 18 次印刷

定 价： 49. 50 元（教材、习题集）

第三版前言

本书第一版自2001年面世以来，被多所院校选作教材，普遍反映此书比较适合非机类工科专业教学。由于内容上有一定的宽广度，还有部分机类工科专业教学也选用了本教材。本次修订主要针对近年来国家颁布的一些新标准，对书中的旧标准用新标准进行了替换。具体修订内容如下：

1. 表面粗糙度的图样表达方法采用 GB/T 131—2006 的最新标准。
2. 几何公差的图样表达方法采用 GB/T 1182—2008 的最新标准。
3. 对书中个别差错和不足之处进行了更正与补充。
4. 对习题集也作了相应修改。

本书原主编温文炯老师对本书的编写做了大量工作，由于工作关系，温文炯老师承担本次修订主审工作，另外，原华南理工大学制图教研室副主任、原华南理工大学出版社副总编江厚祥全面细致地审阅了全书，提出许多宝贵意见和建议，在此一并表示衷心感谢。

《画法几何及工程制图》第三版即将出版，我们热忱欢迎用过本书的老师和同学们提出批评和指正。

编　者

2010年7月

前　言

“画法几何及工程制图”是高等学校工科各专业学生必修的一门技术基础课，绘制和阅读工程图样是工程技术人员必须掌握的一门技术，同时，掌握计算机绘图也已成为工程技术人员必须具备的技能之一。我们在多年的非机械类专业“画法几何及工程制图”的教学改革和实践过程中，深深地感到需要一本既适合于非机械类专业少学时教学，又能体现应用计算机绘图技术的教材。本书正是为此而编写的。

本书主要面向非机械类工科专业，按多学时的要求编写，在内容上有一定的宽广度；同时又特别考虑到便于不同专业和少学时教学对教材内容的取舍。在文字处理上力求做到少而精，减少了画法几何部分实际应用较少的内容，加强构形设计内容，目的是培养学生的空间想像能力和创造力。为了适应计算机辅助设计的需要，增加了较多的计算机绘图内容的介绍和训练。

本书选用了 AUTOCAD2000 绘图软件的部分内容，结合有关传统制图章节内容进行组织，为了方便查阅，将其独立编写为第十、十一和十二章；在相关章节末尾给出教学建议，组成了“画法几何及工程制图”新的教学体系。将介绍绘图软件的应用、投影制图、制图基础及工程制图部分有机地结合为一体，同时计算机绘图又自成一个体系，这是本书的明显特色。

本书所选图例难度适中，有一定典型性和启发性，便于举一反三。在内容编排上注重遵循教学规律，循序渐进，深入浅出，通俗易懂。配套使用的习题集中的所有图形都应用计算机绘制。

本书采用了最新版的国家制图标准资料，如 GB/T17450－17453－1998 技术制图等。本书还采用和参考了其他一些标准和资料。在此谨向有关编著者表示谢意。

参加本书编写工作的学校有：五邑大学、广西工学院、西江大学和湛江海洋大学。参编人员如下：马国刚（第一、七章）、郑觉清（第二、四章）、王玲（第三章及计算机绘图部分内容）、许淑慧（第五章）、温文炯（第六章)、陈敏华（第八、九章)、李辛沫（计算机绘图部分内容)、周俊荣（计算机绘图部分内容)，温文炯任主编，许淑慧和周俊荣为副主编。

全书由华南理工大学何方文教授主审。五邑大学熊焕庭教授和谢雪薇副教授也为本书的编写做了不少工作。谨此致谢。

由于我们水平所限，书中肯定存在许多缺点和错误，欢迎读者批评指正。

编　者

2001 年 3 月

目　录

绪　论

一、本课程的研究对象

各类机器、设备、仪器以及家用电器等一般都是先由技术人员设计，绘制成工程图样，然后再用其指导生产，从而保证了设计和生产的顺利进行，因此工程图样是工业生产中的重要技术资料。人们还通过工程图样传递彼此的设计思想，进行技术交流，相互学习，因此工程图样又被称为工程界的共同技术语言。每个工程技术人员都必须会绘制和阅读工程图样。“画法几何及工程制图”正是为此而开设的，是高等学校工科专业学生必修的一门技术基础课。

《画法几何及工程制图》主要研究绘制和阅读工程图样的原理和方法，解决如何用二维平面图形表达空间的三维形体，并使所绘制的图形符合国家标准。其内容主要包括：计算机绘图、画法几何、制图基础和机械制图四部分。

二、本课程的主要任务

学生学习本课程的主要任务是：

（1）学习和掌握正投影的基本理论及其应用，培养空间想像能力和空间分析能力。

（2）培养绘制和阅读机械图样的基本能力。

（3）培养徒手绘制草图和计算机绘图的技能。

（4）贯彻工程制图国家标准。

（5）培养严谨细致的工作作风。

三、本课程的学习方法

本课程是一门既有系统理论又有很强的实践性的技术基础课程。因此，应该重视基础理论的学习，掌握画法几何投影理论和基本作图方法。同时，又要理论联系实际，加强实践训练，在掌握基本概念的基础上认真完成作业。通过不断地练习绘图和读图，逐步提高空间想像能力和空间分析能力，提高对三维形体的表达能力和对二维平面图形的构形能力。

工程图样既是工程界的共同技术语言，因此大家就必须遵守其中的“语法规则”，这主要是遵守机械制图国家标准的有关规定。

俗语说：熟能生巧。加强徒手绘图和计算机绘图的训练，无疑是提高绘图技能的最直接方法。

总之，理论联系实际，勤学苦练，严格要求，就一定能把本课程学好。

第一章　制图基本知识

本章介绍画图的基本知识和技能，主要内容有：国家标准《技术制图》与《机械制图》的一些规定，绘图工具的使用方法，几何作图，平面图形的线段和尺寸分析等。

第一节　国家标准《技术制图》与《机械制图》的一些规定

图样是工程界共同的技术“语言”，有必要对图样的画法和尺寸注法等作统一的规定。国家标准《技术制图》与《机械制图》正是为此而制定的。工程技术人员必须严格遵守这些规定，才能有效地进行技术交流。本节仅介绍其中一部分内容，其余将在以后各章节分别介绍。

一、图纸幅面和格式（GB/T14689—1993）

（一）图纸幅面

图纸幅面是指绘制图样时，采用纸张的大小。绘制图样时，应优先采用表 1－1 中规定的幅面尺寸；必要时也允许加长幅面，但加长幅面尺寸必须是由基本幅面的短边成整数倍增加后得出。

表 1－1　图纸幅面尺寸

幅画代号	A0	A1	A2	A3	A4
$B \times L$	841×1189	594×841	420×594	297×420	210×297
a	25				
c	10			5	
e	20		10		

（二）图幅格式

需要装订的图样，其图幅格式如图 1－1 所示。装订时，一般采用 A4 幅面竖装或 A3 幅面横装。不留装订边的图样，其图幅格式如图 1－2 所示。

图纸幅面的其他规定可参阅国家标准的有关标准。

（三）标题栏

在图纸的右下角应画出标题栏（见图 1－1 和图 1－2）。标题栏的格式已由国家标准（GB/T10609. 1—1989）规定，可参考图 1－3 绘制。在学校的制图作业中，建议采用图 1－4所示的格式和尺寸。

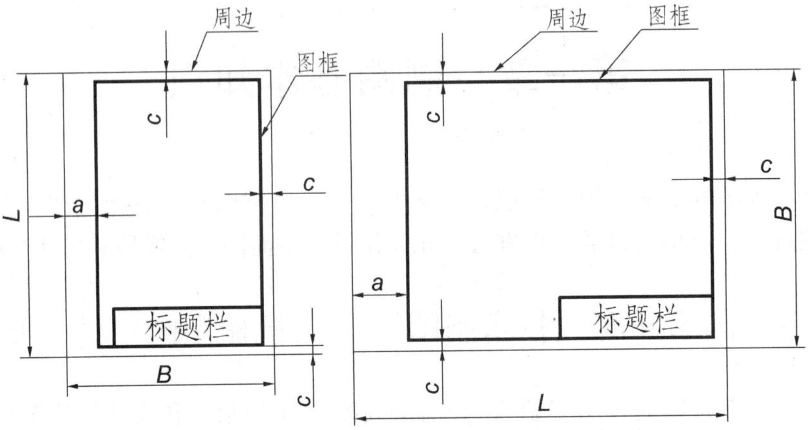

图 1－1　留装订边的图幅格式

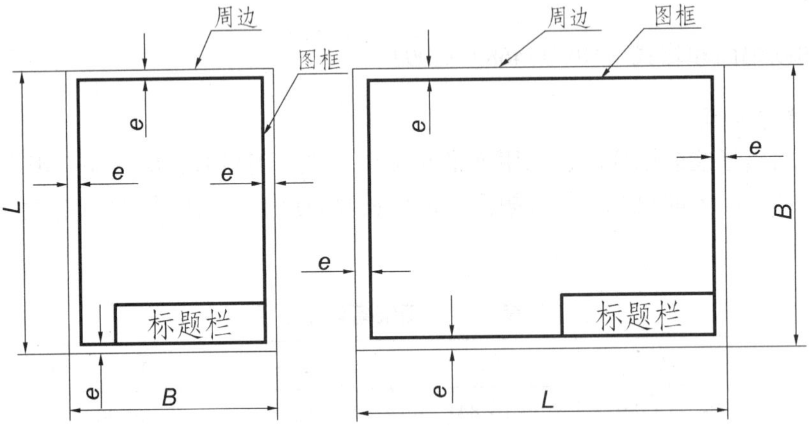

图 1－2　不留装订边的图幅格式

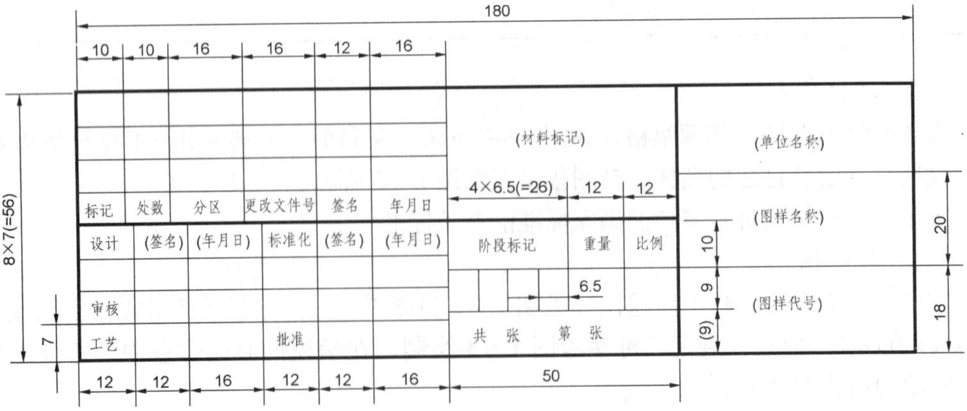

图 1－3　标题栏（GB/T10609. 1—1989）

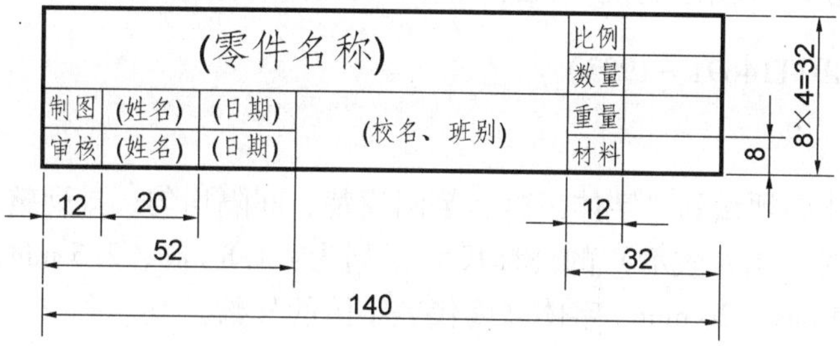

图 1－4　学校用标题栏格式

二、比例（GB/T14690 —1993）

比例是图样中图形与其实际相应要素的线性尺寸之比。图样中采用的比例一般应符合表 1－2 的规定，必要时也可采用表 1－3 中的比例。同一机件的各个视图一般采用相同的比例，并尽可能选取原值比例（1:1）。根据机件大小和复杂程度也可采用放大或缩小的比例。

表 1－2　优先选用的比例

种　类	比　例		
原值比例	1:1		
放大比例	5:1 5×10^n:1	2:1 2×10^n:1	1×10^n:1
缩小比例	1:2 1:2×10^n	1:5 1:5×10^n	1:10 1:10×10^n

表 1－3　允许选用的比例

种　类	比　例				
放大比例	4:1 4×10^n:1		2.5:1 2.5×10^n:1		
缩小比例	1:1.5 1:1.5×10^n	1:2.5 1:2.5×10^n	1:3 1:3×10^n	1:4 1:4×10^n	1:6 1:6×10^n

不论采用何种比例，图样中标注的尺寸必须是机件的实际尺寸，与图样的准确程度、

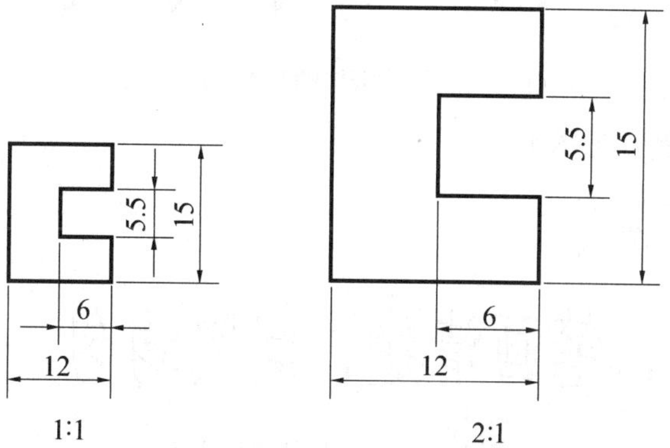

图 1－5　同一机件不同比例作图

比例大小无关。图 1 - 5 所示为同一机件采用不同比例所画出的图形。

三、字体（GB/T14691—1993）

（一）基本要求

（1）书写字体必须做到：字体工整、笔画清楚、间隔均匀、排列整齐。

（2）字体高度（用 h 表示）的公称尺寸系列为：1.8 mm，2.5 mm，3.5 mm，5 mm，7 mm，10 mm，14 mm，20 mm。字体高度代表字体的号数。

（3）汉字应写成长仿宋体字，并应采用中华人民共和国国务院正式公布推行的《汉字简化方案》中规定的简化字。汉字的高度 h 不应小于 3.5 mm，字宽约为字高的 2/3。

（4）字母和数字分 A 型和 B 型。A 型字体的笔画宽度（d）为字高（h）的十四分之一；B 型字体的笔画宽度（d）为字高（h）的十分之一。在同一图样上，只允许选用一种形式的字体。

（二）字体示范

1. 汉字

除单体字外，汉字的字形结构一般由上、下或左、右几部分组成。为了匀称，书写时应恰当分配各部分的比例，如图 1 - 6 所示。在不同的字中，相同的部首可占不同的比例。

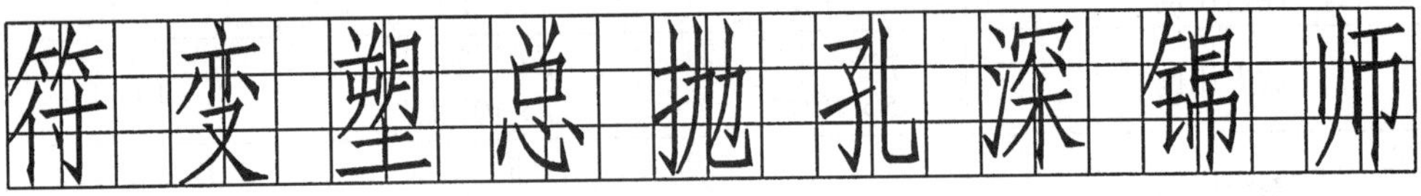

图 1 - 6　汉字的字形结构

长仿宋体的基本笔画为：点、横、竖、撇、捺、挑、钩、折等。其笔法参见图 1 - 7。

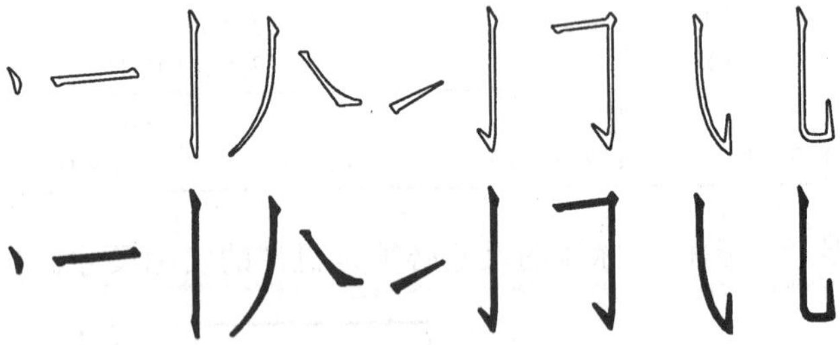

图 1 - 7　长仿宋体的基本笔画示例

长仿宋体汉字示例（见图 1 - 8）：

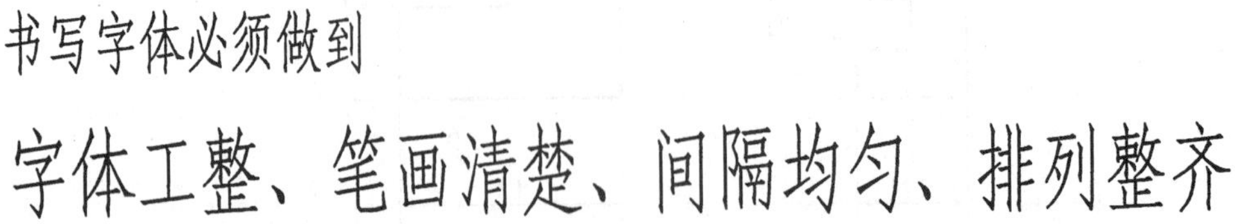

图 1 - 8　长仿宋体汉字示例

2. 数字和字母

数字分为阿拉伯数字和罗马数字两种，有直体和斜体、A 型字体和 B 型字体之分。一般采用斜体。其字头向右倾斜，与水平线约成 75°。当与汉字混合书写时，可采用直体。拉丁字母也有大写、小写和直体、斜体之分。图 1－9、图 1－10 和图 1－11 所示是数字和字母书写示例。

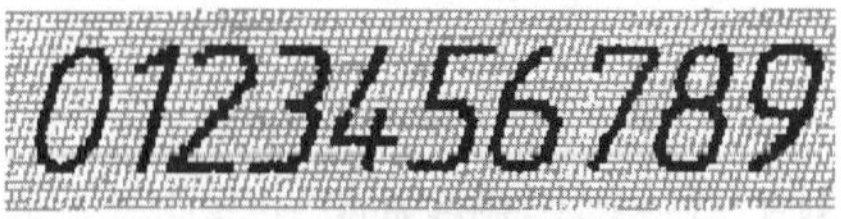

(a) A型 斜体

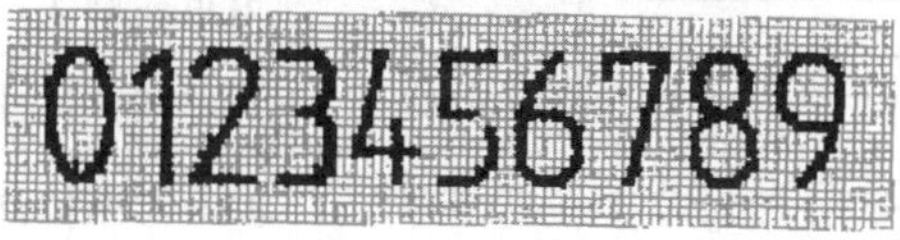

(b) A型　直体

图 1－9　阿拉伯数字书写

(a) A型 斜体

(b) A型　直体

图 1－10　罗马数字书写

图 1－11　拉丁字母书写

四、图线（GB/T4457.4—2002）

物体的形状在图样上是用各种不同的线段画成的。为了使图样清晰和便于读图，国家标准《技术制图》对图线作了规定。

（一）基本线型及应用

绘制图样时，应采用表1－4中规定的图线。各种图线的应用举例如图1－12所示。

表1－4　图线及应用

图线名称	图线型式	图线宽度	主要用途
粗实线	————	d	可见轮廓线
细实线	————	$d/2$	尺寸线，尺寸界线，剖面线，引出线
波浪线	～～～	$d/2$	断裂处的边界线，视图和剖视的分界线
双折线	—√—√—	$d/2$	断裂处的边界线
虚线	- - - - (1, 2~6)	$d/2$	不可见轮廓线
细点画线	—·—·— (15~30, 3)	$d/2$	轴线，对称中心线
粗点画线	—·—·—	d	有特殊要求的表面表示线
双点画线	—··—··— (15~20, 5)	$d/2$	假想投影轮廓线，中断线

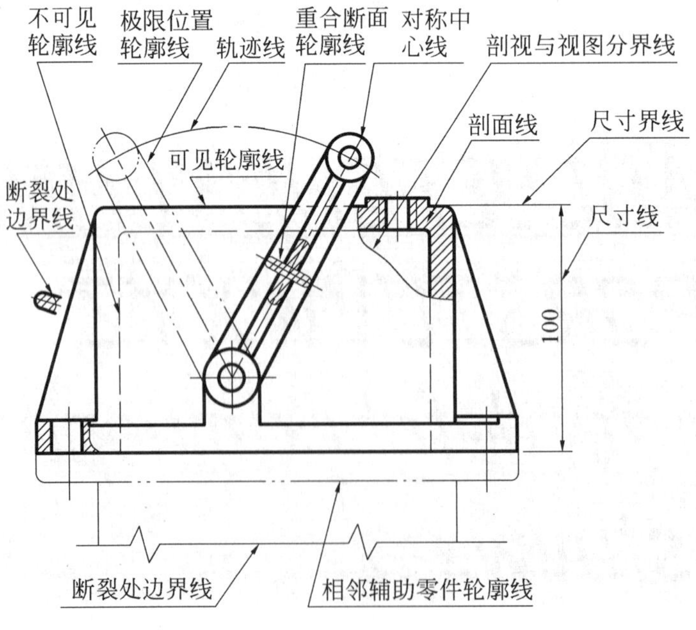

图1－12　图线的应用

（二）图线宽度

所有线型的图线宽度（d）应在下列数系中选择：0.13 mm，0.18 mm，0.25 mm，0.35 mm，0.5 mm，0.7 mm，1 mm，1.4 mm 和 2 mm。机械制图中粗线宽度 d 应在 0.5～2 mm之间选取，一般选用 0.5 mm 或 0.7 mm 较合适；而细线的宽度约为粗线宽度的 1/2。在同一图样中，同类图线的宽度应一致。

（三）图线的画法

（1）同一图样中同类图线的宽度应基本一致。虚线、点画线及双点画线的线段长度和间隔应各自大致相等。

（2）两条平行线之间的距离应不小于粗实线的两倍宽度，其最小距离不得小于 0.7 mm。

（3）绘制圆的对称中心线时，圆心应为线段的交点。点画线和双点画线的首末两端应是线段而不是短画。

（4）在较小的图形上绘制点画线或双点画线有困难时，可用细实线代替。

（5）两种图线重合时，只需画出其中的一种，其先后顺序为：可见轮廓线，不可见轮廓线，对称中心线，尺寸界线。

（6）为了保证图形清晰，各种图线相交、相连时的画法如图 1－13 所示，细点画线应超出轮廓线 2～5 mm；细点画线、虚线、粗实线彼此相交时，应交于线段处。

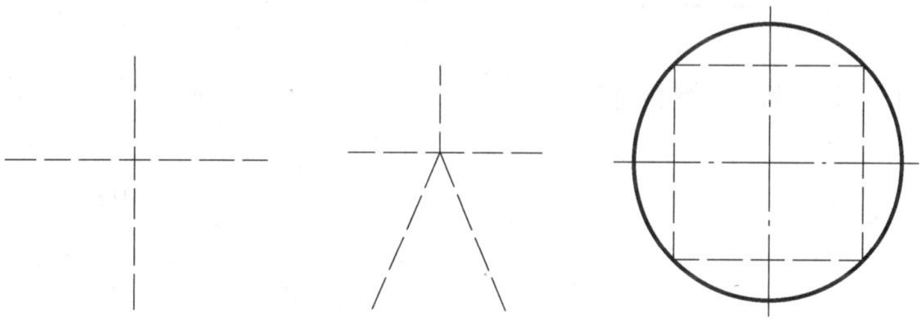

图 1－13　图线相交或连接时的画法

五、尺寸注法（GB4458.4 —1984）

图样中，图形只能表达物体的形状，不能确定它的真实大小，因此在图样上必须标注尺寸。标注尺寸是一项很重要的工作，应该严格遵守国家标准《机械制图》中有关尺寸标注方法的规定，保证尺寸正确而清晰。

（一）基本规则

（1）机件的真实大小应以图样上所注的尺寸数值为依据，与图形的大小及绘图的准确度无关。

（2）图样中（包括技术要求和其他说明）的尺寸，以毫米为单位时，不需标注计量单位的代号或名称；如采用其他单位，则必须注明相应的计量单位的代号或名称。

（3）图样中所标注的尺寸，为该图样所示机件的最后完工尺寸，否则应另加说明。

（4）机件的每一尺寸，一般只标注一次，并应标注在反映该结构最清晰的图形上。

（二）尺寸的组成

一个完整的尺寸应包括：尺寸数字、尺寸线和尺寸界线等基本要素。

1. 尺寸数字

线性尺寸的数字一般应注写在尺寸线的上方（见图 1－14），也允许注写在尺寸线的中断处。数字的方向，应按图 1－15 所示的方向注写，并尽可能避免在图示 30°范围内标注尺寸，当无法避免时可按图 1－16 的形式标注。

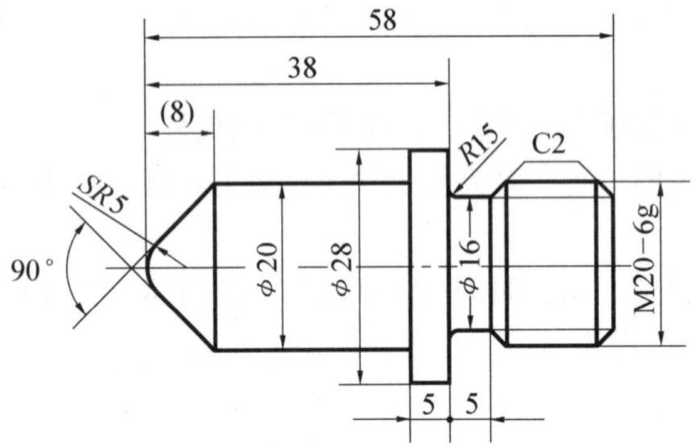

图 1－14　尺寸数字的注写

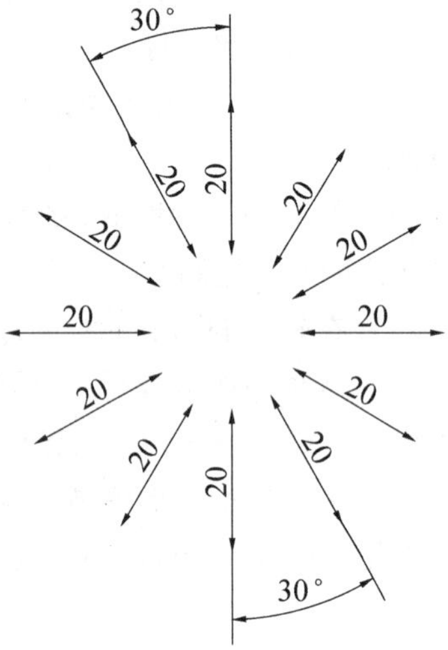

图 1－15　尺寸数字方向

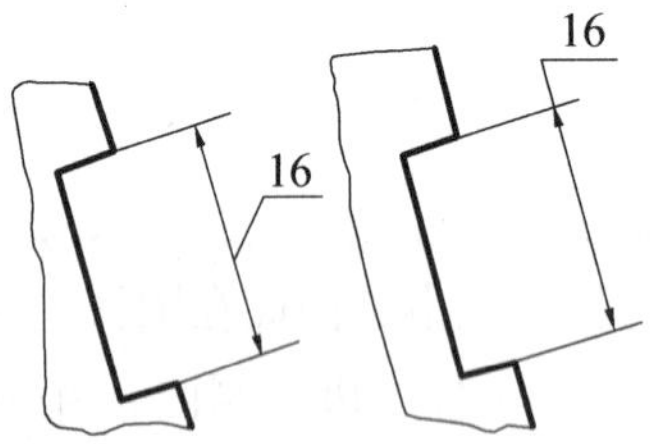

图 1－16　尺寸数字方向

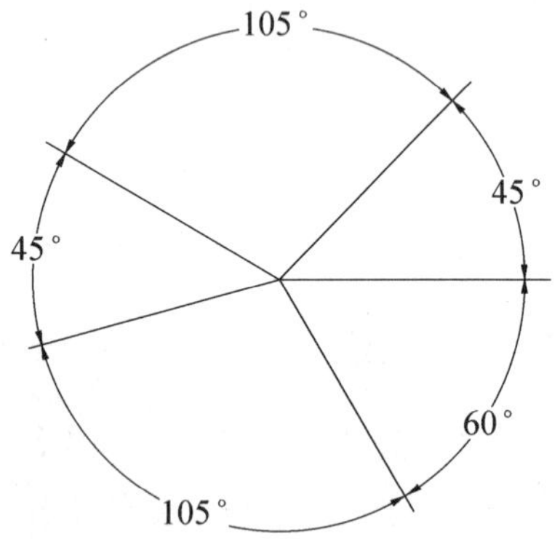

图 1－17　角度的注写

角度的数字一律写成水平方向，一般注写在尺寸线的中断处，必要时也可引出标注（见图 1－17）。尺寸数字不可被任何图线所通过，否则必须将该图线断开（见图 1－18）。

2. 尺寸线

尺寸线用细实线绘制。标注线性尺寸时，尺寸线必须与所标注的线段平行。尺寸线不能用其他图线代替，一般也不得与其他图线重合或画在其延长线上。其终端可以有箭头和斜线两种形式。箭头的形式如图 1－19a 所示，适用于各种类型的图样。斜线用细实线绘

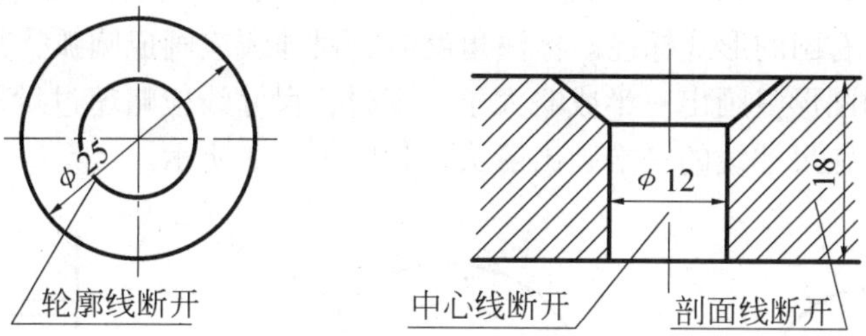

图 1－18　尺寸数字不可被任何图线所通过

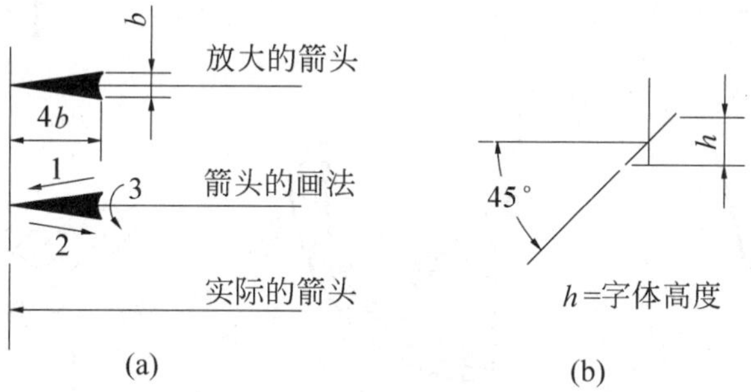

图 1－19　箭头和斜线画法

制，画法如图 1－19b。当尺寸线的终端采用斜线形式时，尺寸线与尺寸界线必须互相垂直。当尺寸线与尺寸界线相互垂直时，同一张图样中只能采用一种尺寸线终端的形式。在没有足够的位置画箭头或注写数字时，可按图 1－20 的形式标注。圆的直径和圆弧半径的尺寸线的终端应画成箭头，并按图 1－21 所示的方法标注。当圆弧的半径过大或在图纸范

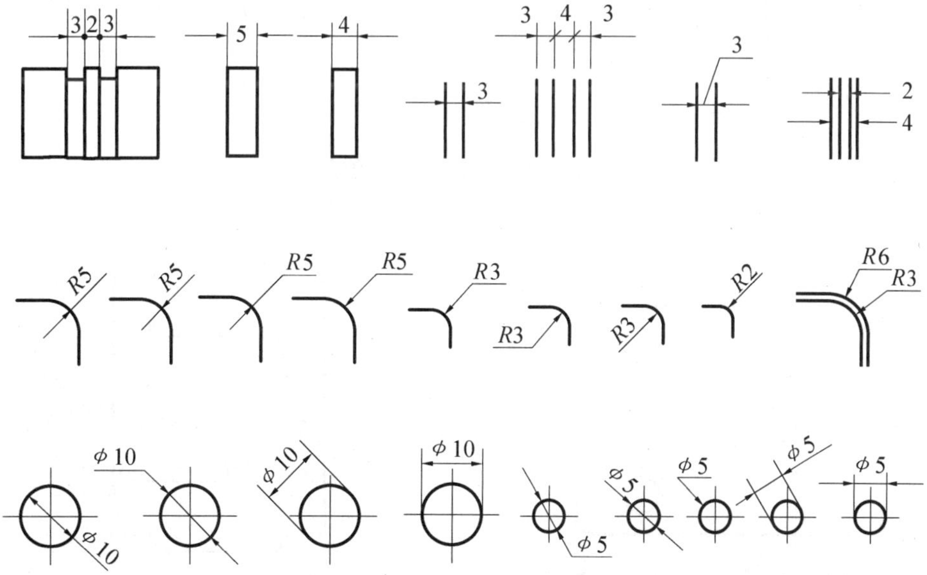

图 1－20　位置不够时的标注

围内无法标出其圆心位置时，可按图 1－22 左图的形式标注。若不需要标出其圆心位置时，可按图 1－22 右图的形式标注。标注角度时，尺寸线应画成圆弧，其圆心是该角的顶点。当对称机件的图形只画出一半或略大于一半时，尺寸线应略超过对称中心线或断裂处的边界线，此时仅在尺寸线的一端画出箭头，如图 1－23 所示。

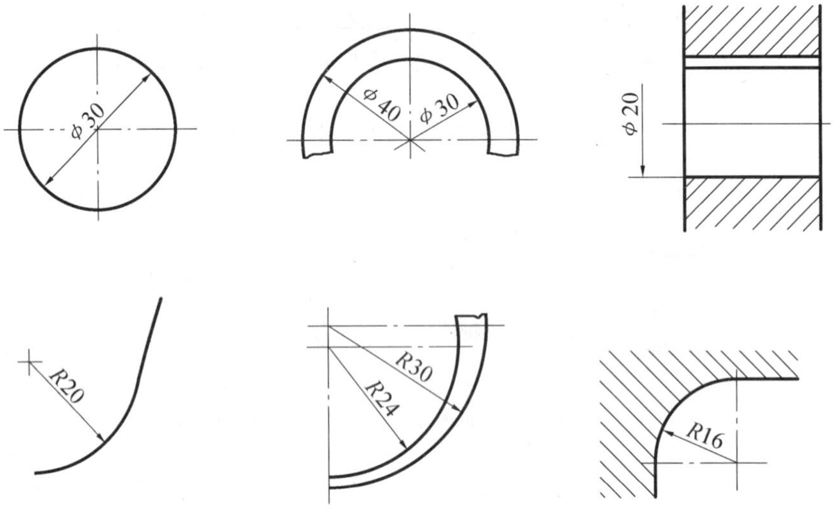

图 1－21　圆的直径和圆弧半径的标注（一）

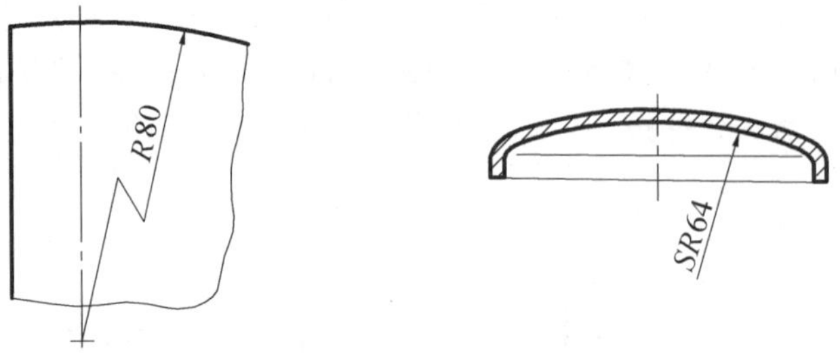

图 1－22　圆的直径和圆弧半径的标注（二）

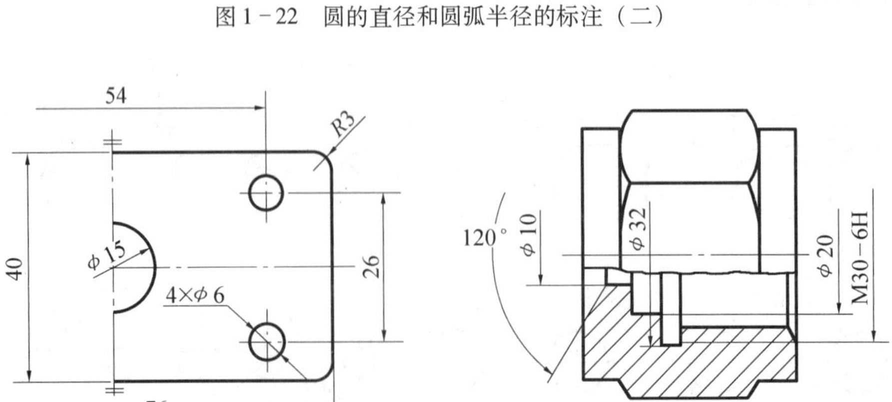

图 1－23　对称机件的标注

3. 尺寸界线

尺寸界线表示所注尺寸的范围界限。尺寸界线用细实线绘制，自图形轮廓线、轴线或对称中心线引出，也可借用这些线作尺寸界线（见图 1－23）。在特殊情况下也可画成倾斜的，但两条尺寸界线必须相互平行（见图 1－24）。

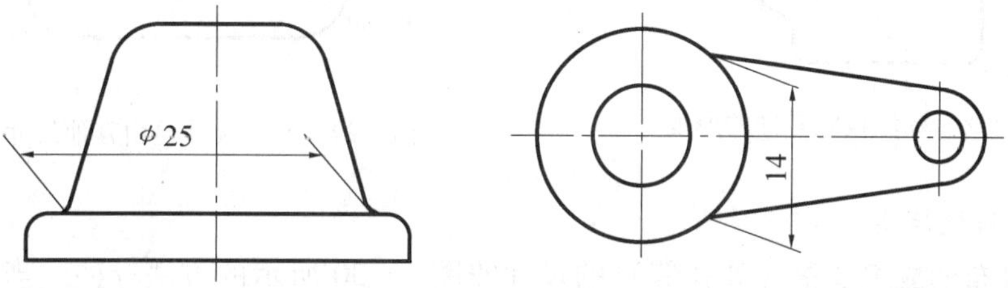

图 1－24　尺寸界线倾斜

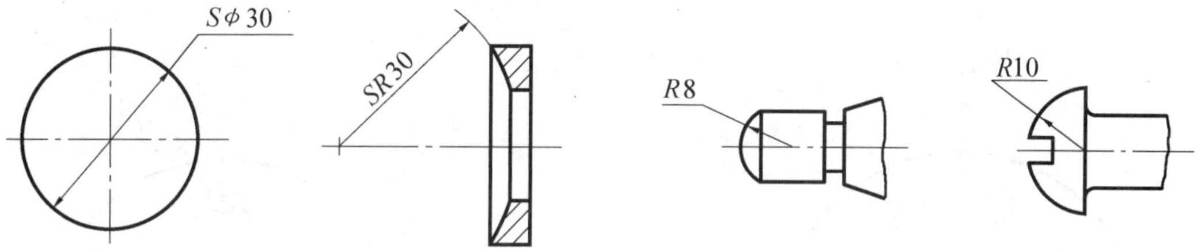

(a)　(b)　(c)　(d)

图 1－25　标注直径、半径

（三）标注尺寸的符号

标注直径时，应在尺寸数字前加注符号“φ”；标注半径时，应在尺寸数字前加注符号“*R*”；标注球面的直径或半径时，应在符号“φ”或“*R*”前再加注符号“*S*”（见图 1－25a，b）。对于螺钉、铆钉的头部，轴（包括螺杆）的端部以及手柄的端部等，在不致引起误解的情况下可省略符号“*S*”（见图 1－25c，d）。标注弧长时，应在尺寸数字上方加注符号“⌒”（见图 1－26）。标注剖面为正方形结构的尺寸时，可在正方形边长尺寸数字前加注符号“□”或用“*B*×*B*”形式标注（见图 1－27）。标注板状零件的厚度时，可在尺寸数字前加注符号“δ”（见图 1－28）。当需要指明半径尺寸是由其他尺寸所确定时，应用尺寸线和符号“*R*”标出，但不要注写尺寸数字（见图 1－29）。

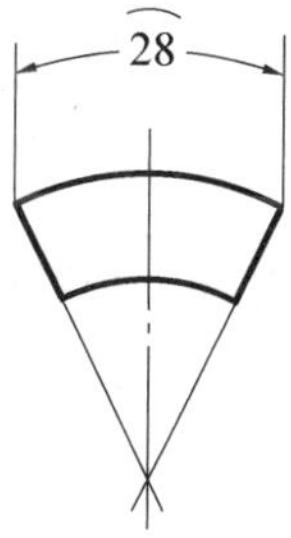

图 1－26　标注弧长

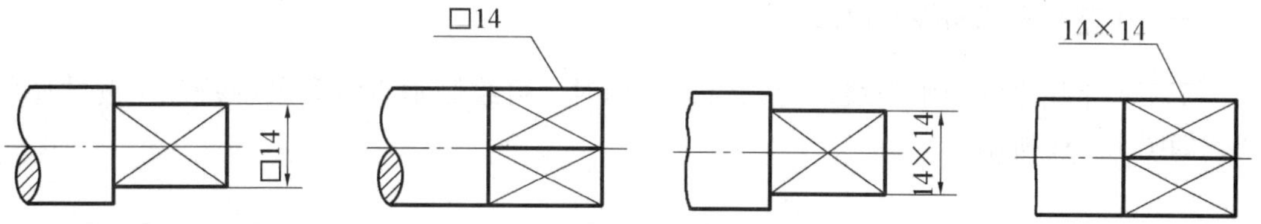

图 1－27　标注剖面为正方形结构

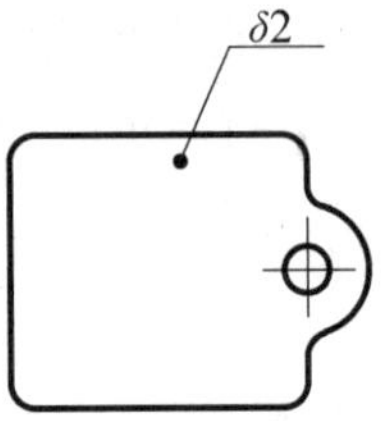

图 1－28　标注板状零件的厚度

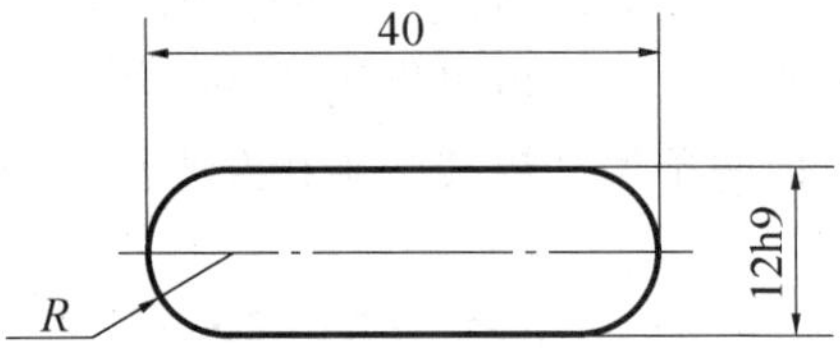

图 1－29　半径尺寸是由其他尺寸所确定

（四）简化注法

均匀分布的成组要素（如孔等）的尺寸按图 1－30 所示的方法标注。当成组要素的定位和分布情况在图形中已明确时，可不标注其角度定位尺寸，并省略“均布”两字（见图 1－31）。

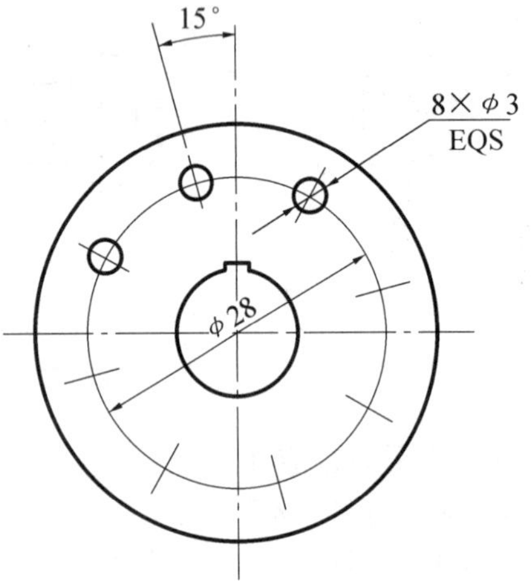

图 1－30　均匀分布的组成要素的标注（一）

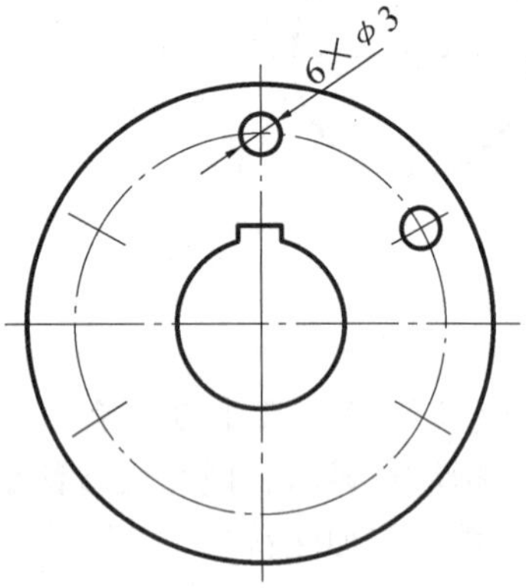

1－31　均匀分布的组成要素的标注（二）

第二节　常用绘图工具及使用

本节介绍常用的传统绘图工具和仪器。要熟练地使用它们，才能提高绘图速度并保证图面质量。

一、丁字尺及三角板的用法

丁字尺常用来绘制水平线，与三角板联用时，可绘制垂直线和各种特殊角度的倾斜线，如图 1－32 所示。

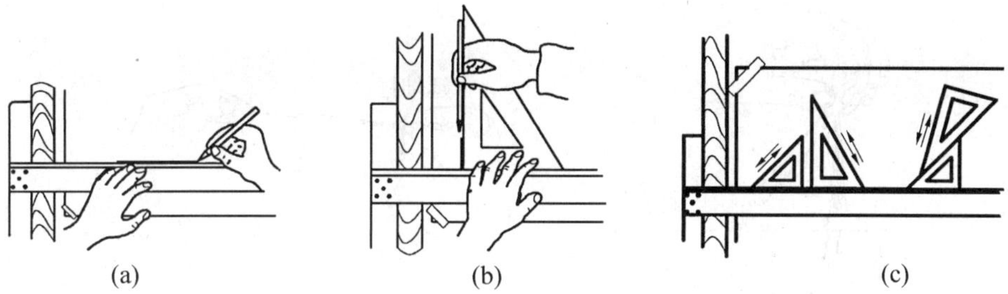

图 1-32　丁字尺及三角板的使用

二、分规和圆规的用法

分规的用途主要是等分线段（见图 1-33）和移置尺寸（见图 1-34）。圆规的用途是画圆。在绘制较大直径的圆时，应调节圆规的针尖及铅芯尖尽量垂直于纸面（见图 1-35）。将圆规的针尖置于圆心位置（见图 1-36）。在画一般直径圆和大直径圆时，手持圆规的姿势如图 1-37 所示。

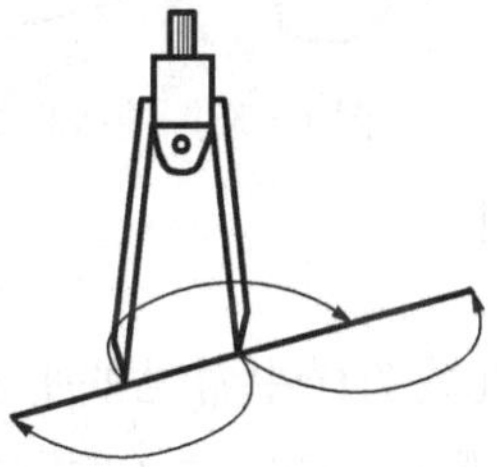

图 1-33　等分线段

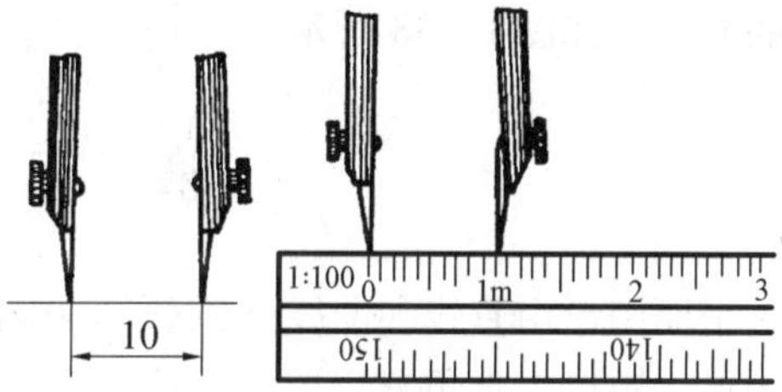

图 1-34　移置尺寸

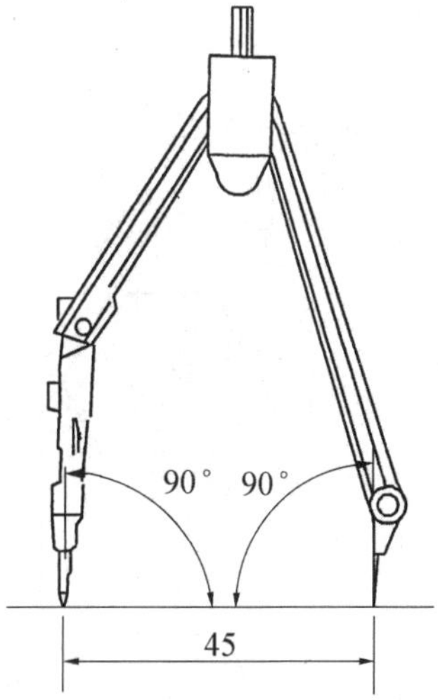

图 1-35　针尖及铅芯尖垂直于纸面

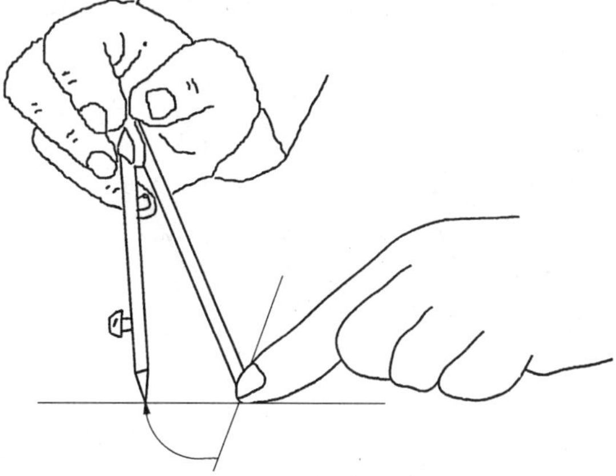

图 1-36　针尖置于圆心位置

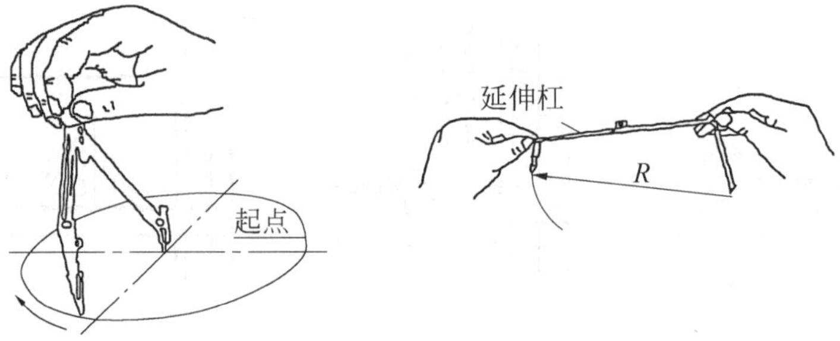

(a) 画一般直径圆　　(b) 画大直径圆

图 1 - 37　手持圆规的姿势

三、曲线板的用法

曲线板是用来画非圆曲线的工具。连接时每次将曲线板试着对准至少四个点，前两点在已画的一段曲线上，本次只画中间一段，后两点留待下次画，以保证整条曲线的光滑，如图 1 - 38 所示。

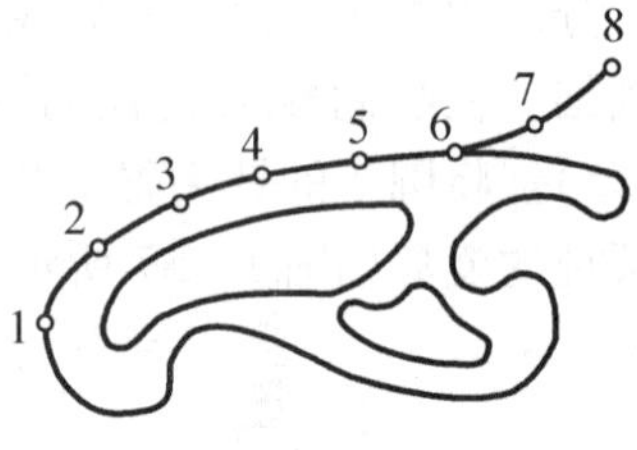

图 1 - 38　曲线板的用法

第三节　几 何 作 图

平面图形由直线和曲线（圆弧和非圆曲线）组成。机械图样中常见的平面图形有正多边形、矩形、直角三角形、等腰三角形、圆、椭圆等，或包含圆弧连接的图形。本节介绍一些平面图形作图的几何原理和方法，称为几何作图。

一、作正多边形（等分圆周）

（一）作正六边形（六等分圆周）

已知直径 AB 的圆，将圆周六等分或作正六边形，如图 1 - 39 所示。

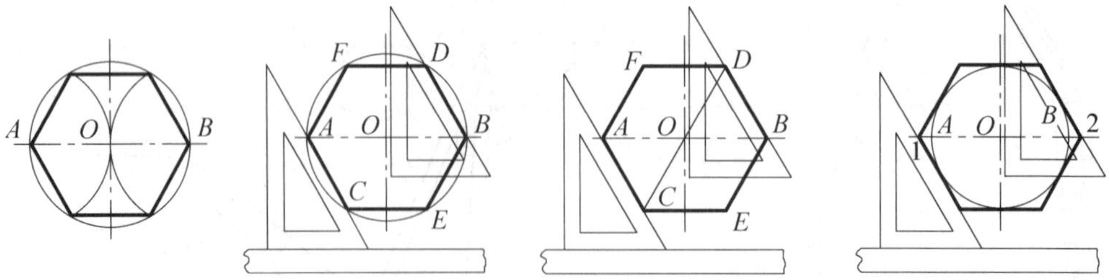

(a)　(b)　(c)　(d)

图 1 - 39　作正六边形（六等分圆周）

图 1 - 39a（已知外接圆）：

以半径 OA 为弦长六等分圆周，顺序连接各分点得正六边形。

图 1 - 39b（已知外接圆直径 AB）：

（1）将30°～60°三角板的短边靠紧丁字尺，用斜边过点 A、B 作直线 AC 和 BD。

（2）翻转三角板作直线 AF、BE。

（3）用丁字尺作 FD、CE。

图1-39c（已知外接圆直径 AB）：

（1）将30°～60°三角板的短边靠紧丁字尺，过点 A 和 B 分别作六边形的斜边线 AC、BD。

（2）翻转三角板，使斜边过圆心 O 作斜线与 AC、BD 交于点 C、D。

（3）过 A、B 作 CD 的平行线。

（4）过 C、D 作水平线与上述两条平行线相交于点 F、E。

图1-39d（已知内切圆）：

（1）将30°～60°三角板的短边靠紧丁字尺，作圆周的两条切线与直径 AB 线交于点1、2。

（2）翻转三角板作圆周的另两条切线。

（3）用丁字尺作圆周的两条水平切线，六条切线分别相交得正六边形。

（二）作正 n 边形（n 等分圆周）

已知直径为 AB 的圆，欲将圆周 n 等分或作内接正 n 边形，一般可先作出圆，再使用分规试等分作出。

（三）作正五边形（五等分圆周）

已知直径为 AB 的圆，将圆周五等分或作正五边形，除了上述作正 n 边形的方法外，还有一个简便方法，如图1-40所示。

（1）平分半径 OB 得点 P。

（2）以点 P 为圆心，PC 为半径画弧与 AB 交于点 H。

（3）以 CH 为弦长将圆周五等分。

（4）依次连接各分点即得正五边形。

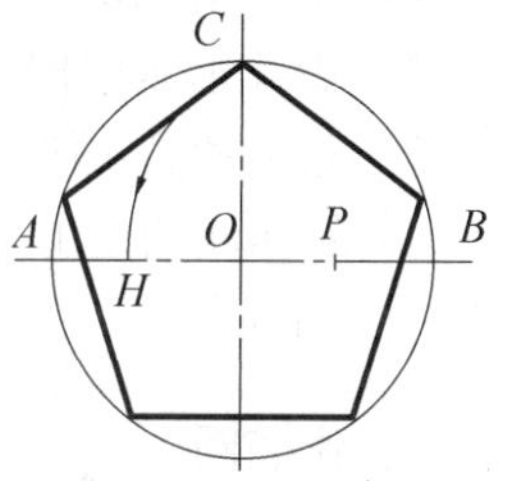

图1-40 作正五边形（五等分圆周）

二、斜度和锥度

（一）斜度

一直线（或平面）对另一直线（或平面）的倾斜程度，称为斜度。斜度的大小用它们之间的夹角的正切值来表示。如图1-41a 中∠α 的对边 BC 和邻边 AB 之比，即 $BC/AB=\tan\alpha$，称为 AC 对 AB 的斜度。斜度的标注多用比率的形式，如斜度1∶10或∠1∶10（见图1-41b），符号的方向应与图中所画斜度的方向一致。斜度符号的画法见图1-41c。

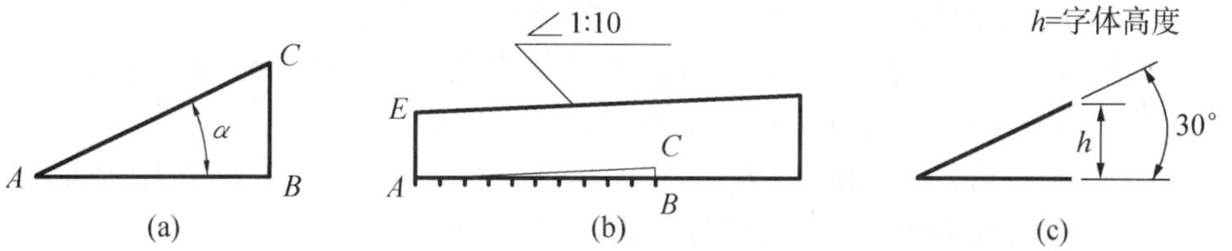

图1-41 斜度的画法和标注

图1-41b 斜度为1∶10的斜线的作图步骤如下：

（1）在水平线上取 AB＝10个单位长度。

（2）过 B 作垂线，在该垂线上取 BC＝1个单位长度。

（3）连接 AC。

（4）过 E 作 AC 的平行线，即作出了斜度为 1∶10 的斜线。

（二）锥度

正圆锥底圆直径（D）与其高（L）之比，称为锥度。对于正圆锥台则为两底圆直径之差与其高度之比。图 1－42a 中，正圆锥（台）的锥度 $= D/L = (D-d)/l = 2\tan\alpha$。

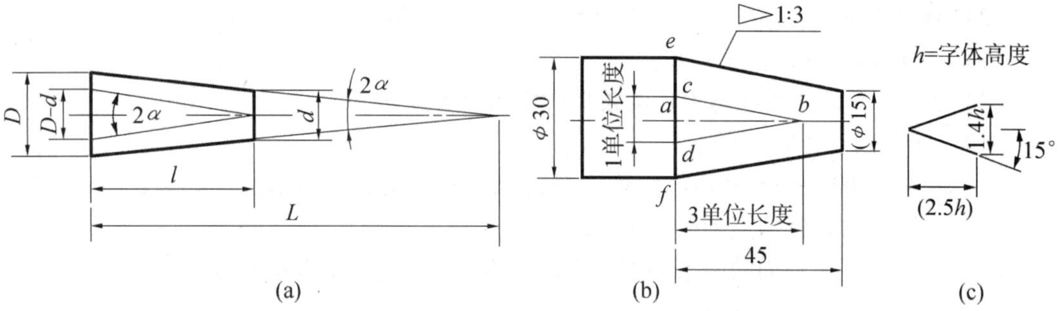

图 1－42　锥度的画法和标注

图 1－42b 所示的机件，其右部是一个锥度等于 1∶3 的正圆锥台，作图的主要步骤如下：

（1）由 a 沿轴线向右取 3 个单位长度得 b。

（2）由 a 沿垂线向上、向下各取半个单位长度得 c 和 d。

（3）过 e 和 f 分别作 cb 和 db 的平行线，即作出要求的锥度。

锥度的标注如图 1－42b 所示，符号的方向应与图中所画锥度的方向一致。锥度的画法见图 1－42c。

三、作椭圆

已知长轴 AB、短轴 CD，常用的作椭圆的近似画法如图 1－43 所示。

（1）连接 A、C，以 O 为圆心、OA 为半径画弧与 CD 延长线交于点 E，以 C 为圆心、CE 为半径画弧与 AC 交于点 E_1。

（2）作 AE_1 的垂直平分线与长短轴分别交于点 O_1、O_2，再作对称点 O_3、O_4，O_1、O_2、O_3、O_4 即四个圆心。

（3）分别作圆心连线 O_1O_4、O_2O_3、O_3O_4 并延长。

（4）分别以 O_1、O_3 为圆心，以 O_1A 或 O_3B 为半径，画小圆弧 K_1AK 和 NBN_1；分别以 O_2、O_4 为圆心，以 O_2C 或 O_4D 为半径画大圆弧 KCN 和 N_1DK_1（切点 K、K_1、N_1、N 分别位于相应的圆心连线延长线上），即完成由四段圆弧相切连接的近似椭圆的作图。

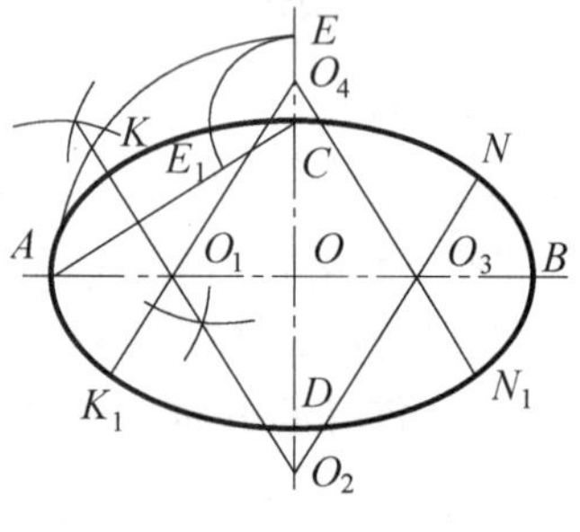

图 1－43　四心法作椭圆

四、圆弧连接

绘制机件的图形时，经常需要用圆弧去连接另外的圆弧或直线，这类作图问题称为圆弧连接。圆弧连接的作图关键是求连接圆弧的圆心位置，以及为保证连接光滑而必须确定的连接点，即切点。

（一）圆弧连接的几何原理

1. 圆弧与直线连接

如图 1 − 44a 所示，连接圆弧圆心 O 的轨迹是与已知直线相距 R_2（圆弧半径）且平行的两条直线（此处仅画出一条，另一条在已知直线的另一侧）。由圆心 O 向已知直线作垂线，切点 a 即为垂足。

2. 圆弧与圆弧连接

连接圆弧（半径 R_2）圆心 O 的轨迹是已知圆弧（半径 R_1）的同心圆。外切时轨迹圆的半径为两圆弧半径之和 $R=R_1+R_2$（见图 1 − 44b）；内切时轨迹圆的半径为两圆弧半径之差的绝对值 $R=|R_1-R_2|$（见图 1 − 44c）。切点 a 为两圆弧的圆心 O、O_1 连线（或延长线）与已知圆弧的交点。

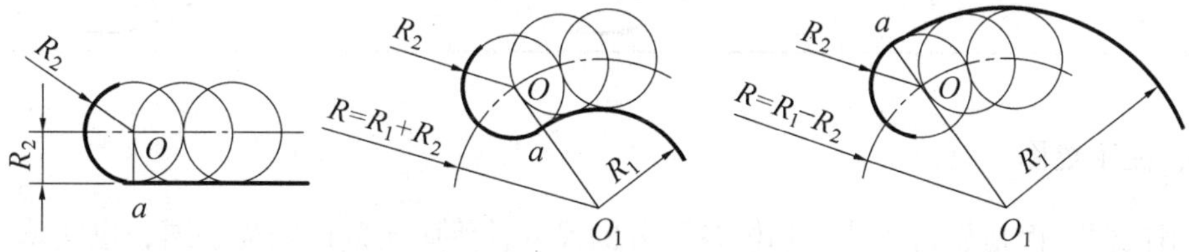

(a)　(b)　(c)

图 1 − 44　圆弧连接的几何原理

（二）圆弧连接

连接圆弧圆心和切点的作图如表 1 − 5 所示。

表 1 − 5　圆弧连接

步　骤 / 内　容	求连接弧的圆心 O	以 O 为圆心，以 R 为半径画弧连接
用半径为 R 的圆弧连接两已知直线	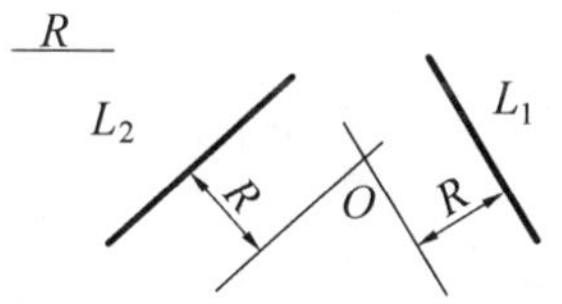	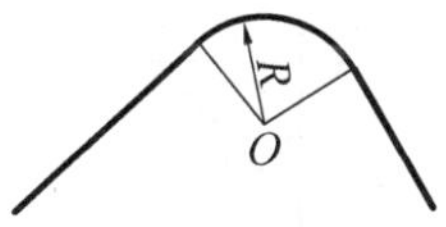
用半径为 R 的圆弧连接已知直线和外接已知圆弧	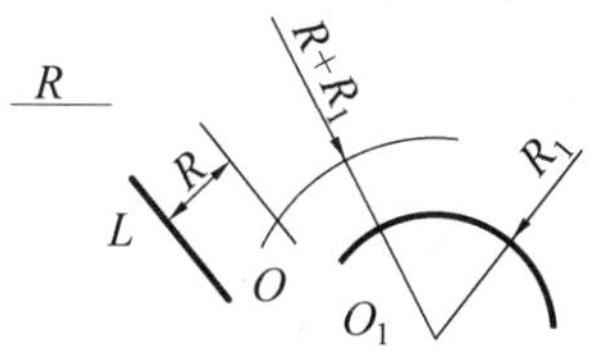	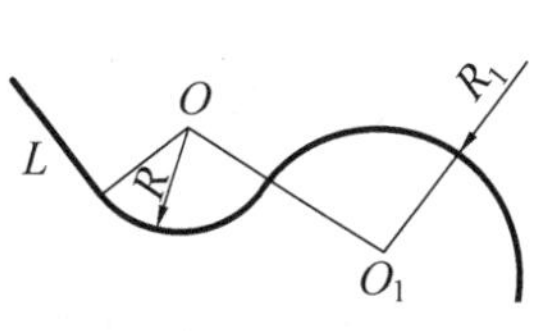
用半径为 R 的圆弧外接两已知圆弧	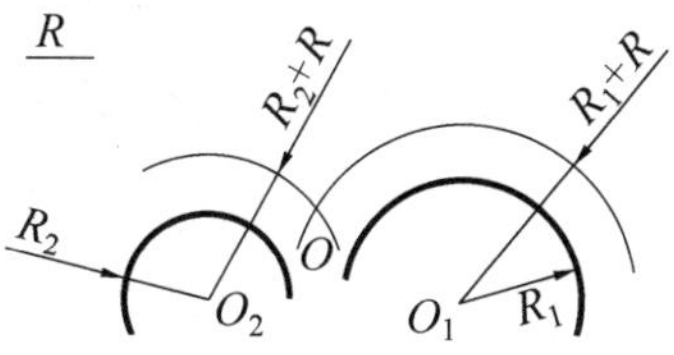	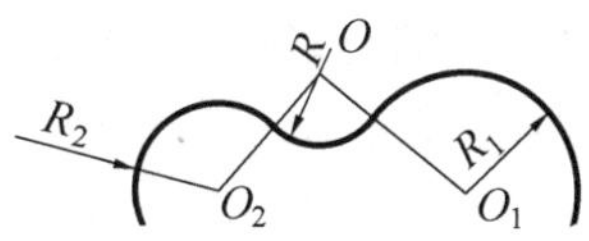

（续表 1－5）

步骤 内容	求连接弧的圆心 O	以 O 为圆心，以 R 为半径画弧连接
用半径为 R 的圆弧内接两已知圆弧	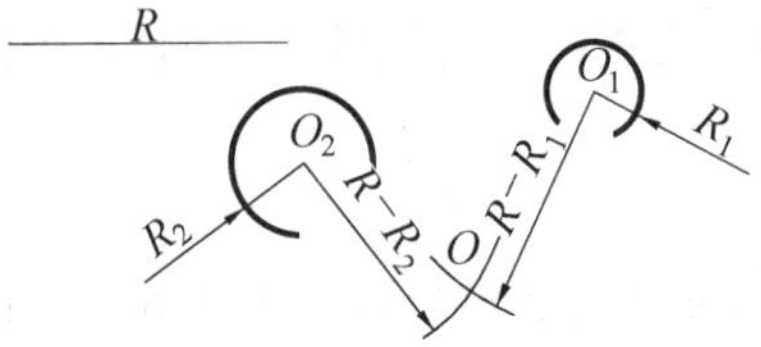	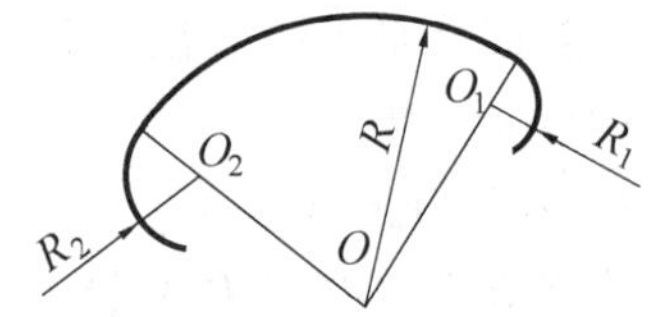
用半径为 R 的圆弧与一圆弧外接，与另一圆弧内接	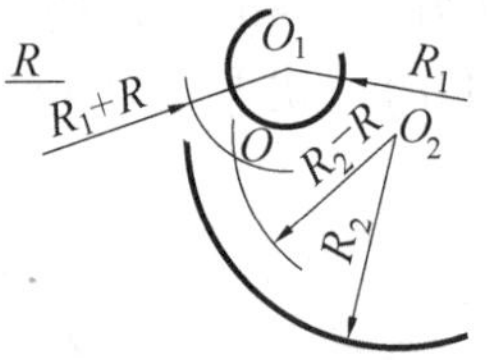	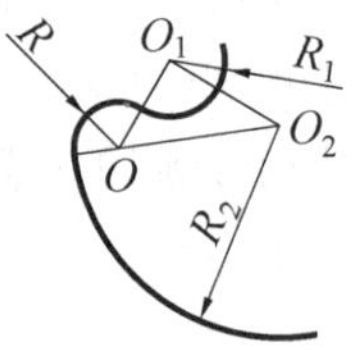

五、徒手绘图

不用仪器，而是靠目测估计物体各部分的尺寸徒手画出的图叫徒手图，也叫草图。在设计和测绘机器时常常需要画草图。绘制草图同样要求遵守国家标准规定，做到图线粗细分明、字体工整、图面整洁。

为使草图基本保持物体各部分的比例关系，也为了便于控制线条方向，通常选用方格纸画图。

（一）徒手画直线（见图 1－45）

画直线时眼睛要看着线段终点，画线方向要自然。为了顺手，可把图纸转动适当角度。

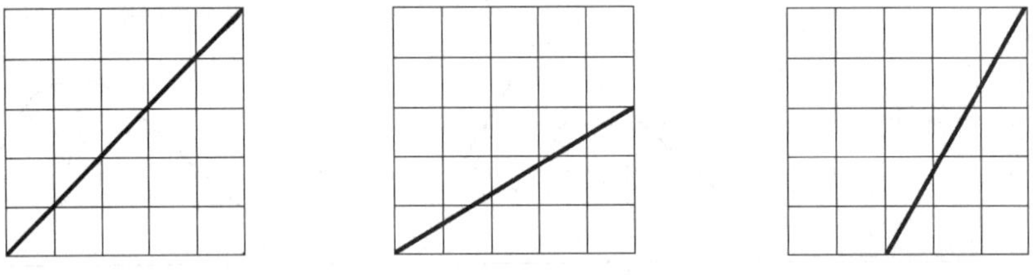

(a) 画45°斜线　　(b) 画30°斜线　　(c) 画60°斜线

图 1－45　徒手画直线

（二）徒手画圆（见图 1－46）

画小圆时按半径长度在中心线上确定四个点，分四段画出圆弧而连接成圆。画较大的圆时可通过圆心多画几条径向线，按半径长度在径向线上确定圆上的点，分多段画出圆弧而连接成圆。

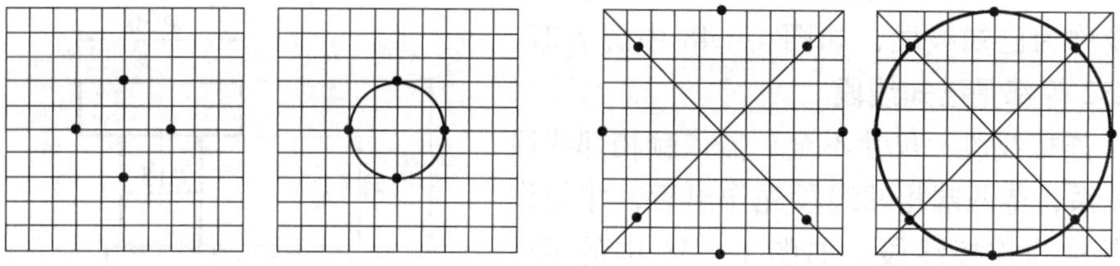

(a) 画小圆　　(b) 画较大的圆

图 1-46　徒手画圆弧

第四节　平面图形的线段和尺寸分析及作图步骤

画平面图形前先要对图形进行尺寸分析和线段性质分析，才能正确画出图形和标注尺寸。

一、平面图形的尺寸分析

（1）定形尺寸　确定平面图形中圆弧的半径、圆的直径、线段的长度以及角度大小等尺寸称为定形尺寸。如图 1-47 中 *R*7、ϕ20、ϕ34、60、14 等都是定形尺寸。

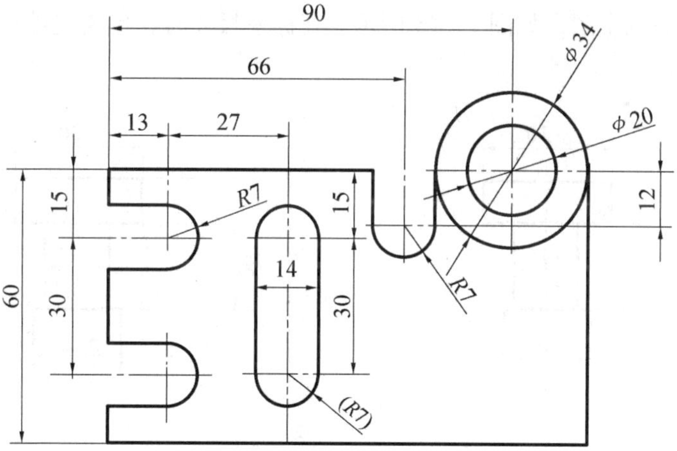

图 1-47　平面图形的尺寸分析

（2）定位尺寸　用于确定某局部图形在平面图形中所处位置的尺寸，称为定位尺寸。如图 1-47 中的尺寸 30、15、13、27、66 等。定位尺寸的起点称为尺寸基准。一个平面图形应有两个坐标方向的尺寸基准，通常以图形的对称轴线、中心线、圆心或其他直线段为尺寸基准。有时某些尺寸既是定形尺寸，也是定位尺寸。

二、线段性质分析

平面图形中的线段按已知尺寸的多少进行分析，可分为三种：

（1）已知线段　根据已知尺寸就能直接作出的线段称为已知线段，如图 1－48 中的 $\phi 27$、$\phi 30$、*R*32 等都是已知线段。

（2）连接线段　尺寸不全，需依赖相邻线段的连接关系，待两端相邻线段先作出后，才能作本线段者称为连接线段。如图 1－48 中的 *R*3、*R*28、*R*40 都是连接线段。连接线段为圆弧时，一般只注半径尺寸而无圆心定位尺寸。若连接线段为圆弧的切线时，则不注尺寸。每个封闭图形中一般都有连接线段。

（3）中间线段　尺寸不全，但只要一端的相邻线段先作出后，就可由已知的尺寸和几何条件作出，然而它不是用以封口的线段，称为中间线段。图 1－48 中的 *R*15、*R*27 即是中间线段。

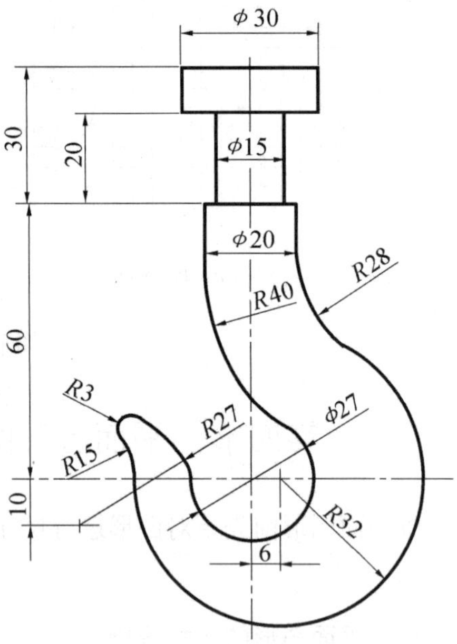

图 1－48　线段性质分析

三、平面图形的作图步骤

在画平面图形时，先要进行线段分析，以便决定画图步骤和选用连接方法。一般应先画已知线段，如图 1－49a 所示；然后画中间线段，如图 1－49b 所示；最后画连接线段。描深加粗，标注尺寸，完成全图，如图 1－48 所示。在标注尺寸时，也要先进行线段分析才能正确标出所需尺寸。

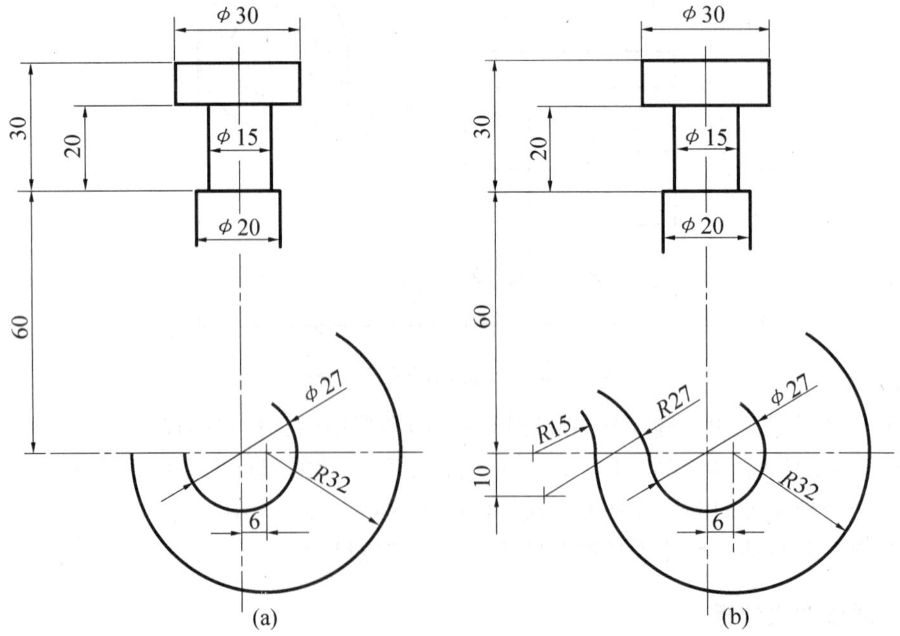

图 1－49　作图步骤

建议：学习第十章计算机绘图简介及二维图绘制：

（1）第十章第一节至第八节熟悉绘图界面、文件管理、图层和建立用户样板图。

（2）第十章第九节常用绘图命令。

（3）第十章第十节捕捉功能、第十一节文本输入。

（4）第十章第十二节图形编辑。

第二章　投影法基本知识

第一节　投影法概述

投影法研究的是如何用二维平面图形表达空间的几何要素。本章介绍点、直线和平面等简单几何要素的投影以及投影面变换的方法，为学习表达空间三维形体奠定必要的理论基础。

一、投影法

在日常生活中人们知道，当太阳或灯光照射物体时，在墙壁上或地面上会出现物体的影子，这种自然现象就是投影现象。

如图 2－1 所示，把光源抽象为投射中心 S，光线抽象为投射线，墙壁抽象为投影面 P，物体△ABC 置于投射中心和投影面之间时，在投影面上得到的影子△abc 称为投影。这种利用投射线通过物体向预定投影面进行投射而得到图形的方法称为投影法。

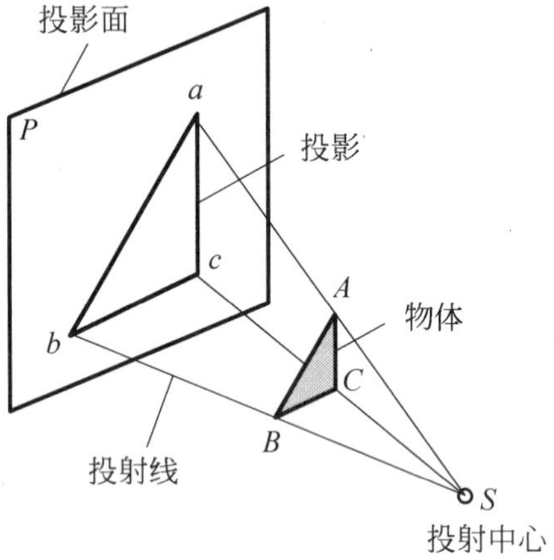

图 2－1　中心投影法

二、投影法分类

投影法分为中心投影法和平行投影法。

（一）中心投影法

如图 2－1 所示，所有的投射线都交于投射中心的投影方法称为中心投影法，所得的投影△abc 称为中心投影。

用中心投影法画出的图形不能反映物体的真实大小，但立体感强，常用于绘制建筑物的透视图。

（二）平行投影法

投射线互相平行的投影方法称为平行投影法，所得的投影称为平行投影。平行投影法又分为斜投影法和正投影法。

如图 2－2a 所示，投射线与投影面倾斜的平行投影法称为斜投影法，所得的投影△abc称为斜投影。如图 2－2b 所示，投射线垂直于投影面的投影方法称为正投影法，所得的投影△abc 称为正投影。

机械图样中的图形主要采用正投影法绘制。本书所述投影，若无说明，均指正投影。

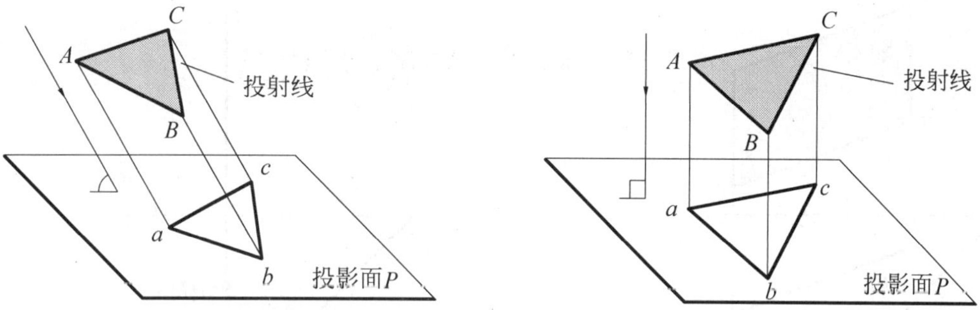

(a) 斜投影法　(b) 正投影法

图2－2　平行投影法

三、正投影的特性

1. 真实性

平面图形（或直线段）与投影面平行时，其投影反映实形（或实长），这种特性称为真实性。如图2－3a所示，平面*ABCD*平行于*H*面，在*H*面上的投影*abcd*反映实形，如图2－3b所示；直线*AB*平行于*H*面，在*H*面上的投影反映实长。

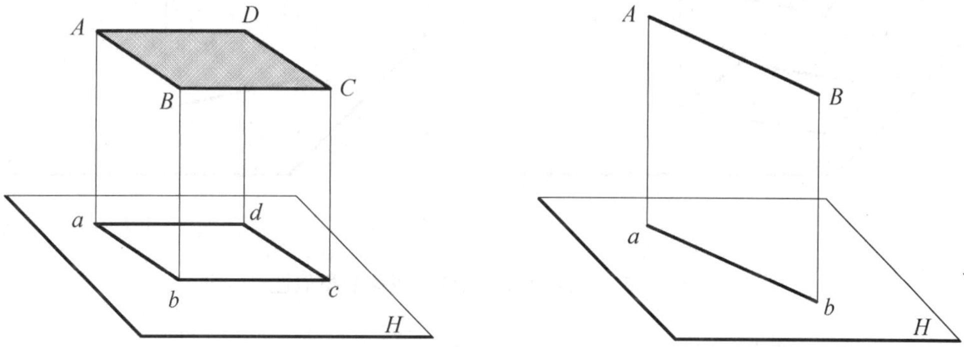

(a)　(b)

图2－3　平面图形、直线段投影的真实性

2. 积聚性

平面与投影面垂直时，投影积聚为一条直线；直线与投影面垂直时，投影积聚为一点，这种特性称为积聚性。如图2－4a所示，平面图形*ABCD*垂直于*H*面，在*H*面上的投影积聚为直线段$a(b)(c)d$。如图2－4b所示，直线段*AB*垂直于*H*面，在*H*面上的投影积聚为点$a(b)$。

3. 类似性

平面图形与投影面倾斜时，其投影是比原平面图形小的类似图形。直线段与投影面倾斜时，其投影比实际长度缩短。这种特性称为类似性。如图2－5a所示，平面图形*ABCD*与*H*面倾斜，投影*abcd*为一缩小的类似图形；如图2－5b所示，直线段*AB*与*H*面倾斜，投影*ab*长度小于实长*AB*。

用正投影法得到的投影也称为视图。

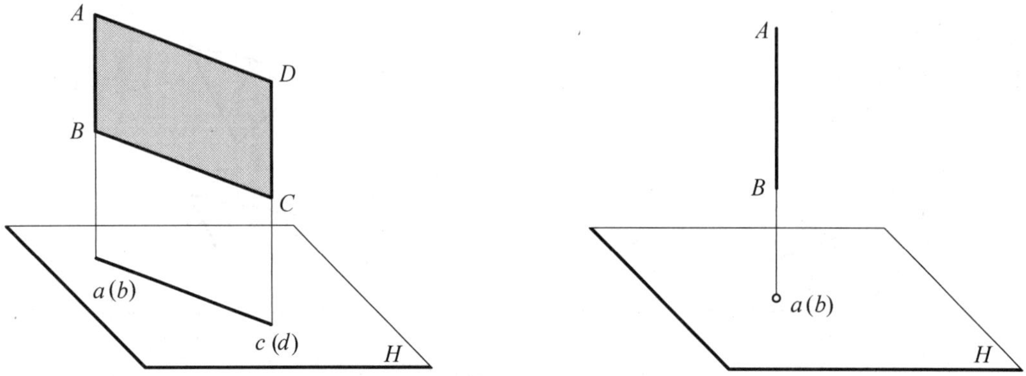

(a) (b)

图 2-4 平面、直线投影的积聚性

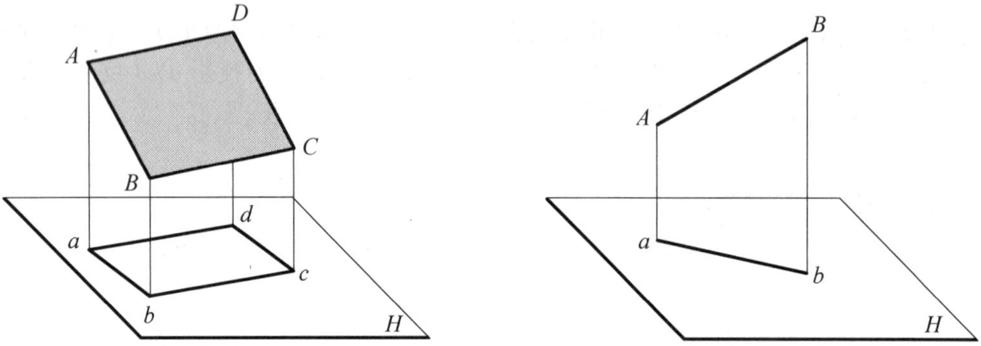

(a) (b)

图 2-5 平面图形、直线段投影的类似性

四、三视图的概念

（一）三投影面体系的建立

如图 2-6 所示的两个不同形状的物体，按正投影法向同一投影面投影时，可以得到

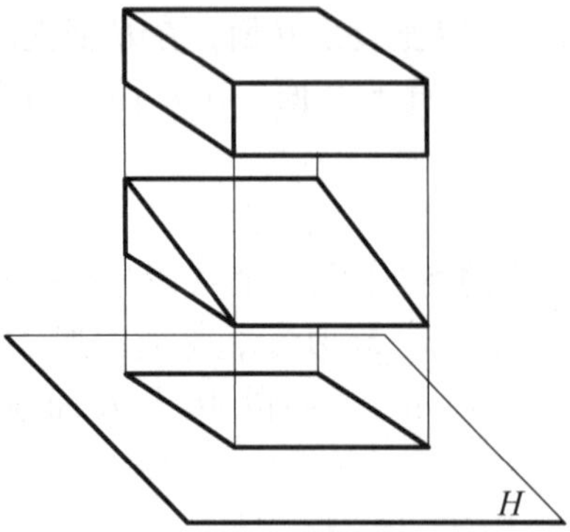

图 2-6 一个投影不能确定物体的形状

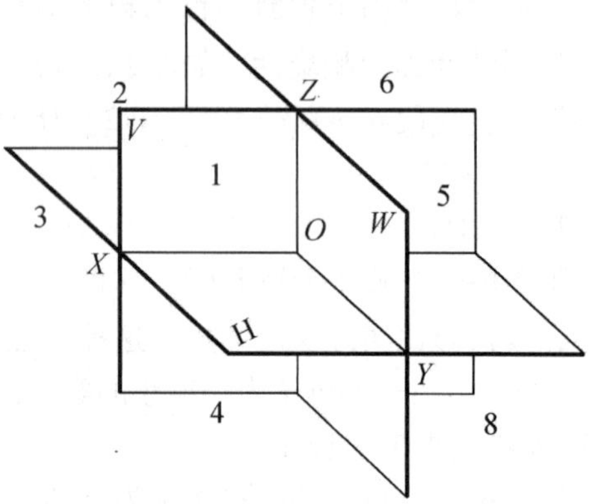

图 2-7 空间的八个分角

完全相同的投影。反过来，只根据物体的一个投影则不能唯一地确定物体的空间形状。因此，要全面表达物体的形状，就要用两个或两个以上的视图。通常将物体放在三个互相垂直的平面所组成的投影面体系中，分别向三个投影面进行投影，可得到物体的三视图。

三个投影面把空间分为八个分角，如图 2-7 所示。国家标准《机械制图》规定采用第一角投影法，即把物体放在第一分角中。

如图 2-8 所示，三个投影面分别称为：正立投影面（简称正面，用 V 表示）；水平投影面（简称水平面，用 H 表示）；侧立投影面（简称侧面，用 W 表示）。

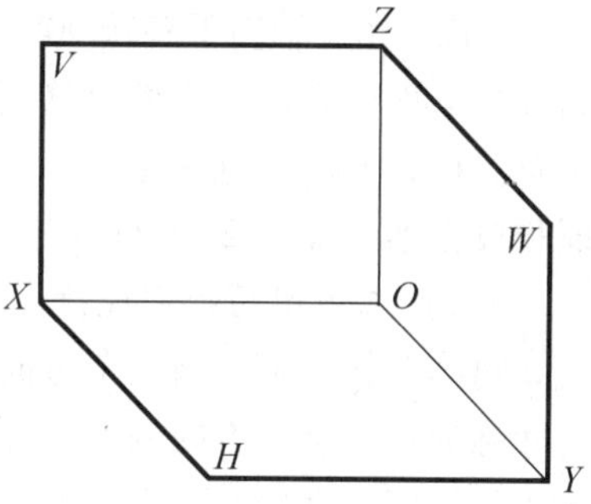

图 2-8　三投影面体系

投影面之间的交线称为投影轴：

V 面与 H 面的交线为 OX 轴，简称 X 轴；H 面与 W 面的交线为 OY 轴，简称 Y 轴；V 面与 W 面的交线为 OZ 轴，简称 Z 轴。

把投影面看作坐标平面，则三投影面体系中的投影轴 OX、OY、OZ 与空间坐标系中的 OX、OY、OZ 轴重合，O 即为原点。

（二）三视图的形成

如图 2-9a 所示，将物体置于三投影面体系中，并使物体的主要表面处于平行或垂直于投影面的位置。用正投影法分别向 V、H、W 面进行投影，得到正面投影、水平投影和侧面投影，此即物体的三视图：

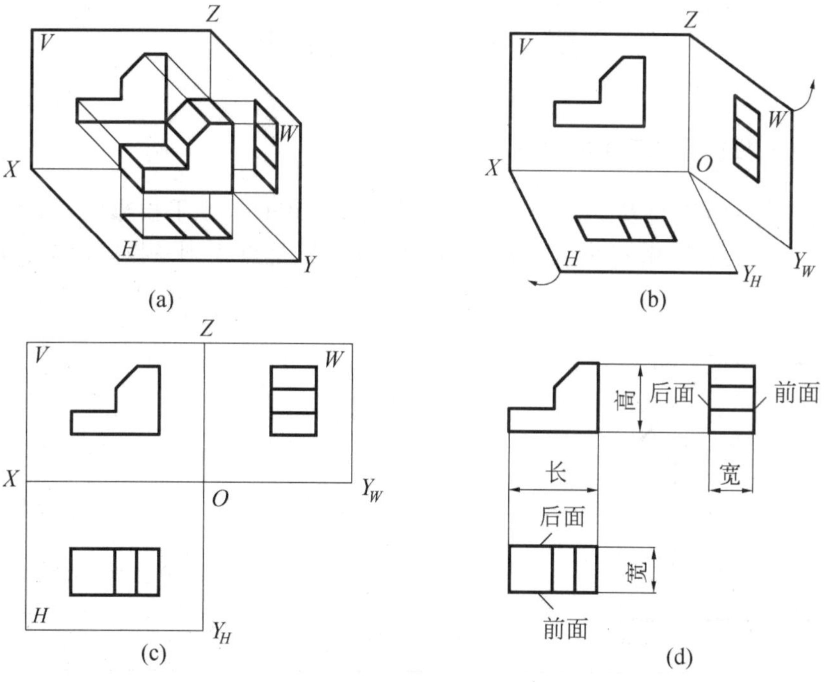

图 2-9　三视图的形成

主视图——由前向后投射，在 V 面得到的投影；

俯视图——由上向下投射，在 H 面得到的投影；

左视图——由左向右投射，在 W 面得到的投影。

国家标准规定，视图中凡可见的轮廓线用粗实线表示；不可见的轮廓线用虚线表示。

为了把三个视图画在同一平面上，必须把三个投影面展开摊平。展开时规定：V 面不动，H 面绕 OX 轴向下旋转 90°，W 面绕 OZ 轴向右旋转 90°（见图 2－9b），使 H 面和 W 面都与 V 面处在同一平面上（见图 2－9c）。在展开 H 面和 W 面时，Y 轴分别用 OY_H（在 H 面上）和 OY_W（在 W 面上）表示。当熟悉投影规律以后，则没有必要画出投影面的边框和投影轴（见图 2－9d）。

（三）三视图的投影规律

物体有长、宽、高三个方向的尺寸。若把物体的左右方向的尺寸称为长，前后方向的尺寸称为宽，上下方向的尺寸称为高，则主视图能反映物体的长度、高度；俯视图能反映物体的长度、宽度；左视图能反映物体的宽度、高度（见图 2－9d）。因此，三视图之间有下面的投影规律：

主视图和俯视图中相应投影的长度相等，即“长对正”；

主视图和左视图中相应投影的高度相等，即“高平齐”；

俯视图和左视图中相应投影的宽度相等，即“宽相等”。

上述投影规律不仅适用于整个形体的投影，也适用于形体上每个局部结构、每个点或每一条线段的投影。看图或画图时，要特别注意俯视图和左视图所表示的前、后位置关系，凡靠近主视图一侧的为物体的后面，而远离主视图一侧的为物体的前面。

第二节 点的投影

一、点在三投影面体系中的投影

设空间一点 A 分别向 H、V、W 面投影（见图 2－10a），水平投影用 a 表示，正面投影用 a' 表示，侧面投影用 a'' 表示。Aa''、Aa' 和 Aa 分别是点 A 到三投影面 W、V、H 的距离。

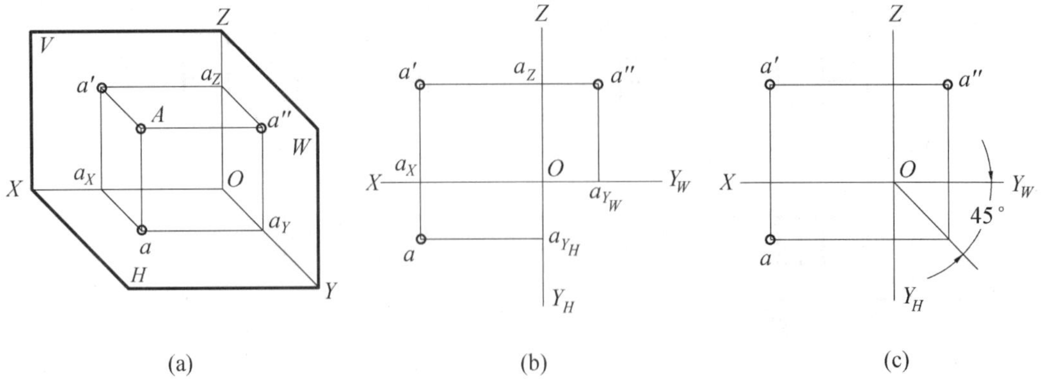

图 2－10 点的三面投影

从图中可以看出点的三面投影与直角坐标的关系：

X 坐标 x_A（Oa_X）$=a_Ya=a_Za'=Aa''$（点 A 到 W 面的距离）；

Y 坐标 y_A（Oa_Y）$=a_Xa=a_Za''=Aa'$（点 A 到 V 面的距离）；

Z 坐标 z_A（Oa_Z）$=a_Xa'=a_Ya''=Aa$（点 A 到 H 面的距离）。

按三投影面的展开方法展开后，去掉投影面的边框，得到投影图（图2－10b）。

综上所述，可概括出点的三面投影特性：

（1）点的正面投影和水平投影的连线垂直于 OX 轴（$a'a\perp OX$），这两个投影都反映点的 X 坐标。

（2）点的正面投影和侧面投影的连线垂直于 OZ 轴（$a'a''\perp OZ$），这两个投影都反映点的 Z 坐标。

（3）点的水平投影到 OX 轴的距离和点的侧面投影到 OZ 轴的距离相等（$a_Xa=a_Za''$），这两个投影都反映点的 Y 坐标。

根据上述投影特性，若已知点的任何两个投影，就可求出它的第三个投影。为了作图方便，可以从原点 O 作一45°斜线，aa_{YH}、$a''a_{Y_W}$ 的延长线必与该斜线相交于一点（见图2－10c）。

例2－1 已知点 B 的正面投影 b' 和侧面投影 b''，求作点 B 的水平投影 b（见图2－11a）。

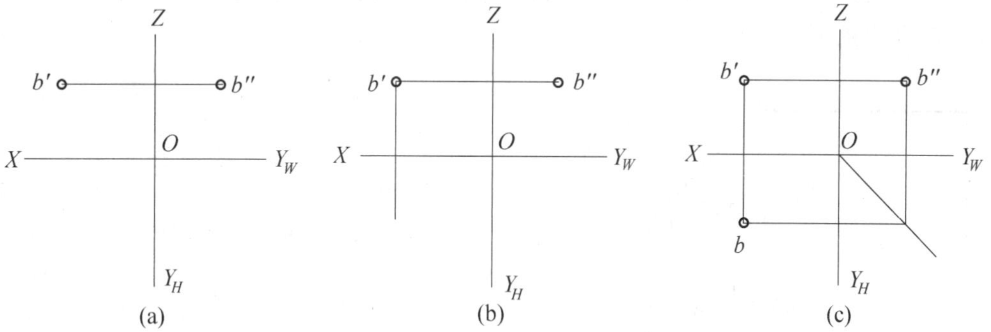

图2－11 由点的两面投影求作第三面投影

解 分析：根据点的投影特性，$b'b\perp OX$；b'' 到 OZ 轴的距离与 b 到 OX 轴的距离相等。

作图步骤：

①过 b' 向下作 OX 轴的垂线（见图2－11b）。

②过点 O 作45°斜线，过 b'' 作 OY_W 轴垂线与斜线相交，并由此交点向左作 OY_H 轴的垂线，与过 b' 所作的 OX 轴垂线的交点即为 b（见图2－11c）。

例2－2 已知空间点 A 的坐标为（20，15，10），求作点 A 的三面投影。

解 分析：根据已知坐标先作点 A 的正面投影和水平投影，再根据投影特性作侧面投影。

作图步骤：

①画投影轴，并在 OX 轴上量取 $x=20$，得 a_X，过 a_X 作 OX 轴的垂线（见图2－12a）。

②在该垂线上从 a_X 向下量取 $y=15$ 得水平投影 a，向上量取 $z=10$ 得正面投影 a'（见图 2－12b）。

③根据上述点的三面投影特性和作图方法，由 a'、a 作出 a''（见图 2－12c）。

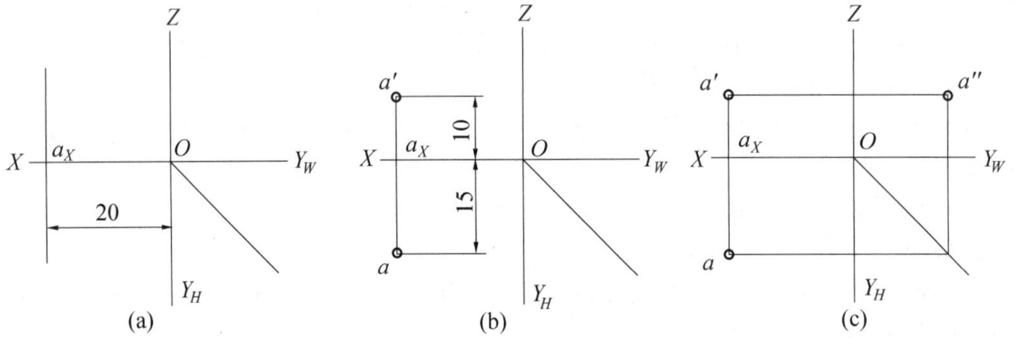

图 2－12 由点的坐标求作点的三面投影

二、两点的相对位置

根据两点的坐标差可以判断两点的相对位置。从图 2－13a、b 可以看出：两点的 X 坐标差反映两点的左右位置关系；Y 坐标差反映两点的前后位置关系；Z 坐标差反映两点的上下位置关系。$x_A>x_B$，则 A 点在 B 点的左方；$y_A>y_B$，则 A 点在 B 点的前方；$z_A<z_B$，则 A 点在 B 点的下方。

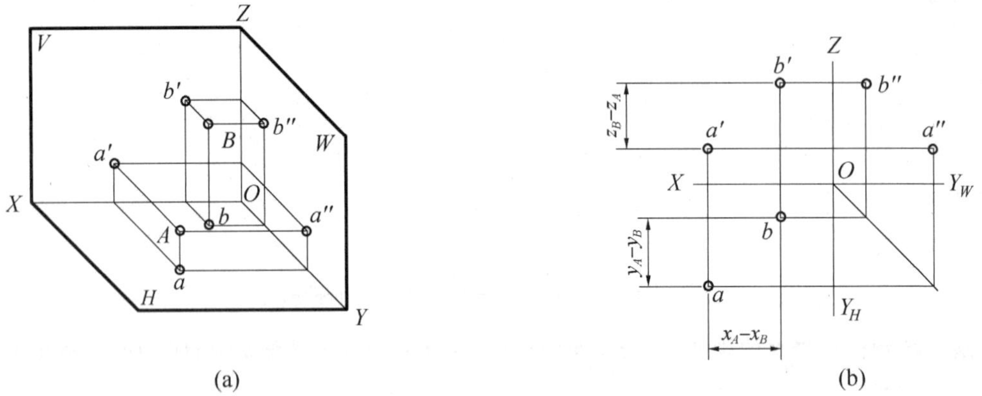

图 2－13 两点的相对位置

三、重影点

在图 2－14a 中，点 A 在点 B 的正前方，即 $x_A=x_B$，$z_A=z_B$，$y_A>y_B$，两点连线垂直于 V 面，与向正面的投射方向一致，点 A 和点 B 的正面投影重合，则称点 A 和点 B 为对 V 面的重影点。同理，两点连线垂直于 H 面，称这两点为对 H 面的重影点；两点连线垂直于 W 面，称这两点为对 W 面的重影点。

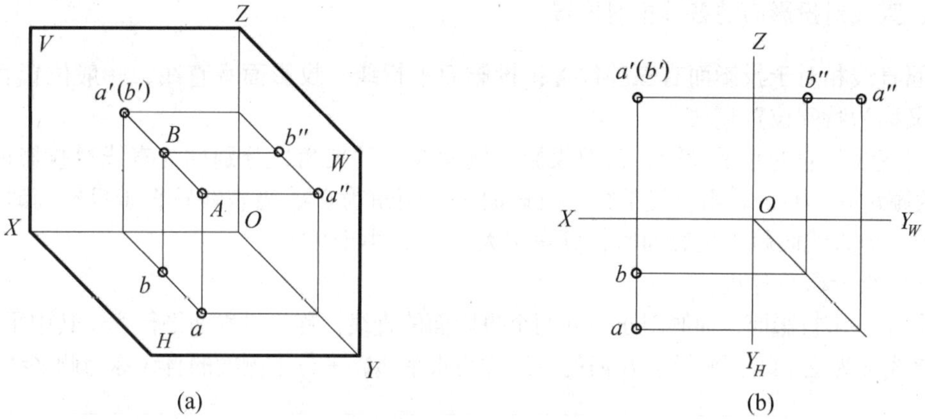

图 2-14　重影点

由于一对重影点有一个投影重合，在该投影面上的投影存在着一点遮住另一点的问题，即重影点的可见与不可见问题。对于正面投影、水平投影、侧面投影的重影点的投影的可见性，分别为“前遮后”、“上遮下”、“左遮右”。由图 2-14b 可判断出点 *A* 在前，点 *B* 在后，所以点 *A* 的正面投影 a'可见，点 *B* 的正面投影 b'不可见。不可见的点的投影，必要时用在字母外加一括号表示。

第三节　直线的投影

一、直线的投影

直线的投影一般仍为直线，如图 2-15a 中的直线 *AB*。当直线垂直于投影面时，其投影积聚为一点，如图 2-15a 中的直线 *CD*。由于两点可以确定一条直线，因此，作直线段的投影时，只需作出直线段两端点的投影，如图 2-15b 所示；然后将它们的同面投影（在同一投影面上的投影）连接起来，就可以得到直线段的投影，如图 2-15c 所示。

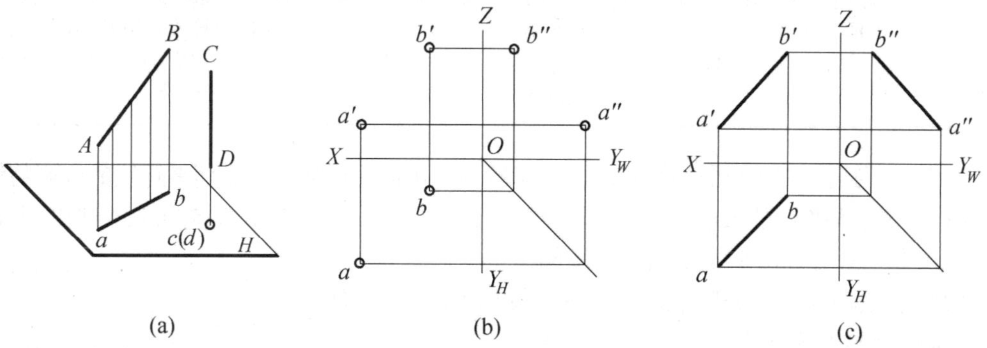

图 2-15　直线的投影

二、直线对投影面的各种相对位置

空间直线相对于投影面有三种位置：投影面平行线、投影面垂直线、一般位置直线。前两种又称为特殊位置直线。

空间直线与它的水平投影、正面投影、侧面投影的夹角，分别称为直线对投影面 H、V、W 的倾角 α、β、γ。当直线平行于投影面时，倾角为 0°；当直线垂直于投影面时，倾角为 90°；当直线倾斜于投影面时，倾角则大于 0°，小于 90°。

（一）投影面平行线

平行于一个投影面，而倾斜于另外两个投影面的直线，称为投影面平行线。其中平行于 V 面的直线称为正平线；平行于 H 面的直线称为水平线，平行于侧面的直线称为侧平线。

表 2-1 投影面平行线

名称	正平线	水平线	侧平线
立体图	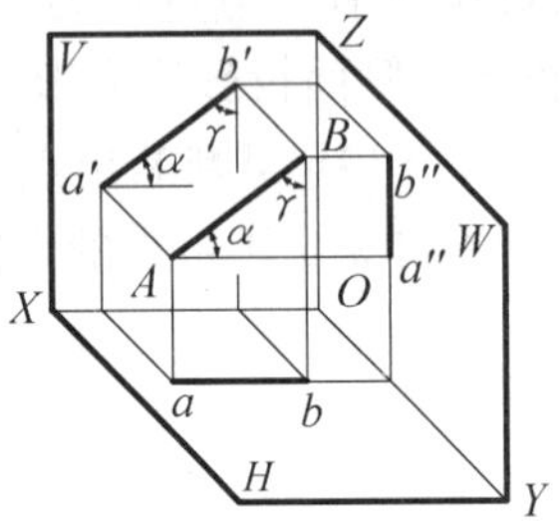	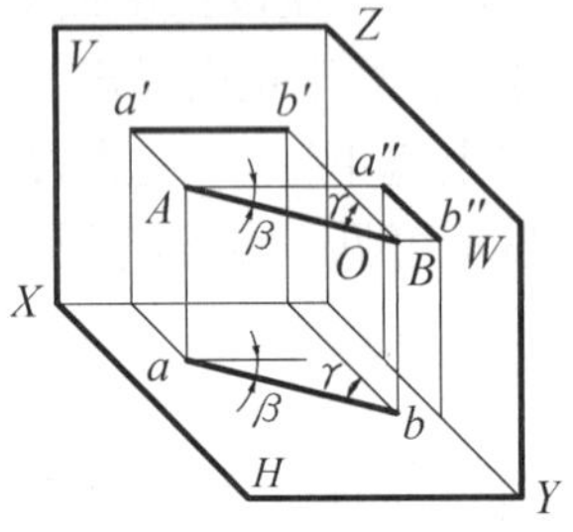	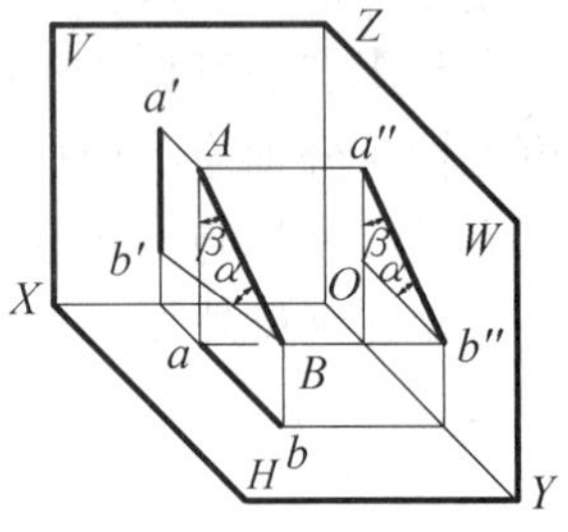
投影图	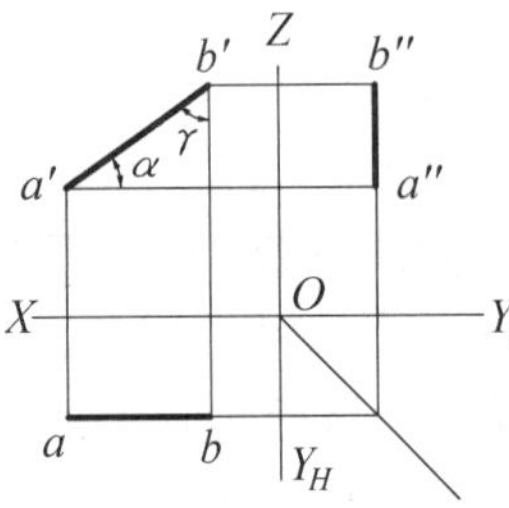	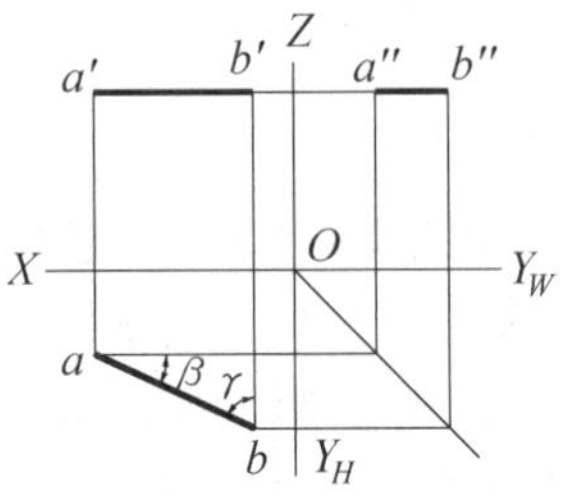	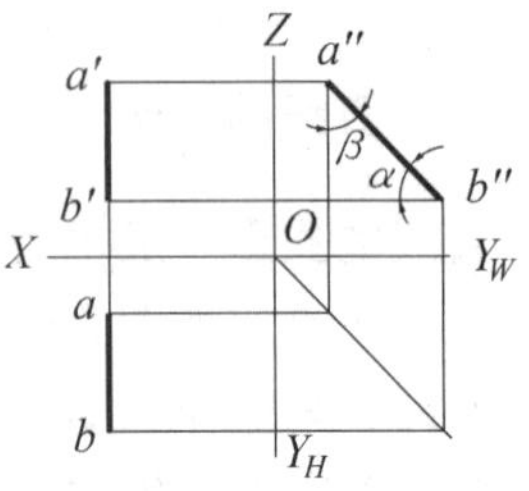
投影特性	①$a'b'$倾斜于投影轴，反映实长和真实倾角 α、γ ②ab // OX，$a''b''$ // OZ，长度缩短	①ab 倾斜于投影轴，反映实长和真实倾角 β、γ ②$a'b'$ // OX，$a''b''$ // OY_W，长度缩短	①$a''b''$倾斜于投影轴，反映实长和真实倾角 β、α ②$a'b'$ // OZ，ab // OY_H，长度缩短

表 2-1 列出了三种投影面平行线的投影特性。由此可概括出投影面平行线的投影特性：

（1）与直线平行的投影面上的投影倾斜于投影轴，反映实长；它与投影轴的夹角，分别反映直线对另外两个投影面的真实倾角。

（2）其余两面投影分别平行于相应的投影轴，长度缩短。

（二）投影面垂直线

垂直于一个投影面，必定平行于另外两个投影面的直线，称为投影面垂直线。其中垂直于 V 面的直线称为正垂线，垂直于 H 面的直线称为铅垂线，垂直于 W 面的直线称为侧垂线。

表 2－2　投影面垂直线

名称	正垂线	铅垂线	侧垂线
立体图	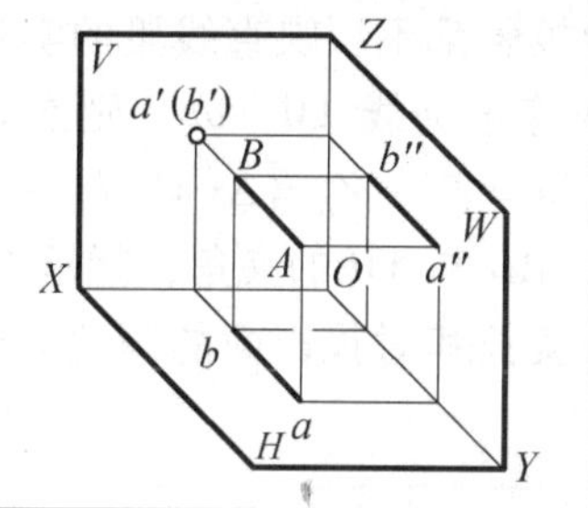	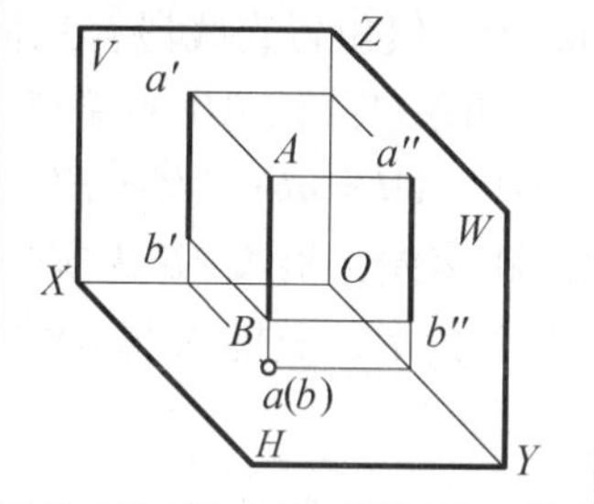	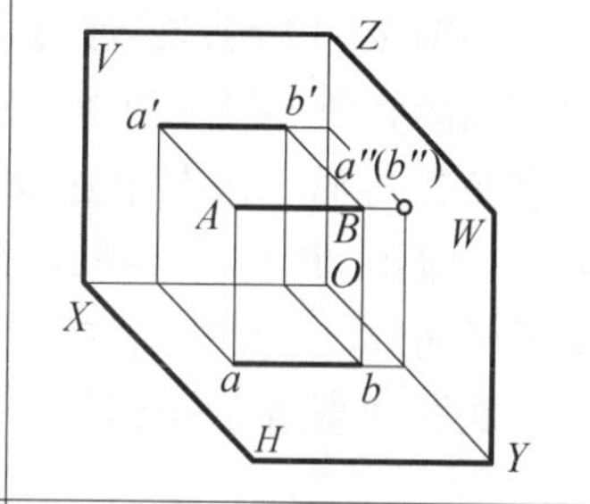
投影图	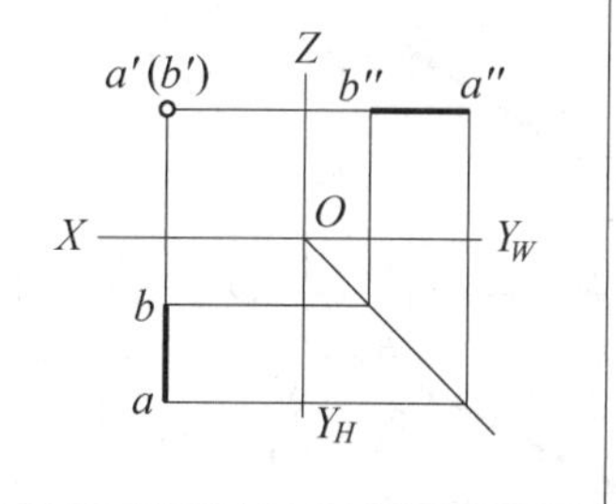	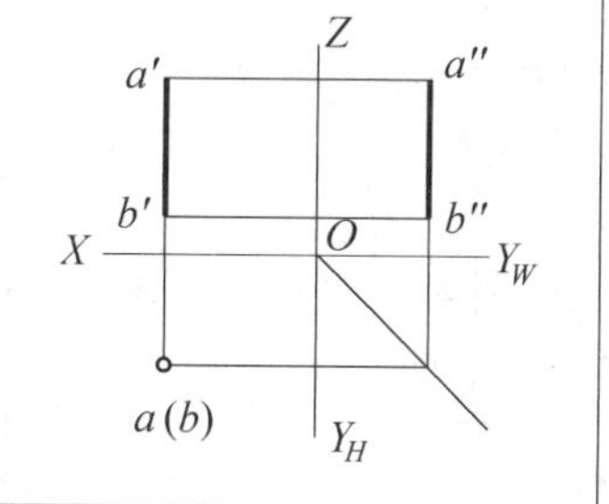	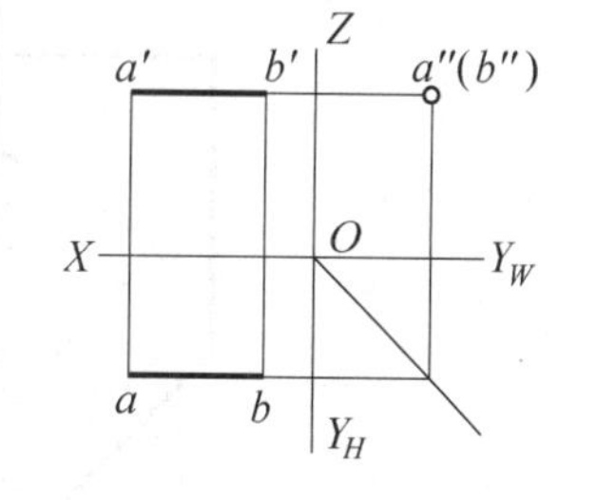
投影特性	①$a'b'$积聚为一点 ②ab // OY_H，$a''b''$ // OY_W，都反映实长	①ab 积聚为一点 ②$a'b'$ // OZ，$a''b''$ // OZ，都反映实长	①$a''b''$积聚为一点 ②ab // OX，$a'b'$ // OX，都反映实长

表 2－2 列出了三种投影面垂直线的投影特性。由此可概括出投影面垂直线的投影特性：

（1）与直线垂直的投影面上的投影积聚为一点。

（2）其余两面投影平行于同一条投影轴，反映实长。

（三）一般位置直线

与三个投影面都倾斜的直线称为一般位置直线。如图 2－16 所示，直线 AB 与三个投影面都倾斜，可以看出一般位置直线的投影特性：

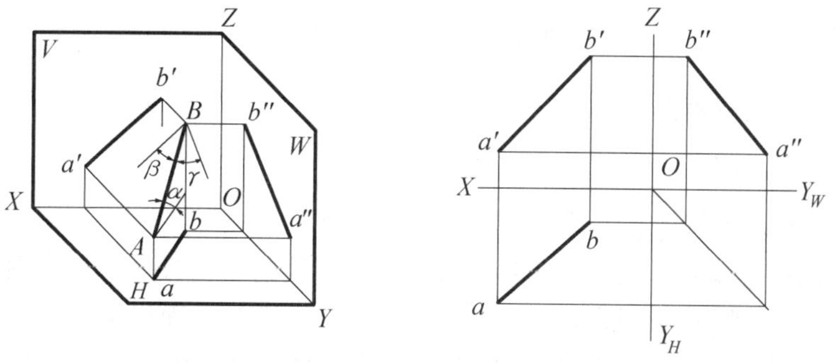

(a)　(b)

图 2－16　一般位置直线

在三个投影面上的投影都倾斜于投影轴，线段长度缩短；三个投影与投影轴的夹角，都不反映直线对投影面的真实倾角。

三、求一般位置直线段的实长和倾角

如图 2－17 所示，线段 AB 为一般位置直线段，三面投影都不反映直线段的实长和对投影面的倾角。但从图中可知，如果过线段 AB 的端点 A 作辅助线 $AM /\!/ ab$，则 $\triangle AMB$ 为一直角三角形。在直角 $\triangle ABC$ 中，$AM = ab$；$BM = Bb - Aa = Z_B - Z_A = \Delta z = b'b_X - a'a_X = b'm'$，即 A、B 两端点到 H 面的距离差；斜边 AB 为实长。AB 与 AM 的夹角，就是 AB 对 H 面的倾角 α。只要作出这个直角三角形，就能求得 AB 的实长和对投影面的倾角。这种图解方法称为直角三角形法。

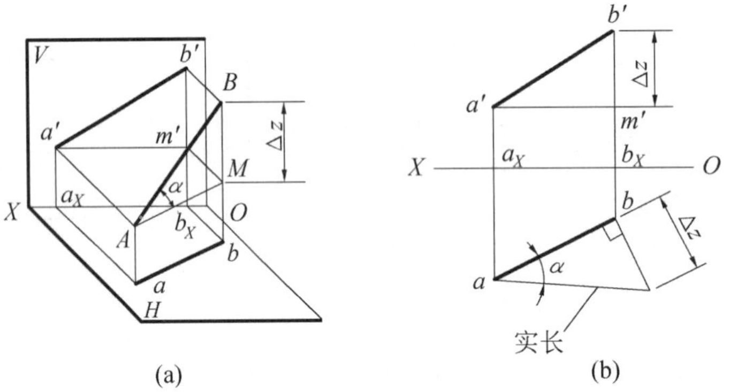

图 2－17 用直角三角形法求 AB 的实长和倾角

作图步骤（图 2－17b）：

①以水平投影 ab 为一直角边，过 b 作 ab 的垂线。

②过 a' 作 $a'm'$ 平行 OX 轴，与 $b'b_X$ 相交于 m'，得 Δz。并在前一步过 b 所作的垂线上截取线段长度等于 Δz，为另一直角边。

③连接斜边，即为 AB 的实长；实长与水平投影 ab 的夹角，就是 AB 对 H 面的倾角 α。

同理，可用 $a'b'$ 为一直角边，线段 AB 两端点到 V 面的距离（Δy）为另一直角边，从而求得 AB 的实长及其对 V 面的倾角 β。

四、直线上的点及两直线的相对位置

（一）直线上的点

直线上的点有以下特性：

（1）如果点在直线上，则该点的各个投影必在直线的同面投影上。如图 2－18 所示，点 K 在直线 AB 上，则它的三面投影 k'、k 和 k'' 分别在 AB 的三面投影 $a'b'$、ab 和 $a''b''$ 上。

（2）不垂直于投影面的直线上的点分割线段长度之比，在投影后保持不变。例如，图 2－18 中，$AK : KB = a'k' : k'b' = ak : kb = a''k'' : k''b''$。该特性称为定比性。反之，若一个点的各个投影都在直线的同面投影上，并且点分割直线段的相应投影长度之比保持相同，则该点必在此直线上。

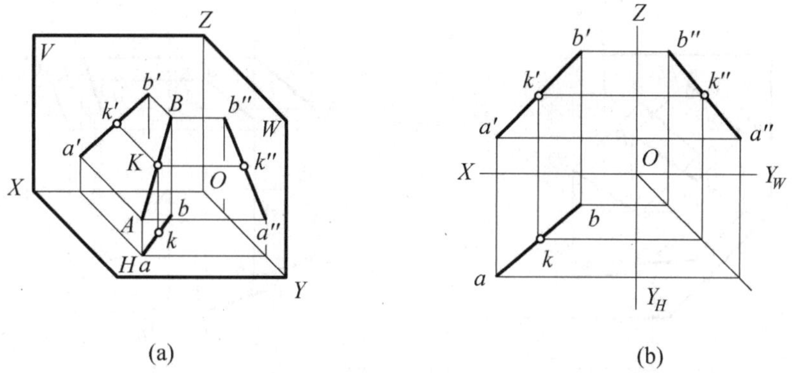

图 2-18　直线上的点的投影

例 2-3　已知直线 AB 的两面投影 ab、$a'b'$ 及直线上一点 C 的正面投影 c'，求作点 C 的水平投影 c（见图 2-19a）。

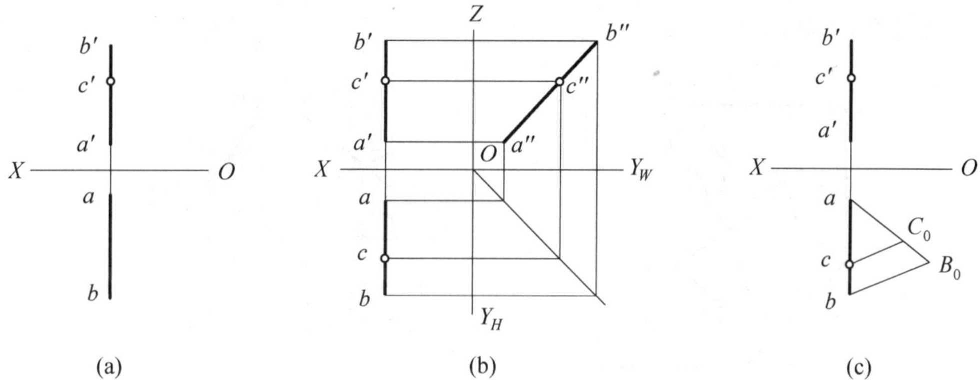

图 2-19　求直线上的点的另一投影

解　分析：由于 AB 为侧平线，其两面投影 ab、$a'b'$ 与 OX 轴垂直。求点 C 的水平投影，可用以下两种方法。

方法一：作出 AB 的第三面投影 $a''b''$，求出 c''，再求 c。

作图步骤（见图 2-19b）：

①作出 $a''b''$，再自 c' 作 OZ 轴的垂线交 $a''b''$ 于一点，即为 c''。

②根据 c'、c'' 作出水平投影 c。

方法二：根据定比性（$AC:CB = a'c':c'b' = ac:cb$）作图。

作图步骤（见图 2-19c）：

①自 a 作任一射线 aB_0，使 $aB_0 = a'b'$，并截取 $aC_0 = a'c'$。

②连 B_0b，过 C_0 作 B_0b 的平行线，交 ab 于 c，c 即为所求。

（二）两直线的相对位置

两直线的相对位置有平行、相交和交叉三种情况。前两种又称为同面直线，后一种称为异面直线。

1. 两直线平行

如果空间两直线互相平行，则它们的三对同面投影必定分别互相平行（见图 2-20）。

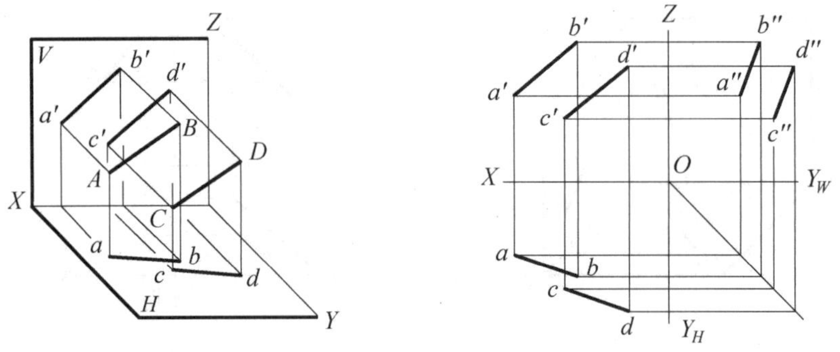

(a) (b)

图2-20 两直线平行

2. 两直线相交

如果空间两直线相交，则它们的三对同面投影必定分别相交，且交点符合同一点的投影特性（见图2-21）。

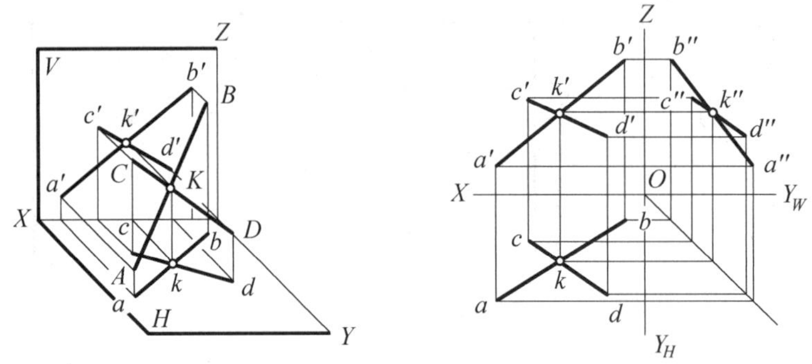

(a) (b)

图2-21 两直线相交

3. 两直线交叉

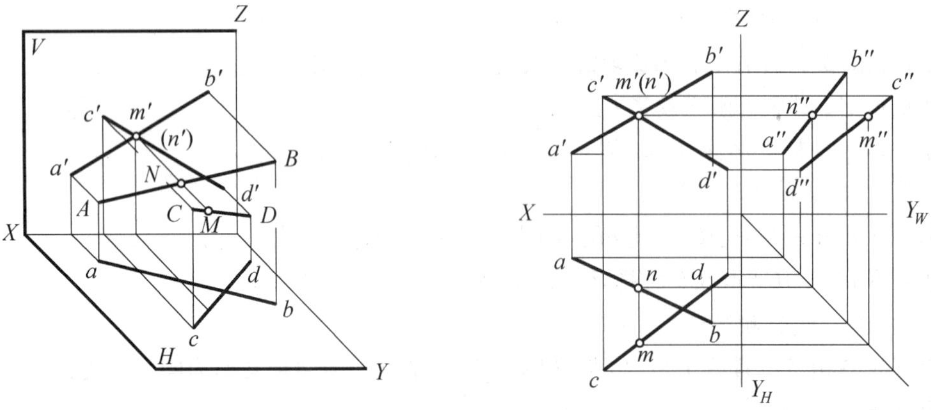

(a) (b)

图2-22 两直线交叉（一）

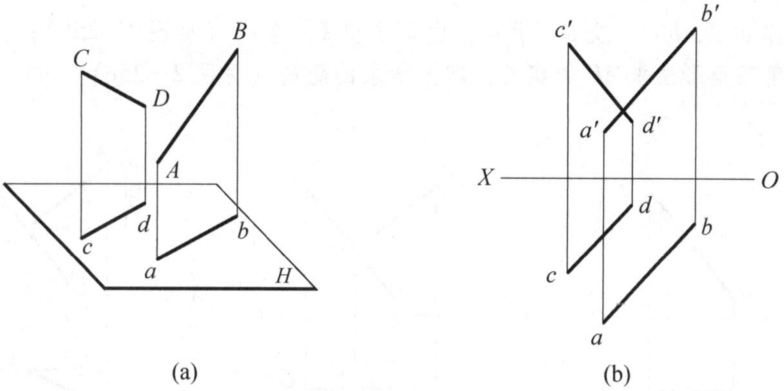

图 2-23　两直线交叉（二）

两条既不平行又不相交的直线称为交叉直线，其投影既不符合两直线平行的投影特性，又不符合两直线相交的投影特性（见图 2-22、图 2-23）。

五、直角投影定理

相交成直角的两条直线都不平行于某一投影面时，在该投影面上的投影不是直角。

若相交成直角的两直线中，有一条平行于某一投影面，则在该投影面上的投影仍然是直角。证明如下：

如图 2-24 所示，设 $AB \perp BC$，且 $AB /\!/ H$ 面。

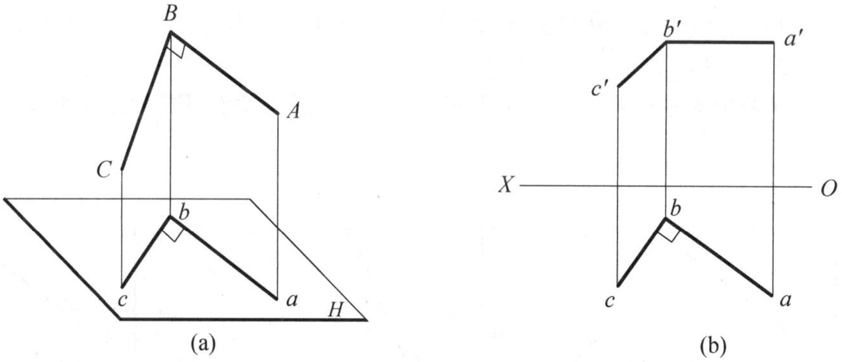

图 2-24　一边平行于投影面的直角的投影

因为 $AB \perp BC$，$AB \perp Bb$，所以 $AB \perp$ 平面 $BbcC$。又因为 $AB /\!/ H$ 面，故 $ab /\!/ AB$，所以 $ab \perp$ 平面 $BbcC$。于是 $ab \perp bc$，即 $\angle abc = 90°$。

例 2-4　试求点 A 到直线 BC 的距离（见图 2-25a）。

解　分析：求点 A 到直线 BC 的距离，应自 A 向 BC 作垂线，并求出垂足 K，连 AK 即为距离。若 AK 为一般位置直线时，在投影图上不反映实长，还需求其实长。由于 AB 是正平线，若 $AK \perp BC$，根据直角投影定理，则 $a'k' \perp b'c'$。

作图步骤：

①过 a' 作 $a'k' \perp b'c'$，交 $b'c'$ 于 k'，由 k' 求得 k，连 ak（见图2-25b）；

②用直角三角形法求 AK 的实长，即为所求的距离（见图2-25c）。

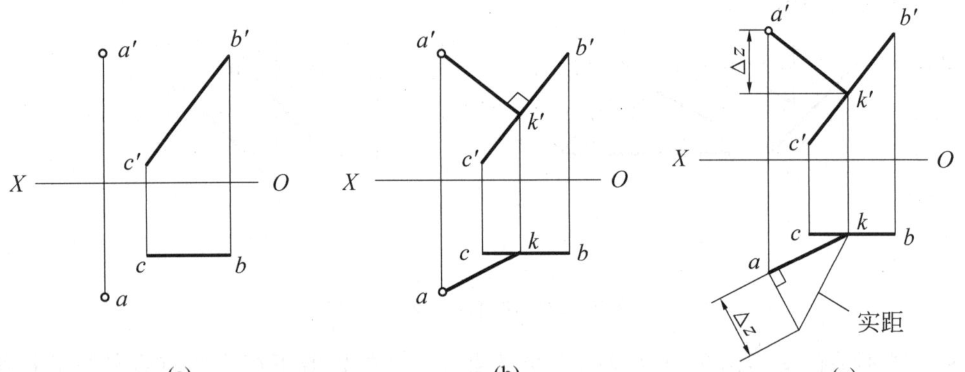

图2-25　求 A 到 BC 的距离

例2-5　求交叉两直线 AB、CD 间的距离（见图2-26a）。

解　分析：如图2-26b所示，AB、CD 的公垂线（设为 EF）的实长就是它们之间的距离。因为 AB 是铅垂线，所以 EF 必为水平线，又因为 $EF \perp CD$，根据直角投影定理，则 $ef \perp cd$；而 AB 的水平投影积聚为一点，E 在 AB 上，所以 E 的水平投影 e 与 $a(b)$ 重合。EF 的正面投影 $e'f' /\!/ OX$，水平投影 ef 则为实际距离。

作图步骤：

①过 $a(b)$ 作 $ef \perp cd$，交 cd 于 f，ef 为公垂线 EF 的水平投影，即为所求实际距离；由 f 求得 f'（见图2-26c）；

②过 f' 作 OX 轴的平行线，交 $a'b'$ 于 e'，连 $e'f'$，得公垂线 EF 的正面投影（见图2-26c）。

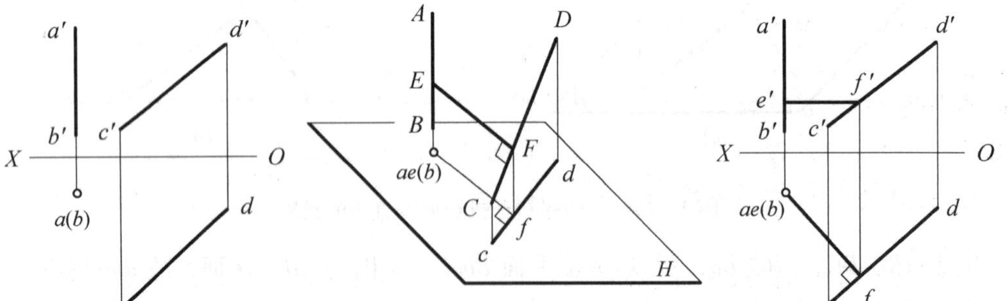

图2-26　求交叉两直线间的距离

第四节　平面的投影

一、平面的表示法

平面的投影通常用下列确定平面的几何元素的投影表示：不在同一直线上的三点的投影（见图2-27a）；一直线和直线外的一点的投影（见图2-27b）；相交两直线的投影（见图2-27c）；平行两直线的投影（见图2-27d）；任意平面图形的投影（见图2-27e）。

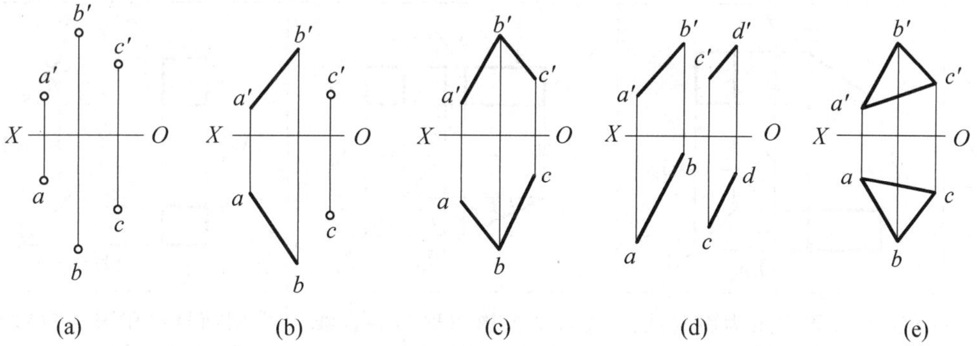

图2-27　平面的表示方法

二、平面对投影面的各种相对位置

平面相对投影面有三种相对位置：投影面垂直面、投影面平行面、一般位置平面。前两种统称为特殊位置平面。

平面与 H 面、V 面和 W 面的两面角，分别称为该平面对投影面 H、V 和 W 的倾角 α、β 和 γ。当平面平行于投影面时，倾角为 0°；当平面垂直于投影面时，倾角为 90°；当平面倾斜于投影面时，则倾角大于 0°，小于 90°。

（一）投影面垂直面

垂直于一个投影面而倾斜于另外两个投影面的平面，称为投影面垂直面。其中垂直于 V 面的平面，称为正垂面；垂直于 H 面的平面，称为铅垂面；垂直于侧面的平面，称为侧垂面。

表2-3列出了各种投影面垂直面的投影特性。由此可概括出投影面垂直面的投影特性：

（1）与平面垂直的投影面上的投影积聚为一条直线，并反映平面对另外两个投影面的真实倾角。

（2）其余两面投影为类似的平面图形，面积缩小。

（二）投影面平行面

平行于一个投影面，必定垂直于另外两个投影面的平面，称为投影面平行面。其中平行于 V 面的平面，称为正平面；平行于 H 面的平面，称为水平面；平行于 W 面的平面，称为侧平面。

表2-3 投影面垂直面

名称	正垂面	铅垂面	侧垂面
立体图	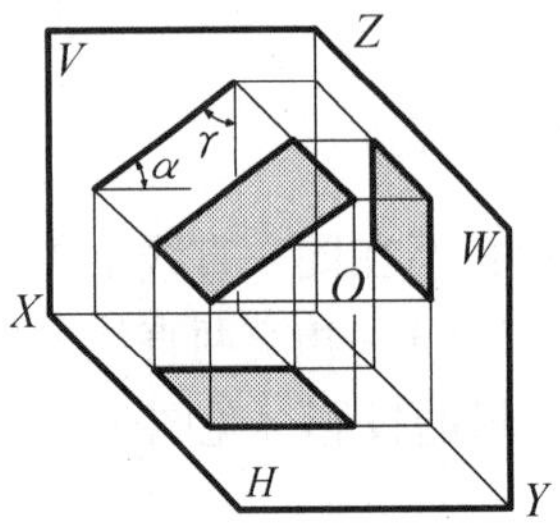	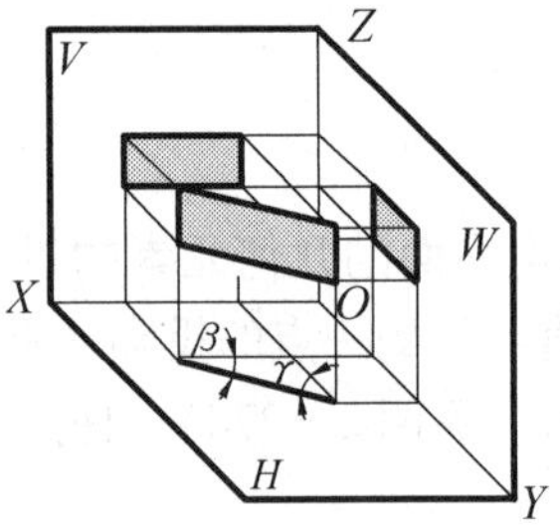	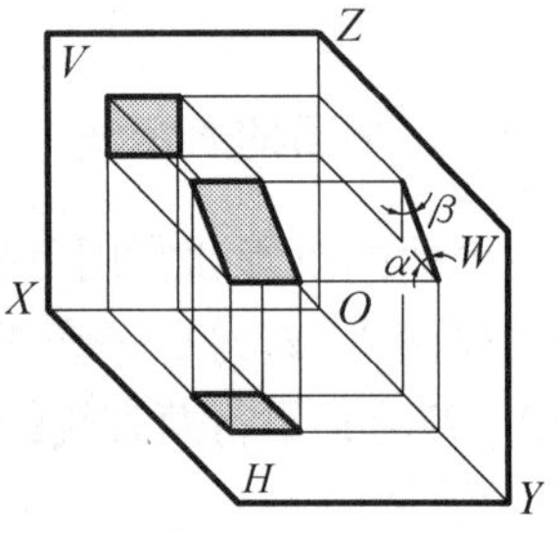
投影图	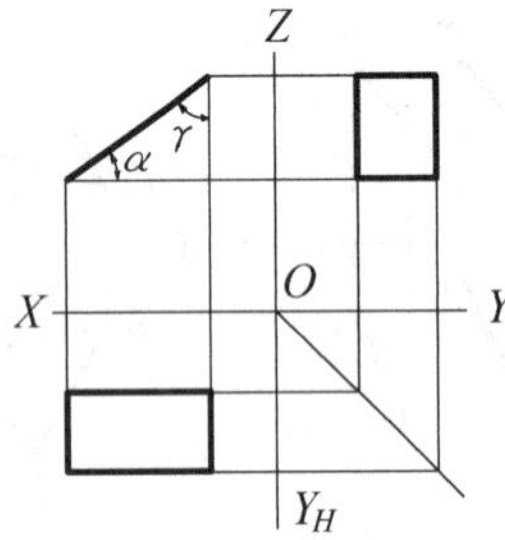	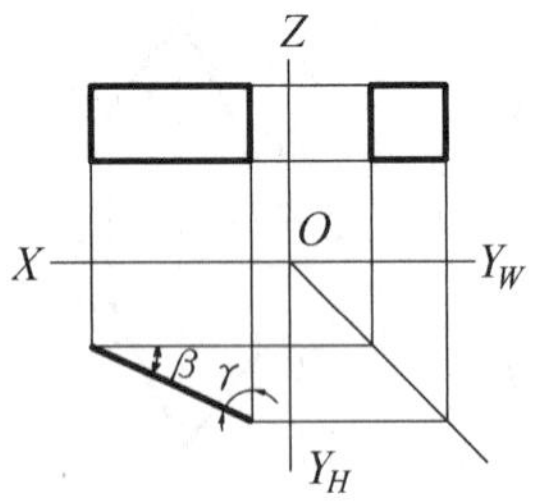	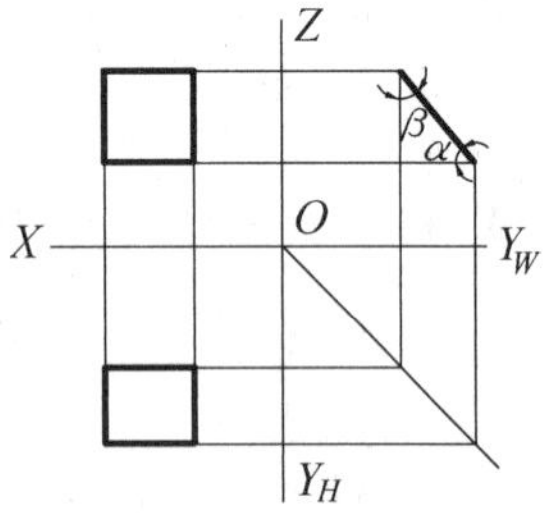
投影特性	①正面投影积聚为斜直线，并反映真实倾角 α、γ ②水平投影、侧面投影为类似的平面图形，面积缩小	①水平投影积聚为斜直线，并反映真实倾角 β、γ ②正面投影、侧面投影为类似的平面图形，面积缩小	①侧面投影积聚为斜直线，并反映真实倾角 β、α ②水平投影、正面投影为类似的平面图形，面积缩小

表2-4列出了各种投影面平行面的投影特性。由此可概括出投影面平行面的投影特性：

表2-4 投影面平行面

名称	正平面	水平面	侧平面
立体图	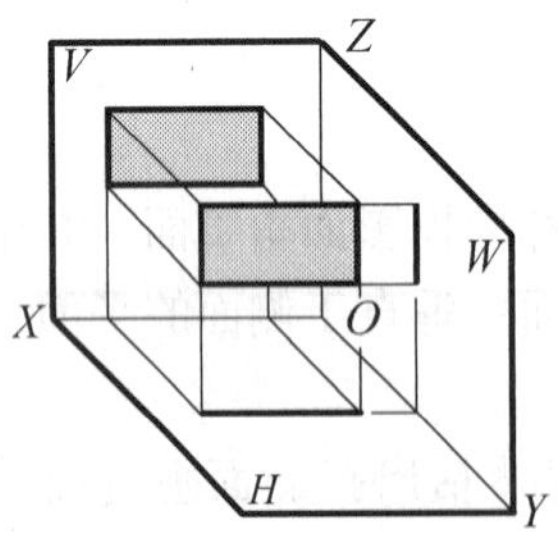	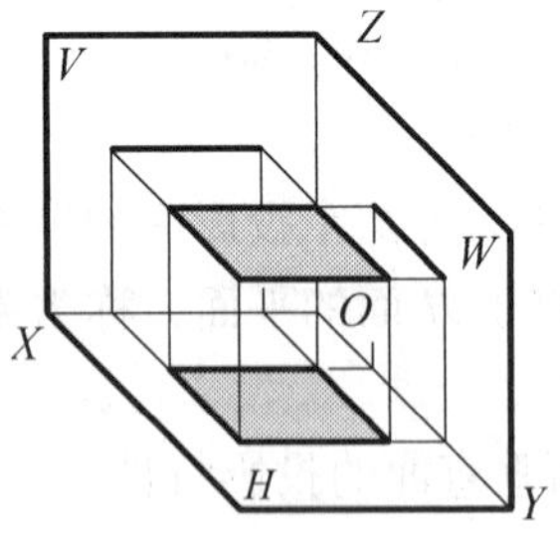	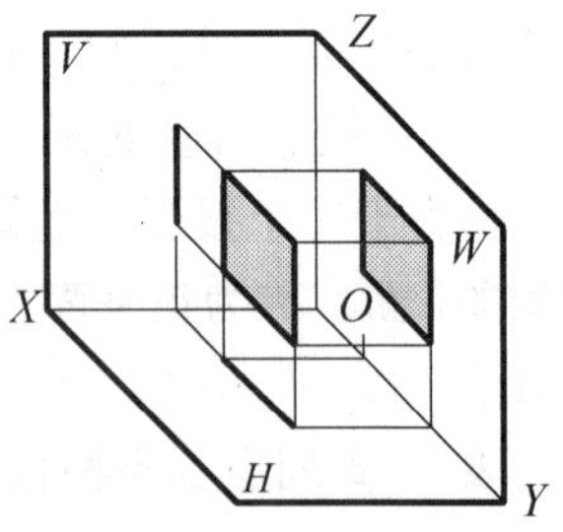
投影图	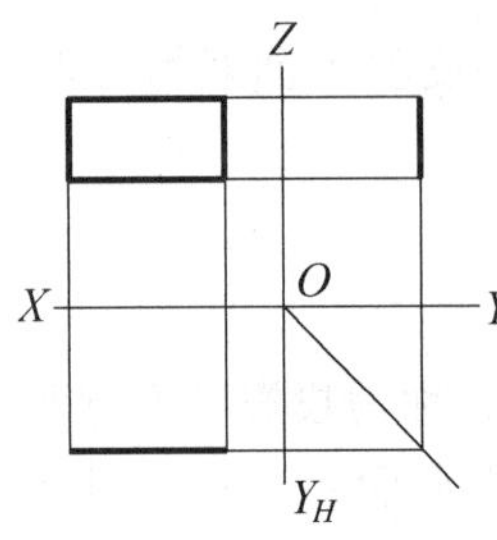	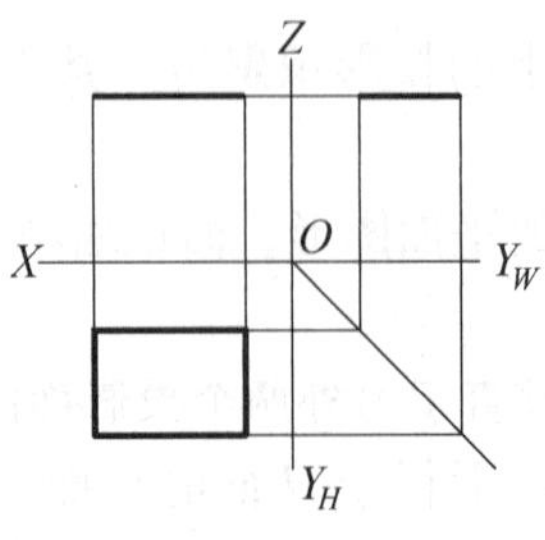	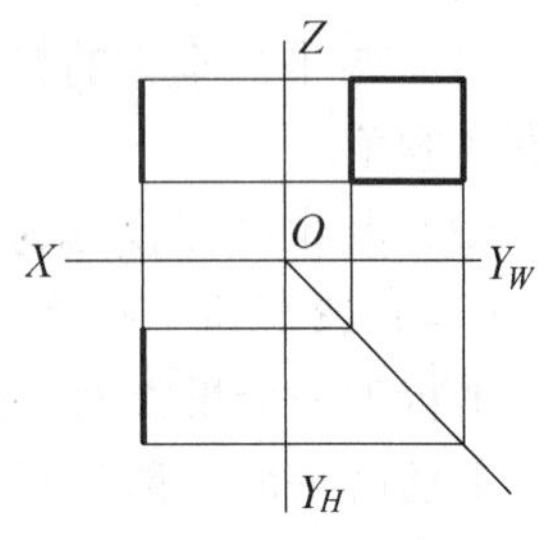

（续表2－4）

名称	正平面	水平面	侧平面
投影特性	①正面投影反映实形 ②水平投影、侧面投影积聚为直线，分别平行于 OX、OZ	①水平投影反映实形 ②正面投影、侧面投影积聚为直线，分别平行于 OX、OY_W	①侧面投影反映实形 ②水平投影、正面投影积聚为直线，分别平行于 OY_H、OZ

（1）与平面平行的投影面上的投影反映平面实形。

（2）另外两面投影积聚为直线，并平行于相应的投影轴。

（三）一般位置平面

与三个投影面都倾斜的平面，称为一般位置平面。

如图2－28所示，$\triangle ABC$ 对三个投影面都倾斜，它的三个投影都是类似的面积缩小的平面图形，都不反映该平面对投影面的真实倾角。

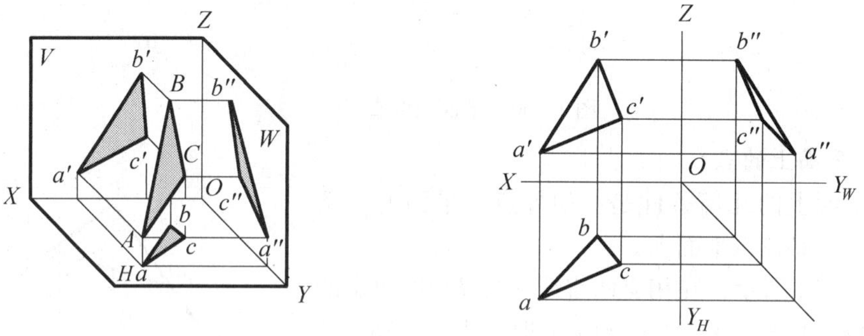

图2－28　一般位置平面

三、属于平面的点和直线

（一）平面上的直线

直线在平面上的几何条件是：直线通过平面上的两点或通过平面上的一点，并且平行

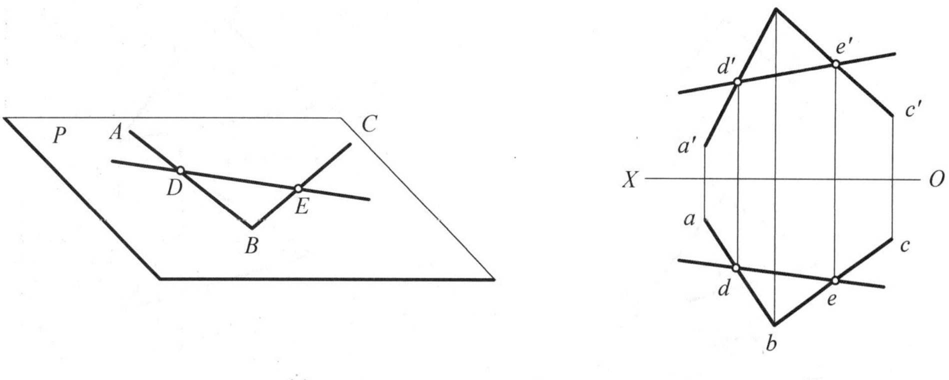

图2－29　平面上取直线（一）

于平面上的任一直线。

如图2－29所示，两相交直线 *AB* 和 *BC* 决定一平面 *P*。点 *D* 在直线 *AB* 上，点 *E* 在直线 *BC* 上，则过 *D*、*E* 两点的直线必定在平面 *P* 上。

又如图2－30所示，相交两直线 *DE*、*EF* 决定一平面 *Q*。过 *DE* 上的点 *M* 作 *MN*∥*EF*，则直线 *MN* 必定在平面 *Q* 上。

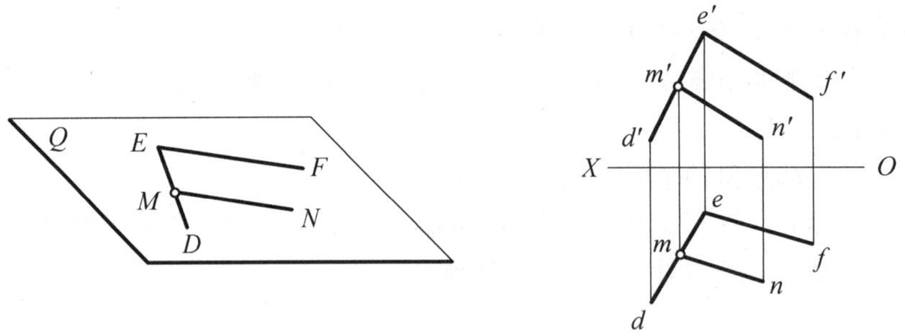

(a) (b)

图2－30 平面上取直线（二）

（二）平面上的点

点在平面上的几何条件是：如果点在平面的一条直线上，此点必在该平面上。

如图2－31所示，在相交两直线 *AB*、*BC* 所决定的平面上，取一直线 *MN*，再在 *MN* 上取一点 *E*，则点 *E* 必在该平面上。

综上所述，在投影图中，要在平面上取直线，必须先在平面上的已知线上取点；要在平面上取点，则必须先在平面上取直线，然后再在此直线上取点。

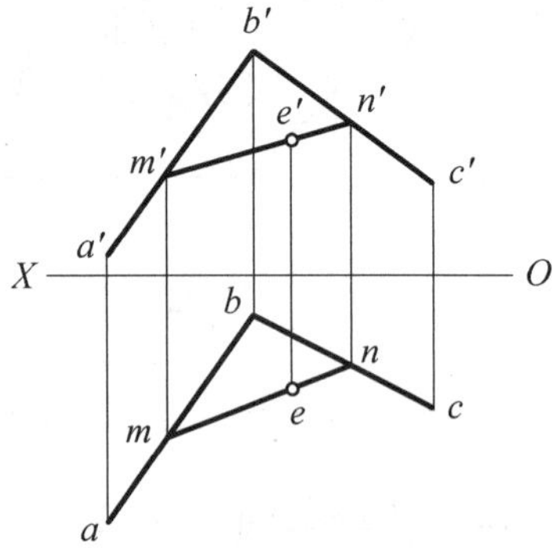

图2－31 平面上取点

例2－6 试判断点 *D* 是否在平面△*ABC* 上（见图2－32a）。

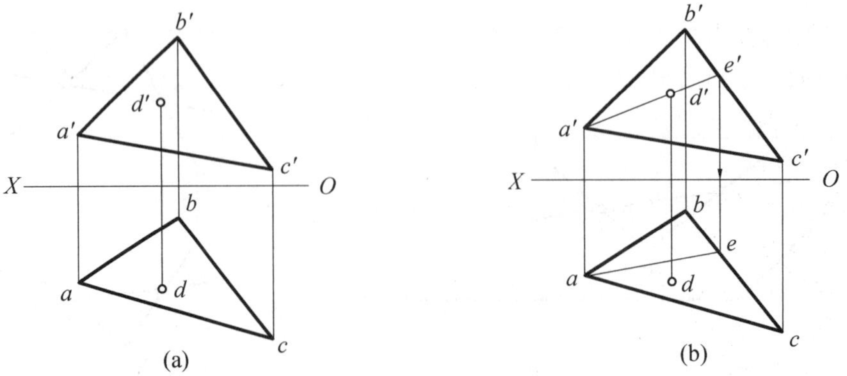

(a) (b)

图2－32 判断点 *D* 是否在△*ABC* 上

解　分析：若点 D 在 $\triangle ABC$ 平面的一条直线上，则点 D 就在 $\triangle ABC$ 上；否则就不在 $\triangle ABC$ 上。

判断方法（见图 2-32b）：连 $a'd'$ 并延长交 $b'c'$ 于 e'，再求出 e，连 ae，则 AE 在平面 $\triangle ABC$ 上。因为 d 不在 ae 上，所以可判断出点 D 不在直线 AE 上，即不在平面 $\triangle ABC$ 上。

例 2-7　已知平面四边形 $ABCD$ 的水平投影 $abcd$ 和正面投影 $a'b'c'$，试完成该四边形的正面投影（见图 2-33a）。

解　分析：四边形 $ABCD$ 的四个顶点在同一平面上，而 A、B、C 三点的两面投影已知，即该平面的位置已经确定。根据平面上取点的方法求出点 D 的正面投影，即可完成四边形的正面投影。

作图步骤（见图 2-33b）：

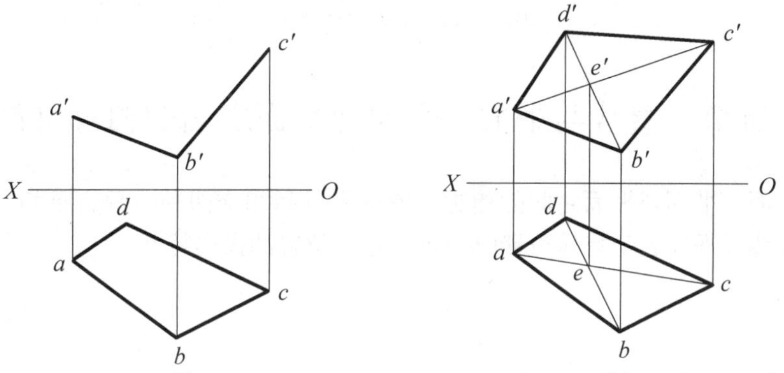

图 2-33　完成四边形的投影

①连接 ac 及 bd，得交点 e。

②连接 $a'c'$，由 e 作 e'。

③连接 $b'e'$ 并延长，过 d 作投影连线与 $b'e'$ 的延长线交于 d'。

④连接 $a'd'$ 和 $c'd'$，即完成四边形的正面投影。

四、圆的投影

当圆平面与投影面平行时，圆的投影仍然为圆（实形）（见图 2-34）。

当圆平面与投影面垂直时，圆的投影积聚为直线段。

当圆平面与投影面倾斜时，圆的投影为椭圆。如图 2-35所示，圆心为 E 的圆其所在平面垂直于 V 面，则其正面投影积聚为一倾斜于投影轴的直线段，长度等于圆的直径；水平投影为一椭圆。为了确定椭圆的长轴和短轴，在圆上取一对互相垂直的直径 AB 和 CD，椭圆的长轴为直径 AB（正垂线）的水平投影 ab，长度等于直径；短轴 $cd \perp ab$，是直径 CD（正平线）的水平投影。

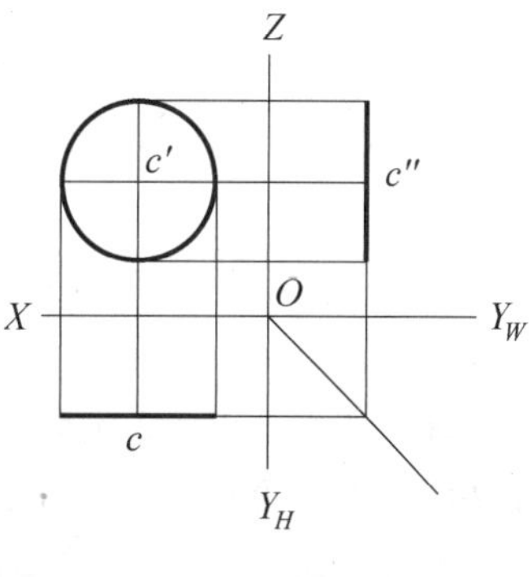

图 2-34　正平圆的投影

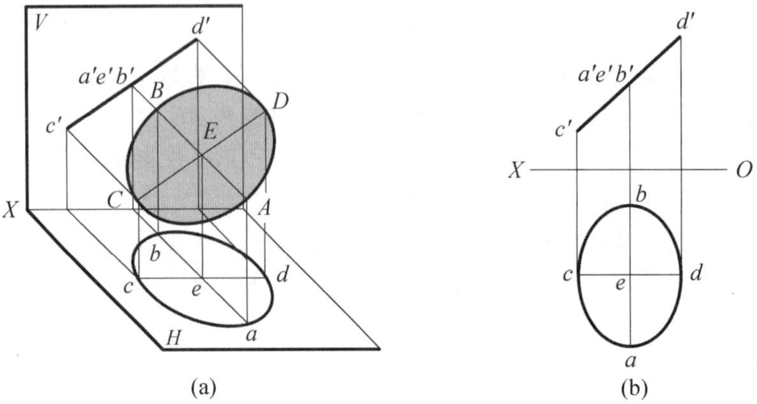

图 2-35 正垂圆的投影

第五节 直线与平面、平面与平面之间的相对位置

直线与平面、平面与平面之间的相对位置有平行和相交两种，垂直是相交中的特例。下面介绍当直线或平面处于特殊位置时两者的相对位置的投影特性。

一、平行

（一）直线与特殊位置平面平行

若直线与特殊位置平面平行，则该直线的投影平行于平面有积聚性的同面投影。

如图 2-36 所示，直线 *AB* 平行于铅垂面 *CDEF*，则 *ab*//*c*(*d*)（*e*）*f*。

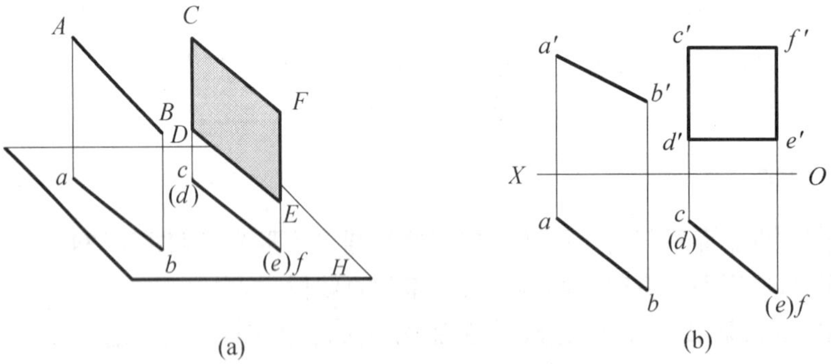

图 2-36 直线与投影面垂直面平行

例 2-8 已知△*ABC* 和其外的一点 *D*，试过点 *D* 作正平线 *DE* 与△*ABC* 平行（见图 2-37a）。

解 分析：由于△*ABC* 是一正垂面，根据上述投影特性，*DE* 的正面投影 *d′e′* 平行于△*ABC* 的正面投影 *a′b′c′*。又因为 *DE* 是正平线，所以 *de*//*OX*。

作图步骤（见图 2-37b）：

（1）过 *d′* 作 *d′e′*//*a′b′c′*。

（2）过 d 作 OX 的平行线，与过 e' 作的投影连线相交得 e；de 即为 DE 的水平投影。

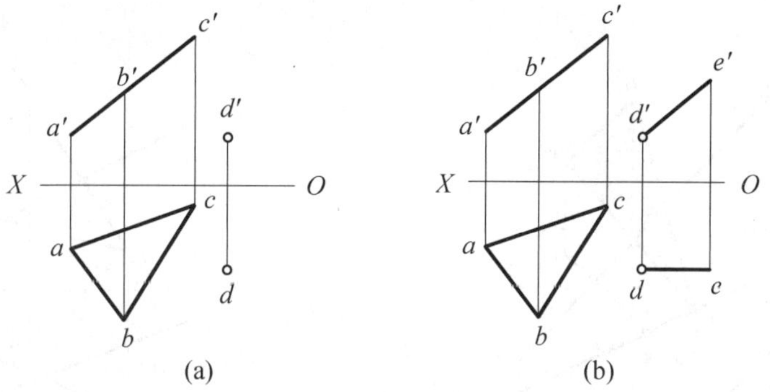

图 2－37　过已知点作直线平行于一已知平面

（二）两特殊位置平面互相平行

若两个投影面垂直面互相平行，则它们有积聚性的同面投影互相平行。

如图 2－38 所示，△ABC 与矩形 $DEFG$ 互相平行，且垂直于 H 面，则它们的水平投影都积聚为直线，并且互相平行，即 $abc \parallel d(e)(f)g$。

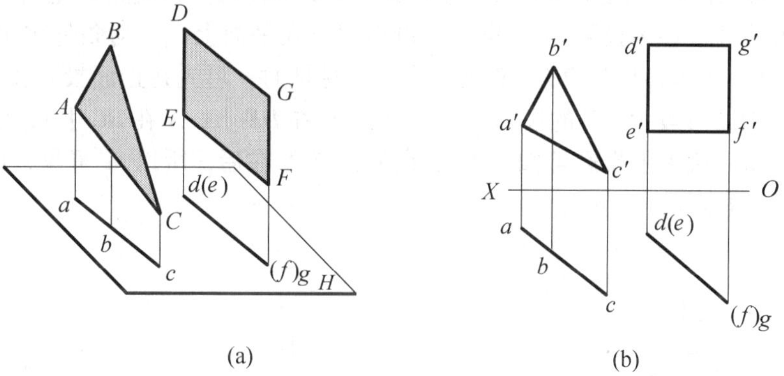

图 2－38　两投影面垂直面互相平行

二、相交

（一）直线与平面相交

直线与平面相交，关键是求出交点，即直线和平面的公有点。作图时，除了要求出交点的投影外，还要判断直线的投影可见性。

1. 直线与投影面垂直面相交

直线与投影面垂直面相交，其交点的一个投影为直线与平面有积聚性的投影的同面投影的交点。

如图 2－39 所示，直线 DE 与铅垂面△ABC 相交，交点 K 是 DE 和△ABC 的共有点，其水平投影 k 必在 DE 的水平投影 de 与△ABC 有积聚性的投影 abc 的交点上；再求出正面投影 k'。根据水平投影可知，EK 线段在△ABC 的前方，KD 线段在△ABC 的后方，因此，

$e'k'$为可见，画成粗实线；$k'd'$与$\triangle ABC$正面投影重合部分为不可见，画成虚线，k'为可见与不可见的分界点。

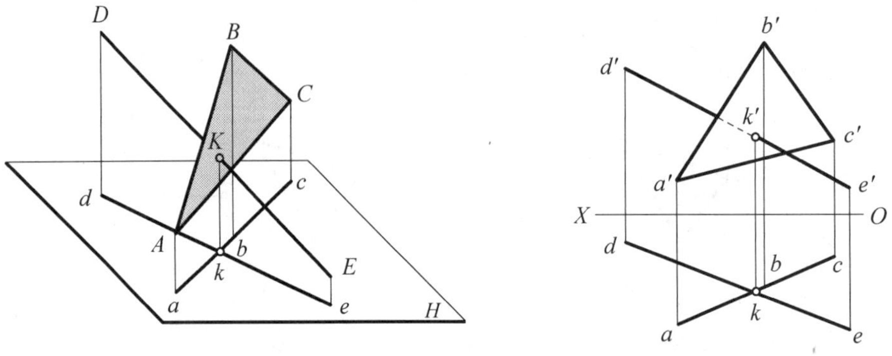

(a)　　(b)

图 2-39　直线与投影面垂直面相交

2. 投影面垂直线与一般位置平面相交

平面与投影面垂直线相交，其交点的一个投影与直线的有积聚性的投影重合。

如图 2-40 所示，铅垂线 DE 与一般位置平面$\triangle ABC$ 相交，交点 K 是共有点，其水平投影 k 与 DE 有积聚性的投影 $d(e)$重合；再根据点在平面上的几何条件求出其正面投影 k'。如图 2-40c 所示，判断 DE 的正面投影的可见性时，可先在正面投影找 DE 与$\triangle ABC$ 的边 BC 的一对重影点 M、N 的投影 m'、n'（设 M 在 DE 上，N 在 BC 上），作出 M、N 的水平投影 m、n，从水平投影可知，点 M 在前，点 N 在后，所以 m'可见，即 $m'k'$可见，而$k'e'$与 $a'b'c'$重合部分不可见。

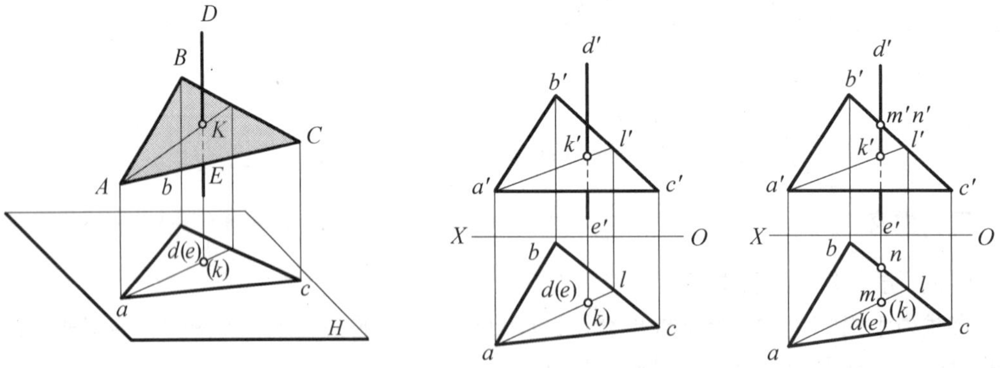

(a)　　(b)　　(c)

图 2-40　投影面垂直线与一般位置平面相交

（二）平面与特殊位置平面相交

平面与平面相交，交线是两平面的共有线。求交线时，可以先求出两平面的两个共有点，再连成交线。

平面与特殊位置平面相交，其交线的一个投影必在特殊位置平面有积聚性的投影上。

如图2-41a、b所示，$\triangle ABC$与矩形$DEFG$相交。因为矩形$DEFG$是铅垂面，所以其交线MN的水平投影m、n必在矩形$DEFG$的有积聚性的投影$d(e)(f)g$上。m、n分别是$d(e)(f)g$与ab、ac的交点。其正面投影$m'n'$可根据M在AB上、N在AC上求得。如图2-41c所示，从水平投影可以看出，$\triangle ABC$在交线MN右边的部分，位于矩形之前，所以$\triangle ABC$的正面投影在$m'n'$右边的部分为可见，左边部分与$d'(e')(f')g'$重合的部分为不可见。

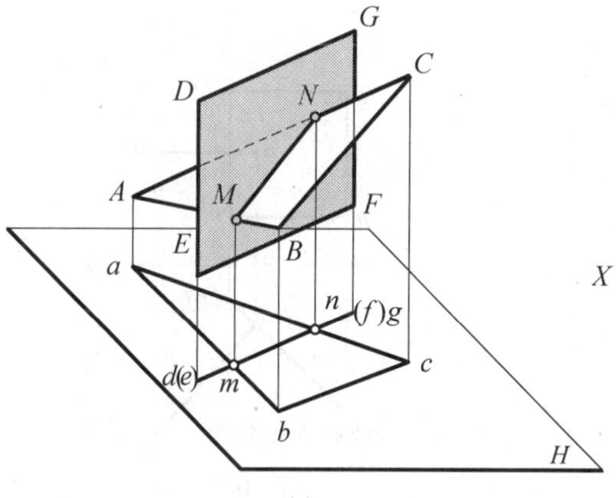

(a)　(b)　(c)

图2-41　平面与特殊位置平面相交

例2-9　作两正垂面$\triangle ABC$、$\triangle DEF$的交线，并判断可见性（见图2-42a）。

解　因为两三角形都是正垂面，所以它们的交线必为正垂线，因此$a'b'c'$与$d'e'f'$的交点$m'(n')$即为交线MN的正面投影。由$m'(n')$作投影连线，在两三角形的水平投影重合的范围内确定mn，即为交线MN的水平投影，如图2-42b所示。以mn为分界线，根据正面投影反映的两三角形的上下位置关系，可判断其水平投影重合部分的可见性。

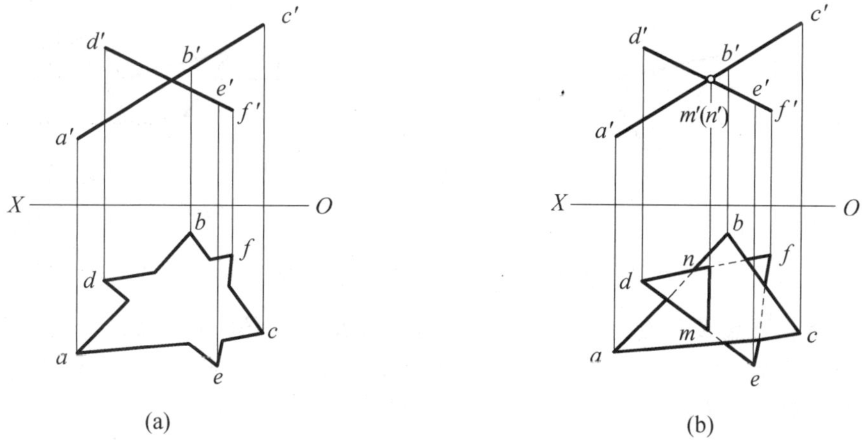

(a)　(b)

图2-42　求两正垂面相交的交线

三、垂直

（一）直线与投影面垂直面垂直

若直线垂直于投影面垂直面，则此直线平行于该平面所垂直的投影面，该直线的投影一定垂直于平面有积聚性的同面投影。

如图2－43所示，直线 AB 垂直于铅垂面矩形 $CDEF$，则 $AB /\!/ H$，其水平投影 $ab \perp c(d)(e)f$，正面投影 $a'b' /\!/ OX$。

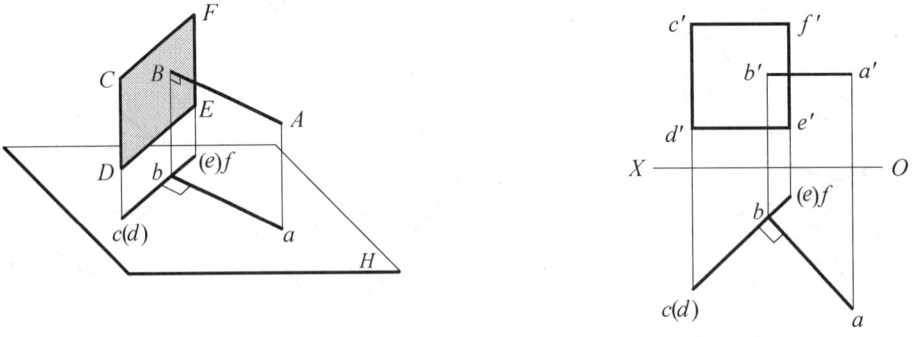

(a) (b)

图2－43　直线与投影面垂直面垂直

例2－10　求点 K 到 $\triangle ABC$ 的距离（见图2－44a）。

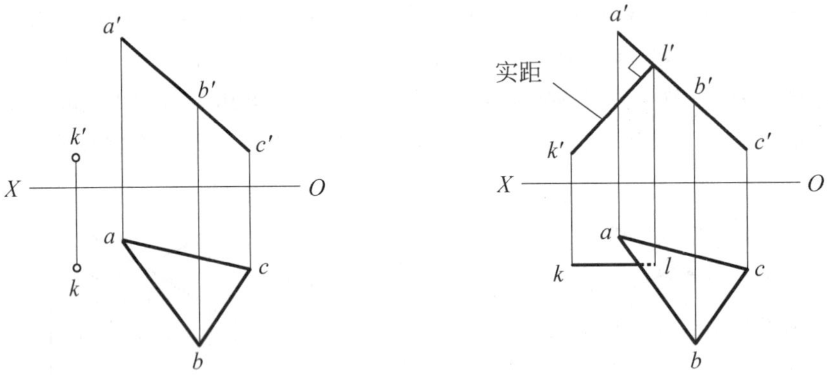

(a) (b)

图2－44　求一点到平面的距离

解　分析：求点 K 到 $\triangle ABC$ 的距离，就是过点 K 作 $\triangle ABC$ 的垂线，得垂足 L，KL 的长度就是所求距离。从已知条件可知，$\triangle ABC$ 为正垂面，所以 KL 必为正平线，从上述投影特性可知，$k'l' \perp a'b'c'$，$k'l'$ 反映 kl 的实长；$kl /\!/ OX$。

作图步骤（见图2－44b）：

①过 k' 作 $a'b'c'$ 的垂线，得垂足 l'，连 $k'l'$，即为垂线 KL 的正面投影（反映实际距离）。

②过 k 作 OX 的平行线，与自 l' 作的投影连线交于点 l，连 kl，即为垂线 KL 的水平投

影（注：kl 在 abc 范围内的一小段不可见）。

（二）两投影面垂直面互相垂直

若垂直于同一投影面的两个平面互相垂直，则它们在该投影面上的有积聚性的投影互相垂直。

如图 2-45 所示，四边形 $ABCD \perp$ 四边形 $CDEF$，且两平面都是铅垂面，则它们的水平投影互相垂直，即 $a(b)(c)d \perp (c)de(f)$。

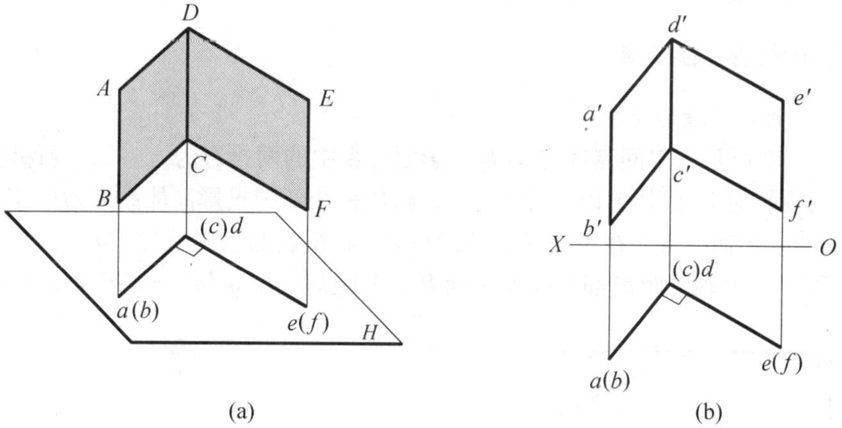

图 2-45　两铅垂面互相垂直

第六节　换　面　法

一、换面法的概念

如图 2-46 所示，$\triangle ABC$ 在 V/H 投影面体系中是一个铅垂面，两个投影都不反映实形。现作一个与 H 面垂直，并且与$\triangle ABC$ 平行的新投影面 V_1。由 V_1 面与 H 面构成一个新

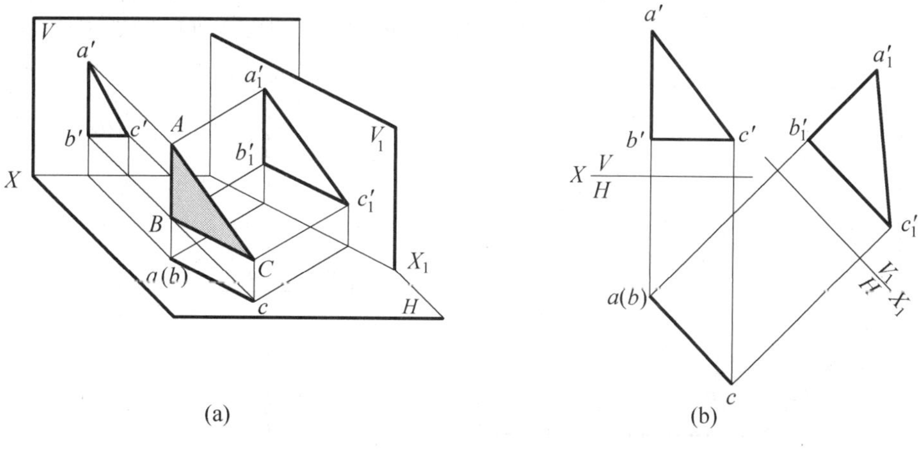

图 2-46　换面法

的投影面体系 V_1/H。因$\triangle ABC$是 V_1 的平行面，故它在 V_1 面上的投影反映实形。将 V_1 面展开到与 H 面重合，就可得到反映实形的新投影 $a_1'b_1'c_1'$。

如上所述，用一个新的投影面代替原投影面体系中的某一投影面，构成一个新投影面体系，使几何要素相对于新投影面位于有利于解题的位置，这种方法称为换面法。

新投影面的设立应满足下面两个条件：

（1）垂直于原投影面体系中的一个投影面。

（2）使几何要素位于有利于解题的位置。

二、点的投影变换规律

（一）点的一次投影变换

如图 2－47 所示，空间点 A 在 V/H 投影面体系中的两投影为 a'、a，现保留 H 面，设立一个新的投影面 V_1 代替 V 面，使 $V_1 \perp H$，构成一个新的投影面体系 V_1/H。V_1 与 H 的交线 X_1 为新的投影轴。点 A 在 V_1 面的投影为 a_1'。根据点的投影特性，$a_1'a \perp X_1$，a_1'到 X_1 轴的距离和 a'到 X 轴的距离都反映点 A 到 H 面的距离，即 $a_1'a_{X_1} = a'a_X = Aa = z_A$。

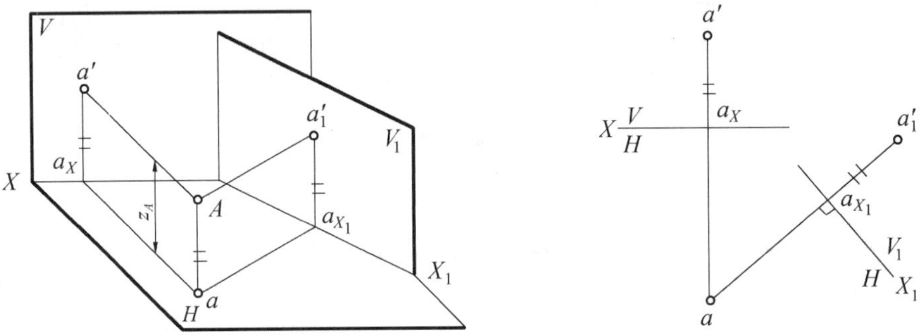

(a) (b)

图 2－47 点的一次换面（变换 V 面）

又如图 2－48 所示，原有投影面体系 V/H，现保留 V 面，设立新投影面 H_1，构成新的投影面体系 V/H_1。A 在 H_1 的投影为 a_1，则有 $a_1a' \perp X_1$，$a_1a_{X_1} = aa_X = Aa' = y_A$。

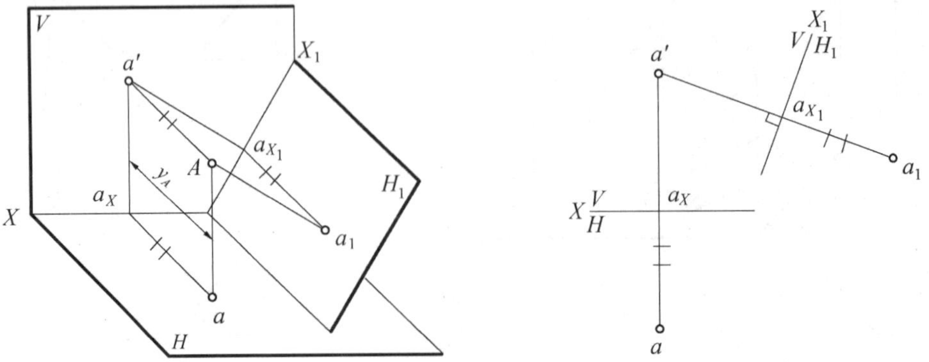

(a) (b)

图 2－48 点的一次换面（变换 H 面）

综上所述，可得出点的新投影、旧投影和保留投影三者之间的投影关系：

（1）新投影与保留投影的连线垂直于新投影轴。

（2）新投影到新投影轴的距离等于旧投影到旧投影轴的距离。

因此，可得投影变换的基本作图方法（见图2-47b，图2-48b）：

（1）在适当位置作新投影轴。

（2）过保留的投影作投影连线垂直于新投影轴。

（3）在投影连线上量取距离等于旧投影到旧投影轴的距离，即可得到新投影。

（二）点的二次投影变换

用换面法解题时，有时变换一次投影面还不能解决问题，就需要变换二次或多次。二次变换是在一次变换的基础上继续变换，其原理和作图方法与一次变换相同。要特别注意的是，每次只能变换一个投影面，而且新投影面要交替变换，即：$V/H \rightarrow V_1/H \rightarrow V_1/H_2$ 或 $V/H \rightarrow V/H_1 \rightarrow V_2/H_1$。

如图2-49所示，要对点A的投影进行二次变换，第一次变换时保留H面，设立新投影面V_1替换V面，新投影轴为X_1；第二次变换时，保留V_1面，设立新投影面H_2替换H面，新投影轴为X_2。

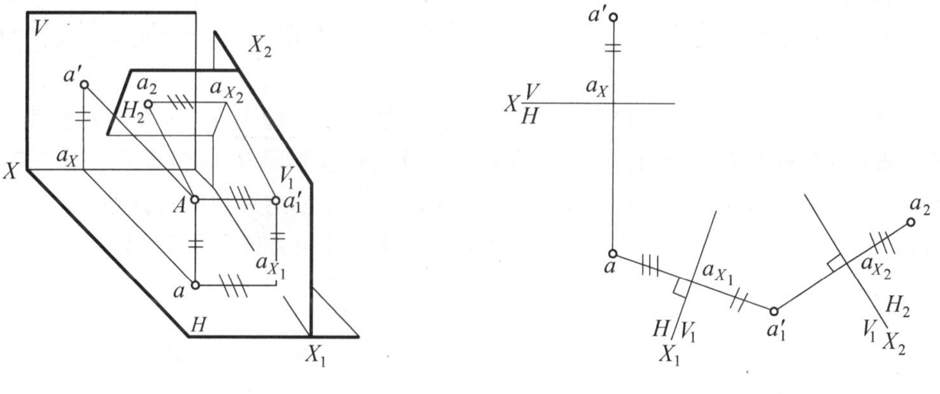

图2-49　点的两次变换

作图步骤（图2-49b）：

（1）作新投影轴X_1，自a作投影连线垂直于X_1，在该投影连线上量取$a_1'a_{X_1}=a'a_X$，得到第一次变换后的新投影a_1'。

（2）作新投影轴X_2，自a_1'作投影连线垂直于X_2，在该投影连线上量取$a_2a_{X_2}=aa_{X_1}$，得到第二次变换后的新投影a_2。

三、直线的投影变换

（一）将一般位置直线变换成投影面平行线

通过一次变换，可将一般位置直线变换成投影面平行线。

如图2-50a所示，直线AB在V/H投影面体系中是一般位置直线。现设立一个与AB

平行的新投影面 V_1，构成新投影面体系 V_1/H。因为 $AB /\!/ V_1$，所以 AB 在 V_1 面上的投影反映实长及倾角 α。

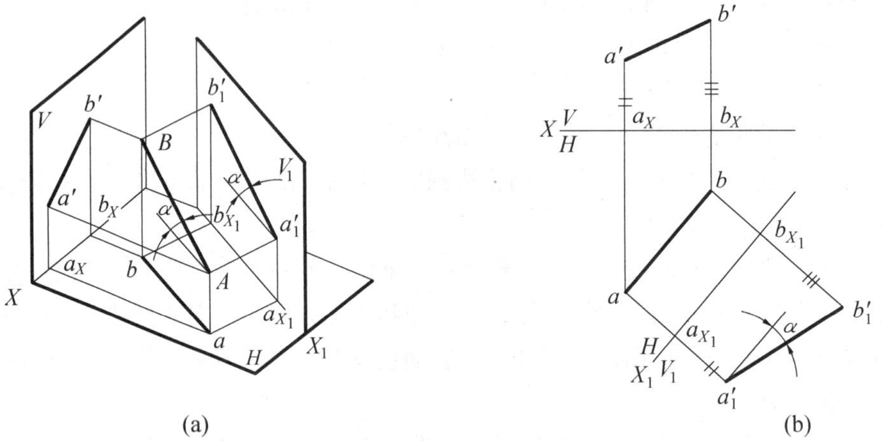

图 2-50 将一般位置直线变换成投影面平行线

作图步骤（见图 2-50b）：

（1）保留水平投影 ab，作 $X_1 /\!/ ab$。

（2）自 a、b 作投影连线垂直于 X_1，在该投影连线上量取 $a_1'a_{X_1}=a'a_X$，$b_1'b_{X_1}=b'b_X$，得新投影 a_1'、b_1'。

（3）连 a_1'、b_1'，即为 AB 的实长；$a_1'b_1'$ 与 X_1 的夹角，即为 AB 对 H 面的倾角 α。

若求直线 AB 对 V 面的倾角 β，则保留 V 面，设立新投影面 H_1 替换 H 面。作图时保留正面投影 $a'b'$，作 $X_1 /\!/ a'b'$，求得新投影 a_1b_1，a_1b_1 与 X_1 轴的夹角即为 β 角。

例 2-11 过点 C 作直线 CD，使其与直线 AB 垂直且相交（见图 2-51a）。

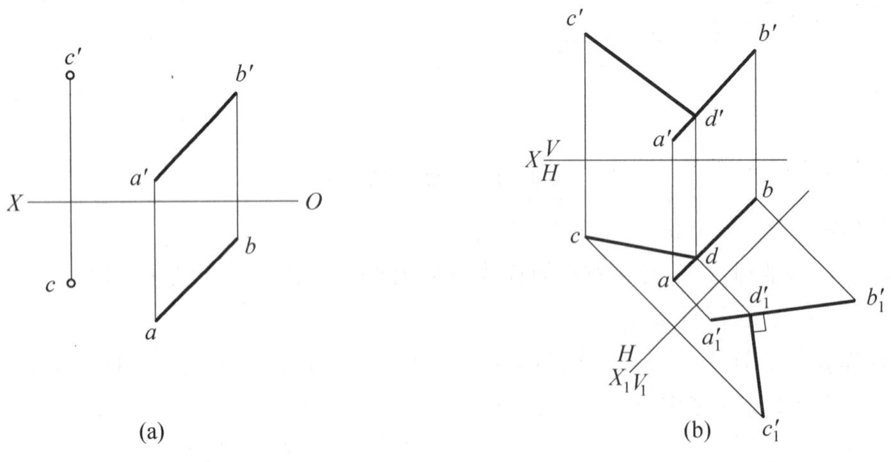

图 2-51 过点 C 作直线 AB 的垂线

解 分析：因为 AB 是一般位置直线，过点 C 作其垂线 CD，两直线的垂直关系不能直接从两面投影中作出。若将 AB 变换成投影面平行线，则可根据直角投影定理作图。

作图步骤（见图 2－51b）：

（1）保留 H 面，设立 V_1 面，作 $X_1 /\!/ ab$，按投影变换作图方法作出 AB 与点 C 的新投影 $a_1'b_1'$ 和 c_1'。

（2）过 c_1' 作 $a_1'b_1'$ 的垂线，交于 d_1'。

（3）由 d_1' 作 d，再由 d 作 d'，连 cd 和 $c'd'$，即得垂线 CD 的两面投影。

（二）将一般位置直线变换成投影面垂直线

要把一般位置直线变换成投影面垂直线，必须通过两次连续变换。第一次变换，先将直线变换成投影面平行线；第二次变换，将其变换成投影面垂直线。

如图 2－52 所示，将一般位置直线 AB 变换成 H_2 面的垂直线。第一次变换，保留 H 面，设立与 AB 平行的 V_1 面；第二次变换，保留 V_1 面，设立与 AB 垂直的 H_2 面。

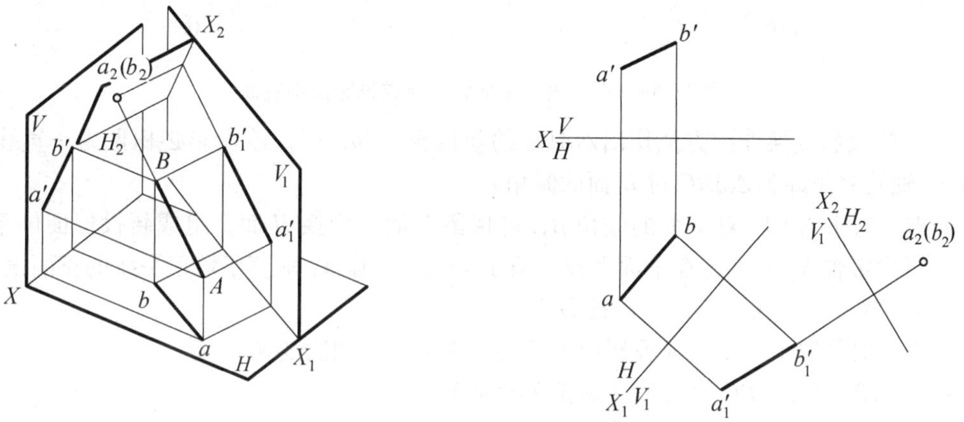

(a) (b)

图 2－52 将一般位置直线变换成投影面垂直线

作图步骤（见图 2－52b）：

（1）作 $X_1 /\!/ ab$，作出 V_1 面上的投影 $a_1'b_1'$。

（2）作 $X_2 \perp a_1'b_1'$，作出 H_2 面上的投影 $a_2(b_2)$（积聚为一点）。

四、平面的投影变换

（一）将一般位置平面变换成投影面垂直面

通过一次变换，可将一般位置平面变换成投影面垂直面。

如图 2－53 所示，$\triangle ABC$ 在投影面体系 V/H 中是一般位置平面，现设立一新投影面 V_1 与 $\triangle ABC$ 垂直，组成新投影面体系 V_1/H。两平面垂直的几何条件是：一平面通过另一平面的垂线。因此，要使 $V_1 \perp \triangle ABC$，且 $V_1 \perp H$，则必须在 $\triangle ABC$ 上作一条 H 面的平行线 AD，只要 $V_1 \perp AD$，则 $V_1 \perp \triangle ABC$，且 $V_1 \perp H$。这样，$\triangle ABC$ 在 V_1 面上的投影便积聚为直线段，并反映倾角 α。

作图步骤（见图 2－53b）：

（1）在 $\triangle ABC$ 上作一水平线 AD 的两面投影 $a'd'$ 和 ad。

（2）保留水平投影，作 $X_1 \perp ad$。

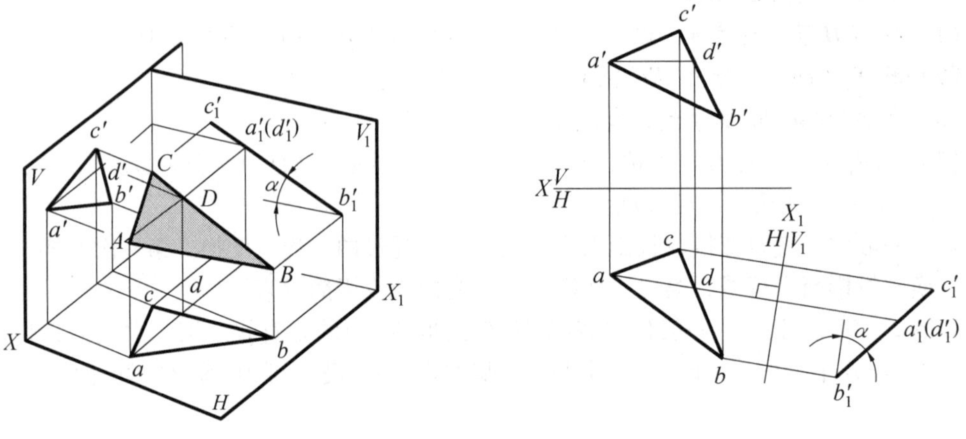

(a) (b)

图 2－53　将一般位置平面变换成投影面垂直面

(3) 按投影变换作图方法作出△*ABC* 的新投影 $a_1'b_1'c_1'$，该投影必积聚为一直线段，它与 X_1 轴的夹角即为△*ABC* 对 *H* 面的倾角 α。

同理，若求△*ABC* 对 *V* 面的倾角 β，可保留 *V* 面，变换 *H* 面，组成新投影面体系 V/H_1。作新投影轴 X_1 时，先在平面上找一条正平线，再作 X_1 垂直于该正平线的正面投影。

(二) 将一般位置平面变换成投影面平行面

要将一般位置平面变换成投影面平行面，必须连续两次变换。

例 2－12　求△*ABC* 的实形（见图 2－54a）。

解　分析：△*ABC* 是一般位置平面，要求其实形可通过两次变换：先将△*ABC* 变换成 V_1 的垂直面，再将其变换成 H_2 的平行面。

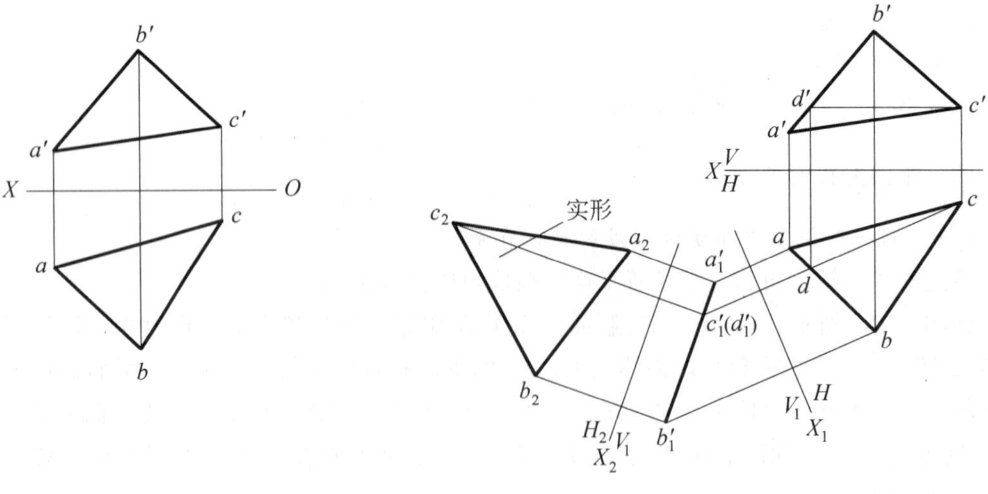

(a) (b)

图 2－54　求一般位置平面的实形

作图步骤（见图 2-54b）：

（1）保留 H 面，在 $\triangle ABC$ 内作一水平线 CD，其两面投影为 $c'd'$ 及 cd。

（2）作 $X_1 \perp cd$，作出 $\triangle ABC$ 在 V_1 面上的积聚投影 $a_1'c_1'b_1'$。

（3）保留 V_1 面，作 $X_2 /\!/ a_1'c_1'b_1'$，作出 $\triangle ABC$ 在 H_2 面上的投影 $\triangle a_2b_2c_2$，$\triangle a_2b_2c_2$ 反映实形。

第三章　立体的投影

立体由其表面所围成，可分为平面立体和曲面立体两类。由若干个平面多边形围成的立体称为平面立体，表面都是由曲面或曲面与平面组成的立体称为曲面立体。

学习本章应主要掌握基本几何体的投影、表面找点以及截交线和相贯线的绘制。

第一节　平 面 立 体

在工程中常见的平面立体有棱柱和棱锥两种。绘制它们的投影可归结为绘制其各个平面多边形的投影，也就是绘制这些多边形的顶点和边的投影。

一、棱柱

棱柱的特点是棱线互相平行。

（一）投影

图 3－1a 所示的六棱柱，由上下两个平行的顶面和底面以及六个长方形侧面围成。顶面和底面为水平面，其水平投影为反映实形的正六边形，正面和侧面投影积聚成直线段。六个侧面与 H 面垂直，故它们的水平投影有积聚性；前棱面和后棱面与 V 面平行，其正面投影反映实形，侧面投影积聚成直线段；其他四个侧棱面为铅垂面，其正面和侧面投影为类似形。

画投影图时，先画出六棱柱的水平投影，然后再画出其正面投影和侧面投影，如图 3－1b 所示。

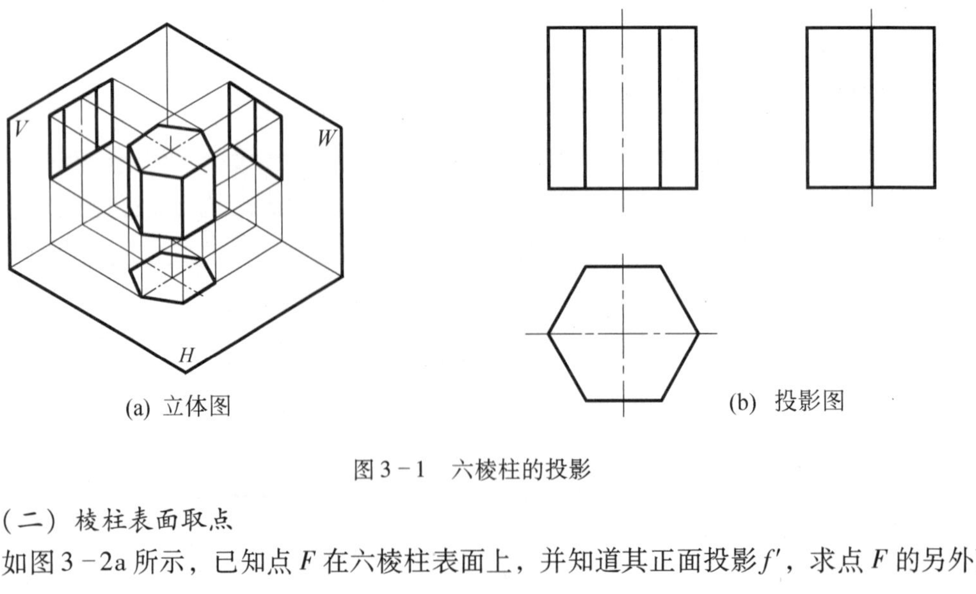

(a) 立体图　　(b) 投影图

图 3－1　六棱柱的投影

（二）棱柱表面取点

如图 3－2a 所示，已知点 F 在六棱柱表面上，并知道其正面投影 f'，求点 F 的另外两个投影。

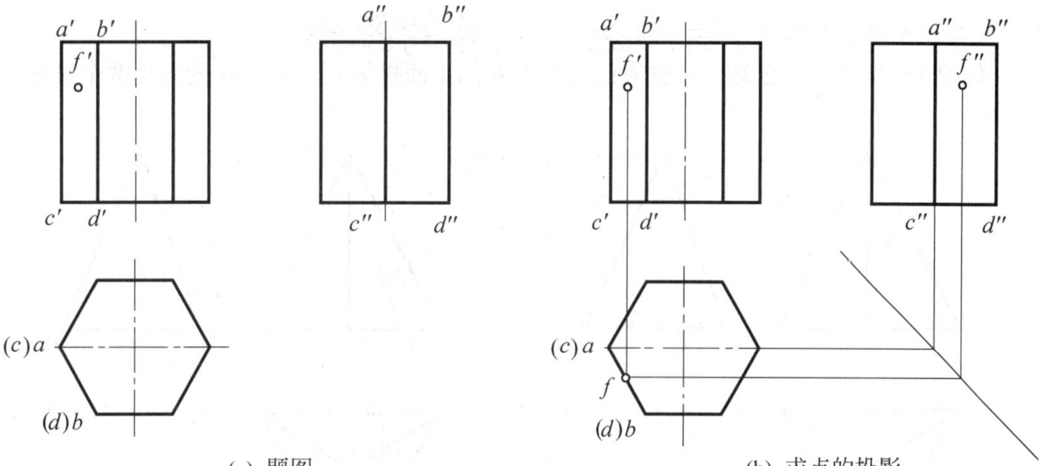

(a) 题图　　(b) 求点的投影

图 3 - 2　棱柱表面取点

由于点 *F* 所在的侧棱面 *ABCD* 是铅垂面，其水平投影积聚成直线段 *ab*，点 *F* 的水平投影必在此直线段上。由 *f*′向下引投影连线与 *ab* 相交得 *f*，即为点 *F* 的水平投影。由 *f*、*f*′可求出 *f*″。

二、棱锥

棱锥的特点是棱线相交于一点。

（一）投影

如图 3 - 3a 所示的三棱锥，底面为三角形，三个侧面也为三角形，三条棱线相交于锥顶。三棱锥的底面△*ABC* 为水平面，其水平投影 *abc* 反映实形；正面投影、侧面投影积聚成水平直线段。后棱面△*SAC* 为侧垂面，其侧面投影积聚成直线段，其余两个投影 *sac*、*s*′*a*′*c*′为类似形。左右两个侧棱面为一般位置平面，它们的三个投影均为类似形。

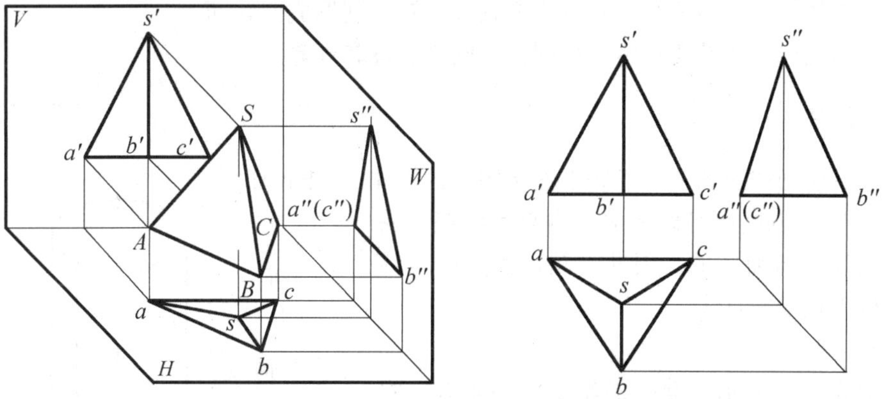

(a) 立体图　　(b) 投影图

图 3 - 3　三棱锥的投影

画投影图时，先画出三棱锥的水平投影，然后再画出它的正面投影和侧面投影，如图 3-3b 所示。

（二）棱锥表面取点

如图 3-4a 所示，已知三棱锥表面上的点 K 的正面投影 k'，求点 K 的另外两个投影。

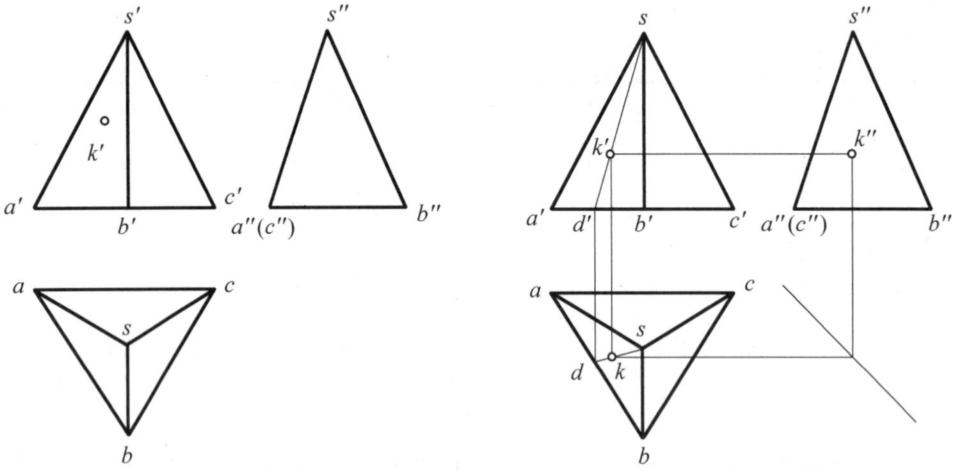

(a) 题图　　(b) 求点的投影

图 3-4　棱锥表面取点

由于点 K 所在平面 $\triangle SAB$ 为一般位置平面，无法利用积聚性求点的投影，需要作辅助线进行求解。作图步骤如图 3-4b 所示：连接 $s'k'$ 并延长交 $a'b'$ 于 d'；由 d' 向下作投影连线交 ab 于 d，连接 sd；从 k' 向下作投影连线交 sd 于 k；再根据点的投影规律求出 k''。

第二节　曲面立体

绘制曲面立体的投影，可归结为绘制它的所有曲面表面或曲面和平面表面的投影。

曲面可看作由一条线在空间连续运动而形成的轨迹。该运动的线称为母线，而在曲面上任意位置的母线称为素线。若母线绕轴线旋转，则形成回转面。

常见的曲面立体是回转体，如圆柱、圆锥、球和环等。

一、圆柱

圆柱是由圆柱面和上、下底平面所围成的立体（见图 3-5）。圆柱面可以看成是由直母线绕与它平行的轴线回转而成的，因此，圆柱面上的素线都是平行于轴线的直线。

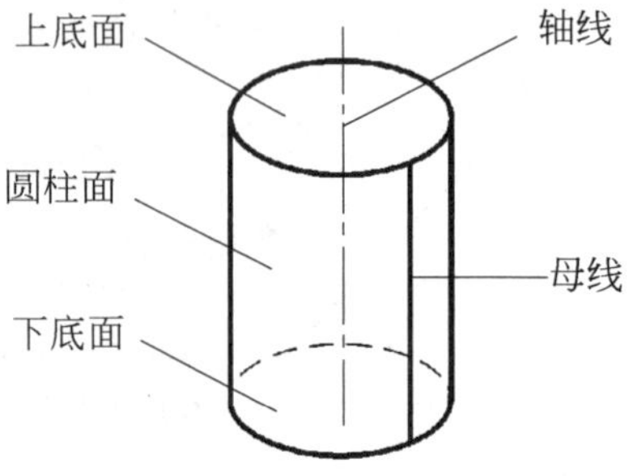

图 3-5　圆柱的构成

（一）投影

如图 3-6a 所示，圆柱的轴线为铅垂线。它的顶面和底面都是水平面，其水平投影为反映实形的圆；正面和侧面投影都积聚成直线段，长度

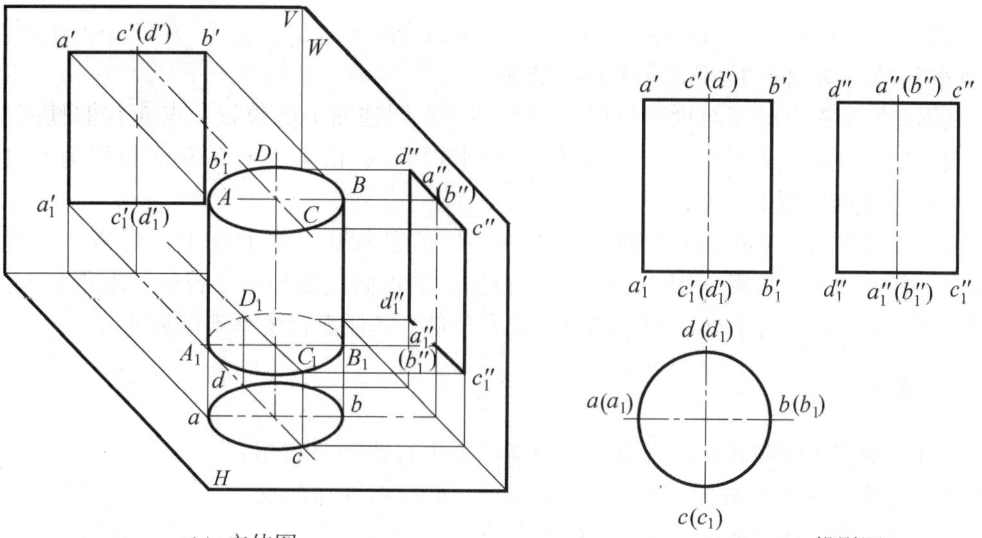

(a) 立体图　　(b) 投影图

图 3 - 6　圆柱的投影

等于圆柱的直径。圆柱面的水平投影积聚为圆，与顶面和底面的水平投影轮廓重合（见图 3 - 6b）；它的正面投影左右两侧线段$a'a_1'$和 $b'b_1'$是最左素线 AA_1 和最右素线 BB_1 的投影（AA_1、BB_1 是圆柱面对正面可见的前半部分和不可见的后半部分的分界线，称为对正面的转向轮廓线）；它的侧面投影中 $c''c_1''$和 $d''d_1''$是最前素线 CC_1 和最后素线 DD_1 的投影（CC_1、DD_1 是圆柱面可见的左半部分和不可见的右半部分的分界线，称为对侧面的转向轮廓线）。

画水平投影的圆时，应先画出两条细点画线作为中心线，其交点即是轴线的投影。轴线的正面投影和侧面投影为直线，也应用细点画线画出。

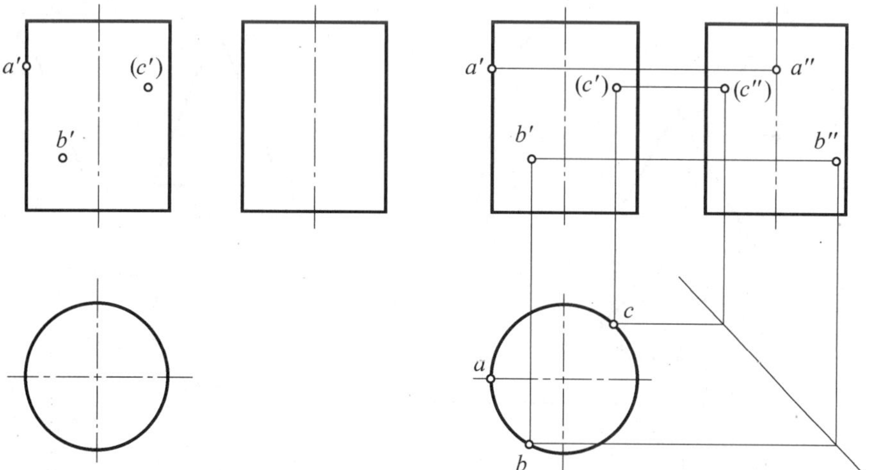

(a) 题图　　(b) 求点的投影

图 3 - 7　圆柱表面取点

（二）圆柱表面取点

如图 3－7a 所示，已知圆柱的三面投影以及圆柱面上的三个点 A、B 和 C 的正面投影 a'、b'和（c'）。求 A、B、C 的另外两个投影。

根据已知的三点的正面投影可以判断出各点在圆柱面上的位置：点 A 在圆柱面的最左转向轮廓线（最左素线）上；点 B 在前半圆柱面上；由于点 C 的正面投影为不可见，故点 C 在后半圆柱面上。

由于圆柱面的水平投影积聚成圆，点 A、B、C 的投影必在此圆上，利用“长对正”即可求出各点的水平投影（图 3－7b）。再根据点的正面投影和水平投影，求得各点的侧面投影 a''、b''和 c''。由于点 C 位于圆柱面的右半部，其侧面投影是不可见的。

二、圆锥

圆锥是由圆锥面和底平面围成的。圆锥面是由直线绕与它相交的轴线旋转一周而形成的，如图 3－8 所示。母线与轴线的交点称为锥顶，圆锥面上通过锥顶的素线才是直线。

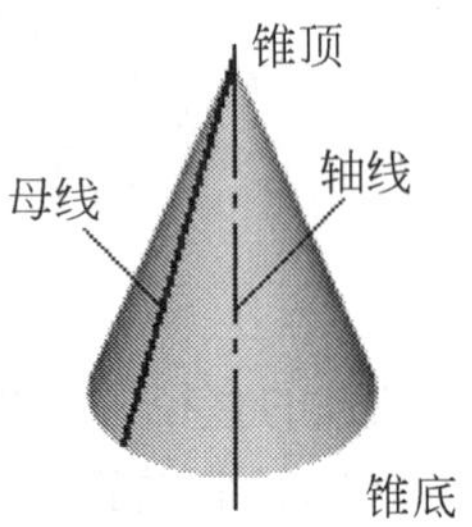

图 3－8 圆锥

（一）投影

图 3－9a 所示，圆锥的轴线为铅垂线。它的底面是水平面，其水平投影为反映实形的圆；正面和侧面投影都积聚成直线段，长度等于圆的直径。圆锥面的水平投影与底面的水平投影相重合；它的正面投影左右两侧线段 $s'a'$、$s'b'$是最左素线 SA 和最右素线 SB 的投影（SA、SB 是圆锥面对正面可见的前半部分和不可见的后半部分的分界线）；它的侧面投影中 $s''c''$和 $s''d''$是最前素线 SC 和最后素线 SD 的投影（SC、SD 是圆锥面可见的左半部分和不可见的右半部分的分界线）。应注意：圆锥面的三个投影都没有积聚性。

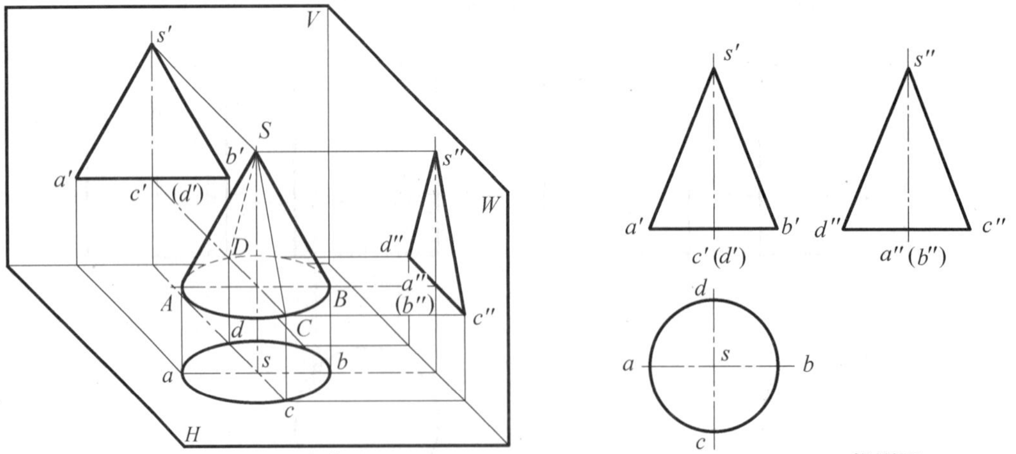

(a) 立体图　(b) 投影图

图 3－9 圆锥的投影

画投影图时，先画圆锥的轴线和圆的中心线，然后画圆锥的水平投影，再画它的正面投影和侧面投影，如图 3－9b 所示。

（二）圆锥表面取点

如图 3－10a 所示，已知圆锥面上的点 D 的正面投影 d'，求其另外两个投影。

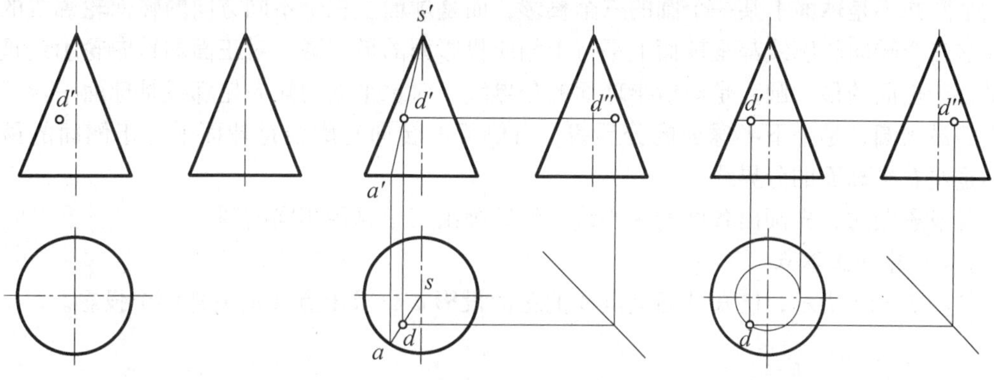

(a) 题图　　(b) 素线法取点　　(c) 纬圆法取点

图 3－10　圆锥表面取点

由于圆锥面的三个投影都没有积聚性，因此需要通过在圆锥面上作辅助线的方法来求点的投影。为方便作图，一般取过顶点的直素线或垂直于轴线的圆（纬圆）作为辅助线。

方法 1（素线法）：在锥面上过点 D 作素线 SD，并延长与底圆相交于点 A，因为 d'可见，所以素线 SA 位于前半圆锥面上，点 D 则在这条素线上。据此可求得点 D 的另外两个投影，如图 3－10b 所示。

方法 2（纬圆法）：假设点 D 绕轴线回转，将形成一个在圆锥面上的垂直于轴线的圆，称之为纬圆。现在由于轴线为铅垂线，则纬圆为水平圆，其正面投影为曲面投影轮廓线（最左、最右素线的投影）间的水平直线段，长度等于纬圆直径；水平投影反映纬圆的实形。点 D 的水平投影在此纬圆的水平投影上，若 d'可见，则在纬圆投影（圆）的前半上（若 d'不可见，则在其后半上）。据此，可作出点 D 的另外两个投影，如图 3－10c 所示。

三、球

球是由球面围成的。球面可看成是一圆周绕其自身直径旋转一周而成（见图3－11a）。

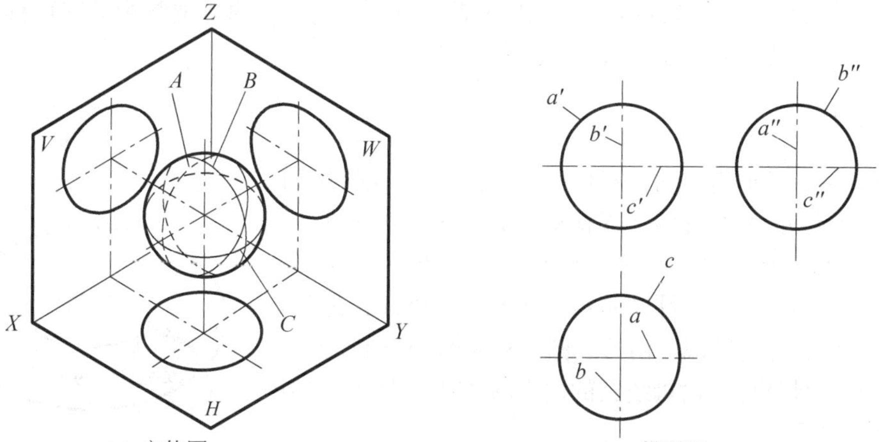

(a) 立体图　　(b) 投影图

图 3－11　球的形成

（一）投影

球无论怎样放置，它的三个投影都是大小相同的圆，它们的直径都等于球的直径。但这三个圆并不是球面上某一个圆的三个投影，而是球面上三个不同方向的转向轮廓线的投影。这三个转向轮廓线都是球面上平行于相应投影面的最大圆。对正面的转向轮廓线是球面平行于正面的最大圆，是前后半球面的分界线；对水平面的转向轮廓线是球面平行于水平面的最大圆，是上下半球面的分界线；对侧面的转向轮廓线是球面平行于侧面的最大圆，是左右半球面的分界线。

画投影图时，先画出各圆的中心线，然后画出三个直径相同的圆。

（二）球面上取点

如图 3－12 所示，已知球面上点 A 的正面投影 a'，求出点 A 的另外两个投影。

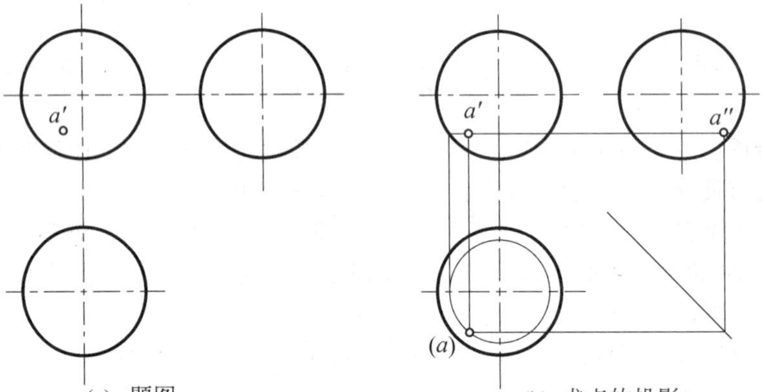

(a) 题图　　(b) 求点的投影

图 3－12　球面上取点

球面的三个投影都没有积聚性，且球面上也不存在直线，故需用纬圆法求点的投影。假设点 A 绕轴线回转，将形成一个在球面上的垂直于轴线的圆，称之为纬圆。

作图步骤：过点 A 在球面上作一水平圆，它是纬圆，其水平投影反映实形。点 A 的水平投影在此纬圆的水平投影上。由点 A 的正面投影 a' 可见，点 A 在球面的前下半部，故它的水平投影（a）在此纬圆水平投影的前半部，不可见。由点的投影规律可得点 A 的侧面投影 a''，因点 A 在球面的左半部，故 a'' 为可见。

四、圆环

圆环是由圆环面组成的。圆环面可以看成是一圆绕圆平面上不通过圆心的轴线旋转一周而成，如图 3－13 所示。圆环面上最大的纬圆是由母线圆上距轴线最远点 C 旋转形成的，称为赤道圆；最小的纬圆是由母线圆上距轴线最近的点 D 旋转形成的，称为喉圆。由母线圆的外半圆 ACB 旋转形成的外侧面称为外环面；由母线圆的内半圆 ADB 旋转形成的内侧面称为内环面。

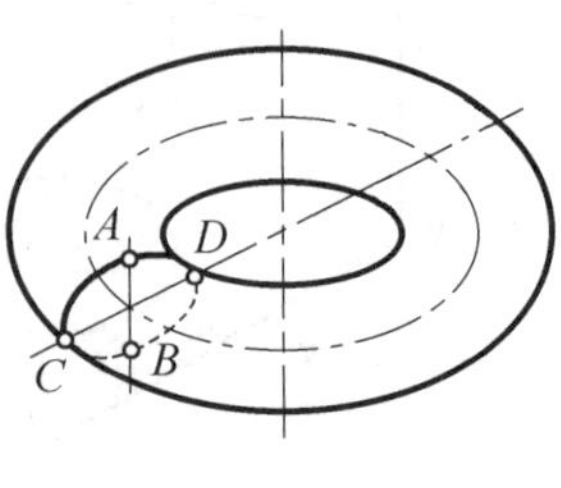

图 3－13　圆环的形成

（一）投影

如图 3-14 所示，圆环的轴线垂直于水平面，正面投影中左右两个小圆是圆环面最左、最右两个素线圆的投影，上、下两条公切线是最高、最低两个纬圆的投影，它们是对正面的转向轮廓线，只有前半个外环面可见。侧面投影与正面投影近似，只有左半个外环面可见。水平投影是圆环水平方向最大、最小两个轮廓圆（即赤道圆、喉圆）的投影，只有上半个环面可见。

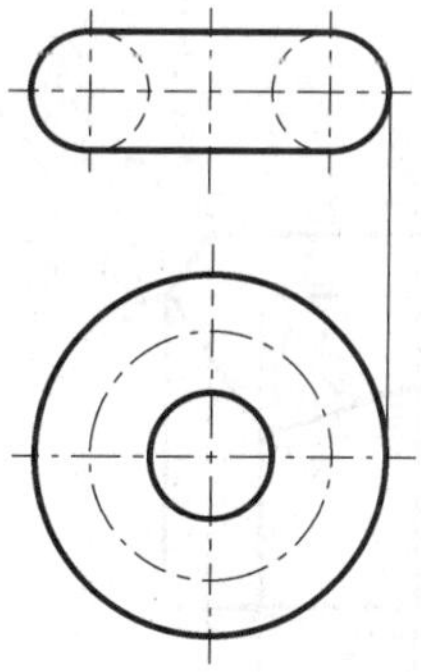

图 3-14　圆环的投影

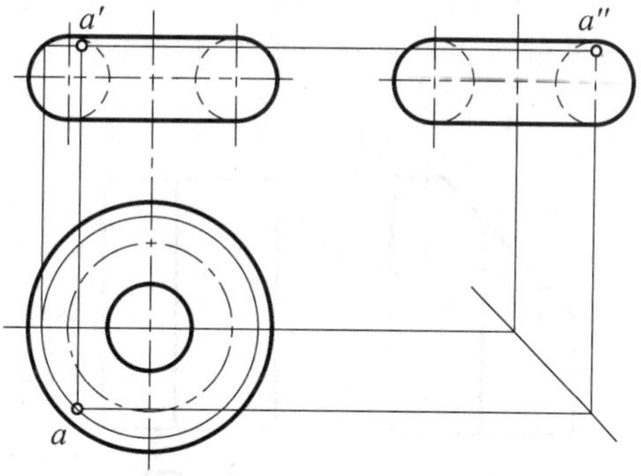

图 3-15　圆环面上取点

（二）圆环表面取点

如图 3-15 所示，已知圆环上的点 A 的正面投影 a'，求点 A 的另外两个投影。

环的三个投影都无积聚性，须用纬圆法求点的投影。由 a' 知点 A 在前外环面上。过点 A 在外环面上作一水平圆，它是外环面上的纬圆，其水平投影反映实形。点 A 的水平投影在此纬圆的水平投影上。由点 A 的正面投影 a' 可判断点 A 在圆环的左上半部的前外环面上，据此可作出点 A 的水平投影 a（可见）和侧面投影 a''（可见）。

第三节　切　　割

几何形体经平面切割后会产生新的形体（见图 3-16）。切割几何形体的平面称为截平面，截平面与形体表面的交线称为截交线，截交线是截平面与形体表面共有点的集合，

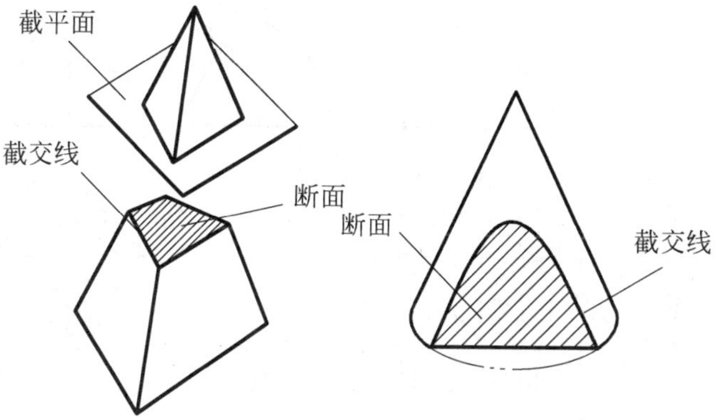

图 3-16　几何形体的截切

由截交线围成的平面图形称为断面。

一、平面立体被切割

平面切割平面立体所得的截交线，是一个多边形。多边形的边是截平面和平面立体表面的交线，这些交线都是平面立体表面上的直线，作出这些直线段的投影，就形成截交线的投影，也就得到断面的投影。

例 3－1 图 3－17a 所示，五棱柱被一正垂面斜切，已知截平面的正面投影，求截平面与五棱柱表面的截交线的其余两个投影。

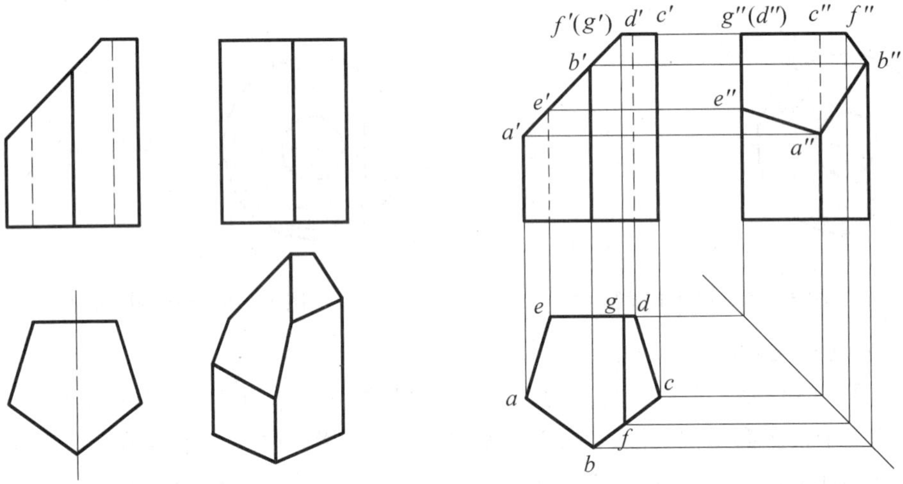

(a) 题图　(b) 五棱柱截交线的投影

图 3－17 五棱柱截切

分析：截平面斜切五棱柱，其截交线是五边形，要求出它的水平投影和侧面投影，需求出五边形断面各顶点的水平投影和侧面投影。

作图过程如图 3－17b 所示。

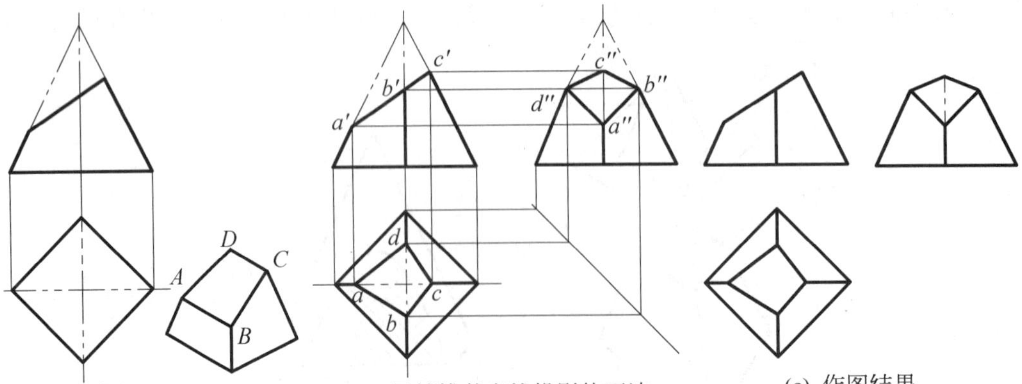

(a) 题图　(b) 四棱锥截交线投影的画法　(c) 作图结果

图 3－18 四棱锥截切

例 3－2　四棱锥被一正垂面斜切，求截交线的投影（见图 3－18a）。

分析：截平面斜切四棱锥，其截交线是四边形，要求出它的水平投影和侧面投影，需求出四边形断面各顶点的水平投影和侧面投影。因为截平面是正垂面，其正面投影积聚成一直线，这条直线与四棱锥各侧棱的交点即为断面各顶点的正面投影。

作图过程如图 3－18b 所示。作图结果如图 3－18c 所示。

二、曲面立体被切割

（一）圆柱被切割

按截平面与圆柱的相对位置，其截交线有三种情况，见表 3－1。

表 3－1　平面切割圆柱

截平面	平行于圆柱轴线	垂直于圆柱轴线	倾斜于圆柱轴线
立体图	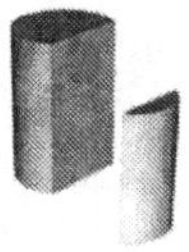		
投影图	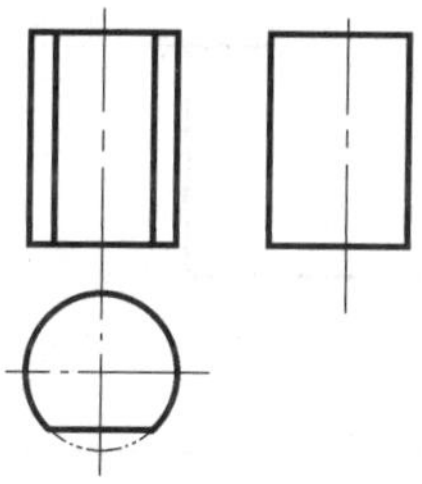	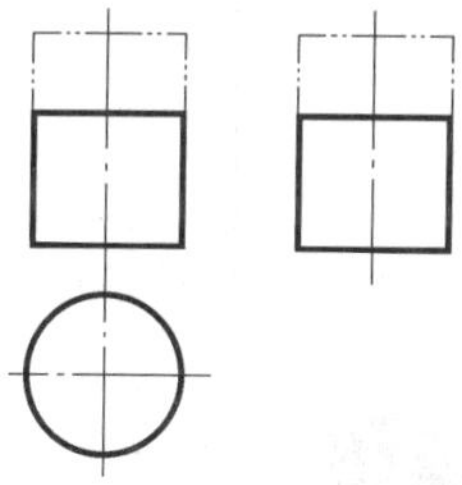	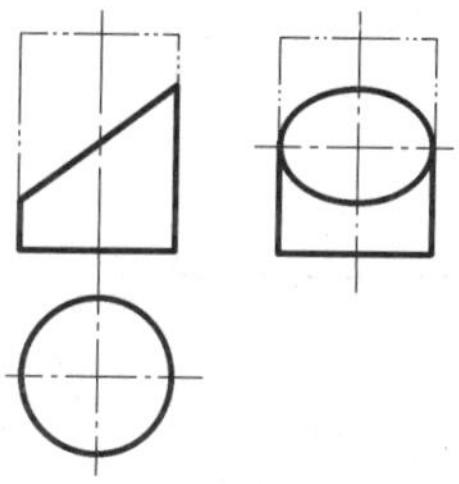
截交线	截平面平行于轴线，截交线为矩形	截平面垂直于轴线，截交线为圆	截平面倾斜于轴线，截交线为椭圆

例 3－3　根据图 3－19a 所示的主视图和左视图，画俯视图。

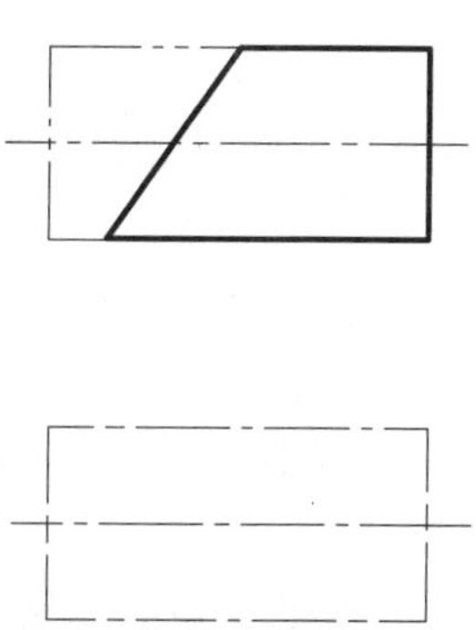

(a) 题图

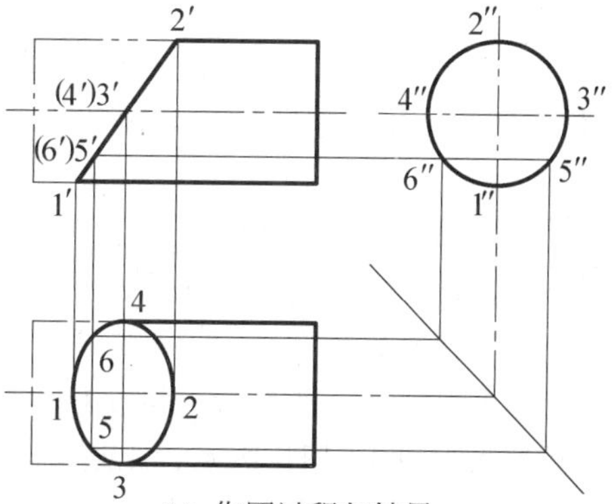

(b) 作图过程与结果

图 3－19　圆柱斜切

分析：圆柱被与轴线倾斜的平面所截切，截交线为椭圆。由于截平面为正垂面，因此截交线的正面投影积聚为一斜直线段，侧面投影重合在圆上，水平投影为椭圆。

作图过程如图 3-19b 所示：

(1) 先求特殊位置点。所谓特殊位置点是指转向轮廓线上的点，或最前、最后、最上、最下、最左、最右等点。本例应先求点Ⅰ、Ⅱ、Ⅲ、Ⅳ等。

(2) 再找出若干个一般位置点（如Ⅴ、Ⅵ）。

(3) 然后过这些点光滑地连成曲线（椭圆）。注意判断可见性，加深图线，完成作图。

例 3-4 如图 3-20a 所示，圆柱上端被切肩，已知其主视图和俯视图，求其左视图。

分析：圆柱上端的凸肩是由左右两个侧平面 P 和左右两个水平面 Q 切割而成。Q 断面水平投影反映实形，其正面投影和侧面投影各积聚为水平直线段；P 断面侧面投影为反映实形的矩形，其正面投影和水平投影各积聚成竖直直线段。P 平面与 Q 平面的交线为正垂线。

作图过程如图 3-20b 所示，通过截平面 P、Q 与圆柱的交线Ⅰ、Ⅱ、Ⅲ、Ⅳ的水平投影和正面投影即可求得 P、Q 断面的侧面投影。

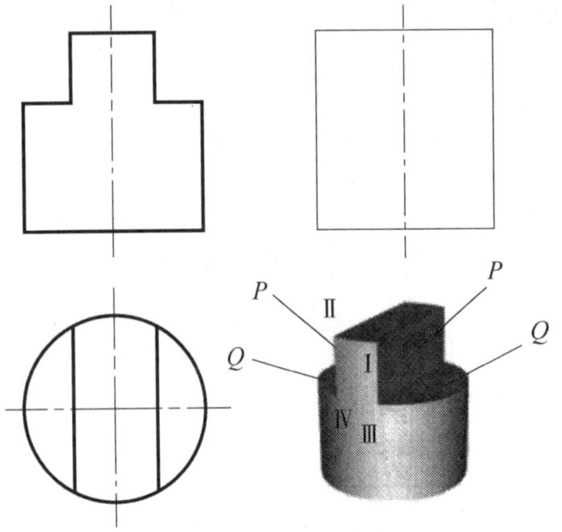

(a) 题图

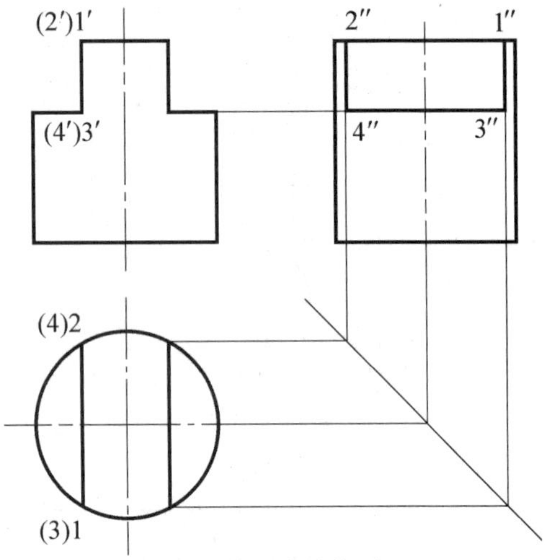

(b) 求切肩的投影

图 3-20 圆柱被切肩

例 3-5 如图 3-21a 所示，圆柱筒上端开一方槽，已知其主视图和俯视图，求其左视图。

分析：圆柱上端的方槽是由两个侧平面 P、Q 和水平面 S 组合切割而成。P、Q 面不仅切割外圆柱面，也切割内圆柱面，各切出 4 段截交线，其侧面投影可由水平投影求出，其中切割内圆柱面的截交线的投影为不可见。水平面 S 切圆筒所得的截交线是 4 段圆弧，其水平投影反映实形；断面的正面投影和侧面投影积聚为直线段。

作图过程如图 3-21b 所示，先通过ⅠⅡ、ⅢⅣ两条截交线的水平投影和正面投影，求出其侧面投影 1″2″、3″4″，再求出与其对称的另外两条截交线的侧面投影。注意圆柱对侧面的转向轮廓线在方槽内的一段已被切去。

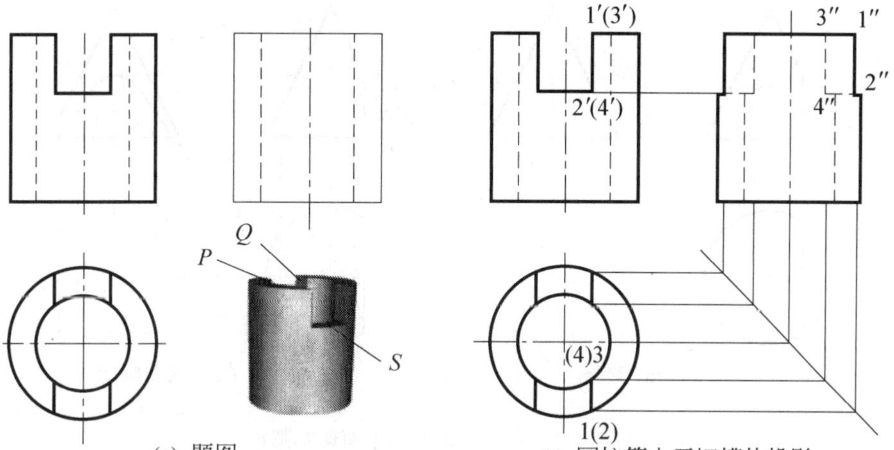

(a) 题图　(b) 圆柱筒上开切槽的投影

图 3-21　圆柱筒切方槽

（二）圆锥被切割

按截平面与圆锥的相对位置，其与圆锥面的截交线有五种形式，见表 3-2。

表 3-2　平面切割圆锥

截平面位置	过　锥　顶	不　过　锥　顶			
		$\theta = 90°$	$\theta > \alpha$	$\theta = \alpha$	$\theta < \alpha$
截交线	相交两直线	圆	椭圆	抛物线	双曲线
立体图	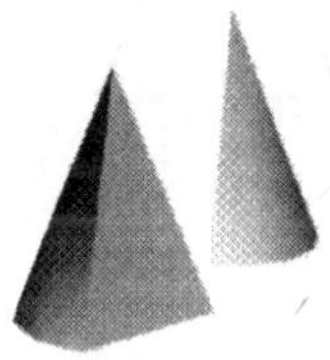				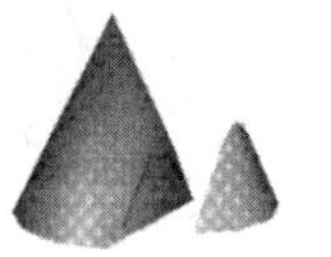
投影图	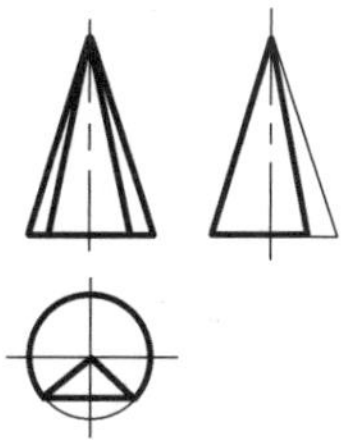	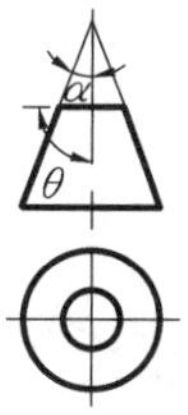	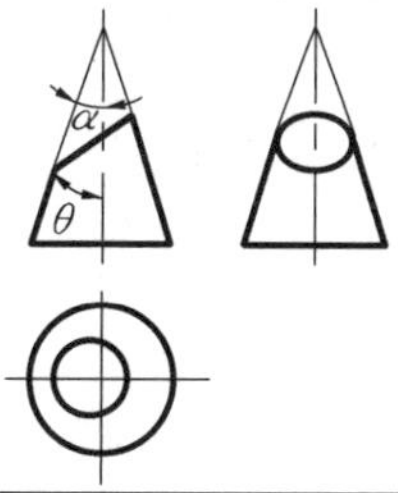	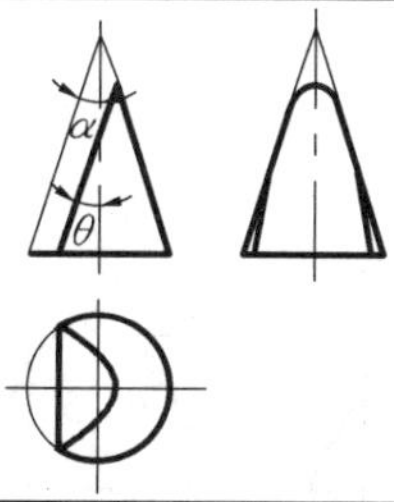	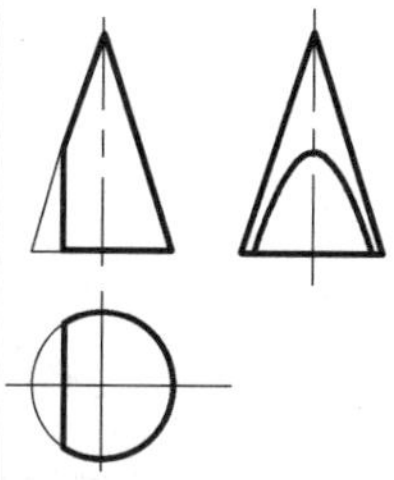

下面举例说明平面切割圆锥的截交线的画法。

例 3-6　如图 3-22a 所示，圆锥被侧平面 P 切割，已知其截交线的正面投影和水平投影，求其侧面投影。

分析：侧平面 P 切割圆锥面，截交线为双曲线，侧面投影反映实形。侧平面 P 与圆锥底面的交线为正垂线。截交线最高点Ⅲ在对正面的左侧转向轮廓线（最左素线）上，最低点Ⅰ、Ⅱ在圆锥底圆上。

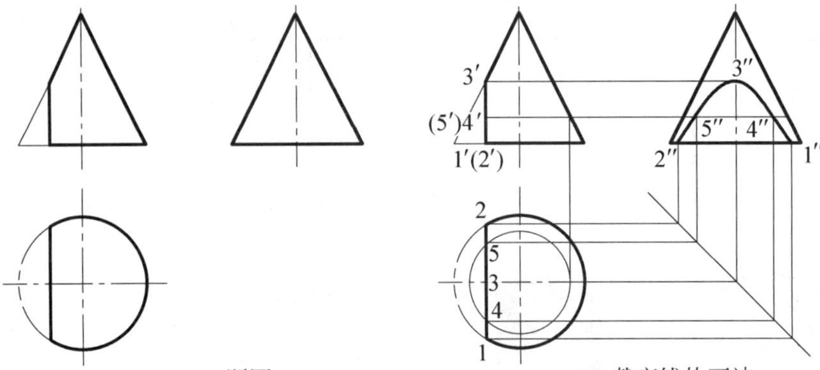

(a) 题图　　(b) 截交线的画法

图 3 - 22　平行于轴线的平面切割圆锥

作图过程如图 3 - 22b 所示，首先求出截交线上的最高点Ⅲ和最低点Ⅰ、Ⅱ的侧面投影。再在截交线的适当位置作两中间点Ⅳ、Ⅴ，求出其侧面投影。然后光滑连接Ⅰ、Ⅱ、Ⅲ、Ⅳ、Ⅴ点的侧面投影，完成作图。

例 3 - 7　如图 3 - 23a 所示，圆锥被正垂面斜切。已知截交线正面投影，求其水平投影和侧面投影。

分析：截平面斜切圆锥，截交线为椭圆。由于截平面是正垂面，故正面投影积聚成直

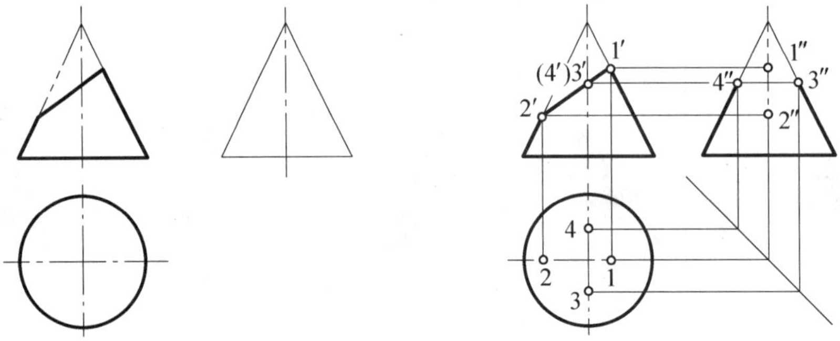

(a) 题图　　(b) 求特殊点

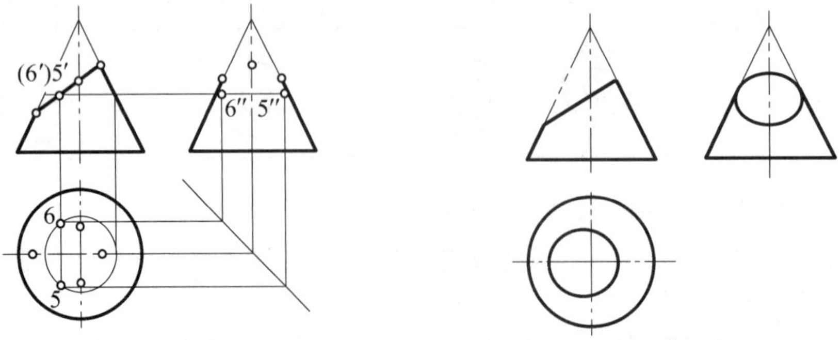

(c) 求一般点　　(d) 作图结果

图 3 - 23　圆锥被正垂面截切

线段，水平投影和侧面投影仍为椭圆。

作图过程：

（1）求特殊位置点，即截平面与圆锥最右、最左两条素线的交点Ⅰ、Ⅱ和最前、最后两条素线的交点Ⅲ、Ⅳ的水平投影和侧面投影，如图3－23b所示。

（2）再找出若干个一般位置点（如Ⅴ、Ⅵ），如图3－23c所示。

（3）然后过这些点光滑地连成曲线（椭圆），加深图线，完成作图。结果见图3－23d。

（三）圆球被切割

平面切割圆球，无论截平面与球的相对位置如何，截交线都是圆。当截平面与某一投影面平行时，在所平行的投影面上，截交线的投影为反映实形的圆（见图3－24）。当截平面倾斜于投影面时，截交线的投影为椭圆。

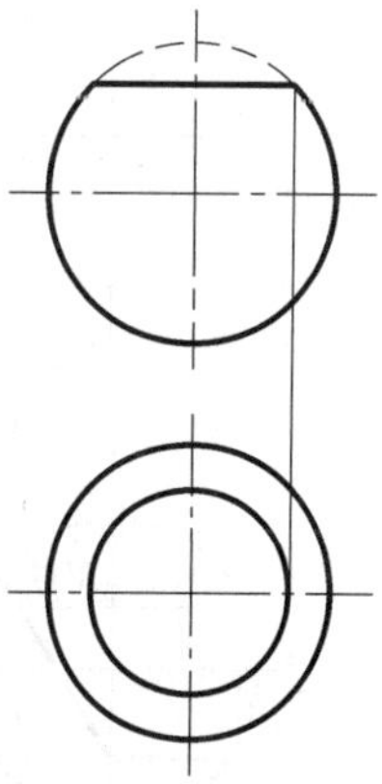

图3－24　球被水平面切割

例3－8　如图3－25a所示为半球开槽，已知截交线正面投影，求其水平投影和侧面投影。

分析：半圆球被左右对称的两个侧平面P和水平面Q切割，P平面和Q平面所切的截交线都是圆弧。P平面所截得的断面在侧面投影中反映实形，Q平面所截得的断面在水平面反映实形。P平面和Q平面的交线为正垂线。

作图过程如图3－25b、c所示，先求出P平面所截交线的两面投影，再求Q平面所截交线的两面投影（注意圆弧半径的求取）。

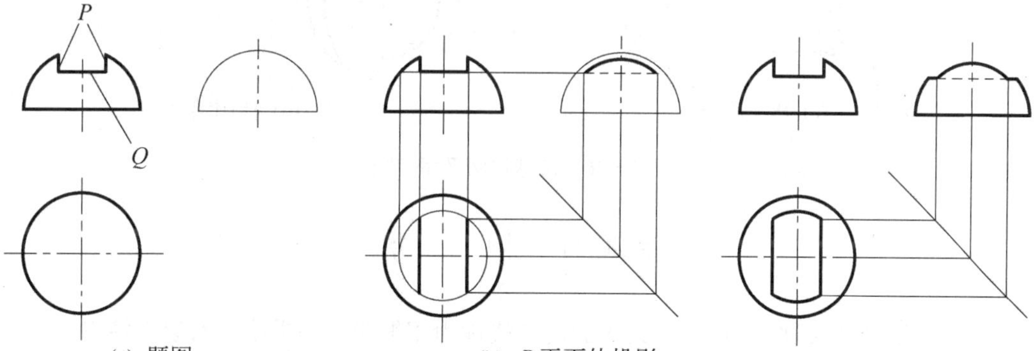

(a) 题图　(b) P平面的投影　(c) Q平面的投影

图3－25　半球开槽

例3－9　如图3－26a所示，圆球被一水平面Q和一正垂面P切割，已知截交线的正面投影，求其水平投影和侧面投影。

分析：水平面Q切割球面的截交线的水平投影为反映实形的一段圆弧，其正面投影和侧面投影积聚成直线段。正垂面P切割球面的截交线的正面投影积聚成直线段，水平投影和侧面投影为椭圆。另外，水平面Q和正垂面P的交线为正垂线。

作图过程如图3－26b、c、d所示，先求出水平面Q截交线的两面投影。然后求出正垂面P所截圆球的几个特殊点（最高点Ⅵ、最前点Ⅳ、最后点Ⅴ、最低点Ⅰ、Ⅱ）的两面投影；再作一般点（Ⅶ、Ⅷ等）；光滑连接各点的同面投影，所得的平面曲线即为正垂面截交线的投影。注意加粗时轮廓线的画法。

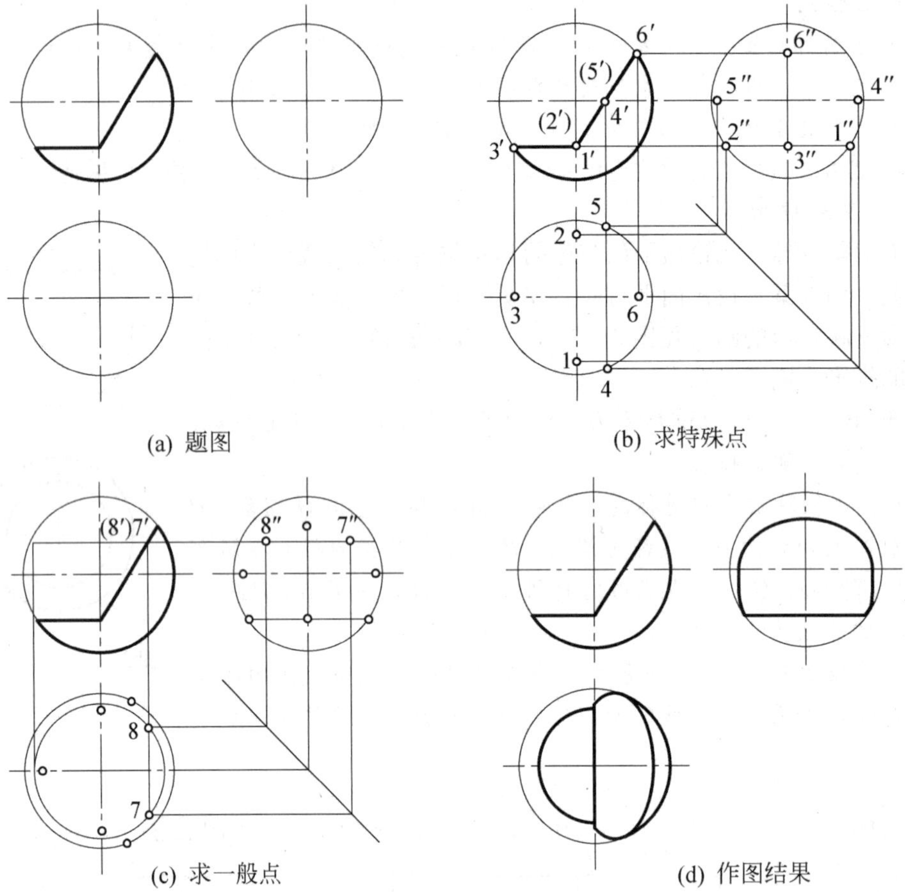

图 3-26　圆球被两平面切割

第四节　相　　贯

两立体相交（又称为相贯），其表面的交线称为相贯线。相贯线具有以下特点：

（1）在一般情况下，相贯线是封闭的空间曲线，在特殊情况下可为平面曲线或直线。

（2）相贯线是两相交立体表面的共有线，相贯线上的点是两相交立体表面的共有点。

求两立体相贯线的作图方法可以归结为求两立体表面共有点的投影问题。其主要方法有：表面取点法和辅助平面法。

下面介绍工程中常见的曲面立体相交的相贯线的画法。

一、表面取点法

在相交的两回转体中，如果有一个回转体表面有积聚性投影（如圆柱），则相贯线在该投影面上的投影就积聚在有积聚性的投影上。将相贯线的这个积聚投影看作另一相交立体表面上的线来进行作图，即可求出相贯线的其他投影。

例 3-10　如图 3-27a 所示，两圆柱的轴线垂直相交，求其相贯线的投影。

分析：两圆柱直径不同，轴线垂直相交，相贯线为一封闭的前后、左右对称的空间曲线。因为小圆柱面的轴线为铅垂线，其在水平面的投影积聚成圆，所以相贯线的水平投影也是这个圆；同理，大圆柱的侧面投影积聚为圆，相贯线的侧面投影在小圆柱投影范围内的一段圆弧上。只有相贯线的正面投影需要作出。

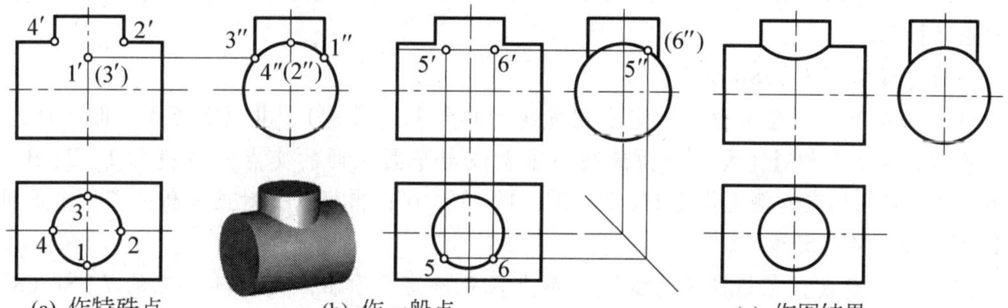

(a) 作特殊点　(b) 作一般点　(c) 作图结果

图 3－27　作两圆柱相贯线的投影

作图过程：

（1）作特殊点。由已知投影 1、2、3、4 和 1″、2″、3″、4″，可求得最前点Ⅰ、最右点Ⅱ、最后点Ⅲ、最左点Ⅳ的正面投影 1′、2′、3′、4′，如图 3－27a 所示。

（2）作一般点。在相贯线的水平投影上任意确定一些点的投影，如 5 和 6；再找出其对应的侧面投影 5″和 6″；然后作出正面投影 5′和 6′，如图 3－27b 所示。

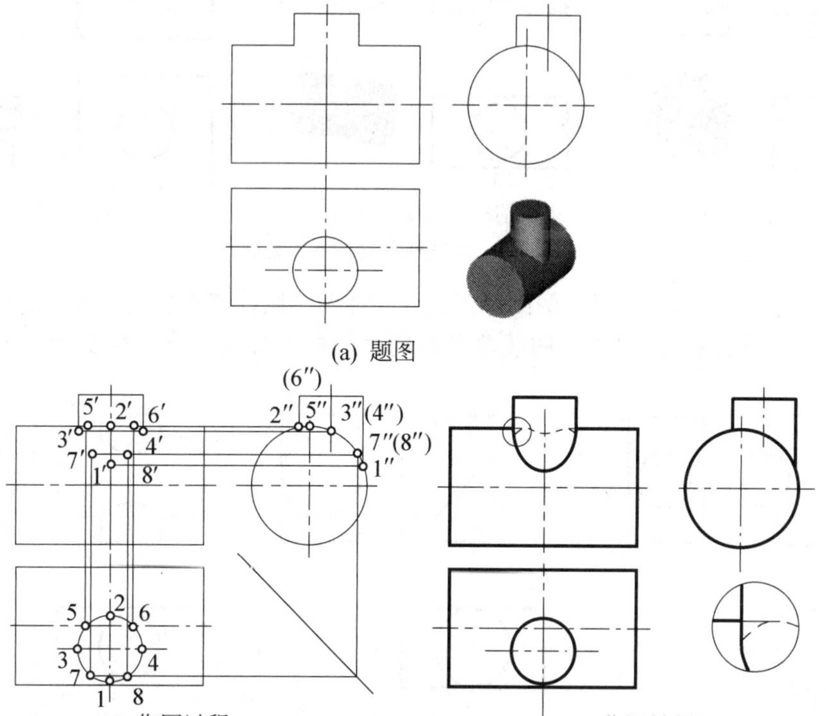

(a) 题图　(b) 作图过程　(c) 作图结果

图 3－28　作两圆柱的相贯线的投影

(3) 在正面投影上按顺序通过相贯线上各点的投影光滑地连成曲线。注意判断可见性，加深图线，完成作图，如图3-27c 所示。

例3-11 如图3-28a 所示，轴线垂直交叉的两圆柱相交，求其相贯线的投影。

分析：两圆柱轴线分别为铅垂线和侧垂线，相贯线的水平投影在小圆柱面的水平积聚投影上，相贯线的侧面投影在大圆柱面的侧面积聚投影的一段圆弧上，由它们可求得相贯线的正面投影。

作图过程如图3-28b 所示：

(1) 求特殊点。在水平投影定出相贯线上的点Ⅰ（最前）、Ⅱ（最后）、Ⅲ（最左）、Ⅳ（最右）以及Ⅴ和Ⅵ（大圆柱面最高一条素线与小圆柱面的交点）的投影1、2、3、4、5、6；找出它们相应的侧面投影1″、2″、3″、4″、5″和6″；再根据长对正和高平齐作出正面投影1′、2′、3′、4′、5′和6′。

(2) 求一般点。在相贯线的水平投影上任意确定7和8，找出其对应的7″和（8″），再作出正面投影7′和8′。

(3) 光滑连接相贯线各点的正面投影。注意：相贯线正面投影的可见部分为3′7′1′8′4′段，而3′5′2′6′4′段为不可见。作图结果如图3-28c 所示。

两圆柱相交，不仅外圆柱面和外圆柱面相交时产生相贯线，外圆柱面和内圆柱面、内圆柱面和内圆柱面相交时也产生相贯线。图3-29中列出了这三种情况下相贯线的投影。

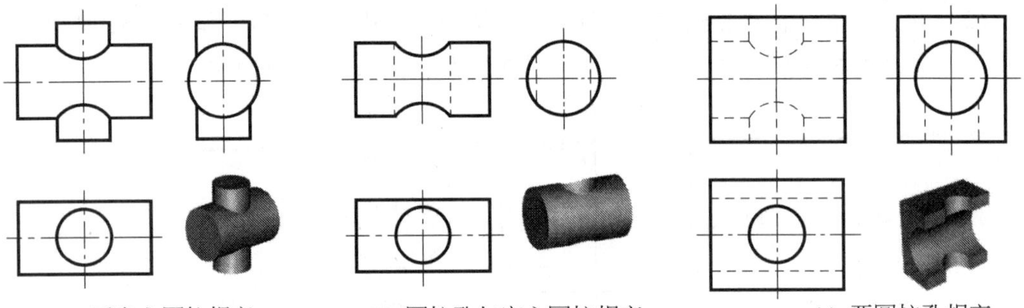

(a) 两实心圆柱相交　(b) 圆柱孔与实心圆柱相交　(c) 两圆柱孔相交

图3-29　两圆柱相贯的基本形式

从上面的例子中可以看出，两圆柱正交时，在两个圆柱的投影均不为圆的视图上，相贯线的投影为空间曲线的投影，曲线总是凸向大圆柱的轴线。当两相交圆柱的直径变化

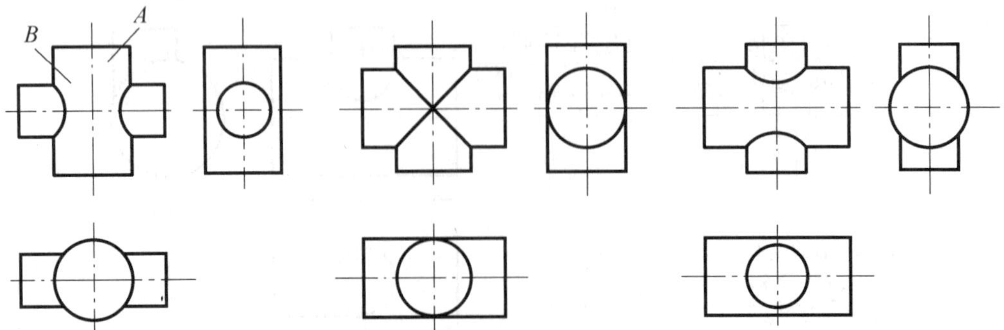

(a) A半径大于B半径　(b) A半径等于B半径　(c) A半径小于B半径

图3-30　圆柱直径变化对相贯线的影响

时，相贯线的形状也将发生变化。设大圆柱的直径不变，随着小圆柱直径的逐渐变大，相贯线逐渐向大圆柱轴线靠近。当两圆柱直径相等时，相贯线成为平面曲线（椭圆）。图3－30示出了两圆柱正交时直径大小变化对相贯线的影响。

二、辅助平面法

辅助平面法的基本原理是三面共点原理。即用一个平面剖切两个相交的曲面，剖切平面和两个曲面各有一条交线，这两条交线同在一个平面（辅助面）上，其交点即为相贯线上的点。用辅助平面法求相贯线时，应使所选择的剖切平面满足下列条件：

（1）辅助平面和两曲面的交线应为简单的圆弧或直线段，且交线的投影易于作出（圆弧或直线段）。

（2）辅助平面应在相贯线的范围之内。

例3－12　如图3－31a所示，圆柱与圆锥正交，求其相贯线的投影。

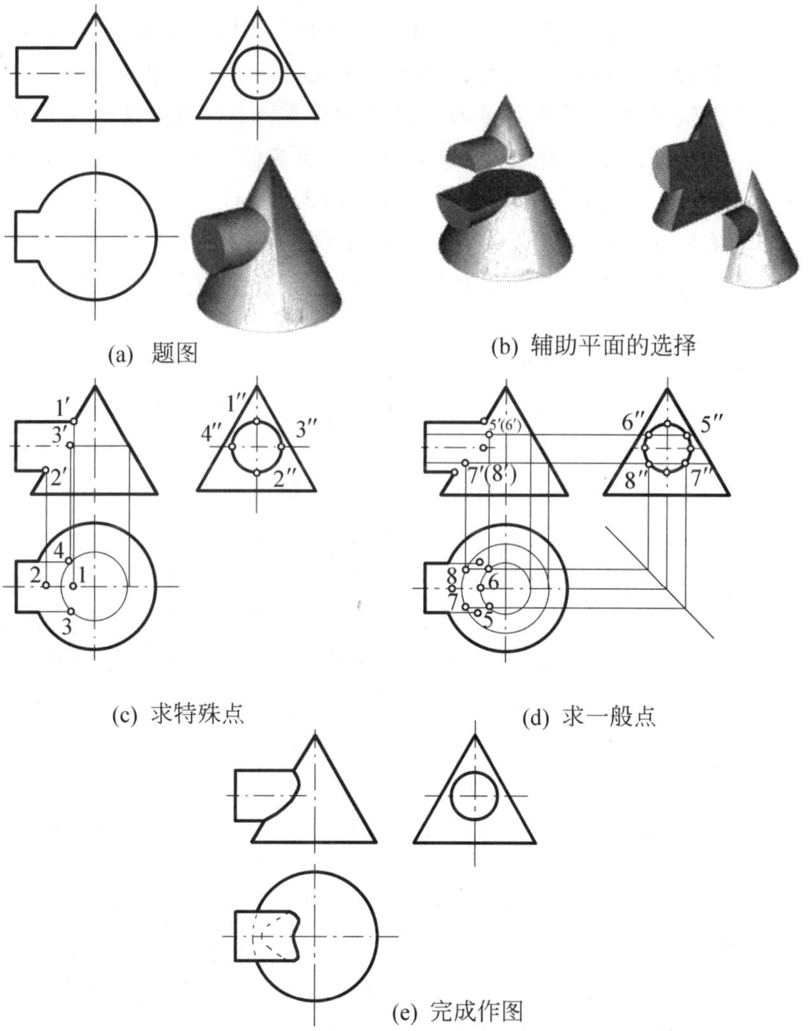

(a) 题图　(b) 辅助平面的选择　(c) 求特殊点　(d) 求一般点　(e) 完成作图

图3－31　圆锥与圆柱相贯

分析：圆柱的侧面投影有积聚性，所以圆柱与圆锥相贯线的侧面投影就积聚在圆柱面的侧面投影上，相贯线的正面投影是前后对称的曲线，相贯线的水平投影为封闭曲线。本例可用表面取点法求解，现采用辅助平面法求解。

作图过程：

(1) 求特殊点。首先用过锥顶的正平面作辅助平面（见图3－31b），它截圆柱面的交线为最上和最下两直线段，截圆锥面的交线为最左和最右两直线段。在正面投影中圆柱面最上和最下两直线段与圆锥面最左直素线相交得1′、2′，由1′、2′可求出其侧面投影1″、2″和水平投影1、2，Ⅰ、Ⅱ即为相贯线的最高、最低（最左、最右）点。过圆柱轴线作水平辅助面（见图3－31b），截圆锥面的交线为圆，此圆在水平投影上反映实形；辅助平面与圆柱面的交线为圆柱的最前、最后两条素线。该线与辅助平面截圆锥所得的圆的交点即为最前、最后点Ⅲ、Ⅳ，其水平投影为3、4，侧面投影为3″、4″。由3、4和3″、4″可求出Ⅲ、Ⅳ的正面投影3′、4′（见图3－31c）。

(2) 求一般点。用水平面P截切圆锥和圆柱得交点Ⅴ、Ⅵ，用水平面Q截切圆锥和圆柱得交点Ⅶ、Ⅷ，用和上面相同的方法，求出各点的三面投影，如图3－31d所示。

(3) 顺序光滑连接各点的同面投影，并判断可见性。在正面投影中，相贯线前后重合；在水平投影中，3、4为相贯线可见与不可见的分界点，35164段为可见部分，37284段为不可见部分。水平投影中，圆柱转向轮廓线的投影应画至3、4（见图3－31e）。

例3－13 求圆锥台与部分圆球的相贯线（见图3－32a）。

分析：由已知条件可以看出：圆锥台的轴线不通过球心，但它们有公共的前后对称面，所以相贯线是一条前后对称的封闭的空间曲线。相贯线的正面投影中前后两部分重合。

由于圆锥与圆球的投影均无积聚性，故不能用表面取点法求作相贯线，应采用辅助平面法求取。

作图过程：

(1) 求特殊点。首先以通过锥台轴线的正平面为辅助平面。辅助平面与锥台表面交于最左、最右素线，与球面交于平行于正面的最大圆，它们的交点为相贯线上的最左、最右（最高、最低）点Ⅰ、Ⅱ。即在正面投影中，锥台投影轮廓线与圆球投影轮廓线交于1′、2′，由1′、2′可求出其水平投影1、2和侧面投影1″、2″。再以通过锥台轴线的侧平面为辅助平面，该平面与锥台表面交于最前、最后素线，与球面的交线为侧平圆，它们的交点为相贯线上的最前、最后点Ⅲ、Ⅳ。即在侧面投影中，该侧平圆的投影（圆）与锥台投影轮廓线交于3″、4″，由3″、4″可求出其正面投影3′、4′和水平投影3、4（见图3－32b）。

(2) 求一般点。在适当的位置用水平面为辅助平面，与锥台表面和球面分别相交得两个水平圆，两水平圆的交点为相贯线上的一般点Ⅴ、Ⅵ。可先作出Ⅴ、Ⅵ的水平投影5、6，再由5、6求出其正面投影5′、6′和侧面投影5″、6″（见图3－32c）。

(3) 顺序光滑连接各点的同面投影，并判断可见性。正面投影中，相贯线前后重合；水平投影中，相贯线全部可见；侧面投影中，3″、4″为相贯线可见与不可见的分界点，3″5″2″6″4″段可见，3″1″4″段不可见（见图3－32d）。

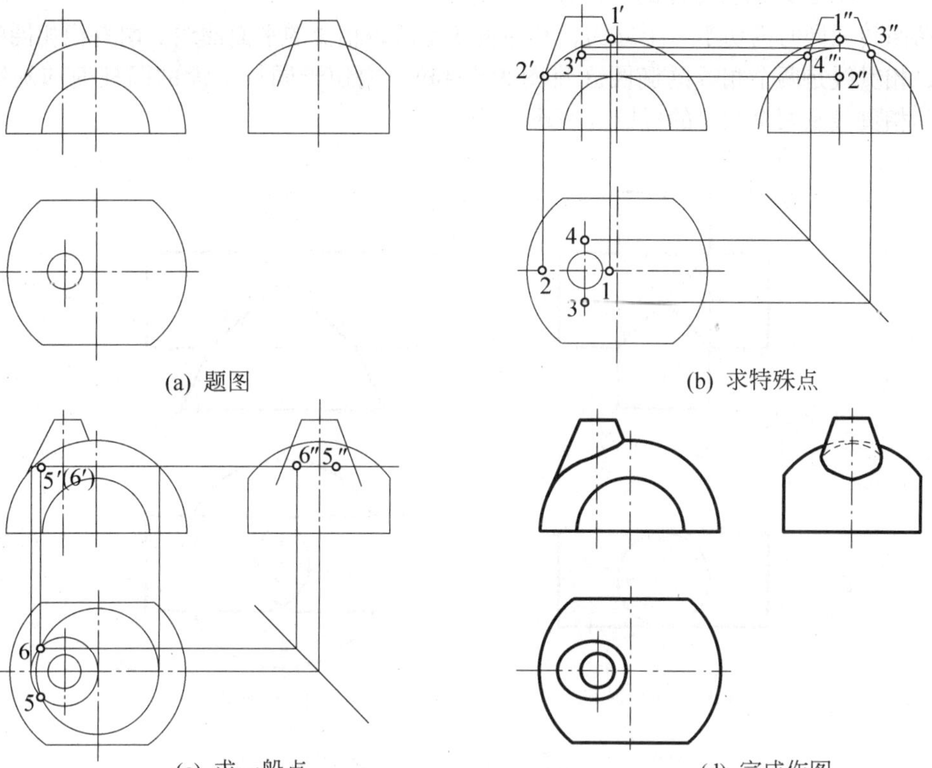

(a) 题图　(b) 求特殊点　(c) 求一般点　(d) 完成作图

图 3－32　圆锥与圆球相贯

三、相贯线的特殊情况

在一般情况下，两回转体的相贯线是空间曲线。但在一些特殊情况下，也可能是平面曲线或直线。下面介绍两种比较常见的相贯线的特殊情况。

（1）两共轴线回转体相交

两共轴线的回转体相交，其相贯线是垂直于轴线的圆，该圆是相交两回转面的公共纬圆（见图 3－33）。

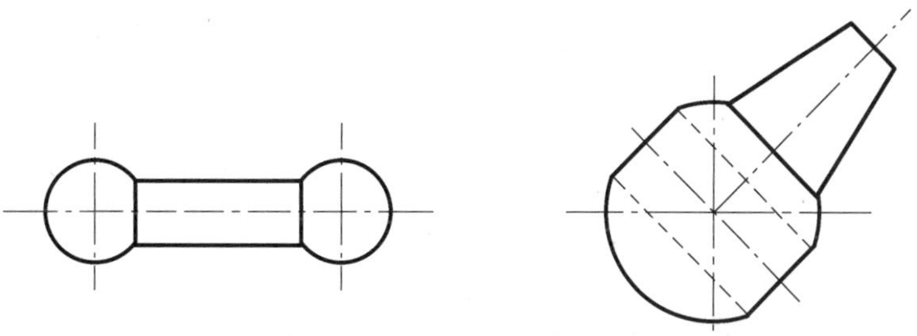

(a) 共轴线的球和圆柱相交　(b) 球和圆柱孔及球和圆锥台共轴线

图 3－33　两共轴线回转体相交

（2）具有公共内切球面的两回转面相交

两回转面同时内切于一个球面，其相贯线是两条相交的平面曲线。两直径相同的圆柱正交，相贯线是两个相等的椭圆（见图 3－34a）。内切于同一球面的圆柱面和圆锥面相交，其相贯线是两个相等的椭圆（见图 3－34b）。

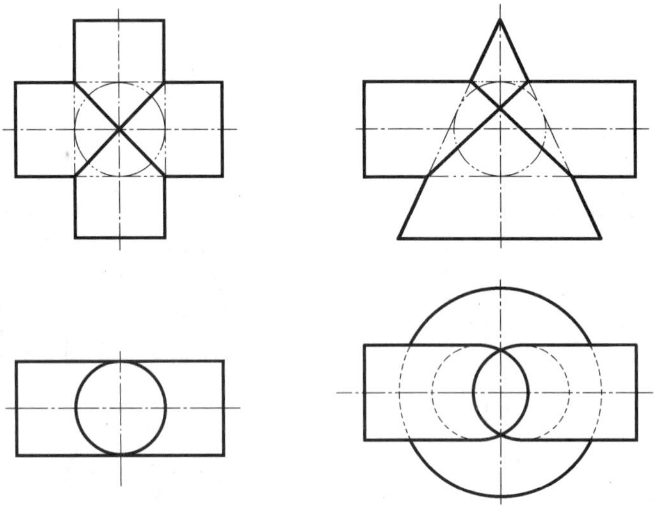

(a) 圆柱与圆柱　　(b) 圆柱与圆锥

图 3－34　具有公共内切球面的两回转面相交

建议：学习第十一章计算机绘制三维图：

（1）第十一章第一节用 AutoCAD 对基本体进行实体造型。

（2）第十一章第二节用 AutoCAD 画截交线与相贯线。

第四章　轴 测 投 影

第一节　轴测投影概述

多面正投影图（见图 4 - 1a）能使所表达的物体的形状具有唯一性，度量性好，且作图方便，在工程上被广泛应用，但这种图样缺乏立体感。轴测图（图 4 - 1b）是立体图的一种，它立体感强，但手工作图较复杂，度量性差，在工程上常作为辅助图样使用。

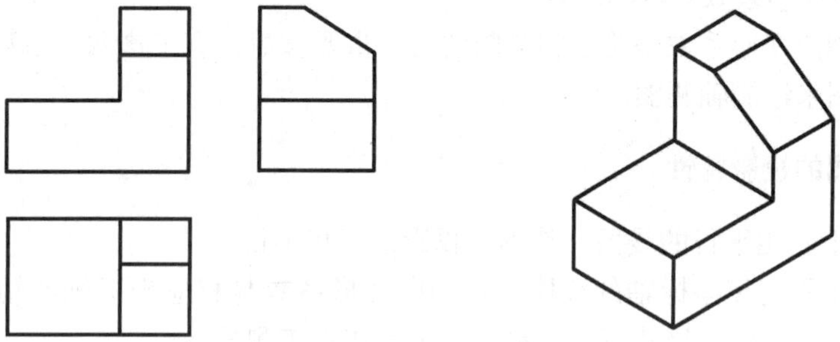

(a) 多面正投影图　　(b) 轴测图

图 4 - 1　多面正投影图与轴测图

一、轴测图的形成

如图 4 - 2 所示，将物体连同确定其空间位置的直角坐标系，用平行投影法向投影面 P 进行投射，得到一个同时反映物体长、宽、高三个方向的投影图，称为轴测投影图，简称轴测图。

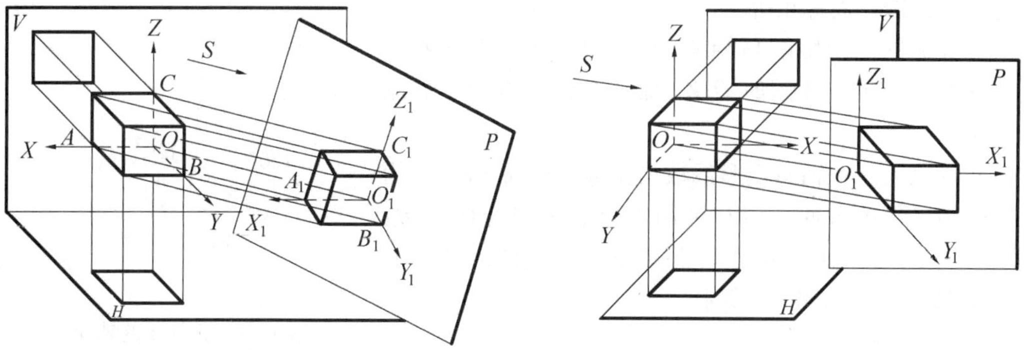

(a) 正轴测图　　(b) 斜轴测图

图 4 - 2　轴测图的形成

投影面 P 称为轴测投影面。当投射方向垂直于投影面时，所得的图形称为正轴测图（见图 4-2a）；当投射方向倾斜于投影面时，所得的图形称为斜轴测图（见图 4-2b）。

二、轴间角与轴向变形系数

（一）轴间角

空间直角坐标轴 OX、OY、OZ 在轴测投影面上的投影 O_1X_1、O_1Y_1、O_1Z_1 称为轴测轴。轴测轴之间的夹角 $\angle X_1O_1Y_1$、$\angle Y_1O_1Z_1$、$\angle Z_1O_1X_1$ 称为轴间角。

（二）轴向变形系数

轴测轴上线段的长度与坐标轴上对应线段的长度之比，称为轴向变形系数。

X 轴的轴向变形系数 $p=O_1A_1/OA$

Y 轴的轴向变形系数 $q=O_1B_1/OB$

Z 轴的轴向变形系数 $r=O_1C_1/OC$

轴间角和轴向变形系数是绘制轴测图的两个重要参数，有了这两个参数就可以根据立体或立体的视图来绘制轴测图。

三、轴测图的投影特性

（1）立体上互相平行的线段，其轴测投影也互相平行。

（2）立体上平行于坐标轴的线段，其轴向变形系数与相应坐标轴的轴向变形系数相同。沿轴线方向的线段的尺寸可以测量，否则无法直接测量。

（3）立体上平行于轴测投影面的直线或平面，其轴测投影图反映实长和实形。

下面介绍工程上常用的正等轴测图和斜二等轴测图的画法。

第二节 正等轴测图

一、正等测的轴间角和轴向变形系数

在正轴测投影中，当三根坐标轴与轴测投影面倾斜的角度相同时，得到的投影图称为正等轴测投影，简称正等测。

正等测的三个轴间角相等，$\angle X_1O_1Y_1=\angle Y_1O_1Z_1=\angle Z_1O_1X_1=120°$，作图时 O_1Z_1 轴画成铅垂方向，如图 4-3所示。

正等测的三个轴向变形系数均相等，$p=q=r$，约为 0.82。为了作图方便，通常采用简化的轴向变形系数：$p=q=r=1$。这样画出的正等测图形三个轴向尺寸都放大约 1.22 倍，如图 4-4 所示。

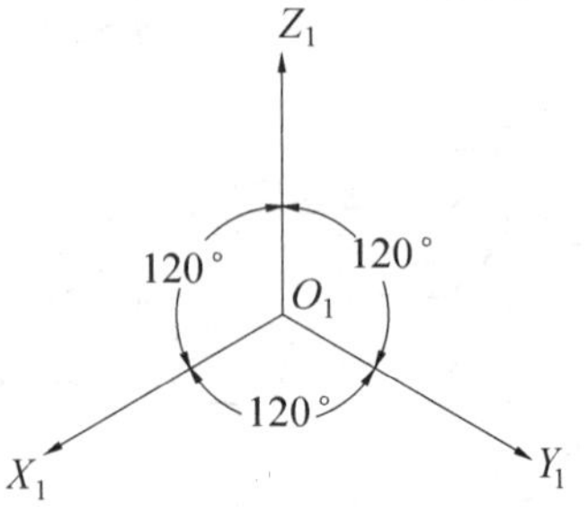

图 4-3 正等测的轴间角

二、轴测图的基本作图方法

绘制平面立体的轴测图时，一般先分析立体的结构特点，确定坐标原点和坐标轴，画出轴测轴，然后根据立体表面上各顶点的坐标，作出各顶点和棱线的轴测投影，不可见的棱线一般不画。

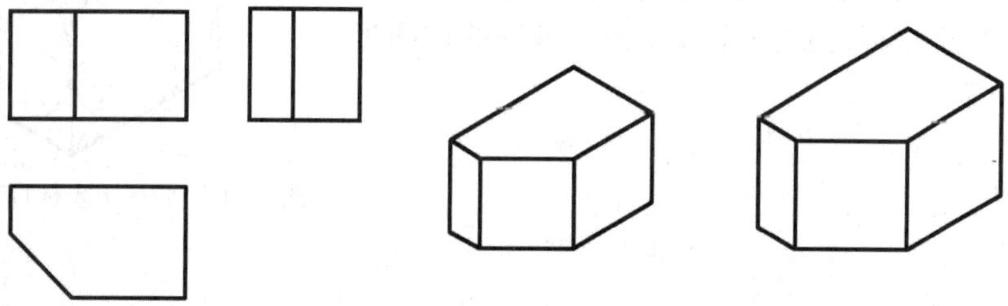

(a) 正投影图　(b) $p=q=r=0.82$　(c) $p=q=r=1$

图 4－4　轴向变形系数不同的正等测比较

例 4－1　根据正投影图（如图 4－5a），绘制立体的正等测。

解　作图过程见图 4－5。

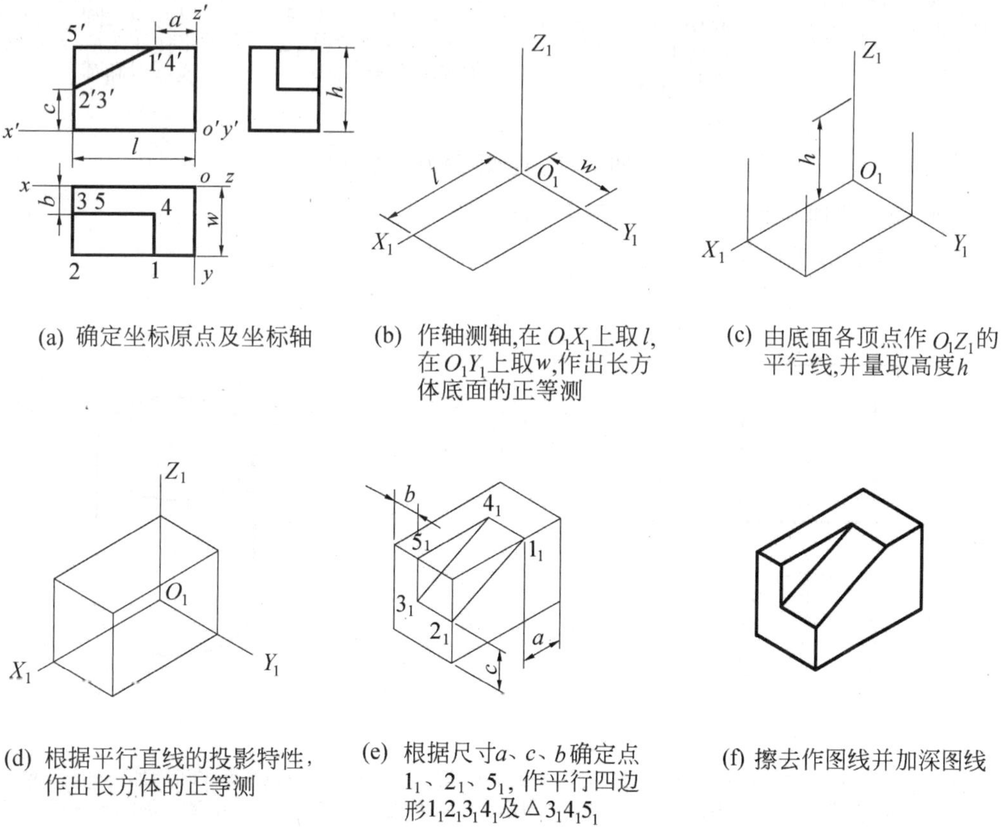

(a) 确定坐标原点及坐标轴

(b) 作轴测轴，在 O_1X_1 上取 l，在 O_1Y_1 上取 w，作出长方体底面的正等测

(c) 由底面各顶点作 O_1Z_1 的平行线，并量取高度 h

(d) 根据平行直线的投影特性，作出长方体的正等测

(e) 根据尺寸 a、c、b 确定点 1_1、2_1、5_1，作平行四边形 $1_12_13_14_1$ 及 $\triangle 3_14_15_1$

(f) 擦去作图线并加深图线

图 4－5　立体的正等测

三、平行于坐标面的圆的正等测图画法

(一) 圆的画法

在正等测中，由于三根坐标轴与轴测投影面都倾斜，因此平行于坐标面的圆的正等测为椭圆，如图4-6所示。椭圆通常用近似画法（菱形法）画出。以平行于 XOY 坐标面的圆为例，其正等测的作图过程如图4-7所示。

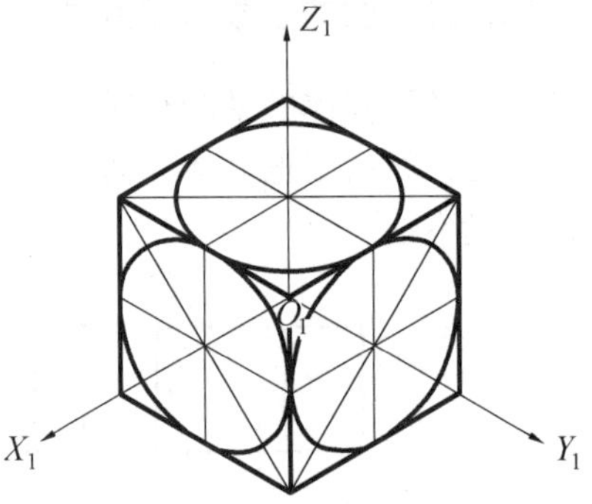

图4-6 平行于坐标面的圆的正等测

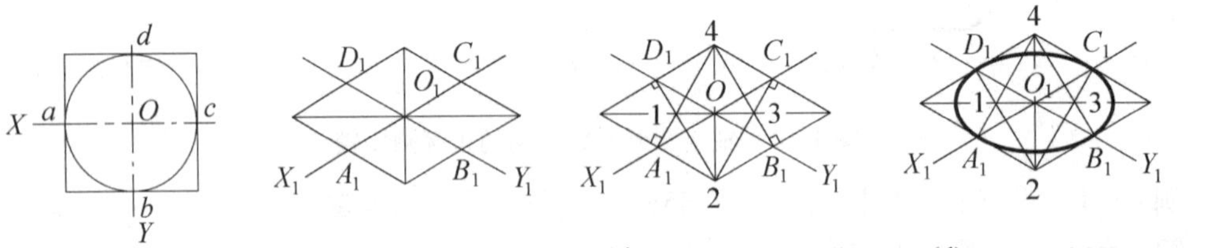

(a) 以圆心 O 为坐标原点作 X、Y 轴，作圆的外切正方形，切点为 a、b、c、d

(b) 作轴测轴 X_1、Y_1 及切点 A_1、B_1、C_1、D_1，过这些切点作 X_1、Y_1 的平行线相交成菱形，并作对角线

(c) 过 A_1、B_1、C_1、D_1 作各边的垂线，这些垂线相交得交点1、2、3、4，1、3在长对角线上，2、4在短对角线顶点

(d) 以1、3为圆心，$1A_1$ 为半径作 $\widehat{A_1D_1}$、$\widehat{B_1C_1}$；以2、4为圆心，$2C_1$ 为半径作 $\widehat{A_1B_1}$、$\widehat{C_1D_1}$，连成近似椭圆

图4-7 近似椭圆的画法

例4-2 作圆柱的正等测（如图4-8a所示）。

解 作图过程见图4-8。

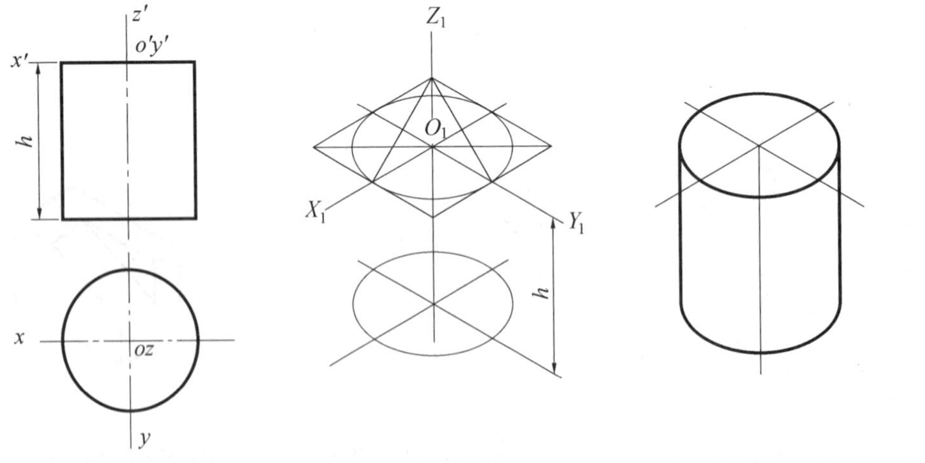

(a) 以圆柱上底面的圆心为坐标原点，建立直角坐标系

(b) 作轴测轴，用菱形法作出上、下底圆的正等测

(c) 作两椭圆的外公切线，擦去作图线，加深轮廓线

图4-8 圆柱的正等测

（二）圆角的投影

平行于坐标面的圆角，实质上是平行于坐标面的圆的四分之一，因此，其轴测图是上述近似椭圆四段圆弧中的一段。

以水平圆角为例，其轴测图的作图过程如图 4－9 所示。

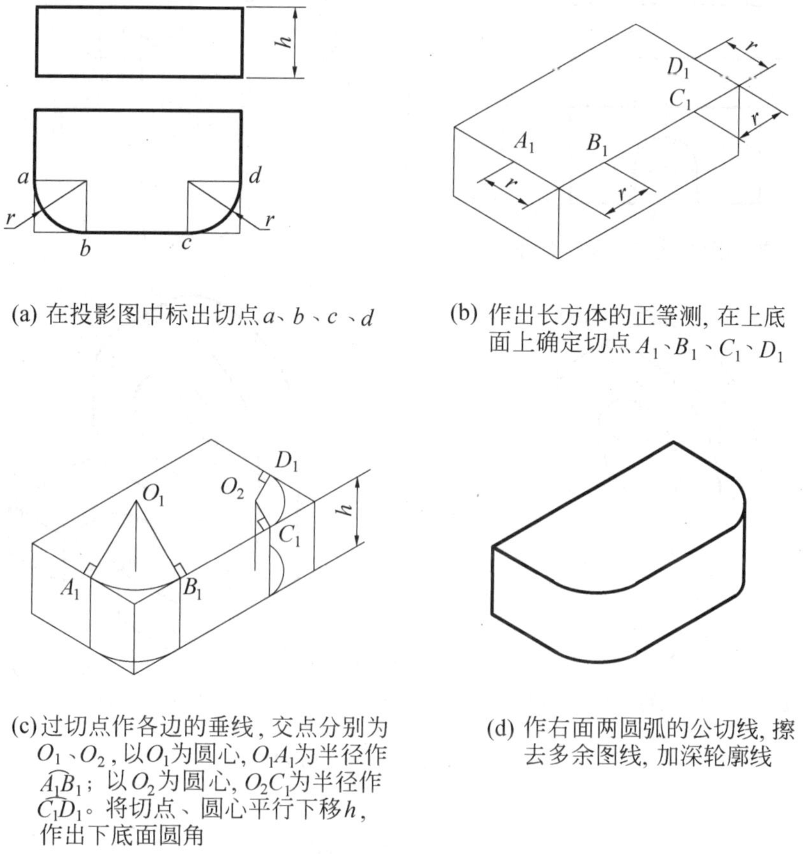

(a) 在投影图中标出切点 a、b、c、d

(b) 作出长方体的正等测，在上底面上确定切点 A_1、B_1、C_1、D_1

(c) 过切点作各边的垂线，交点分别为 O_1、O_2，以 O_1 为圆心，O_1A_1 为半径作 $\overset{\frown}{A_1B_1}$；以 O_2 为圆心，O_2C_1 为半径作 $\overset{\frown}{C_1D_1}$。将切点、圆心平行下移 h，作出下底面圆角

(d) 作右面两圆弧的公切线，擦去多余图线，加深轮廓线

图 4－9　圆角的正等测

例 4－3　根据两面投影图，绘制支架的正等测（如图 4－10a 所示）。

解　作图过程见图 4－10。

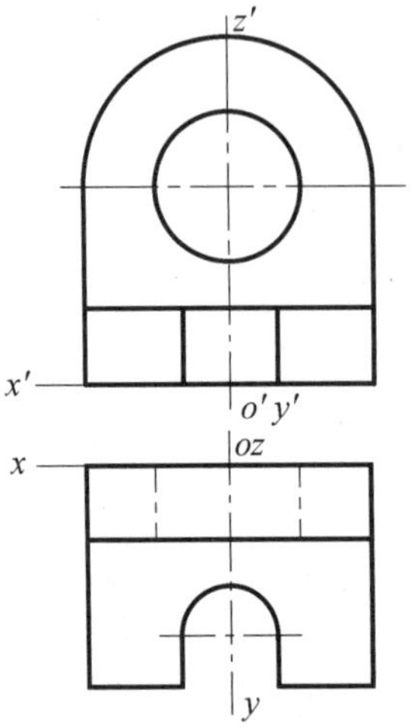

(a) 在投影图中建立直角坐标系

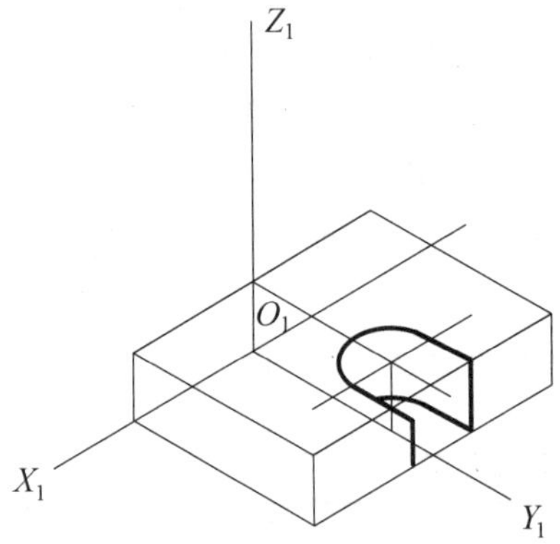

(b) 作底板

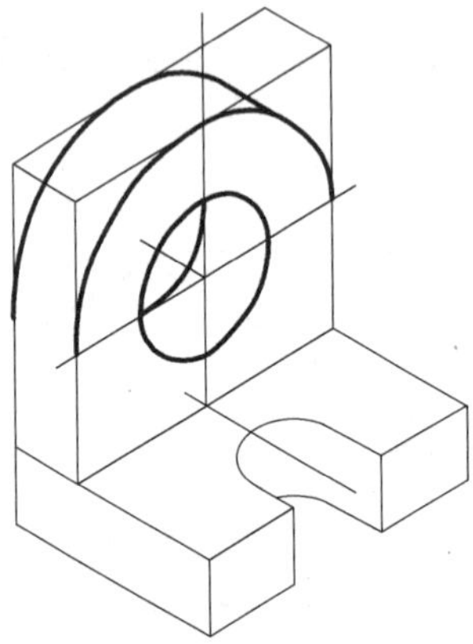

(c) 作竖板(注意外切菱形方向)

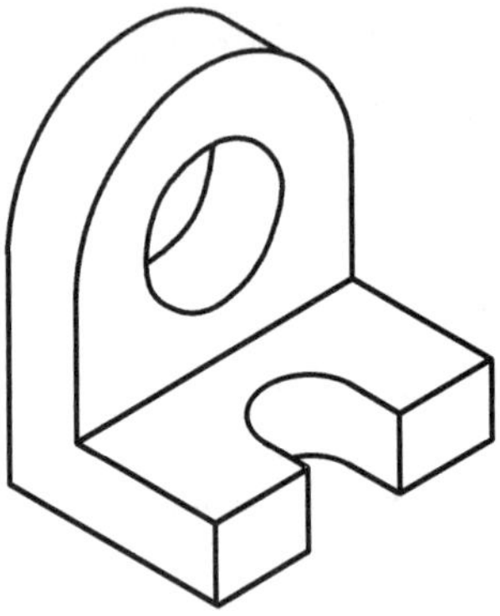

(d) 整理加深

图 4－10　作支架的正等测

第三节　斜二等轴测图

一、斜二测的轴间角和轴向变形系数

将物体的一个坐标面（XOZ 面）放置成与轴测投影面平行，用斜投影法投影（如图4－2b 所示），所选的投射方向使 O_1Y_1 轴与 O_1X_1 轴的夹角为 135°，并使 O_1Y_1 轴的轴向变形系数为 0.5，则所得的轴测图称为斜二等轴测图，简称斜二测。

斜二测的轴间角：$\angle X_1O_1Z_1 = 90°$，$\angle X_1O_1Y_1 = \angle Y_1O_1Z_1 = 135°$。

斜二测的轴向变形系数：$p = r = 1$，$q = 0.5$（见图 4－11）。

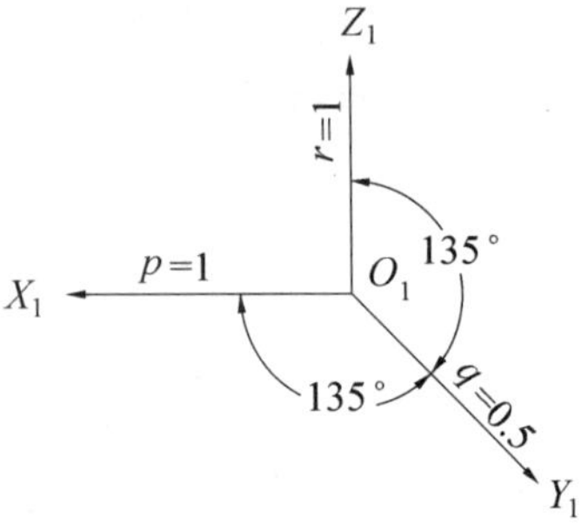

图 4－11　斜二测的轴间角和轴向变形系数

斜二测的特点是，与轴测投影面平行的坐标面的轴测投影反映实形，该坐标面上的圆的斜二测仍然为圆；其余两个坐标面上的圆的轴测投影为椭圆（见图4－12）。因此，画斜二测时，应尽量使物体上形状复杂的一面平行于 XOZ 坐标面。

此外，本书图2－10、图2－13、图2－4等是用斜等测画出的，其轴向变形系数为 $p=q=r=1$。

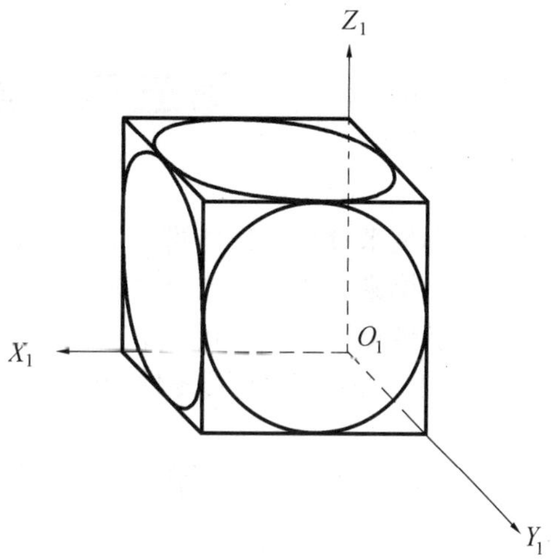

图4－12　平行于坐标面的圆的斜二测

二、斜二测的作图方法

斜二测的作图方法与正等测相似，要注意的是斜二测 Y 方向的变形系数是0.5，作图时，沿 Y_1 轴方向的长度应取物体上相应长度的一半。

例4－4　根据两面投影图，绘制压盖的斜二测（如图4－13a所示）。

解　作图过程见图4－13。

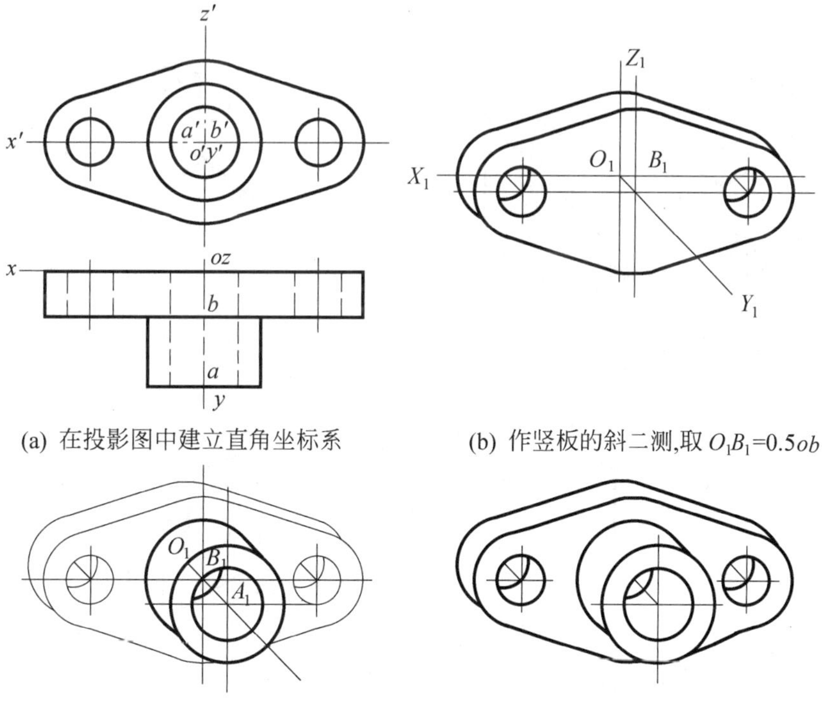

(a) 在投影图中建立直角坐标系　(b) 作竖板的斜二测，取 $O_1B_1=0.5ob$

(c) 作圆筒的斜二测，取 $A_1B_1=0.5ab$　(d) 整理、加深图线

图4－13　压盖的斜二测

第五章　组　合　体

从几何角度来分析，物体可以看成是由若干个完整或不完整的基本几何体（棱柱、棱锥、圆柱、圆锥、球等）组合而成。由一些较简单的立体组成的较复杂的物体就称为组合体。组合体更近似于机器零件。本章所讨论的有关组合体画图和看图的方法，以及尺寸标注等问题，将为以后学习零件图建立良好的基础。

第一节　组合体的分析

一、组合体的分类

组合体的形成方式有切割（包括穿孔）和叠加（包括叠合、相切、相交等）两种基本形式。因此，组合体可分为切割类、叠加类和综合类三种。

如图 5－1a 所示的组合体 1 可看作是由长方体切割去形体 2、3、4 后形成的。图 5－1b 所示的组合体可看作是由长方体 1、圆柱 2 和圆锥台 3 叠加后形成的。较复杂的组合体多

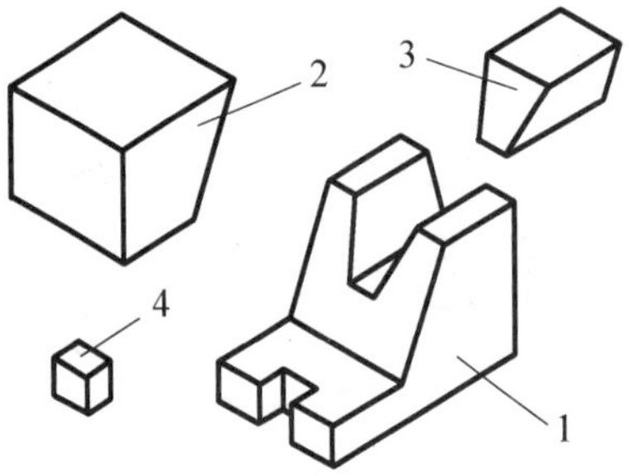

(a) 切割类

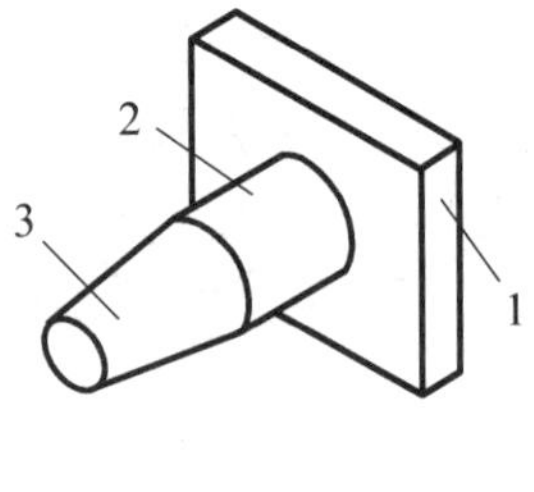

(b) 叠加类

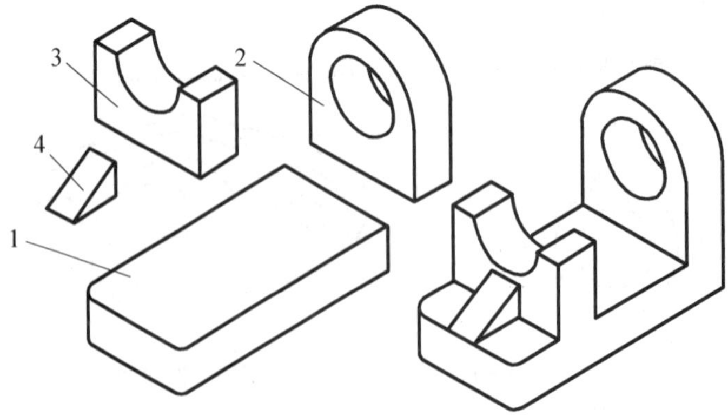

(c) 综合类

图 5－1　组合体的分类

为综合类，其形成方式是切割和叠加两种方式的综合。如图 5－1c 所示的组合体，可看作是由底板 1、竖板 2、竖板 3 各部分均被切割成所需形状后，再和三棱柱 4 一起叠加而成的。

必须指出，有时同一组合体按切割类或叠加类去分析均可，两者并无严格的界限。至于按何种方式分析，应视组合体的具体情况，以易于理解和作图为准。

二、组合体各形体表面之间的连接关系

在组合体中，相互结合的两个简单形体表面间的连接关系可以分为不平齐、平齐、相切和相交四种。弄清组合体各形体表面之间的连接关系，有助于读图或画图。

1. 形体间表面不平齐

当两形体的表面连接不平齐（在有限范围内没有公共要素）时，中间应有线隔开，如图 5－2 中，直立耳板的前面与底板的前面不共面，在主视图上就应画出它们的分界线。

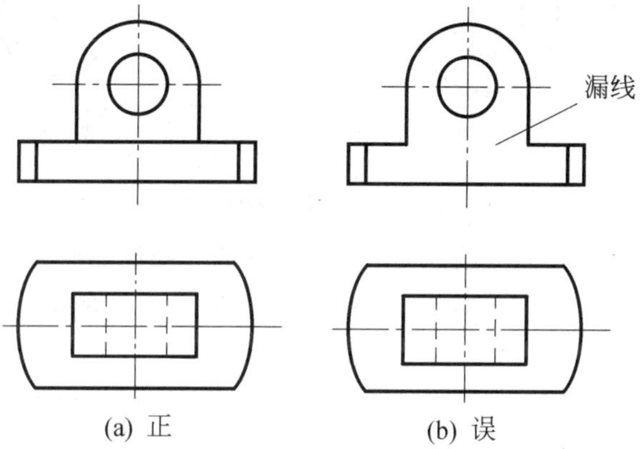

图 5－2 形体间表面不平齐

2. 形体间表面平齐

当两形体的表面连接平齐时，则两形体的连接表面构成同一个面，连接部分的分界线消失，中间不画分界线，如图 5－3 所示。

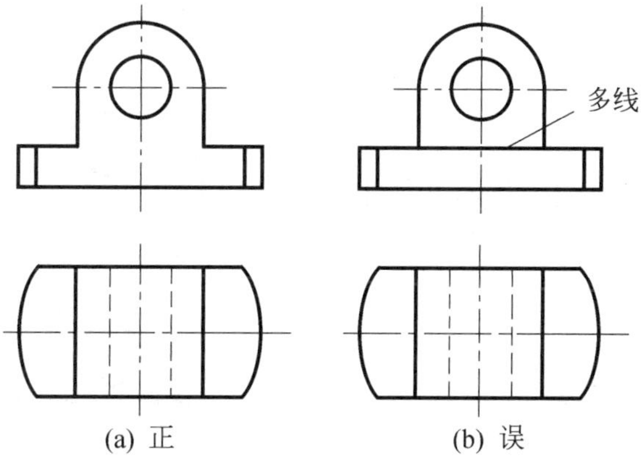

图 5－3 形体间表面平齐

3. 形体间表面相切

当两形体的表面（平面与曲面或两曲面）相切时，两表面光滑过渡，一般情况下在相切处不应画分界线。如图 5 - 4a 所示，底板的前、后表面与圆柱体表面相切，则在主、左视图上相切处不画线，且底板顶面在主、左视图上的投影画到相切处为止。又如图 5 - 4b 所示，因半球体表面与圆柱体表面相切，在主视图上相切处也不画线。

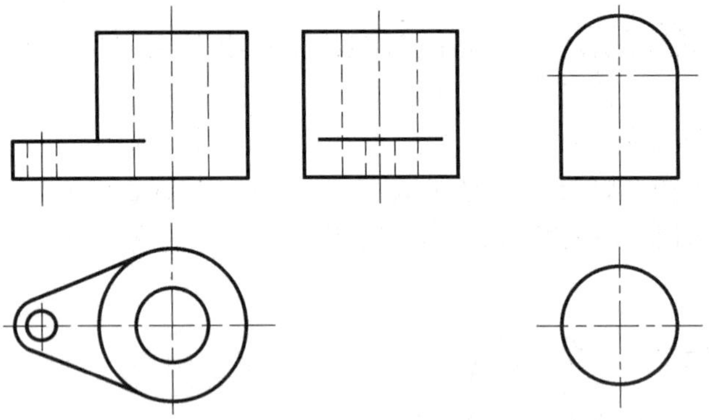

(a) 平面与曲面相切　　(b) 两曲面相切

图 5 - 4　形体间表面相切

只有当与曲面相切的平面或两曲面的公切面垂直于投影面时，在该投影面上才要画相切处的投影轮廓线，否则不应画出公切面的投影，如图 5 - 5 所示。

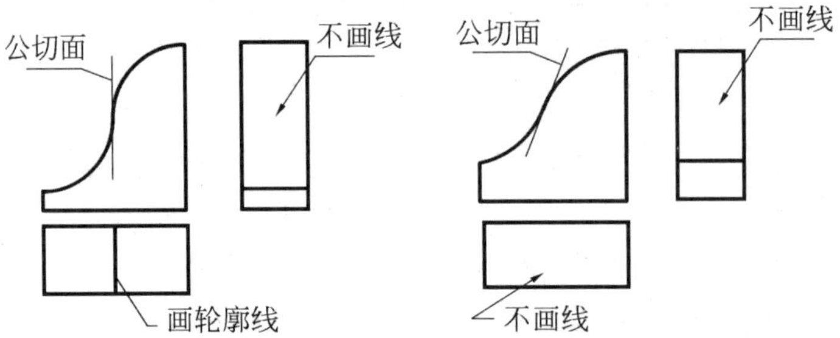

(a) 公切面垂直于V面和H面　　(b) 公切面只垂直于V面

图 5 - 5　两曲面相切

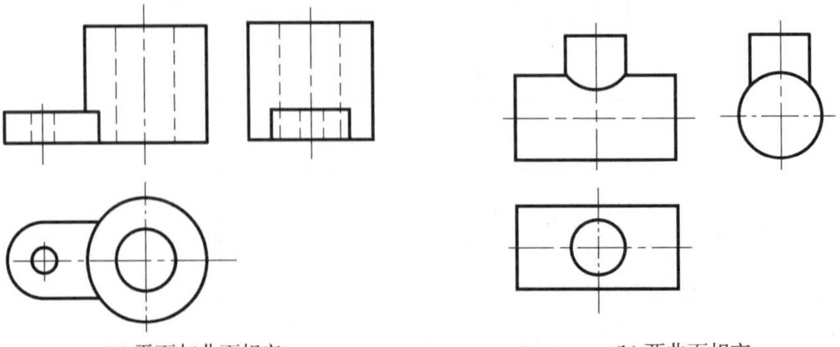

(a) 平面与曲面相交　　(b) 两曲面相交

图 5 - 6　形体间表面相交

4. 形体间表面相交

当两形体的表面相交时，则交线是它们的分界线，在相交处应画出交线的投影。相交的情况可分为两平面相交、平面与曲面相交和两曲面相交。如图 5－6a 所示，左耳板的前、后表面与圆柱体表面相交，有截交线；又如图 5－6b 所示，直立圆柱体表面与水平圆柱体表面相交，有相贯线。因此，在相交处均应画线。

第二节　画组合体视图的方法和步骤

在画组合体视图之前，必须熟练掌握各种基本形体的投影画法。画组合体视图时，常采用形体分析法，即假想将组合体分解为几个较简单的形体，分析它们的相互位置和连接关系等，然后选择视图，进行绘图。下面以图 5－7 所示组合体为例，说明画组合体视图的一般方法和步骤。

一、分析所画组合体

分析所要表达的组合体由哪些简单形体所组成，明确组合形式，弄清它们的形状、大小和相对位置。如图 5－7 所示，可把该组合体分解为四个简单立体，各形体之间都是叠加组合，其中水平圆筒 3 的外圆柱面与肋 4 的两个面是相交关系。

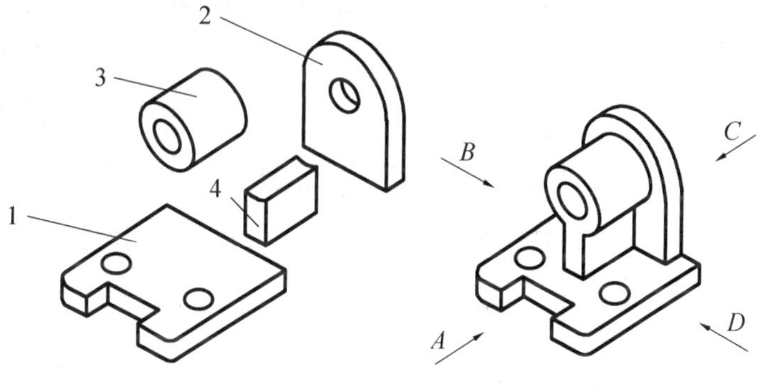

图 5－7　分析组合体

二、选择视图

主视图是三视图中较重要的视图，主视图选择得适当与否，直接影响到组合体表达的清晰性。一般以较多地反映组合体形状特征的一个视图作为主视图，同时还应兼顾其他两个视图的清晰性，使它们的虚线尽可能少。如图 5－7 所示，首先将组合体按自然位置放置，使组合体保持平稳，并尽可能使它的主要平面或主要轴线与投影面平行或垂直。然后选择主视图的投影方向。比较按箭头所示的 *A*、*B*、*C*、*D* 四个方向投影所得的视图，以确定主视图。如图 5－8 所示，若以 *C* 向作为主视图，虚线较多，显然不如 *A* 向清楚。*B* 向和 *D* 向视图虽然虚线的情况相同，但若以 *B* 向作为主视图，则左视图上会出现较多虚线，不如 *D* 向好。再比较 *A* 向与 *D* 向视图，*A* 向更能反映该组合体各部分的轮廓特征，所以确定以 *A* 向作为主视图的投影方向。

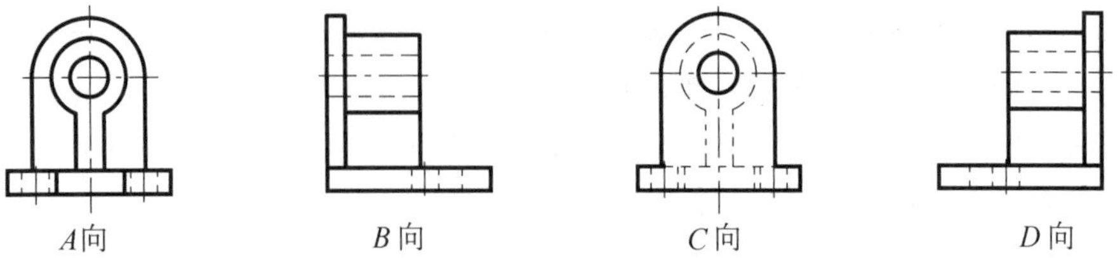

图5－8 分析主视图的投影方向

一旦主视图的投影方向确定，俯视图和左视图的投影方向也就随之确定了。

三、选择比例、图幅

根据组合体的大小和复杂程度，按国家标准选择适当的绘图比例。应尽量选用1∶1的比例，以便画图和看图时直接估量物体的真实大小。比例选定后，由物体的长、宽、高尺寸，算出三个视图所占的面积，并考虑在视图之间留出标注尺寸的位置和适当间距。根据估算结果，选用合适的标准图纸幅面。

四、绘图步骤

首先布置好视图位置。根据各视图中每个方向的最大尺寸和视图间的恰当间距（要留有足够标注尺寸的地方），画出各视图的主要中心线或定位线，力求布局匀称。然后按

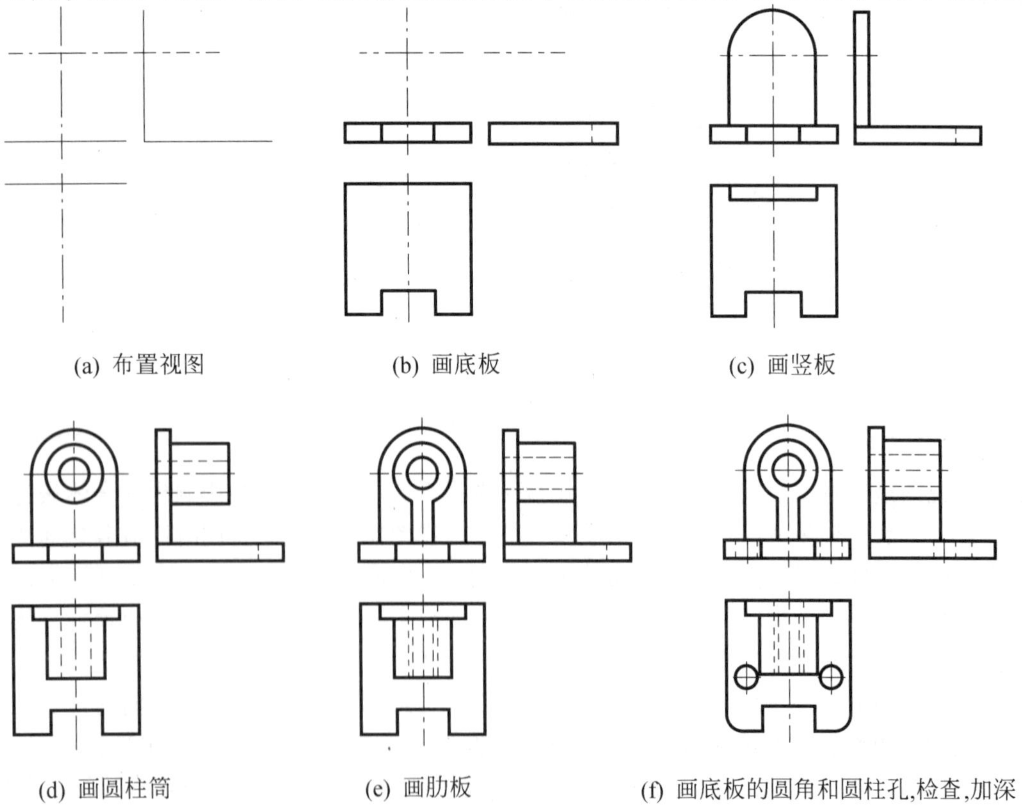

图5－9 组合体的视图画法

形体分析法所分解的各基本体以及它们之间的相对位置，逐个画每一形体的三个视图。画图顺序一般应从主视图入手，或从较能反映形状特征的视图开始画起。先画主要部分，后画次要部分；先画可见部分，后画不可见部分。这样，不但能保证投影正确，而且还可提高绘图速度。绘图时，应轻画底稿，待全图底稿画完并校核无误后，再描深全图。具体作图步骤如图 5－9 所示。

第三节　组合体尺寸标注

组合体视图只表达了组合体的形状，而组合体的大小则要由尺寸标注来确定。在组合体的投影图上标注尺寸应达到完整、正确、清晰的要求。所谓完整，即各类尺寸齐全，不遗漏，也不多余；所谓正确，即标注要符合国家标准的规定，尺寸数字是设计所要求的；所谓清晰，即各类尺寸布置整齐，一目了然。本节是在第一章平面图形尺寸注法的基础上进一步讨论组合体的尺寸标注。

一、基本体的尺寸标注

基本几何体的尺寸是组合体尺寸的重要组成部分，因此在讨论组合体的尺寸标注之前，须先了解基本体的尺寸标注。立体有三个方向的尺寸，即长、宽、高，一般在图中要分别标注。标注尺寸时，除了须遵守第一章第一节的一般规则外，还应结合所表达的立体形状的特点，合理配置尺寸。图 5－10 中列出了几种常见的平面立体的尺寸注法。

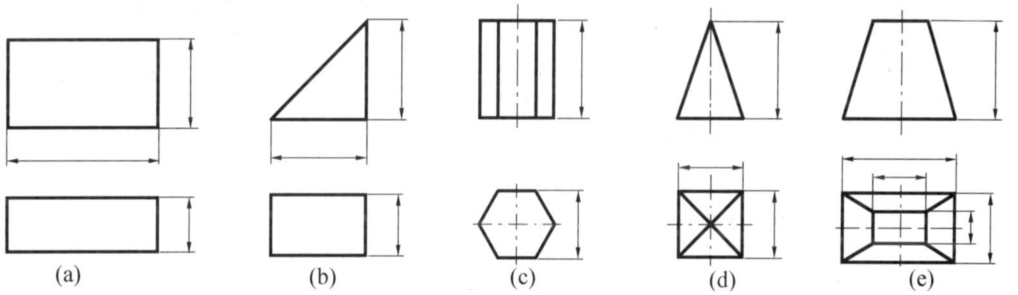

图 5－10　平面立体的尺寸标注示例

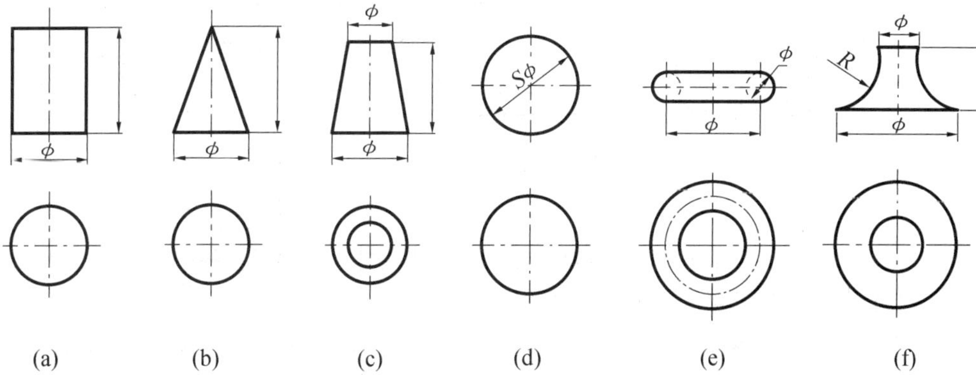

图 5－11　常见回转体的尺寸注法

图 5 - 11 中列出了常见回转体的尺寸注法。

二、组合体的尺寸标注

当组合体仅为切割类时，一般先注出被切割前完整基本体的尺寸，然后再注出确定截平面位置的尺寸，如图 5 - 12 所示。

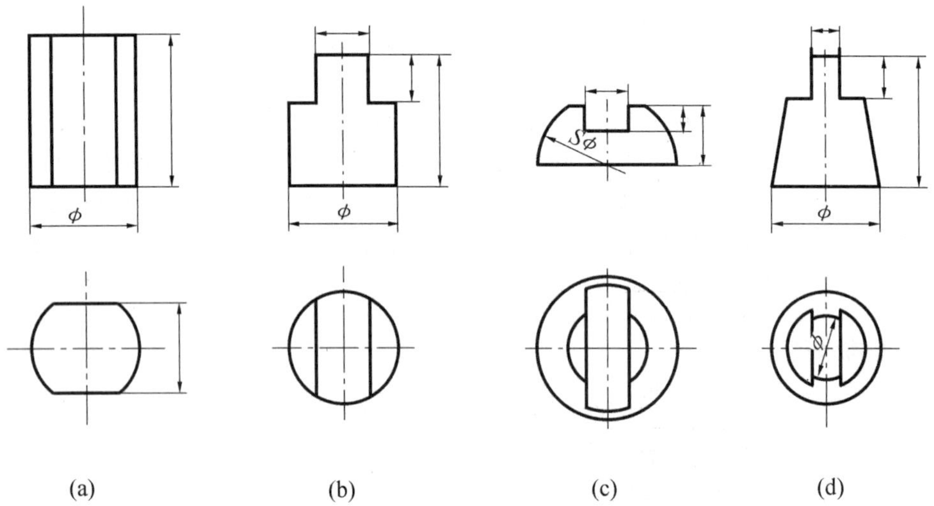

图 5 - 12 切割类组合体的尺寸标注示例

当截平面对于基本体的相对位置确定后，立体表面的截交线也就完全确定了，因此，不必标注截交线的尺寸。

完整标注组合体的尺寸，一般从如下三种尺寸考虑：

定形尺寸——表明组合体中各组成部分形体大小的尺寸，如图 5 - 13 所示；

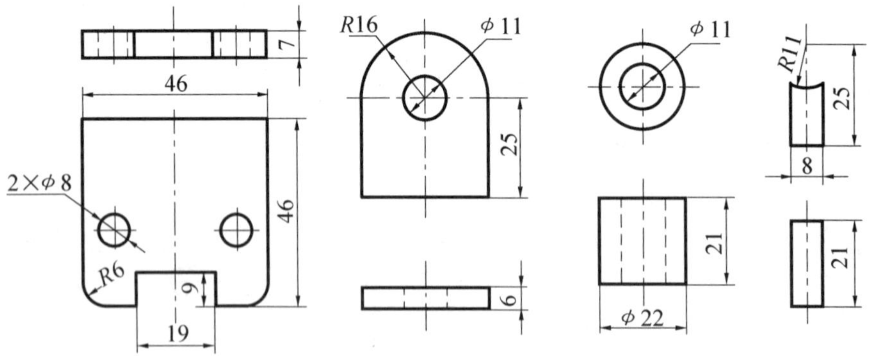

图 5 - 13 各个组成部分形体大小的尺寸标注

定位尺寸——确定各组成部分形体间相互位置的尺寸，如图 5 - 14 中的 29、30、32；

总体尺寸——表明组合体总长、总宽和总高的尺寸。

下面举例说明组合体尺寸的标注。

（一）标注组合体尺寸的步骤和方法

1. 形体分析和标注定形尺寸

在形体分析的基础上，逐个注出各组成形体的定形尺寸。例如，图 5 - 13 所示是图 5 - 7组合体经形体分析后各个组成部分形体的定形尺寸。

当它们综合为组合体后，有的尺寸就会重复，在组合体视图中标注尺寸时就应进行调整，图 5 - 14 为调整后所标注的尺寸，如圆筒的定形尺寸 21，调整为由尺寸 27 和 6 确定。

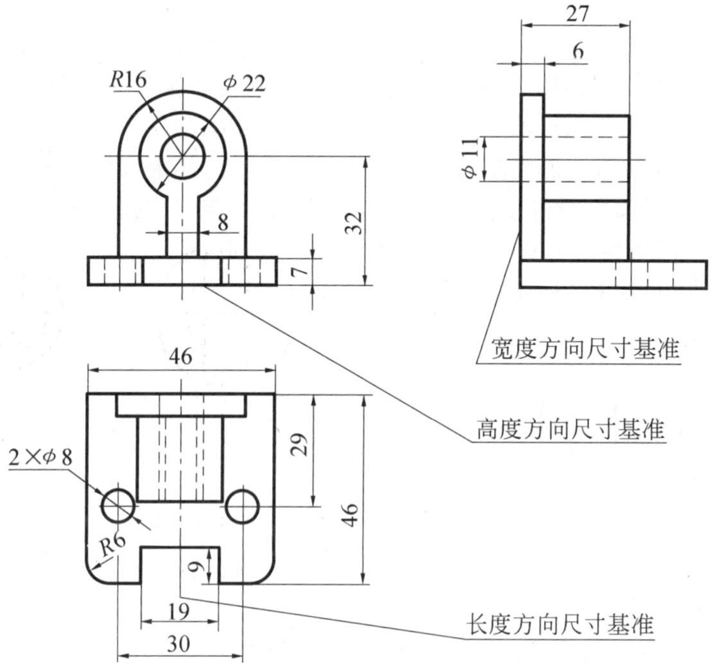

图 5 - 14　组合体尺寸标注

2. 选定尺寸基准和标注定位尺寸

一般采用组合体上的对称面、轴线、底面和较重要的平面及端面作为尺寸基准，如图 5 - 14 所示。

3. 标注总体尺寸

当总体尺寸与已注的定形尺寸一致时，则不需另行标注。如果需要标出总体尺寸时，则需在相应方向少注一个定形尺寸。当以回转面为某向轮廓时，应标注回转体轴线的定位尺寸和回转体的半径或直径，一般不注该方向的总体尺寸，如图 5 - 14 的高度方向的总体尺寸不直接注出。

（二）在使尺寸标注齐全的前提下力求清晰

（1）同一形体的定形尺寸和定位尺寸尽量集中标注。如底板上两圆柱孔的定形尺寸 2 × φ 8和定位尺寸 30、29 都集中标注在俯视图上，以便看图时查找尺寸。

（2）尽量在形状特征表达最明显的视图上标注尺寸。如竖板的厚度 6 注在左视图上比注在俯视图上好。底板上的圆角半径 *R*6 务必注在表现为圆弧的俯视图上。圆柱体直径最好注在非圆视图上，如孔径φ 11。

（3）尽量不在虚线上注尺寸。如底板上两小圆孔的尺寸 2 × φ 8 注在俯视图，而不注在主视图或左视图的虚线上。但对于圆柱筒的孔径 ϕ 11 来说，如果注在主视图上，则会因位置狭窄使图线交叉太多，不如注在左视图的虚线上清晰。

（4）尺寸尽量注在两视图之间，并注在视图的外边。如图中所示的大部分尺寸都标注在两视图之间和视图之外，以便看图及保持图形的清晰。但为了避免尺寸线或尺界线过长或与其他图线相交，必要时也可注在视图之内，如肋的定形尺寸 8。

在标注尺寸时，有时会出现不能兼顾以上各点的情况，这时应在保证尺寸标注正确、完整的前提下，灵活掌握，力求清晰。

图 5-15 中列举了一些不同形状的板的尺寸标注。从图中也可以看出，当在某个投影图中端部以圆弧作为轮廓线时，不直接注总体尺寸，而是注出圆心位置和圆弧半径即可，如图 5-15c 所示。但当圆弧只是作为圆角时，则既要注出圆角半径，又要注出总长、总宽等尺寸，如图 5-15a 所示。当圆盘上均匀分布小孔时，其定位尺寸一般应标注定位圆（过各孔圆心的点画线圆）的直径，以及孔的径向中心线与定位圆的水平中心线（或铅垂中心线）的夹角；但当夹角为 90°、120°、30°、45°或 60°且均布时，角度定位尺寸可以不标注，如图5-15d、e 和 f 所示。

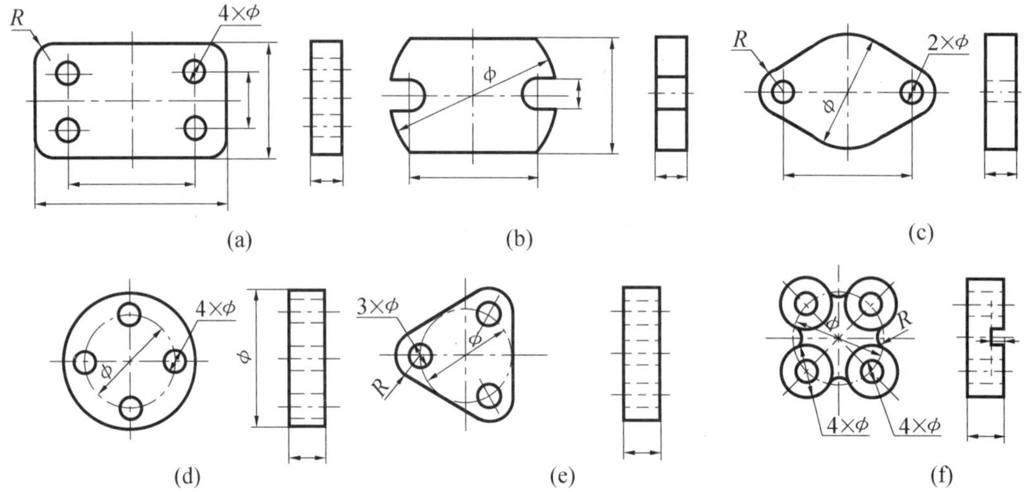

图 5-15　不同形状板的尺寸标注

第四节　看组合体视图的方法和步骤

根据组合体的视图想像出它的形状称为看图。看图在生产和技术交流中占有重要地位，因此，在学习时要注意不断提高自己的看图能力。

一、看图时应注意的问题

（一）几个视图要联系起来看

从一个视图或两个视图往往不能唯一地确定物体的形状，因而不能把每个视图孤立起来对待。如图 5-16 所示的五组视图，它们的主视图均相同，但俯视图不同，所以表示的空间物体形状也就各不相同。

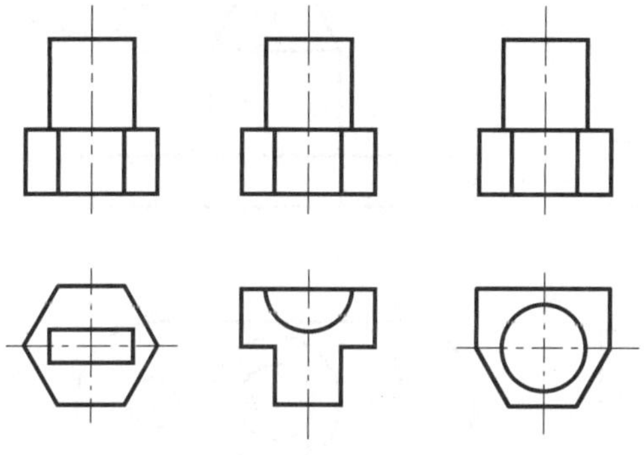

图 5－16 主视图相同，物体形状不同

又如图 5－17 所示的两组视图，它们的主、俯视图均相同，但左视图不同，故它们的空间物体形状也不同。

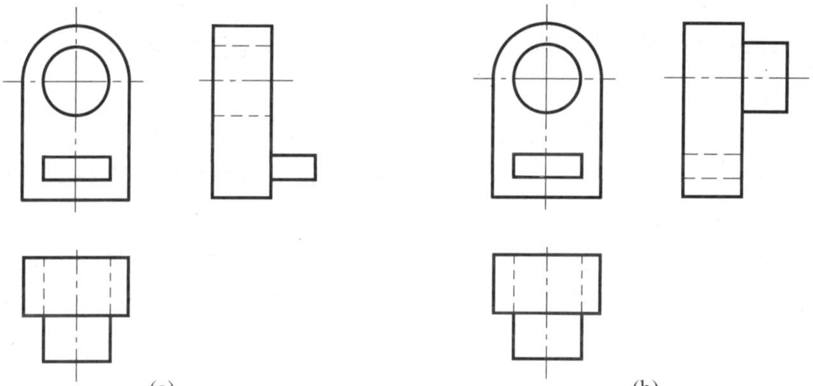

图 5－17 主、俯视图相同，物体形状不同

由上可见，要几个视图联系起来看图，才能正确地想像出物体的形状。

在几个视图中，由于主视图比较明显地反映物体整体形状的特征和其各组成部分的相对位置，因此一般从主视图入手，联系其他视图进行分析，看图就比较容易。

（二）弄清视图中图线和线框的含义

视图中每条图线的含义可能有三种不同的解释：

（1）它可能是某一有积聚性的平面或曲面的投影。如图 5－18a，图线 1 表示水平面（相应水平投影为矩形时），2 为圆柱面（相应正面投影为虚线框时）。

（2）它可能是相邻两面交线的投影。如图 5－18a，图线 3 表示水平面 *A* 和正垂面 *B* 的交线。

（3）它可能是曲面转向轮廓线的投影。如图 5－18a，图线 4 表示圆柱孔面转向轮廓线的正面投影。

视图上的线框，是指由图线围成的封闭图形。其含义可能是下列三种解释之一：

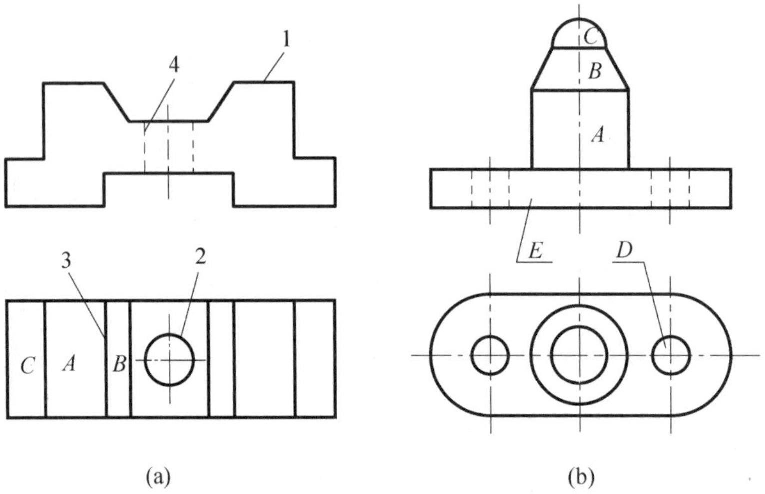

图 5－18　图线和线框的意义

（1）它可能是某一平面的投影，即投影面平行面或倾斜面的投影。如图 5－18a 所示，线框 *A* 为水平面的水平投影，反映实形。

（2）它可能是某一曲面的投影。如图 5－18b 所示，线框 *A*、*B*、*C* 分别为圆柱面、圆锥面和球面的投影。

（3）它可能是某一通孔或组合表面（几个相切的面的组合）的投影。如图 5－18b 所示，小圆线框 *D* 代表通孔，粗实线围成的线框 *E* 代表平面与柱面相切构成的组合表面的投影。

一般相邻的两个线框是物体上相交的两个表面或同向错位（不平齐）的两个表面的投影。如图 5－18a 所示，相邻线框 *A* 与 *B* 是相交两平面的投影，线框 *A* 与 *C* 则是上下两个表面的投影。

下面来看两个有趣的例题。

例 5－1　根据相同的主、俯视图（如图 5－19a 所示），设计不同形状的物体，并画它们的左视图。

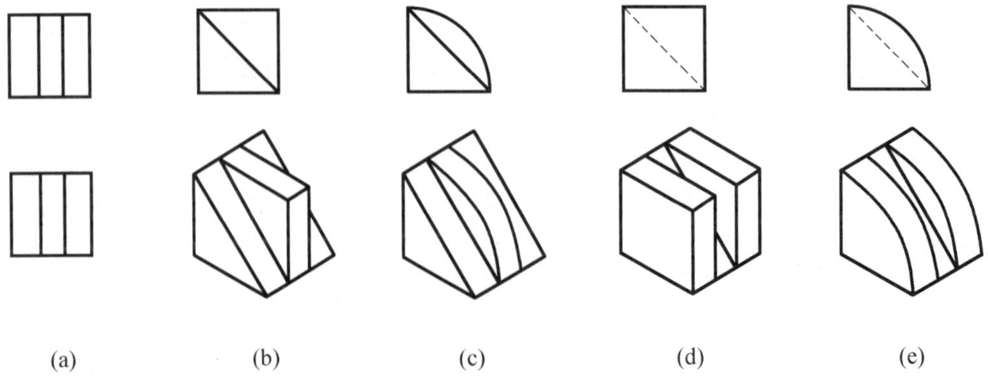

图 5－19　由已知的两视图，构思不同形状的物体

解 根据如图所示的主、俯视图，可以构思出不少形状的物体，只要物体的正面投影和水平投影满足已知条件即可。如图5－19b、c、d、e所示，即为所设计的不同形状物体的左视图和轴测图。除此之外，还可以设想出更简便而又别出心裁的答案。

例5－2 如图5－20所示，已知某一物体三个视图的外轮廓，要求通过构思，想像出这个物体，并补充图线完善其三视图。

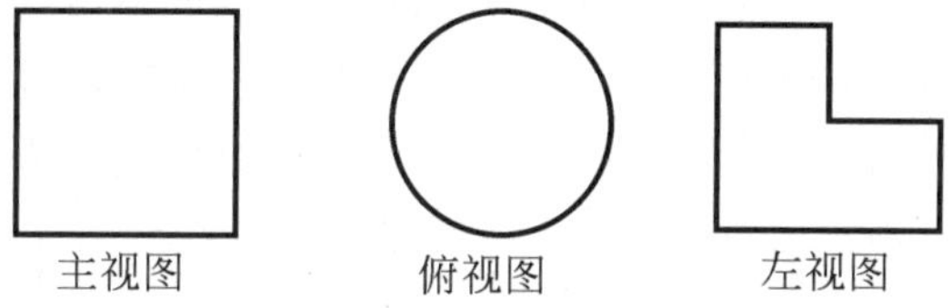

图5－20 物体三视图的外轮廓

解 如前所述，一个物体一般要根据三个视图才能确定形状。因此，在构思过程中，可逐步按三个视图的外轮廓来构思这个物体，最后想像出这个物体的形状。构思过程如图5－21所示。

（1）如图5－21a所示，主视图为矩形的物体，如三棱柱、四棱柱、圆柱体等，可以有很多种。

（2）如图5－21b所示，主视图的轮廓为矩形而俯视图为圆的物体，必定是一个圆柱体。

（3）如图5－21c所示，主、俯视图的轮廓分别为矩形和圆，而左视图为L形的物体，通过思考可以想像出：用一个通过圆柱轴线的正平面和一个水平面切去圆柱体前上部的一块，则切割后的物体的左视图即为L形，而主、俯视图的外轮廓仍分别保持原来的矩形和圆。但是，主视图上应添加水平断面（半圆）的投影，俯视图应添加正平断面（矩形）的投影，两断面的投影均分别积聚为线段。最后想像出的物体和三视图如图5－21d所示。

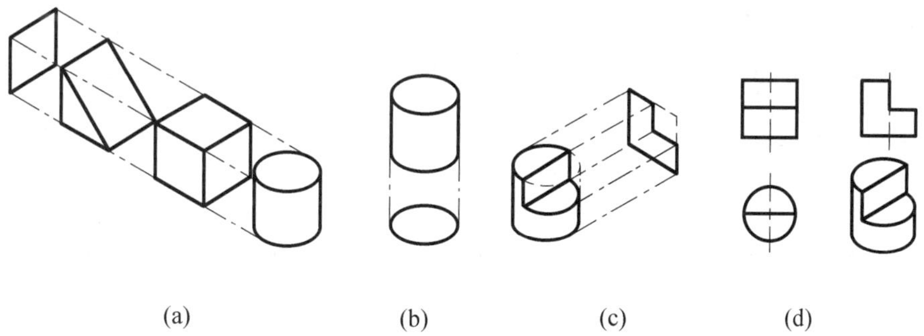

图5－21 构思过程

通过上述看图注意问题的讨论可知：看图时，不仅要将几个视图联系起来看，而且还要对视图中的每个线框和每条图线的含义进行分析，逐步想像出物体的完整形状。为了提高看图能力，还要注意培养构思空间物体形状的能力，增强空间想像力。

二、看图的基本方法和步骤

看图的基本方法是形体分析法和线面分析法。形体分析法是根据视图的特点和投影关系，把视图分解为若干部分，分部分地想像出它们的形状和相对位置关系，最后综合归纳想像出物体的整体形状。线面分析法是通过分析视图上的图线和线框，对照投影关系想像出空间的线或面的形状和相对位置。这两种方法是相辅相成紧密联系的。看图时，以形体分析法为主，当某些部分仅用形体分析法不易看懂时，再用线面分析法进一步分析线、面的投影关系，帮助看懂该部分的形体。下面通过具体图例说明看图的一般方法和步骤。

例5－3 看懂图5－22a视图所表达的轴承座的结构形状。

看图步骤：

(1) 概括了解。从图中可知，该物体是用主视图、俯视图和左视图表示的。根据投影关系初步认识物体各组成部分的大致轮廓形状。

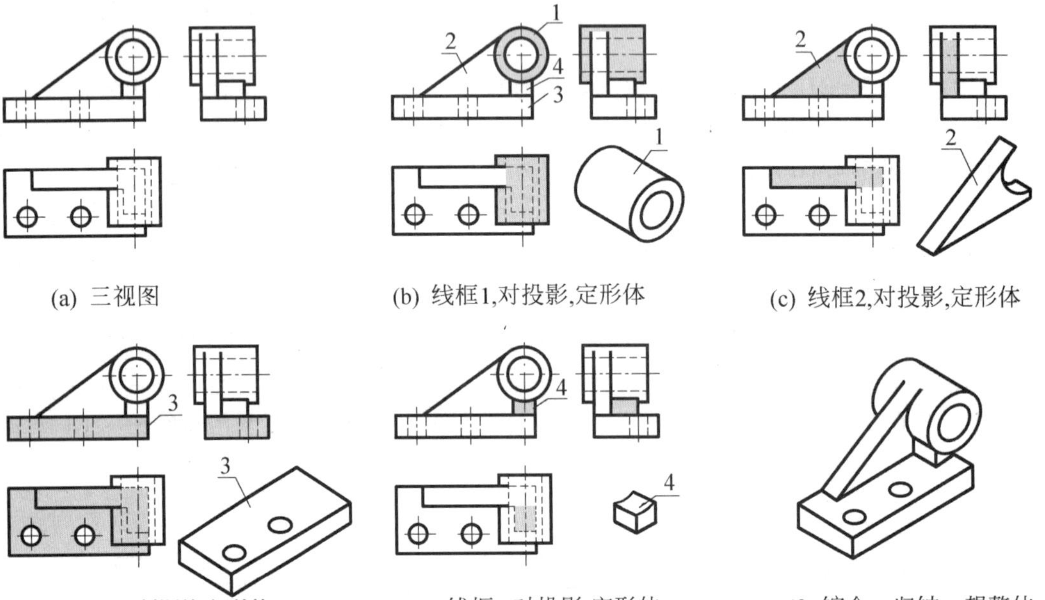

(a) 三视图 (b) 线框1,对投影,定形体 (c) 线框2,对投影,定形体

(d) 线框3,对投影,定形体 (e) 线框4,对投影,定形体 (f) 综合、归纳、想整体

图5－22 看轴承座视图

(2) 分线框、对投影、想形状。在某个表达物体形状特征最多的视图上，划分出若干线框，再分别根据投影关系找出各个线框在其他视图中的投影。然后，由各种几何体的投影特点想像出各线框所表示的几何形体。最后确定出物体各组成部分的形状。在图5－22中，把主视图分为四个线框，分别找出这些线框在俯、左视图中相应的投影，确定其所代表的几何形体，有圆筒、支板、底板和肋。分析过程如图5－22b、c、d、e所示。

(3) 综合起来想整体。在看懂物体各组成部分的形状后，再分析各组成部分的组合方式和相对位置，最后进行综合、归纳、想像出物体的整体形状。如图5－22可知：形体1（圆筒）与形体2（支板）左上斜表面是相切关系，形体2的前后表面是相交关系，两形体的后表面不平齐。圆筒与形体4（肋）侧面是相交关系。4个形体之间是通过叠加而组合的。圆筒位于右上方，底板（形体3）位于下方，它们之间靠支板连接，肋起加固作用。最后即可想像出该物体的总体形状，如图5－22f所示。

例5－4　由图5－23的主、左视图想像出导轨的整体形状，并画出俯视图。

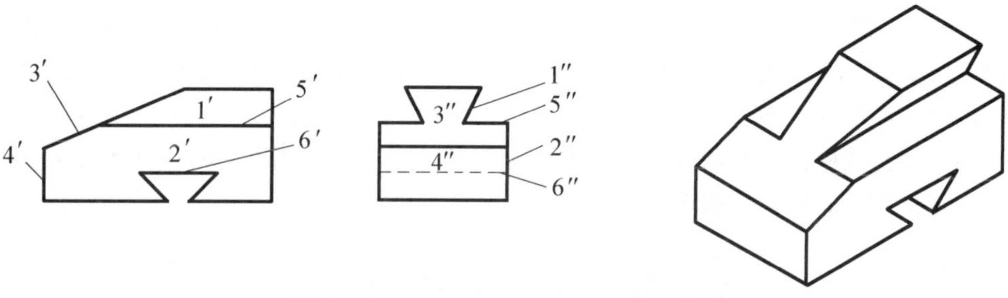

(a)　(b)

图5－23　看导轨视图

看图步骤：

(1) 概括了解。从图5－23a的两个视图可以看出，该物体各组成部分的形体界限不十分清楚，可把它看成是由长方体经切割后所得的。其左上方被切去一块，下部切有一燕尾槽，上部前后被对称地切有一斜槽。对于切割类组合体，可利用线面分析法的“若非类似形，必有积聚性”这一规律来看图。

(2) 分线框，对投影，想形状。主视图可分为两个线框1′和2′，根据投影关系，1′对应左视图上的一条斜线1″，可知此线框为一侧垂面的投影，该面的形状与线框1′类似；2′对应左视图上平行Z轴的一条直线2″，得知是一正平面的投影，线框2′反映该面实形。

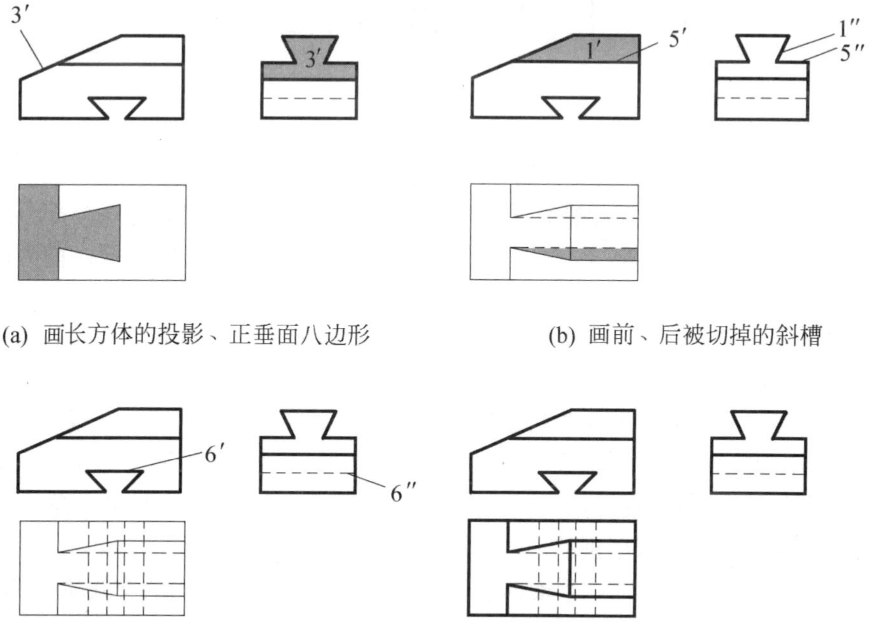

(a) 画长方体的投影、正垂面八边形　(b) 画前、后被切掉的斜槽

(c) 画穿通的燕尾槽　(d) 校核、加深

图5－24　补画俯视图

同理，左视图上的线框3″对应主视图上的斜线3′，是一正垂面；粗实线围成的线框4″对应4′，是一侧平面。以上分析的线框均为从物体的前面及左面所见到的一些面。再从上、下方向观察：线5′对应线5″及线6′对应线6″，均呈水平状态，可知都是水平面的投影。另外，左视图上的虚线说明下部的燕尾槽是从前到后贯通的。

（3）综合、归纳来想整体。在具体分析的基础上，可想像出该物体的基本体是长方体，被一正垂面切去左上角，又被侧垂面和水平面对称切去前后上角，下部再被一水平面和两正垂面切成一燕尾槽，即得到如图5－23b所示的整体形状。

把已知的图看懂，想清物体的形状后，根据投影关系和各种位置平面的投影特性，就不难画出俯视图，其作图步骤如图5－24所示。

第五节　第三角投影法简介

国家标准《机械制图》规定，我国的机械图样采用第一角投影法绘制。有些国家则采用第三角投影法绘制图样。为了便于国际间的技术交流，本节简略地介绍第三角投影法。

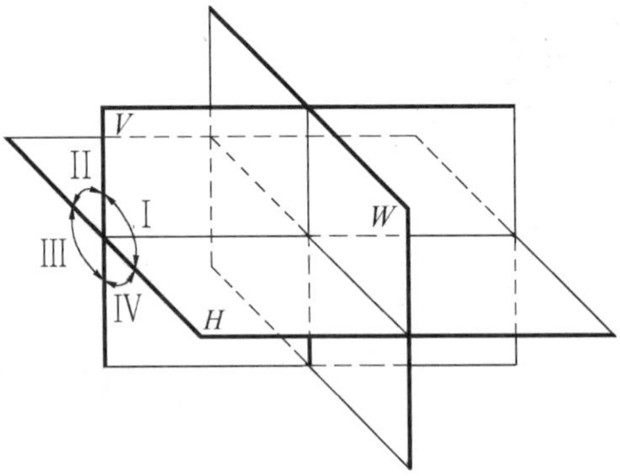

图5－25　四个分角

如图5－25所示，三个互相垂直的投影面 *V*、*H*、*W* 把空间划分为八个部分。其中在 *W* 面左侧的空间划分为四个部分，每一部分叫做分角。*H* 面之上方、*V* 面之前方部分为第Ⅰ分角，*H* 面之下方、*V* 面之后方部分为第Ⅲ分角，其余为Ⅱ、Ⅳ分角。将物体放在第Ⅰ分角，并使物体处于观察者与对应的投影面之间，从而得到相应的正投影图，这样的画法即为前面所述的第一角投影法。

第三角投影法是将物体放置在第Ⅲ分角内，并假想投影面是透明的，观察者从不同的方向透过投影面来观察物体（仍采用正投影法），即可得到各个视图，如图5－26a所示。观察者、物体和投影面的相对位置为：观察者→投影面→物体。这与第一角投影法（观察者→物体→投影面）是有区别的。

投影面展开时，前面不动，顶面向上、侧面向右各自绕与前面的交线旋转90°，与前面展开成一个平面。

基本视图的名称及其相互位置关系如图5－26b所示。在前面上所得的投影，称为前视图；在顶面上所得的投影，称为顶视图；在右侧面上所得的投影，称为右视图。

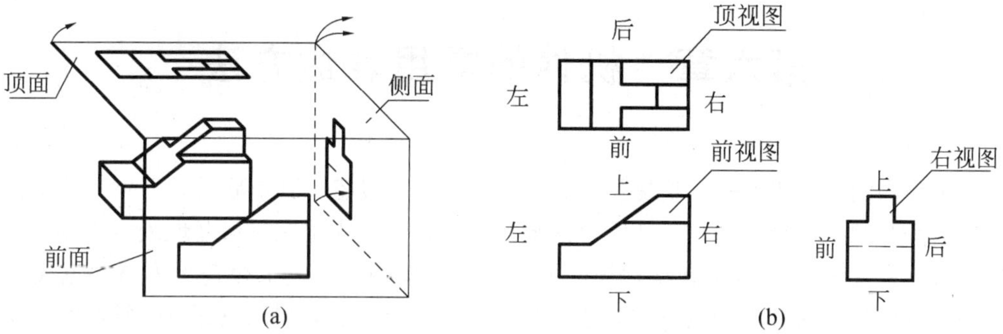

图 5-26 第三角投影法

投影面展开后，顶视图在前视图的上方；右视图在前视图的右方。顶视图的下方和右视图的左方，都表示物体的前面；顶视图的上方和右视图的右方，都表示物体的后面。各视图两两之间都分别保持对应的投影关系。

建议：学习计算机绘图：

（1）第十一章第三节用 AutoCAD 绘制组合体综合举例。

（2）第十二章第一节尺寸标注。

第六章　机件的常用表达方法

在工程中的各种机件——机械零件、部件、机器、设备，其形状千差万别，若全部都只采用前面介绍的三视图往往不能完整清晰地表达它们。为了完整清晰地表达机件，国家标准《技术制图》和《机械制图》规定了多种图样画法，以便工程技术人员根据实际需要选用。本章只介绍其中的较常用画法：视图、剖视图、断面图以及部分较常用的简化画法。

学习本章时，应主要掌握常用表达方法的基本概念、画法和标注方法，能应用各种表达方法正确、完整、清晰地表达各种机件。

第一节　视　　图

视图是机件向投影面投射所得的图形，通常有基本视图、向视图、局部视图和斜视图。

一、基本视图

为了表达机件六个方向的形状，可在原有三个互相垂直的投影面的基础上再增加三个投影面。这六个投影面称为基本投影面。六个基本投影面组成一个正六面体，将机件置于其中。把机件向六个基本投影面投射便得到六个基本视图。前面介绍的主视图、俯视图和左视图就是基本视图中的三个：主视图是由前向后投射所得的视图；左视图是由左向右投

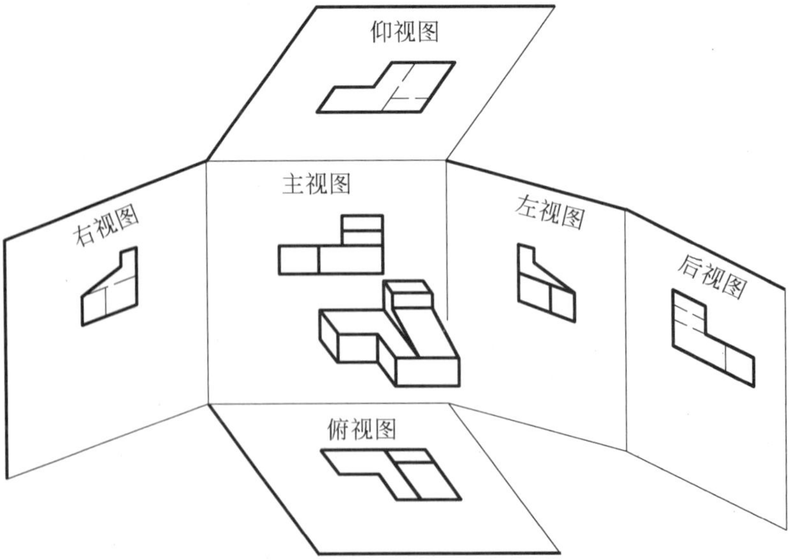

图6-1　六个基本投影面及其展开

射所得的视图；俯视图是由上向下投射所得的视图。

另外三个基本视图的投射方向分别与上述三个相反：后视图是由后向前投射所得的视图；右视图是由右向左投射所得的视图；仰视图是由下向上投射所得的视图。

将六个基本投影面按图 6-1 所示的方法展开至同一个平面，在同一张图纸内六个基本视图的配置如图 6-2 所示时，一律不标注视图名称。其特征如下：

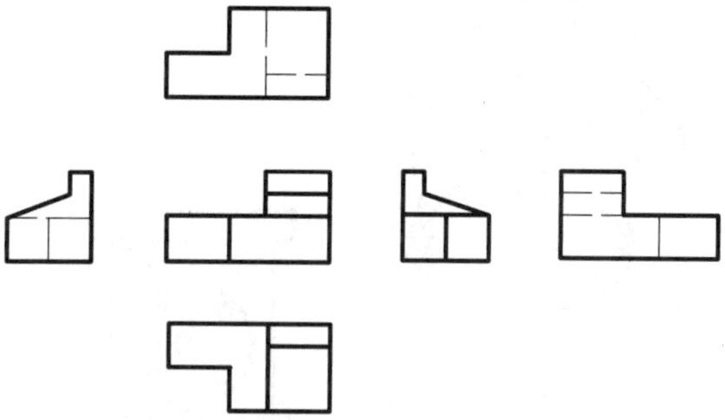

图 6-2　视图配置

（1）主、俯、仰视图“长对正”，即沿 *X* 方向左右对齐。这三个视图与后视图都反映机件的长度。

（2）主、左、后、右视图“高平齐”，即沿 *Z* 方向上下对齐。它们同时反映机件的高度。

（3）俯、左、仰、右视图“宽相等”，即沿 *Y* 方向前后尺寸一致。它们同时反映机件的宽度。其各自靠近主视图的一侧为机件的后方，远离主视图的一侧为机件的前方。

二、向视图

当视图不能按图 6-2 所示方式配置而自由配置时，则称之为向视图。向视图的标注方式有以下两种：

（1）在向视图上方标注出“*X*”（“*X*”为大写拉丁字母），在相应视图的附近用箭头指明投射方向，并注上相同的字母（如图 6-3 所示）。

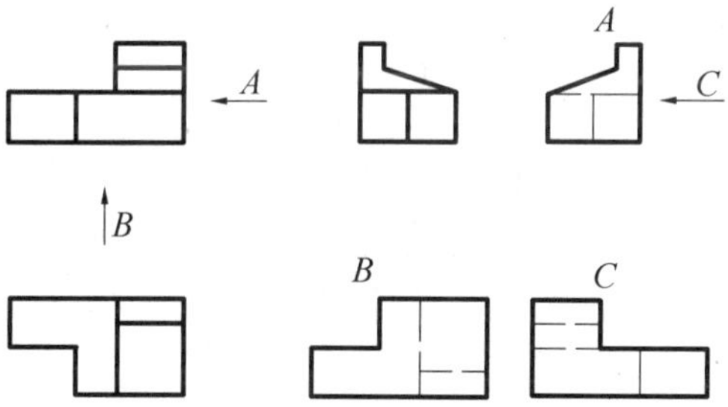

图 6-3　向视图标注方式之一

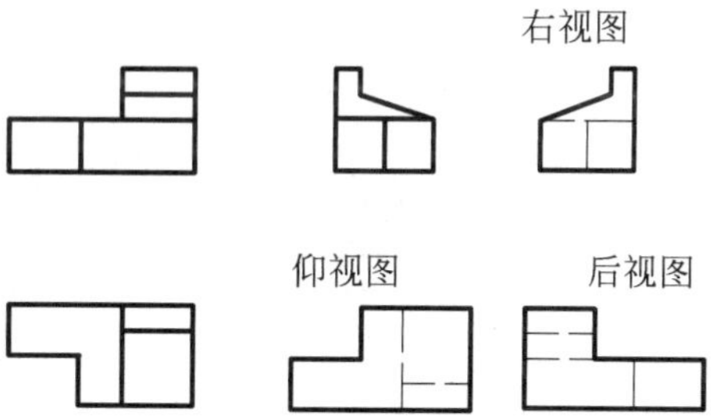

图 6-4　向视图标注方式之二

（2）在向视图上方标注视图名称（如图 6-4 所示）。标注图名的各视图的位置，应根据需要和可能按相应的规则布置。

三、局部视图

局部视图是将机件的某一部分向基本投影面投射所得的视图。它实质上是基本视图的某一部分。

如图 6-5a 所示的机件可用图 6-5b 所示的几个基本视图表达。图 6-6 中 *A*、*B* 和 *C* 向视图便是局部视图，用之代替图 6-5 的左视图、右视图和仰视图，使制图更加简便。

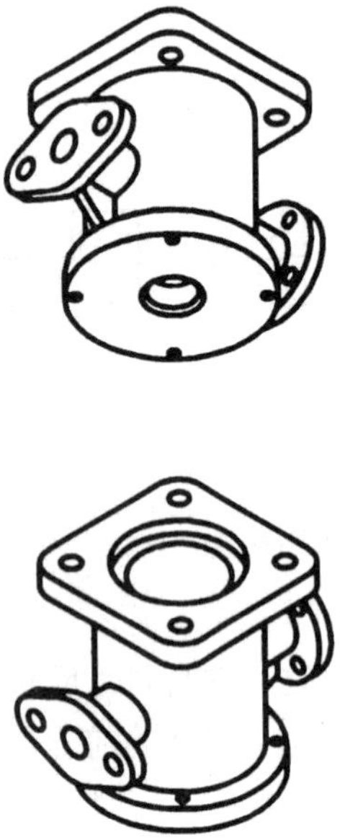

(a) 机件轴测图

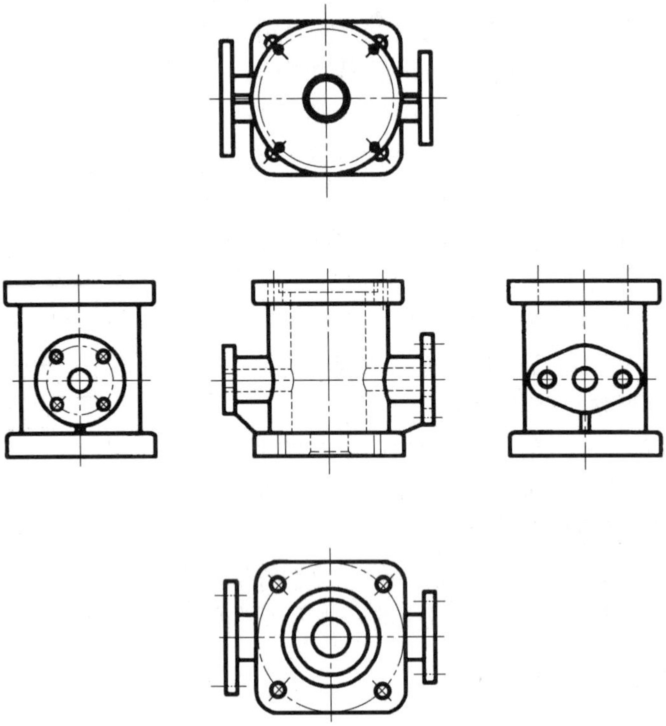

(b) 表达机件的基本视图

图 6－5 机座

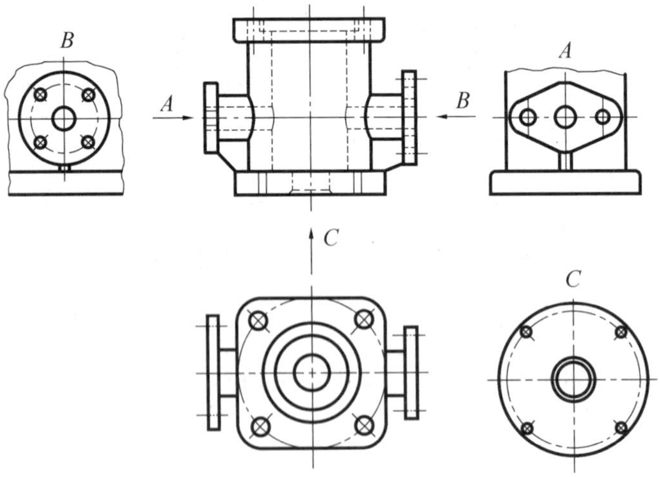

图 6－6 机件的另一种表达方案——采用局部视图

局部视图可按基本视图的形式配置，也可根据图纸幅面按向视图的形式配置在适当位置并加标注。

局部视图的断裂边界应以波浪线表示。波浪线应画在机件的实体部位，不应穿空而过或超出机件投影的外轮廓线。对比一下，若以图 6－7 代替图 6－6 的 A 向局部视图，其错误所在就很明显。当所表达的局部结构是完整的，且其投影外轮廓线又成封闭时，波浪线可省略不画（见图 6－6 中 C 向局部视图）。

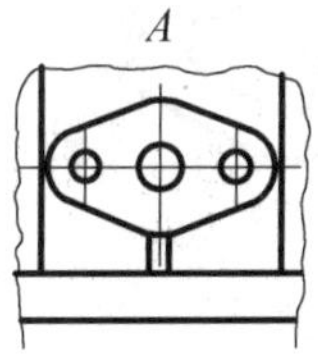

图 6－7 波浪线画法错误

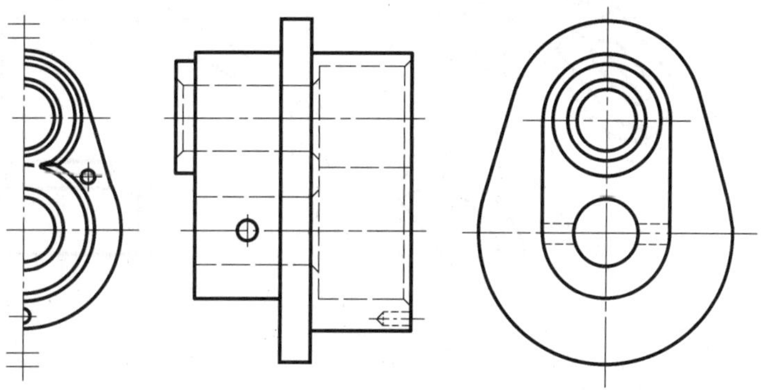

图 6－8 对称机件的视图画法

为了节省绘图时间和图幅，对称机件的视图可以只画一半或四分之一，但应在对称中心线的两端各画出两条与其垂直的细实线（见图 6－8）。

四、斜视图

从图 6－9 可见，当机件具有倾斜于基本投影面的部位时，该部位无法在基本投影面上反映实形，从而表达不清，并且增加了作图的难度。

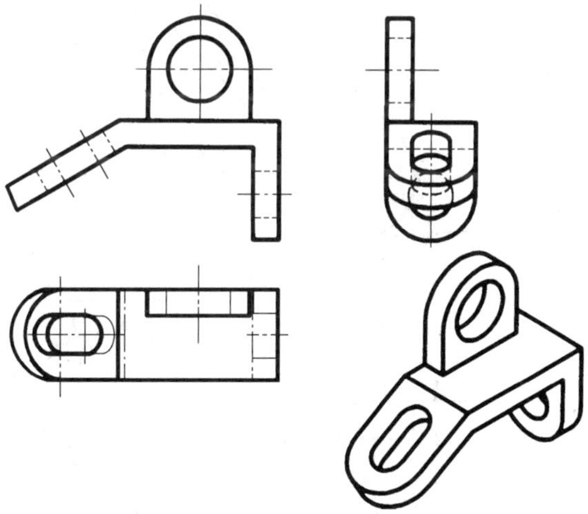

图 6－9 带有倾斜结构的形体的三视图

为了表达该倾斜部位的结构实形，可如图 6－10a 所示，设立一个与该部位的主要表面平行的平面 H_1 作为投影面，把机件向该投影面投射。这种把机件向不平行于任何基本投影面的平面投射所得的视图，称为斜视图，如图 6－10b 的 B 向视图。

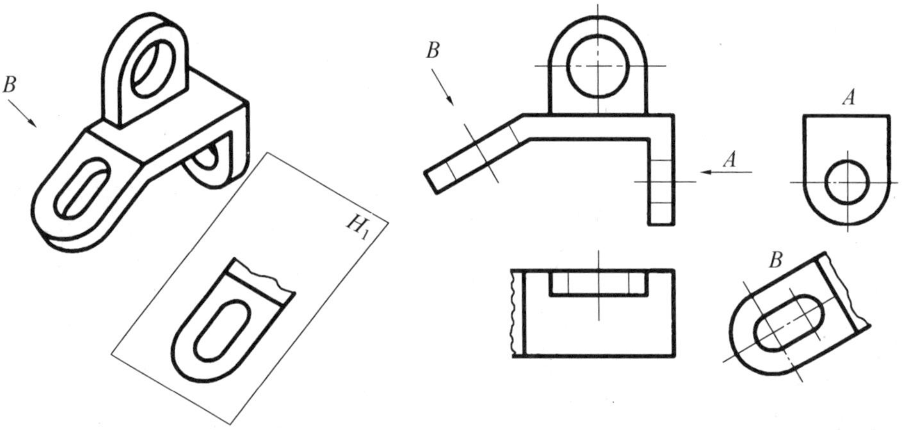

(a) 设立投影面H_1　　(b) 画B向斜视图

图6－10　斜视图的画法

斜视图一般按向视图的形式配置并标注。必要时允许将斜视图旋转配置，但应在表示该视图名称的大写拉丁字母附近画上表示旋转的符号（画带箭头的以字高为半径的半圆弧），字母靠近箭头端；也允许把旋转角度注写在字母后边（见图6－11）。表示视图名称的字母一律要水平书写。

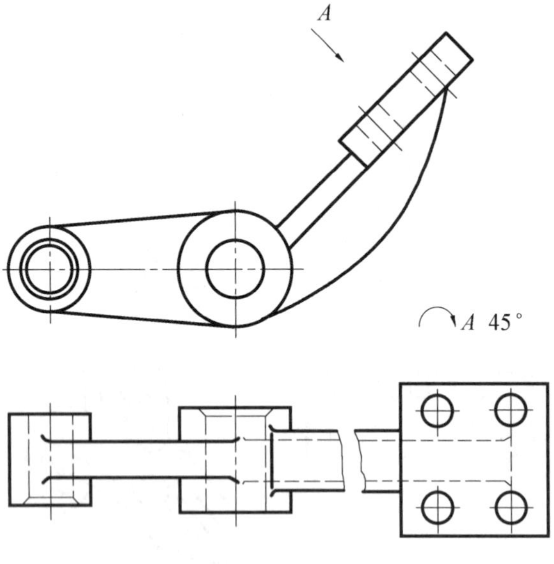

图6－11　斜视图的配置和标注

斜视图一般只表达倾斜结构的局部形状，其余部分不必全部画出，可用波浪线断开。局部的斜视图和局部视图的断裂边界的画法相同。当斜视图所表达的局部结构是完整的，且外轮廓线又成封闭时，波浪线可省略不画。

第二节　剖　视　图

当机件具有孔和洞等内部结构时，如要完整地表达这些内部结构，只采用此前介绍的视图，必出现虚线，如图 6－12 所示。当内部结构较复杂时就会出现许多虚线，从而使图形不够清晰，影响了看图。为了清晰地表达机件内部的结构形状，通常需要采用剖视图。

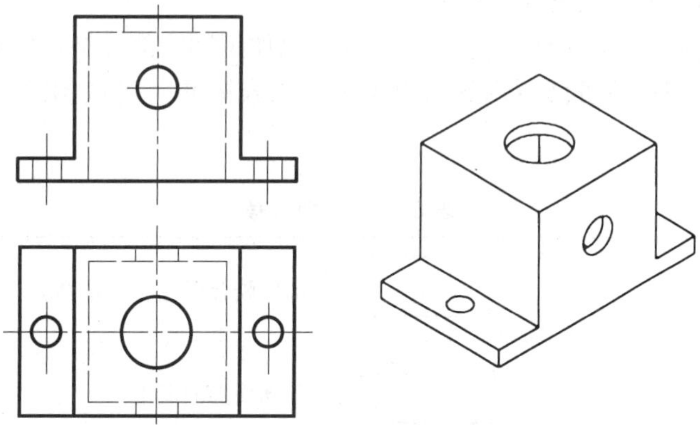

图 6－12　未剖的视图

一、剖视图的概念

假想用剖切面（平面或曲面）剖开机件，将处在观察者和剖切面之间的部分移去，而将其余部分向投影面投射所得的图形称为剖视图（如图 6－13c 所示的主视图）。假想的

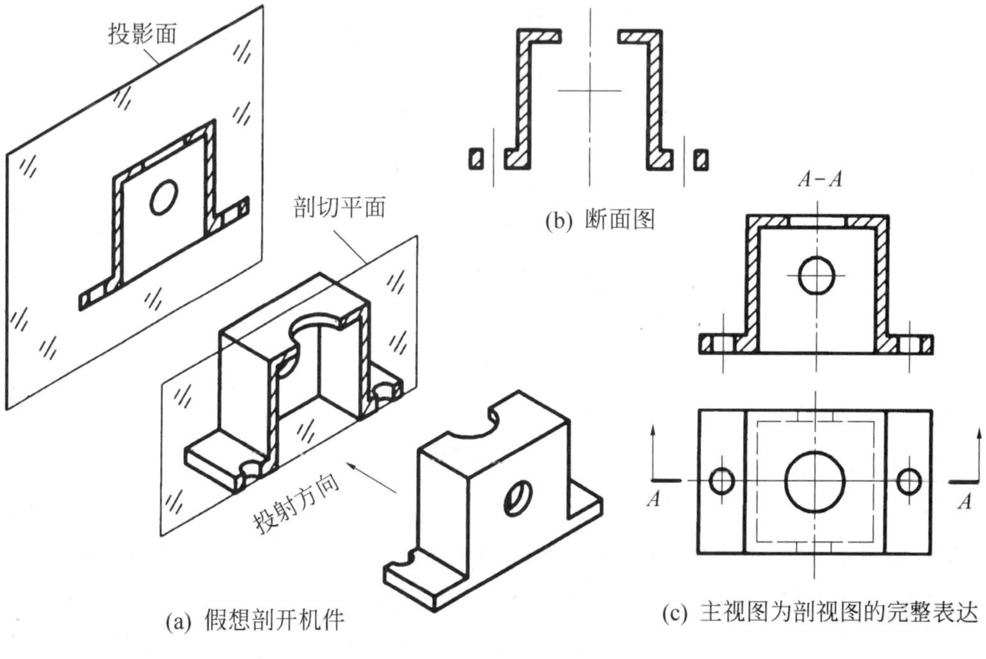

图 6－13　剖视图的概念

剖切面与机件接触部分的图形称为断面图，简称为断面（如图 6 - 13b 所示）。

剖视图的画图步骤如下：

（1）选定剖切面的形状、方向和位置。最为简单而又使用较多的是以单一个平面作为假想剖切面（其他形式的剖切面见后面所述）。为了能反映机件内部结构的真实形状，剖切面通常应与投影面平行，并沿孔、槽的对称平面或通过其轴线（图 6 - 13a 的剖切面与 V 面平行）。

（2）画出断面图形（见图 6 - 13b）。

断面也即是剖面区域，应该画上剖面符号，以便识别该部分是机件的实体部分。剖面符号同时还表示了制造该机件所用的材料类别。国家标准《机械制图》中规定的剖面符号见表 6 - 1。

表 6 - 1　剖面符号

金属材料 （已有金属材料者除外）	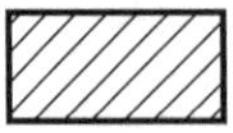	木质胶合板（不分层数）	
线圈绕组元件	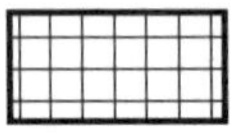	基础周围的泥土	
转子、电枢、变压器和电抗器等的叠钢片		混凝土	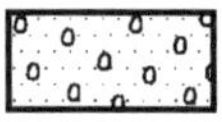
非金属材料 （已有规定剖面符号者除外）	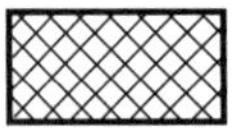	钢筋混凝土	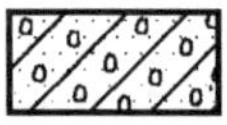
型砂、填砂、粉末冶金、砂轮、陶瓷刀片、硬质合金刀片等	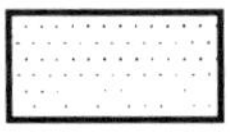	砖	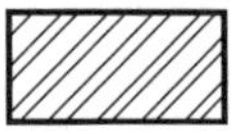
玻璃及供观察用的其他透明材料	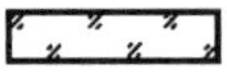	格网 （筛网、过滤网等）	
木材　纵剖面		液体	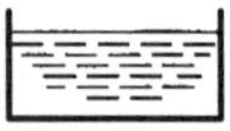
木材　横剖面			

注：①剖面符号仅代表材料的类别，材料的名称和代号必须另行注明。
②叠钢片的剖面线方向应与束装中叠钢片的方向一致。
③液面用细实线绘制。

金属材料制造的机件，其剖面符号通常称为剖面线，应画成与水平方向成 45°或 135°且间距相等的细实线。同一个零件的各个剖视图剖面线方向和间距均应相同。但当图形中的主要轮廓与水平方向成 45°时，该图形的剖面线应画成与水平方向成 30°或 60°的平行线，其倾斜方向应与该零件的其他图形剖面线倾斜方向一致。

（3）画出整个剖视图。剖视图是假想用剖切面剖开机件后，剖切面后面部分的机件的投影。因此，除应画出断面图形外，还应画出机件其余部分的投影（如图 6 - 13c 所示的主视图)。

(4) 剖视图一般都要标注。在剖视图上方用大写拉丁字母标出剖视图的名称“×—×”;在相应的视图上,剖切面的起、迄处用剖切符号(短粗线)表示剖切位置,在剖切符号的两端外侧用箭头表示剖切后的投射方向,并注上相同的字母。剖切符号(短粗线)要尽可能不与图形轮廓线相交。也可以增加画上剖切线(细点画线)表示剖切面位置。

当剖视图按投影关系配置,中间又没有其他图形隔开时,可省略箭头(如图6-14所示)。

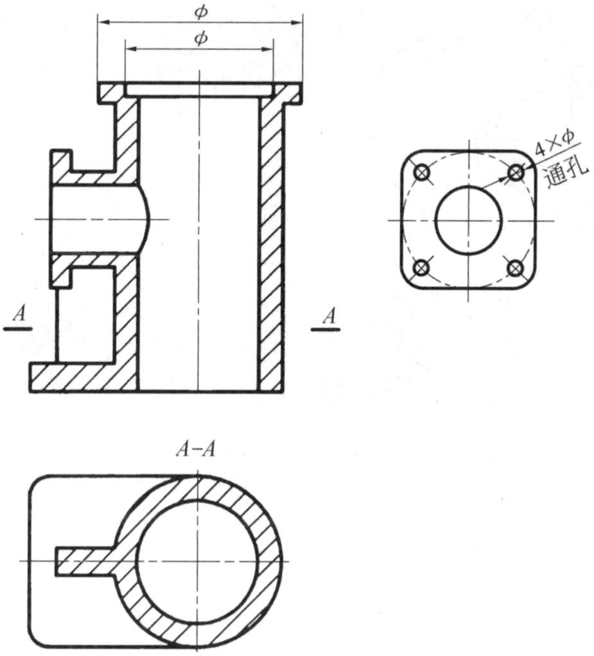

图6-14　全剖视图

当单一剖切平面通过机件的对称平面或基本对称的平面,且剖视图按投影关系配置,中间又没有其他图形隔开时,可省略标注。

应该指出的是,画剖视图时剖切是假想的。当一个视图画成剖视图后,在画其他视图时仍应从机件是完整的概念出发来考虑。

二、剖视图的种类

剖视图可分为全剖视图、半剖视图和局部剖视图。

(一) 全剖视图

用剖切面完全地剖开机件所得的剖视图称为全剖视图,如图6-14所示。全剖视图主要用于表达内部结构比较复杂而外形比较简单的机件。

(二) 半剖视图

当机件具有对称平面时,在垂直于对称平面的投影面上投影所得的图形,可以对称中心线为界,一半画成剖视,另一半画成视图,如图6-15所示。

当机件形状接近对称,且不对称部分已另有图形表达清楚时,也可以画成半剖视图,如图6-16所示。

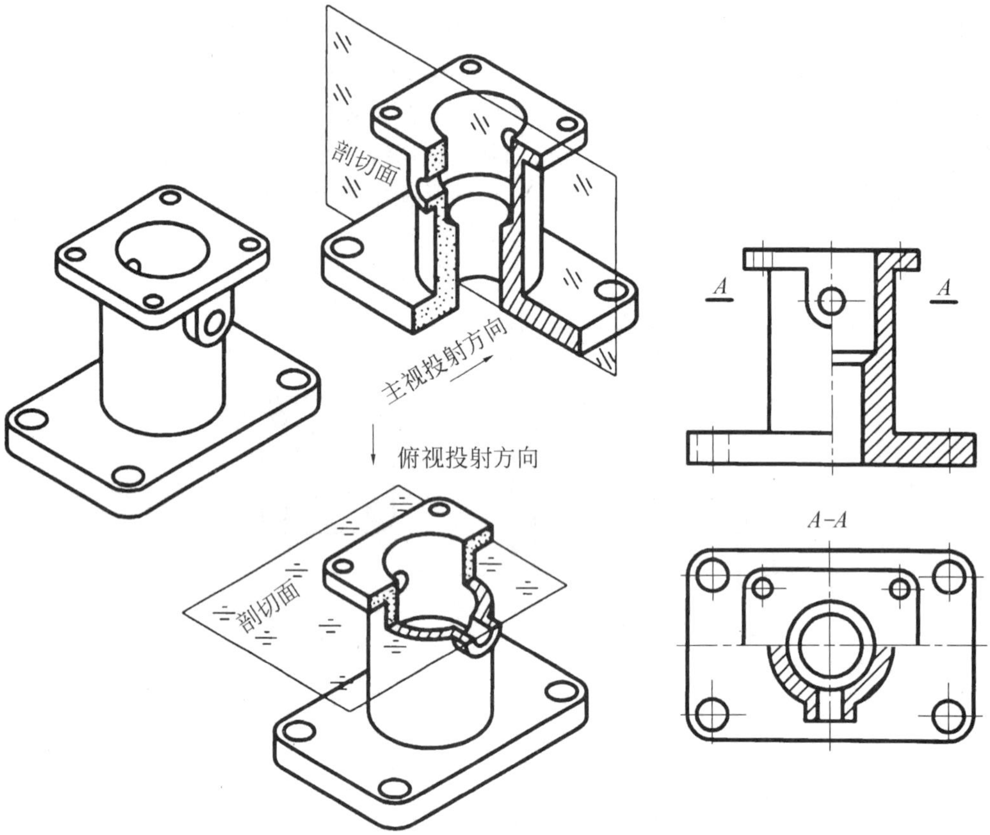

(a) 剖切位置　　(b) 半剖视图

图 6-15　半剖视图的画法

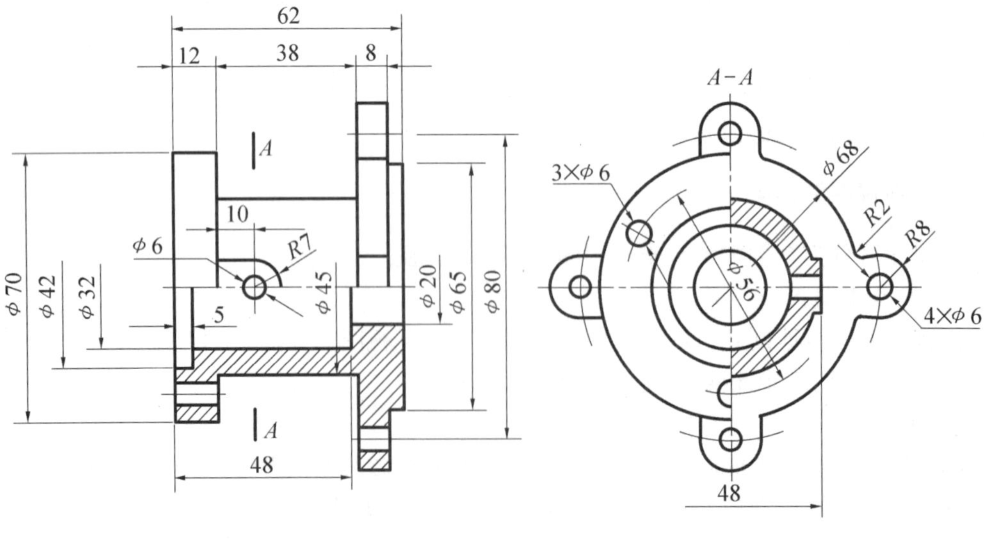

图 6-16　接近对称机件的半剖画法

在半剖视图中，半个剖视图与半个外形视图的分界线应是细点画线。如出现粗实线与分界线重合的情况，则该图不应画成半剖视图。

在半剖视图中已剖开的结构，其对称部分若为虚线时则不必画出。看图时根据对称性可以从剖开的结构想像出未剖开的对称结构。同样，已剖开的一侧的外形可从半个外形视图想像出来。因此，半剖视图通常用来表达形状对称且内外形均较复杂的机件。

半剖视图的标注方法与全剖视图完全相同。

在半剖视图上标注尺寸时要注意：

（1）应尽量将外形尺寸注写在靠近外形视图的一侧，内形及由剖视图表达部位的尺寸注写在靠近剖视图的一侧，如图 6－16 所示。

（2）当对称的结构在图中只画出一半时，尺寸界线只从这一半引出，尺寸线则稍微超过对称中心线后断开，尺寸数字按整体的实际尺寸标注。

（三）局部剖视图

用剖切面局部地剖开机件所得的剖视图称为局部剖视图，如图 6－17 所示。

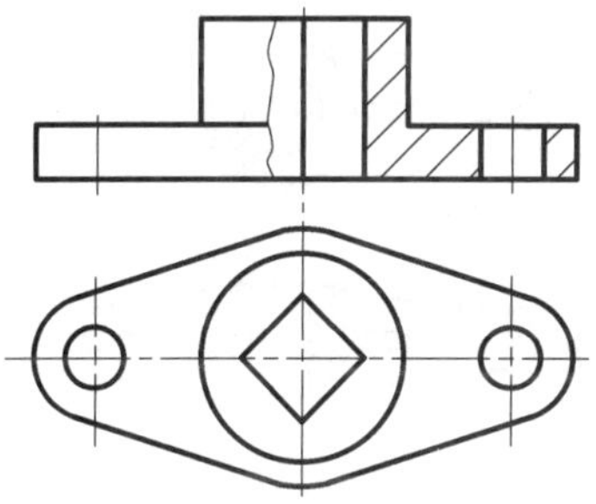

图 6－17　局部剖视图

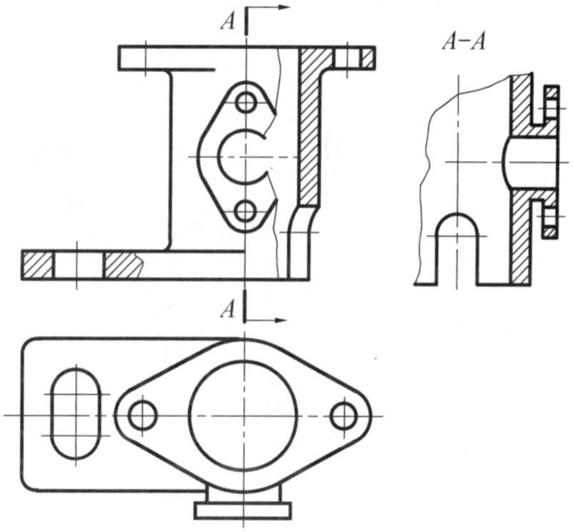

图 6－18　波浪线的画法

画局部剖视图时应注意以下几点：

（1）剖视部分与外形视图部分用波浪线分界。波浪线不应与其他图线重合或画在其他图线的延长线上，也不能超出被剖开部分的外形轮廓线。在通孔或缺口范围内，波浪线必须断开，如图 6－18 所示。可用折断线代替波浪线。

（2）局部剖视图一般应标注，标注方法与全剖视图相同。但当用单一平面剖切且剖切位置明显时，可省略标注。

局部剖视图是一种较灵活的表达方法，剖切范围根据实际需要决定。但要考虑看图方便，剖切不要过于零碎。局部剖视图的应用较广泛，常用于下列情况：

（1）表达形状不对称，且内、外结构都较复杂的机件。

（2）表达机件上的个别小孔洞等结构。

（3）表达不适宜用半剖视图表达的对称机件，如图 6－17 所示。

三、剖切面

剖切面可以是平面，也可以是柱面。可以用单一剖切面，也可用多个剖切面。

（一）单一剖切面

用一个剖切面剖开机件的方法，称为单一剖。如本章前面介绍的剖视图都是用单一剖方法得到的。

当单一剖切面通过机件的对称平面或基本对称的平面，且剖视图按投影关系配置，中间又没有其他图形隔开时，可省略标注，如图 6－17 所示。

（二）两相交的剖切平面（交线垂直于某一基本投影面）

图 6－19a 所示的机件如果用主视图和俯视图（剖视图）表达，且仍用单一剖，将无法在俯视图上同时把三个大孔的贯通情况清楚地表达出来。为此，可假想用两个相交的平面 P 和 Q 将机件剖开，将处在观察者和剖切平面之间的部分移去；并将被剖切平面剖开的结构及其有关部分绕两剖切平面的交线旋转到与选定投影面平行后再投射，如图 6－19c 所示。这种用两相交的剖切平面（交线垂直于某一基本投影面）剖开机件的方法称为旋转剖。

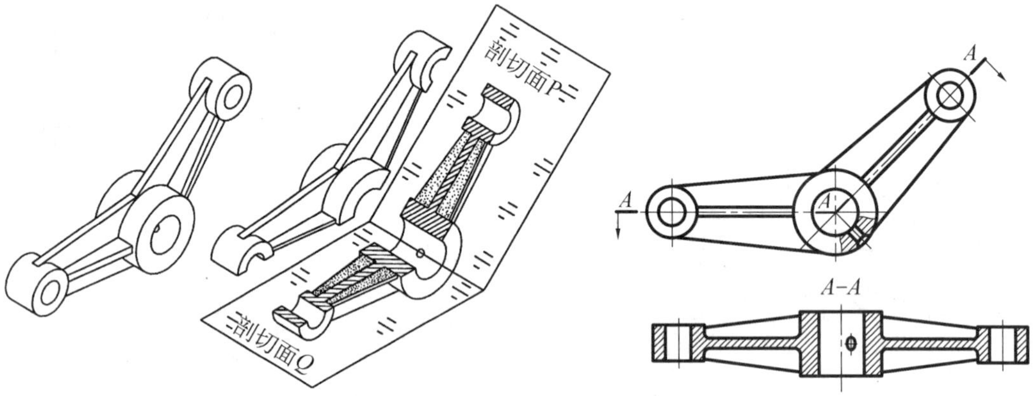

(a) 转臂的轴测图　(b) 用两相交剖切面剖开　(c) 旋转剖

图 6－19　两相交剖切平面剖开机件

采用旋转剖画剖视图时应注意以下几点：

（1）通常应使两剖切平面交线过回转轴，但此交线的投影不画出。

（2）剖切平面后的其他结构一般仍按原来的位置投射（如图 6－19 中的小孔）。

（3）当剖切后产生不完整要素时，应将此部分按不剖绘制（如图 6－20 中的臂部）。

（4）用旋转剖获得的剖视图必须标注，在剖切平面相交处剖切符号应相交。

另外，对于机件的肋、轮辐及薄壁等，不管采用哪种剖切面作纵向剖切，这些结构都不画剖面符号，

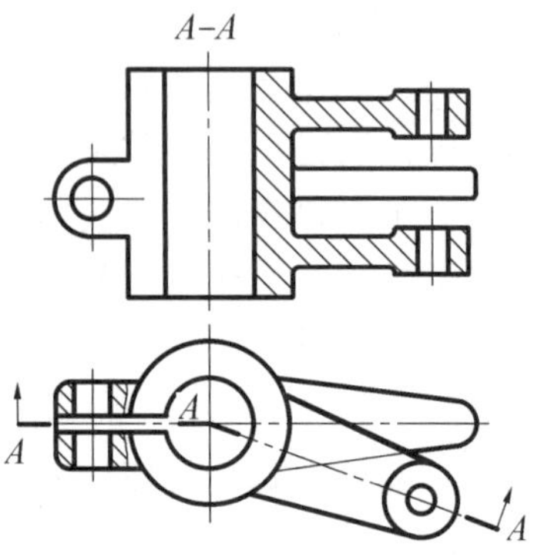

图 6－20　臂部按不剖绘制

而用粗实线将它与其邻接部分分开，如图 6－19 所示。

（三）几个互相平行的剖切平面

图 6－21 所示的机件，为了在一个剖视图中同时把各孔清楚地表达出来，可用两个平行的剖切平面（侧平面）剖开机件而获得剖视图。这种用几个互相平行的剖切平面剖开机件的方法称为阶梯剖。

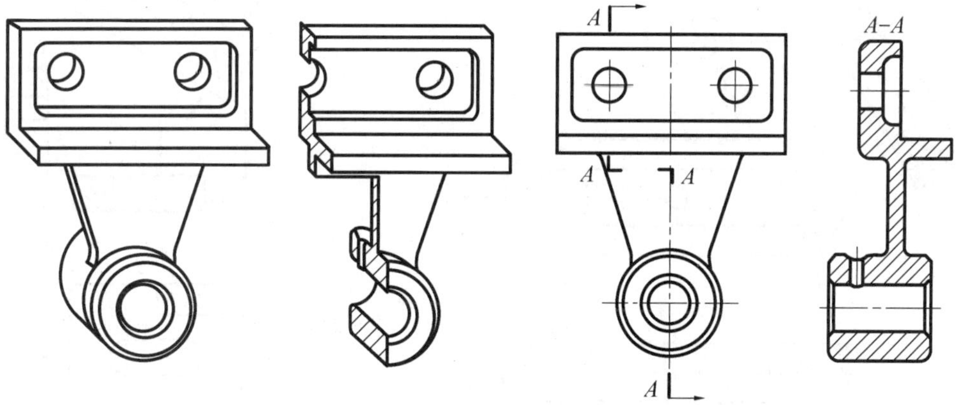

(a) 轴测图　　(b) 左视图用阶梯剖得到

图 6－21　阶梯剖视

采用阶梯剖的方法画剖视图时应注意以下几点：

（1）剖切平面之间的分界线（转折处）不应画出，转折处不应与图中轮廓线重合。

（2）在剖视图中不应出现不完整要素。仅当两个要素在图形上具有公共对称中心线或轴线时，才可以各画一半，此时应以对称中心线或轴线为界，如图 6－22 所示。

（3）剖视图必须标注。在两平行的剖切平面转折处也应画出两段短粗线，此两段短粗线必须对齐，且与剖切符号相垂直。

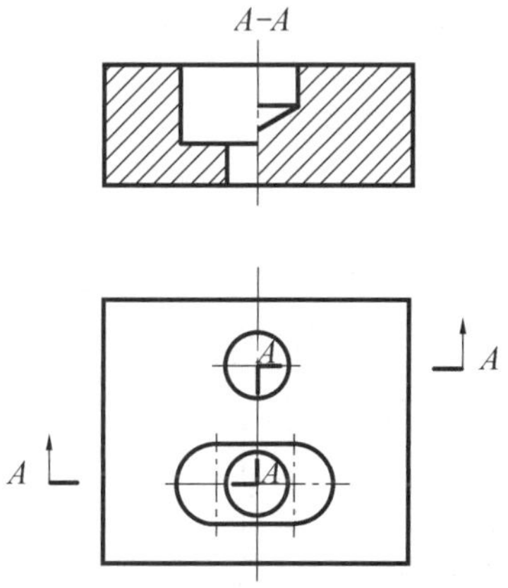

图 6－22　具有公共对称中心线的阶梯剖

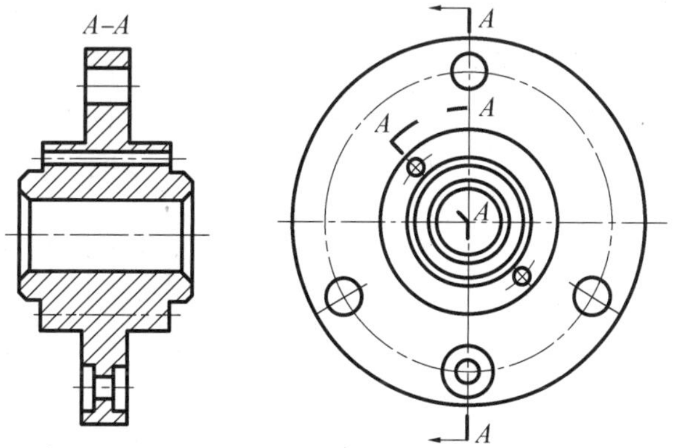

图 6－23　复合剖

（四）组合的剖切平面

除旋转剖、阶梯剖外，用组合的剖切平面剖开机件的方法称为复合剖，如图 6－23 所示。采用这种方法画剖视图时必须标注。

（五）不平行于任何基本投影面的剖切平面（单一剖切面的特例）

用不平行于任何基本投影面的剖切平面剖开机件的方法称为斜剖，如图 6－24 所示。

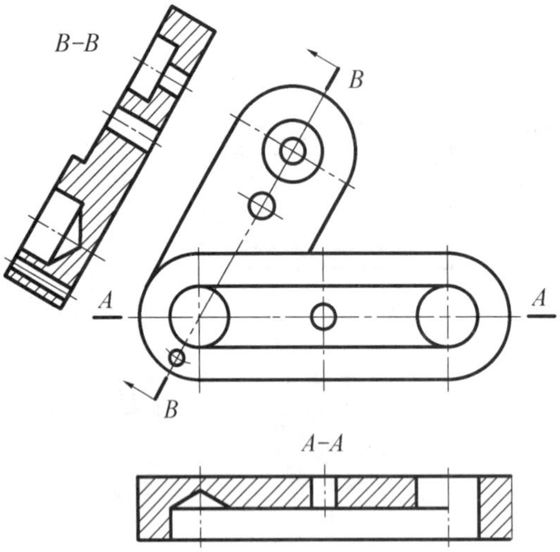

图 6－24 斜剖

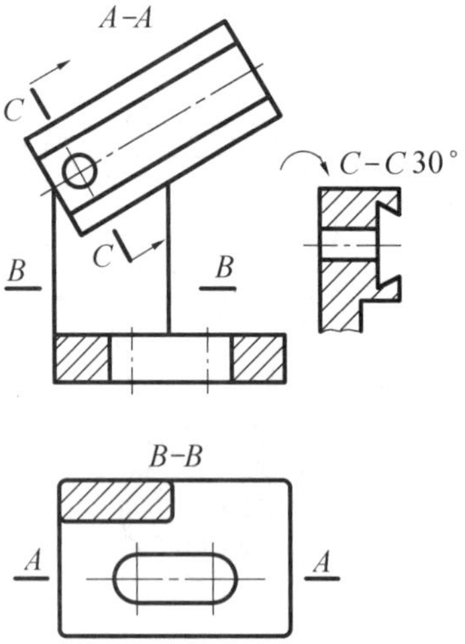

图 6－25 旋转摆正的画法

采用斜剖的方法画剖视图时应注意以下几点：

（1）剖视图除了断面要画剖面线外，其画法和配置与斜视图相同。

（2）剖视图必须标注。当采用旋转摆正画法时，表示剖视图名称的大写字母应靠近旋转符号的箭头端，如图 6－25 所示。

第三节 断面图、局部放大图和简化画法

一、断面图

当只需要表达机件某处断面形状的时候适合采用断面图，如图 6－26 所示。

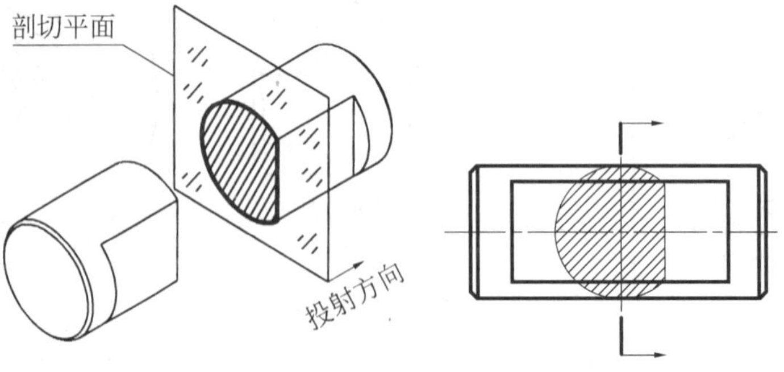

(a) 切断示意图　(b) 断面图

图 6－26 重合断面图

断面图分两种：移出断面和重合断面。

（一）断面图在图纸上的配置及画法

如图 6－26 所示，将与某视图所在投影面相垂直的剖切平面旋转至与该投影面重合，其上的断面图形便与视图相重合。这样的断面图称为重合断面。重合断面的轮廓线用细实线绘制。

为了使图形清晰易读，通常将断面图平移出视图以外。这样的断面称为移出断面（见图 6－27）。移出断面的轮廓线用粗实线绘制。移出断面最好配置在剖切符号的延长线上，必要时也可配置在其他适当位置；断面图形对称时也可画在视图中断处，如图 6－28 所示。

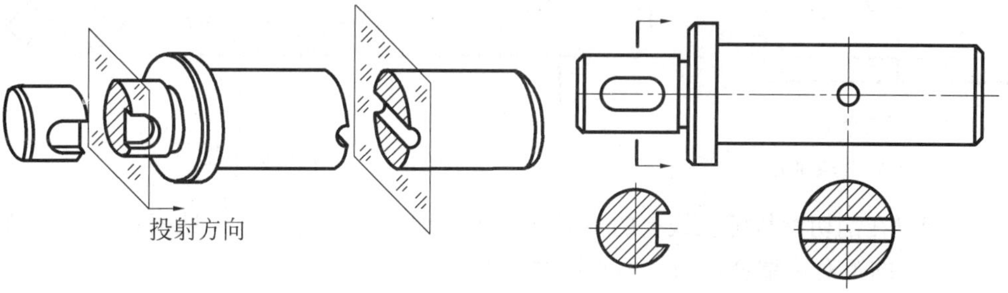

(a) 切断示意图　　(b) 断面图

图 6－27　移出断面图

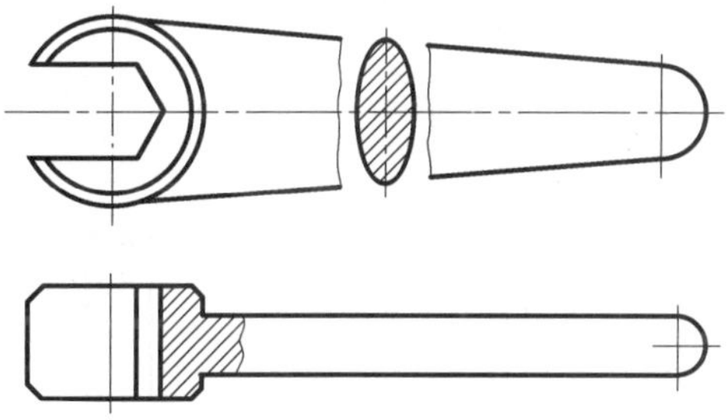

图 6－28　画于视图中断处的移出断面

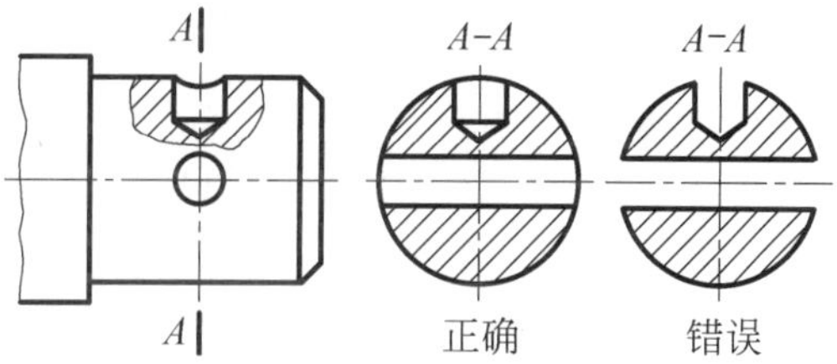

图 6－29　按剖视绘制的断面图

画断面图时应注意：

（1）当视图的轮廓线与重合断面的图形重叠时，视图中的轮廓线仍应连续画出，不可间断（见图 6－26）。

（2）当剖切平面通过回转面形成的孔或凹坑的轴线时，这些结构按剖视绘制，如图 6－29所示。当剖切平面通过非圆孔而导致出现完全分离的两个断面时，这些结构也应按剖视绘制。

（3）剖切平面一般应与被剖切部位的主要轮廓线垂直，以便更好地表达机件的横断面形状，如图 6－30 所示。

（二）剖切位置与断面图的标注

（1）移出断面一般应用剖切符号表示剖切位置，用箭头表示投射方向，并注上大写拉丁字母。在断面图的上方应用同样的字母标出相应的名称“×-×”（如图 6－31 中的 $A-A$）。

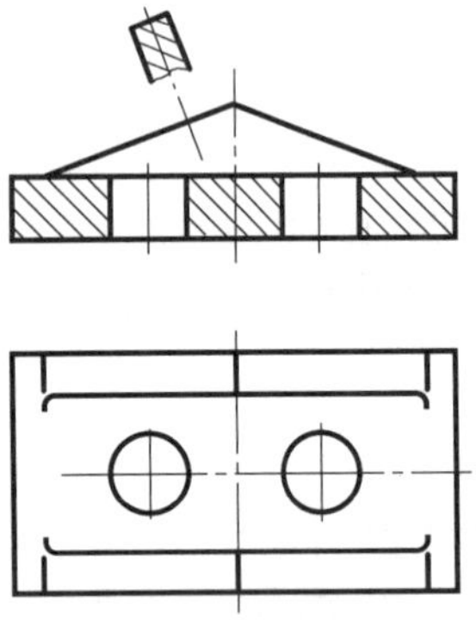

图6－30 剖切平面与主要轮廓线垂直

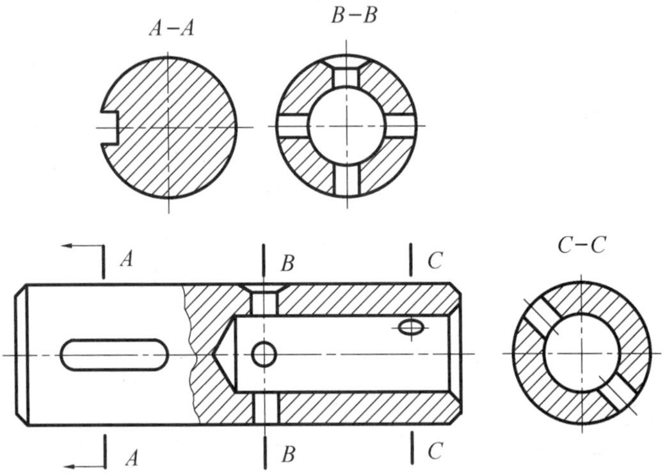

图6－31 断面图的标注

（2）配置在剖切符号延长线上的不对称移出断面，可省略字母（见图6－27）。配置在剖切符号上的不对称重合断面，不必标注字母（见图6－26）。

（3）不配置在剖切符号延长线上的对称移出断面（如图6－31中的 $B-B$），以及按投影关系配置的不对称移出断面（如图6－31中的 $C-C$），均可省略箭头。

（4）对称的重合断面（见图6－32）、配置在剖切平面积聚投影的延长线（点画线）上（见图6－27）或视图中断处的对称移出断面（见图6－28），均不必标注。

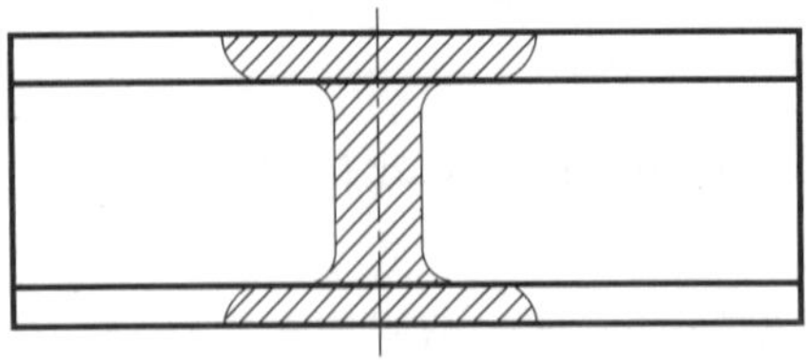

图6－32 对称的重合断面不必标注

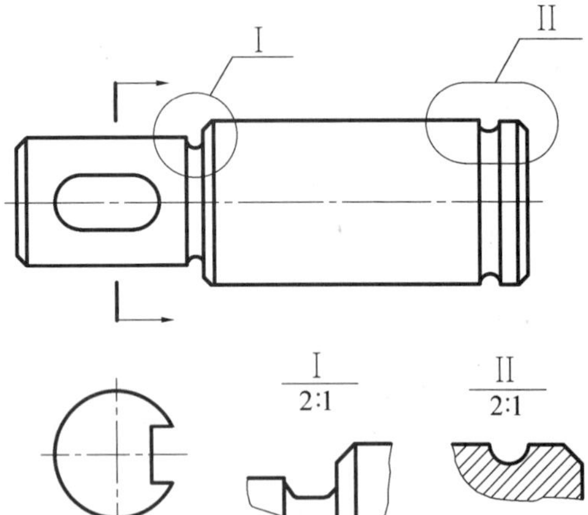

图6－33 局部放大图及剖面符号的省略

二、局部放大图

将机件的部分结构用大于原图形所采用的比例画出的图形称为局部放大图（见图6－33）。局部放大图可画成视图、剖视图或断面图，它与被放大部分的表达方式无关。

局部放大图一般都要标注：用细实线圈出被放大部位，当同一机件上有几个被放大部位时应用指引线引出并依次标上罗马数字；在局部放大图的上方标注出相应的罗马数字和所采用的比例。

三、简化画法

为了画图简便，国家标准《技术制图》与《机械制图》规定了一些简化画法，下面介绍其中较常用的几种。

（1）在不致引起误解时，零件中的移出断面允许省略剖面符号，如图 6-33 所示。

（2）当机件具有若干相同结构（齿、槽等），并按一定规律分布时，只需画出几个完整结构，其余用细实线连接，但应注明结构总数，如图 6-34 所示。

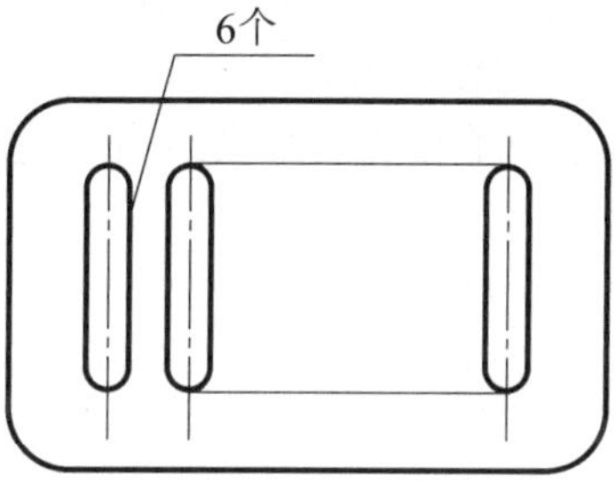

图 6-34　相同结构的简化

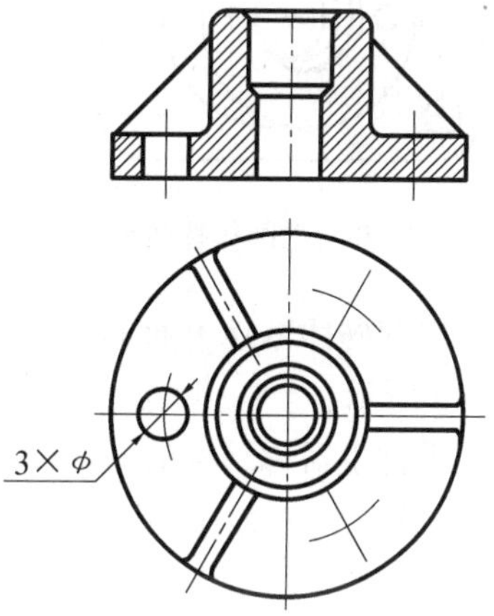

图 6-35　成规律分布的结构

（3）若干直径相同且成规律分布的孔，可仅画一个或几个，其余用细点画线表示其中心位置并注明总数，如图 6-35 所示。

（4）当零件回转体上均匀分布的肋、轮辐、孔等结构不处于剖切平面上时，可将这些结构旋转到剖切平面上画出，如图 6-35 所示。

（5）网状物、编织物或机件上的滚花部分，可在轮廓线附近用细实线示意画出，如图 6-36 所示。

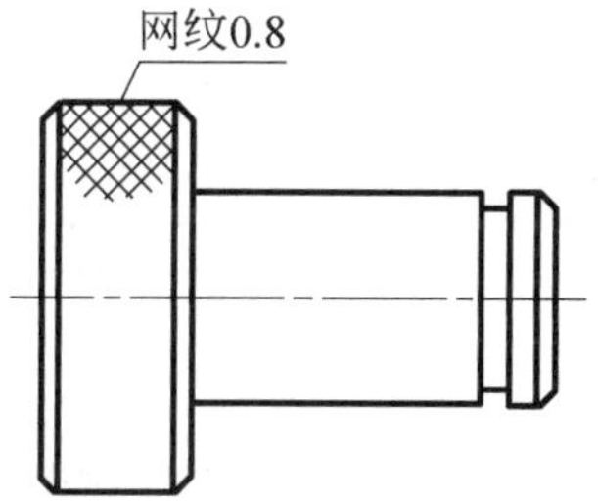

图 6-36　滚花的示意画法

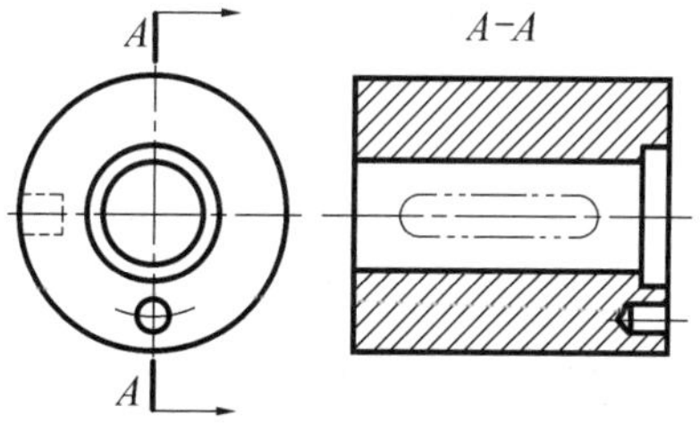

图 6-37　假想投影的画法

（6）在需要表示位于剖切平面前的结构时，这些结构按假想投影的轮廓线绘制，如图 6-37 所示。

(7) 与投影面倾斜角度小于或等于30°的圆或圆弧，其投影可用圆或圆弧代替，如图6－38所示。

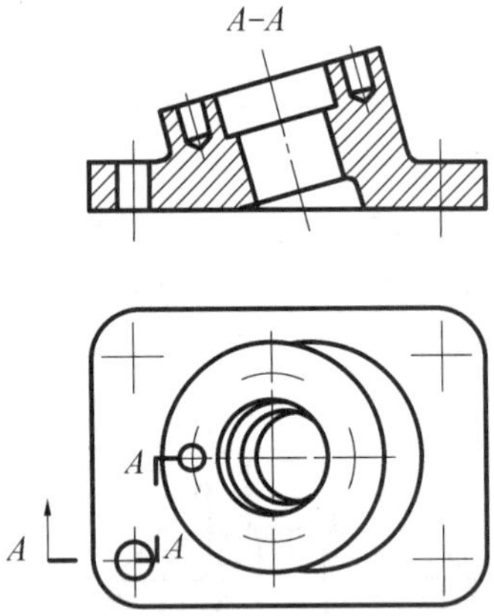

图6－38 以圆代替椭圆

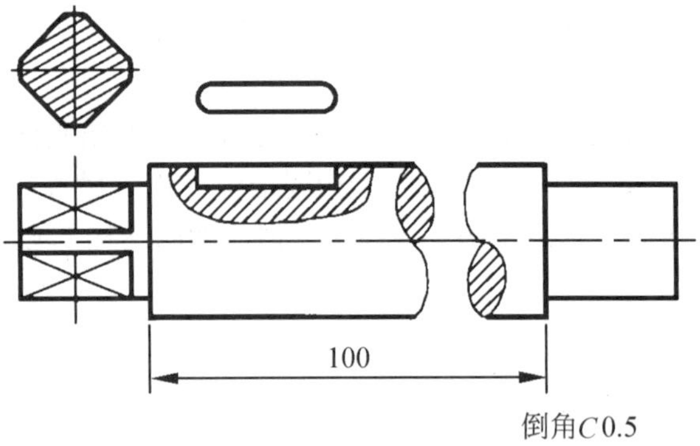

图6－39 平面的表示方法和小结构的省略及对称结构的局部视图

(8) 当回转体零件上的平面不能充分表达时，可用两条相交的细实线表示这些平面，如图6－39所示。

(9) 零件上对称结构的局部视图可按图6－39方式绘制。

(10) 机件上的较小结构，如在一个图形中已表达清楚时，其他图形可简化或省略，如图6－39所示。

(11) 在不致引起误解时，零件上的小圆角、小倒角允许不画（见图6－39），但必须注明尺寸或在技术说明中说明。

(12) 在不致引起误解时，图形中的过渡线、相贯线可以简化。例如用圆弧或直线代替非圆曲线，如图6－39所示。

(13) 较长的机件（轴、型材等）沿长度方向的形状一致或有规律变化时，可断开后缩短绘制，如图6－39所示，但仍应标注实际长度。

(14) 机件上斜度不大的结构，如在一个图形中已表达清楚时，其他图形可按小端画出，如图6－40所示。

(15) 圆柱形法兰和类似零件上均匀分布的孔可按图6－41所示方式表示。

图6－40 斜度不大的结构

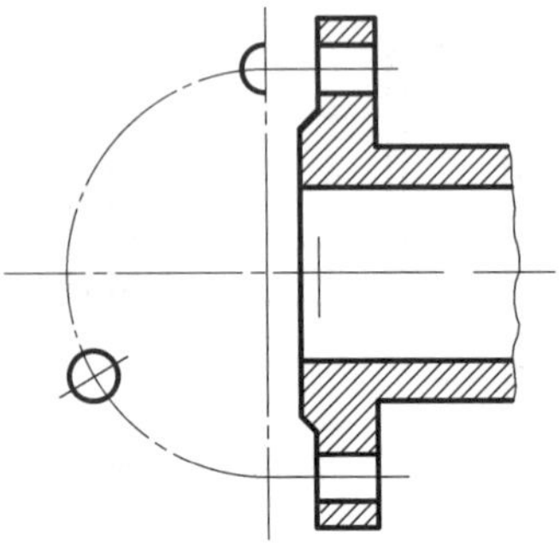

图6－41 法兰上均匀分布的孔的表示

四、常用画法小结和应用举例

本章介绍的常用画法有视图、剖视图、断面图、局部放大图以及部分较常用的简化画法等。

视图是就机件与投影面的关系而言的。视图包括六个基本视图（主视图、俯视图、左视图、右视图、仰视图和后视图）、向视图、局部视图和斜视图。

剖视图有三种，即全剖视图、半剖视图和局部剖视图。三种剖视图的区别在于机件被剖切后，剖切平面与观察者之间的部分被移去多少的程度。

获得上述三种剖视图常用的剖切面有：单一剖、斜剖、旋转剖、阶梯剖和复合剖等。

断面图仅画出切断处的断面形状。而剖视图除画出断面形状外，剖切面后面的机件留下部分的投影也应画出。

就某个机件而言，应采用哪些表达方法就是如何确定机件表达方案的问题。其一般过程是先从表达完整的要求出发初定表达方案，然后为方便读图起见加以修改，最后按作图简便的要求进一步整理。要同时多考虑几个方案，选出其中的最佳者。

例如，要确定图 6－42a 所示箱体的表达方案，其大致步骤如下：

（1）形体分析。

（2）选定主视图。(以上两步请读者自己思考)

（3）选其他视图。

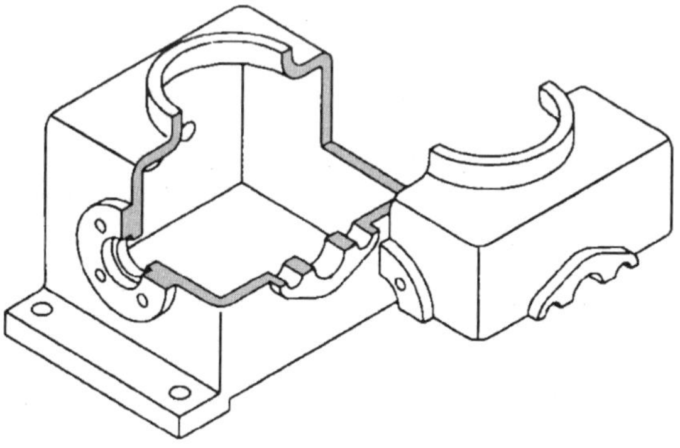

(a) 轴测图

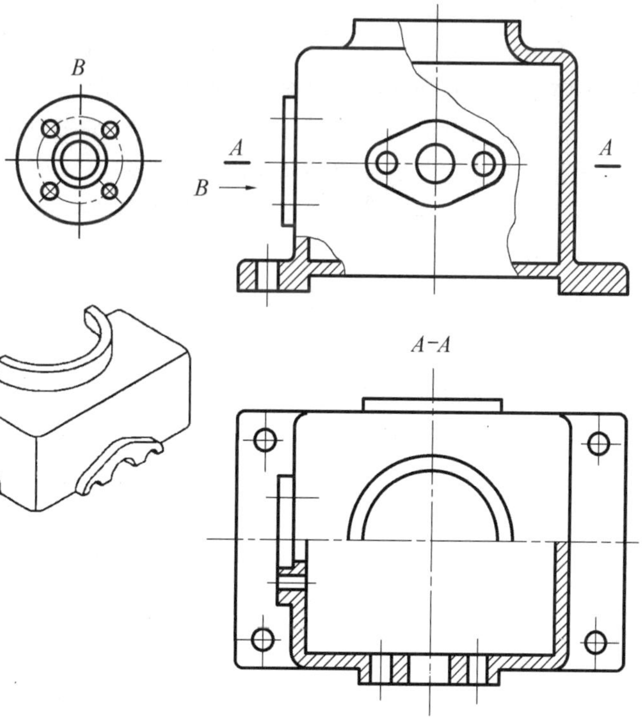

(b) 表达方案

图 6－42　箱体的表达方案

其他视图的选取原则是：配合主视图，完整、清晰地表达机件的结构形状，此外力求视图数量少，使制图简便。尽量避免使用虚线表达机件的轮廓及棱线，也要避免不必要的细节重复。

首先考虑表达主要的外部结构，除主视图外尚须增加哪些基本视图。为表达四棱柱状箱体主体、底板和上边凸缘需增加俯视图；为表达左边凸缘需增加左视图。

其次考虑为表达内部结构如何选择恰当的剖视图和断面图。箱体主体内部是四棱柱状空腔，可考虑在主、俯视图或主、左视图或左、俯视图取剖视表示。箱体主体前后壁上附有带通孔的腰形凸台，配合主视图用俯视图作剖视可将其表达清楚。左边凸缘除了有阶梯孔外，尚有径向均布的四个小孔，在俯视图或主视图作剖视表示较合适。上方凸台中的圆柱孔可在主视图或左视图作剖视表示。

再考虑还有哪些细小的内外结构需要表达，能否在上述已选图形中同时表达或者要增加其他辅助表达方法。例如，底板上有四个小孔，可在主视图或左视图中作局部剖视表示。

最后，对以上方案综合考虑，看能否省略、合并某些图形。应使每一个视图都有其表达重点，各视图相互补充又尽量不重复，以求读图容易且制图简单。特别是选用恰当的剖切方法往往可把剖视图合并。对于形状简单的不可见结构，如果采用少量虚线表示能省去绘制复杂图形的话，也是可取的。有时通过标注尺寸能表达清楚的结构，也可使图形省略。

结合箱体的具体情况，给出了图 6－42b 的表达方案。

主视图采用局部剖，能在表达尽量多外形的同时表达了内腔，显示出顶部圆柱形通孔及箱体主体空腔直通到底板上表面，而底板上的四个小通孔另作一次局部剖视表示之。

由于箱体前后对称，俯视图作半剖较合适。它既表示了顶部圆柱形凸台的外形及位置，又显示了四棱柱空腔及前壁和左侧壁通孔。

采用了以上的主视图和俯视图后，原设想的左视图没有必要全部画出，只用局部视图表达左边凸台即可。

还有其他可取的方案，此处不再赘述。

建议：学习计算机绘图：

第十二章第二节图案填充。

第七章　标准件和常用件

各种机器和设备都是由若干个零件按照一定的技术要求装配而成的。其中一些零件，如螺栓、螺钉、螺柱、螺母、垫圈、键、销等使用频繁，为方便设计、制造和使用，国家标准对它们的结构形状、尺寸等制定了统一的标准。我们把这类按照国家有关标准生产的零件称为标准件。在设计机器时，标准件不需画零件图；必要时可以根据国家标准按规定画法、代号和标记进行绘图，而无须按真实投影画出。

另有一些零件（如齿轮、弹簧等）在机器、设备中也被广泛使用，但它们只有部分结构的参数系列化，我们把这类零件称为常用件。

本章主要介绍标准件和常用件的基本知识、画法和标注方法，以及它们的装配画法。

第一节　螺纹及螺纹紧固件

一、螺纹

（一）螺纹的形成和加工方法

1. 螺纹的形成

如图 7－1 所示，若圆柱面上有一动点 A，绕圆柱轴线作等速旋转运动，又沿轴线方向作等速直线运动，其复合运动轨迹称为螺旋线。动点 A 旋转一周沿圆柱轴线方向所移动的距离 P_h，称为螺旋线的导程。

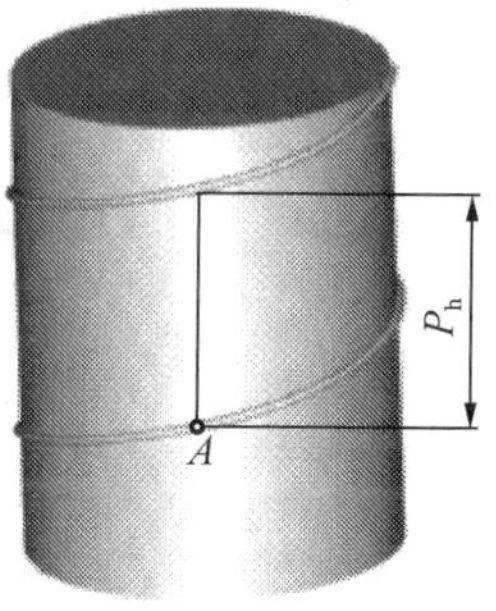

图 7－1　螺旋线的形成

螺纹是指螺钉、螺栓、螺母和丝杆等零件的圆柱或圆锥表面上，沿着螺旋线所形成的，具有相同剖面的连续凸起和沟槽。凸起部分的顶端称为牙顶，沟槽部分的底部称为牙底。圆柱或圆锥的外表面上加工出的螺纹叫外螺纹，在孔壁上加工出的螺纹叫内螺纹。内、外螺纹是互相配合使用的，其主要用途是连接或传动。

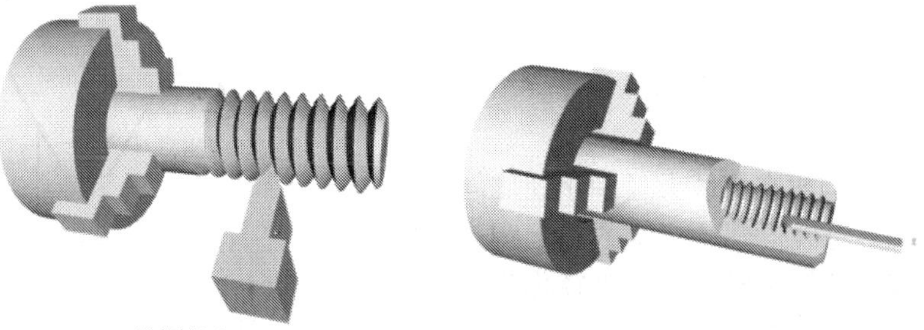

(a) 外螺纹加工　　(b) 内螺纹加工

图 7－2　螺纹的车削加工

2. 螺纹的加工方法

形成螺纹的加工方法很多，图 7－2 所示是在车床上车削内、外螺纹。还可以用丝锥和板牙等工具或辗压等方法加工螺纹。

（二）螺纹的要素

1. 螺纹牙型

沿螺纹轴线方向剖开时所得的剖面轮廓形状称为螺纹牙型。常见的牙型有三角形、梯形、锯齿形和矩形等，如图 7－3 所示。

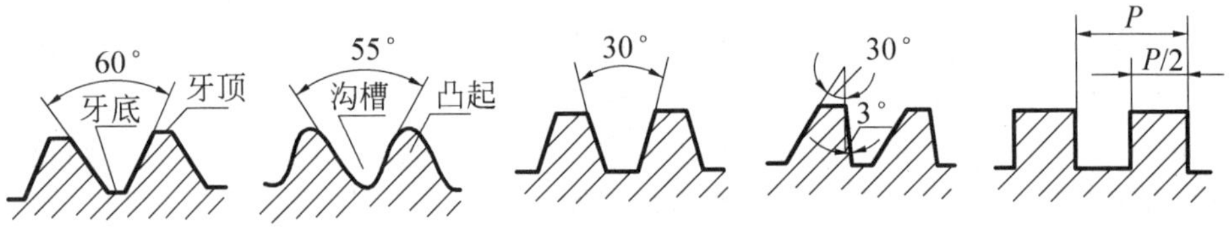

(a) 普通螺纹　(b) 管螺纹　(c) 梯形螺纹　(d) 锯齿形螺纹　(e) 矩形螺纹

图 7－3　螺纹牙型

2. 螺纹直径

（1）大径　与外螺纹牙顶或与内螺纹牙底重合的假想圆柱面的直径，称为螺纹的大径。内、外螺纹的大径分别用 D、d 表示，如图 7－4 所示。

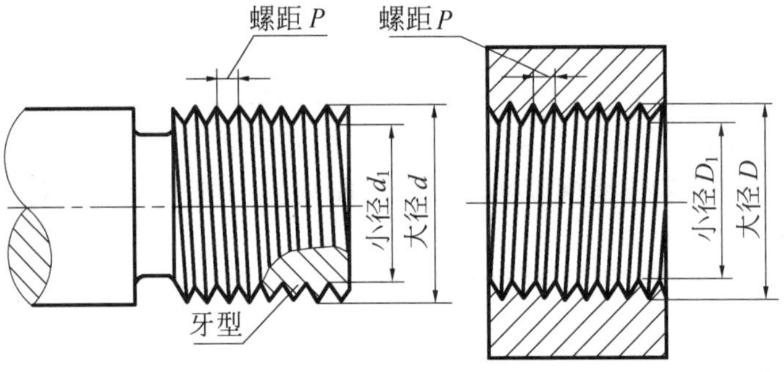

(a) 外螺纹　(b) 内螺纹

图 7－4　螺纹的大径、小径和螺距

（2）小径　与外螺纹牙底或内螺纹牙顶重合的假想圆柱面的直径，称为螺纹的小径。内、外螺纹的小径分别用 D_1、d_1 表示，如图 7－4所示。

（3）中径　假想在螺纹大径和小径之间有一圆柱面，其直母线上螺纹牙型的凸起宽度和沟槽宽度相等，该假想圆柱面的直径称为螺纹中径。内、外螺纹的中径分别用 D_2、d_2 表示，如图 7－5 所示。

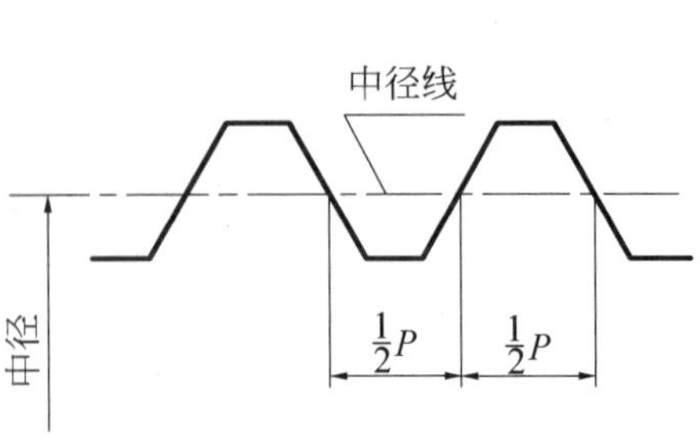

P一基本螺距

图 7－5　螺纹中径

代表螺纹规格尺寸的直径称为公称直径。公制螺纹大径的基本尺寸即是公称直径。

3. 螺纹线数

线数是指同一圆柱表面螺纹的条数，用 n 表示。当圆柱表面上只有一条螺纹时，称为单线螺纹；如有两条或两条以上且在轴向等距分布的螺纹，称为多线螺纹，如图 7－6 所示。

4. 螺距 P 和导程 P_h

螺纹上相邻两牙在中径线上对应两点间的距离，称为螺距，用 P 表示。同一条螺纹上相邻两牙在中径线上对应两点间的距离，称为导程，用 P_h 表示。螺距、导程和线数三者之间的关系为：$P_h = nP$。

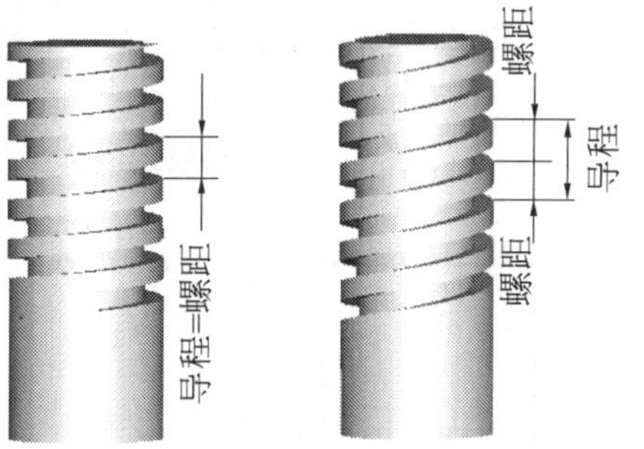

(a) 单线螺纹　(b) 双线螺纹

图 7－6　螺纹的线数、导程和螺距

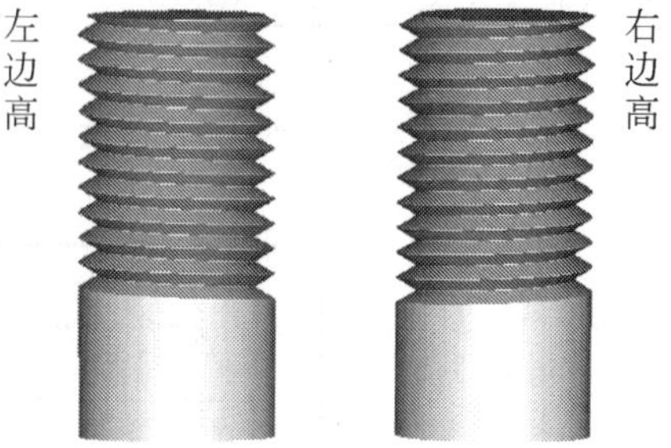

(a) 左旋　(b) 右旋

图 7－7　螺纹的旋向

5. 旋向

螺纹旋向分右旋和左旋两种。内、外螺纹旋合时，顺时针旋转旋入的螺纹，称为右旋螺纹；反之，称为左旋螺纹（见图 7－7）。工程上右旋螺纹使用得较多。

凡牙型、大径和螺距都符合标准规定的，称标准螺纹。牙型符合标准，而大径或螺距不符合标准的，称为特殊螺纹。如牙型不符合标准，则称为非标准螺纹。

（三）螺纹的规定画法（GB/T4459. 1—1995）

1. 外螺纹画法

外螺纹的牙顶（大径）用粗实线表示，牙底（小径）用细实线表示，在倒角或倒圆部分也应画出。垂直于螺纹轴线的投影面的视图中，表示牙底的细实线圆只画约 3/4 圈，此时轴端倒角圆不应画出（见图 7－8）。绘图时，小径 d_1 可近似地取大径的 0. 85 倍。

2. 内螺纹的画法

在剖视图中，规定牙顶（小径）用粗实线表示，牙底（大径）用细实线表示。垂直于螺纹轴线的投影面的视图中，表示牙底的细实线圆只画约 3/4 圈，此时孔端倒角圆不应画出（见图 7－9）。绘图时，小径 D_1 可近似地取大径 D 的 0. 85 倍。对于不通的螺孔，钻孔深度应比螺孔深度大 0. 2 ～ 0. 5D，钻孔底部圆锥孔的锥角应画成 120°。

无论是外螺纹还是内螺纹，完整螺纹终止线用粗实线表示，剖面线画到表示牙顶的粗实线为止（见图 7－8、图 7－9）。不可见螺纹的所有图线用虚线绘制（见图 7－10）。螺纹尾部一般不必画出，当需要表示螺纹收尾时，尾部的牙底用与轴线成 30°的细实线绘制（见图 7－11）。

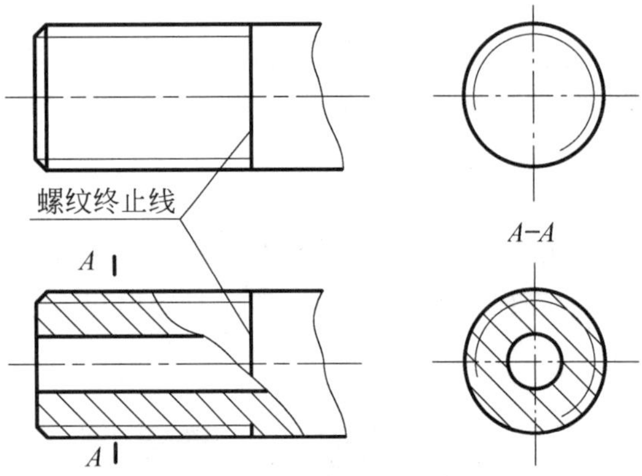

图 7－8　外螺纹的画法

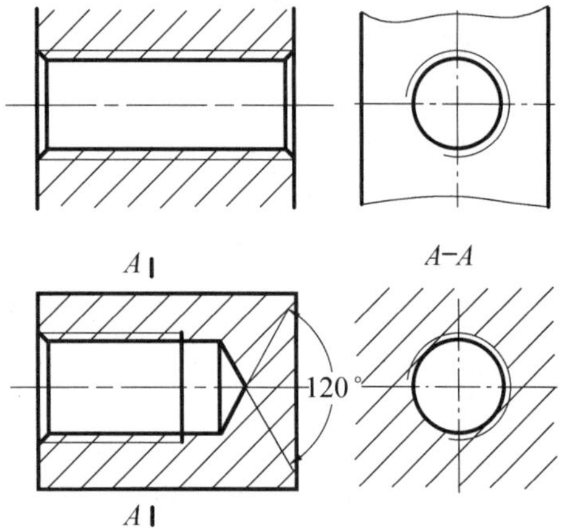

图 7－9　内螺纹的画法

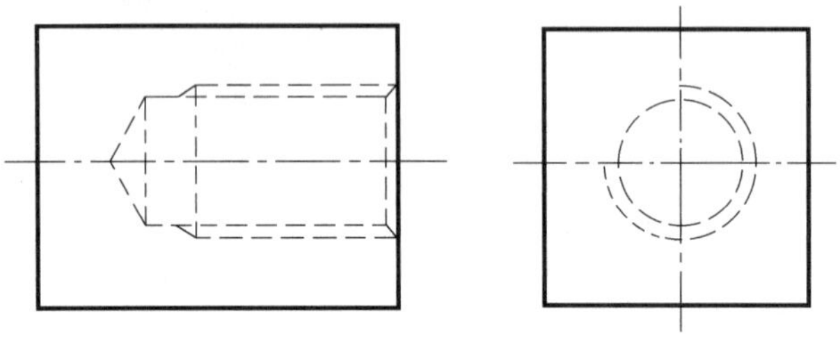

图 7－10　不可见螺纹的画法

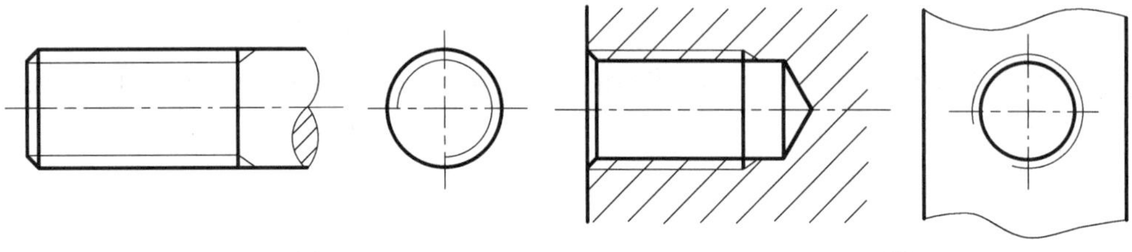

(a)　(b)

图 7－11　螺纹收尾

3. 螺纹连接画法

如图 7－12 所示，以剖视图表示内、外螺纹连接时，其旋合部分应按外螺纹绘制，其

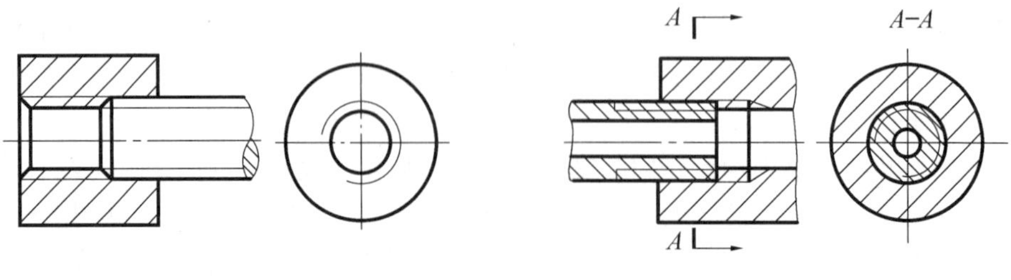

图 7－12　螺纹连接画法

余部分仍按各自的画法表示。应该注意表示大、小径的粗实线和细实线应分别对齐。

4. 螺纹牙型的表示方法

对于标准螺纹，一般可不画牙型。当需要画出牙型时，可用局部剖视图或局部放大图表示，如图 7－13 所示。

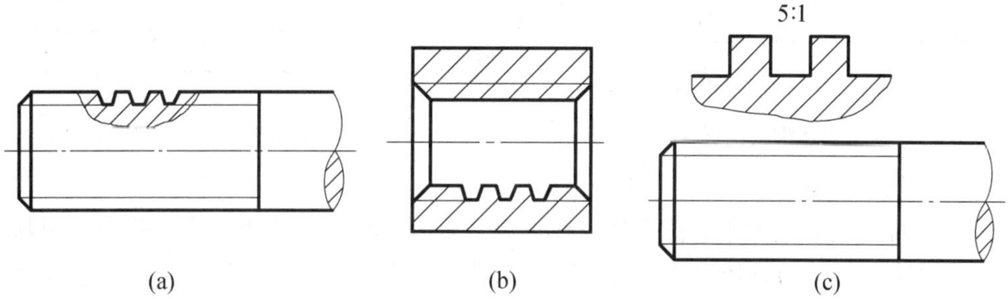

图 7－13　梯形螺纹的画法

（四）常用螺纹的种类和标注

螺纹按用途分为连接螺纹和传动螺纹两类。

普通螺纹是最常用的一种连接螺纹，有粗牙和细牙两种。在大径相同时，细牙普通螺纹的螺距比粗牙普通螺纹的螺距小；细牙普通螺纹的小径比粗牙普通螺纹的小径大。所以，细牙普通螺纹多用于细小的精密零件或薄壁零件上。此外还有水管、油管、煤气管等管连接中常用的管螺纹。

传动螺纹是用来传递动力和运动的，常用的有梯形螺纹和锯齿形螺纹。

1. 普通螺纹的标注

普通螺纹的完整标记由螺纹代号、公差带代号和旋合长度代号组成，中间用“－”分开。普通螺纹代号用牙型符号“M”及公称直径表示；对于细牙普通螺纹尚应加“×”及螺距值；如果为左旋，还应加上“LH”，否则为右旋。螺纹公差带代号包括中径公差带代号和顶径公差带代号，如中径公差带代号和顶径公差带代号相同，则只标注一个代号；用字母表示公差带的位置（小写字母表示外螺纹公差带，大写字母表示内螺纹公差带），数字表示公差等级。旋合长度代号用字母 S（短）、N（中）、L（长）或数值表示。一般情况下，按中等旋合长度考虑时，可不加标注。

将规定标记注写在尺寸线或尺寸线延长线上，尺寸线的箭头指向螺纹大径，如图 7－14和图 7－15 所示。

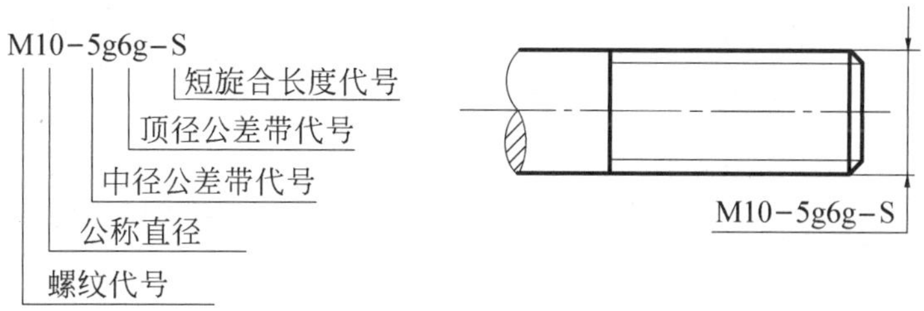

图 7－14　普通螺纹的标注

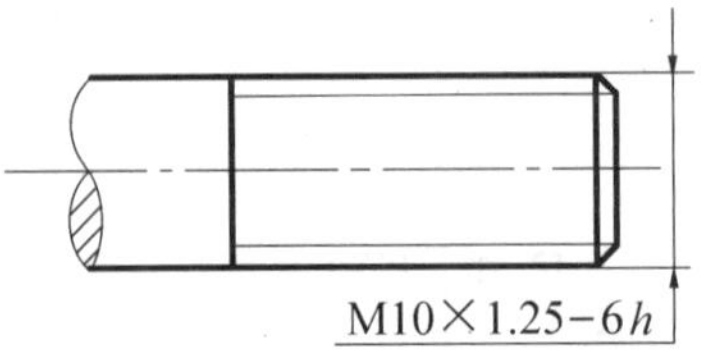

图 7-15 细牙普通螺纹的标注

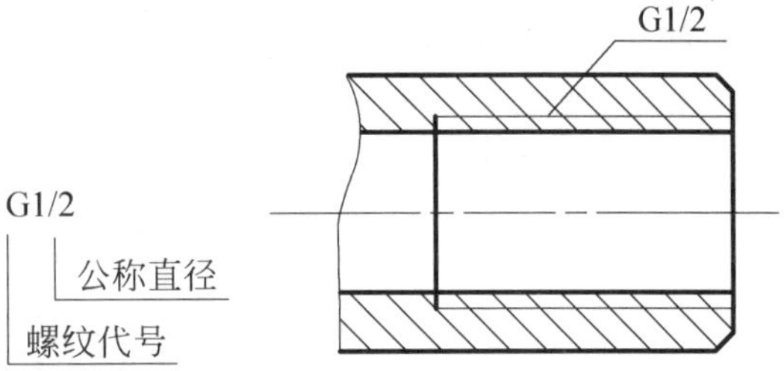

图 7-16 非螺纹密封的圆柱内管螺纹的标注

2. 管螺纹的标注

管螺纹的规定标记为牙型符号和公称直径，有时需加公差等级代号。管螺纹因其公称直径不是螺纹大径，而是指加工外螺纹的管子孔径，所以标注时应用细实线从螺纹大径引出，将螺纹标记注写在横线上方。

非螺纹密封的圆柱内管螺纹标注见图 7-16。

3. 梯形螺纹的标注

梯形螺纹的标注例子见图 7-17。单线螺纹不写螺距，右旋不必说明旋向。

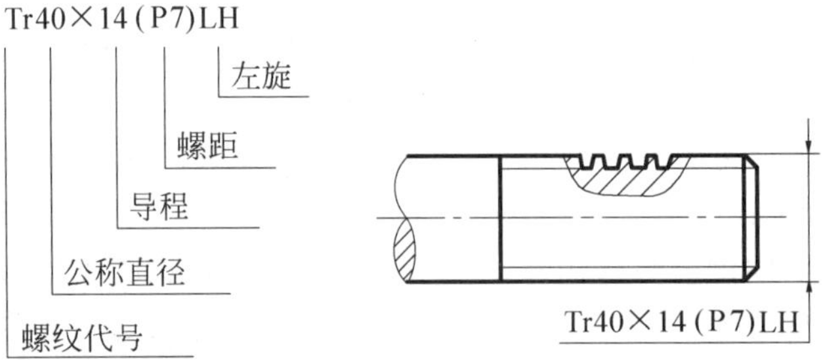

图 7-17 梯形螺纹的标注

4. 锯齿形螺纹的标注

锯齿形螺纹的标注与梯形螺纹的标注相似，例子见图 7-18。

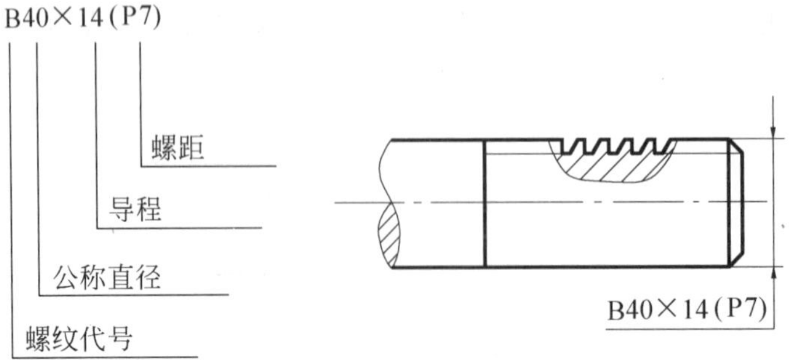

图 7-18 锯齿形螺纹的标注

二、螺纹紧固件及其连接的规定画法

螺纹连接的方式通常有螺栓连接、螺柱连接及螺钉连接。常见的螺纹紧固件有螺栓、螺柱、螺钉、螺母及垫圈等（见图 7－19）。它们的结构、尺寸都已分别标准化，称为标准件。使用或绘图时，可以从相应标准中查到所需的结构尺寸。

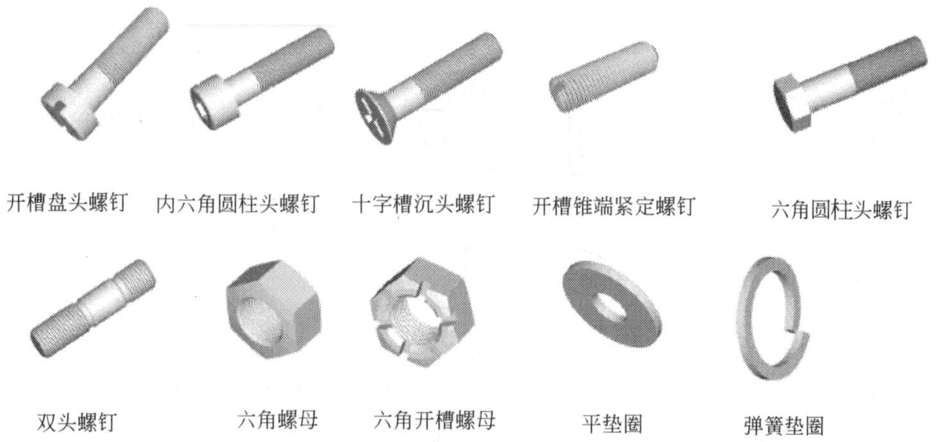

图 7－19　螺纹紧固件

螺纹紧固件的视图和规定标记如表 7－1 所示。

表 7－1　常用螺纹紧固件标记示例

名称及标准编号	简　图	标　记
六角头螺栓 GB/T5782—2000	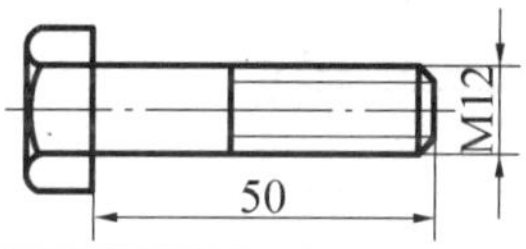	螺栓 GB/T5782—2000—M12×50
螺柱 A 型 GB/T897—1988	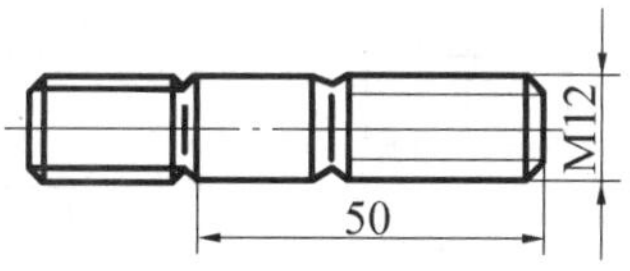	螺柱 GB/T897—1988—AM12×50
开槽沉头螺钉 GB/T68—2000	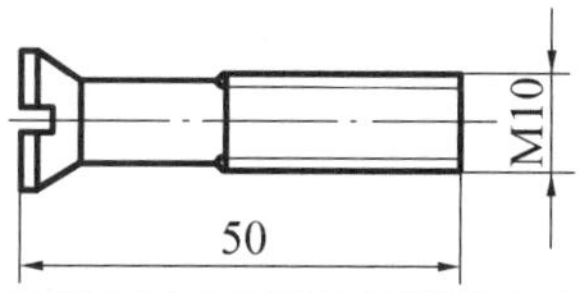	螺钉 GB/T68—2000—M10×50
内六角柱头螺钉 GB/T70. 1—2000	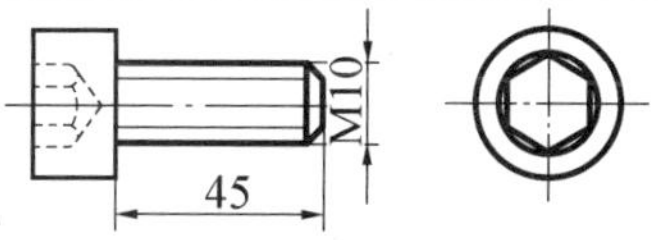	螺钉 GB/T70. 1—2000—M10×45
开槽锥端紧定螺钉 GB/T71—1985	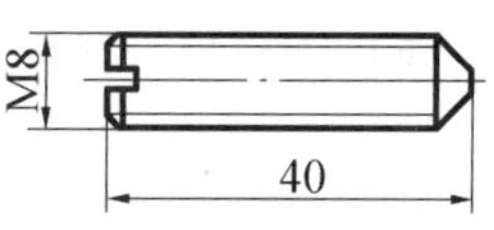	螺钉 GB/T71—1985—M8×40—14H 注：14H 为性能等级

（续表 7－1）

名称及标准编号	简　　图	标　　记
Ⅰ型六角螺母—C 级 螺母 GB/T41—2000	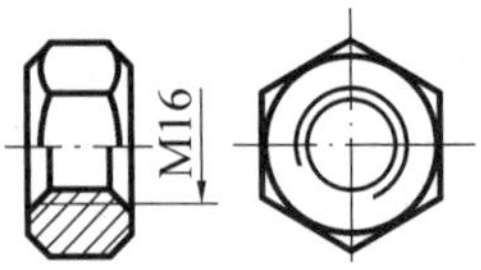	螺母 GB/T41—2000—M16
标准型弹簧垫圈 GB/T93—1987	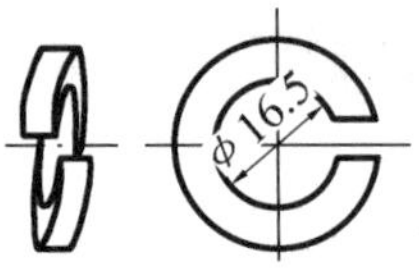	垫圈 GB/T93—1987—16
垫圈 GB/T97. 1—2002	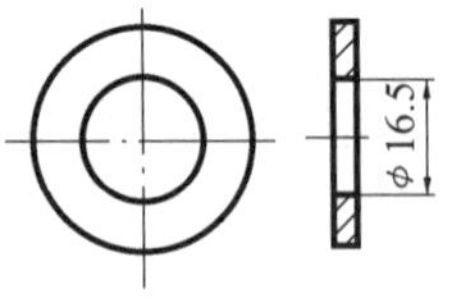	垫圈 GB/T97. 1—2002—16

（一）螺栓连接的画法（GB/T4459. 1—1995）

螺栓连接主要用于被连接零件不太厚并可钻成通孔的场合。螺栓穿过被连接零件的通孔，然后套上垫圈，再旋紧螺母（见图 7－20a）。垫圈在螺母和被连接件之间，其目的是增加螺母与被连接零件之间的接触面，保护被连接件的表面不致因拧螺母而被刮伤。

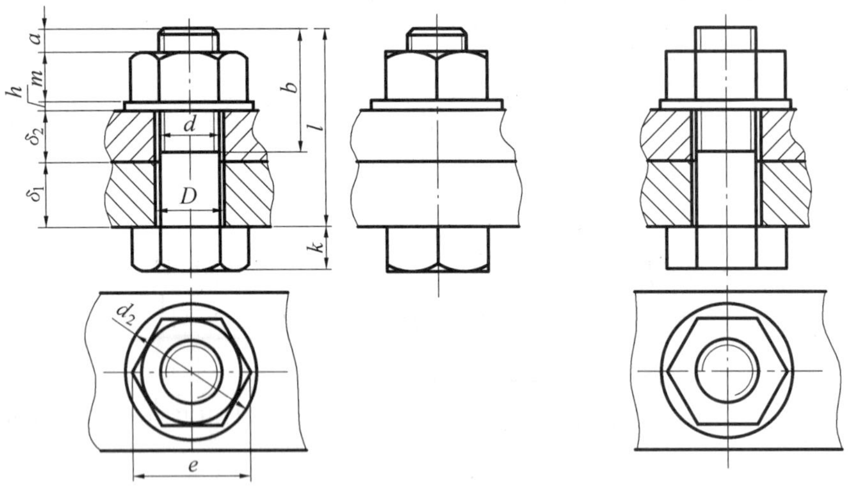

(a) 比例画法　　(b) 简化画法

图 7－20　螺栓连接的画法

画螺栓连接时应先选定螺栓、螺母和垫圈的类型和规格（即螺纹大径），并应知道被连接件的厚度。对于螺栓，还应先计算其有效长度，然后才能选用与计算长度最接近的标准系列公称长度。

计算螺栓有效长度 L 的公式如下：

$$L=\delta_1+\delta_2+h+m+a$$

式中，δ_1、δ_2 为被连接件的厚度；h 为垫圈的厚度；m 为螺母的厚度；a 为螺栓伸出螺母的长度，一般取（0.3～0.4）d（d 为螺栓螺纹大径）。

螺母和垫圈的尺寸可从相应标准（见本书附录）中查找。它们的主要规格尺寸（公称尺寸）与相配的螺栓螺纹大径 d 相同。

例如，用 M12 的螺栓（GB5782—1986）、螺母 GB6170—1986—M12 和垫圈 GB97.2—1985—12—140HV 连接两块板。板厚分别为 $\delta_1=20$ mm，$\delta_2=30$ mm。由附录中附表 2-7 和附表2-6查得，垫圈的厚度 $h=2.5$，螺母的厚度 $m=10.8$（取 max）。则螺栓有效长度应为：

$$L=20+30+2.5+10.8+(0.3\sim0.4)\times12=66.9\sim68.1\ (\text{mm})$$

再查附录中附表 2-1，选取标准的公称长度 $l=70$ mm。选用的螺栓标记为：

螺栓 GB5782—1986—M12×70

画螺栓连接图（见图 7-21a）时，建议采用比例画法近似作图：$e=2d$，$m=0.8d$，$k=0.7d$，$d_2=2.2d$，$h=0.15d$，$d_1=0.85d$，$b=2d$，$D_0=1.1d$。螺栓头部的画法如图 7-21 所示，也可以用简化画法，如图 7-20b 所示。螺母的画法可参照螺栓头部的画法，但螺母较厚。注意螺母主视图和左视图画法的不同。

（二）螺柱连接

螺柱连接主要用于被连接零件由于太厚或不宜钻成通孔的场合。螺柱拧入机体的一端称为旋入端，与螺母连接的另一端称为紧固端。螺柱连接图可按图 7-22 所示的比例关系近似地画出。

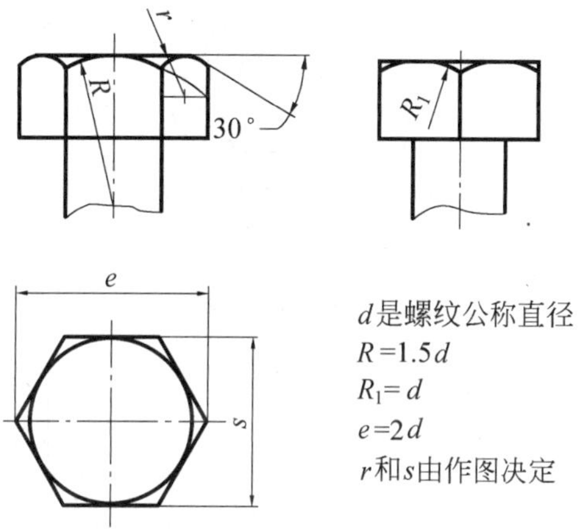

图 7-21　螺栓头部的画法

螺柱的公称长度 l（不包括旋入端长度）的计算与螺栓类似。旋入端螺纹终止线必须与螺孔孔口平齐。螺柱的旋入端长度 b_m 应由带螺孔的被连接件的材料决定：$b_m=1d$（GB897—1987，被旋入件的材料为钢或青铜）；$b_m=1.25d$（GB898—1987，被旋入件的材料为铸铁）；$b_m=2d$（GB900—1987，被旋入件的材料为铝）。

螺孔深度约为 $b_m+0.5d$，钻孔深度比螺孔深度大 $0.5d$。在装配图中可不画出钻孔深度。

（三）螺钉连接

螺钉按用途可分为连接螺钉和紧定螺钉两种。连接螺钉一般用于受力不大又不经常拆卸的连接，紧定螺钉主要用于防止两相配零件之间发生相对运动。

螺钉的公称长度 l 的选取与螺栓公称长度 l 的选取相类似，公称长度包括旋入端长度 b_m。画螺钉的连接图时，可按图 7-23 所示的比例关系近似地画出。旋入螺孔一端画法与螺柱连接画法相类似，但螺纹终止线必须高于螺孔孔口。注意图 7-23 的俯视图中，螺钉头部起子槽画成与水平线倾斜 45°，而主视图中起子槽正对读者，如果画出左视图也应和主视图中起子槽画法相同（不按投影关系画）。

紧定螺钉连接见图 7-24。

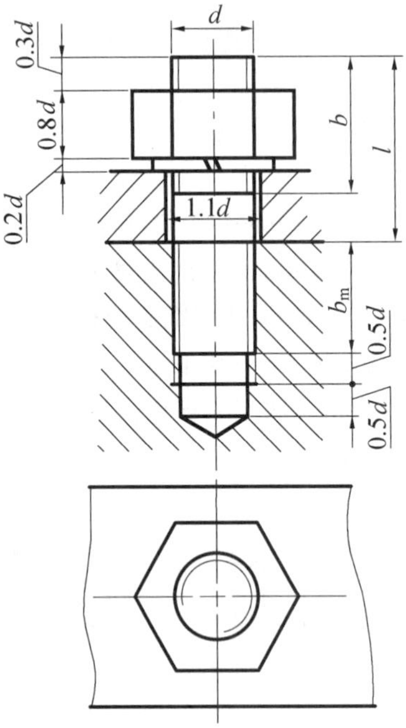

图 7－22　螺柱连接的画法

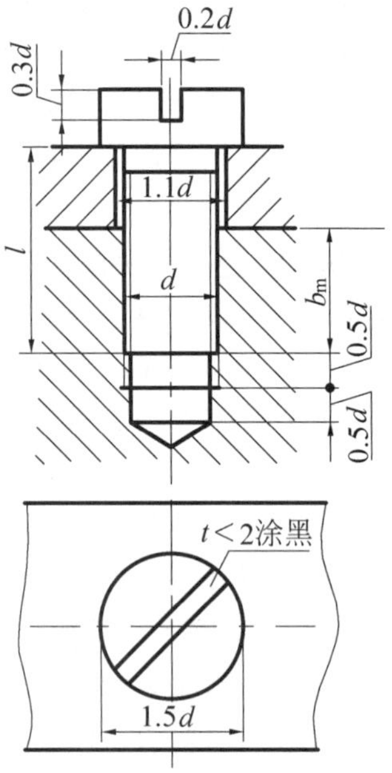

图 7－23　螺钉连接的画法

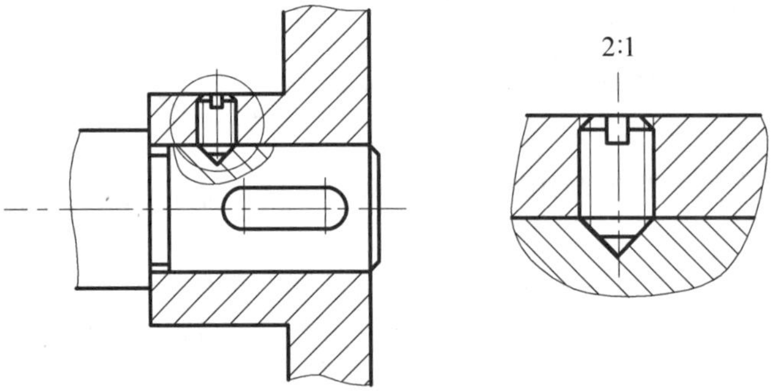

图 7－24　紧定螺钉连接

从图 7－21、图 7－22、图 7－23 和图 7－24 中可以看出，画螺纹连接时应遵守以下画装配图的基本规定：

（1）两零件的接触表面画一条线；不接触的两表面，如螺杆与光孔表面，画两条线。

（2）两零件邻接时，剖面符号应有明显区别，如方向相反或间隔不等；但同一零件所有剖面的剖面符号应相同，即方向一致，间隔相等。

（3）在连接图中，对于紧固件（如螺栓、螺柱、螺钉、螺母、垫圈等）和实心零件（如轴、键、销、球等），若剖切平面通过其基本轴线时，这些零件均按不剖绘制，仍画外形；如有凹坑、键槽、销孔等需要表明时，可采用局部剖视。

第二节　键联结和销联结

键和销都是标准件，键联结与销联结是工程中常使用的可拆连接。

一、键联结

（一）键的作用与种类

键用来联结轴和轴上的齿轮或带轮，使轴和轮一起转动，如图 7－25 所示。

常用的键有普通平键、半圆键、钩头楔键，如图 7－26 所示。

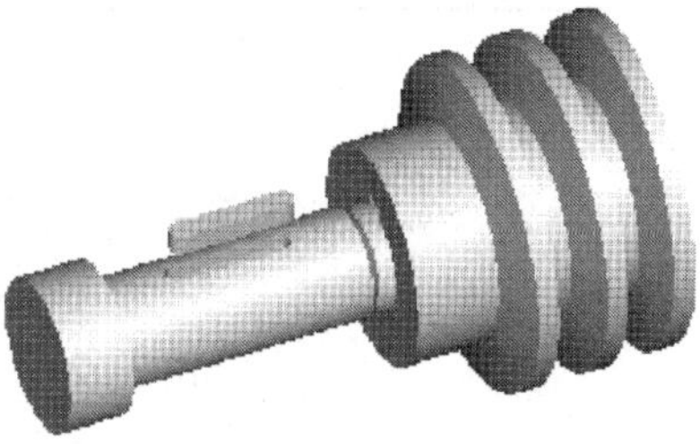

图 7－25　键连接

（二）键的规定标记示例

圆头普通平键（A 型），宽 12 mm，高 8 mm，长 50 mm，其规定标记为：

键 A12 ×50 GB1096—1979

标注时，如为 A 型也可不标“A”，B 型和 C 型则须标出“B”和“C”。

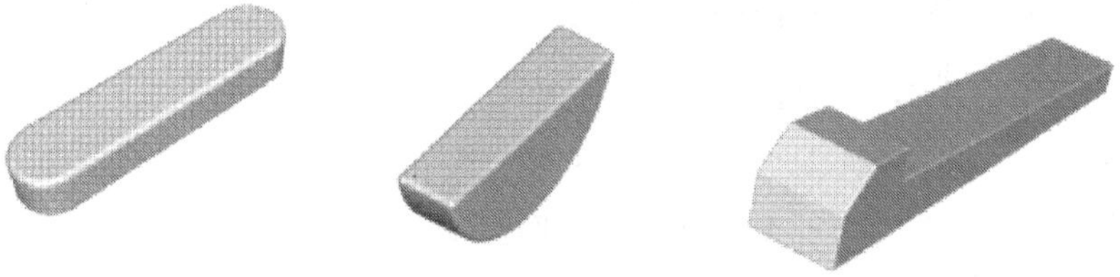

(a) 平键　(b) 半圆键　(c) 钩头楔键

图 7－26　常用的键

半圆键，宽 6 mm，高 10 mm，长 24. 5 mm，直径 25 mm，其规定标记为：

键 6 ×25 GB1099—1979

钩头楔键，宽 18 mm，高 11 mm，长 100 mm，其规定标记为：

键 18 ×100 GB1565—1979

（三）键槽的画法

键是标准件，一般不必画出它的零件图，但要画出零件上与键相配合的键槽。

键槽的宽度可根据轴的直径查表确定，轴上和轮毂上的槽深也可从键的标准中查得。键的长度应小于或等于轮毂的长度。普通平键键槽的画法和尺寸标注如图 7－27 所示。

（四）键联结的画法

1. 普通平键联结的画法

普通平键的工作面是两侧面，上、下底面为非工作面。因此，画普通平键联结图时，注意键的两侧面和下底面应分别与轴和轮毂键槽相应表面接触，键的顶平面与轮毂键槽的顶面之间则有一定的间隙，其画法如图 7－28 所示。过轴线作纵向剖切时，键按不剖绘制，轴作局部剖；垂直轴线作剖切时，被剖切的键应画剖面线。

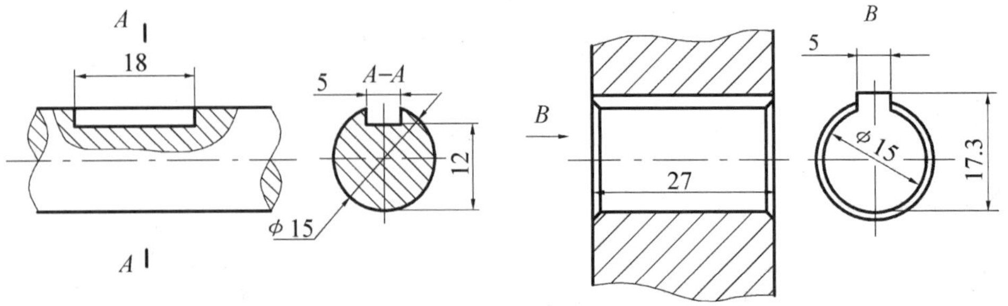

(a) 轴上的键槽　　(b) 轮毂上的键槽

图 7－27　普通平键键槽的画法和尺寸标注

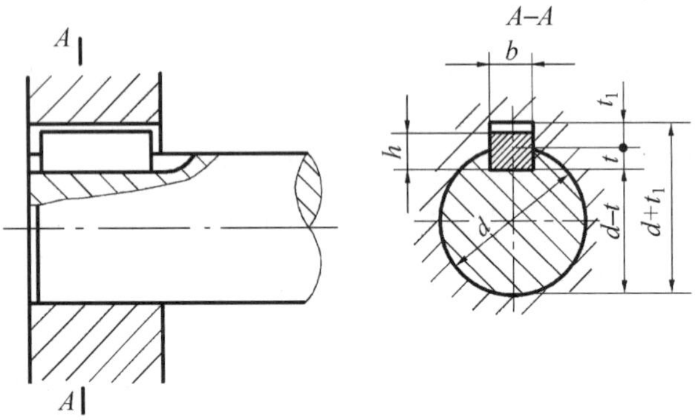

图 7－28　普通平键联结的画法

2. 半圆键联结的画法

半圆键具有自动定位和调心的优点，常用于轻载或锥形轴的连接上。它的联结情况与普通平键相似，其画法如图 7－29 所示。

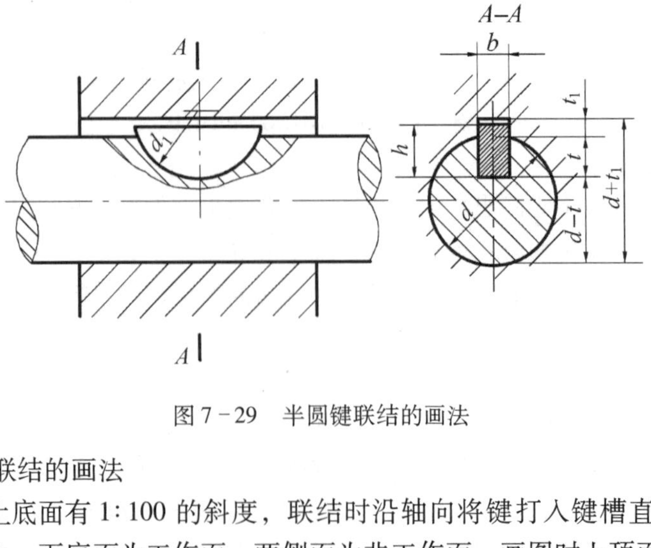

图 7－29　半圆键联结的画法

3. 钩头楔键联结的画法

钩头楔键的上底面有 1∶100 的斜度，联结时沿轴向将键打入键槽直至打紧为止。因此，钩头楔键的上、下底面为工作面，两侧面为非工作面。画图时上顶面、下底面均应与键槽相接触，其联结画法如图 7－30 所示。

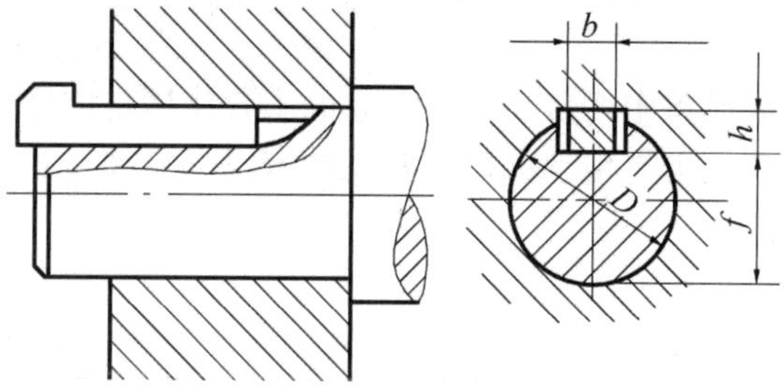

图 7－30 钩头楔键联结的画法

二、销联结

（一）销的种类及标记

常用的销有圆柱销、圆锥销和开口销，如图 7－31 所示。销也是标准件，通常用于零件间的连接或定位，开口销与带槽螺母合用可起防松作用。

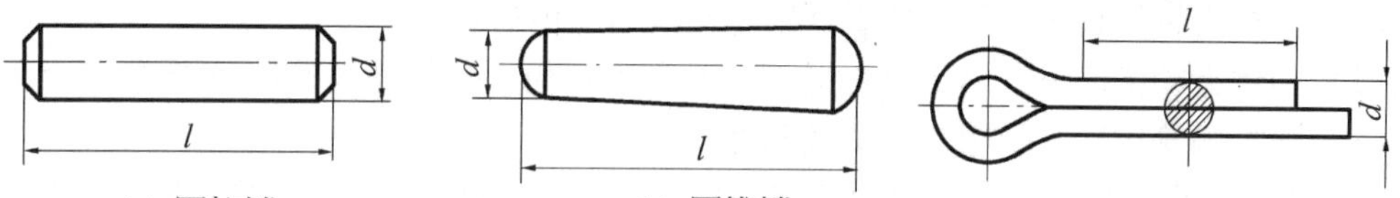

(a) 圆柱销 (b) 圆锥销 (c) 开口销

图 7－31 常用的销

销的规定标记示例：

公称直径 $d=8$ mm、长度 $L=30$ mm、材料为 35 钢、热处理硬度 HRC28—38、表面氧化处理的 A 型圆柱销，标记为：

销 GB119—1986 A8 ×30

公称直径 $d=10$ mm、长度 $L=60$ mm、材料为 35 钢、热处理硬度 HRC28—38 的 A 型圆锥销，标记为：

销 GB117—1986 A10 ×60

（二）销联结的画法

销联结的画法如图 7－32 所示，当剖切平面通过销的轴线时，销作不剖处理。

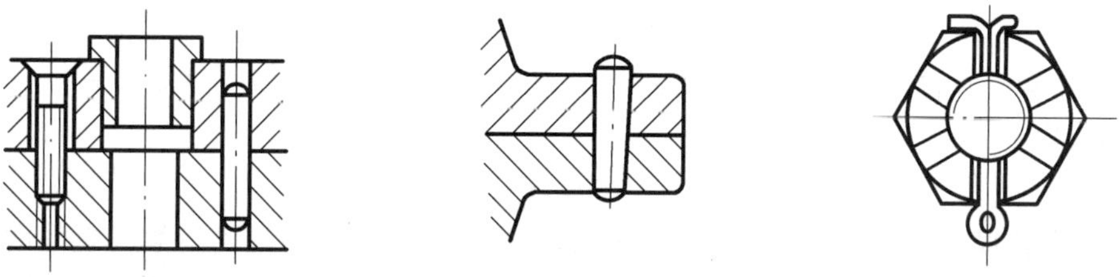

(a) 圆柱销 (b) 圆锥销 (c) 开口销

图 7－32 销联结的画法

第三节 圆 柱 齿 轮

齿轮是广泛用于机器或设备中的传动零件，它的主要作用是传递扭矩、改变运动方向或方式、变换速度及分度等。齿轮传动的形式常见的有以下三种（见图 7－33）：

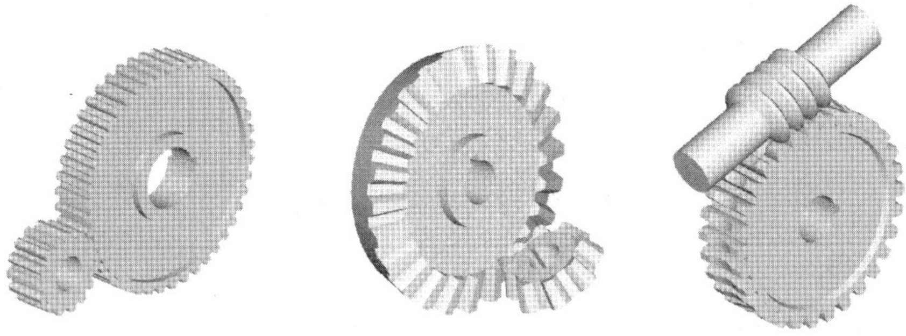

(a) 直齿圆柱齿轮　　(b) 直齿圆锥齿轮　　(c) 蜗轮与蜗杆

图 7－33　常见的齿轮传动

（1）圆柱齿轮传动——用于两平行轴之间的运动传递。

（2）圆锥齿轮传动——用于两相交（通常是垂直相交）轴之间的运动传递。

（3）涡杆涡轮传动——用于两交叉轴之间的运动传递。

圆柱齿轮应用最广泛，它一般由轮齿、轮缘、辐板（或辐条）、轮毂和轴孔几部分组成。轮齿可制成直齿、斜齿和人字齿。常用的为直齿齿轮，各组成部分除轮齿已经标准化外，其他部分没有统一标准，轮齿两侧曲线一般为渐开线。本节主要介绍标准直齿圆柱齿轮。

一、直齿圆柱齿轮轮齿各部分的名称及尺寸关系

齿轮轮齿各部分名称参见图 7－34。

（1）齿顶圆　通过轮齿顶部的圆，其直径以 d_a 表示。

（2）齿根圆　通过轮齿根部的圆，其直径以 d_f 表示。

（3）分度圆　设计和制造齿轮时进行各部分计算和分度的基准圆，其直径以 d 表示。

（4）齿距　在分度圆上相邻两齿对应点之间的弧长称为齿距 P。对于标准齿轮来说，分度圆上齿厚 s（弧长）与齿间 e（弧长）相等。显然，齿距 $P = s + e$。当齿轮齿数为 Z 时，在分度圆上

$$\pi d = PZ \quad \Rightarrow \quad d = P/\pi \times Z \qquad (7-1)$$

（5）模数　直接用 P 和 π 作参数对齿轮设计和加工都不方便。故令 $m = P/\pi$ 代入式（7－2）得

$$d = mZ \qquad (7-2)$$

“m”称为齿轮模数（单位为 mm），它是计算轮齿各部分尺寸的重要参数，模数增大，齿距 P 和齿厚 s 也增大，齿轮的强度也增大。不同模数的齿轮，要用不同模数的刀具加工，为了便于设计和加工，国家标准对模数制定了统一的标准值，如表 7－2 所示。

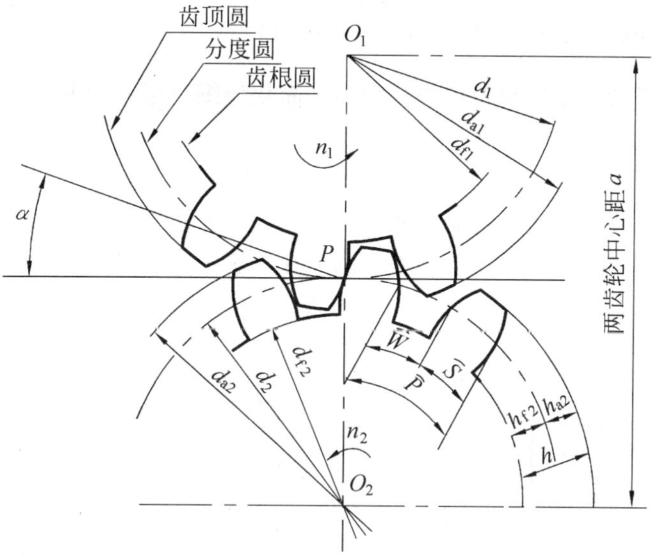

图 7－34　齿轮轮齿各部分的名称

表 7－2　齿轮模数系列（GB1357—1987）

第一系列	1 16	1.25 20	1.5 25	2 32	2.5 40	3 50	4	5	6	8	10	12
第二系列	1.75 7	2.25 9	2.75 (11)	(3.25) 14	3.5 18	(3.75) 22	4.5 28	5.5 36	(6.5) 45			

注：选用模数时，应优先选用第一系列；其次选用第二系列；括号内的模数尽可能不用。本表未摘录小于 1 的模数。

（6）齿高

齿顶高：齿顶圆与分度圆之间的径向距离，标准规定 $h_a = m$；

齿根高：齿根圆与分度圆之间的径向距离，标准规定 $h_f = 1.25m$；

齿高：齿顶圆与齿根圆之间的径向距离，标准规定 $h = 2.25m$。

因此，齿顶圆直径 $d_a = d + 2h_a = m(Z+2)$，齿根圆直径 $d_f = d - 2h_f = m(Z-2.5)$。

由此可以看出，对于标准直齿圆柱齿轮，只要知道模数 m 和齿数 Z 两个参数，其他有关尺寸都可用上述相应的公式算出。

（7）压力角　在端平面内，过端面齿廓与分度圆相交的交点处的径向直线与齿廓在该点处的切线所夹的锐角，即为端面压力角，以 α 表示。我国齿轮标准中规定分度圆上的压力角为 20°。互相啮合的齿轮，它们的模数、压力角都必须相等。

（8）节圆　假想两齿轮啮合传动为两个圆作无滑动的纯滚动，这两个圆分别称为两齿轮的节圆。对于标准齿轮传动来说，分度圆和节圆是一致的。

（9）传动比　两齿轮啮合传动时，设主动齿轮的齿数为 Z_1，转速为 n_1，从动齿轮的齿数为 Z_2，转速为 n_2，则它们的传动比为：$i = n_1/n_2 = Z_2/Z_1$。

（10）中心距　两圆柱齿轮轴线之间的最短距离称为中心距，以 a 表示之。

$$a = m(Z_1 + Z_2)/2$$

二、圆柱齿轮的规定画法（GB4459. 2—1984）

齿轮结构较复杂，尤其是轮齿部分。为了简化作图，国家标准规定对齿轮的轮齿部分采用规定画法。

（一）单个齿轮的画法

齿顶圆和齿顶线用粗实线绘制（见图 7－35）；分度圆和分度线用细点画线绘制；齿根圆和齿根线用细实线绘制，也可省略不画。在投影为非圆的剖视图中，齿根线用粗实线绘制，轮齿部分按不剖处理。

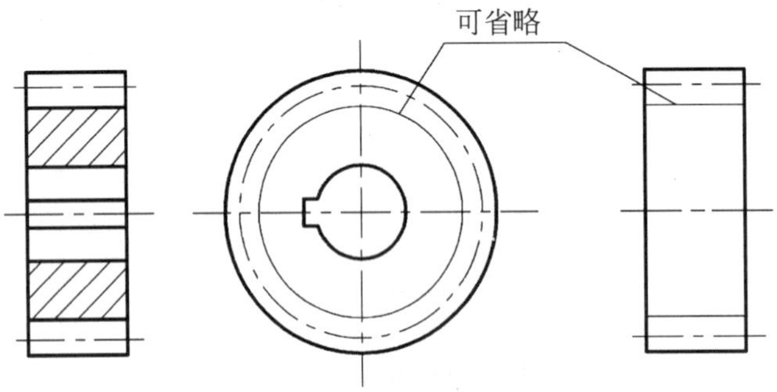

图 7－35 直齿圆柱齿轮的规定画法

若为斜齿轮或人字齿轮，则在投影为非圆的外形视图上，用三条互相平行的细实线表示轮齿的方向（见图 7－36、图 7－37）。

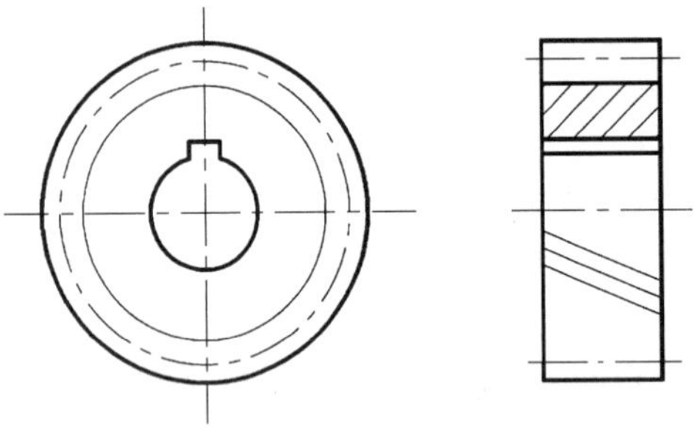

图 7－36 斜齿圆柱齿轮的规定画法

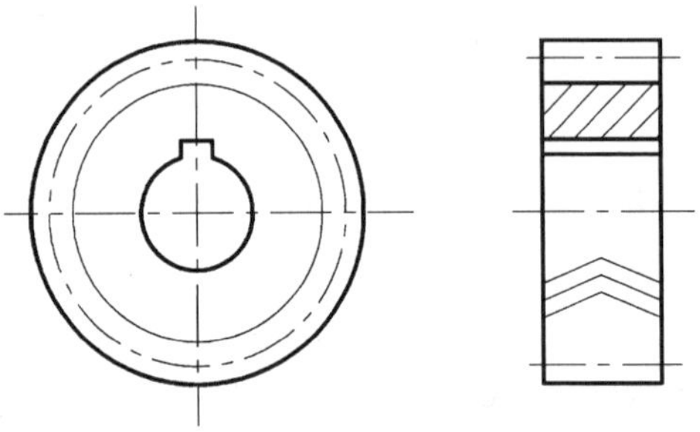

图 7－37 人字齿圆柱齿轮的规定画法

（二）圆柱齿轮啮合的画法

在反映为圆的视图中，两个节圆相切；啮合区内齿顶圆均用粗实线绘制，或省略不画；齿根圆不必画（见图 7－38）。在平行轴线的剖视图中，啮合区内两重合节线用细点画线绘制，一个齿轮的轮齿用粗实线绘制，另一个齿轮的轮齿被遮挡部分用虚线绘制或省略不画，一个齿轮的齿顶线与另一个齿轮的齿根线之间有 0. 25 m 的径向间隙（见图 7－39）。在平行轴线的外形视图中，啮合区内两重合节线用粗实线绘制，齿顶线和齿根线均不画，其余部位仍按单个齿轮的画法绘制（见图 7－40）。

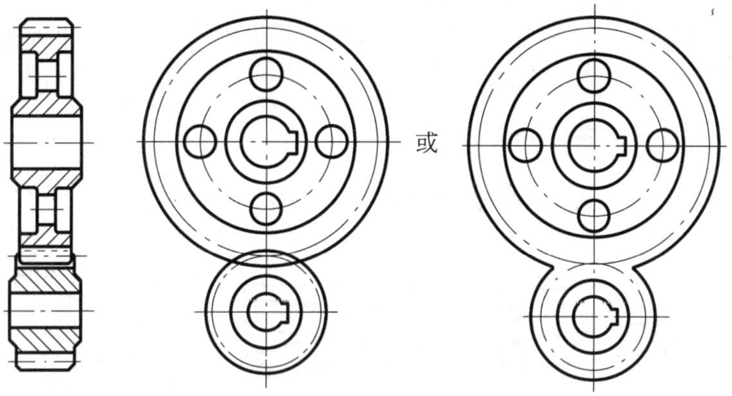

图 7－38　直齿圆柱齿轮啮合的画法

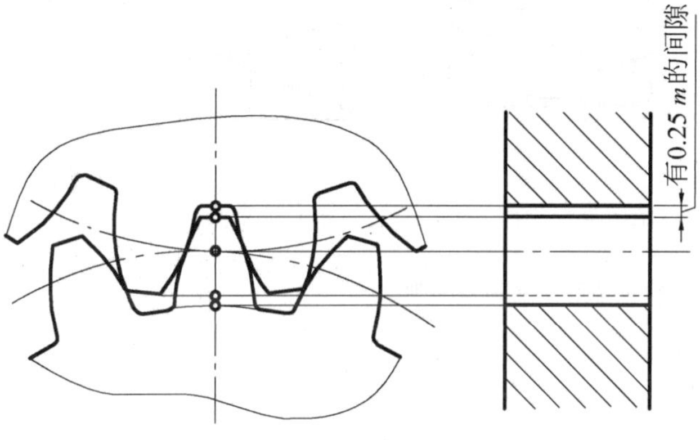

图 7－39　齿轮啮合区的画法

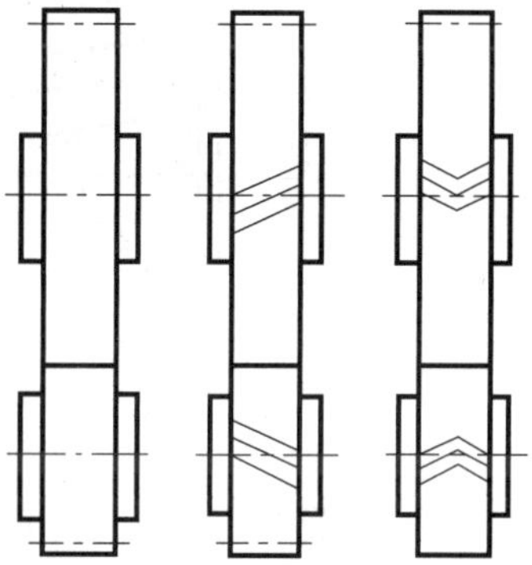

(a) 直齿　(b) 斜齿　(c) 人字齿

图 7－40　齿轮啮合外形图

第四节　弹　　簧

弹簧也是一种常用零件，它的作用是减震、夹紧、储能和测力等。其特点是当外力去除后能立即恢复原状。

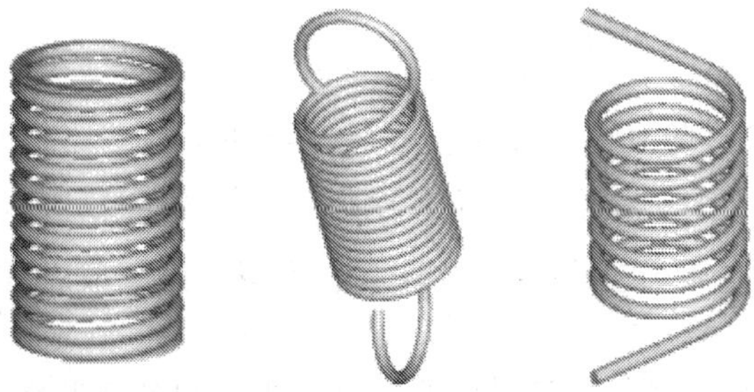

(a) 压缩弹簧　(b) 拉伸弹簧　(c) 扭转弹簧

图 7－41　螺旋弹簧

图 7－42　涡卷弹簧

弹簧的种类很多，常见的有螺旋弹簧和涡卷弹簧等（见图7－41、图7－42）。根据受力情况不同，螺旋弹簧又分为压缩弹簧、拉伸弹簧和扭转弹簧三种。下面着重介绍圆柱螺旋压缩弹簧的画法。

一、螺旋压缩弹簧的各部分名称

（1）簧丝直径 d——制造弹簧的钢丝直径（见图7－43）。

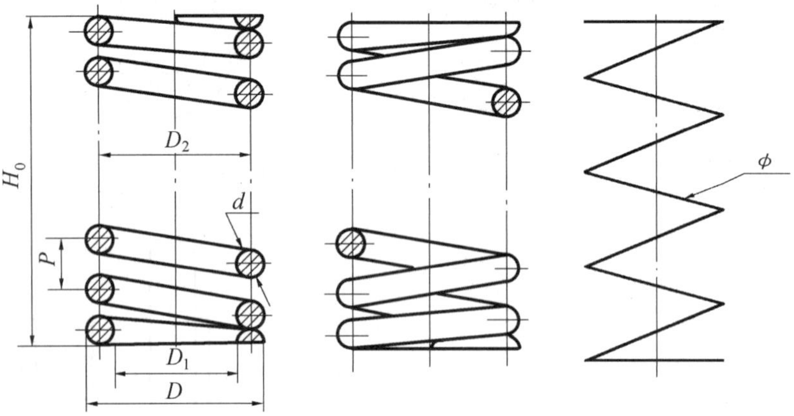

(a) 剖视图 (b) 外形视图 (c) 示意图

图7－43 圆柱螺旋压缩弹簧的画法

（2）弹簧外径 D——弹簧的最大直径；

弹簧内径 D_1——弹簧的最小直径，$D_1=D-2d$；

弹簧中径 D_2——弹簧的平均直径，$D_2=D-d$。

（3）有效圈数 n、支承圈数 n_0 和总圈数 n_1　为了使圆柱螺旋压缩弹簧在工作时受力均匀，要求在制造时将两端并紧并磨平，使弹簧的端面与轴线垂直。弹簧两端并紧并磨平的部分称为支承圈。支承圈有1.5圈、2圈及2.5圈三种，其中较常见的是2.5圈。除了支承圈外，保持相等螺距的圈数称为有效圈数，它是计算弹簧受力的主要依据。有效圈数与支承圈数之和称为总圈数，即 $n_1=n+n_0$。

（4）节距 P——除支承圈外，相邻两圈的轴向距离。

（5）自由高度 H_0——弹簧在不受外力时的高度，$H_0=nP+(n_0-0.5)d$。

（6）弹簧的展开长度 L——制造时坯料的长度，$L=n_1[(\pi D_2)^2+P^2]^{1/2}$

二、螺旋弹簧的规定画法（GB4459.4—1984）

（1）螺旋弹簧在平行于轴线的投影面上，其各圈的轮廓线应画成直线（见图7－43）。

（2）右旋弹簧在图上一定画成右旋。左旋弹簧也允许画成右旋，但不论画成右旋还是左旋，一律要加注“左”字。

（3）有效圈数在4圈以上的螺旋弹簧，中间各圈可以省略不画。当中间各圈省略后，图形的长度可适当缩短。

（4）圆柱螺旋压缩弹簧要求两端并紧并磨平时，不论支承圈数多少，均可按支承圈为2.5圈的形式绘制（见图7－43），在技术条件中另加说明即可。

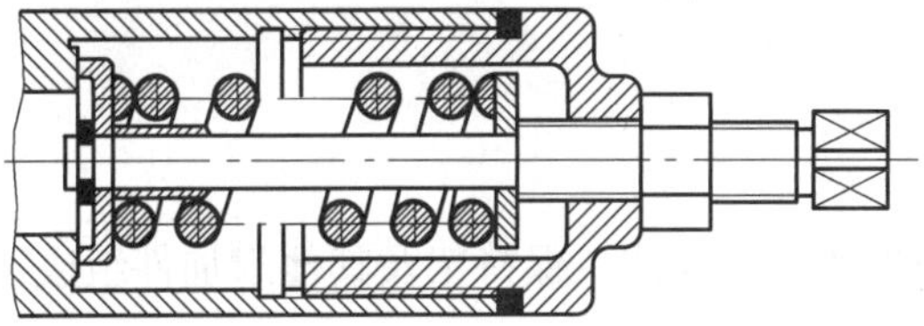

图7－44　装配图中弹簧的画法Ⅰ

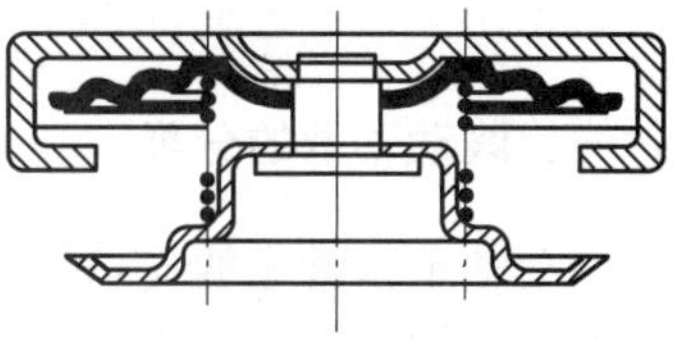

图7－45　装配图中弹簧的画法Ⅱ

（5）在装配图中，弹簧后面的机件按不可见处理，可见轮廓线只画到弹簧钢丝的剖面轮廓或中心线上（见图7－44）。

（6）在装配图中，弹簧被剖切时，簧丝直径或厚度小于2 mm的剖面可以涂黑表示（见图7－45），小于1 mm时可采用示意画法（见图7－46）。

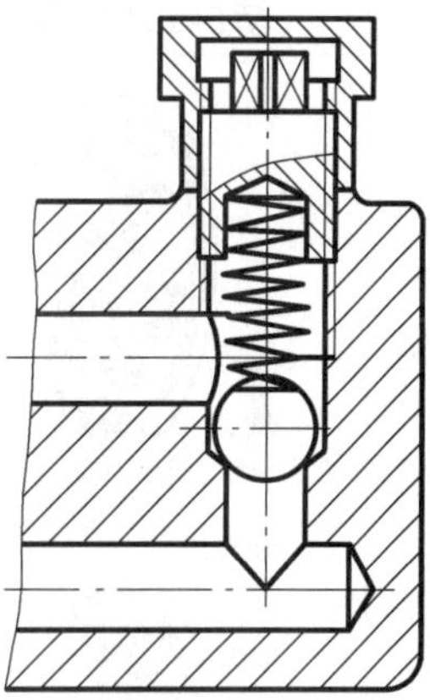

图7－46　装配图中弹簧的画法Ⅲ

三、圆柱螺旋压缩弹簧的画图步骤

已知圆柱螺旋压缩弹簧的外径 D、簧丝直径 d、节距 P 和圈数 n_0、n_1，就可以计算出弹簧中径 D_2 和自由高度 H_0。画图步骤（见图7－47）为：①按自由高度 H_0 和弹簧中径 D_2 作矩形$ABCD$；②根据簧丝直径 d 画出支承圈部分的四个圆和两个半圆；③根据节距 P 作有效圈部分的五个圆；④按右旋方向作相应圆的公切线，并画剖面线。

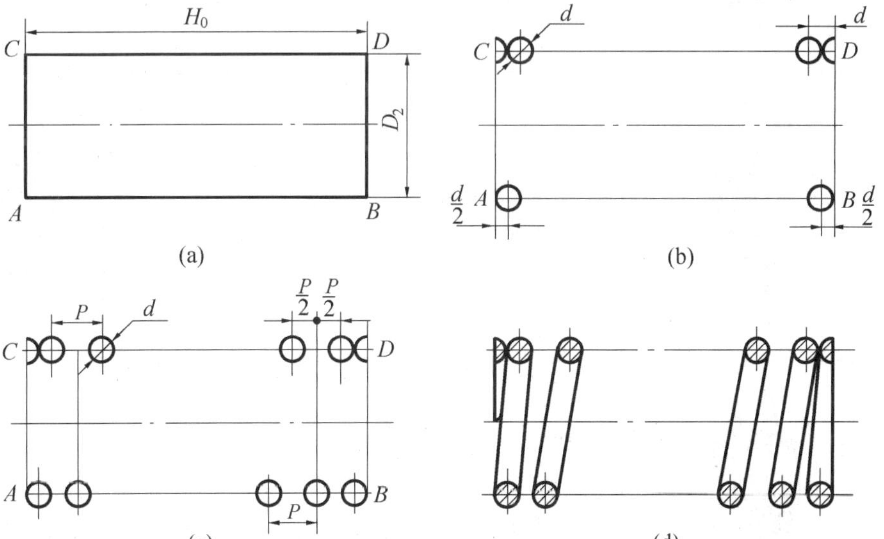

图7－47　圆柱螺旋压缩弹簧的画图步骤

第五节 滚动轴承

一、滚动轴承的分类

滚动轴承是常见的支承件。它由内圈和外圈、滚动体、保持架及其他附加件组成，几种常用滚动轴承的类型列于表7－3。

表7－3 常用滚动轴承的类型

类别	结构型式和代号	类型名称和标准号	查表所得主要数据	应用范围
向心轴承	 6000	深沟球轴承 GB/T 276—1993	*D* *d* *B*	转速较高，载荷不大，而旋转精度要求较高时
	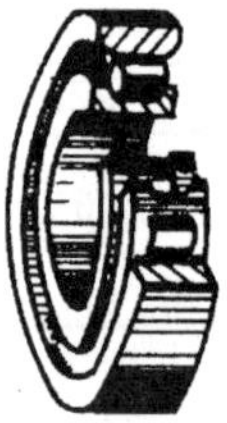 N200	圆柱滚子轴承 GB/T 283—1993	*D* *d* *B*	转速较低，载荷较大或有冲击载荷时
角接触轴承	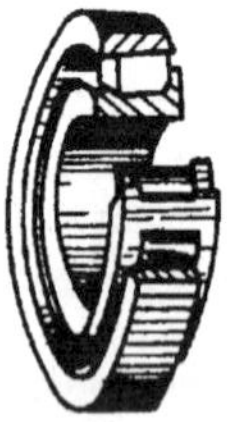 3000	圆锥滚子轴承 GB/T 297—1994	*D* *d* *B* *T* *c*	支承刚度较高时可成对采用本轴承；径向和轴向载荷均较大而转速不高时
推力轴承	 5100	推力球轴承 GB/T 301—1993	*D* *d* *H*	转速较高，轴向载荷较大时，也可与其他轴承组合使用

滚动轴承的分类方法很多，若按承受载荷的方式和大小则可分为：

（1）向心轴承　主要用于承受径向载荷，如深沟球轴承、圆柱滚子轴承等。

（2）角接触轴承　可承受径向和轴向载荷的联合作用，但以径向为主，如圆锥滚子轴承等。

（3）推力轴承　只能承受轴向载荷，如推力球轴承等。

滚动轴承也可按滚动体形状分为球轴承和滚子轴承。

滚动轴承是标准件，并进行专业化生产，为此设计者可根据载荷和可靠性等情况在有关标准中选取。

二、滚动轴承的画法

滚动轴承的表示有规定画法及简化画法两种。而简化画法又有通用画法和特征画法之分。

（一）规定画法

对滚动轴承的产品图样，包括产品样本、产品标准、用户手册和使用说明书等，必要时可采用规定画法。按规定画法，在装配图中滚动轴承的保持架及倒角等可省略不画。规定画法一般绘制在轴的一侧，另一侧则按通用画法绘制，如表7－4所示。

（二）通用画法

在剖视图中，当不需要确切表示滚动轴承的外形轮廓、载荷特性、结构特征时可用矩形线框及位于线框中央正立的十字形符号表示，即通用画法。通用画法应绘制在轴的两侧。

（三）特征画法

若在剖视图中需形象地表示滚动轴承的结构特征时，可采用在矩形线框内画出其结构要素符号的方法表示，即特征画法，见表7－4。特征画法应绘制在轴的两侧。

上述的滚动轴承的表示法主要适用于在装配图中不需要确切地表示其形状和结构的标准滚动轴承。在具体画法中作如下的规定：

（1）在图样中表示滚动轴承时，通用画法、特征画法以及规定画法中的各种符号、矩形线框和轮廓线均用粗实线绘制。

（2）绘制滚动轴承时，其矩形线框或外框轮廓的大小应与滚动轴承的外形尺寸一致，并与所属图样采用同一比例。其尺寸比例如表7－4所示。

（3）在剖视图中，用简化画法绘制滚动轴承时，一律不画剖面符号。采用规定画法绘制滚动轴承的剖视图时，轴承的滚动体不画剖面线，其各套圈可画成方向和间隔相同的剖面线（见图7－48）；在不致引起误解时，也允许省略不画，如表7－4所示；若轴承带有其他零件或附件（偏心套、紧定套、挡圈等）时，其剖面线应与套圈的剖面线呈不同方向或不同间隔（见图7－49）；在不致引起误解时也允许省略不画。

（4）在垂直于滚动轴承轴线的投影面的视图上，无论滚动体的形状（球、柱、针等）及尺寸如何，均可按图7－50所示的画法绘制。

表7-4　滚动轴承的画法

<table>
<tr><th rowspan="2">名称</th><th colspan="2">简　化　画　法</th><th rowspan="2">规　定　画　法</th></tr>
<tr><th>通用画法</th><th>特征画法</th></tr>
<tr><td rowspan="2">向
心
轴
承</td><td rowspan="3">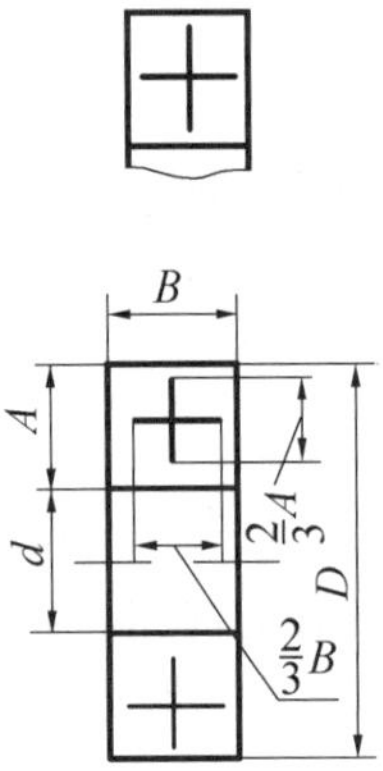</td><td rowspan="2">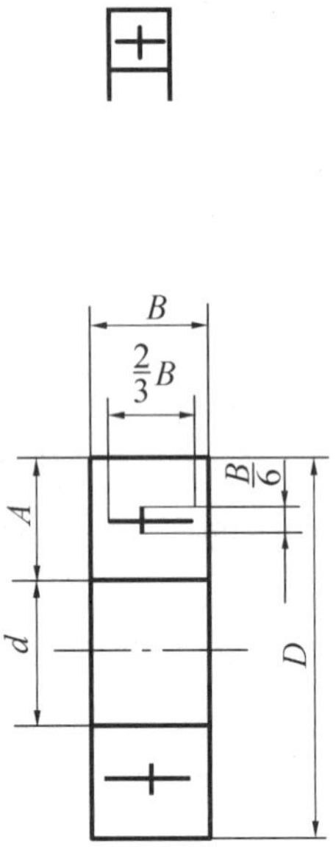</td><td>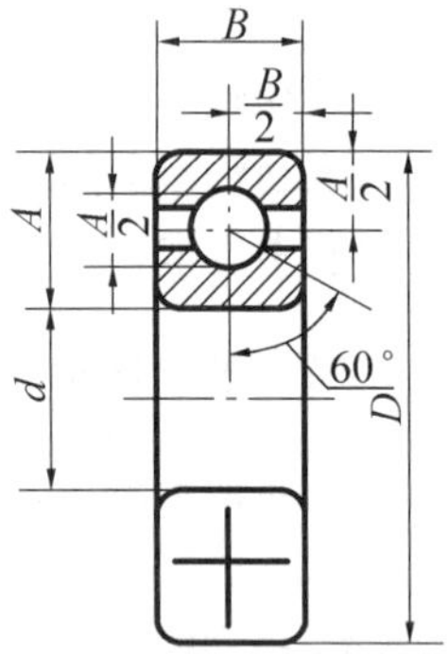
深沟球轴承
GB/T 276—1993</td></tr>
<tr><td>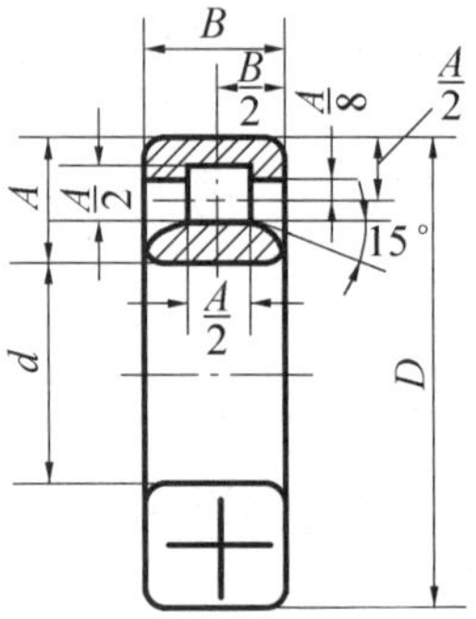
圆柱滚子轴承
GB/T 283—1993</td></tr>
<tr><td>角
接
触
轴
承</td><td>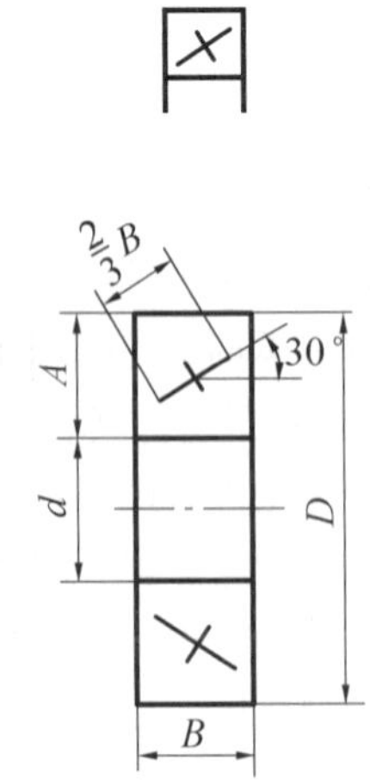</td><td>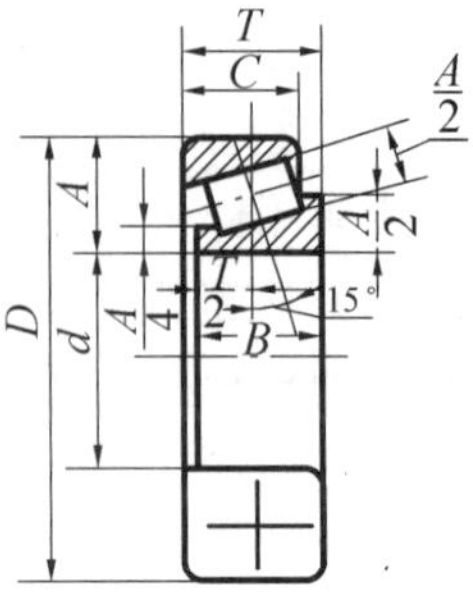
圆锥滚子轴承
GB/T 297—1994</td></tr>
</table>

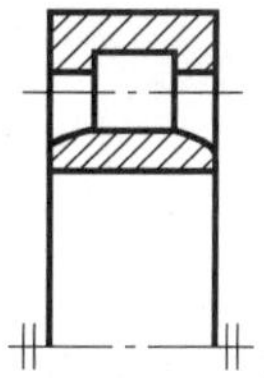

图 7－48　剖面线的画法

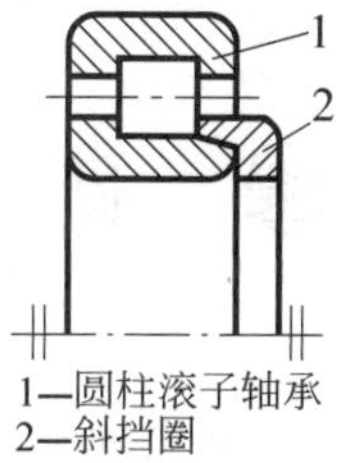

图 7－49　带有附件的剖面线画法

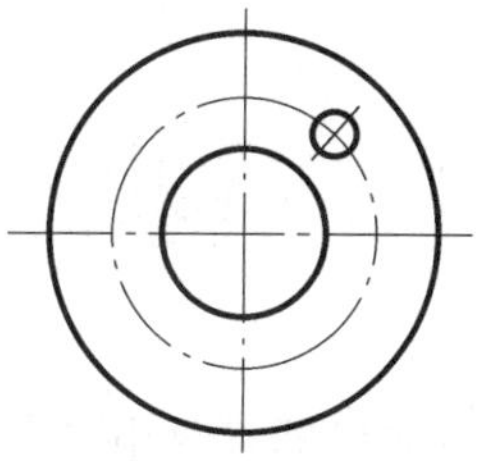

图 7－50　轴线垂直于投影面的视图画法

三、滚动轴承的代号（GB/T 272 —1993）

轴承的代号由基本代号、前置代号和后置代号三部分组成。前置代号、后置代号是轴承结构形状、尺寸、公差、技术要求等有改变时，在其基本代号左右添加的补充代号。详细说明请查阅相关的国家标准。

滚动轴承基本代号由轴承类型代号、尺寸系列代号、内径代号构成。

（1）滚动轴承类型代号　轴承类型代号用数字或字母表示。如 1 表示调心球轴承，2 为调心滚子轴承，NN 表示双列圆柱滚子轴承，等等。

（2）尺寸系列代号　尺寸系列代号由轴承宽（高）度系列代号和直径系列代号组成，均用数字表示。左边的一位数字为宽（高）度系列代号，右边的一位数字为直径系列代号。

（3）内径代号　内径为 20 到 480（22，28，32 除外）的轴承，以公称内径除以 5 的商数作为内径代号（商数为个位时需在商数左侧加“0”）。

现以调心滚子轴承 23208 为例，说明代号中各位数字的意义如下：

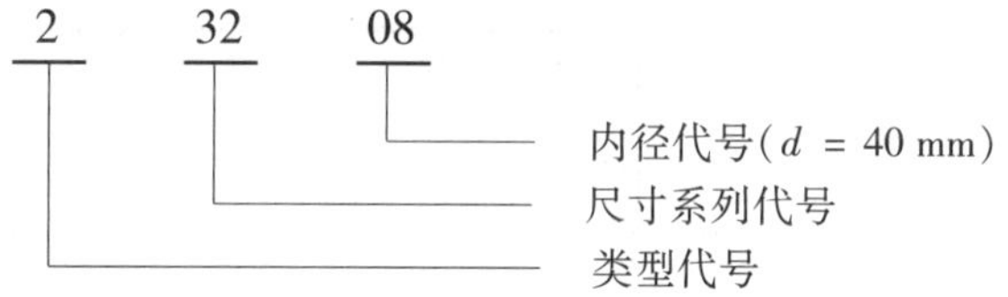

第八章　零　件　图

任何机器都是由各种零件组成的。表达一个零件的图样，称为零件图。如图 8－1 所示为压盖零件图。零件图是生产中指导制造和检验该零件的主要图样，它不仅应将零件的内、外结构形状和大小表达清楚，而且还要对零件所采用的材料、加工和检验等提供必要的技术要求。

学习本章应主要掌握零件视图的选择、尺寸标注、表面粗糙度和尺寸公差与配合等。

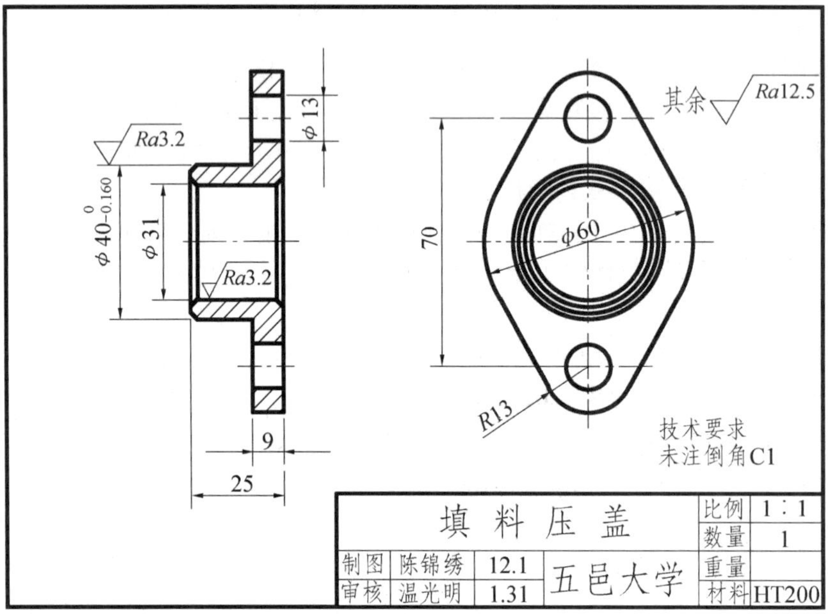

图 8－1　压盖零件图

第一节　零件图的内容

由图 8－1 所示的压盖零件图可见，一张零件图必须具备如下内容：

1. 一组视图

用一组视图正确、完整、清晰地表达出零件内、外结构和形状。

2. 完整的尺寸

零件图中应正确、完整、清晰、合理地注出制造零件所需的全部尺寸。

3. 技术要求

零件图中必须用规定的代号、数字和文字简明地表示出零件在制造和检验过程中应达到的技术要求，通常包括表面粗糙度、尺寸公差、形位公差、热处理以及其他一些要求。

4. 标题栏

在零件图的右下角应绘制标题栏，在其中填写零件名称、数量、材料、比例、图号以及制图、审核人员签名等。

第二节　零件图的视图选择和尺寸标注

一、零件图的视图选择

零件图的视图选择，就是要求选用适当的表达方法，将零件的结构形状正确、完整、清晰地表示出来；在便于看图的前提下，力求画图简便。要达到这个要求，首先必须选择好主视图，然后选配其他视图。

1. 主视图的选择

（1）主视图应较好地反映零件的形状特征，即尽量多地反映各组成部分的形状和相对位置。

（2）主视图应尽可能反映零件的加工位置或工作位置。

加工位置就是零件在机床上加工时的装夹位置。主视图与加工位置一致的优点是便于工人看图加工。

工作位置就是零件安装在机器中工作时的位置。主视图与工作位置一致的优点是便于对照装配图来看图和画图。

2. 其他视图的选择

主视图选定之后，进一步考虑还要画哪几个视图、剖视图、断面图等，才能正确、完整地表示出零件的全部结构形状；同时应力求清晰和画图简便。有时通过标注尺寸能使结构形状表达清楚，从而改变视图的选择，使图形省略。

二、零件图的尺寸标注

在零件图上标注尺寸，除了要求正确、完整、清晰外，还要求合理。所谓标注合理，是指符合设计要求又满足加工工艺要求；即零件能在机器中按功能要求发挥作用，又便于制造和检验。关于合理标注尺寸，由于需要较多的机械设计和加工方面的知识，在此只能做一些粗浅的介绍和分析。

在标注尺寸时，首先应选择好尺寸基准。常用的基准有回转体的轴线、中心线、零件的对称面、底板的安装面、重要的端面等。从基准出发，标注定形、定位尺寸。

三、零件图的视图选择和尺寸标注举例

在工业生产中，零件的结构形状是多种多样的，不同的零件有不同的表达方法。根据零件的结构形状，大致可分为四类零件：

（1）轴套类零件　主要形体是回转体，特点是轴向尺寸比径向尺寸大，如车床主轴、衬套等零件。

（2）盘盖类零件　主要形体大多是回转体，特点是径向尺寸比轴向尺寸大，如电机端盖、齿轮等零件。

(3) 支架类零件　主要用于支承或操纵和控制其他零件，如拨叉、轴承座等零件。

(4) 箱体类零件　主要用于容纳和支承其他零件，如阀体、床头箱等零件。

下面按类型举例分析。

(一) 轴套类零件

1. 视图的选择

如图 8-2 所示的轴，它的基本形体是同轴回转体，并且主要在车床上加工。为了便于加工时看图，轴线宜水平放置，且以 *A* 向作为主视图投影方向，这样能反映该轴的形状特征（比 *B* 向好），即轴套类零件宜按形状特征和加工位置确定主视图，如图 8-3 所示。

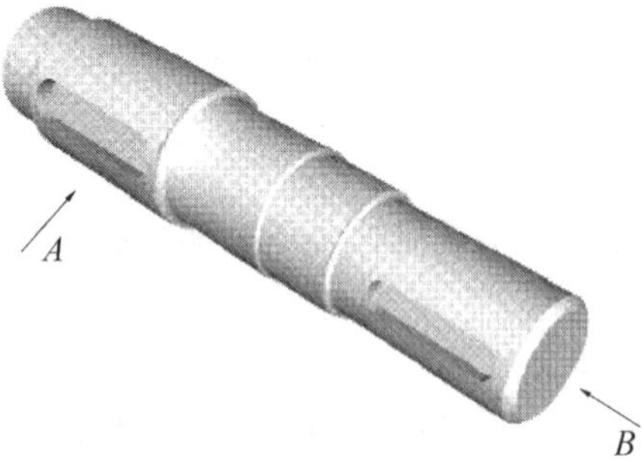

(a) 轴及其两个投影方向

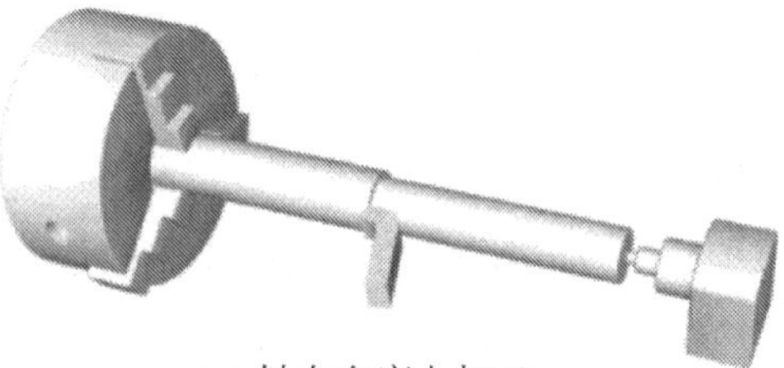

(b) 轴在车床上加工

图 8-2　轴类零件的结构特征和加工位置

一般来说，采用主视图并标注一系列直径尺寸和长度尺寸，就能表达轴套类零件的主要形状（见图 8-4）。对于其上的销孔、键槽等，可采用局部剖视图及移出断面表达；其他局部结构，如砂轮越程槽、螺纹退刀槽等，则可采用局部放大图表达。

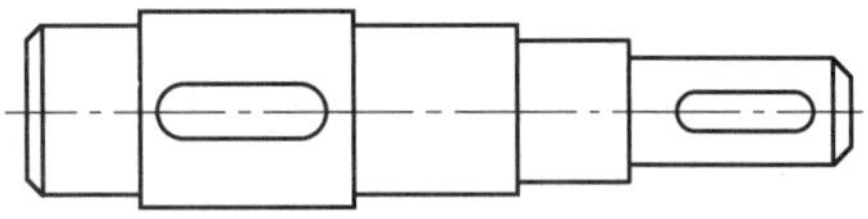

图 8-3　轴的主视图

2. 尺寸标注

轴套类零件的尺寸标注，常以轴线作为径向尺寸基准（也是高度和宽度方向尺寸基准）。图 8-4 所示的 ϕ 35k7、ϕ 40js7、ϕ 32 等都是以轴线作为径向尺寸基准的。这样就把设计上的要求和加工时的工艺基准统一起来了。

轴套类零件常选用重要的端面或轴肩等作为长度方向的主要尺寸基准。例如，图 8-4 所示的 ϕ 40js7 的左轴肩被选为长度方向的主要尺寸基准，由此注出长度尺寸 55，保证了两侧轴承的距离，确定了轴在箱体中的轴向位置，易于控制轴向间隙；再以轴的右端为长度方向的尺寸辅助基准，从而标注出 50、5 和轴的总长尺寸 185 等，便于加工测量。

(二) 盘盖类零件

1. 视图选择

图 8-5 所示的端盖，主要是在车床上进行加工的。主视图也是按形状特征和加工位置确定，显示了外螺纹以及各台阶与内孔的形状和相对位置，层次分明，便于加工时看图。

由于盘盖类零件经常在径向分布有其他结构，如小圆孔和肋等，为了表达它们，除采用主视图外，往往还需增加其他基本视图，如左视图或右视图。

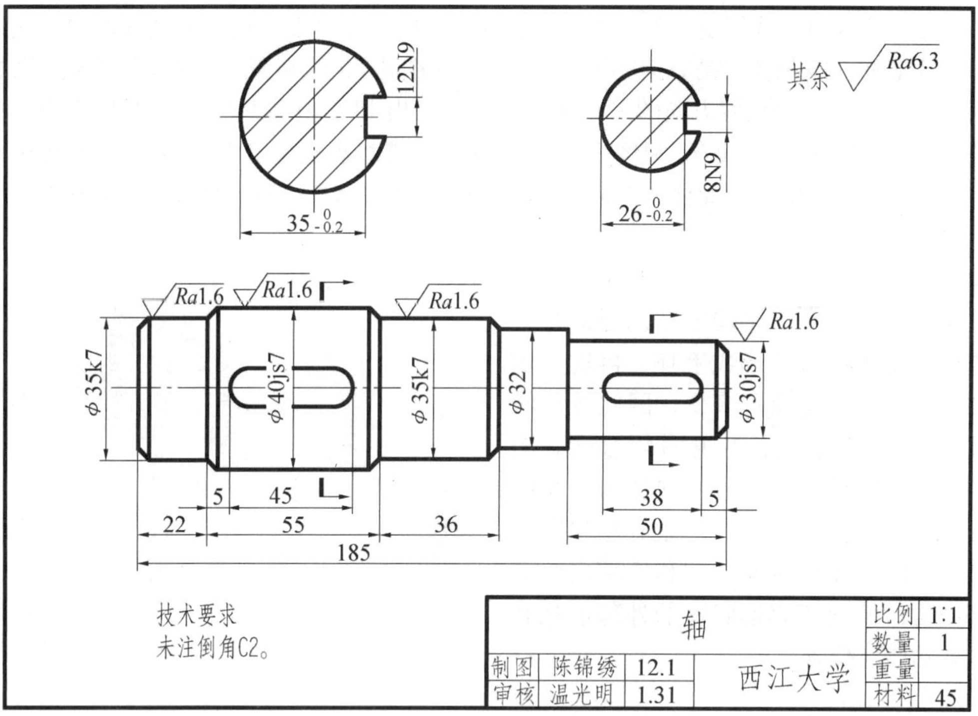

图 8－4　轴零件图

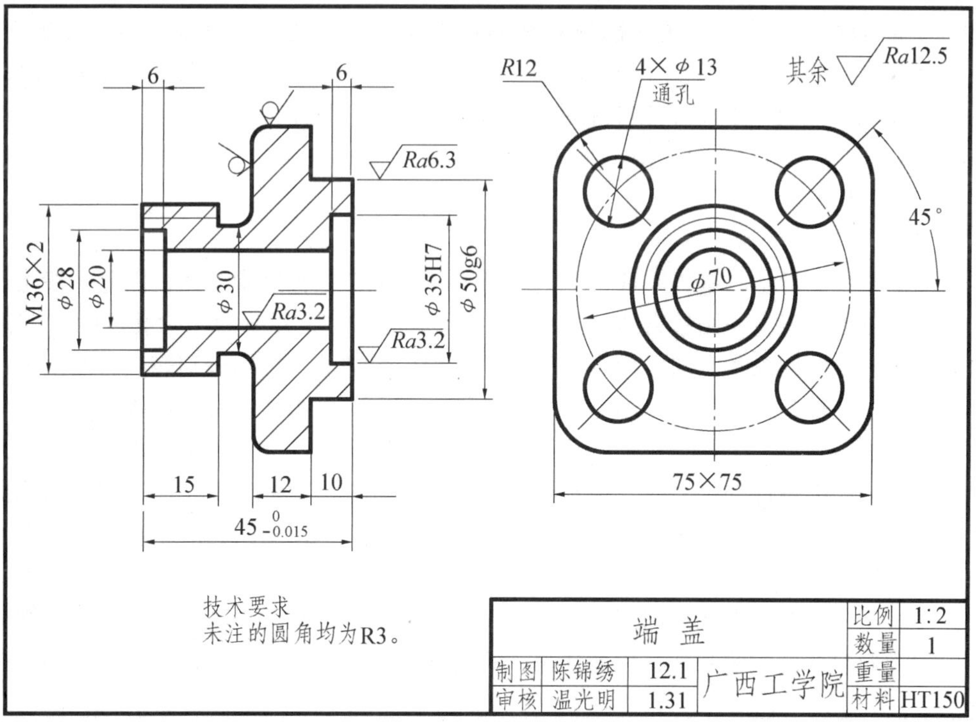

图 8－5　端盖零件图

2. 尺寸标注

盘盖类零件通常选用重要的端面作为长度方向的尺寸基准，选用通过轴孔的轴线作为径向尺寸基准（也是宽、高方向的尺寸基准）。如图 8－5 的端盖，选用 75×75 凸缘的右端面（安装面）作为长度方向的尺寸基准，由此注出 12、10 等尺寸，再以零件的右端面为辅助基准注出 $45_{-0.015}^{0}$和 6，以零件左端面为另一辅助基准注出 15 和 6；选用轴孔的轴线作为径向尺寸基准，由此注出 M36×2、ϕ28、ϕ20、ϕ35H7、ϕ50g6 和ϕ70 等尺寸。

（三）支架类零件

1. 视图选择

支架类零件形状比较复杂，制造时一般先通过铸造或锻造形成毛坯，再进行切削加工。由于加工位置多变，因此按形状特征和工作位置确定主视图较合适。图 8－6所示的轴承座，宜选 *A* 向作为主视图的投影方向（见图 8－7）。主、左视图采用半剖视图，以表达安装孔和底部内腔等内部结构；俯视图表达底座的外部形状和安装孔的前后位置。

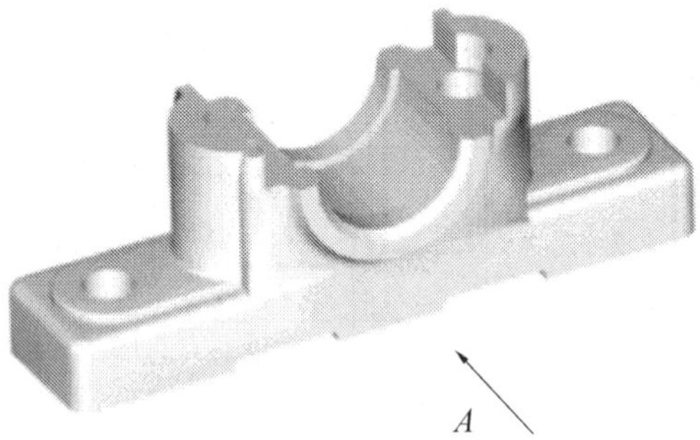

图 8－6

2. 尺寸标注

支架类零件通常选用安装基面或零件的对称面作为尺寸基准。如图 8－7 中的轴承座，选用左右对称面作为长度方向的尺寸基准，由此注出 140、65±0.25（两个ϕ13 孔间距）、65H9（上部槽宽）等尺寸；选用前后对称面作为宽度方向的尺寸基准，由此注出 50f9、40、20 等尺寸；选用底面作为高度方向的尺寸基准，由此注出 24、$50_{-0.3}^{0}$和 60 等尺寸；选用ϕ40H9（配合孔）的轴线作为径向尺寸基准，由此注出 *R*30、*R*28、ϕ45 和ϕ40H9 等尺寸。

（四）箱体类零件

1. 选择视图

箱体类零件的形状、结构一般都更为复杂，并且加工位置经常变化，因此一般按形状特征和工作位置确定主视图较合适。如图 8－8 所示的箱体，以垂直于大孔$\phi 64_{0}^{+0.018}$轴线的方向作为主视图的投影方向。用全剖的主视图和局部剖的左视图分别表达它的内部结构和外部形状；此外，采用局部视图和断面图分别补充反映出箱体的其他结构形状。

2. 尺寸标注

在标注箱体类零件的尺寸时，通常选用主要孔的轴线、重要的安装面、主要结构的对称面等作为尺寸基准。如图 8－8 所示的箱体，选用尺寸为 32 的内腔的左右对称面作为长度方向尺寸的主要基准，由此注出 25、32、46 等尺寸；选用零件的前后对称面作为宽度方向尺寸的主要基准，由此注出 39、66、60、74 等尺寸；选用大孔$\phi 64_{0}^{+0.018}$轴线作为高度方向和径向尺寸的主要基准，由此注出ϕ64、$\phi 40_{0}^{+0.025}$、ϕ82、ϕ68、52、35±0.05 等尺寸。

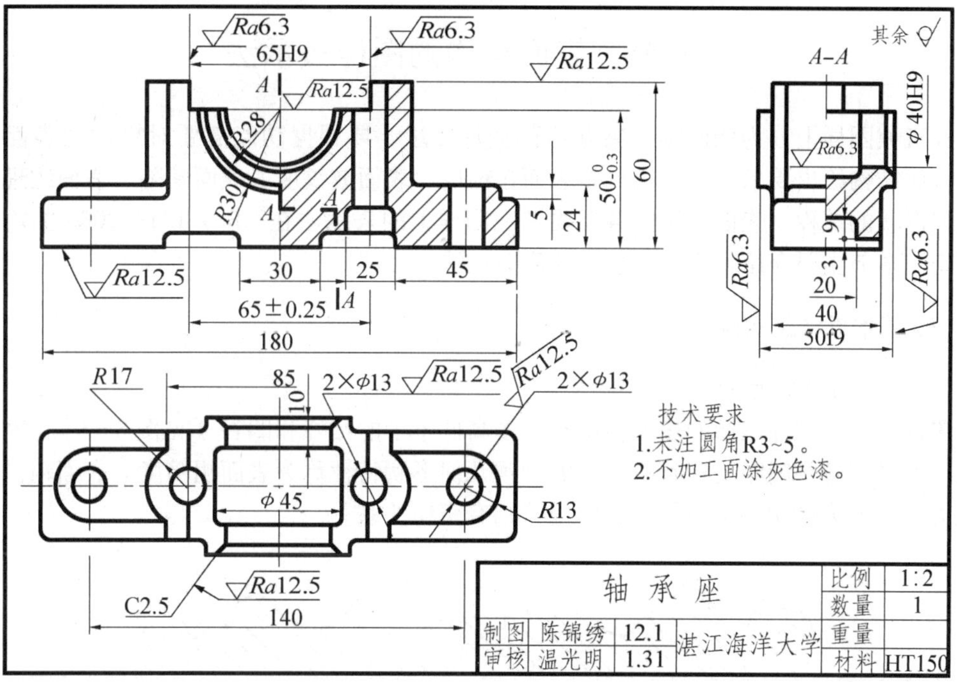

图 8-7　轴承座零件图

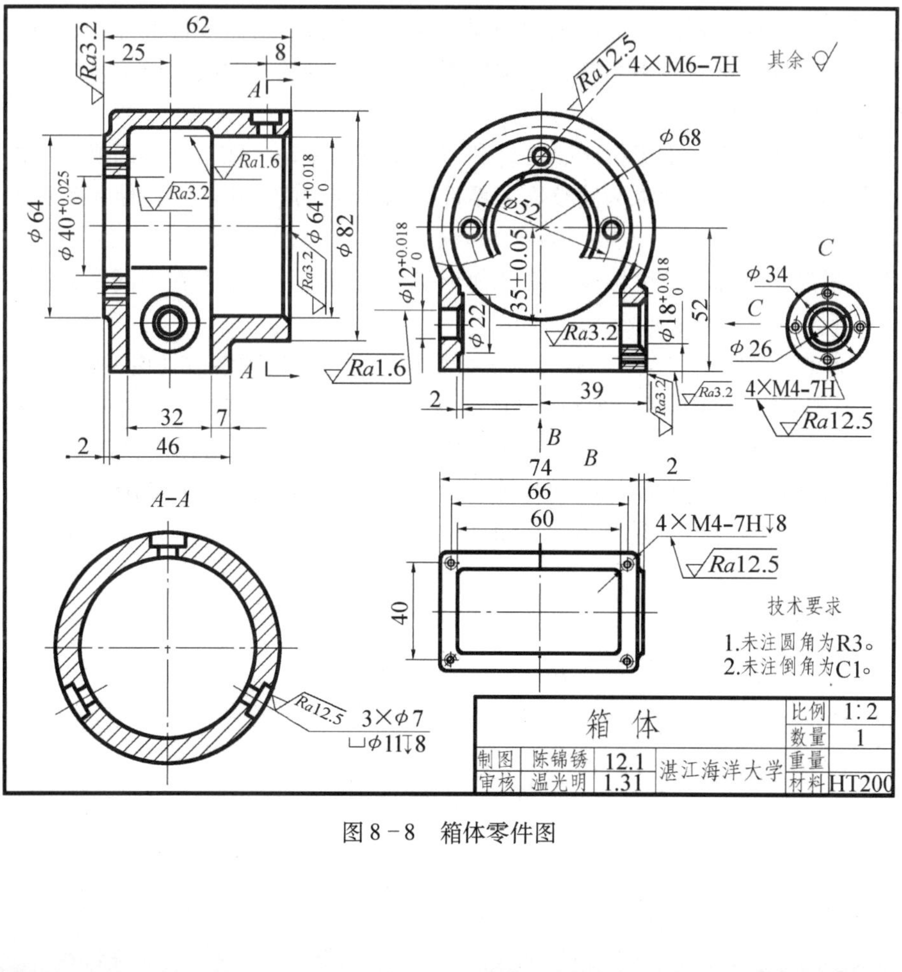

图 8-8　箱体零件图

第三节 表面结构的图样表示法

在机械图样上，为保证零件装配后的使用要求，要根据功能需要对零件的表面质量——表面结构给出要求。表面结构是表面粗糙度、表面波纹度、表面缺陷、表面纹理和表面几何形状的总称。表面结构的各项要求在图样上的表示法在 GB/T 131—2006 中均有具体规定。本节主要介绍常用的表面粗糙度表示法。

一、基本概念及术语

（一）表面粗糙度

零件经过机械加工后的表面会留有许多高低不平的凸峰和凹谷（见图 8-9），零件加工表面上具有较小间距与峰谷所组成的微观几何形状特性称为表面粗糙度。表面粗糙度与加工方法、刀刃形状和走刀量等各种因素都有密切关系。

图 8-9 显微镜下的表面轮廓

表面粗糙度是评定零件表面质量的一项重要技术指标，对于零件的配合、耐磨性、抗腐蚀性以及密封性等都有显著影响，是零件图中必不可少的一项技术要求。

（二）表面波纹度

在机械加工过程中，由于机床、工件和刀具系统的振动，在工件表面所形成的间距比粗糙度大得多的表面不平度称为波纹度。零件表面的波纹度是影响零件使用寿命和引起振动的重要因素。

表面粗糙度、表面波纹度以及表面几何形状总是同时生成并存在于同一表面的。

（三）评定表面结构常用的轮廓参数

对于零件表面结构的状况，可由三大类参数加以评定：轮廓参数（由 GB/T 3505—2000 定义）、图形参数（由 GB/T 18618—2002 定义）、支承率曲线参数（由 GB/T 18778.2—2003 和 GB/T 18778.3—2006 定义）。其中轮廓参数是我国机械图样中目前最常用的评定参数。本节仅介绍评定粗糙度轮廓（*R* 轮廓）中的两个高度参数 *Ra* 和 *Rz*。

（1）算术平均偏差 *Ra* 是指在一个取样长度内纵坐标值 $Z(x)$ 绝对值的算术平均值（见图 8-10）。

用公式表示：

$$Ra = \frac{1}{l}\int_0^l |y(x)|\mathrm{d}x$$

或近似为

$$Ra = \frac{1}{n}\sum_{i=1}^{n} |y_i|$$

（2）轮廓的最大高度 Rz 是指在同一取样长度内，最大轮廓峰高和最大轮廓谷深之和的高度（见图 8－10）。

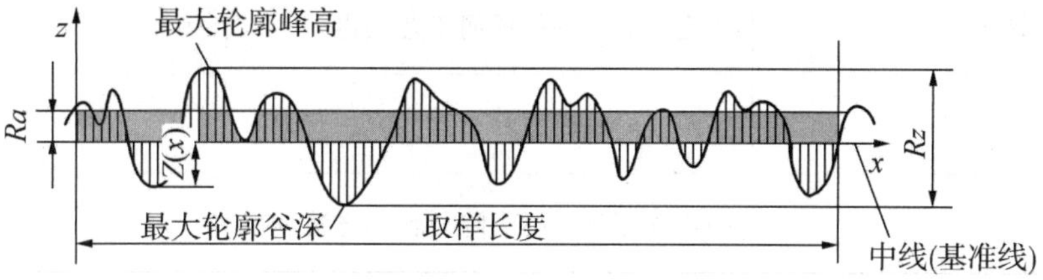

图 8－10　轮廓的算术平均偏差 Ra 和轮廓最大高度 Rz

Ra 的数值系列可从表 8－1 中选用。

表 8－1　轮廓算术平均偏差 Ra 的数值（μm）

Ra	0.012 0.025 0.05 0.1	0.2 0.4 0.8 1.6	3.2 6.3 12.5 25	50 100

表面粗糙度对零件的配合性质、耐磨性、接触精度、密封性、抗腐蚀性、抗疲劳强度和外观等都有密切的关系，它直接影响到机器的可靠性和使用寿命。一般来说，凡是零件上有配合要求或相对运动的表面，表面粗糙度高度参数值要小。但表面粗糙度高度参数值越小，加工成本越高。因此，在满足零件表面功能的前提下，应选用较大的表面粗糙度高度参数值。

二、标注表面结构的图形符号

1. 表面结构的图形符号的画法（见图 8－11）

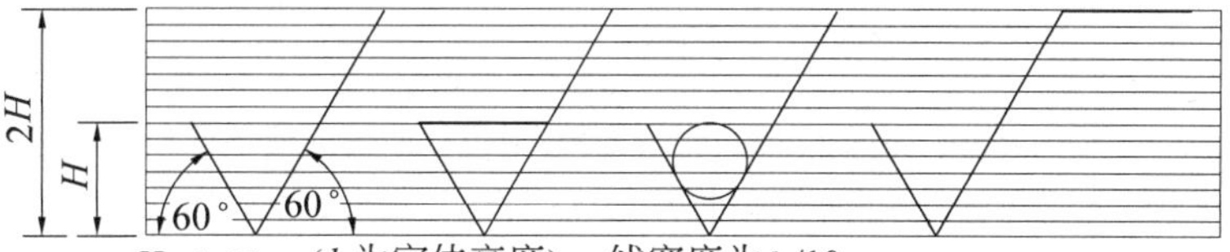

图 8－11　表面粗糙度符号的画法

2. 标注表面结构要求时的图形符号种类、名称及其含义（见表 8－2）

表 8－2　表面结构的符号、名称及其含义

图形符号	含　　义
	指定表面允许用任何工艺获得
	指定表面是用去除材料的方法获得
	指定表面是用不去除材料的方法获得

三、表面结构代号

表面结构符号中注写了具体参数代号及数值等要求后即称为表面结构代号。表面结构代号的示例及含义见表 8－3。

表 8－3　表面结构代号的示例及含义

代号示例	含义/解释
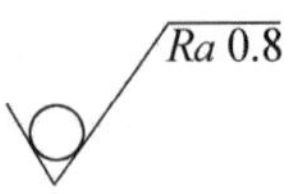	表示不允许去除材料，单向上限值，默认传输带，*R* 轮廓，算术平均偏差 0.8μm，评定长度为 5 个取样长度（默认），“16% 规则”（默认）。参数代号与极限值之间应留空格
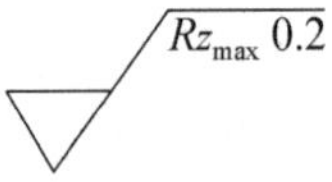	表示去除材料，单向上限值，默认传输带，*R* 轮廓，粗糙度最大高度的最大值 0.2μm，评定长度为 5 个取样长度（默认），“最大规则”
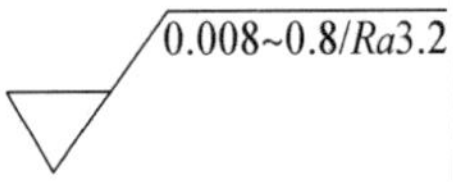	表示去除材料，单向上限值，传输带 0.008 ～ 0.8mm，*R* 轮廓，算术平均偏差 3.2μm，评定长度为 5 个取样长度（默认），“16% 规则”（默认）
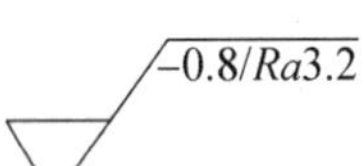	表示去除材料，单向上限值，传输带根据 GB/T 6062，取样长度 0.8mm（λ_s 默认 0.0025mm），*R* 轮廓，算术平均偏差 3.2μm，评定长度包含 3 个取样长度，“16% 规则”（默认）
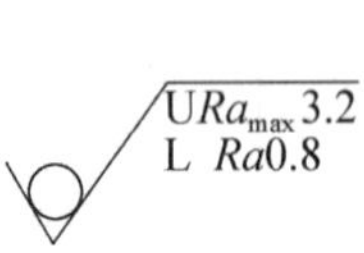	表示不允许去除材料，双向极限值，两极限值均使用默认传输带，*R* 轮廓，上限值为算术平均偏差 3.2μm，评定长度为 5 个取样长度（默认），“最大规则”，下限值为算术平均偏差 0.8μm，评定长度为 5 个取样长度（默认），“16% 规则”（默认）

四、表面结构要求在图样中的注法

（1）表面结构代号在图样上的标注　表面结构一般要求对每一表面只注一次，并尽可能注在相应的尺寸及其公差的同一视图上。除非另有说明，所标注的表面结构要求是对完工零件表面的要求。

（2）表面结构的注写和读取方向与尺寸的注写和读取方向一致。表面结构要求可标注在轮廓线上，其符号应从机件外指向并接触其表面（见图 8－12a）。必要时，表面结构也可用带箭头或黑点的指引线引出标注（见图 8－12b）。

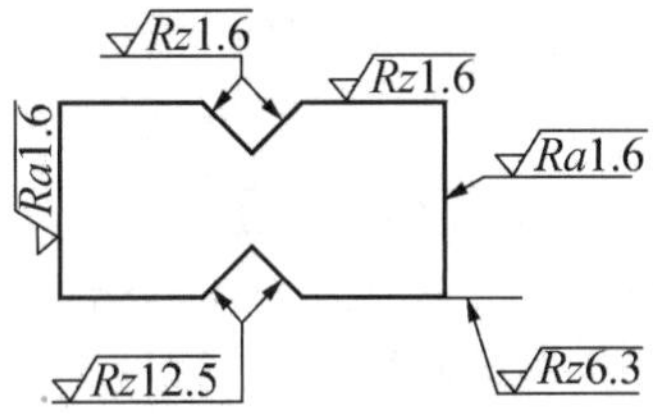

(a) 在轮廓线上的标注

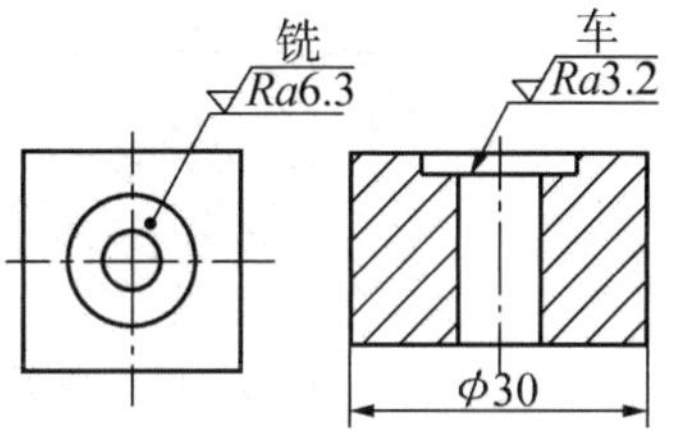

(b) 用指引线引出标注

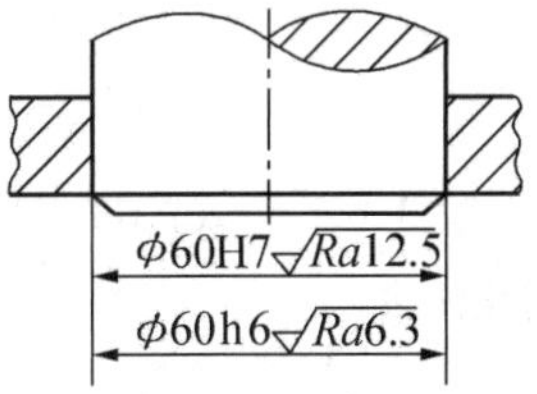

(c) 标注在尺寸线上

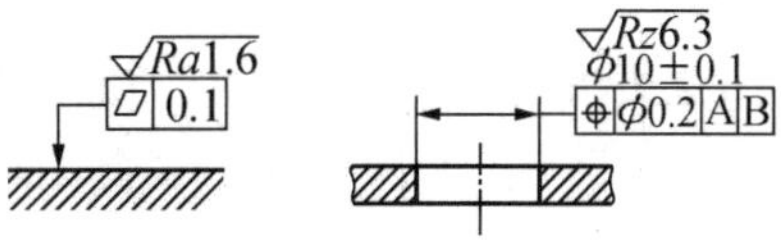

(d) 标注在几何公差框格的上方

图 8－12　表面结构要求的标注

（3）在不致引起误解时，表面结构要求可以标注在给定的尺寸线上（见图 8－12c）。

（4）表面结构要求可标注在几何公差框格的上方（见图 8－12d）。

五、表面结构要求在图样中的简化注法

（一）有相同表面结构要求的简化注法

如果在工件的多数（包括全部）表面有相同的表面结构要求，其表面结构要求可统一标注在图样的标题栏附近。此时，表面结构要求的符号后面应有：

- 在圆括号内给出无任何其他标注的基本符号（见图 8－13a）；
- 在圆括号内给出不同的表面结构要求（见图 8－13b）；
- 不同的表面结构要求应直接标注在图形中（见图 8－13a、b）。

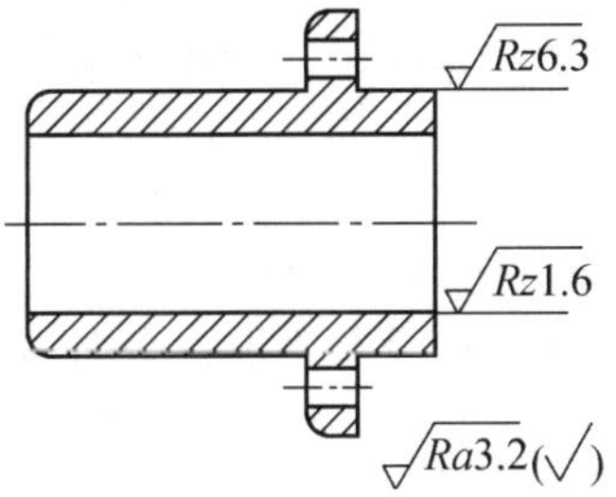

(a)

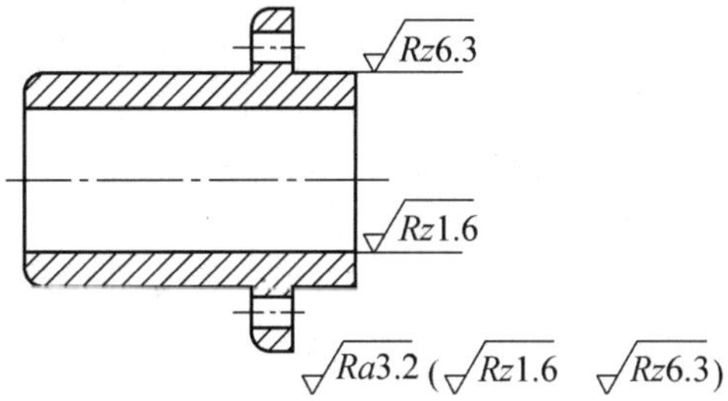

(b)

图 8－13　大多数表面有相同表面结构要求的简化注法

（二）多个表面有共同要求的注法

用带字母的完整符号的简化注法如图 8－14 所示，用带字母的完整符号以等式的形式在图形或标题栏附近对有相同表面结构要求的表面进行简化标注。

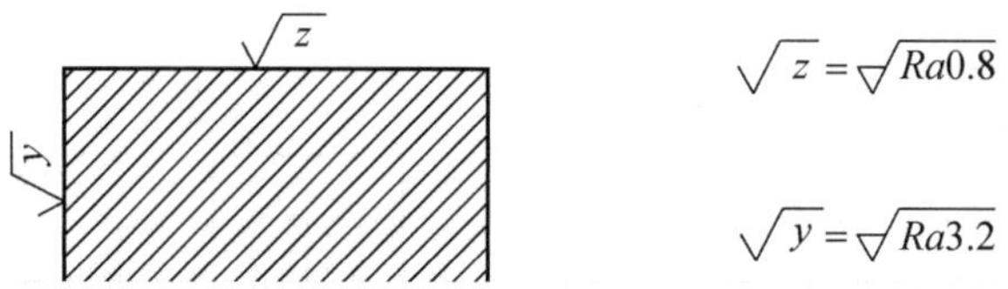

图 8－14 在图纸空间有限时的简化注法

只用表面结构符号的简化注法如图 8－15 所示，用表面结构符号以等式的形式给出对多个表面共同的表面结构要求。

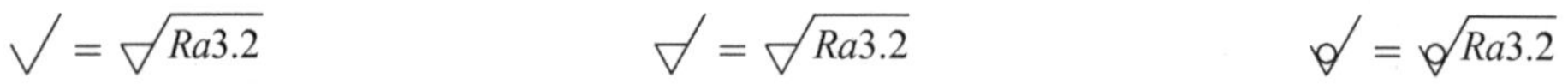

(a) 未指定工艺方法　　(b) 要求去除材料　　(c) 不允许去除材料

图 8－15 多个表面结构要求的简化注法

（三）两种或多种工艺获得的同一表面的注法

由几种不同的工艺方法获得的同一表面，当需要明确每种工艺方法的表面结构要求时，可按图 8－16a 所示进行标注（图中 Fe 表示基体材料为钢，Ep 表示加工工艺为电镀）。

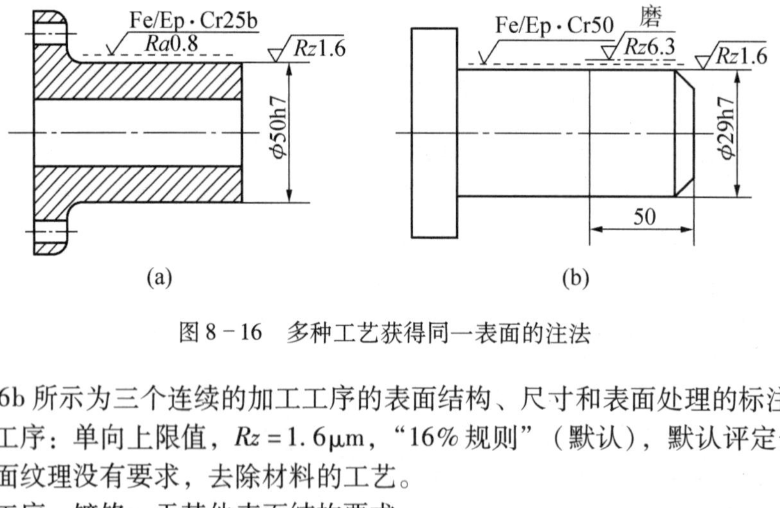

(a)　　(b)

图 8－16 多种工艺获得同一表面的注法

图 8－16b 所示为三个连续的加工工序的表面结构、尺寸和表面处理的标注。

第一道工序：单向上限值，$Rz = 1.6\mu m$，“16% 规则”（默认），默认评定长度，默认传输带，表面纹理没有要求，去除材料的工艺。

第二道工序：镀铬，无其他表面结构要求。

第三道工序：一个单向上限值，仅对长为 50mm 的圆柱表面有效，$Rz = 6.3\mu m$，“16% 规则”（默认），默认评定长度，默认传输带，表面纹理没有要求，磨削加工工艺。

第四节　极限与配合

一、零件的互换性

从同一规格的一批零件中任选一件，不经修配就能立即装到机器上，并能保证使用性能要求，这样的一批零件就称为具有互换性的零件。零件具有互换性为专业化生产提供了前提，加速了机器装配和修理的过程，从而提高生产效率。

二、极限的基本概念

制造零件时，为了使零件具有互换性，并不要求零件的尺寸做到绝对准确，而只是要求在一个合理范围之内，给零件的尺寸规定一个允许的变动量。

图 8－17 表示轴和孔相互配合以及孔径和轴径的极限偏差。下面以轴的尺寸$\phi 50^{+0.018}_{+0.002}$为例，介绍有关尺寸极限的术语和定义。

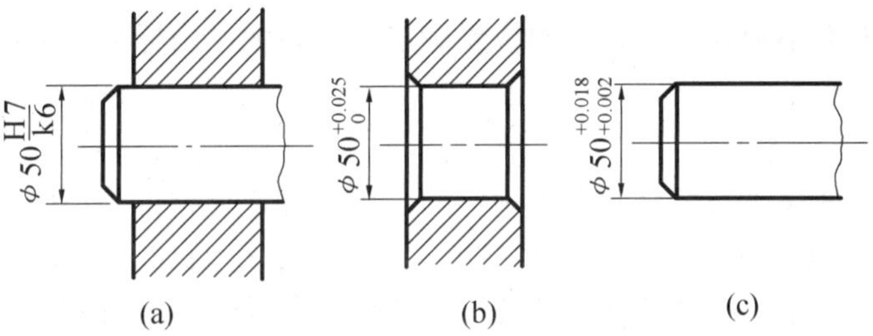

图 8－17　轴和孔配合与极限偏差

（1）基本尺寸　设计给定的尺寸。通过它由上、下偏差可算出极限尺寸，如$\phi 50$。

（2）实际尺寸　零件制成后实际测量获得的尺寸，如$\phi 50.015$。

（3）极限尺寸　一个孔或轴允许的尺寸的两个极限值，如图 8－18 所示。孔或轴允许的最大尺寸称为最大极限尺寸，如$\phi 50.018$；孔或轴允许的最小尺寸称为最小极限尺寸，如$\phi 50.002$。合格零件的实际尺寸应位于极限尺寸之中，也可达到极限尺寸，即：

$$最小极限尺寸 \leq 实际尺寸 \leq 最大极限尺寸$$

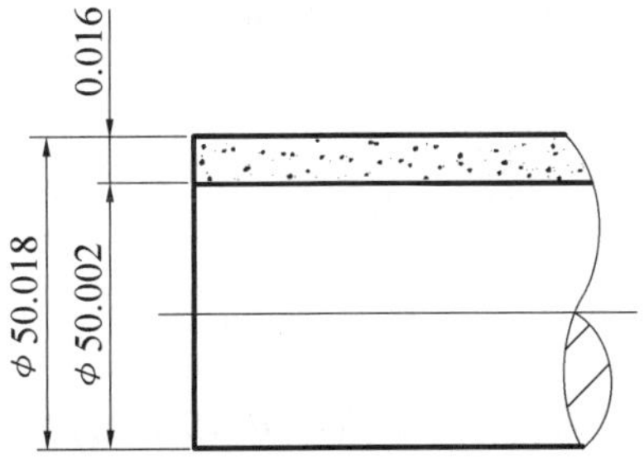

图 8－18　极限尺寸与公差

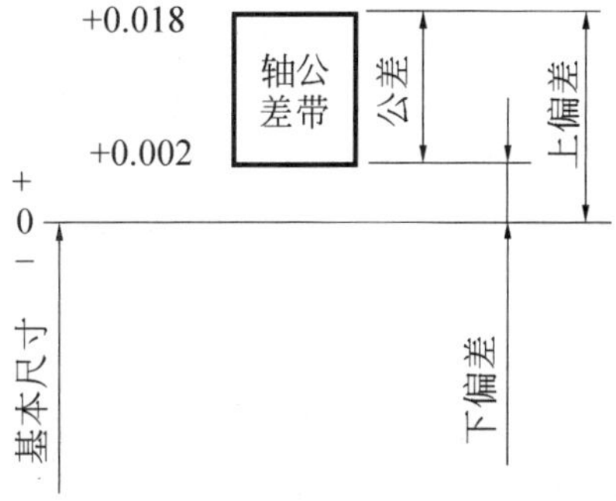

图 8－19　轴的公差带图

（4）尺寸偏差（简称偏差） 某一尺寸减其基本尺寸所得的代数差。上偏差（孔为ES，轴为es）——最大极限尺寸减其基本尺寸所得的代数差，如+0.018。下偏差（孔为EI，轴为ei）——最小极限尺寸减其基本尺寸所得的代数差，如+0.002。上偏差、下偏差统称为极限偏差。偏差可为正、负或零，但同一部位尺寸的上偏差必定大于下偏差。

（5）尺寸公差（简称公差） 尺寸公差即允许尺寸的变动量。

$$公差=|最大极限尺寸-最小极限尺寸|=|上偏差-下偏差|$$

如图8-19，公差$=|\phi 50.018-\phi 50.002|=|(+0.018)-(+0.002)|=0.016$。

（6）零线 在极限与配合图解中，表示基本尺寸的一条直线，以其为基准确定偏差和公差。通常零线沿水平方向绘制，零线之上的偏差为正，零线之下的偏差为负（见图8-20）。

（7）公差带 在公差带图中，由代表上、下偏差或极限尺寸的两条直线所确定的一个区域。

图8-19是轴$\phi 50^{+0.018}_{+0.002}$的公差带图。

三、标准公差与基本偏差（GB/T1800.2—1998）

公差带由公差大小和其相对零线的位置确定。公差大小由标准公差确定；相对零线的位置由基本偏差确定。

（一）标准公差（IT）

标准公差是标准极限与配合制中所规定的、用以确定公差带大小的任一公差。国家标准将标准公差分为20个等级，即IT01、IT0、IT1、IT2至IT18。IT表示公差，阿拉伯数字表示公差等级，它是反映尺寸精度的等级。IT01公差最小，精度最高；IT18公差最大，精度最低。在满足零件功能的前提下，应尽量选用较低的公差等级，以降低成本。

本书附表5-1（GB/T1800.3—1998）列出了基本尺寸小于500 mm的标准公差的数值。

（二）基本偏差

基本偏差是国家标准极限与配合制中，用以确定公差带相对零线位置的极限偏差，一般是指上、下偏差中靠近零线的那个偏差。当公差带在零线的上方时，基本偏差为下偏差；反之，则为上偏差（如图8-20所示）。孔和轴的基本偏差各有28个，它的代号用拉丁字母表示，大写为孔，小写为轴。轴与孔的基本偏差数值由基本尺寸和基本偏差代号确定，见本书附表5-2和附表5-3（GB/T1800.3—1998）。

由图8-20所示的基本偏差系列可见，孔的基本偏差A～H为下偏差，J～ZC为上偏差；轴的基本偏差a～h为上偏差，j～zc为下偏差；JS和js的公差带对称分布于零线的两边。

基本偏差和标准公差，根据尺寸公差的定义有以下的计算式：

$$ES=EI+IT \quad 或 \quad EI=ES-IT$$

$$es=ei+IT \quad 或 \quad ei=es-IT$$

（三）公差带代号

孔或轴的公差带代号由基本偏差代号与公差等级代号组成。例如，ϕ75H7的含义：ϕ30表示基本尺寸；H7表示孔的公差带代号，即孔的基本偏差代号为H，公差等级为7级。

根据基本尺寸和公差带代号可查表获得极限偏差数值。查表得出的数值单位为μm

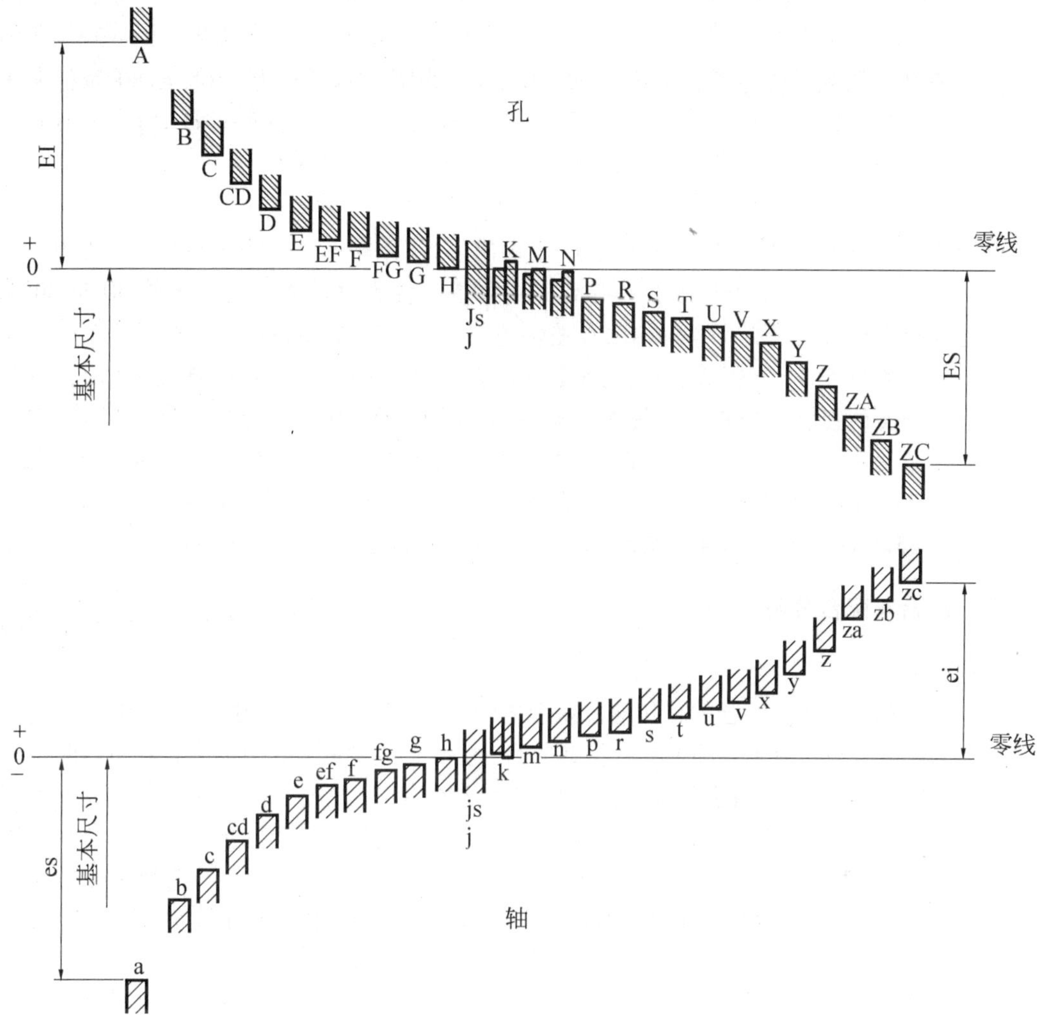

图 8－20 基本偏差系列

(微米) 时，注在图样上应换算成 mm (毫米)。

例 8－1 查表写出ϕ75H7、ϕ75g6、ϕ75s6 和ϕ75k6 的极限偏差数值。

解 (1) ϕ75H7 的极限偏差可由本书附表 5－5 查得。在表中由基本尺寸大于65 至 80 的行和代号 H7 的列相交处查得$^{+30}_{0}$($^{+0.030}_{0}$)，这就是孔的上下偏差。所以ϕ75H7 可写成$\phi 75^{+0.030}_{0}$。公差带图如图 8－21 所示。

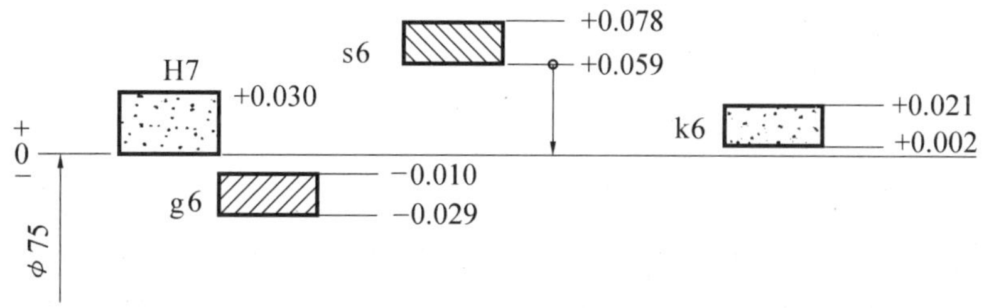

图 8－21 几个公差带图

（2）$\phi 75g6$ 的极限偏差查阅方法可采用如下两种：

方法一：

$\phi 75g6$ 的极限偏差由本书附表 5－4 查得。在表中由基本尺寸大于 65 至 80 的行和代号 g6 的列相交处查得 $^{-10}_{-29}$（$^{-0.010}_{-0.029}$），这就是配合轴的上、下偏差，所以 $\phi 75g6$ 可写成 $\phi 75^{-0.010}_{-0.029}$。

方法二：

$\phi 75g6$ 的极限偏差也可由本书附表 5－1 和附表 5－2 查得。

第一步：由附表 5－1 查标准公差等级 IT6 数值。在表中由基本尺寸大于 50 至 80 的行与公差等级 IT6 的列相交处查得标准公差值为 19 μm（0.019 mm）。

第二步：由附表 5－2 查基本偏差 g6 数值。在表中由基本尺寸大于 65 至 80 的行与基本偏差代号为 g 的列相交处查得上偏差 es = －10 μm（－0.010 mm）。

由此，下偏差 ei = es － IT = －0.010 － 0.019 = －0.029。所以 $\phi 75g6$ 可写成 $\phi 75^{-0.010}_{-0.029}$。

（3）$\phi 75s6$ 的极限偏差由附表 5－4 查得：es = ＋78 μm，ei = ＋59 μm。

（4）$\phi 75k6$ 的极限偏差由附表 5－4 查得：es = ＋21 μm，ei = ＋2 μm。

四、配合与配合分类

（一）配合

基本尺寸相同、相互结合的孔和轴公差带之间的关系称为配合。根据使用的要求不同，孔和轴之间的配合有松有紧。国家标准将其分为三类，即间隙配合、过渡配合和过盈配合。

（1）间隙　孔的尺寸减去相配合的轴的尺寸之差为正。

（2）过盈　孔的尺寸减去相配合的轴的尺寸之差为负。

（3）间隙配合　具有间隙（包括最小间隙等于零）的配合。此时，孔的公差带在轴的公差带之上（见图 8－22）。如 $\phi 75H7/g6$ 是间隙配合（见图 8－21）。

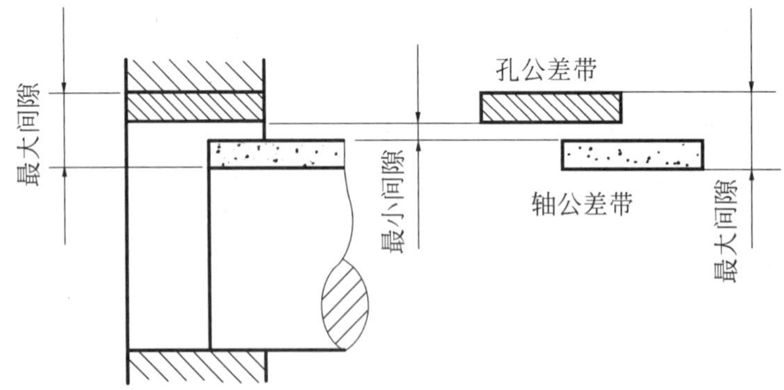

(a) 公差示意图　　(b) 公差带图

图 8－22　间隙配合

（4）过盈配合　具有过盈（包括最小过盈等于零）的配合。此时，孔的公差带在轴的公差带之下（见图 8－23）。如 $\phi 75H7/s6$ 是过盈配合（见图 8－21）。

（5）过渡配合　孔与轴装配时，可能有间隙或过盈的配合。此时，孔的公差带与轴

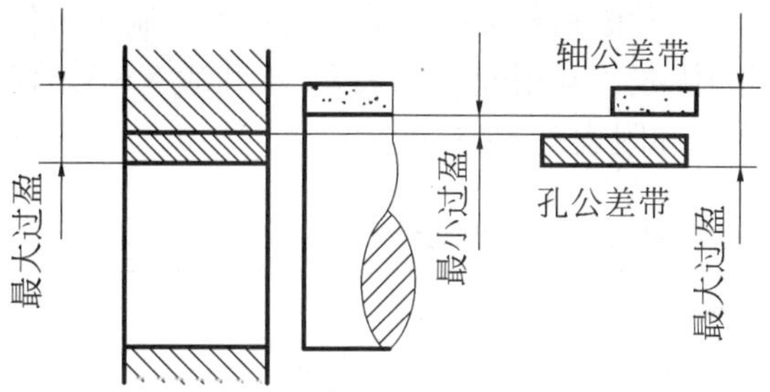

(a) 公差示意图 (b) 公差带图

图 8－23 过盈配合

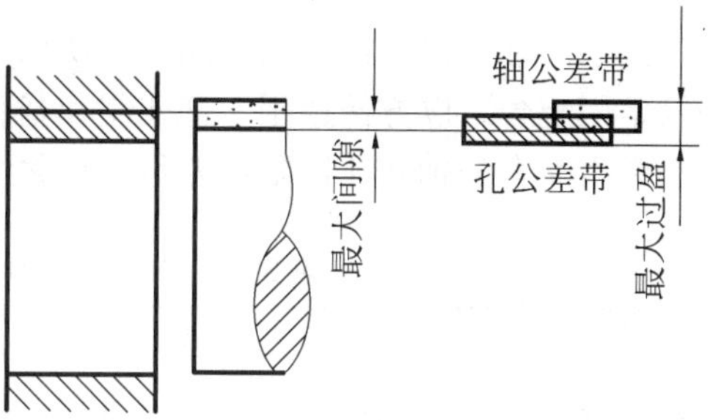

(a) 公差示意图 (b) 公差带图

图 8－24 过渡配合

的公差带互相交叠（见图 8－24）。如ϕ75H7/k6 是过渡配合（见图 8－21）。

（二）配合制

国家标准对配合规定了基孔制和基轴制两种配合制。采用基孔制可以减少刀具和量具的规格和数量，因此一般情况下优先使用基孔制。

1. 基孔制

基本偏差为一定的孔的公差带，与不同基本偏差的轴的公差带形成各种配合的一种制度（见图 8－25）。基准孔的下偏差为零，用代号 H 表示。

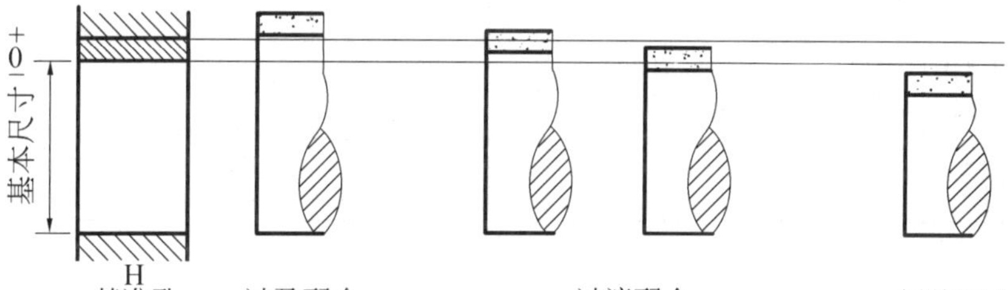

H
基准孔 过盈配合 过渡配合 间隙配合

图 8－25 基孔制配合示意图

2. 基轴制

基本偏差为一定的轴的公差带，与不同基本偏差的孔的公差带形成各种配合的一种制度（见图 8－26）。基准轴的上偏差为零，用代号 h 表示。

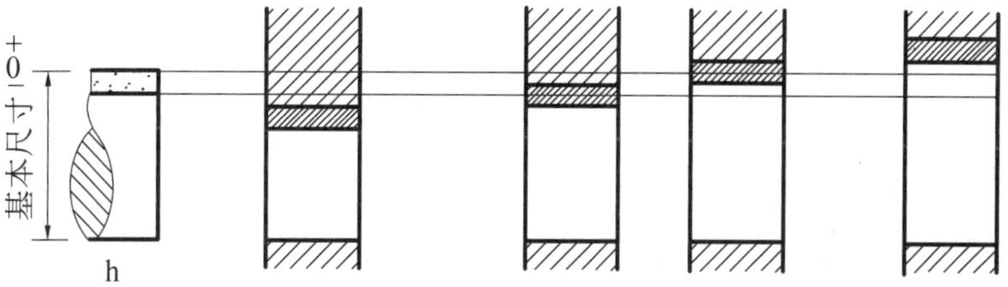

h
基准轴 过盈配合 过渡配合 间隙配合

图 8－26 基轴制配合示意图

（三）优先、常用配合

国家标准根据机械工业产品生产使用的需要，考虑到各类产品的不同特点，制定了优先及常用配合，以方便选用。基孔制和基轴制的优先、常用配合见表 8－4 和表 8－5。优先、常用配合的轴和孔极限偏差数值见附表 5－4 和附表 5－5。

表 8－4　尺寸至 500 mm 基孔制优先、常用配合

基准孔	轴																				
	a	b	c	d	e	f	g	h	js	k	m	n	p	r	s	t	u	v	x	y	z
	间隙配合								过渡配合			过盈配合									
H6						H6/f5	H6/g5	H6/h5	H6/Js5	H6/k5	H6/m5	H6/n5	H6/p5	H6/r5	H6/s5	H6/t5					
H7						H7/f6	H7/g6	H7/h6	H7/Js6	H7/k6	H7/m6	H7/n6	H7/p6	H7/r6	H7/s6	H7/t6	H7/u6	H7/v6	H7/x6	H7/y6	H7/z6
H8					H8/e7	H8/f7	H8/g7	H8/h7	H8/Js6	H8/k7	H8/m7	H8/n7	H8/p7	H8/r7	H8/s7	H8/t7	H8/u8				
				H8/d8	H8/e8	H8/f8		H8/h8													
H9			H9/c9	H9/d9	H9/e9	H9/f 9		H9/h9													
H10			H10/c10	H10/d10				H10/h10													
H11	H11/a11	H11/b11	H11/c11	H11/d11				H11/h11													
H12		H12/b12						H12/h12													

表 8－5　尺寸至 500 mm 基轴制优先、常用配合

基准轴	孔																				
	A	B	C	D	E	F	G	H	Js	K	M	N	P	R	S	T	U	V	X	Y	Z
	间隙配合								过渡配合			过盈配合									
h5						F6/h5	G6/h5	H6/h5	Js6/h5	K6/h5	M6/h5	N6/h5	P6/h5	R6/h5	S6/h5	T6/h5					
h6						F7/h6	G7/h6	H7/h6	Js7/h6	K7/h6	M7/h6	N7/h6	P7/h6	R7/h6	S7/h6	T7/h6	U7/h6				
h7					E8/h7	F8/h7		H8/h7	Js8/h7	K8/h7	M8/h7	N8/h7									
h8				D8/h8	E8/h8	F8/h8		H8/h8													
h9				D9/h9	E9/h9	F9/h9		H9/h9													

（续表 8－5）

基准轴	孔																				
	A	B	C	D	E	F	G	H	Js	K	M	N	P	R	S	T	U	V	X	Y	Z
h10				D10/h10				H10/h10													
h11	A11/h11	B11/h11	C11/h11	D11/h11				H11/h11													
h12		B12/h12						H12/h12													

五、公差与配合的标注

1. 在装配图上的标注

在装配图上标注公差与配合代号时，在基本尺寸右边用分数形式表示，分子为孔的公差带代号，分母为轴的公差带代号，如图 8－27a 所示。

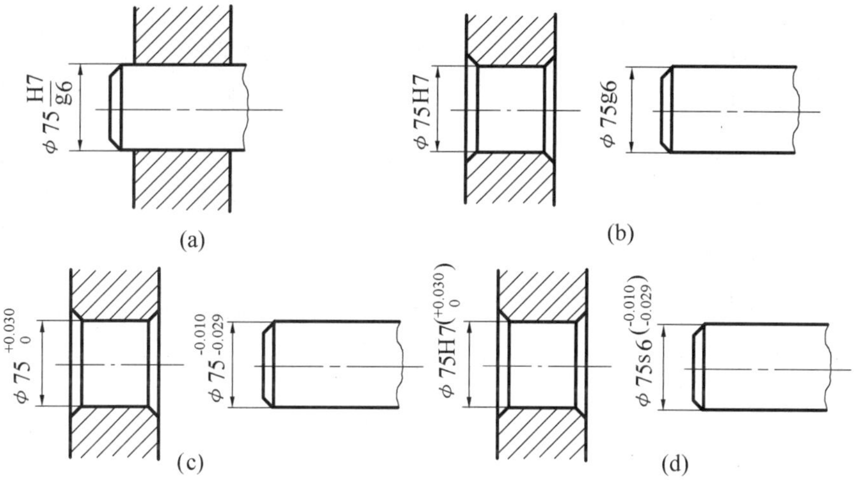

图 8－27 公差在图样上的标注

2. 在零件图上的标注

在零件图上的标注可有三种形式：只注公差带代号，如图 8－27b 所示；只注极限偏差数值，如图 8－27c 所示，偏差数值应比基本尺寸数字的字体小一号；公差带代号和极限偏差数值同时注出，这时偏差数值应加圆括号，如图 8－27d 所示。

第五节 几何公差简介

经过加工的零件，除了会产生尺寸误差外，也会产生几何误差。如图 8－28a 所示小轴可能变弯，图 8－28b 所示阶梯轴各轴段轴线不在同一直线上，如不加以控制，将会影响机器的质量。因此，对零件上精度要求较高的部位，必须在图纸上标出几何公差。

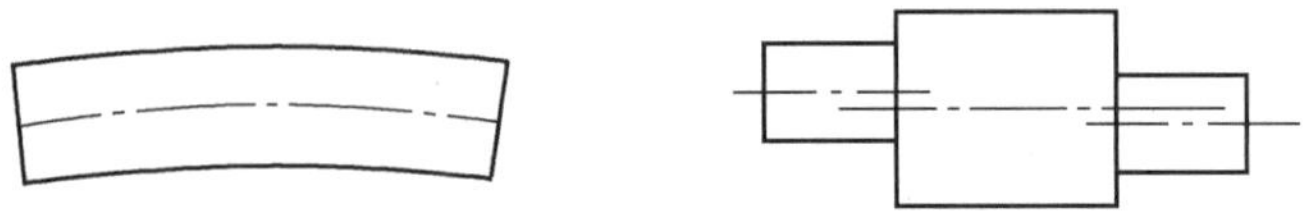

(a) (b)

图 8－28

一、几何公差的几何特征及符号

国家标准（GB/T 1182—2008）将形状和位置公差分为形状公差、方向公差、位置公差和跳动公差。几何公差的几何特征和符号如表 8－6 所示。

表 8－6　几何公差的几何特征和符号

公差类型	几何特征	符　号	有无基准	公差类型	几何特征	符　号	有无基准
形状公差	直线度	—	无	位置公差	位置度	⌖	有
	平面度	⏥			同心度（用于中心点）	◎	
	圆度	○			同轴度（用于轴线）	◎	
	圆柱度	⌭			对称度	⌯	
	线轮廓度	⌒			线轮廓度	⌒	
	面轮廓度	⌓			面轮廓度	⌓	
方向公差	平行度	//	有	跳动公差	全跳动	↗	有
	垂直度	⊥			圆跳动	⌰	
	倾斜度	∠					
	线轮廓度	⌒					
	面轮廓度	⌓					

二、几何公差的标注

国家标准（GB/T 1182—2008）规定用代号来标注几何公差。图样上的几何公差由公差框格、被测要素和基准要素（对位置公差）三项组成。

（一）公差框格

公差框格由两格或多格组成，用细实线绘制，框格高度推荐为图内尺寸数字高度的 2 倍，框格中的内容从左到右分别填写公差特征符号、线性公差值（如公差带是圆形或圆柱形的，则在公差值前加注“ϕ”；如果是球形的，则加注“s ϕ”），第三格及以后各格为基准代号的字母和有关符号，如图 8－29 所示。

公差框格可水平或垂直放置。

图 8－29　几何公差框格

（二）被测要素

用带箭头的指引线将框格与被测要素相连，按下列方式标注：

（1）当被测要素是实体的线或面时，带箭头的指引线垂直指向被测要素轮廓线或其延长线上，如图 8－30 所示。

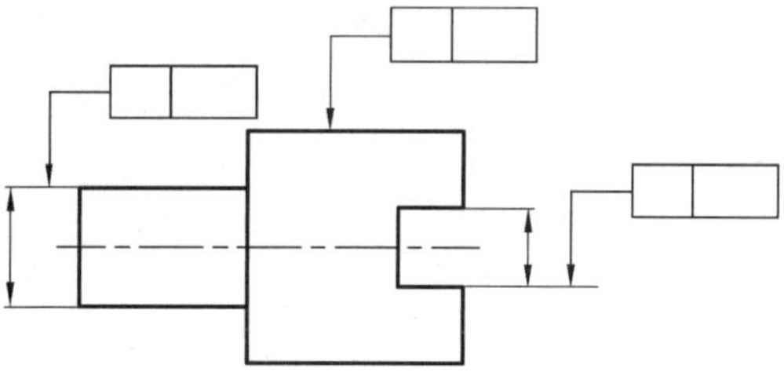

图 8－30　被测要素是实体的表面

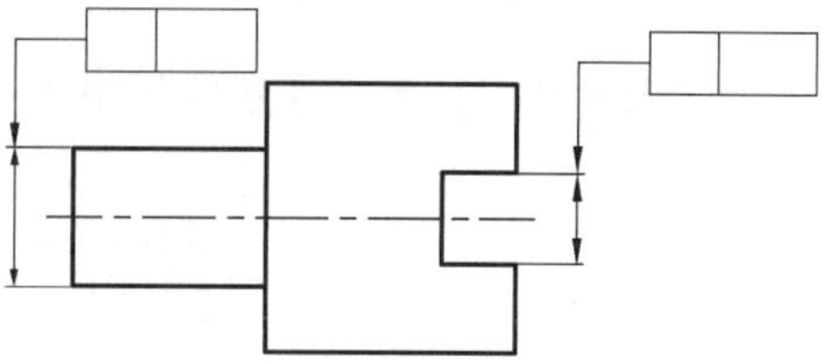

图 8－31　被测要素是轴线或对称面

（2）当被测要素是轴线或对称平面时，带箭头的指引线应与尺寸线对齐，如图 8－31 所示。

（三）基准要素的标注

基准要素用基准符号和字母表示，基准符号如图 8－32 所示，涂黑或空白的基准三角形含意相同。

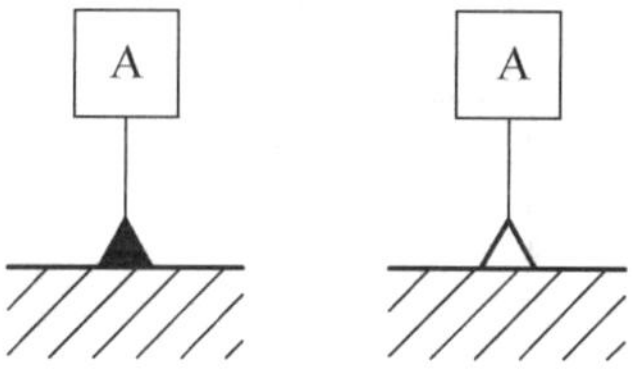

图 8－32　基准符号

基准符号的字母也应注在相应的公差框格内。单一基准如图 8－33a 所示；由两个要素组成的公共基准如图 8－33b 所示；由三个或三个以上要素组成的基准体系如图 8－33c 所示。

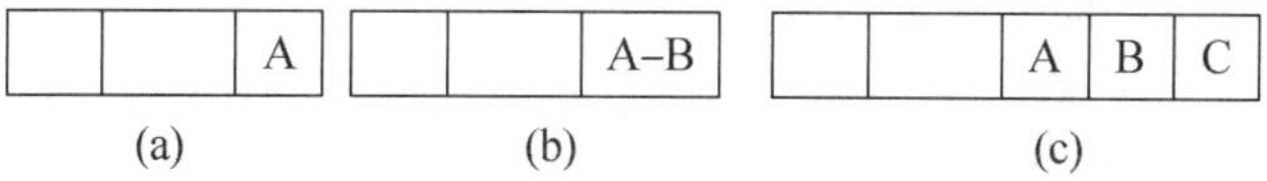

图 8－33　基准符号的字母标注

当基准要素是实体的线或面时，基准三角形应置于要素的外轮廓线上或它的延长线上（见图 8－34a）。当基准要素是轴或对称平面时，基准三角形应与尺寸线对齐（见图 8－34b）。基准三角形也可放置在轮廓面引出线的水平线上（见图 8－34c）。

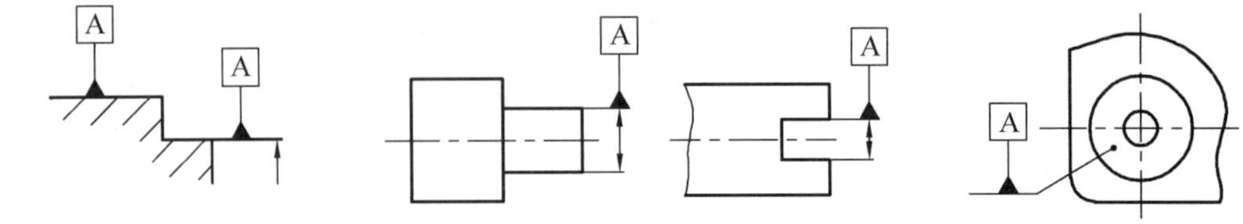

(a) 基准要素是实体表面　(b) 基准要素是轴或对称面　(c) 任选基准时

图 8－34　基准要素的标注

三、零件图上几何公差示例

零件图上几何公差标注示例如图 8－35 所示。

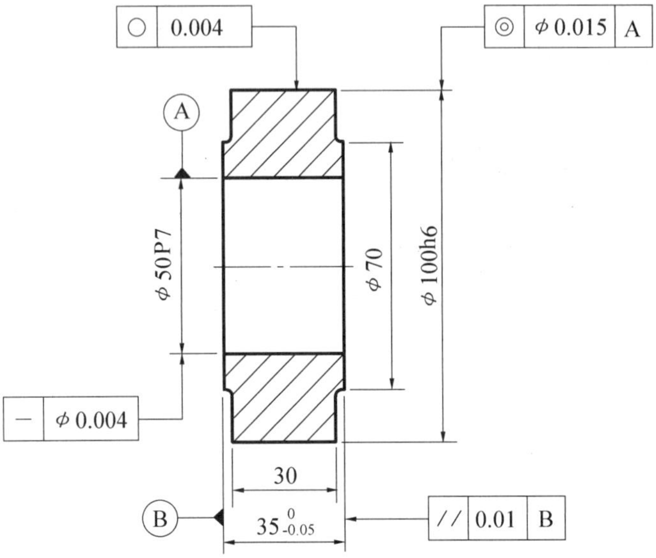

图 8－35　零件图上几何公差标注示例

| — | φ0. 004 |　其含义是：

(1) 检验项目——直线度。

(2) 被测要素——φ50P7 的轴线（当公差涉及轴线、对称平面或由带尺寸要素确定的点时，带箭头的指引线应与尺寸线的延长线重合）。

(3) 公差值——φ0. 004（公差带的形状：直径为φ0. 004 的圆柱面内的区域）。被测圆柱孔φ50P7 的轴线必须位于直径为φ0. 004 的圆柱面内。

| ○ | 0. 004 |　其含义是：

(1) 检验项目——圆度。

(2) 被测要素——φ100h6 的任一正截面（当公差涉及线或表面时，将箭头置于要素的轮廓线或轮廓线的延长线上，但必须与尺寸线明显地分开）。

（3）公差值——0.004（公差带的形状：半径差为 0.004 的两同心圆之间的区域）。被测圆柱面ϕ100h6 的任一正截面必须位于半径差为 0.004 的两同心圆之间的区域。

◎	ϕ0.015	A

其含义是：

（1）检验项目——同轴度。

（2）被测要素——ϕ100h6 的轴线。

（3）基准要素——A，即ϕ50P7 的轴线（当基准要素是轴线、对称平面或由带尺寸的要素确定的点时，基准符号中的线与尺寸线一致）。

（4）公差值——ϕ0.015（公差带形状：直径为ϕ0.015 且与基准轴线同轴的圆柱面内的区域）。被测轴线必须位于直径为ϕ0.015 且与基准轴线同轴的圆柱面内。

//	0.01	B

其含义是：

（1）检验项目——平行度。

（2）被测要素——右端面。

（3）基准要素——B，即左端面（当基准要素是轮廓线或表面时，带有基准字母的短横线应置放在轮廓线或它的延长线上，但必须与尺寸线明显地分开）。

（4）公差值——0.01（公差带形状：距离为 0.01 且平行于左端面的两平行平面间的区域）。右端面必须位于距离为 0.01 且平行于左端面的两平行平面内。

第六节　零件结构的工艺性和零件测绘

设计零件的结构形状时主要根据是其功用，与此同时应该使零件的结构形状便于制造。为便于制造而设计的结构称为工艺结构。以下简单介绍一些较常见的工艺结构。

一、铸造零件的工艺结构

1. 拔模斜度

铸造毛坯造砂型时，为了便于在砂型中取出模型，一般沿拔模方向设计出斜度，叫做拔模斜度。其数值为 0.5°～3°（见图 8－36）。这种斜度在图上可以不标注甚至不画出，必要时可以在技术要求中用文字说明。

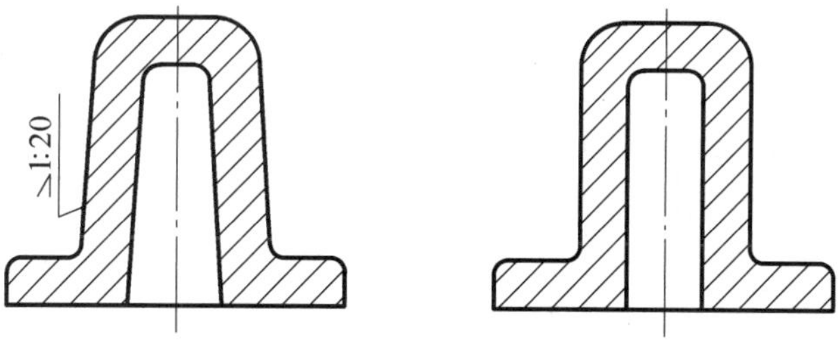

(a) 铸件的拔模斜度　　(b) 一般可不画出

图 8－36　拔模斜度

2. 铸造圆角

为防止落砂、避免铸件产生裂缝或缩孔，在铸造毛坯各表面的相交处都做成圆角(见图 8－37)。如铸件的某一个面经过切削加工，这时与之相交处的铸造圆角将被削平。

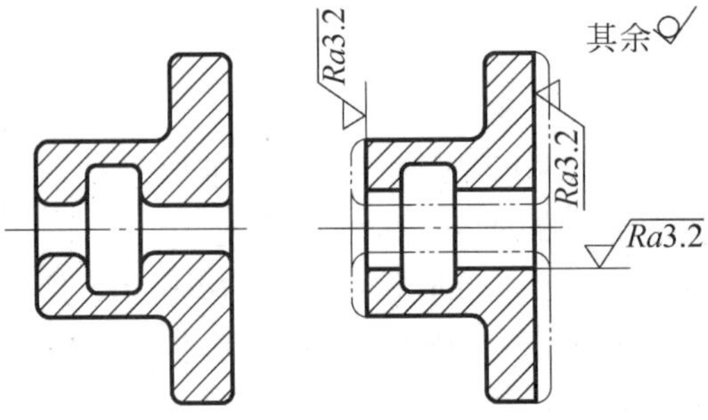

(a) 铸件毛坯　(b) 加工面处出现尖角

图 8－37　铸造圆角及切削加工

3. 铸件壁厚要均匀

铸件壁厚应均匀或逐渐变化（如图 8－38 所示），以避免因冷却速度的不同而产生缩孔或裂纹。

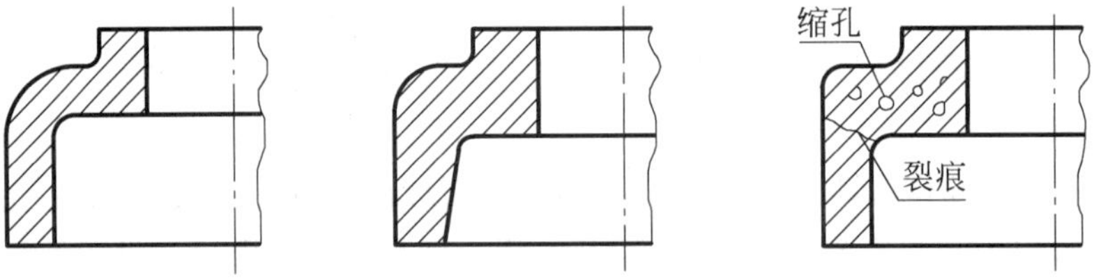

(a) 壁厚均匀　(b) 壁厚逐渐变化　(c) 壁厚变化较大，产生缺陷

图 8－38　不同的铸件壁厚

二、零件加工面的工艺结构

1. 倒角

在轴肩或孔端一般都加工出倒角，目的是去除毛刺、保护装配面和便于装配。45°倒角可简化标注，非 45°倒角不可简化标注（见图8－39、图 8－40）。

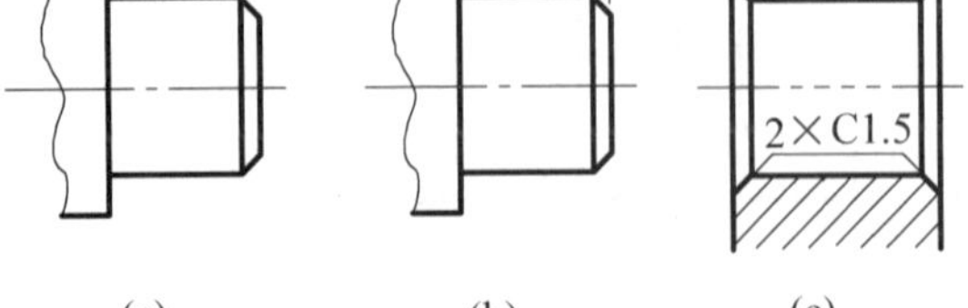

(a)　(b)　(c)

图 8－39　45°倒角注法

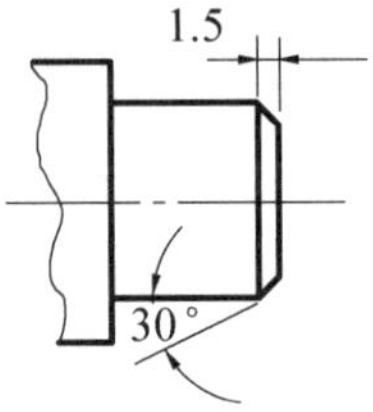

图 8－40　非 45°倒角注法

2. 退刀槽

在切削加工（特别是在车螺纹）时，为了便于退出刀具，常常在零件的台肩处先车出退刀槽。退刀槽的尺寸注法有三种（如图 8－41 所示）。

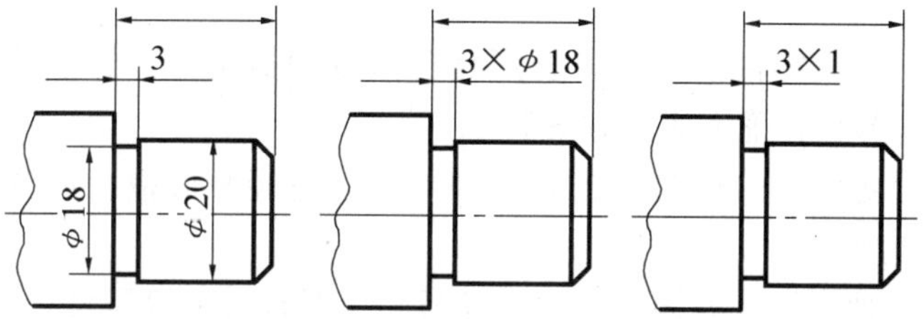

图 8－41 退刀槽的尺寸标注

3. 钻孔零件表面

用钻头钻孔时，要求钻头轴线尽量垂直于被钻孔的端面，以保证钻孔准确和避免钻头折断。图 8－42 表示了两种钻孔端面的错误与正确结构的对比。

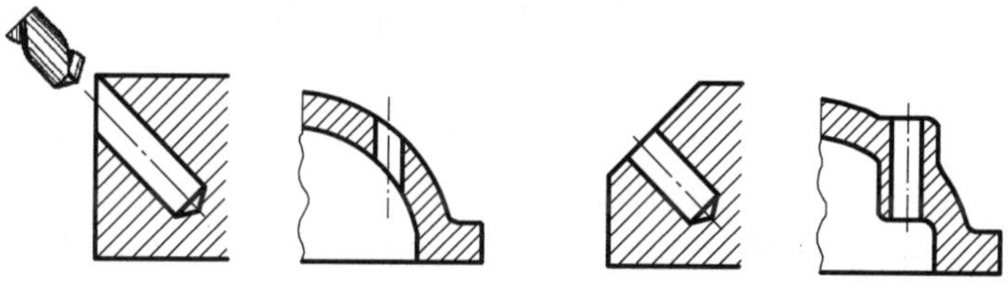

(a) 不正确 (b) 正确

图 8－42 不正确和正确的两种钻孔端面

4. 凸台和凹坑

为了减少加工面积，并保证零件表面之间有良好的接触，常常在铸件上设计出凸台和凹坑，如图 8－43 所示。

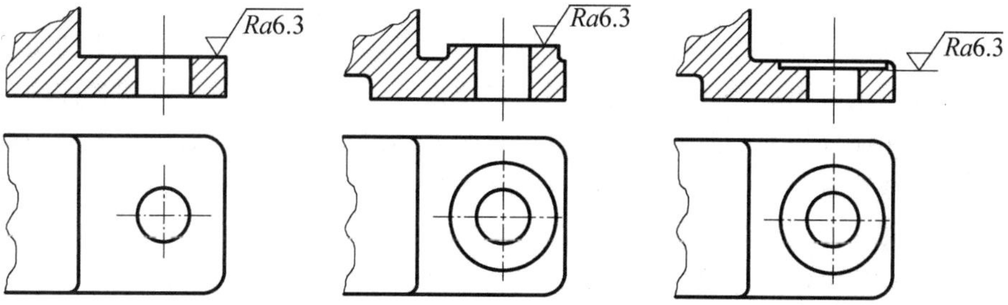

(a) 不合理 (b) 合理

图 8－43 凸台和凹坑

三、零件测绘

根据实际零件画出零件图的过程称为零件测绘。测绘零件时一般都先画出零件草图。零件草图除了徒手绘制以外，其内容和前面介绍的零件图的内容完全相同。零件草图的绘制步骤大体如下：

（1）分析零件　了解零件的用途和所用材料以及制造工艺，弄清楚其工作位置和装配要求，分析其结构形状，确定表达方案。

（2）画视图　参考画组合体视图的方法和步骤，应轻画底稿，待全图底稿画完并校核无误后，再描深全图。

（3）标注尺寸　画出尺寸界线、尺寸线和箭头，但暂时不填写尺寸数字。

（4）测量　边测量边填写尺寸数字。测量时要选用合适的量具，如卡钳、钢皮尺、游标尺等。对于标准结构，如键槽、退刀槽和沉头座等，由测量所得尺寸经查表确定。有些尺寸，如齿轮分度圆直径，应通过测量和计算才能得到。一般尺寸测量后取整数。

（5）填写技术要求和标题栏。

（6）检查全图。

第七节　读零件图

读零件图除了根据视图想像出形体的结构形状以外，还应该对其尺寸标注和技术要求进行分析。从而对零件的功能、结构设计、材料选用乃至工艺性能等是否合理能有正确的评价。下面以图 8－44 泵座零件图为例，结合零件的结构分析、视图选择、尺寸标注和技术要求，比较具体地阐述读零件图的方法和步骤。

一、读标题栏

读图一般先读标题栏。从零件的名称往往可猜测到其功用，从材料通常可知道其毛坯制造过程，根据比例和重量可想像出其大小。从而对零件有一个初步认识。读图 8－44 标题栏可知，该零件名称为泵座，比例为 1:1，材料为铸铁 HT200，数量 1 件。

二、分析视图，想像形状

读懂零件的内外形状和结构，是读零件图的重点。首先根据标题栏标明的图纸张数找齐表达该零件的全部图纸，确认出主视图。再根据各个图形的相对位置和名称确定投影关系。仍然采用形体分析和线面分析的方法，整个读图过程遵循先大后小、先易后难、逐渐深入。从基本视图看出零件的大体内外形状和结构；结合局部视图、斜视图以及断面图等表达方法，读懂零件的局部形状和结构。

图 8－44 中的泵座按形状分类属于支架类零件，主视图的选择考虑工作位置。主视图作全剖，表达内部阶梯孔结构，右端为螺孔。俯视图主要用于表达底板，其上有四个安装孔；并用局部剖表达小螺孔。左视图主要用于表达左端的腰圆形连接板和肋。两个移出断面补充表达了肋的形状。整体形状请读者自行归纳总结。

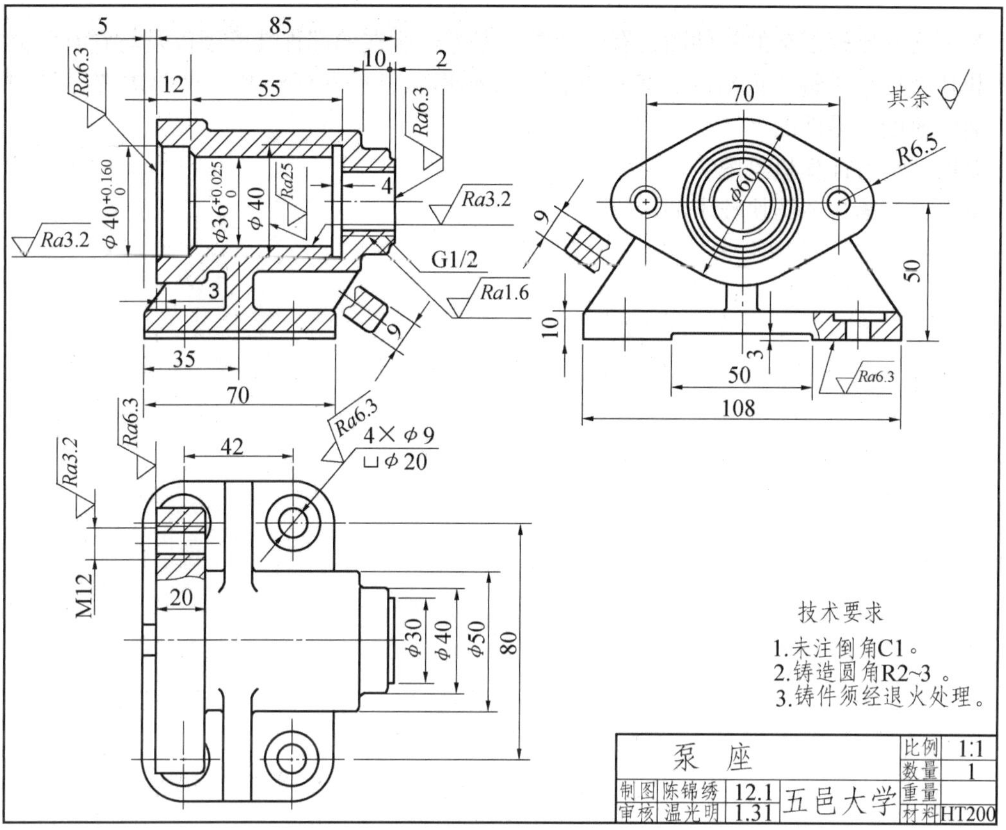

图 8-44 泵座零件图

三、尺寸分析

根据零件结构形状和各部分的功能先找出尺寸基准，了解零件各形体的定形尺寸、定位尺寸和总体尺寸。要注意尺寸是否注得齐全、合理。

图 8-44 中泵座长度方向的基准是底板的左右对称面，宽度方向的基准是前后对称面，上下方向的基准是底平面。ϕ 36 轴线是重要的径向基准。定形和定位尺寸很多，其中几个主要的定位尺寸是：35，5，42，80，70 和轴线高 50，圆柱孔 ϕ 40、ϕ 36 和 G1/2 等都是定形尺寸，总宽 58。为什么不注总长和总高？其余尺寸请读者自行分析。

四、技术要求分析

读懂技术要求，如表面粗糙度、尺寸公差、热处理和文字说明的技术要求等内容，从中可了解零件的制造难易和进一步分析其工艺过程。

孔 ϕ 36 与其他尺寸相比其公差等级较高。螺孔 G1/2 粗糙度较小。泵体毛坯为铸件，须经退火处理消除内应力后再机械加工。

五、综合考虑

为了读懂比较复杂的零件图，有时还要参考零件所在的部件装配图以及与它有关的零件图和其他技术资料。重新综合审视零件的结构形状、尺寸标注和技术要求等，做到全面、准确地读懂零件图。

建议：学习计算机绘图：

第十二章第三节图块技术的应用。

第九章　装　配　图

机器或部件都是由若干零件装配而成的。表达机器或部件的图样，称为装配图。在产品设计中，一般先画出机器或部件的装配图，然后根据装配图画出零件图；在产品制造中，机器或部件根据装配图进行装配；装配图也是检验、安装、使用和维修机器的重要技术文件。因此，装配图在生产中起着非常重要的作用。

学习本章应掌握装配图的画法以及如何由装配图拆画零件图。

第一节　装配图的内容

图 9－1 是球阀轴测装配分解图，图 9－2 是球阀装配图。球阀是控制管道中流体通道启闭和流量大小的部件。图示位置球阀处于开通状态，流体可从阀体流向阀盖或反之。当扳手顺时针转动 90°时，将带动阀杆转动，阀杆带动球形阀心转动 90°，阀心通孔与阀体及阀盖通孔轴线正交，从而截断了流体通道。

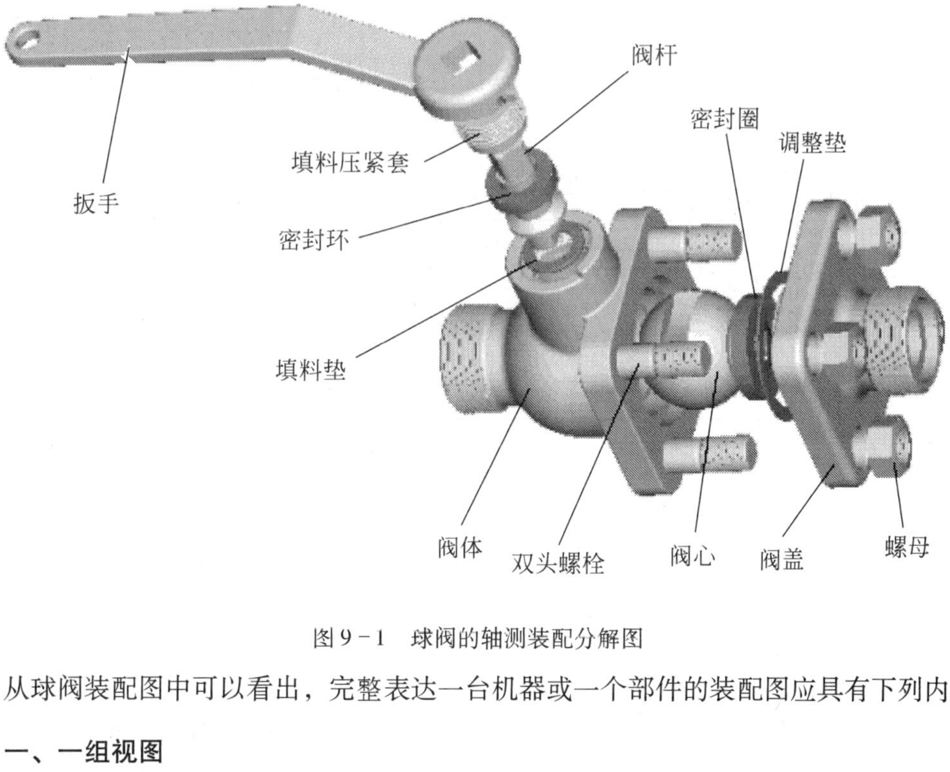

图 9－1　球阀的轴测装配分解图

从球阀装配图中可以看出，完整表达一台机器或一个部件的装配图应具有下列内容：

一、一组视图

一组视图用以表达机器或部件的工作原理、各零件之间的相对位置、装配连接关系以及零件的主要结构形状。

二、必要的尺寸

与零件图不同，装配图不需注出零件的全部尺寸，而只需标注出一些对其功能和安装等有直接关系的必要的尺寸。按其作用的不同，装配图中的尺寸大致可分为以下几类：

1. 性能（规格）尺寸

性能（规格）尺寸即表示机器或部件性能（规格）的尺寸，它们是设计、了解和选用该机器或部件的依据。如图 9－2 中球阀的公称尺寸ϕ 20 即是规格尺寸。

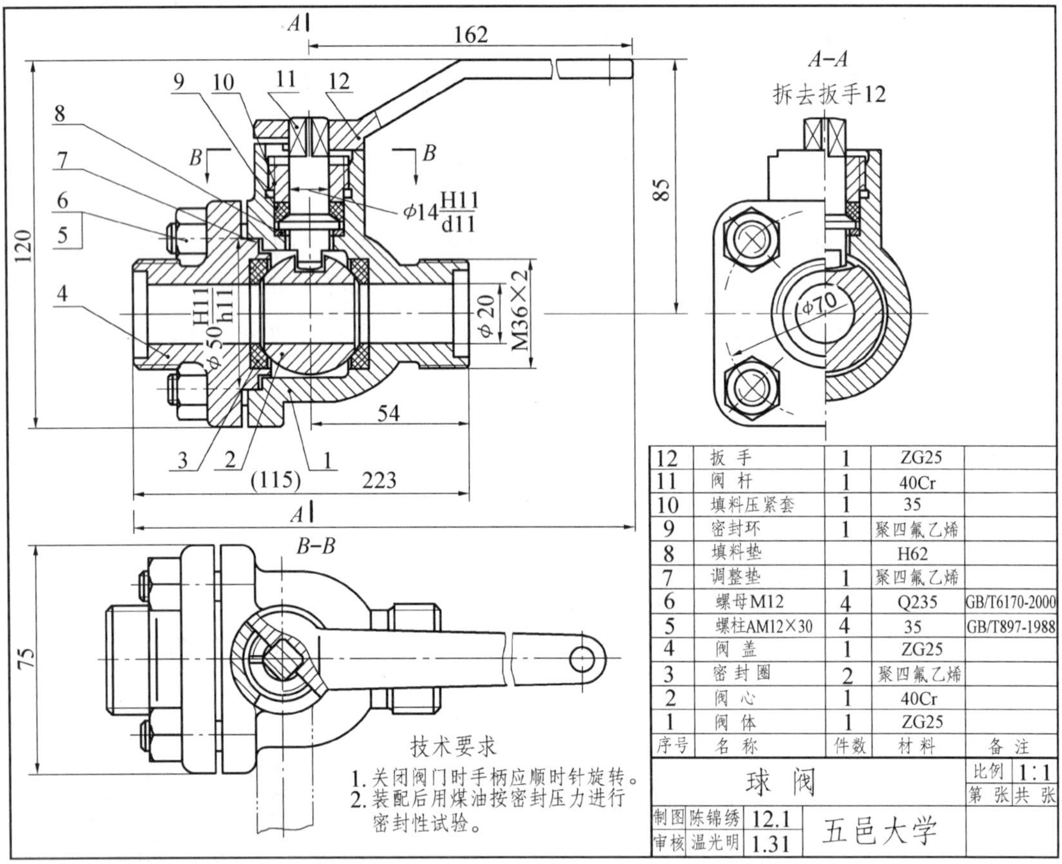

图 9－2 球阀装配图

2. 装配尺寸

装配尺寸即有关相互配合的零件之间的尺寸、有关零件之间相对位置的尺寸、装配时须进行加工的有关尺寸等，它们往往影响装配性质和质量。如图 9－2 中阀杆和压紧套的配合尺寸ϕ 14H11/d11、阀体与阀盖的配合尺寸ϕ 50H11/h11 以及螺柱定位尺寸ϕ 70 等。

3. 安装尺寸

安装尺寸即机器或部件安装时所需的尺寸。图 9－2 中安装尺寸有：M36 ×2、85、54 和 162 等。

4. 外形尺寸

机器或部件的外形尺寸，即总长、总宽、总高。它们为包装、运输和安装过程所占的空间大小提供了数据。如图 9-2 中球阀的总长、总宽、总高尺寸为 223、75 和 120。

5. 其他重要尺寸

其他重要尺寸指装配图中必须给出而又不属于上述尺寸的其他一些重要尺寸，如经过设计计算或试验确定的重要尺寸。如图 9-2 中尺寸 115。

装配图中可能有的尺寸同时具有几种作用。另外，对于某一张装配图来说，不一定同时具备上述各类尺寸。

三、技术要求

机器部件的种类繁多，功能和结构形状千差万别，技术要求自然不同，但一般可从下列几个方面进行考虑：

1. 装配方面的技术要求

除配合性质一般在尺寸标注时写出外，对装配方法、装配前清洗、装配过程中加工、装配后必须保证的各种几何公差或涂油等有特别要求的说明。

2. 检验过程中的技术要求

对机器性能，如压力、防漏等，有特殊要求时，应说明检验方法和条件。

3. 安装和使用时的技术要求

产品的安装和使用时应注意的事项等的说明。

上述几方面技术要求不一定全部注写，要根据装配体的具体情况和要求而定。技术要求一般填写在明细表上方的位置；有时也可另外写成技术文件，附在图纸的前面。

四、零部件序号、明细栏和标题栏

应对每种不同的零件（部件）编写序号，并填写明细栏和标题栏。

装配图中所有零、部件都必须编写序号并填写明细栏，以方便读图、图样管理以及生产准备等工作。同一装配图中相同的零、部件用一个序号，一般只标注一次，并应与明细栏的序号一致。

1. 写序号的方法

（1）编写序号的常见形式如下：在所指的零件的可见轮廓内画一圆点，然后从圆点开始画指引线（细实线）；若所指部分（很薄的零件或涂黑的剖面）内不便画圆点时，可在指引线末端画出箭头，并指向该部分的轮廓。在指引线的另一端画一水平线或圆（也都是细实线），在水平线上或圆内注写序号，序号的字高应比尺寸数字大一号或大两号；也可以不画水平线或圆，在指引线的另一端附近注写序号，序号的字高应比尺寸数字大两号（见图 9-3）。

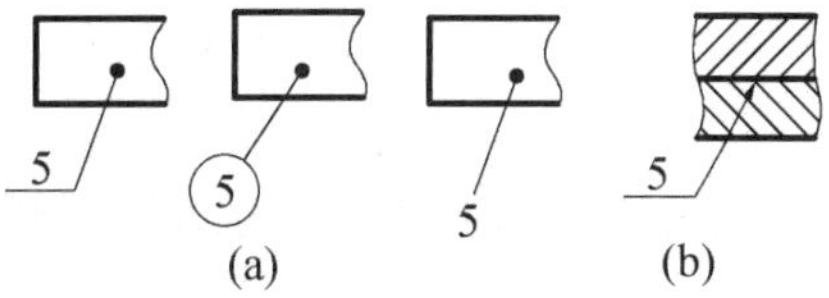

图 9-3 零件序号的编写形式

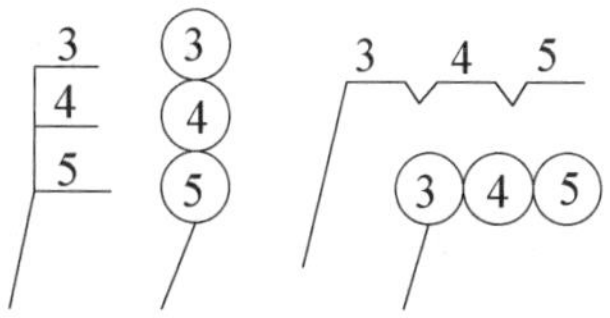

图 9-4 公共指引线

（2）指引线相互不能相交；当它通过有剖面线的区域时，不应与剖面线平行。

（3）一组紧固件以及装配关系清楚的零件组，可采用公共指引线（见图9－4）。

（4）零件序号应沿水平或垂直方向按顺时针（或逆时针）方向顺次排列整齐（见图9－2）。

（5）部件中的标准件，如图9－2所示，可以与非标准零件同样地编写序号；也可以不编写序号，而将标准件的数量与规格直接用指引线标明在图中。

2. 明细栏（GB10609. 2—1989）

明细栏中填写机器或部件所含的零、部件的序号、代号、名称、数量、材料、重量和备注等（见图9－2）。明细栏一般配置在标题栏的上方，按由下而上顺序填写；位置不够时可紧靠标题栏左侧自下而上延续。明细栏也可单独列表，甚至连续加页并装订成册，但应按由上而下顺序填写序号。

第二节　装配图的表达方法

第六章所述的各种表达方法（视图、剖视图、断面图、局部放大和简化画法等）在装配图中同样适用。与零件图比较，装配图还另有其特殊画法、规定画法和简化画法。

一、装配图的视图选择

1. 主视图的选择

一般以最能反映部件的装配关系和工作原理的视图作为主视图，并且使其放置与机器或部件的工作位置一致，这样对于设计画图和指导装配都比较方便。

图9－2中球阀的主视图放置成工作位置，同时采用剖视画法，比较清楚地表达了两条装配轴线零件间的相对位置、装配连接关系和部分零件的主要结构形状。

2. 其他视图的选择

围绕如何表达清楚机器或部件的工作原理、各零件间的相对位置、装配连接关系以及零件的主要结构形状这个任务，配合主视图，补充表达尚未清楚之处。注意分清主次，把主要装配线反映在基本视图上，各视图表达内容均有所侧重而不重复。

图9－2中的俯视图用假想投影轮廓线画出了阀门关闭时扳手的位置；$B-B$局部剖视图表示了阀盖上的定位凸块和扳手的相互位置；半剖的左视图配合主视图反映了阀盖的外形及阀心的上部开槽。

二、装配图的一些画法

（一）特殊画法

1. 沿着结合面剖开或拆卸画法

为了清楚地表达部件的内部结构，可假想沿某些零件的结合面剖开。此时，在零件结合面上不画剖面线。图9－5中的俯视图就是沿上下轴瓦结合面及轴承盖和轴承座之间剖开而绘制的。

也可用拆卸画法，以图9－6代替图9－5轴承座装配图中的俯视图。当采用拆卸画法时一般加上标注“拆去×××等”零件。

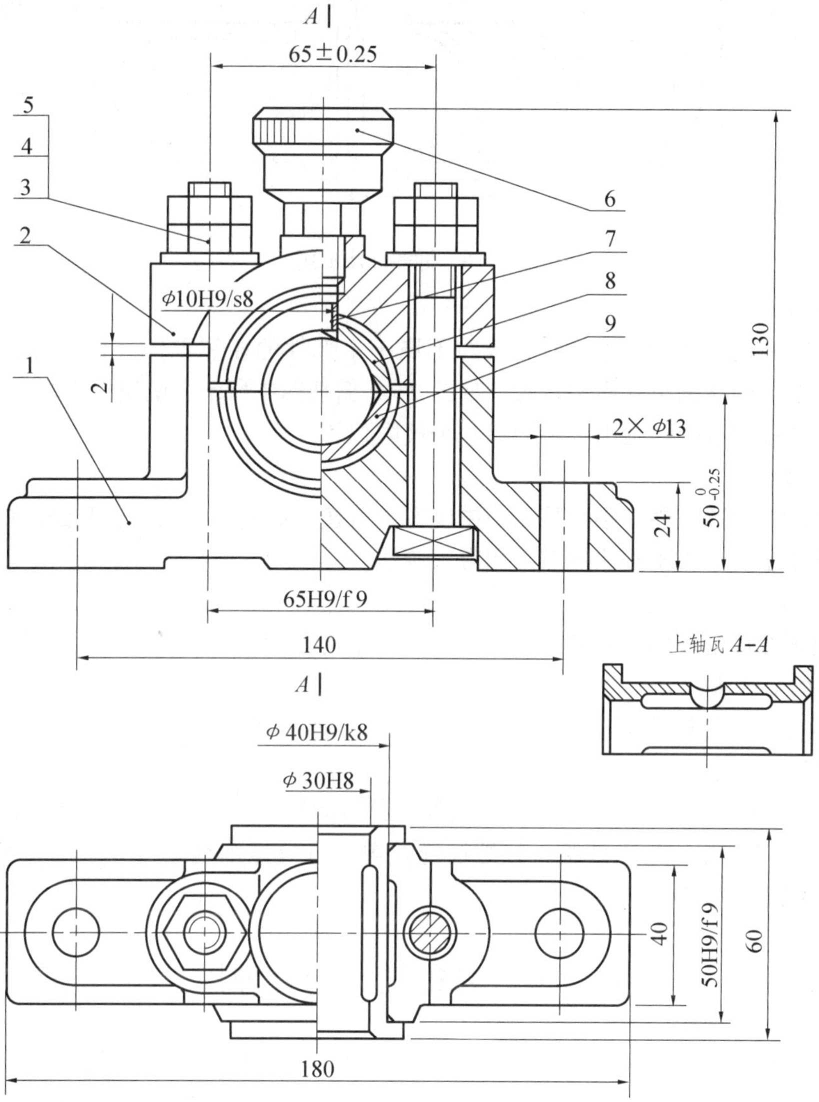

技术要求
1. 装配时轴与轴瓦之间隙为0.04至0.06，可通过加垫片于轴承座与轴承盖间调整实现。
2. 每班加油一次。

序号	零件名称	数量	材料	备注
9	下轴瓦	1	ZQSn6-6-3	
8	上轴瓦	1	ZQSn6-6-3	
7	固定套	1	Q235	
6	油杯B-30	1		GB1154-1979
5	螺栓M12×90	2	45	GB/T5782-2000
4	螺母M12	4	45	GB/T6170-2000
3	垫圈12	2	Q235	
2	轴承盖	1	HT200	
1	轴承座	1	HT200	

滑动轴承			比例	1:1
			共1张	第1张
制图	陈锦绣	12.1	五邑大学	9-5
审核	温光明	1.12		

图 9－5　滑动轴承装配图

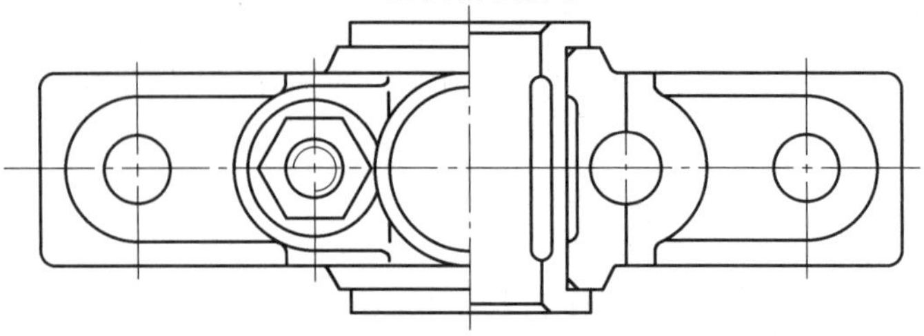

图 9-6 拆卸画法示例

2. 假想画法

为了表示运动零件的极限位置，或与不属于本部件的相邻零件（或部件）的相互关系，可以用双点画线画出其假想轮廓。如图 9-2 俯视图中所示，画出扳手的一个位置后，采用假想画法以双点画线画出扳手的另一个极限位置。

3. 夸大画法

对于厚度较薄的零件、小间隙、小锥度等，若按它们的实际尺寸在装配图中很难画出或难以明显表示时，均不按比例而采用夸大画法。

4. 单独画法

可用向视图或剖视图等单独表达某个零件的结构形状，如图 9-5 中“上轴瓦 $A-A$”。

（二）规定画法和简化画法

（1）绘制装配图时仍应遵守本书第七章第一节螺纹连接画法中介绍的画装配图三条基本规定。

（2）零件的工艺结构，如小圆角、倒角、退刀槽等，在装配图中可不画出。

（3）对于若干相同的零件组，如螺栓连接等，可只详细地画出一组或几组，其余只需用细点画线表示其中心位置。

第三节 装配结构的合理性

机器和部件能否实现设计时预定的使用性能同时方便零件的加工和装配，与其结构是否合理有很大关系。本节简单介绍和装配有关的一些结构，以供画装配图时参考。

（1）当轴和孔配合，且轴肩与孔的端面又相互接触时，为保证两零件接触良好，应在轴肩根部切槽或把孔的接触端面制成倒角。图 9-7 所示为轴肩与孔的端面相互接触时的正误对比。

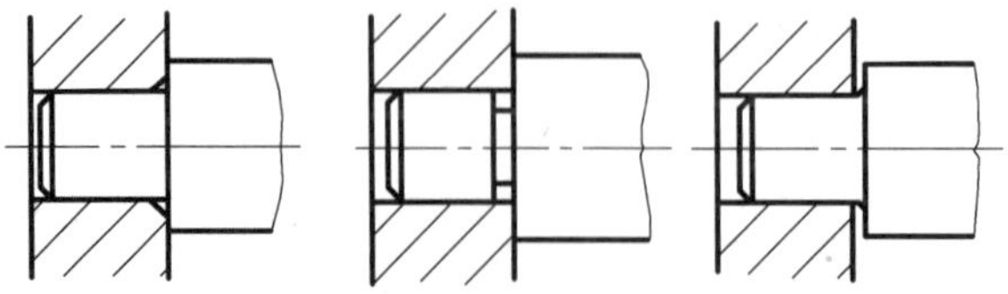

(a) 正确　(b) 正确　(c) 不正确

图 9-7 常见的轴和孔配合结构

（2）两个零件接触时，在同一方向上只能有一对接触面。这样既可满足装配要求，制造也较方便。图 9－8 所示为平面接触的正误对比。

（3）圆柱销或圆锥销主要用于将两零件定位，以保证两零件装配精度在装拆前后不变（见图 9－9）。为了加工和装配的方便，尽可能将销孔做成通孔。

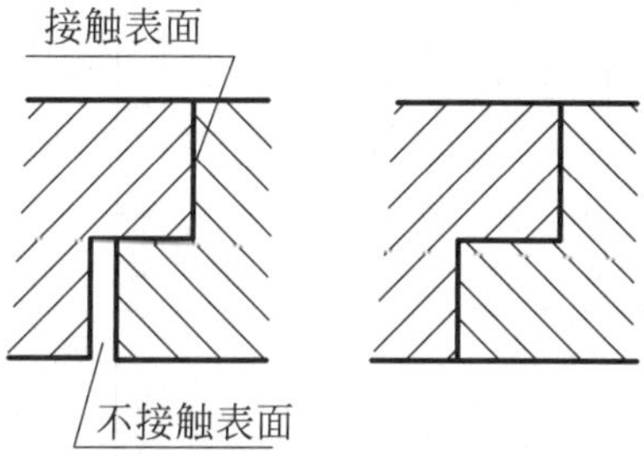

(a) 正确　　(b) 不正确

图 9－8　结合面的装配结构

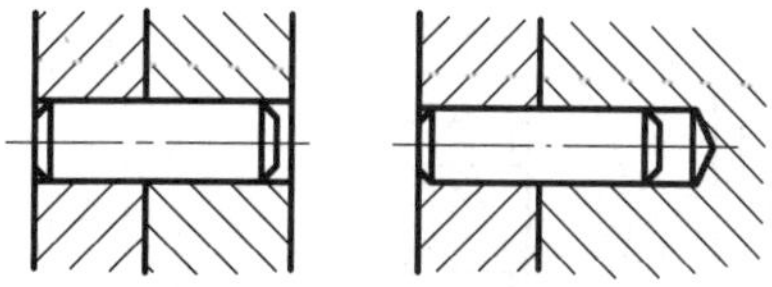

(a) 合理　　(b) 不合理

图 9－9　定位销的装配结构

第四节　由零件图画装配图

如前面所述，设计时一般先画出机器或部件的装配图，然后根据装配图画出零件图。但当仿制产品时通常先测绘机器或部件，再由装配示意图和零件图画装配图。作为学习，本节以图 9－10 所示的柱塞泵为例，介绍由零件图拼画装配图的方法和步骤。

一、了解部件的装配关系和工作原理

图 9－11 所示为柱塞泵的装配示意图。示意图一般用简单的图线示意性地表达机器或部件装配关系、工作原理和传动路线等，并假想装配体是透明的。装配示意图也要编写零件序号和明细栏（为节省篇幅，图 9－11 中略去，此处所涉及的零件序号、名称等参见图 9－10 中的明细栏）。从图 9－11 中可了解柱塞泵各零件间的装配关系和工作原理。当柱塞 6 向左运动时内腔体积增大，形成负压；接头下方孔口的液态油在大气压力作用下推开下阀瓣 13 进入内腔，上阀瓣 11 在负压作用下关闭。当柱塞 6 向右运动时内腔体积减小，油压增大而关闭下阀瓣，同时推开上阀瓣由接头右侧孔口流出。柱塞不断往复运动便可把油输送到润滑点。填料压盖 3 压紧填料 4，以防泄露。

给出的柱塞泵零件图（除与结构有关者外，其余技术要求未给出）如图 9－12 所示。在阅读装配示意图或轴测图的同时，参考零件图也有助于了解装配关系。

二、确定表达方案

首先，选定部件的主视图。柱塞泵主视图选取：按工作位置放置，使柱塞轴线成为侧垂线，并沿前后对称面剖开画成剖视图，可清楚地反映各零件间的主要装配关系和工作原理。由于柱塞是实心件，剖切面通过其轴线时按不剖绘制（见图 9－10）。

其次，选择其他视图。为了补充反映泵座安装底板外形，需要选取俯视图，同时采用局部剖表达螺柱连接泵座和压盖的情况。为了补充表达泵座和填料压盖及连接套的外形，还应画左视图。为了补充表达上下阀瓣，应增加 $A-A$ 和 $B-B$ 两处剖视图。

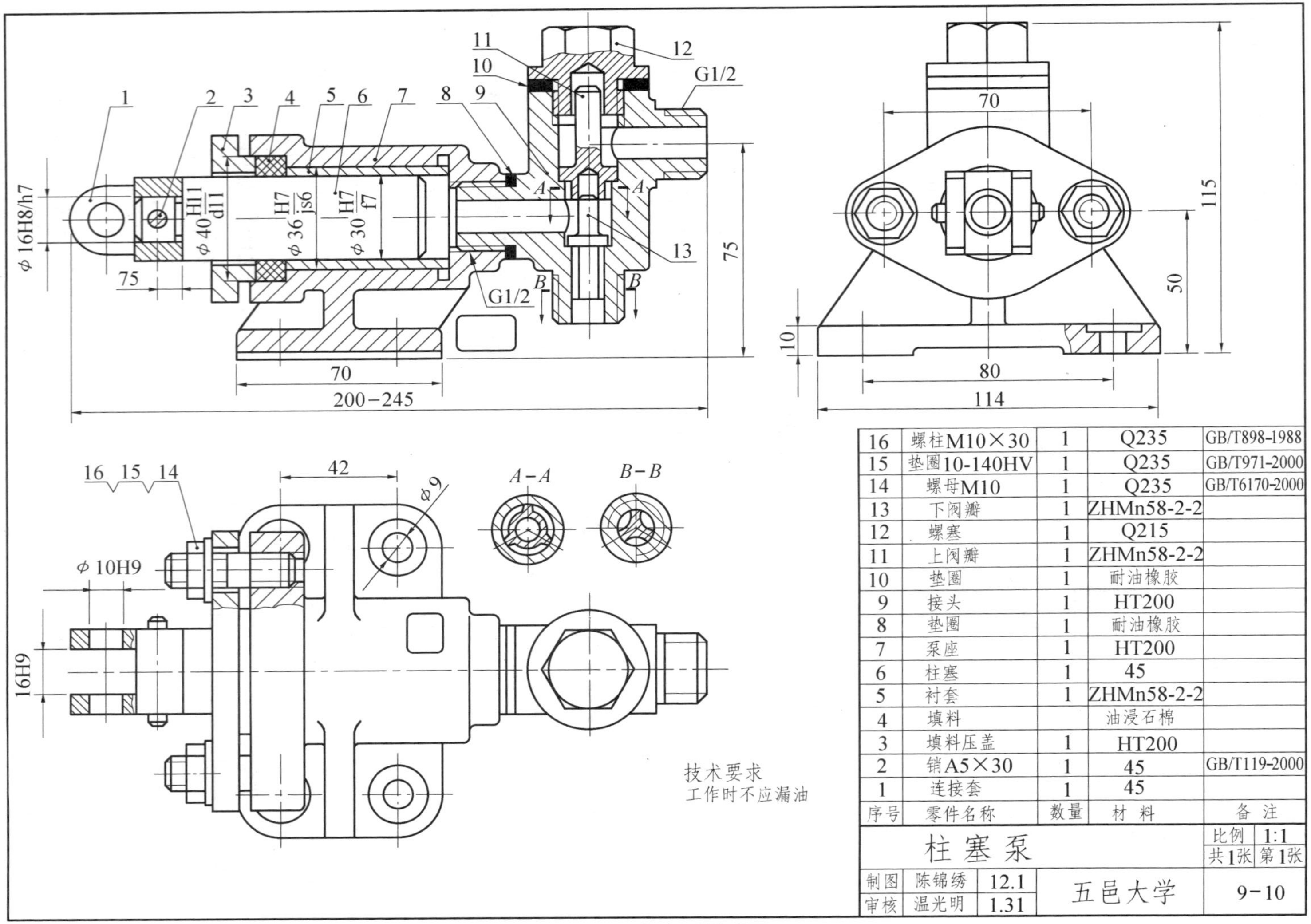

16	螺柱M10×30	1	Q235	GB/T898-1988
15	垫圈10-140HV	1	Q235	GB/T971-2000
14	螺母M10	1	Q235	GB/T6170-2000
13	下阀瓣	1	ZHMn58-2-2	
12	螺塞	1	Q215	
11	上阀瓣	1	ZHMn58-2-2	
10	垫圈	1	耐油橡胶	
9	接头	1	HT200	
8	垫圈	1	耐油橡胶	
7	泵座	1	HT200	
6	柱塞	1	45	
5	衬套	1	ZHMn58-2-2	
4	填料		油浸石棉	
3	填料压盖	1	HT200	
2	销A5×30	1	45	GB/T119-2000
1	连接套	1	45	
序号	零件名称	数量	材 料	备 注

柱塞泵			比例 1:1	
			共1张	第1张
制图	陈锦绣	12.1	五邑大学	9－10
审核	温光明	1.31		

图9-10 柱塞泵装配图

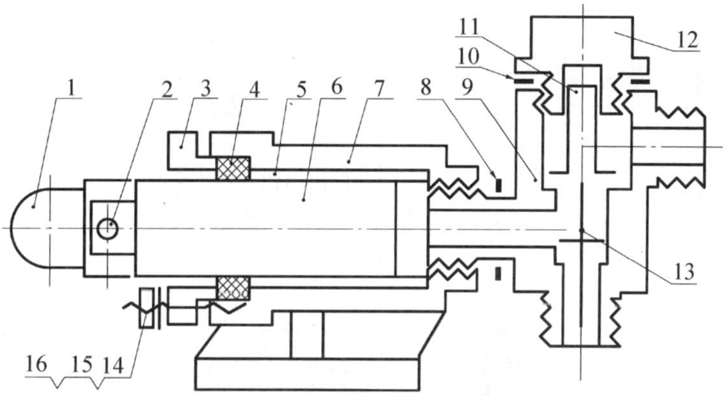

图 9－11 柱塞泵装配示意图

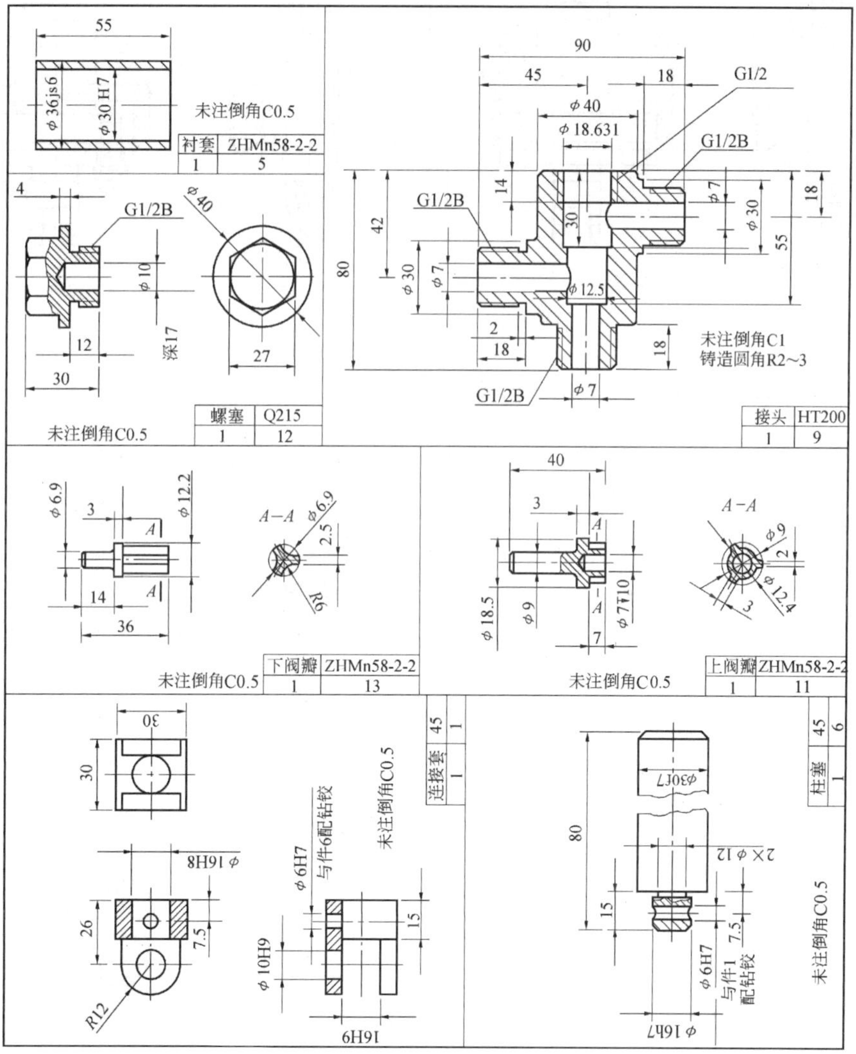

图 9－12 柱塞泵部分零件图

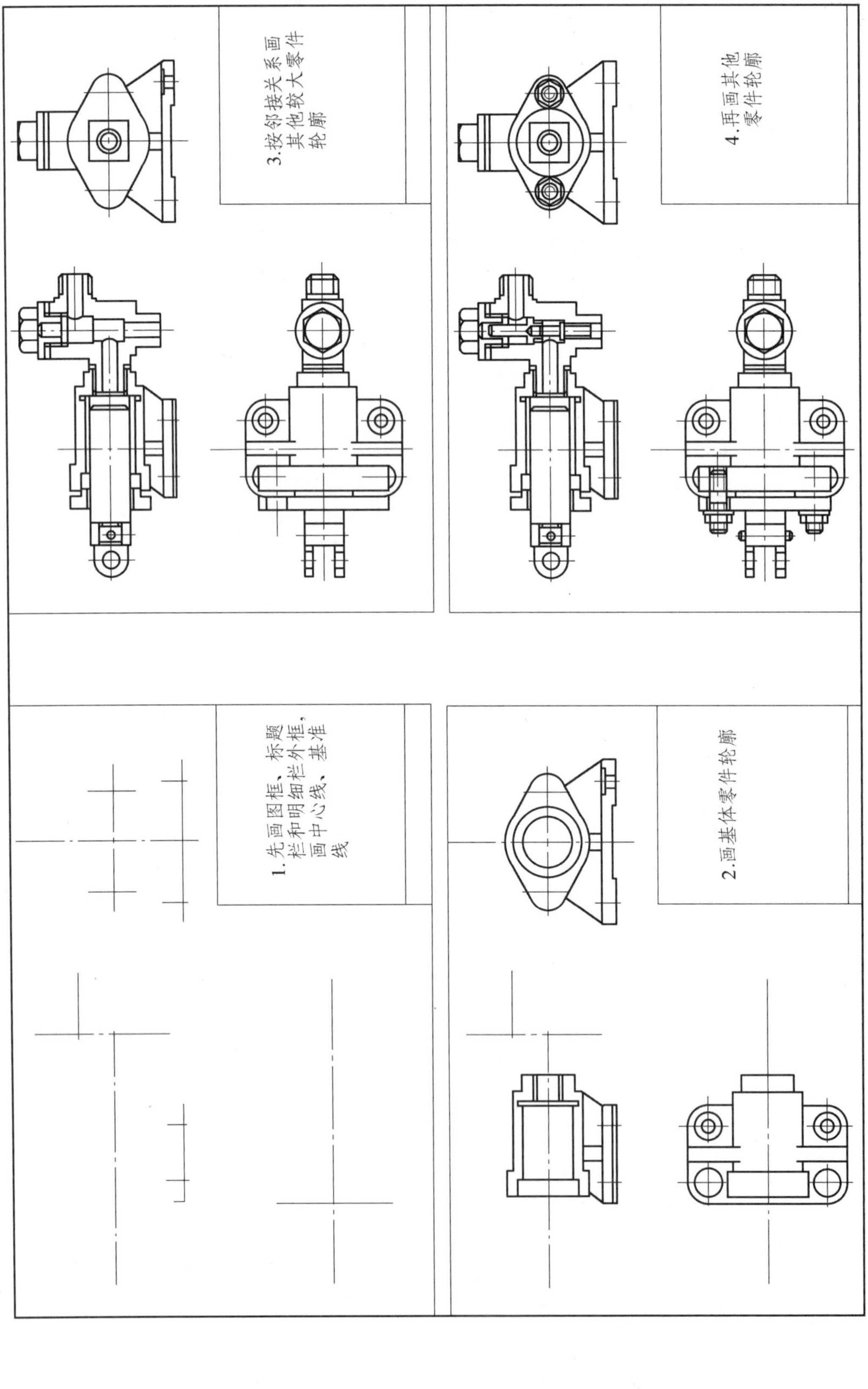

图9-13 画装配图的步骤

三、画装配图的步骤

（1）定比例，选图幅。

（2）画图框以及标题栏和明细栏外框（见图 9－13）。

（3）布置视图 画出各视图的主要轴线、对称中心线或其他作图基准线（某些零件的主要平面或端面）。视图布置在中间，四周应预留编写零件序号以及注写尺寸和技术要求的位置。

（4）画图形底稿 画图顺序可由主视图开始，几个视图配合进行；也可以先画某一个视图，再画其他视图。画某个视图时一般先画较大的基体，由外向里画出各个零件的主要结构形状，再画次要结构形状；这种画法设计者对整体布局胸有成竹的感觉。但也可以由内向外逐个画出各个零件，按装配顺序向四周扩展，特别是画剖视图时可减少画不可见的轮廓线。选用哪种画图顺序应根据部件的具体结构而定。

（5）校核、加深。

（6）画剖面线，标尺寸，编序号，填写明细栏和技术要求。

（7）经校核并填写标题栏。柱塞泵装配图完成后如图 9－10 所示。

第五节 读装配图及由装配图拆画零件图

设计、安装、使用设备时，经常要读装配图，从装配图中了解部件各个零件的装配关系，分析部件的工作原理，并读懂零件的主要结构形状。在设计时，还需要根据装配图拆画其中的零件图。所以，读装配图及由装配图拆画零件图是工程技术人员必须具备的基本技能之一。

一、读装配图的方法和步骤

下面以图 9－14 联动夹持杆接头的装配图为例，说明读装配图的方法和步骤。

1. 读标题栏、明细栏及其他有关资料，以了解机器或部件的名称和用途

联动夹持杆接头用以夹持检测用仪表的杆部，由四种非标准零件和一种标准零件组成。

2. 分析视图

装配图中的基本视图有两个。其中主视图采用局部剖视，可以清晰地表达各组成零件的装配连接关系和工作原理。左视图采用两处剖视：$A-A$ 全剖视图及过 ϕ 16H8 轴线的侧平面所作的局部剖视图，进一步反映左方和上方两处夹持部位的结构和夹头零件的内、外形状。

3. 了解装配关系和工作原理

由视图分析后可知，检验时安装联动夹持杆接头的支座（未画）杆部和检测用仪表（未画）的杆部应分别插入到夹头上部的通孔 ϕ 16H9 和拉杆 1 与套筒 2 的通孔 ϕ 12H9 中，然后旋紧螺母 5，使夹头 3 的缝隙被压小从而将插入 ϕ 16H9 孔中的杆夹紧；继续旋紧螺母 5，使拉杆 1 向右移动从而将插入 ϕ 12H9 孔中的杆夹紧。

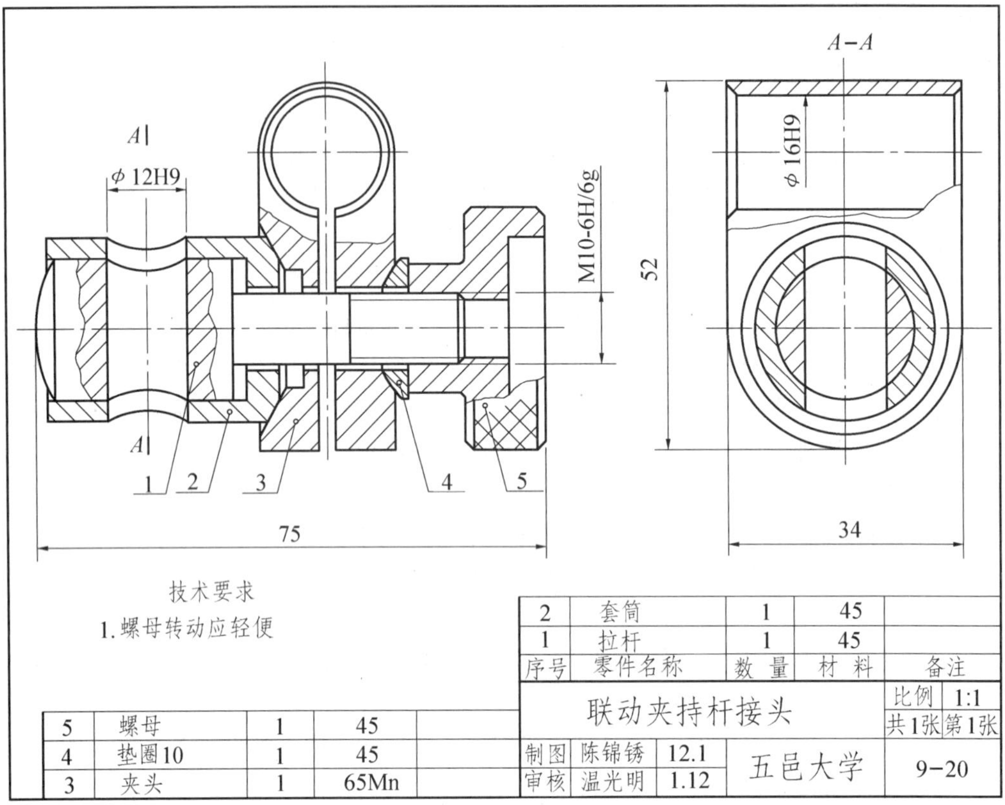

图 9-14　联动夹持杆接头装配图

4. 读懂各零件的结构形状

一般先分析主要零件的结构形状，再分析其他零件的结构形状。读装配图和零件图很不同的是，首先必须把所读零件的轮廓从各视图分离出来，对照投影关系，此过程中辨别剖面线异同是主要手段；另外，零件序号和明细栏、配合关系、尺寸、相邻接零件形状以及该零件的功能等，也可能有助于分离零件轮廓。由于不可见投影轮廓线一般不画出，直接分离出来的零件轮廓往往不完整，因此应该从零件结构的功能及配合或邻接关系等去分析和补全零件轮廓。

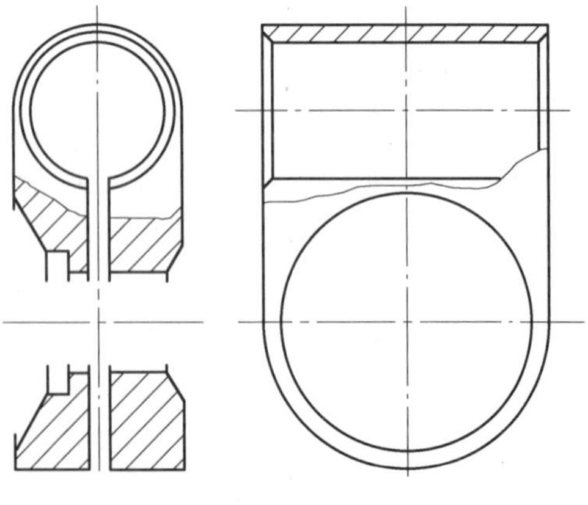

图 9-15　从装配图两视图中分离出夹头的投影轮廓线

以联动夹持杆接头部件的主要零件夹头 3 为例，由主视图中序号 3 可大致区分出它左右和上下的投影轮廓范围。对照投影关系，可以识别出左视图中的上下和前后的投影轮廓。根据剖面线和序号等排除其他零件轮廓线。最后从装配图的主、左视图中分离出夹头的投影轮廓是两个不完整的图形，如图 9-15 所示。根据 M10 及工作原理可知夹头下部孔的形状：同轴的阶梯圆柱孔和两端圆锥孔；由于中间开槽，此孔被分开成两部分。由此补画出主视图中夹头下部孔的完整轮廓线，再补充此孔在左视图中的投影，结果如图 9－16 所示。

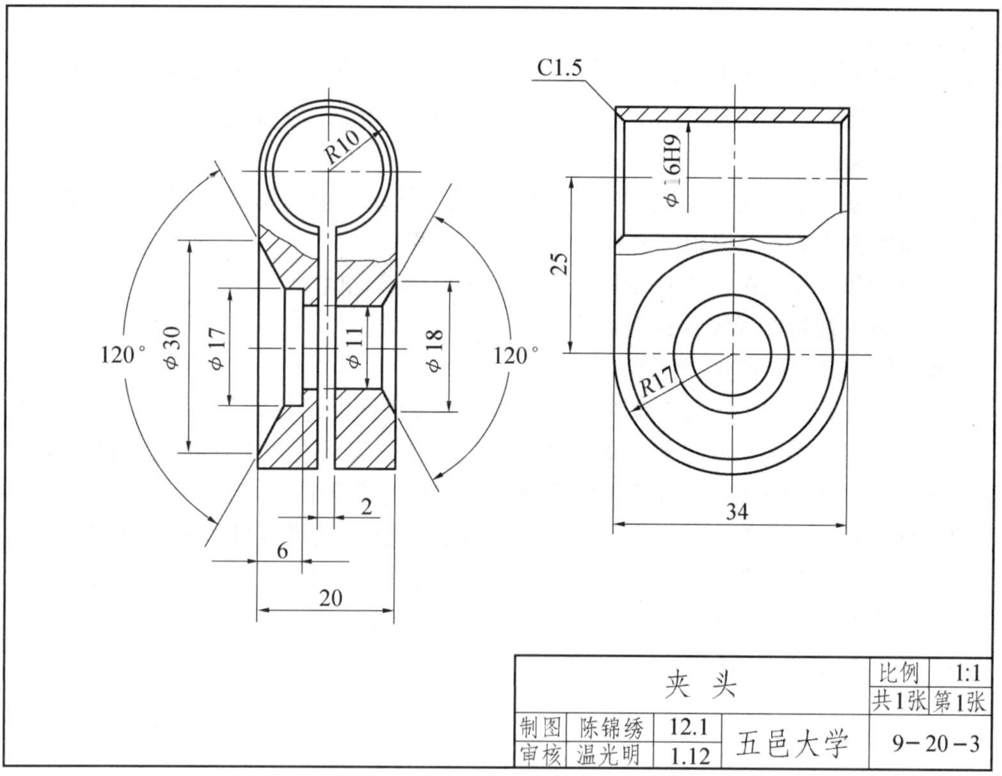

图 9－16　夹头零件图

根据分离出来并补充完整的零件图，可以想像出夹头的形状：上部是一个 U 字形柱体（从正面看），内有一个轴线为正垂线、前后贯通、下部开槽的圆柱孔；下部也是一个 U 字形柱体（从侧面看），其上的阶梯圆柱孔和圆锥孔的轴线为侧垂线。

要注意的是，分离零件投影轮廓、补充完整零件投影轮廓和想像零件的结构形状并没有一个固定的时间顺序，往往是交错进行和相辅相成的。

5. 尺寸分析和技术要求分析

在形状分析时实际上已阅读了大部分配合尺寸，但作为全面读图，应该把所有尺寸都阅读，从中了解部件的外形大小、安装要求等。还要阅读技术要求，分析部件的设计意图和装配工艺性等，加深对部件或机器的整体认识。

联动夹持杆接头的尺寸和技术要求较简单，不再赘述。

二、拆画零件图

由装配图拆画零件图通常只画一般零件，而没有必要画标准件。关于零件图的画法第八章已介绍，此处仅对拆画零件图补充几个须考虑的问题。

1. 关于结构形状

装配图一般只表达了零件的主要结构形状，对尚未表达清楚的结构形状应根据其作用和装配关系补充完整。装配图中被省略的工艺结构，如倒角、退刀槽等，在零件图中应该画出。

2. 关于尺寸

装配图中标注的尺寸不多，但零件图要求标注完整。为此须注意以下几个问题：

（1）装配图上已标注的尺寸，包括明细栏给出的尺寸，应直接移植到零件图上。对配合尺寸可改换标注极限偏差。

（2）标准结构的尺寸，如螺孔、键槽、销孔、倒角、退刀槽等的尺寸，应查表。有的尺寸，如齿轮分度圆、齿顶圆直径尺寸等，要计算。

（3）其余尺寸从装配图直接量取并取整、选取标准化值。

（4）另外应注意相邻零件接触面有关尺寸协调一致。

拆画零件图之前应该先读懂装配图。

以拆画联动夹持杆接头的夹头为例，说明拆画零件图的过程如下：

（1）根据零件结构形状分析考虑夹头的视图表达方案　在按工作位置放置的前提下，使形状特征最明显，图 9－16 所示的两个视图已达到上述要求。

（2）标注尺寸　重要尺寸装配图已给出，如ϕ 16H9；孔径ϕ 11 可以根据拉杆 1 的螺纹公称直径 $d=10$ 查表得到；其余尺寸根据比例直接量取并取整。按照零件图的要求，正确、完整、清晰和尽可能合理地标注尺寸。

（3）填写技术要求和标题栏。

第十章　计算机绘图简介及二维图绘制

计算机绘图是利用计算机输入设备进行图形输入，计算机主机进行图形处理，输出设备进行图形显示和绘图输出的过程。它具有出图质量好、精度高、速度快、易存储、易修改、图形数据可以被 CAD/CAM/CAE 利用等优点。

第一节　AutoCAD 简介

AutoCAD 是 AutoDesk 公司开发的计算机绘图软件，是目前在我国最流行的软件之一。

一、AutoCAD 2006 系统的启动

在计算机装上 AutoCAD 2006 软件后，常用的启动系统方法有：

（1）双击桌面 AutoCAD 2006 图标 。

（2）单击“开始”→“程序”→“Autodesk”→“AutoCAD 2006”。

（3）直接双击后缀为 . dwg 的文件（AutoCAD 的标准存储图形文件）。一般来说，修改或显示原有图样才用这种方法。

（4）找到 acad. exe 文件，双击它。

二、AutoCAD 2006 操作界面

AutoCAD 2006 的操作界面如图 10－1 所示，它由下拉菜单、工具栏、图形区、十字光

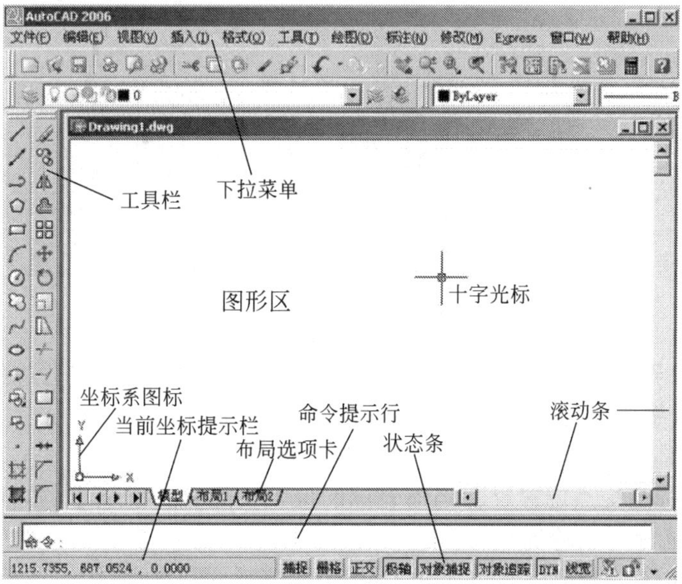

图 10－1　AutoCAD 2006 的操作界面

标、坐标系图标、当前坐标提示栏、命令提示行、状态条、滚动条和布局选项卡等组成。

（1）下拉菜单是执行各种操作的途径之一。点取下拉菜单选项，会显示出相应的项目。每个项目有其相应的命令功能，以供用户实现某种操作。

（2）工具栏也是一个供用户输入命令的地方。AutoCAD 2006 提供了 30 种工具栏，可以根据需要打开或关闭它们。

调用工具栏的方法：执行“视图”→“工具栏”命令，系统将会弹出一个“自定义用户界面”对话框，如图 10－2 所示。

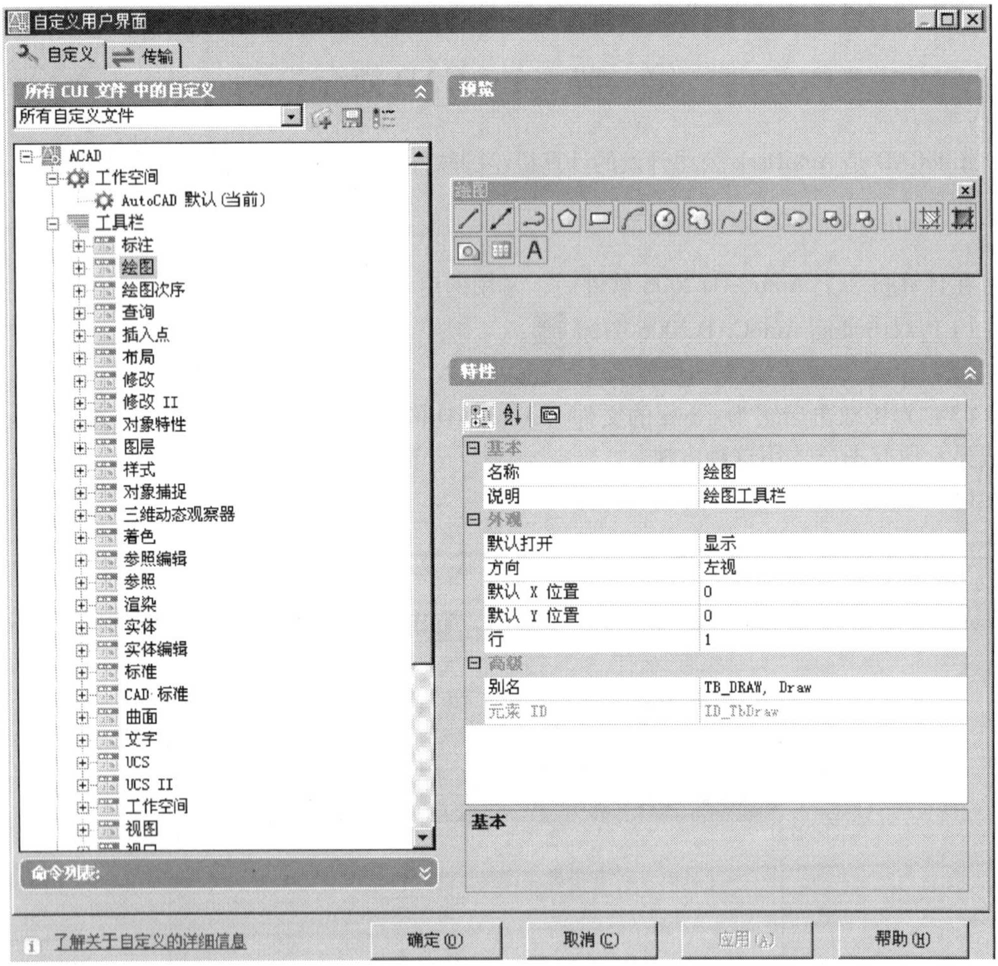

图 10－2 “自定义用户界面”对话框

“自定义用户界面”对话框内，选中要打开的工具栏项目，在右边的特性栏中，将“默认打开”项设置为“显示”，该工具栏将显示在窗口中。

（3）图形区是显示、绘制和编辑图形的矩形区域。

（4）十字光标的交点位置反映当前光标的位置，配合状态条中的当前坐标显示，可精确地确定绘图光标所在的确切位置。

（5）坐标系图标在图形区的左下角，它表示当前绘图时所使用的坐标系形式。

（6）命令提示行用于显示和提示命令执行的过程。

（7）状态条用于显示当前的绘图状态，上有 8 个按钮，左击按钮可以控制该状态的启闭。
（8）滚动条用于上下或左右移动图形区的图形。
（9）模型空间选项卡和布局选项卡用来实现模型空间与图纸空间及布局之间的转换。

第二节　图形文件的管理

本节介绍对图形的新建、打开、浏览、存储等操作。

一、建立新图形文件

命令行：New↙
（本教材中输入命令或参数值结束，需要按 Enter 键时以符号“↙”表示。）
菜单：“文件”→“新建”
图标：🗋（在标准工具栏中）

命令执行后，将出现“选择样板”对话框，如图 10－3 所示。可以从对话框中选择需要的样板图，作为新建文件的模板。如不需要选择样板图，可在对话框右下角处的“打开”下拉条中选择“无样板打开–公制”。

图 10－3　“选择样板”对话框

二、打开已有的图形文件

命令行：Open↙
菜单：“文件”→“打开”
图标：（在标准工具栏中）

利用上述方法之一执行 Open 命令时，会弹出一“选择文件”对话框，如图 10－4 所示。单击后缀为 . dwg 的文件可在“预览”区预显该图形。双击该文件或点击“打开”按钮，可将其调入系统绘图区。

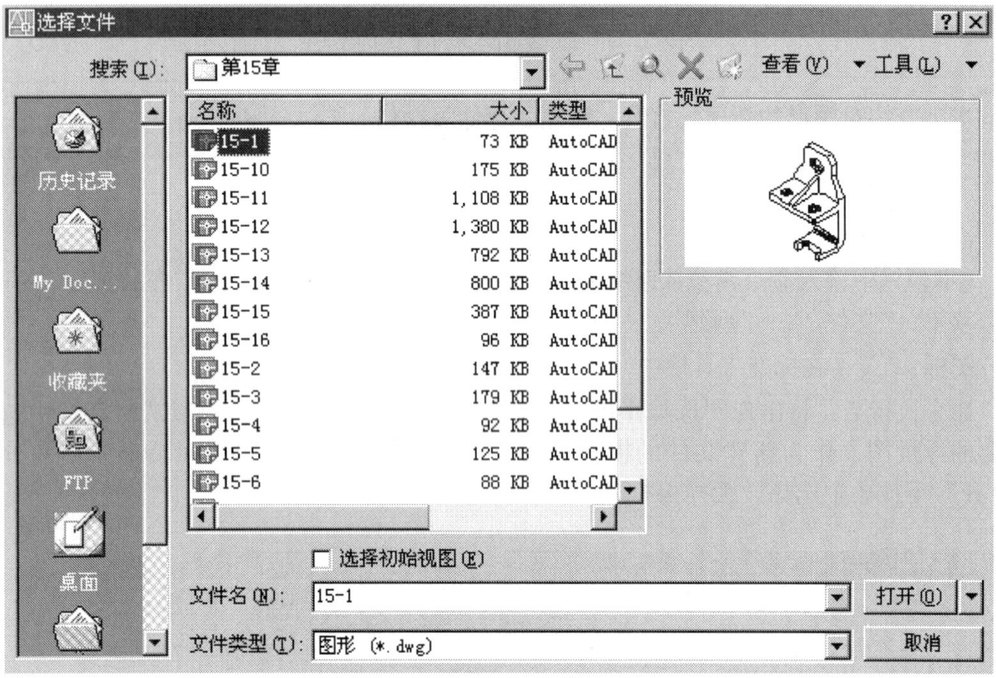

图 10－4 “选择文件”对话框

三、存储图形文件

1. 快速存盘

命令行：Qsave↙

菜单：“文件”→“保存”

图标：（在标准工具栏中）

利用上述方法之一执行快速存盘命令时，系统会将当前图形以原文件名存盘。

2. 换名存盘

命令行：Saveas↙

菜单：“文件”→“另存为…”

利用上述方法之一执行存盘命令时，系统会弹出一“图形另存为”对话框，利用该对话框，可以选择路径、文件类型、输入文件名等操作。

3. 以当前名字存盘

命令行：Save↙

第三节　AutoCAD 2006 的功能键

AutoCAD 2006 有以下功能键：

（1）F1 键：打开系统的在线帮助。与下拉菜单“Help”→“AutoCAD Help”及工具栏的“?”相同。

（2）F2 键：在绘图窗口与文本窗口之间进行切换。

（3）F3 键：打开/关闭对象捕捉模式，以便准确地找到目标点。与状态行中的“OSNAP”相同。

（4）F4 键：打开/关闭“数字化仪”模式。

（5）F5 键：可循环切换轴测平面。在绘制轴测图时要用到。

（6）F6 键：打开/关闭坐标显示、切换坐标模式。（在直角坐标形式和极坐标形式之间相互切换）

（7）F7 键：打开/关闭栅格显示。与状态行中的“GRID”相同。栅格如同方格纸，方便绘图。方格的大小可利用下拉菜单“Tools”→“Drafting Settings”命令来设置。

（8）F8 键：打开/关闭正交模式。与状态行中的“ORTHO”相同。打开正交模式，无论光标如何移动，所画直线均为水平或铅垂线。

（9）F9 键：打开/关闭栅格捕捉模式。与状态行中的“SNAP”相同。打开栅格捕捉模式，则光标只能在栅格点上移动（注意与对象捕捉的区别）。

（10）F10 键：打开/关闭极轴追踪模式。与状态行中的“POLAR”相同。打开极轴追踪模式，则追踪光标沿设定的角度增量出现对齐线。

（11）F11 键：打开/关闭对象跟踪模式。与状态行中的“OTRACK”相同。打开对象跟踪模式，则追踪光标沿着在对象捕捉的基础上产生的对齐路径移动，与点过滤类似。

（12）Esc 键：取消当前命令。

（13）Enter 键：即回车键，可重复执行上一个命令。

（14）状态行中的“LWT”：打开/关闭线型粗细显示。

第四节　绘图环境的设置

绘图环境包括绘图界限、绘图精度、绘图单位制等。可利用“格式”菜单进行设置。

一、设置绘图单位制和精度

- 点取下拉菜单“格式”→“单位…”命令，系统会弹出一个“图形单位”对话框，如图 10－5 所示。
- 在“长度”区内可选择长度类型和精度。
- 在“角度”区内可选择角度类型和精度。
- “顺时针”复选框用于控制角度测量的方向。系统默认设置为逆时针方式，若以顺时针方式测量角度，则选择“顺时针”选项。
- “插入比例”用于设置缩放插入内容的单位。

- “方向”按钮将弹出“方向控制”对话框，可在其中设置0角度的方位，系统默认设置为“东”。

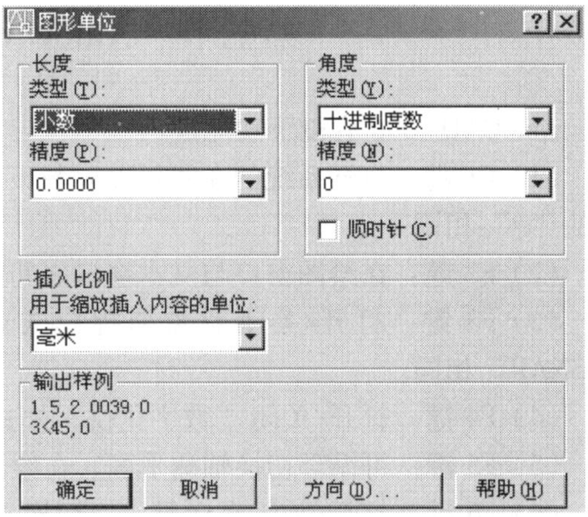

图10－5 “图形单位”对话框

二、设置绘图界限

- 点取下拉菜单“格式”→“图形界限”命令或在命令行中输入Limits命令。
- 命令行中显示：

  “指定左下角点或［开(ON)/关(OFF)］〈0.0000，0.0000〉”

  即当前图形界限的左下角坐标为(0，0)。可以重新输入数值更改。注意：若此时输入“ON”，则系统以后会检查所画图形是否超出设置的绘图界限，如超出，则画不出图；若输入“OFF”，则系统不会去检查，在绘图界限外仍可绘图。缺省值为“OFF”。
- 回车，命令行中显示出图形界限的右上角坐标(420，297)。可以重新输入数值更改。
- 输入Z(即ZOOM命令，图形缩放)，按回车(Enter键)；再输入All，回车，则所设图形界限全部显示在屏幕上。

第五节 AutoCAD 2006的坐标系和坐标

AutoCAD用几种方法确定点的位置。在本节中，将解释以下内容：①世界坐标系(WCS)和用户坐标系(UCS)；②绝对坐标；③相对坐标；④极坐标。

一、WCS和UCS

当开始一个新图时，默认状态下，使用的是世界坐标系(WCS)。这个坐标系由水平的X坐标轴、垂直的Y坐标轴以及垂直于X－Y平面的Z轴组成。该坐标系是固定不变的，因此，WCS不能被重新定义。并且，其他的用户坐标系(UCS)都是在WCS的基础上产生的。WCS的图标如图10－6所示。

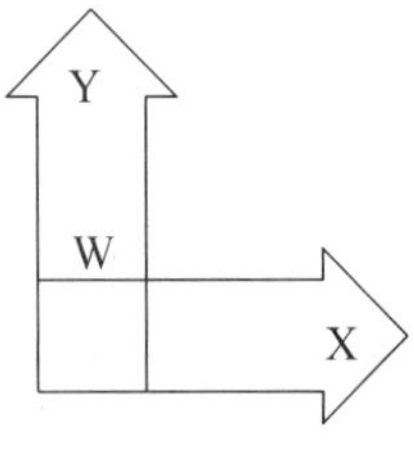

图10－6 WCS图标

用户坐标系是用户自己建立的坐标系统，默认情况下和WCS重合。用户坐标系原点可以移动，坐标轴也可以旋转和倾斜。用户可随时改变坐标系的原点和方向，或根据图中某个特定的对象确定坐标系。

UCS的利用主要体现在三维造型上，其具体操作见§11－2中的“二、用户坐标系”。

二、绝对的直角坐标输入

当知道点的X和Y坐标确切的值时，用绝对的直角坐标输入。

格式：X，Y↙

例10－1 画起点为(1，2)，终点为(10，15)的线段。

命令：line↙
_line 指定第一点：1，2↙
指定下一点或［放弃(Undo)］：10，15↙
指定下一点或［放弃(Undo)］：↙
注意：X，Y 坐标之间用“，”分隔。

三、相对的直角坐标输入

若是知道新一点和前一个点的相对位移时，使用相对的直角坐标输入较为方便。相对坐标值是点至图中已产生的最后一个点在 X 和 Y 方向上的增量。

格式：@X，Y↙

例 10-2　再画起点为(1，2)，终点为(10，15)的线段。终点距起点增量为 $\Delta X=9$、$\Delta Y=13$。

命令：line↙
_line 指定第一点：1，2↙
指定下一点或［放弃(Undo)］：@9，13↙
指定下一点或［放弃(Undo)］：↙
注意：相对坐标值前须加前缀符号“@”，沿 X、Y 轴正方向增量为正，反之为负。

四、极坐标输入

绝对极坐标是输入点到坐标系原点连线的长度、连线与零角度方向的夹角。
格式：长度<夹角↙
相对极坐标是输入点到最后一点的连线的长度、连线与零角度方向的夹角。
格式：@长度<夹角↙
默认 0°方向与 X 轴正方向一致，角度值以逆时针方向为正，顺时针方向为负。

第六节　图形的显示控制与绘图辅助功能

AutoCAD 有关图形显示控制和绘图辅助功能的命令主要放在“视图”和“工具”下拉菜单中。现在介绍其中较常用命令的用法。

一、重生成(REGEN)和全部重生成(REGEN ALL)命令

功能：“重生成”重新计算当前视口视区图形的数据，然后再显示出来。“全部重生成”将对所有视口的图形文件重新计算并显示出来。

二、图形缩放(ZOOM)命令

1. 功能
将图形在荧屏上做缩小或放大显示，以便观察，而其尺寸大小不发生变化。注意它与“修改”下拉菜单的“比例”命令的根本区别。
2. 调用
命令：ZOOM↙

菜单：“视图”→“缩放”

图标：在标准工具栏中的各缩放图标，如图 10－7 所示；也可以调出专门的“缩放”工具栏，如图 10－8 所示。

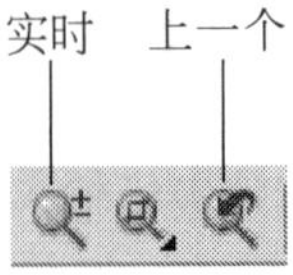

图 10－7　在标准工具栏上的缩放图标

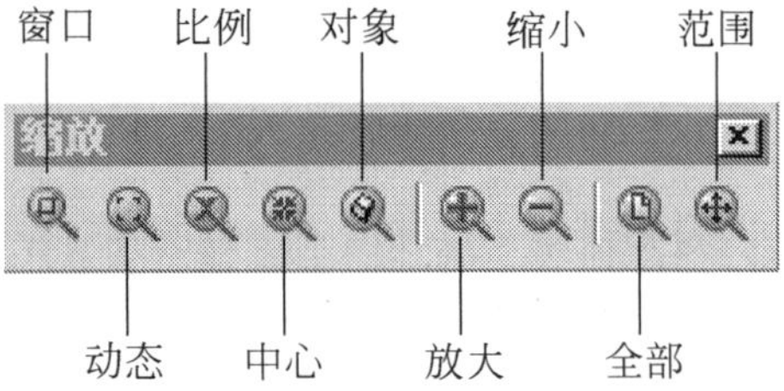

图 10－8　“缩放”工具栏

3. 说明

点击该命令后有如下提示：

［全部(A)/中心(C)/动态(D)/范围(E)/上一个(P)/比例(S)/窗口(W)/对象(O)］〈实时〉：

- ◆ 实时缩放：与直接点取标准工具栏的按钮  相同 。选择该项功能后，十字光标变成放大镜的形状，按下鼠标左键上下移动，图形亦随之放大或缩小；
- ◆ A：在当前窗口显示图形全貌，其大小取决于图形界限的设定或有效的绘图区；
- ◆ C：“中心”选项，要求指定一个中心，再给出缩放比例或高度，然后以此来显示图形；
- ◆ D：“动态”选项，以动态的方式显示图形；
- ◆ E：“范围”选项，使得图形尽可能地充满整个绘图区域，与图形界限无关；
- ◆ P：“上一个”，恢复上一次显示的图形，与直接点按钮  相同；
- ◆ S：“比例”选项，按比例缩放图形；
- ◆ W：“窗口”选项，把选定的矩形区域内的图形以最大比例全部显示在屏幕上，与点按钮  相同。

除了实时缩放、P 以及 W 选项外，其他选项也能将鼠标移至图标  上按下左键弹出的次级工具栏上选取。

三、图形平移(PAN)命令

1. 功能

可以使图形相对于观察者移动，从而看清它的某个部分。

2. 调用

命令：PAN↙

菜单：“视图”→“平移”

图标：

点取该命令后，十字光标变成手形，随着鼠标上下左右移动，实现图形的平移显示。要注意与“修改”菜单的“移动”命令区别，后者是改变图形与图纸的相对位置，而“移动”的作用则是相当于“移动取景框”。

第七节　图　层

一、图层的概念

一个图层(Layer)可以看成是一张透明的纸，用户可以在其中画任意的图形，但最好是某一图层只画那些性质相近或相同或者逻辑意义上相关的图形对象。例如，绘制印制电路板图时，在一张或几张纸(图层)上画导线，另外用两张纸(图层)分别画焊盘和元器件。所有这些纸(图层)的大小都一样，把它们对齐叠放在一起，从而形成用户所希望的印制电路板图。如果发现某一层设计不够合理，就只重画这一层即可，便于修改图形。一幅图中可创建任意数量的图层，每一图层上的对象数不受限制。

二、图层的特性

位于绘图区上方的对象特性工具栏中，显示了对象的图层、颜色和线型等信息，如图10－9所示。

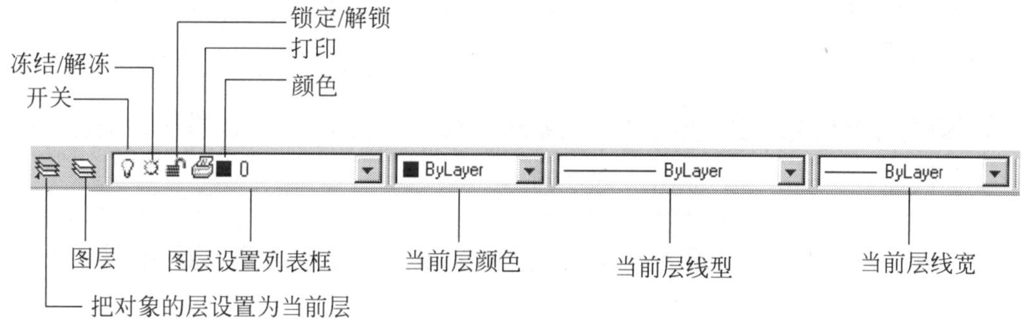

图10－9　对象特性工具栏

任何一个图层都具有以下特性：

(1) 层名(Layer Name)：每个图层都有一个名称，图层名可以包含多至255个字符。除“0”层是AutoCAD自动定义的外，其余图层需用户自己创建，名称可更改。

(2) 图层可见性(Visibility)：如果图层处于打开(ON)状态，则图层上的对象可见；如果图层处于关闭(OFF)状态，则图层上的对象不可见。不可见图层上的对象仍然是图形的一部分，只是不出现在显示器上；若在不可见图层上绘制图形，则该图形不显示，但却存在。

(3) 冻结与解冻状态(Freeze/Thaw State)：被冻结的图层上的对象是不可见的，这点类似于图层可见性。但与可见性不同的是，被冻结的图层上的对象将不参加重生成、消隐、渲染和打印等操作。在复杂图形中冻结不需要的层可以加快重生成图形时的速度。用户不能冻结当前层。

(4) 锁定与解锁状态(Lock/Unlock State)：如果图层被锁定，就不能对该层上的对象进行编辑，但可以在该层上绘制图形。

(5) 图层颜色(Color):为了在一幅图中分辨出不同层上的对象,可以给各图层设置不同的颜色。

(6) 图层线型(Linetype):AutoCAD 提供了多种线型供选择使用。一个图层上最好只使用一种线型,不同图层上可以使用不同的线型,也可以使用相同的线型。

(7) 打印:设置在打印输出图形时是否打印该层。如果关闭了某层的打印设置,那么打印输出时不会打印该层上的对象,但该层上的对象仍可显示。

三、图层设置(LAYER)命令

1. 功能

创建新图层,设定当前层,修改图层名称、颜色、线型等特性。

2. 调用

命令:LAYER↙

菜单:"格式" → "图层"

图标:

3. 说明

执行上面三种操作之一后,将打开"图层特性管理器"对话框(见图 10-10)。其中至少列出了 0 层的特性。

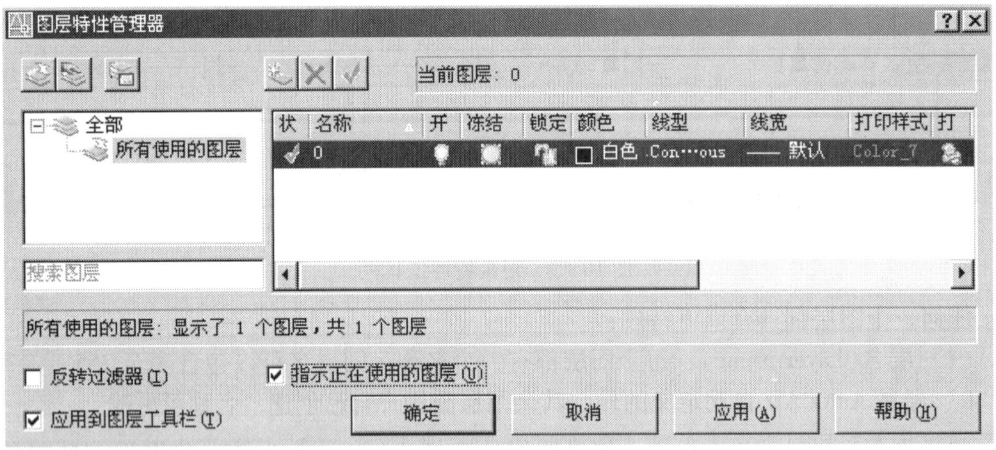

图 10-10 "图层特性管理器"对话框

(1) 创建新图层 用鼠标单击按钮,首次创建的新图层将自动被命名为"图层1"。用户可以用鼠标单击该层对应的"名称"进行修改。

(2) 设置颜色 如需要重新设置某一图层的颜色,用鼠标单击该层对应"颜色"项,将弹出"选择颜色"对话框(见图 10-11);在其中单击需要的颜色,然后单击"确定"按钮即可。

(3) 设置线型 新创建的图层中默认的线型为"Continuous(实线)"。如需要重新设置图层的线型,选中需要设置线型的图层,用鼠标单击该层对应的"线型"名,弹出一个"选择线型"对话框(见图 10-12)。该对话框中显示了当前已加载的线型,初始状态

图 10－11　“选择颜色”对话框

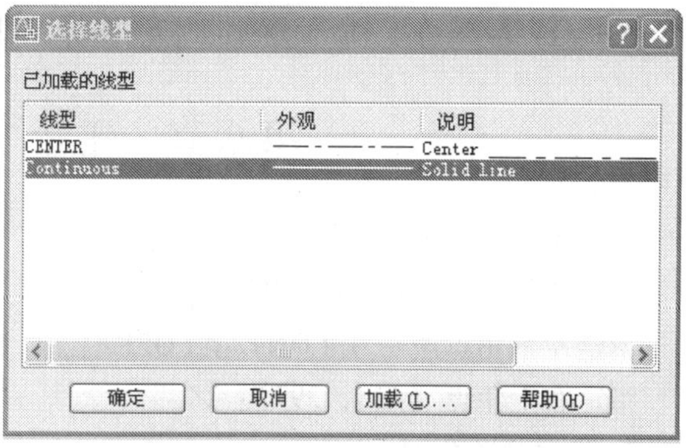

图 10－12　“选择线型”对话框

只有一种“Continuous”线型。如果当前已加载的线型不能满足需要，用鼠标单击“加载”按钮，弹出“加载或重载线型”对话框(见图 10－13)。可从中选出所需线型并按“确定”按钮，该线型将被加载，并返回到“选择线型”对话框。在“选择线型”对话框中选中所需线型后，单击“确定”按钮，此线型即为该图层的线型。

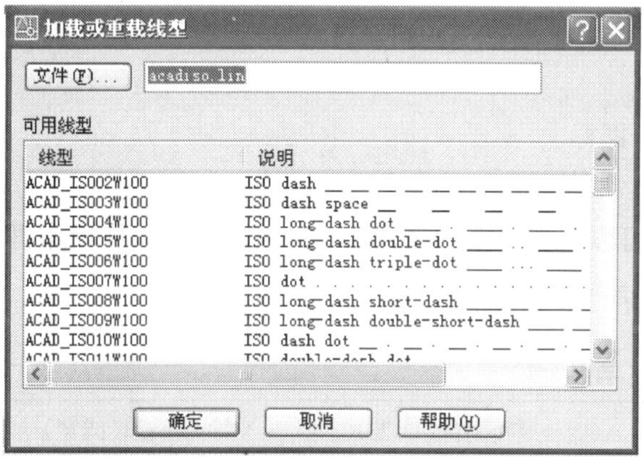

图 10－13　“加载或重载线型”对话框

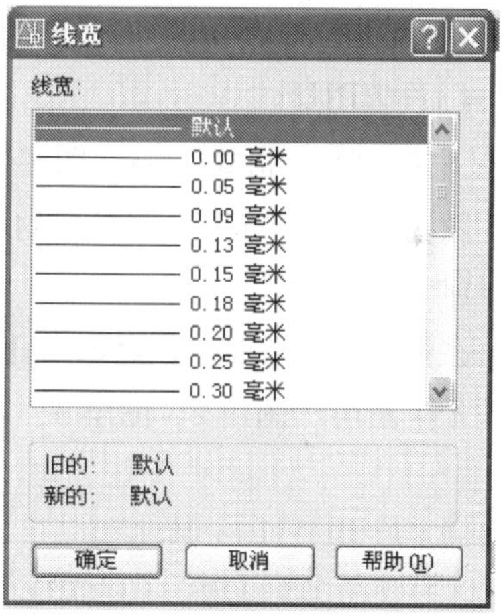

图 10－14　“线宽”对话框

(4) 设置线宽　单击需要设置线宽的图层所对应的“线宽”项，弹出一个“线宽”对话框(见图 10－14)。用户可根据需要选择线宽。线宽设置后，在默认情况下，系统不在图形中显示线宽。如果要显示线的宽度，在绘图时必须将屏幕下部状态栏中的“LWT (线宽显示)”按钮打开，才能将所设线宽显示出来。

(5) 设置当前层　用户只能在当前层上绘制图形，且当前层只能有一个。对于含有多个图层的图形，如果需要在某一层上绘制图形，必须在绘制前将该层设置为当前层。设置方法：从“图层特性管理器”对话框中选中所需图层，然后单击按钮  即可。

(6) 删除不需要的图层　打开“图层特性管理器”对话框，选择要删除的图层，然后单击按钮即可。注意用户不能删除0层、当前层以及包含图形对象的层。

(7) 图层状态的改变　在“图层特性管理器”对话框中用鼠标单击所需图层的可见性开/关、冻结/解冻、锁定/解锁状态的图标，即可实现图层状态的改变。

第八节　建立用户样板图

1. 设立图幅界限——设置A3图幅

下拉菜单：“格式”→“图形界限”

指定左下角点或［开(ON)/关(OFF)］〈0.0000，0.0000〉：↙

指定右上角点〈420，297〉：↙

2. 显示全图范围

命令：zoom↙

［全部(A)/中心(C)/动态(D)/范围(E)/上一个(P)/比例(S)/窗口(W)/对象(O)］〈实时〉：a↙

3. 设定单位和显示精度

下拉菜单：“格式”→“单位”

在弹出的对话框中，在长度“类型”项中选“小数”，在角度“类型”项中选择“十进制度数”显示方式，在“精度”项中指定显示精度为取整。

4. 设置图层

下拉菜单：“格式”→“图层”

图标：“对象特性”工具栏的第一个图标。

命令：layer↙

在弹出的对话框中，点取按钮可以产生一个“图层1”的新层，以同样操作再设立若干个图层“图层2，图层3，…，图层6”，如表10-1所示。

表10-1

Name(层名)	Color(颜色)	Linetype(线型)	Lineweight(线宽)
粗实线	green	continuous	—— 0.4 mm
细实线	white	continuous	—— 缺省
中心线	red	center	—— 缺省
虚线	yellow	dashed	—— 缺省
尺寸	blue	continuous	—— 缺省
文字	white	continuous	—— 缺省

说明：

①颜色设置是左击“颜色”项下的小方框，从弹出的“选择颜色”对话框中选择；

②线型设置是左击“线型”项下的内容，从弹出的“选择线型”对话框中选择，若其中没有所要的线型，则点“加载”按钮装入线型；

③线宽设置是左击“线宽”项下的内容，从弹出的“线宽”对话框中选择；

④设置完毕点“确定”。

建议：

①一般将 0 层保留不作改动；

②层名如“图层 1”等改为具体的内容，如“虚线”。

5. 设置字形

下拉菜单：“格式”→“文字样式”

在弹出的对话框中点“字体名”列表栏，选出 TT 仿宋，在“宽度比例”中键入 0.7，点“新建”按钮，在弹出的“新建文字样式”对话框中默认“样式名”为“样式 1”，然后点“确定”按钮，说明“样式 1”的字样名是宋体(“样式 1”用于汉字)；在点“确定”按钮前，也可以点“重命名”按钮更改样式名。

以同样操作，在“字体名”列表栏选出“Isocp. shx”，“宽度比例”中的 1.0 不改动，点“新建”按钮，在弹出的“新建文字样式”对话框中默认“样式名”为“样式 2”，然后点“确定”，说明“样式 2”对应的字样名是 Isocp. shx 体(“样式 2”用于尺寸以及其他数字)。

以上两种字样在该对话框中均不设字高，到文本输入时再根据具体需要键入字高。

6. 设置辅助功能——对象特征点捕捉“对象捕捉”

用鼠标右键点击界面最下一行的状态条的“对象捕捉”按钮，然后选择“设置”，将弹出“草图设置”对话框，选“对象捕捉”选项卡，选择所需的特征点如“端点”、“圆心”、“交点”、“最近点”等。

注意：下次再左点“对象捕捉”按钮时则表示打开/关闭此项功能。

7. 画 A3 图幅的图框和标题栏(见图 10－15)

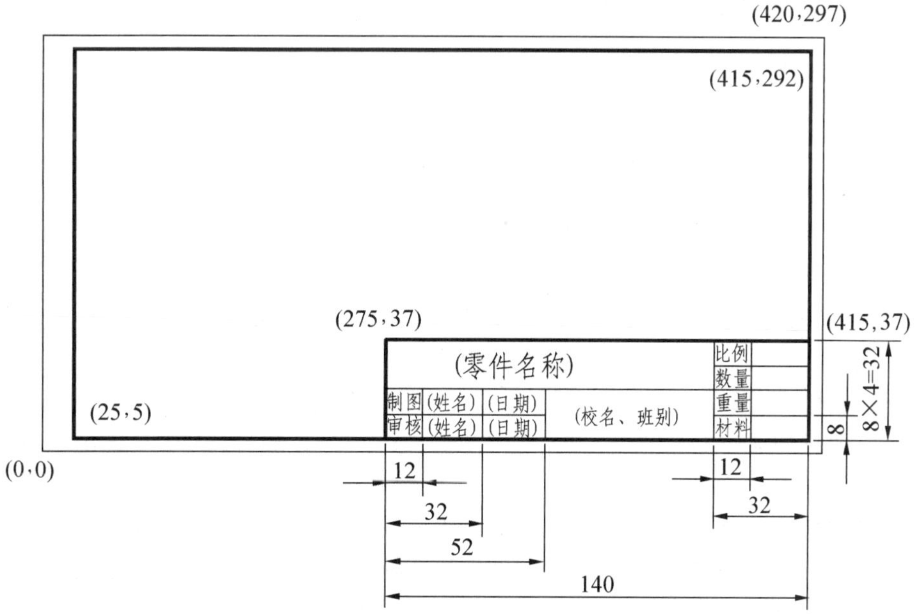

图 10－15　画图框和标题栏

（1）画图纸边框

先设置细实线为当前图层，再按以下命令操作。

命令：rectang↙

指定第一个角点或［倒角(C)/标高(E)/圆角(F)/厚度(T)/宽度(W)］：0，0↙

指定另一个角点或［面积(A)/尺寸(D)/旋转(R)］：420，297↙

（2）画图框和标题栏外框粗实线

先设置粗实线为当前图层，再按以下命令操作。

命令：rectang↙

指定第一个角点或［倒角(C)/标高(E)/圆角(F)/厚度(T)/宽度(W)］：25，5↙

指定另一个角点或［面积(A)/尺寸(D)/旋转(R)］：415，292↙

命令：line↙

指定第一点：415，37↙

指定下一点或［放弃(U)］：@ -140，0↙

指定下一点或［放弃(U)］：@0，-32↙

指定下一点或［闭合(C)/放弃(U)］：↙

（3）画标题栏细实线

先设置细实线为当前图层，再按以下命令操作。

命令：line↙

指定第一点：275，21↙

指定下一点或［放弃(U)］：@140，0↙

指定下一点或［闭合(C)/放弃(U)］：↙

命令：↙（回车表示重复执行上一个命令）

指定第一点：275，13↙

指定下一点或［放弃(U)］：@52，0↙

指定下一点或［闭合(C)/放弃(U)］：↙

命令：↙

指定第一点：287，5↙

指定下一点或［放弃(U)］：@0，16↙

指定下一点或［闭合(C)/放弃(U)］：↙

命令：offset↙

指定偏移距离或［通过(T)/删除(E)/图层(L)］〈通过〉：20↙

选择要偏移的对象，或［退出(E)/放弃(U)］〈退出〉：（选最后画的一段线）

指定要偏移的那一侧上的点，或［退出(E)/多个(M)/放弃(U)］〈退出〉：（点击线段的右边任意一点）

选择要偏移的对象，或［退出(E)/放弃(U)］〈退出〉：（选刚拷贝出的一段线）

指定要偏移的那一侧上的点，或［退出(E)/多个(M)/放弃(U)］〈退出〉：（点击线段的右边任意一点）

选择要偏移的对象，或［退出(E)/放弃(U)］〈退出〉：↙

命令：line↙

指定第一点：383，5↙

指定下一点或［放弃(U)］：@0，32↙

指定下一点或［闭合(C)/放弃(U)］：↙

命令：offset↙

指定偏移距离或［通过(T)/删除(E)/图层(L)］〈通过〉：12↙

选择要偏移的对象，或［退出（E）/放弃（U)］〈退出〉：(选最后画的一段线)

指定要偏移的那一侧上的点，或［退出(E)/多个(M)/放弃(U)］〈退出〉：(点击线段的右边任意一点)

选择要偏移的对象，或［退出(E)/放弃(U)］〈退出〉：↙

命令：line↙

指定第一点：415，13↙

指定下一点或［放弃(U)］：@ -32，0↙

指定下一点或［闭合(C)/放弃(U)］：↙

命令：line↙

指定第一点：415，29↙

指定下一点或［放弃(U)］：@ -32，0↙

指定下一点或［闭合(C)/放弃(U)］：↙

(4) 填写标题栏中的文字，选“样式1”字样，名称字高为10，其余字高为5

命令：text↙

当前文字样式：“样式1” 当前文字高度：2.5000(当前文字样式为“样式1”，字高为2.5000)

指定文字的起点或［对正(J)/样式(S)］：(指定文字的起点，将光标对准标题栏第一行第一列的适当位置后点击鼠标左键即可)

指定高度〈2.5000〉：10↙(输入字高10)

指定文字的旋转角度〈0〉：↙(指定文字的旋转角，回车接受0°)

输入文字：(零件名称）↙

输入文字：(将光标对准标题栏中另一个需要输入文字的行的适当位置后点击鼠标左键，然后输入文字)

依此类推，填写完标题栏中的所有文字。

(5) 存盘

下拉菜单：“文件”→“保存”

命名为ybt.dwt。

第九节　常用绘图命令

任何复杂的图形都是由一些基本的图形对象所组成的，AutoCAD提供了常用的基本对象的绘图方法，这些绘图命令都包含在“绘图”下拉菜单中(见图10-16)。

每次进入AutoCAD，在界面左侧一般可以观察到“绘图”工具栏，它使绘图操作更加方便，工具栏上各图标含义如图10-17所示。

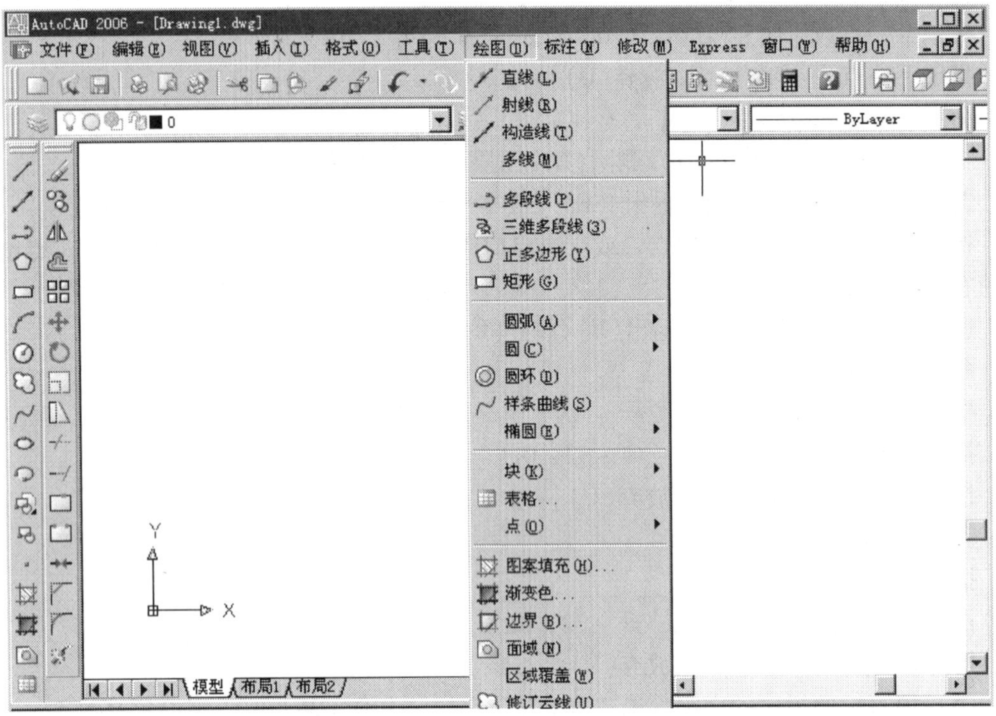

图 10-16　“绘图”下拉菜单

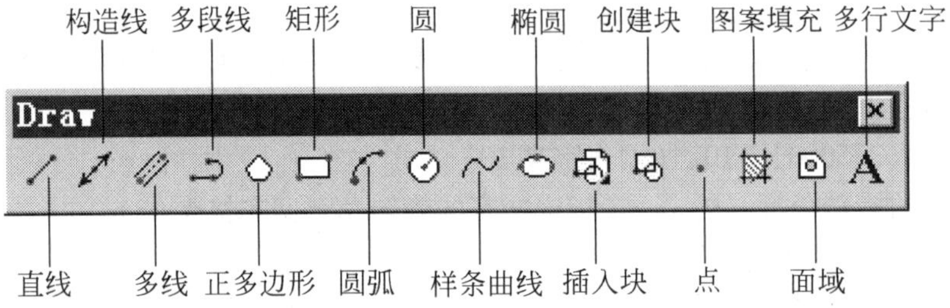

图 10-17　“绘图”工具栏

以下只对部分较常用的绘图命令作介绍。

一、直线（LINE）命令

1. 功能

绘制直线段。

2. 调用

命令：LINE↙

菜单：“绘图”→“直线”

图标：

3. 说明

执行 LINE 命令后，系统提示：

指定第一点：(输入线段第一点)

指定下一点或［放弃(U)］：(输入下一点)

指定下一点或［闭合(C)/放弃(U)］：(继续输入点或按回车键结束命令)

(1) 输入点的方法：

- 单击鼠标左键在屏幕上选取。
- 在命令行输入坐标值：绝对坐标、相对坐标、极坐标等。

(2) 在“指定下一点或［闭合(C)/放弃(U)］:”提示下输入C(即“闭合”)，将当前“直线”命令绘制的折线封闭。若是输入U(即“放弃”)，则将最后一段直线删除，退回前一点。

二、点(POINT)命令

1. 功能

画一个或多个点。

2. 调用

命令：POINT↙

菜单：“绘图”→“点”

图标：

3. 说明

执行“点”命令后，系统提示：

指定点：(输入一个点坐标)

在下拉菜单“绘图”→“点”的级联菜单中有4个选项：

- 单点：绘制一个点。
- 多点：一次可画多个点，按Esc键结束点的输入。
- 定数等分：以指定的份数等分图形对象，并在等分对象上标出等分点。
- 定距等分：以指定长度在选中的对象上分段，并在该对象上标出分段点。

AutoCAD提供了多种样式的点，可以根据需要设置点的样式。点的缺省形式是一个小黑点(在屏幕上几乎看不出来)。

点的样式和大小可通过以下命令设置：

菜单：“格式”→“点样式”

三、正多边形(POLYGON)命令

1. 功能

绘制正多边形。

2. 调用

命令：POLYGON↙

菜单：“绘图”→“多边形”

图标：

3. 说明

执行“多边形”命令后，系统提示：

输入边的数目〈4〉:（输入正多边形的边数，或按回车键接受缺省值 4）

指定正多边形的中心点或［边（E）］:（确定多边形的中心或选择边）

绘制正多边形的方式：

①键入 E 后，再分别拾取两个端点，定义一条边，从而确定一个正多边形(见图 10 - 18a)。

②若直接给定多边形的中心点坐标，则系统提示：

输入选项［内接于圆(I)/外切于圆(C)］〈I〉:（输入选项［内接于圆(I)/外切于圆(C)］）

输入 I 时作内接正多边形(见图 10 - 18b)，输入 C 时作外切正多边形(见图 10 - 18c)。

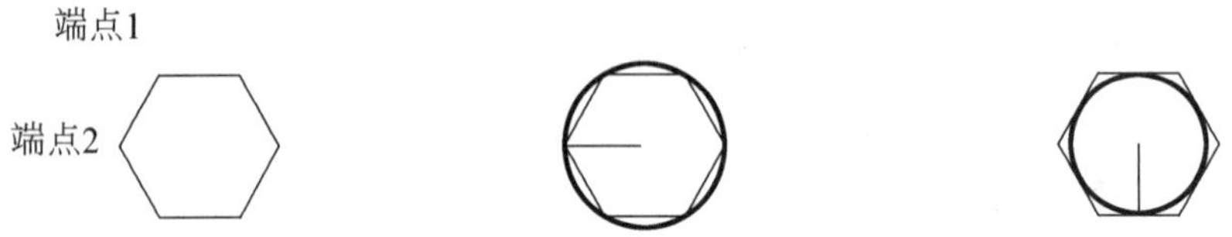

(a)　　(b)　　(c)

图 10 - 18　作正多边形

四、矩形(RECTANGLE)命令

1. 功能

绘制包括带有各种特征的矩形。

2. 调用

命令：RECTANGLE↙

菜单：“绘图”→“矩形”

图标：

3. 说明

执行“矩形”命令后，系统提示：

指定第一个角点或［倒角(C)/标高(E)/圆角(F)/厚度(T)/宽度(W)］:

如果绘制普通矩形，可在上面的提示下输入矩形的一个角点，回车后再输入矩形的另一个角点即可。

各选项的含义：

①倒角(C)——通过设置倒角距离，绘制带倒角的矩形，如图 10 - 19a 所示。

②标高(E)——设置矩形的高度。

③圆角(F)——通过设置倒圆角半径，绘制带圆角的矩形，如图 10 - 19b 所示。

④厚度(T)——设置矩形边框线的厚度。

⑤宽度(W)——设置矩形边框线的宽度，如图 10 - 19c 所示。

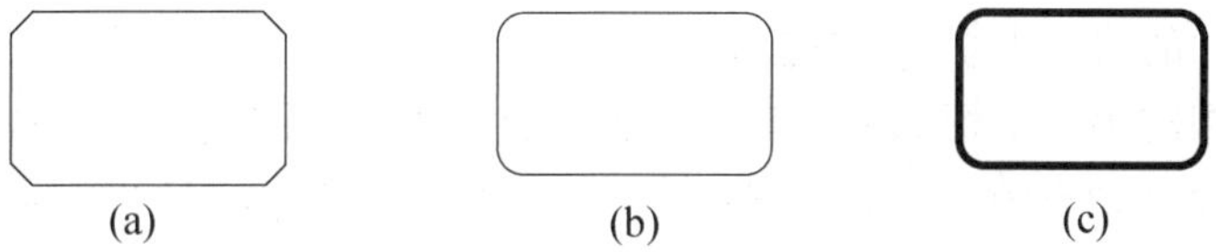

图 10-19　画矩形

五、圆(CIRCLE)命令

1. 功能

画圆。

2. 调用

命令：CIRCLE↙

菜单："绘图"→"圆"

图标：

3. 说明

AutoCAD 提供了 6 种画圆的方式。

(1) 圆心、半径画圆（Center，Radius ）

命令：Circle↙

指定圆的圆心或［三点(3P)/两点(2P)/相切、相切、半径(T)］：(输入圆心)

指定圆的半径或［直径(D)］：(输入半径)（见图 10-20a）

(2) 圆心、直径画圆(直径 D)

指定圆心、直径画圆。

(3) 两点画圆(2 P)

这两点为圆直径上的两端点。

(4) 三点画圆(3 P)

指定圆周上的三点方式画圆。

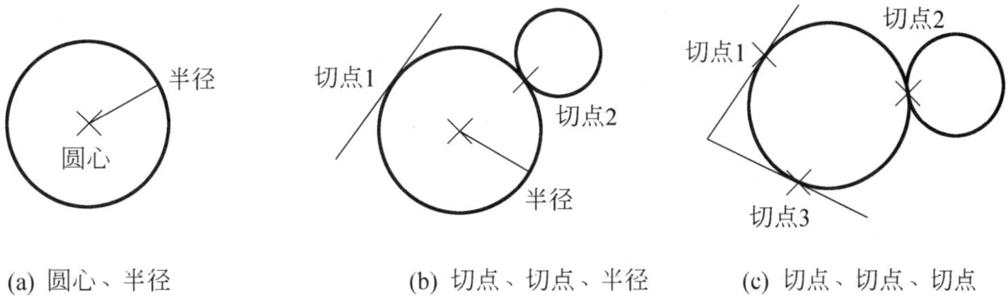

图 10-20　画圆的方式

(5) 用相切、相切、半径画圆(TTR)

该方式可以绘制一个与用户选择的两个对象相切的圆。

命令：Circle↙

指定圆的圆心或［三点(3P)/两点(2P)/相切、相切、半径(T)］：T↙
指定对象与圆的第一个切点：(选直线)
指定对象与圆的第二个切点：(选小圆)
指定圆的半径〈缺省值〉：(输入半径)
画出了大圆，如图 10－20b 所示。
(6) 相切、相切、相切画圆(Tan，Tan，Tan)
绘制一个与用户选择的三个对象都相切的圆，如图 10－20c 所示 。

六、圆弧(ARC)命令

1. 功能
画圆弧。
2. 调用
命令：ARC↙
菜单："绘图" → "圆弧"
图标：
3. 说明
从 ARC 的级联子菜单中可以看到系统提供了 11 种绘制圆弧的方法。下面就其常用的几种作一简单的介绍。
(1) 3 点画圆弧(3 P)
命令：Arc↙
指定圆弧的起点或［圆心(C)］：(输入圆弧的起点)
指定圆弧的第二个点或［圆心(C)/端点(E)］：(输入第二点)
指定圆弧的端点：(输入圆弧终点)
(2) 起点、圆心、终点画圆弧(Start，center，end)
命令：Arc↙
指定圆弧的起点或［圆心(C)］：(输入圆弧的起点)
指定圆弧的第二个点或［圆心(C)/端点(E)］：C
指定圆弧的圆心：(输入圆弧的圆心)
指定圆弧的端点或［角度(A)/弦长(L)］：(输入终点)
(3) 用起点、圆心、圆心角画圆弧(Start，center，Angle)
命令：Arc↙
指定圆弧的起点或［圆心(C)］：(拾取起点)
指定圆弧的第二个点或［圆心(C)/端点(E)］：C(选择圆心方式)
指定圆弧的圆心：(拾取圆心)
指定圆弧的端点或［角度(A)/弦长(L)］：A(选择角度方式)
指定包含角：(输入角度)

七、椭圆(ELLIPSE)命令

1. 功能

生成椭圆和椭圆弧。

2. 调用

命令：ELLIPSE↙

菜单：“绘图” → “椭圆”

图标：。

3. 说明

AutoCAD 提供了 3 种绘制椭圆的方式。

(1) 用中心点绘制椭圆（见图 10－21a）

执行“椭圆”命令后，系统提示：

指定椭圆的轴端点或［圆弧(A)/中心点(C)］：C↙（选择中心点的方式）

指定椭圆的中心点：（拾取中心点）

指定轴的端点：（拾取端点 1，中心点与端点的距离为椭圆的一条半轴）

指定另一条半轴长度或［旋转(R)］：（输入长度值，结束命令）

中心点与端点相连充当椭圆的长半轴或短半轴，这取决于它的距离与长度值的相对大小。

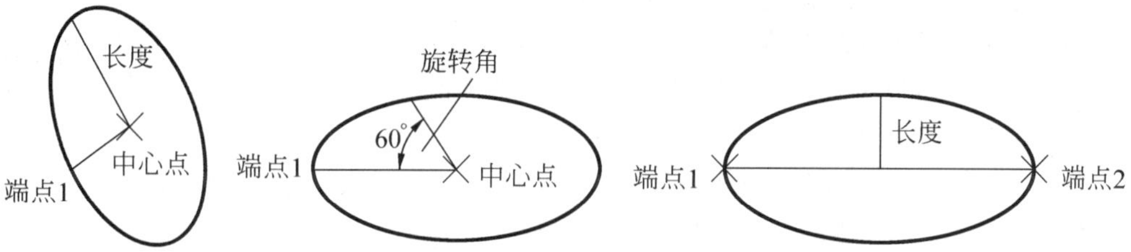

(a) 中心点画椭圆　(b) 旋转角画椭圆　(c) 两端点画椭圆

图 10－21　绘制椭圆的方法

如果不输入长度值，而是键入 R，则表示采用旋转角度确定椭圆（见图 10－21b）。设角度 α，则短半轴 = 长半轴 · $\cos\alpha$。

(2) 用两端点、长度绘制椭圆（见图 10－21c）

执行“椭圆”命令后，系统提示：

指定椭圆的轴端点或［圆弧(A)/中心点(C)］：（拾取端点 1）

指定轴的另一个端点：（拾取端点 2）

指定另一条半轴长度或［旋转(R)］：（输入长度值）

八、多段线(PLINE)命令

1. 功能

绘制多段线。由宽窄相同或不同的直线段和弧线段序列组成的单一图形元素称为多段线。用多段线命令可以生成任意宽度的直线、任意宽度任意形状的曲线或直线与曲线的任意结合。多段线与用“直线”命令生成的直线不同，一条多段线被系统作为一个图形元素对待（见图 10－22）。

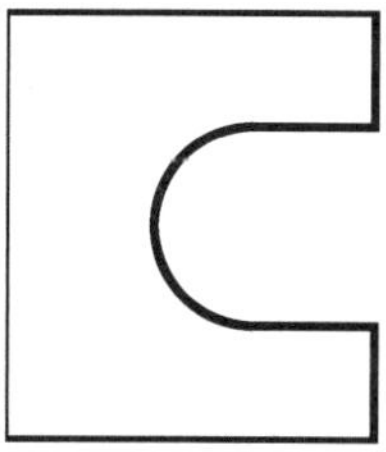

图 10－22　多段线

2. 调用

命令：PLINE↙

菜单："绘图"→"多段线"

图标：

3. 说明

执行"多段线"命令后，系统提示：

指定起点：(输入多段线起点)

指定下一个点或［圆弧(A)/半宽(H)/长度(L)/放弃(U)/宽度(W)］：(输入下一点或［各选项］)

提示行选项说明如下：

◆"指定下一个点"：输入多段线的另一端点，为缺省项。输入一点后，系统以当前线宽和线型绘制出一段多段线，然后重复上面的提示。

◆圆弧（A）：使多段线从绘制直线方式切换到绘制圆弧方式。上一段线的终点为圆弧的起点。

◆半宽（H）：设置本段多段线的半宽，即线宽的一半。选择该项后，提示：

指定起点半宽〈缺省值〉：(输入起始点半宽度)

指定端点半宽〈缺省值〉：(输入结束点半宽度)

设定不同的起始和结束宽度，将绘制出楔形的多段线。系统默认下一段多段线的宽度为前一段终点处的线宽。

◆长度(L)：定义本段多段线的长度，方向为上一直线段的方向或圆弧的切线方向。

◆放弃(U)：删除多段线的最后一段。

◆宽度(W)：设定多段线的线宽，与"半宽(H)"类似。

九、多线(MLINE)命令

1. 功能

绘制多行相互平行的线(见图10－23)。

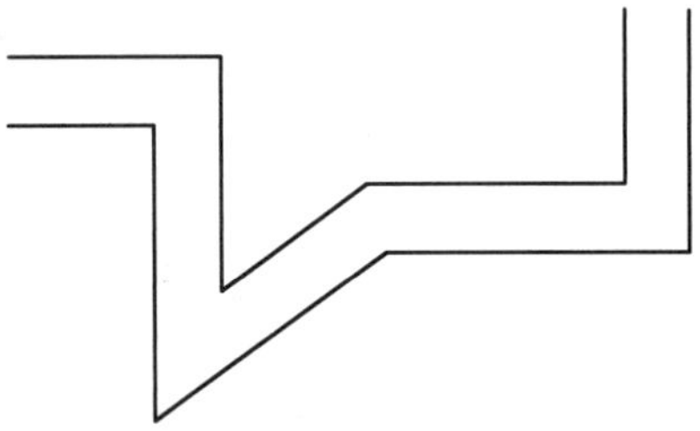

图10－23　多线

2. 调用

命令：MLINE↙

菜单："绘图"→"多线"

图标：

3. 说明

执行"多线"命令后，系统提示：

指定起点或［对正(J)/比例(S)/样式(ST)］：

◆对正(J)：用于确定绘制多线的对齐方式，选择该项后系统提示：

输入对正类型［上(T)/零(Z)/下(B)］〈上〉：

上(T)：表示多线最上端的线将随光标移动。

零(Z)：表示多线的中心线将随光标移动。

下(B)：表示多线最底端的线将随光标移动。

◆比例(S)：用来确定所绘制的多线相对于定义的多线的比例系数，缺省值为1.00。

十、样条曲线(SPLINE)命令

1. 功能

生成样条曲线。样条是一种通过空间一系列给定点生成的光滑曲线。

2. 调用

命令行：SPLINE

菜单：“绘图”→“样条曲线”

图标：

3. 说明

执行“样条曲线”命令后，系统提示：

指定第一个点或［对象(O)］：输入样条曲线的起点或［对象(O)］

输入曲线起点后，系统接着提示：

指定下一点：(输入第二点)

指定下一点或［闭合(C)/拟合公差(F)］〈起点切向〉：

此提示中各选项的含义如下：

- 指定下一点：可以连续输入样条曲线上的各点，回车结束输入。
- 闭合(C)：用于封闭样条曲线。
- 拟合公差（F)：设定样条曲线的拟合公差，公差越大，曲线越光滑。
- 起点切向：缺省选项，输入样条曲线起点的切线方向。
- 端点切向：(最后提示)输入样条曲线终点的切线方向。

第十节　捕 捉 功 能

对象捕捉是一个非常有用的工具，能帮助用户迅速、准确地绘图。

为了方便操作，AutoCAD 在屏幕底部的状态条中列出了有关的系统工作状态，可以单击相应的按钮完成状态的切换，图 10－24 所示为屏幕工作状态条。

图 10－24　屏幕工作状态条

一、捕捉和栅格

捕捉是系统提供的一种光标定位功能，它使光标只能按照捕捉间距跳跃移动，其目的是用鼠标快速定位。栅格则是显示在绘图区内的一些小黑点，以一定的间距分布的矩形阵列。如果用户已设置了绘图界限，栅格仅在图限区内显示。

通常将捕捉和栅格配合使用。

1. 常用的启动捕捉和栅格的方法

单击状态条中的“捕捉”按钮(或按 F9 键)；单击状态条中的“栅格”按钮(或按 F7 键)。

2. 常用的设置捕捉和栅格的方法

点下拉菜单“工具”→“草图设置…”，弹出“草图设置”对话框，选择“捕捉”和“栅格”选项卡，可以对以下内容进行设置：

- 捕捉 X 轴间距 、捕捉 Y 轴间距 、栅格 X 轴间距 、栅格 Y 轴间距：用于设置捕捉和栅格的 X 向、Y 向的间距，一般将捕捉间距设为栅格间距的倍数。
- X 基点、Y 基点 ：确定捕捉的基点。
- 极轴间距：设置捕捉的旋转角。绘制有倾斜结构的图样时，可利用此功能提高操作效率。
- 捕捉类型和样式：设置捕捉类型，一种类型是“栅格捕捉”，“矩形捕捉”属于缺省设置，是矩形的栅格捕捉，而“等轴测捕捉”用于画轴测图时的栅格捕捉，此时栅格点初始化为30°和 150°；另一种类型“极轴捕捉”又叫极坐标捕捉，需要在左边的“极轴距离”中指定距离。

二、正交绘图模式

系统处于正交模式时，光标只能沿水平或垂直方向移动。启动正交模式的方法为单击状态条中的“正交”按钮(或按 F8 键)。

三、对象捕捉

在绘图过程中，直接用鼠标在屏幕上拾取一些特征点(如圆心、切点、线段端点)时，无论如何小心，要准确选中这些点都是非常困难的。为了帮助用户精确拾取到这些点，AutoCAD 提供了一组对象捕捉工具，可以准确无误地抓取到这些特征点。

1. 执行对象捕捉的方法

如果经常需要抓取某类特征点，应该将其对象捕捉设为长期运行方式；若是暂时需要，则可以采用临时执行的捕捉方式。

(1) 临时执行状态

把鼠标放在标准工具栏的任何地方单击右键，在弹出的一列菜单中选取“对象捕捉”(见图 10－25)。

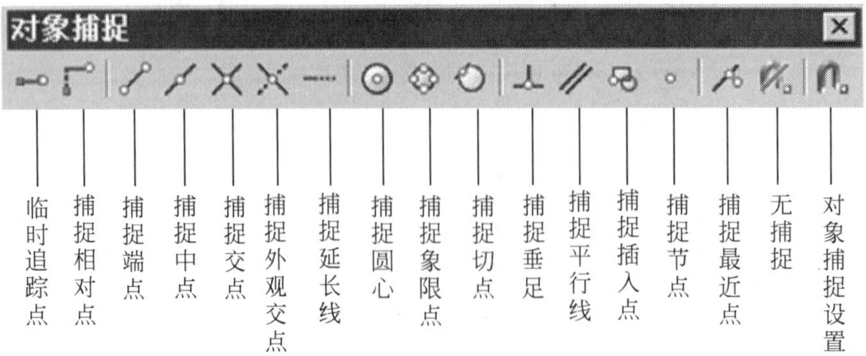

图 10－25 对象捕捉的弹出式图标

也可以在绘图过程中，当系统提示输入一个点时，在绘图区任意处按住 Shift 键并单击鼠标右键，屏幕上会弹出一个快捷菜单(见图 10－26)，从中可选择所需的特征点捕捉。

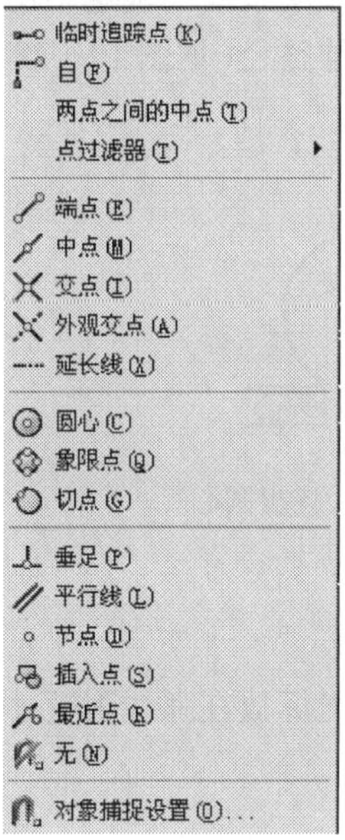

图 10－26 特征点捕捉快捷菜单

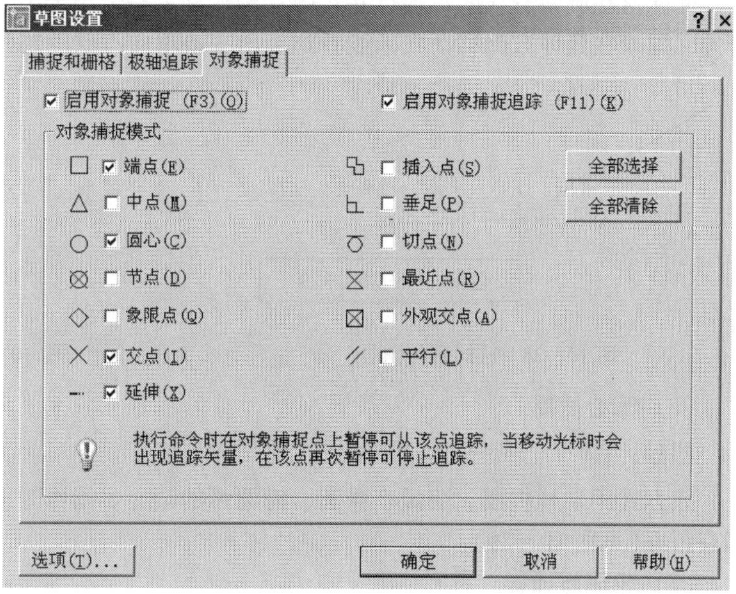

图 10－27 “草图设置”对话框

(2) 长期运行状态

在绘图区下方的状态条上，以右键点击“对象捕捉”，在弹出的光标菜单中选择“对象捕捉设置 ”按钮，出现“草图设置 ”对话框(见图 10－27)，从中选择所需的特征点。

设置完毕后，按下 F3 键或者按下状态条的“对象捕捉”按钮，即可使得对象捕捉功能开始生效。

2. 对象捕捉的类型

(1) 端点捕捉

图标：

该方式既可以捕捉二维线条的端点，也可捕捉三维实体的边的端点。

(2) 中点捕捉

图标：

该方式用来捕捉对象的中间点。

(3) 交点捕捉

图标：

该方式用来捕捉两个对象的实际交点或者延伸交点。

(4) 外观交点捕捉

图标：

外观交点实际上就是三维空间的交叉线段的重影点。在二维空间中，该方式与交点捕捉方式的作用相同。

（5）延伸点捕捉

图标：

光标落在倾斜直线的右端点并暂停片刻，显示一个小十字，这表明该线已被选中用于延伸，同时在延伸方向移动光标能看到拖出一条单向点状的临时延伸路径（见图 10－28）。

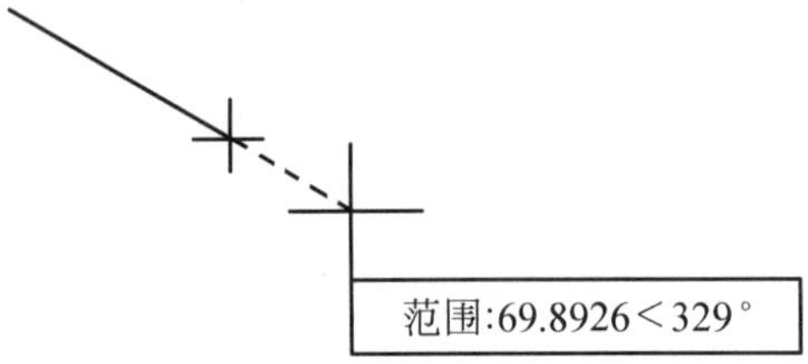

图 10－28　临时延伸路径

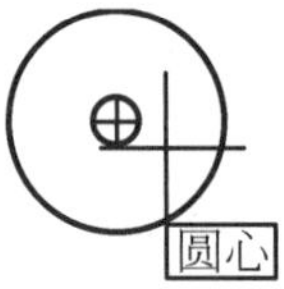

图 10－29　捕捉圆心

（6）圆心捕捉

图标：

该方式用来捕捉圆、圆弧、椭圆、椭圆弧的圆心。操作时应将光标放在弧线附近才能捕获圆心（见图 10－29）。

（7）象限点捕捉

图标：

该方式用来捕捉弧线上的象限点，即以对象中心点为原点，位于 0°、90°、180°以及 270°位置上的 4 个点（见图 10－30）。

图 10－30　捕捉象限点

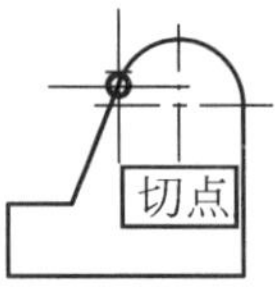

图 10－31　捕捉切点

（8）切点捕捉

图标：

使用该方式用户可以在圆、圆弧、椭圆、椭圆弧、样条曲线上捕捉到与上一点相连的点，这两点形成的直线与该对象相切（见图 10－31）。

（9）垂足捕捉

图标：

该方式用来捕捉与另一对象或其虚拟延伸形成正交的对象上的点（见图 10－32）。

（10）平行线捕捉

图标：

作一条已知直线的平行线可以采用该项功能。将光标移动到一条参照线上停留片刻即出现一个平行线捕捉的靶框。然后移动光标，直至光标位置与欲绘直线先前点的连线平行于参照线，就显示一条点状的平行对齐路径（见图 10－33）。单击左键，完成平行线绘制。

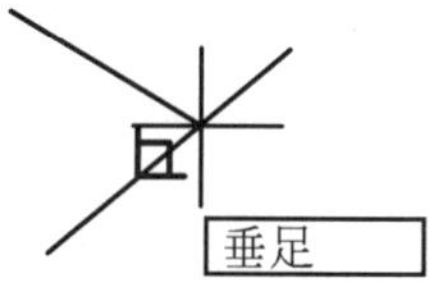

图 10－32　捕捉垂足

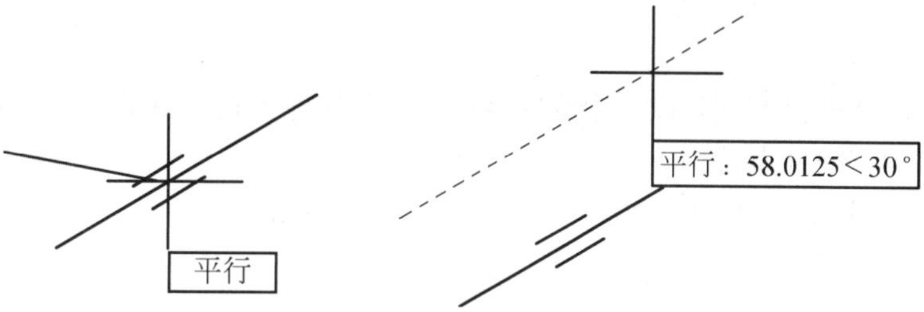

图 10－33　捕捉平行线

（11）插入点捕捉

图标：

该方式用来捕捉属性、块、形、外部引用和文本的插入点。

（12）节点捕捉

图标：

该方式用来捕捉由 POINT、DIVIDE 或 MEASURE 等命令定义的点对象（见图 10－34）。

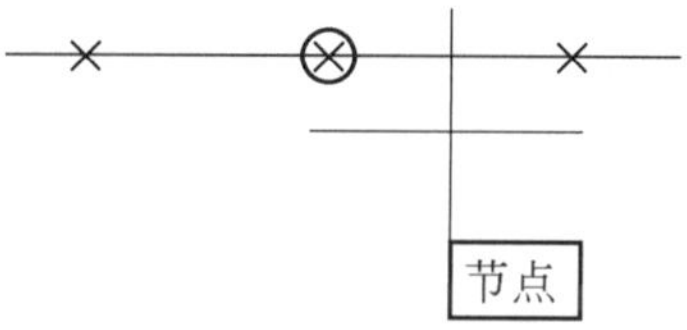

图 10－34　捕捉节点

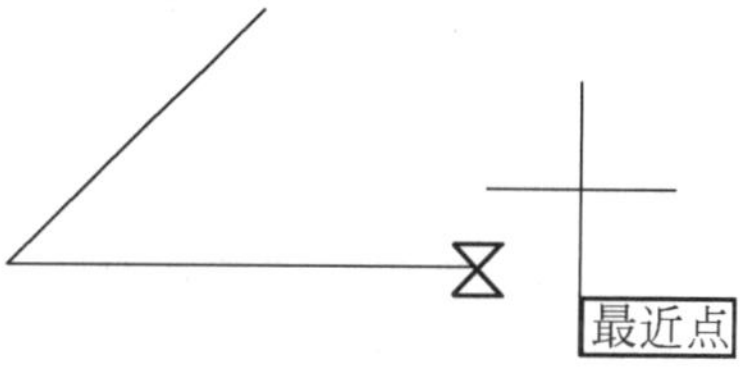

图 10－35　捕捉最近点

（13）最近点捕捉

图标：

使用该方式可以捕捉所选取对象上距离光标中心最近的点（见图 10－35）。

（14）临时追踪点捕捉

图标：

该方式用于定义临时参考点。用该方式可以从一个参考点经一系列参考点得到所需要的点。如图 10－36 所示，画完水平线后按图标  选临时追踪点捕捉，再按鼠标左键，所选的点（图中右端点上方的点）即是临时追踪点。轨迹点：48. 3613 <0°说明现在光标位于该点正右方。

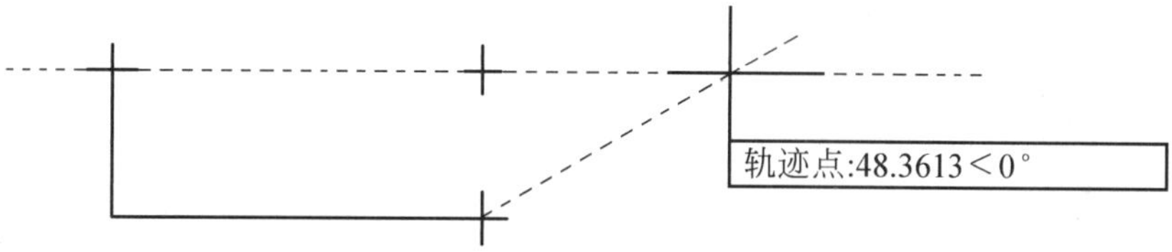

图 10－36　捕捉临时追踪点

(15) 相对点捕捉

图标：

该捕捉方式是以一个临时参考点(由其他捕捉方式得到)为基点，从基点偏移一定距离得到捕捉点的。

(16) 关闭捕捉功能

图标：

(17) 设置对象捕捉

图标：

例 10－3 利用对象捕捉绘制如图 10－37 所示的图形。

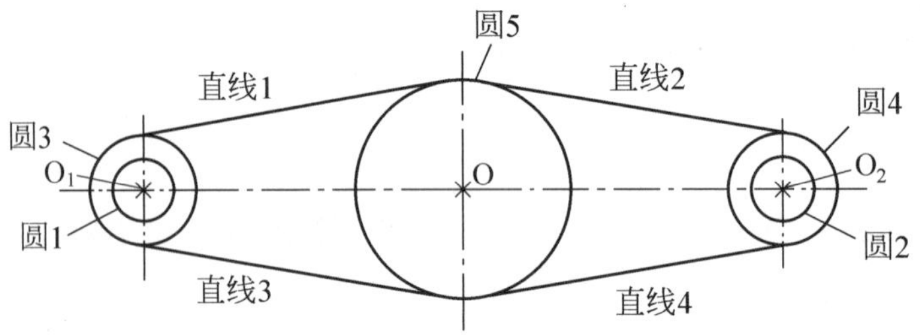

图 10－37 利用对象捕捉绘图

操作如下：

①创建两个新图层：粗实线层、点画线层。(过程略)

②将点画线层设置成当前层，打开正交模式。用直线命令绘制两条互相垂直的中心线。(过程略)

③将粗实线层设置成当前层，关闭正交模式。(过程略)

④利用相对点捕捉功能，确定圆 1 的圆心，绘制圆 1。

命令：circle↙

指定圆的圆心或［三点(3P)/两点(2P)/相切、相切、半径(T)］：from(相对点捕捉)

基点：int(捕捉交点 O_1)

于〈偏移〉：@100 <180↙(相对坐标)

指定圆的半径或［直径(D)］〈10.0000〉：10↙(圆的直径)

⑤以类似操作绘制圆 2

命令：circle↙

指定圆的圆心或［三点(3P)/两点(2P)/相切、相切、半径(T)］：from

基点：int(捕捉交点 O_2)

于〈偏移〉：@100 <0↙

指定圆的半径或［直径(D)］〈10.0000〉：10↙

⑥捕捉圆 1 的圆心绘制圆 3

命令：circle↙

指定圆的圆心或［三点 (3P) /两点 (2P) /相切、相切、半径(T)］：_cen(圆心捕捉)

于(拾取 O_1 点)

指定圆的半径或［直径(D)］〈10.0000〉：20↙(圆的直径)

⑦以类似操作绘制圆 4

命令：circle↙

指定圆的圆心或［三点（3P）/两点（2P）/相切、相切、半径(T)］：_ cen

于(拾取 O_2 点)

指定圆的半径或［直径(D)］〈10.0000〉：20↙

⑧捕捉交点 O 为圆心绘制圆 5

命令：circle↙

指定圆的圆心或［三点(3P)/两点(2P)/相切、相切、半径(T)］：(捕捉 O 点)

指定圆的半径或［直径(D)］〈60.0000〉：40↙(圆的直径)

⑨由切点捕捉方式绘制直线 1

命令：line↙

指定第一点：_ tan(切点捕捉)

到(拾取圆 3 上一点，注意该点要位于 90°左右)

指定下一点或［放弃(U)］：_ tan(切点捕捉)

到(拾取圆 5 上一点，注意该点要位于 90°左右)

指定下一点或［放弃(U)］：(回车)

⑩以同样的方法绘制直线 2、3、4。

四、调整捕捉靶框

通过下拉菜单“工具”→“选项”命令，打开“选项”对话框，选中该对话框中的“草图”选项卡，如图 10－38 所示。

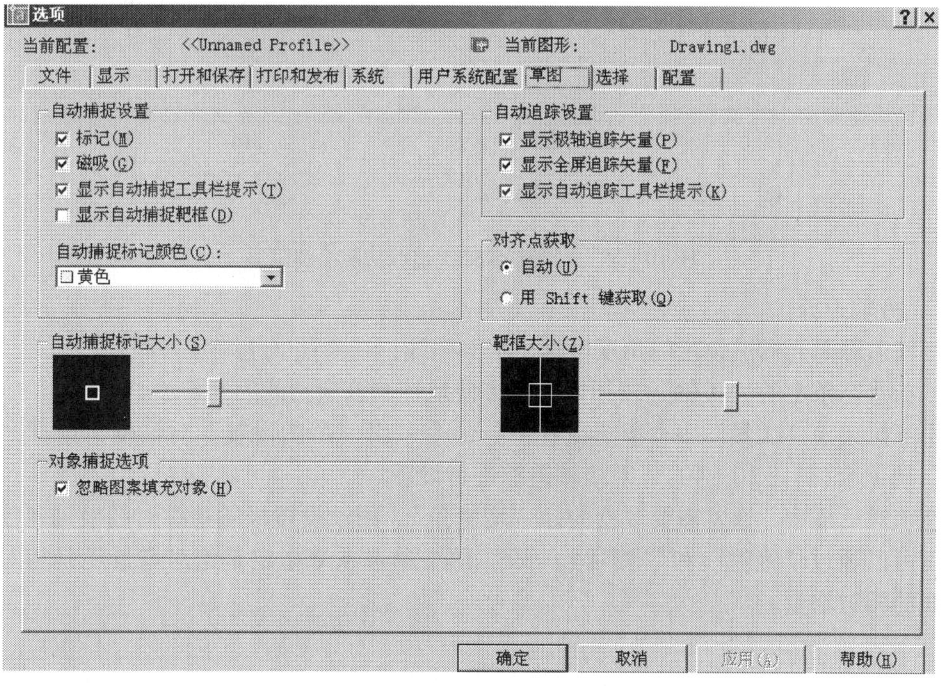

图 10－38　“草图”选项卡

在该选项卡里，“自动捕捉标记颜色”可以设置捕捉靶框的颜色，“自动捕捉标记大小”用于设置自动捕捉靶框的大小。

五、自动追踪

追踪是光标跟随参照线的踪迹来确定新点位置的方法，它有两种工作方式：对象捕捉追踪和极轴追踪。

1. 对象捕捉追踪

对象捕捉追踪是把对象上的某个特征点作为参照来确定所需点的位置。由被捕捉到的点引出 X 向和 Y 向的追踪线，而新点必定落在追踪线上。

单击状态条上的“对象追踪”按钮可以很方便地控制该项功能的开与关。

例 10－4 现有一条倾斜直线 ab(见图 10－39a)，需要另画一条倾斜直线 cd，使两条相交直线构成矩形的对角线。

①设置端点捕捉方式，并在状态条上开启“对象捕捉”功能和“对象追踪”功能；

②单击画直线图标；

③将光标移到 a 点处暂停片刻(注意：暂不要拾取该点)，直到该点上显示出小十字，表明该点已成为追踪点；

④将光标移到 b 点处暂停，直到该点也成为第二个追踪点；

⑤从 b 点出发，光标左移，出现一条水平追踪线，大约移至 a 点正上方时，从 a 点出发也出现一条垂直追踪线，两线相交，单击鼠标左键即可确定 c 点(见图 10－39b)；

⑥同理可得到直线上的另一点 d，结果如图 10－39c 所示。

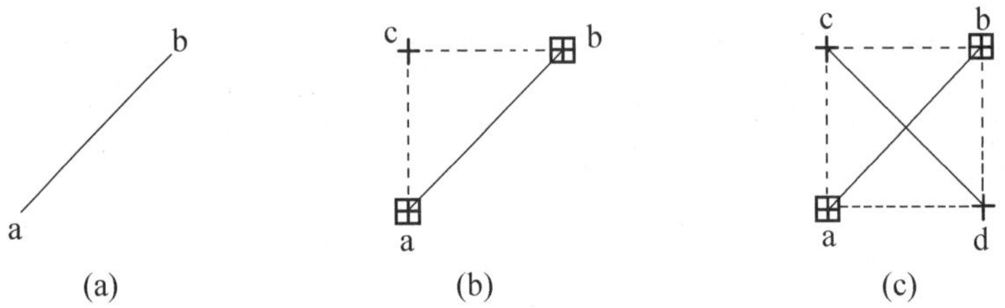

图 10－39 利用对象捕捉追踪功能绘制矩形

2. 极轴追踪

极轴追踪是光标沿设定的角度增量显示参照线，在参照线上确定参照点。

单击状态条上的“极轴”按钮可以很方便地控制该项功能的开与关。

用下拉菜单“工具”→“草图设置…”命令调出“草图设置”对话框，选择“极轴追踪”选项卡(见图 10－40)，对极轴追踪进行设置。

在该对话框中，通常需要改变的是“增量角”，用于设置极轴追踪时的极轴角度。而此角度可以通过“绝对”和“相对上一段”两个单选项来指定是绝对增量还是相对于上一段线的相对增量。

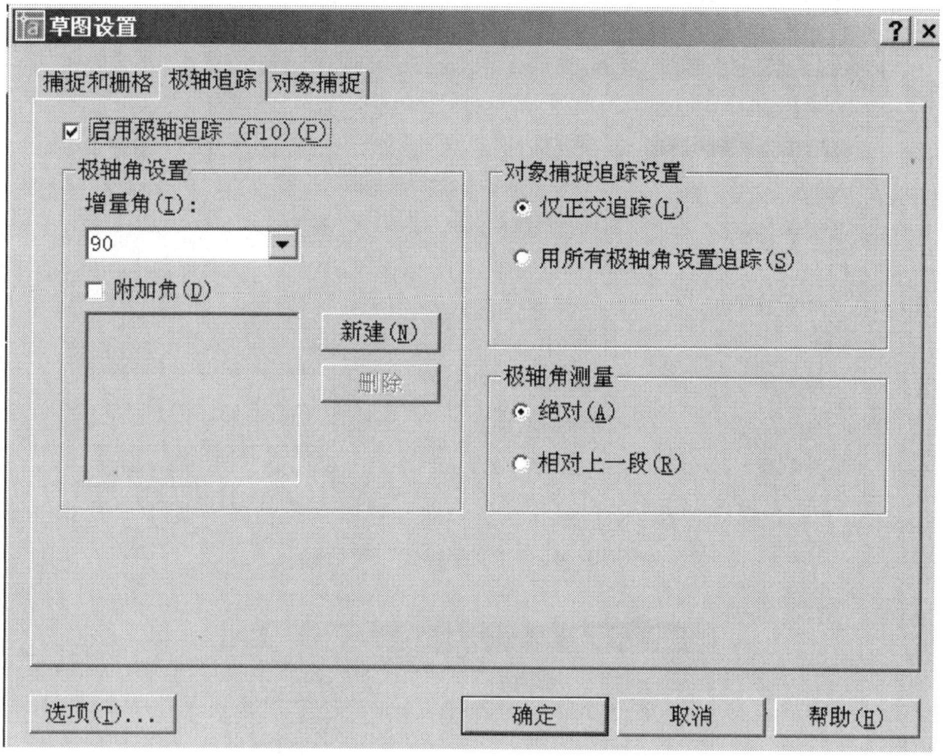

图 10-40　“极轴追踪”选项卡

第十一节　文 本 输 入

AutoCAD 提供了两种输入文字的方法：单行文字输入和多行文字输入。

一、文字样式

文字样式是描述文字的字体、大小、方向、角度以及其他文字特征的集合。系统默认的文字样式是“标准”，对应的字体名为 TXT. shx。此外，AutoCAD 2006 还提供了 100 多种字体供用户选择。

1. 设置文字样式

命令：style

菜单：“格式” → “文字样式”

在执行上面两种操作之一后，系统将弹出“文字样式”对话框(见图 10-41)。

下面结合设置数字样式的过程来介绍该对话框的使用。

根据 GB/T 14691—1993 对字体的要求，阿拉伯数字采用的字体应为 isocp. shx，若是倾斜则取与垂直方向夹角 15°。

(1) 为字体 isocp. shx 新建一个样式名

点“新建”按钮，弹出“新建文字样式”对话框(见图 10-42)，“样式 1”是系统自动给出的样式名(可以更改)，点“确定(或 OK)”。

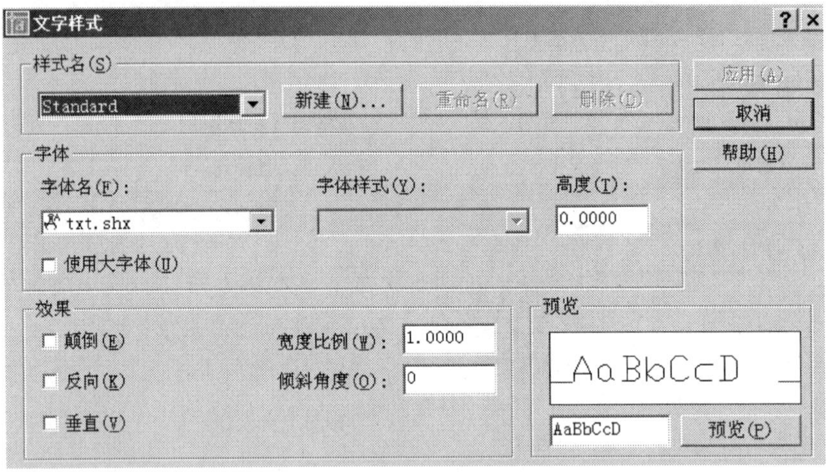

图 10－41 “文字样式”对话框

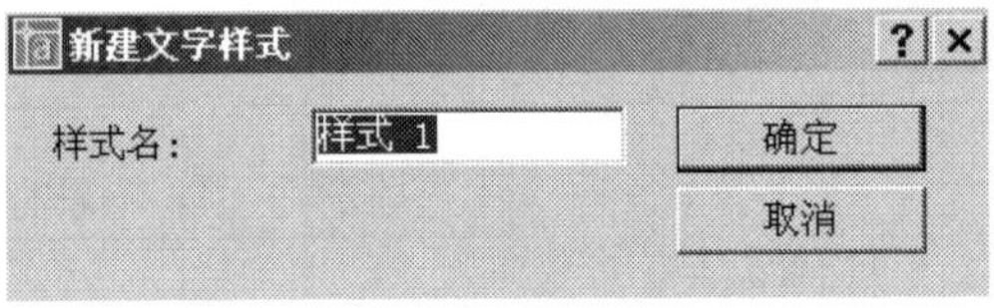

图 10－42 “新建文字样式”对话框

(2) 选择 isocp. shx 字体

从“字体名”下拉列表里选择需要的字体 isocp. shx。因为实际图样中有几种不同的字高要求，所以“字高”暂设为 0。

(3) 斜体设置

如果采用斜体，还需在“倾斜角度”框中键入 15。

(4) 其他效果设置

“宽度比例”框设定字体的高宽比例因子，“颠倒”和“反向”复选框可使文字倒置和反向，“垂直”复选框控制文字是否垂直排列。

以上设置均能在“预览”框中获得预览。

设置完毕点击“应用”按钮。

注意：工程图样中汉字要求写成长仿宋体，所以应在该对话框中，用类似操作再设一个对应长仿宋体的样式。

二、输入单行文字

1. 调用

命令：Text↙或 Dtext↙

菜单：“绘图”→“文字”→“单行文字”

2. 说明

执行上述操作后，系统提示：

指定文字的起点或［对正(J)/样式(S)］

◆ 起点：缺省项，用于确定输入文本的起点。拾取一个起点后，系统接着提示：

指定高度〈缺省值〉：(输入文本高度)

指定文字的旋转角度〈缺省值〉：(输入文本行的倾斜角度)

(输入文本)

输入完一行文本后，可以回车换行继续输入下一行文本，也可以用鼠标在屏幕上拾取新的起点来开始输入另一行文本。若连续两次直接按回车键将结束本次文本的输入。

◆ 对正(J)：该选项用来设定文本的对齐方式。系统以左对齐方式为缺省项，这也是最常用的方式。如果要改变则键入 J，之后系统提示 14 种对齐方式：对齐(A)/调整(F)/中心(C)/中间(M)/右(R)/左上(TL)/中上(TC)/ 右上(TR)/左中(ML)/正中(MC)/右中(MR)/左下(BL)/中下(BC)/右下(BR)(见图 10-43)。

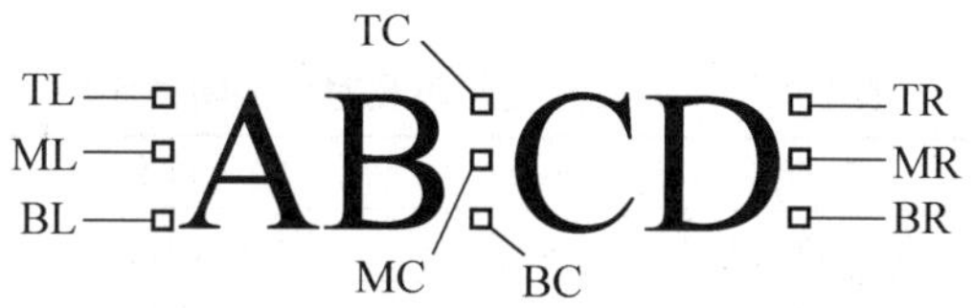

图 10-43

◆ 样式(S)：该选项用于选择文本样式以作为当前样式。选择该项后，系统提示：

输入样式名或［?］〈当前名称〉：

此时输入文本样式的名字，或输入“?”来显示已有文本样式。

三、多行文本输入

多行文本可以由任意数目的单行文字或段落组成。用 Text 命令虽然也可以在图面的任何位置输入多行文字，但每行文字是一个对象，处理起来不很方便。而多行文本输入则不同，每个多行文本均构成一个单独的对象，可以移动、旋转、删除、复制、拉伸或缩放该对象。

1. 调用

命令：MText↙

菜单：“绘图”→“文字”→“多行文字”

图标：

2. 说明

执行 MText 命令后，系统提示：

指定第一角点：

指定对角点或［高度(H)/对正(J)/行距(L)/旋转(R)/样式(S)/宽度(W)］

输入文本另一角点即确定了整体文本的输入范围，之后系统打开“文字格式”对话框，如图 10-44 所示。

在对话框的文本输入窗口内，可以输入或编辑文本。在该对话框中，可以对文字样式、高度、对齐方式、编号、大小写、符号、倾斜角度、追踪、宽度比例等进行编辑。编辑好文本后，单击“确定”键，就完成了文本的输入。

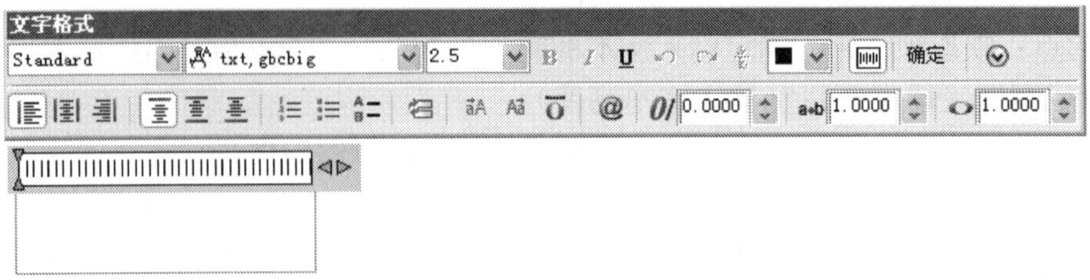

图 10－44 “文字格式”对话框

四、特殊字符的输入

在绘制工程图时，有时需要用到一些键盘上无法找到的特殊字符，如角度符号“°”、直径符号“ϕ”、公差前的“±”符号等，为此 AutoCAD 提供了控制码来实现特殊字符的输入。控制码是两个百分号“%%”，表 10－2 是常用的控制码及对应的特殊字符。

表 10－2 常用的控制码及对应的特殊字符

控制码	特殊字符	输入实例	输入结果
%%D	角度符号(°)	45%%D	45°
%%C	直径符号(ϕ)	%%C20	ϕ20
%%P	正负公差符号(±)	%%P0.02	±0.02
%%O	上划线($\overline{\quad}$)	%%O12.2	$\overline{12.2}$
%%U	下划线(__)	%%U50.5	$\underline{50.5}$

第十二节 图 形 编 辑

AutoCAD 提供了许多图形编辑命令，可对已有的图形进行移动、复制、修改、删除等操作。

一、构造选择集的常用操作

输入编辑命令后，系统一般都会要求选择要编辑的对象，即构造选择集。此时命令行的提示如下：

选择对象：

十字光标变成了一个小方框(即拾取框)。在选择过程中，选中的对象改用虚线显示，表示已选到并加入选择集。用户可以采取下面几种常用的方式去响应提示：

(1) 直接拾取对象(点选)：将拾取框直接放到对象上，然后按下鼠标左键。

(2) L(最后)：输入 L 并回车，表示选择作图过程中最后生成的对象。

(3) ALL：输入 ALL 并回车，表示选择图中所有对象(冻结或加锁图层中的对象除外)。

(4) W(窗口)：输入 W 并回车，即采用窗口方式。之后必须在屏幕上分别拾取两点作为矩形范围的对角点，完全位于该范围内的对象才被选中。

(5) C(相交)：输入 C 并回车，采用交叉窗口方式。操作类似窗口方式，区别在于与窗口四条边界相交的对象也归入选择集。

最后回车，结束构造选择集的过程。

二、“修改”下拉菜单及工具栏

几乎所有的编辑修改命令都集中在如图 10－45 所示的“修改”下拉菜单中。将光标移至“修改”菜单的某一命令上，状态行内便会显示出该命令的功能。用鼠标左键单击即可执行该命令。用户可根据命令提示行的提示进行操作。

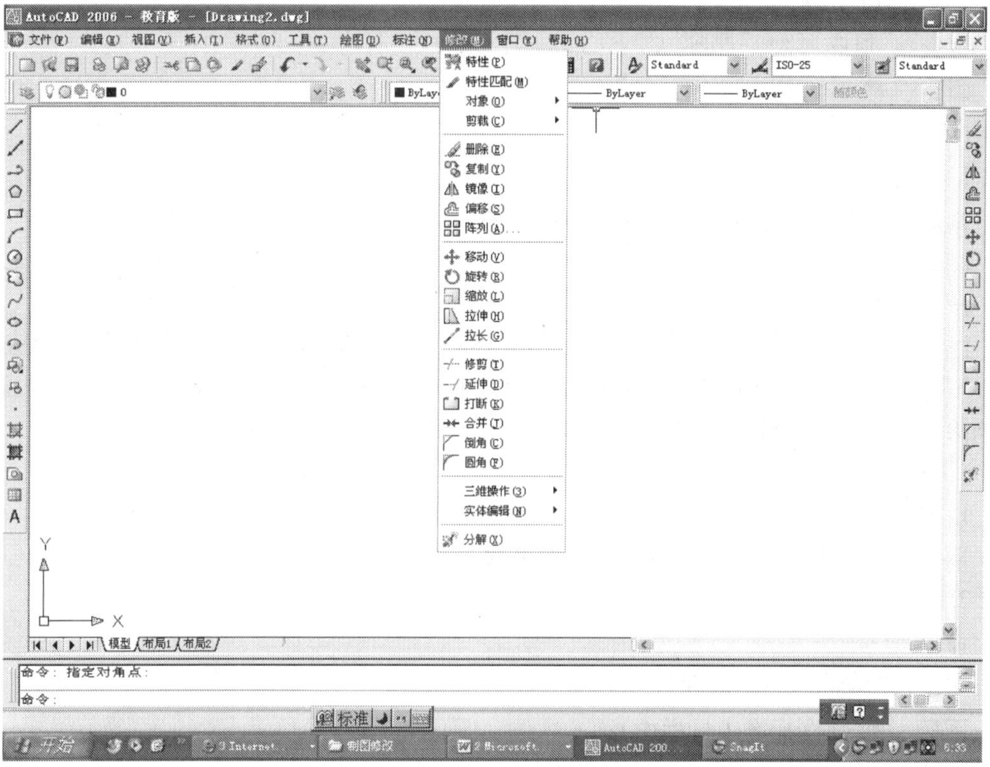

图 10－45　“修改”菜单

图 10－46 则是“修改”工具栏，利用工具栏上的图标按钮对图形对象进行编辑将更加方便。用户将光标移到按钮上，会立即显示出该按钮的功能。用鼠标单击按钮，即可执行相应的操作。

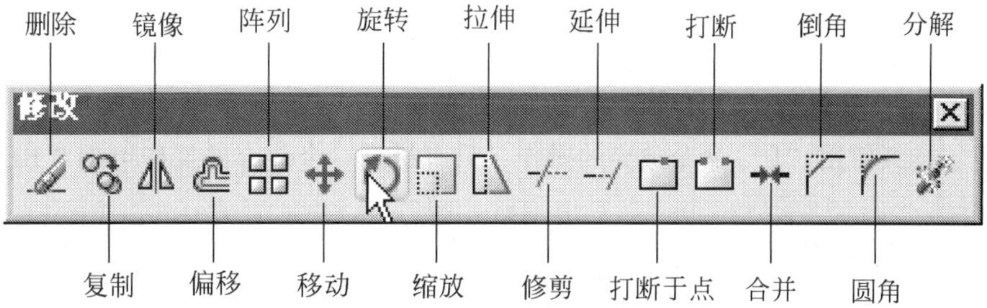

图 10－46　“修改”工具栏

三、图形编辑命令

（一）删除(ERASE)命令

1. 功能

删除图形中选中的对象。

2. 调用

命令：ERASE↙

菜单："修改"→"删除"

图标：

（二）恢复(OOPS)命令

1. 功能

恢复上一次用"删除"命令所删除的对象。

2. 调用

命令：OOPS↙

注意："恢复"命令只对上一次"ERASE"命令有效，例如，使用"ERASE"、"LINE"、"ARC"、"LAYER"等系列命令后，用"OOPS"命令，则恢复"ERASE"命令所删除的对象，而不影响"LINE"、"ARC"、"LAYER"等命令操作的结果。

（三）放弃（U）命令

1. 功能

取消上一次命令操作，可以重复使用多次。

2. 调用

命令：U↙

菜单："编辑"→"放弃"

图标：（在标准工具栏中）

注意：U命令不能取消诸如"PLOT"、"SAVE"、"OPEN"、"NEW"等对设备进行读、写数据的命令。

（四）重做（REDO）命令

1. 功能

重做刚用"U"所放弃的命令操作。

2. 调用

命令：REDO

菜单："编辑"→"重做"

图标：（在标准工具栏中）

注意：连续使用"U"命令放弃的操作，只有最后一个放弃的操作可用"REDO"重做。

（五）复制（COPY）命令

1. 功能

复制选定的对象。

2. 调用

命令：COPY↙

菜单："修改" → "复制"

图标：

例 10－5　对图 10－47a 中的圆和直线段进行复制。

命令：COPY↙或单击图标：

选择对象：(选择对象，构造选择集，如图 10－47a 选圆)

选择对象：(再选直线)

选择对象：↙(结束选择)

指定基点或［位移(D)］〈位移〉：(选择基点——A，然后图形以此基点移动。)

指定第二个点或〈使用第一个点作为位移〉：(位移第二点，拖动鼠标到 B 点，选中的图形会随着鼠标拖动而移动，位置确定后按鼠标左键完成。)结果如图 10－47b 所示。

(a) 复制前　　(b) 复制后

图 10－47　复制对

(六) 镜像 (MIRROR) 命令

1. 功能

生成原对象的轴对称图形。该轴称为镜像线，镜像时可删去原图形，也可以保留原图形(镜像复制)。

2. 调用

命令：MIRROR↙

菜单："修改" → "镜像"

图标：

例 10－6　对图 10－48 中的图形和文本做镜像。

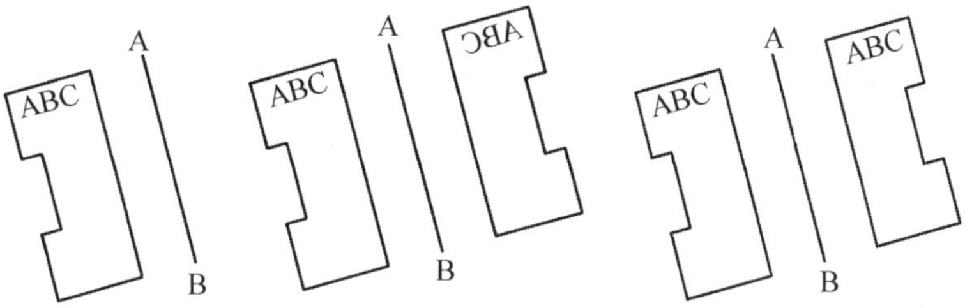

(a) 文本完全镜像　　(b) 文本可读镜像

图 10－48　镜像命令复制图形

命令：MIRROR↙或单击图标

选择对象：(选择对象：选择图 10－48a 左边包括文本的凹字图形)

选择对象：↙

指定镜像线的第一点：(确定镜像线的第一点，这里选择线段 AB 的端点 A 点)

指定镜像线的第二点：(确定镜像线的第二点，这里选择线段 AB 的端点 B 点)

要删除原对象吗？[是(Y)/否(N)]〈N〉：(删除原图形？按 Y 删除；按 N 或回车，不删除)

结果如图 10－48a 右边部分，文本做了完全镜像，不便阅读。因此，一般在调用镜像命令前，应把系统变量 MIRRTEXT 设置为 0(off)，则镜像后文本仍然可读，如图 10－48b 所示。但是，系统变量 MIRRTEXT 的改变对块中的文本及常量属性值不起作用。

(七) 阵列 (ARRAY) 命令

1. 功能

对选定对象作矩形或环形阵列复制。

2. 调用

命令：ARRAY↙

菜单："修改" → "阵列"

图标：

例 10－7 对图 10－49 中的五角星(原图只有一个五角星 A)做矩形阵列。

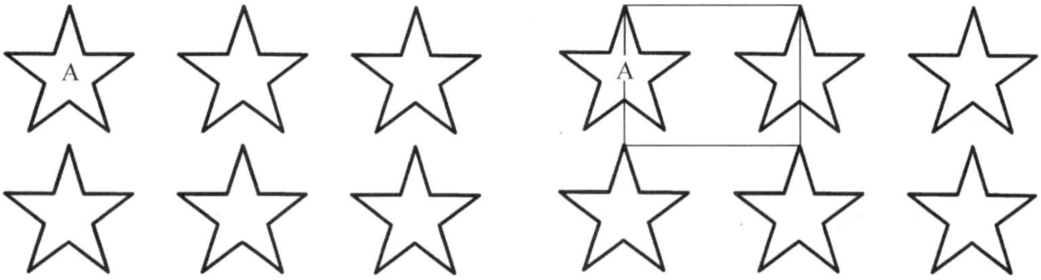

(a) 矩形阵列　　(b) 单位框格的使用

图 10－49 矩形阵列复制

命令：ARRAY↙或单击图标 (系统将自动弹出图 10－50 的 "阵列" 对话框)

在对话框中选 "选择对象" 按钮 ：选五角星 (A 为原图) (见图 10－49a)

选择对象：↙

在对话框中输入行数：2

在对话框中输入列数：3

在对话框中输入行偏移：－60

在对话框中输入列偏移：90

注意：列间距、行间距是指相同的点位之间的距离，沿轴正向排列为正，否则为负。在对话框中点选 "拾取两个偏移" 图标：，用左键拖出一矩形框，则此矩形的高度为阵列的行间距，长度为阵列的列间距(见图 10－49b)。

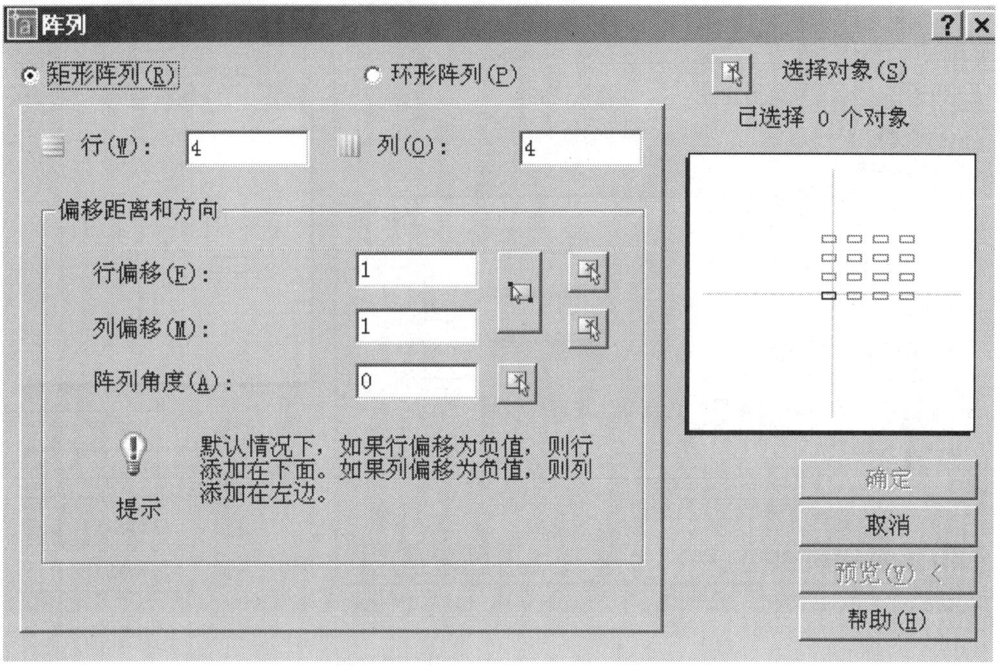

图 10－50　“阵列”对话框

例 10－8　构造如图 10－51 所示的环形阵列。

(a) 环形阵列　　(b) 原图只作平移

图 10－51　环形阵列复制

命令：ARRAY↙或单击图标

在弹出的对话框(见图 10－52)中，选取“环形阵列”。

在对话框中选“选择对象”按钮，依然选择五角星(A 为原图)(见图 10－51)。

选择对象：↙

在对话框中输入中心点坐标或点右边坐标按钮，再用鼠标在图形上指定中心点，

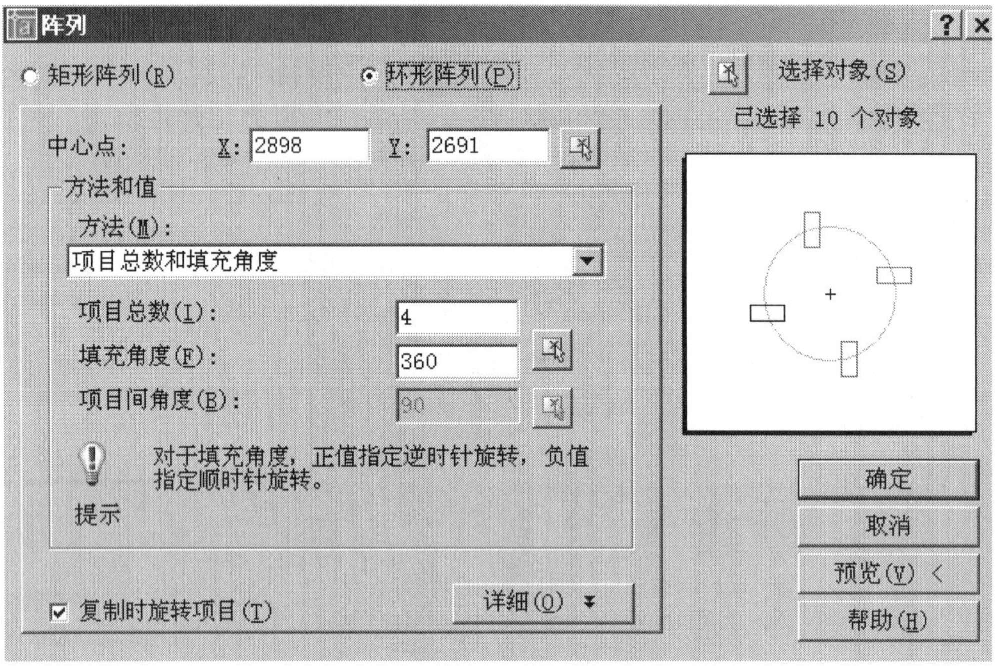

图 10－52 “环形阵列”对话框

指定阵列中心点：(选取 B 点)

在对话框中输入项目总数：5

在对话框中输入填充角度：－180

选择“复制时旋转项目”

注意：选择“复制时旋转项目”时，则原图复制时作相应旋转，结果如图 10－51a 所示；如果不选择“复制时旋转项目”，则原图复制只作平移，结果如图 10－51b 所示。

(八) 偏移 (OFFSET) 命令

1. 功能

画出指定对象的偏移，即生成原对象的等距曲线。直线的等距线为平行等长线段；圆弧的等距线为同心圆弧，保持圆心角相同；多段线的等距线为多段线，其组成线段将自动调整，即其组成的直线段或圆弧段将自动延伸或修剪，构成另一条多段线。

2. 调用

命令：OFFSET↙

菜单：“修改”→“偏移”

图标：

例 10－9 画出对多段线 A 向上偏移 5 个单位距离值的等距线(见图 10－53)。

命令：OFFSET↙或单击图标 

指定偏移距离或 [通过(T)/删除(E)/图层(L)]〈10〉：5↙

选择要偏移的对象，或 [退出(E)/放弃(U)]〈退出〉：(选择多段线段 A)

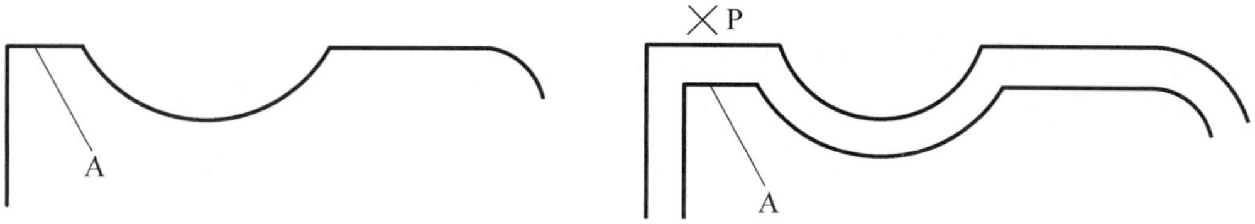

(a) 原图　　(b) 画出等距线

图 10－53　画等距线

指定要偏移的那一侧上的点，或［退出(E)/多个(M)/放弃(U)］〈退出〉：(用鼠标指向 P 点并单击左键。)

（九）移动（MOVE）命令

1. 功能

平移指定的对象。

2. 调用

命令：MOVE↙

菜单：“修改”→“移动”

图标：

MOVE 命令的用法和 COPY 命令的用法非常相似。不过移动选定的对象后，对象在原位置消失；而复制选定的对象，对象在原位置还保留。可参照前面 COPY 命令的用法。

（十）旋转（ROTATE）命令

1. 功能

对象绕基点旋转一个给定的角度。

2. 调用

命令：ROTATE↙

菜单：“修改”→“旋转”

图标：

例 10－10　将图 10－54a 的 L 形房屋按给出的角度值旋转。

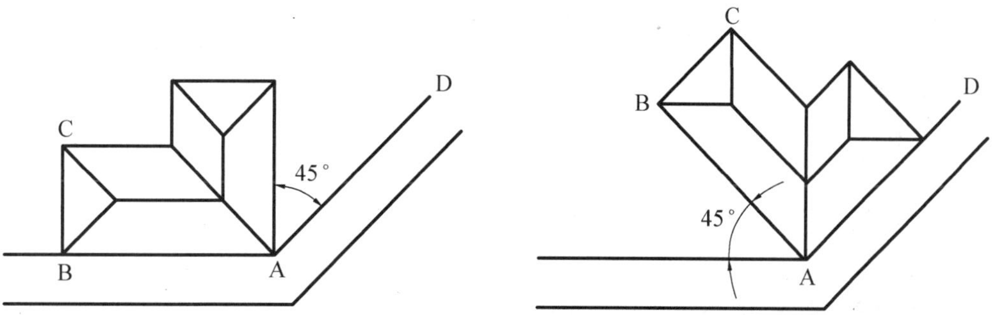

(a) 旋转前　　(b) 旋转后

图 10－54　旋转图形

命令：ROTATE↙或单击图标

选择对象：选 L 形房屋图(见图 10－54a)

选择对象：↙

指定基点：选 A 点

指定旋转角度，或［复制(C)/参照(R)］〈0〉：(输入一旋转角，逆时针为正，顺时针为负)－45↙

结果如图 10－54b 所示。

注意：最后一步也可以通过选择参照方式来确定实际转角。例如：

指定旋转角度，或［复制(C)/参照(R)］〈0〉：R↙

指定参照角〈0〉：(输入参照方向角，本例中用拾取 B、C 两点来确定此角)

指定新角度或［点(P)］〈0〉：(输入参照方向旋转后的新角度，选 D 点)

结果相同，BC 与 AD 平行。

(十一) 比例缩放 (SCALE) 命令

1. 功能

把选定的对象按指定的固定点进行比例缩放。

2. 调用

命令行：SCALE↙

菜单："修改"→"缩放"

图标：

例 10－11 把图 10－55a 的小五边形放大 1 倍。

命令：SCALE↙或点选图标

选择对象：选五边形(见图 10－55a)

选择对象：↙

指定基点：(选择基点即固定点)选 A 点

指定比例因子或［复制(O)/参照(R)］：2↙

结果见图 10－55b，五边形放大了。

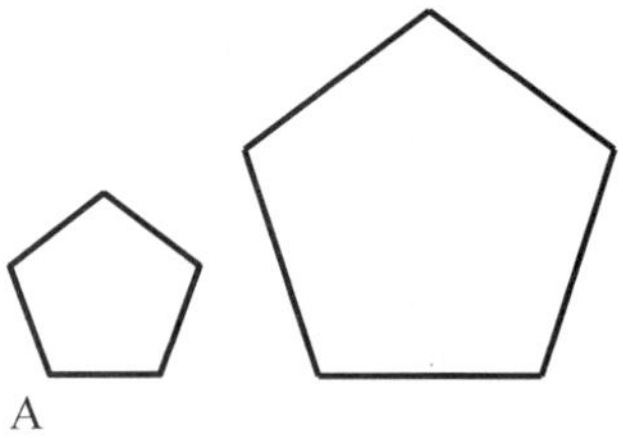

(a) 原图 (b) 放大后

图 10－55 比例缩放

(十二) 拉伸 (STRETCH) 命令

1. 功能

局部拉伸或移动选定的对象，本命令必须要用到窗交(Crossing)方式或圈交(Cpolygon)方式选取对象，完全位于窗内的对象将发生移动(与 MOVE 命令相同)，与边界相交的对象将产生拉伸或压缩变化。

2. 调用

命令行：STRETCH↙

菜单："修改"→"拉伸"

图标：

例 10－12 将图 10－56a 中的图拉长。

命令：STRETCH↙或单击图标

选择对象：如图 10－56a 中矩形框选取图形

选择对象：↙

指定基点或［位移(D)］〈位移〉：拾取 A 点

指定第二个点或〈使用第一个点作为位移〉：选取 B 点

图形变形如图 10－56b 所示。

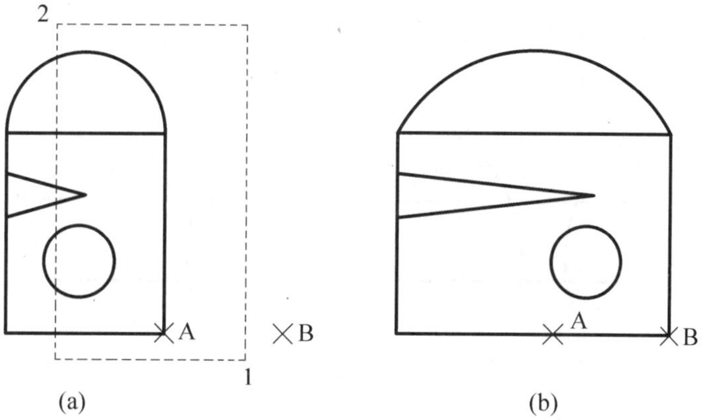

图 10－56　拉伸

注意：对象变形的规则如下：

①直线段：窗口外的端点不动，窗口内的端点移动，使直线段伸缩。

②圆弧段：窗口外的端点不动，窗口内的端点移动，变形过程中保持弦高不变。

③多段线：分段控制其移动或变形，不改变其宽度、切线和曲线拟合等有关信息。

④二维填充(Solid)：窗口外的顶点不动，窗口内的顶点移动。

⑤圆或文本：圆心或文本基点在窗口外，则不变动，圆心或文本基点在窗口内，则圆或文本移动。

（十三）修剪（TRIM）命令

1. 功能

用指定的边界来修剪选定的对象。

2. 调用

命令：TRIM↙

菜单："修改"→"修剪"

图标：

例 10－13　对图 10－57a 中的图形进行修剪。

命令：TRIM↙或单击图标

选择对象或〈全部选择〉：(拾取一条圆弧)

选择对象：(拾取另一条圆弧)

选择对象：↙(结束剪切边的选取)

选择要修剪的对象，或按住 Shift 键选择要延伸的对象，或［栏选(F)/窗交(C)/投影(P)/边(E)/删除(R)/放弃(U)］：(单击上边直线的 1 点处，表示剪去该直线中段)

选择要修剪的对象，或按住 Shift 键选择要延伸的对象，或［栏选(F)/窗交(C)/投影

(P)/边(E)/删除(R)/放弃(U)]：(单击中间直线的2点处，表示剪去左段)

选择要修剪的对象，或按住 Shift 键选择要延伸的对象，或［栏选(F)/窗交(C)/投影(P)/边(E)/删除(R)/放弃(U)]：(单击下边直线的3点处，修剪效果同第一条直线。注意：此边模式(Edge)应为延伸模式，否则将不产生修剪)

选择要修剪的对象，或按住 Shift 键选择要延伸的对象，或［栏选(F)/窗交(C)/投影(P)/边(E)/删除(R)/放弃(U)]：↙(结束命令)

剪切结果如图 10－57b 所示。

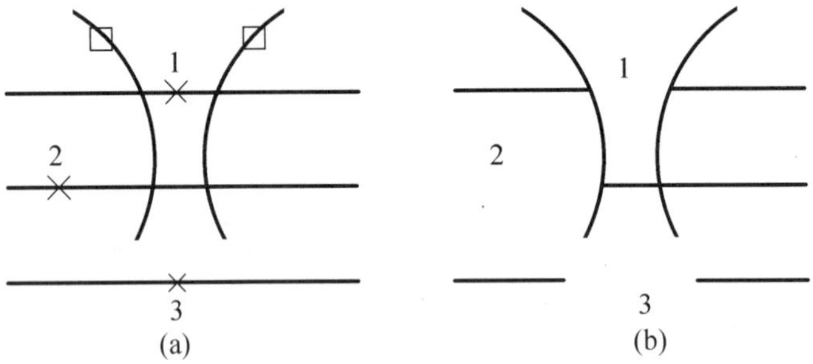

图 10－57 修剪

同一对象既可以选为剪切边，也可同时选为被切边。

(十四) 延伸 (EXTEND) 命令

1. 功能

将对象延伸至由其他对象定义的边界上(或隐含边界)。

2. 调用

命令：EXTEND↙

菜单："修改" → "延伸"

图标：--/

例 10－14 对图 10－58a 中的图线进行延伸。

命令：EXTEND↙或单击图标 --/

当前设置：投影 = UCS，边 = 延伸，选择边界的边…

选择对象或〈全部选择〉：(拾取圆为边界)(见图 10－58a)

选择对象或〈全部选择〉：↙(可以继续选择边界，回车则结束该项选择)

选择要延伸的对象，或按住 Shift 键选择要延伸的对象，或［栏选(E)/窗交(C)/投影(P)/边(E)/放弃(U)]：(拾取 1，要靠近直线的上端)(见图 10－58b)

选择要延伸的对象，或按住 Shift 键选择要延伸的对象，或［栏选(E)/窗交(C)/投影(P)/边(E)/放弃(U)]：(拾取 2)

选择要延伸的对象，或按住 Shift 键选择要延伸的对象，或［栏选(E)/窗交(C)/投影(P)/边(E)/放弃(U)]：(拾取 3，要靠近直线的上端)(见图 10－58c)

选择要延伸的对象，或按住 Shift 键选择要延伸的对象，或［栏选(E)/窗交(C)/投影(P)/边(E)/放弃(U)]：(拾取 4，要靠近弧的上端)

选择要延伸的对象，或按住 Shift 键选择要延伸的对象，或［栏选(E)/窗交(C)/投影

(P)/边(E)/放弃(U)]：(拾取5，要靠近圆弧的右端)

选择要延伸的对象，或按住Shift键选择要延伸的对象，或［栏选(E)/窗交(C)/投影(P)/边(E) /放弃(U)]：↙(结束命令)

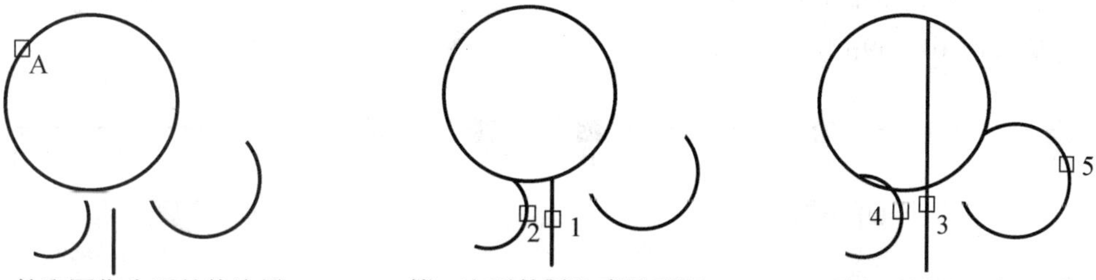

(a) 拾取圆作为延伸的边界　(b) 第一次延伸弧和直线到圆　(c) 再次延伸弧和直线到圆

图10－58　延伸

(十五) 拉长 (LENGTHEN) 命令

1. 功能

读取或改变直线、圆弧线段的长度。

2. 调用

命令：LENGTHEN↙

菜单："修改"→"拉长"

图标：(在自定义用户界面上调用出来)

3. 说明

执行命令：LENGTHEN↙或单击图标，提示行提示：

选择对象或［增量(DE)/百分数(P)/全部(T)/动态(DY)]：

如果直接选择直线段，提示行将显示其长度。如果选择圆弧，则显示弧长和圆心角。其他几个选项的意义如下：

◆增量(DE)　对象根据该数值伸长(正值)或缩短(负值)。

◆百分比(P)　表示修改后与修改前的对象长度值的百分比。

◆全部(T)　表示修改后对象的总长度。

◆动态修改(DY)　选择该选项后，系统接着会提示：选择要修改的对象或［放弃(U)]:，在此提示下用直接拾取的方式选择要修改的对象。系统会在离选择点较近的端点和当前光标位置之间绘制一条橡皮线，移动光标可以动态显示这个结果。单击鼠标左键，结束命令。

(十六) 打断于点(BREAK)命令

1. 功能

在一点上打断对象。

2. 调用

命令行：BREAK↙

图标：

例10－15　将图10－59a中的直线AB在C点处断开。

命令：BREAK↙或点图标

_ Break 选择对象：选择直线 AB

指定第二个打断点 或［第一点(F)］：_f

指定第一个打断点：选取 C 点

结果如图 10－59b 所示。

(a) 原图　　(b) 打断于点后

图 10－59　打断于点

(十七) 打断 (BREAK) 命令

1. 功能

切掉对象的一部分或断开对象。

2. 调用

命令行：BREAK

菜单：“修改” → “打断”

图标：

例 10－16　将图 10－60a 中的直线 AB 在 1、2 两点之间断开。

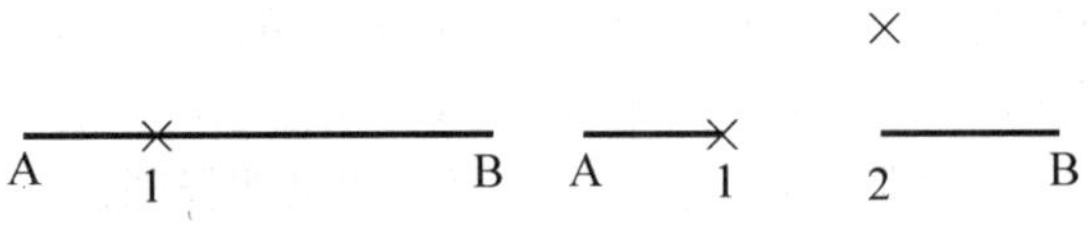

(a) 在原图选第1点　　(b) 选第2点断开后

图 10－60　把直线断开

命令：BREAK 或点图标

_ Break 选择对象：(选择直线，拾取位于 1 点处，作为第一断点)(见图 10－60a)

指定第二个打断点或［第一点(F)］：(鼠标单击 2 点处，作为第二断点)(见图 10－60b)

注意：第二断开点可以不在对象上，系统自动捕捉对象上的最近点为第二断开点。

(十八) 倒棱角 (CHAMFER) 命令

1. 功能

对两条直线边倒棱角。

2. 调用

命令：CHAMFER↙

菜单：“修改”→“倒棱角”

图标：

3. 说明

倒棱角的参数可用两种方法确定。

（1）距离方法：由第一倒角距 A 和第二倒角距 B 确定(见图 10－61a)。

（2）角度方法：由对第一直线的倒角距 C 和倒角角度 D 确定(见图 10－61b)。

除此以外，该命令的选项和用法与倒圆角相似。

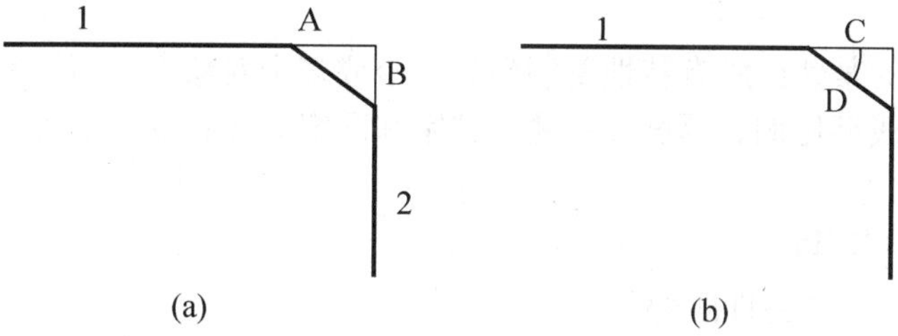

图 10－61　倒棱角

（十九）倒圆角（FILLET）命令

1. 功能

在直线、多段线、圆弧以及圆之间按指定半径作圆角。

2. 调用

命令：FILLET↙

菜单：“修改”→“倒圆角”

图标：

例 10－17　将图 10－62a 中的图形倒圆角。

命令：FILLET↙或单击图标

当前设置：模式 = 修剪，半径 = 10.0000

选择第一个对象或［放弃(U)/多段线(P)/半径(R)/修剪(T)/多个(M)］：(这里重新设置半径值，输入 R↙)

指定圆角半径〈10.0000〉：20↙

选择第一个对象或［放弃(U)/多段线(P)/半径(R)/修剪(T)/多个(M)］：(拾取 1)(见图 10－62a)

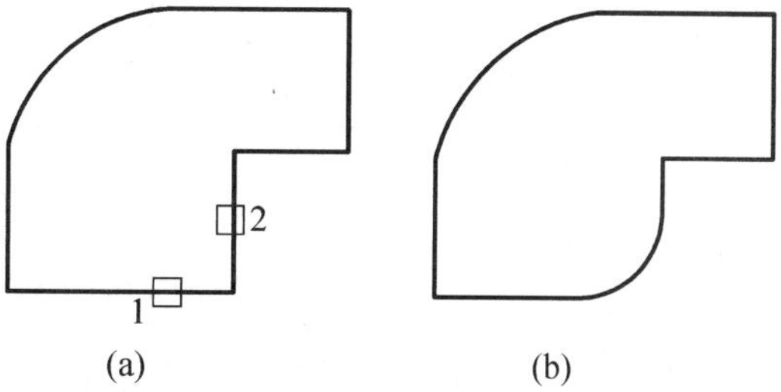

图 10－62　倒圆角

选择第二个对象，或按住 Shift 键选择要应用角点的对象：(拾取 2)

结果如图 10－62b 所示。

注：对平行的直线、射线或构造线，它忽略当前圆角半径的设置，自动计算两平行线的距离来确定圆角半径，并从第一线段的端点开始制作圆角(半圆)。

(二十) 分解 (EXPLODE) 命令

1. 功能

将一个复杂的对象分解为几个较简单的对象。

2. 调用

命令：EXPLODE↙

菜单："修改"→"分解"

图标：

注意：对不同的对象，具有不同的分解后的效果。

(二十一) 特性匹配(MATCHPROP)命令

1. 功能

可将一个对象的某些或所有特性复制到另一个或多个对象上。可以复制的特性包括颜色、图层、线型、线型比例、厚度、标注、文字和图案填充特性，等等。

2. 调用

命令：MATCHPROP↙

菜单："修改"→"特性匹配"

图标：（在标准工具栏中）

例 10－18 将图 10－63a 中的虚线圆改为实线圆。

命令：MATCHPROP↙或单击图标 

选择源对象：选择实线圆(见图 10－63a)。

当前活动设置：颜色 图层 线型 线型比例 线宽 厚度 打印样式 文字 标注 填充图案 多段线 视口 表格

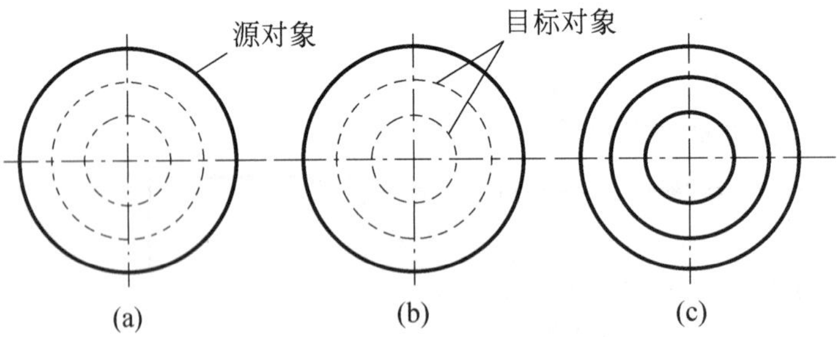

图 10－63 特性匹配

选择目标对象或［设置(S)］：选择虚线圆(见图 10－63b)。这时这两个虚线圆也变为实线圆了(见图 10－63c)。

如在提示下输入 S，则弹出一个"特性设置"对话框。利用该对话框可改变特性匹配的设置。

四、对象特性管理器

1. 功能

对象特性管理器可用来浏览和编辑对象的特性。

2. 调用

命令：PROPERTIES↙

菜单："修改"→"特性"

图标：（在标准工具栏中）

例 10－19　使用对象特性管理器将图 10－63a 中的虚线圆改为实线圆。

命令：PROPERTIES↙或单击图标

系统弹出如图 10－64 所示的对话框。

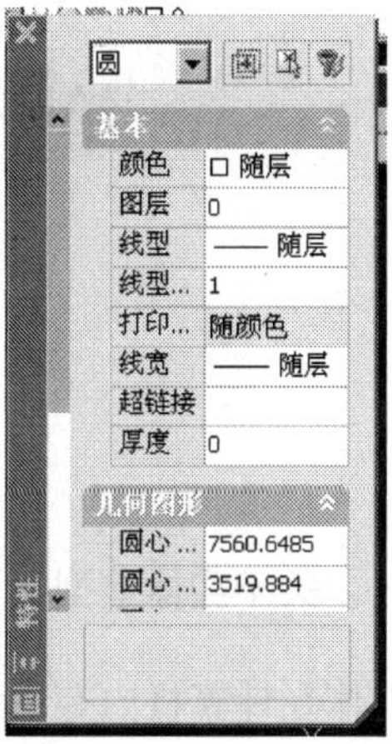

图 10－64　"对象特性"对话框

选择要修改的对象，即虚线圆。此时对话框显示选择集中对象的特性。

从基本特性中选择"线型"，对象的线型显示在列表中，选择"Continuous"线型(如列表中不存在此种线型，还需要另外加载)，这时线型会立即改变为实线圆(见图 10－63c)。同时也还可以继续修改其他特性。

第十一章　计算机绘制三维图

第一节　基本体的实体造型

一、关于实体造型

形体在计算机内有三种不同的表示方式：线框模型、表面模型和实体模型。而实体模型与前两种模型的根本区别是：实体模型的数据结构不仅记录全部几何信息，而且记录全部点、线、面、体的拓扑信息，从而成为计算机辅助设计与制造(CAD/CAM)的基础。

二、创建基本体

常用的创建基本体的命令在下拉菜单“绘图”（Draw)→“实体”（Solid)中(见图11－1)。

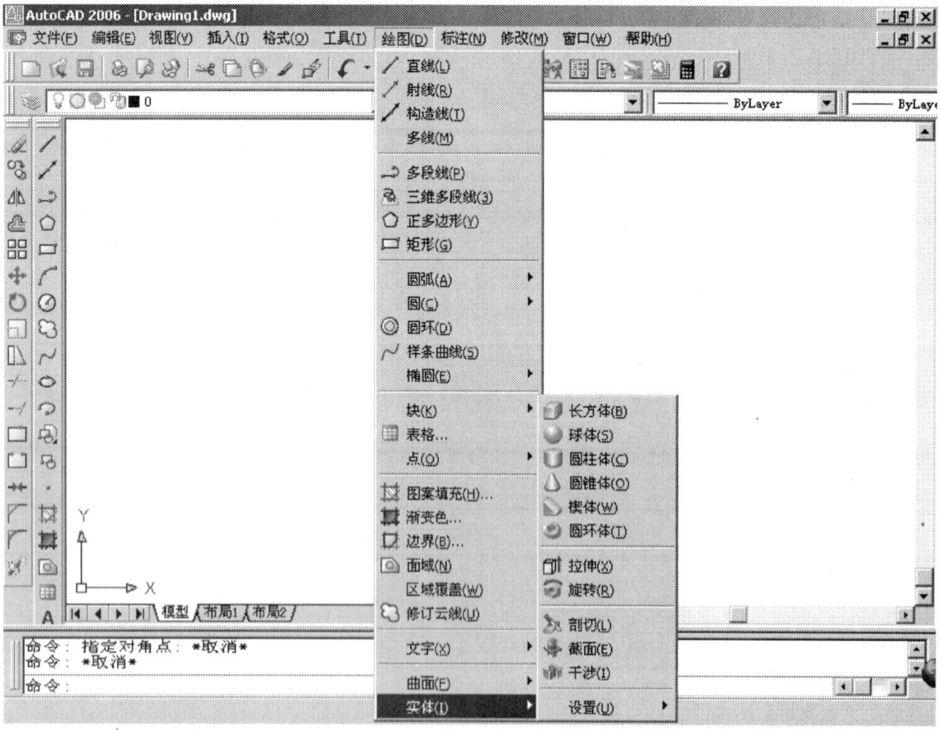

图 11－1　“实体”子菜单

也可以调出如图 11－2 所示的实体(Solid)工具条，这样操作会更加方便。

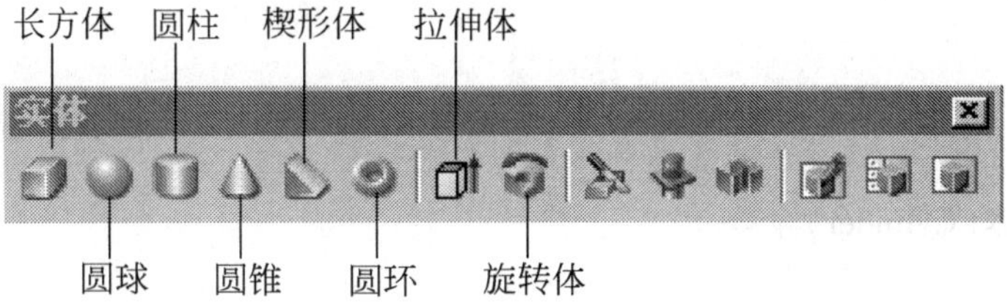

图 11－2　“实体”工具条

(一) 长方体(Box)命令

操作

命令：Box↙

图标：(点长方体图标)

_ box

指定长方体的角点或［中心点(CE)］〈0，0，0〉：(左键单击拾取一点作为长方体的一个顶点)

指定角点或［立方体(C)/长度(L)］：L↙(输入 L，回车)

指定长度：30↙

指定宽度：20↙

指定高度：15↙

说明：

①在出现“指定长方体的角点或［中心点(CE)］〈0，0，0〉”的提示后，如果以 CE 响应，则表示用长方体的中心来确定其位置。

②在出现“指定角点或［立方体(C)/长度(L)］”的提示后以 C 响应，表示创建正方体。

③在缺省设置的界面下，要执行命令“视图→三维视图→西南等轴测”，才能得到如图 11－3所示的以轴测形式观察的长方体，否则只能俯视观察长方体(以下各实体命令情况同)。

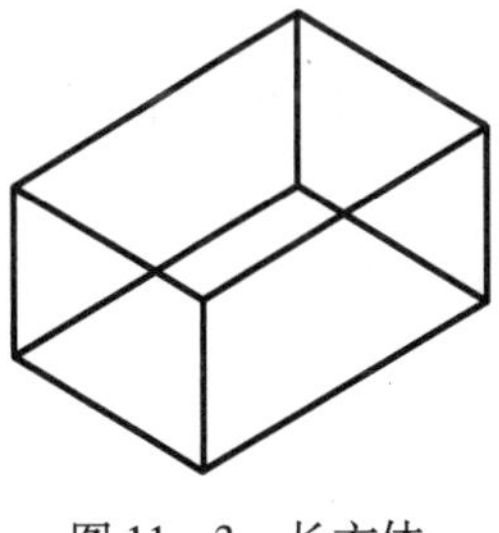

图 11－3　长方体

图 11－4　球体

(二) 球体(Sphere)命令

操作：

命令：Sphere↙

图标：

_ sphere

当前线框密度：ISOLINES＝4

指定球体球心〈0，0，0〉：(拾取一点为球心)

指定球体半径或［直径(D)］：13↙

结果如图 11 - 4 所示。

说明：

在“指定球体半径或［直径(D)］”的提示后以 D 响应，表示选择给直径的方式来生成球体。

（三）圆柱体(Cylinder)命令

操作：

命令：Cylinder↙

图标：

_ cylinder

当前线框密度：ISOLINES = 4

指定圆柱体底面的中心点或［椭圆(E)］〈0，0，0〉：（拾取一点为球心）

指定圆柱体底面的半径或［直径(D)］：12↙（输入圆柱半径，回车）

指定圆柱体高度或［另一个圆心(C)］：18↙（输入圆柱高度，回车）

结果如图 11 - 5 所示。

说明：

在“指定圆柱体底面的中心点或［椭圆（E)］”提示后若以 E 响应，表示创建一个椭圆柱。

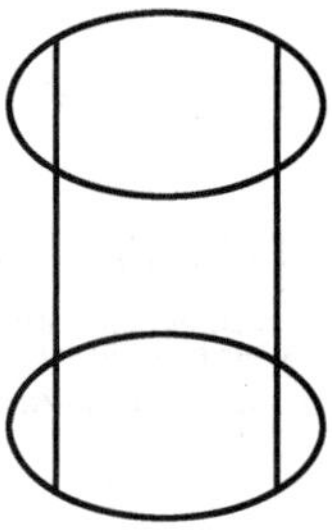

图 11 - 5　圆柱体

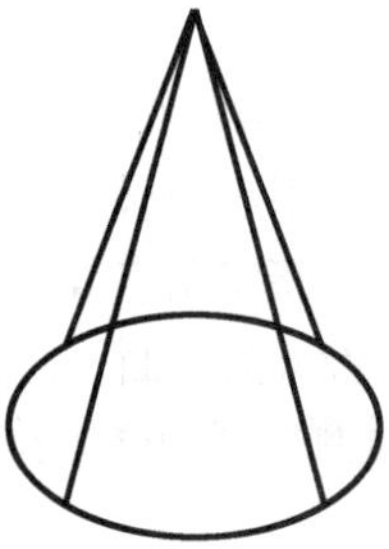

图 11 - 6　圆锥体

（四）圆锥体(Cone)命令

操作：

命令：Cone↙

图标：

_ cone

当前线框密度：ISOLINES = 4

指定圆锥体底面的中心点或［椭圆(E)］〈0，0，0〉：（拾取一点为圆锥底面中心）

指定圆锥体底面的半径或［直径(D)］：15↙（圆锥半径，回车）

指定圆锥体高度或［顶点(A)］：35↙（圆锥高度，回车）

结果如图 11 - 6 所示。

说明：

在 Specify center point for base of cone or［Elliptical］〈0，0，0〉提示后若以 E 响应，

表示创建椭圆锥。

（五）楔形体（Wedge）

楔形体相当于长方体沿对角棱边切去一半而成（如图 11－7 所示），其命令操作也与长方体命令十分相似，故不再赘述。

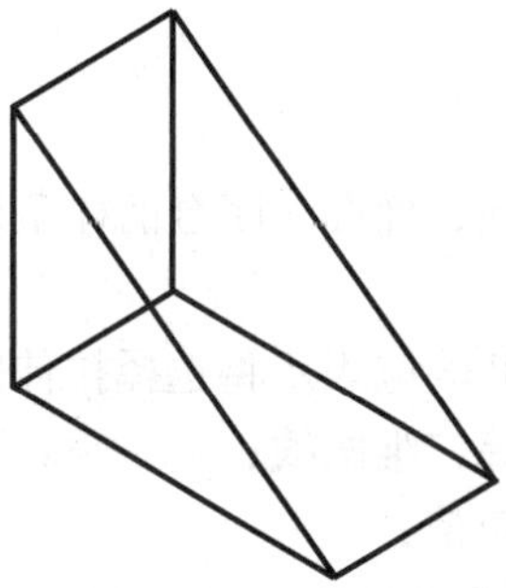

图 11－7　楔形体

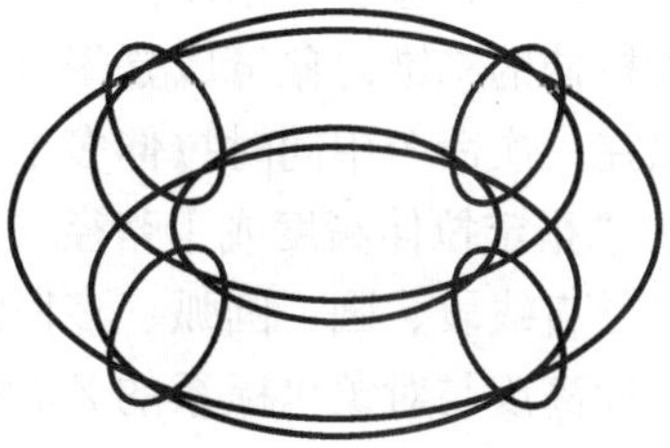

图 11－8　圆环体

（六）圆环体（Torus）命令

操作：

命令：Torus↙

图标：

_ torus

当前线框密度：ISOLINES＝4

指定圆环体中心〈0，0，0〉：（拾取一点为环体中心）

指定圆环体半径或［直径（D）］：15↙（环体半径，回车）

指定圆管半径或［直径（D）］：9↙（环体圆管半径，回车）

结果如图 11－8 所示。

（七）拉伸体（Extrude）命令

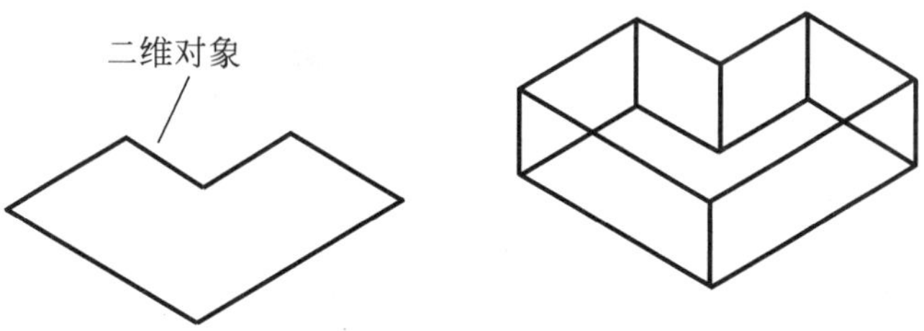

图 11－9　拉伸体

操作：

命令：Extrude↙

图标：

_ extrude

当前线框密度：ISOLINES＝4

选择对象：（选择二维对象）（见图 11－9）

找到 1 个

选择对象：↙(回车结束二维对象的拾取)

指定拉伸高度或［路径(P)］：50↙(拉伸高度，回车)

指定拉伸的倾斜角度〈0〉：0↙(拉伸角度，回车，同时结束命令)

结果如图 11－9 所示。

说明：

①拉伸命令只适合于创建截面形状不变的实体；

②被拉伸的二维对象可以是闭合多段线、多边形、圆、椭圆、闭合的样条线以及面域等，可以在一次命令中同时拉伸多个二维对象；

③在“指定拉伸高度或［路径（P）］”的提示后以 P 响应表示将选择拉伸路径，拉伸路径可以是直线段、圆、圆弧、多段线、椭圆或样条线等二维图线；

④拉伸高度与对象坐标系的 Z 轴平行，可以是正或负值；

⑤拉伸角度可以在－90°～＋90°之间，缺省为0°，若角度非0°则可以创建锥形拉伸体。

(八) 旋转体(Revolve)命令

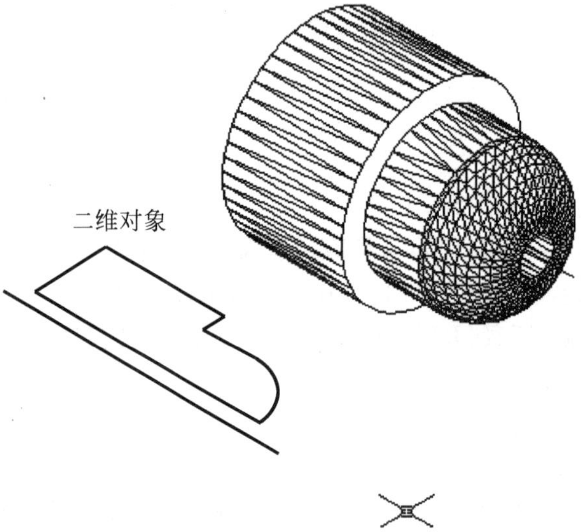

图 11－10

操作：

命令：Revolve↙

图标：

_ revolve

当前线框密度：ISOLINES＝4

选择对象：(如图 11－10 所示，选择二维旋转对象)

找到 1 个

选择对象：(回车结束二维对象的拾取)

指定旋转轴的起点

或定义轴依照［对象(O)/X 轴(X)/Y 轴(Y)］：O↙(以某个对象来确定旋转轴)

选择对象：(拾取作为轴的直线)

指定旋转角度〈360〉：↙(输入旋转角度，回车表示接受缺省的360°)

结果如图 11－10 所示。

说明：

①旋转命令只适合于创建有对称轴的实体；

②被旋转的二维对象可以是闭合多段线、多边形、圆、椭圆、闭合的样条线以及面域等；

③在“指定旋转轴的起点或定义轴依照［对象(O)/X 轴(X)/Y 轴(Y)］”的提示后以 X 或 Y 轴响应，表示将选择 X 或 Y 轴为旋转轴，而以 O 响应表示用直线段或多段线的一段作旋转轴。

(九) 实体显示的方式

在创建三维实体的过程中，一般是以线框图来显示对象。如果用户希望看到模型真实的效果，可以选用 AutoCAD 2006 提供的显示实体的其他方式，即除了三维线框图、二维线框图之外，还有三维消隐图、着色图以及渲染图。

有关命令所在的工具条如图 11－11 所示。

图 11－11

1. 隐藏图

功能：根据选择的观察方向，隐藏实体中不可见的表面。

操作：直接点图标即可。

说明：

①隐藏图不可以用于图层被冻结的对象，但可以用于图层被关闭的对象。

②如果实体很复杂，那么要生成阴影图的时间就比较长。

2. 着色图

功能：加入光源和颜色，使三维实体产生更加真实的显示效果。

操作：光标点击“着色”工具条中任一种着色方式。

图 11－12 所示是四种着色方式的效果，着色的光源固定在观察者的肩背后，强度不变，只能改变视点以产生不同的效果。

3. 渲染图

经过渲染的实体，图像效果最为真实。但是操作也远比消隐图和着色图复杂，因为可以调节的因素很多，从光源的种类、数目、强度、方向，到材质、背景、场景等等均可按用户的需要设置(具体操作本书省略)。

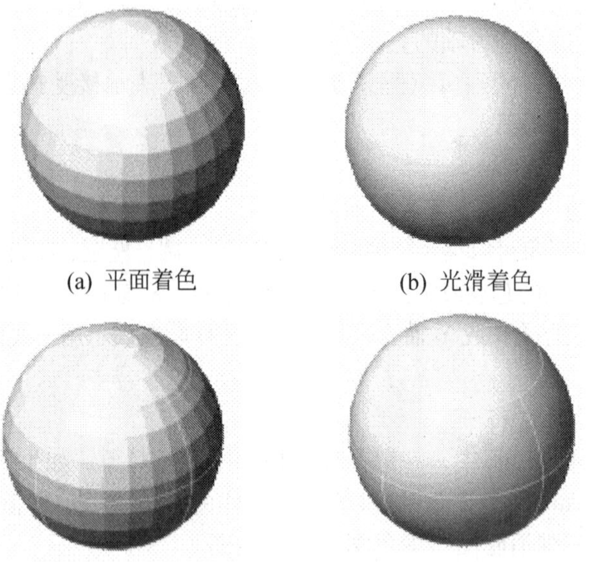

(a) 平面着色 (b) 光滑着色

(c) 显示边框的平面着色 (d) 显示边框的光滑着色

图 11－12 着色的几种效果

（十）控制实体显示的变量

影响实体显示的变量主要有以下三个：

（1）ISOLINES。当实体有曲面时，曲面在线框模式下以线条的形式显示，称之为网线，ISOLINES 就是表示网线的数目的变量，缺省值为 4，网线越多实体的显示效果越好，但是模型刷新时间也越长。不同的 ISOLINES 值对实体显示的影响如图 11－13 所示。

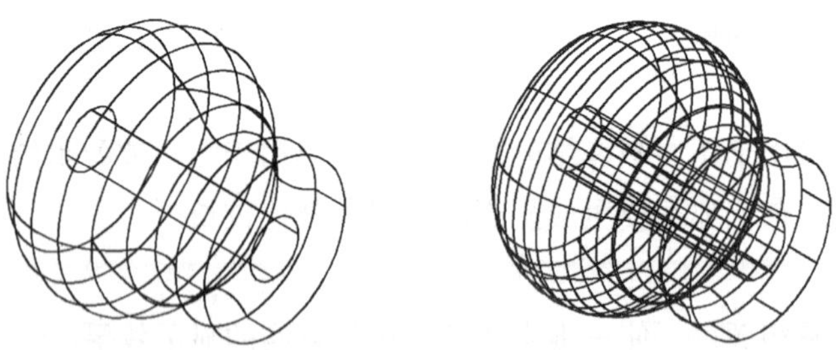

(a) ISOLINES=4 (b) ISOLINES=20

图 11－13 ISOLINES 对实体显示的影响

（2）DISPSILH。虽然网线越多实体的显示越接近三维实物，但会使得实体生成速度降低。因此，可以采用只显示曲面轮廓边界的方法，DISPSILH 是相关的变量，控制实体对象的曲面轮廓在线框模式中的显示，并控制在实体对象被消隐时是否绘制网格，相应的取值为 0 或者 1。DISPSILH 打开或关闭时对实体显示的影响如图 11－14 所示。

（3）FACETRES。当执行 HIDE 或 SHADE 等命令时，可以看到 FACETRES 变量发生的作用，它控制显示曲面的小平面数，取值范围 0.01～10，数值越大曲面精度越高，实体刷新生成的时间也越长。不同 FACETRES 值对实体显示的影响如图 11－15 所示。

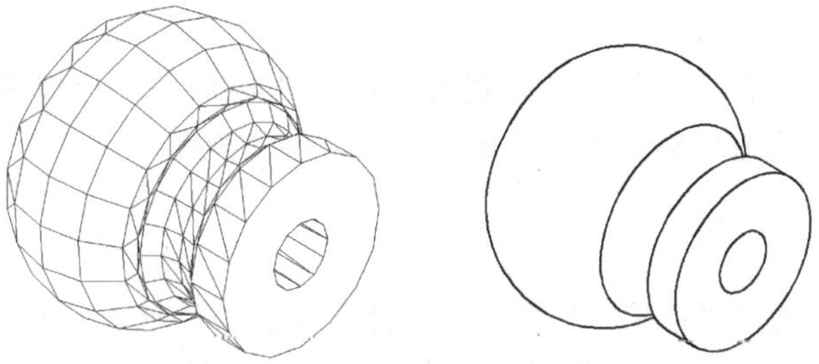

(a) DISPSILH=0　　(b) DISPSILH=1

图 11－14　DISPSILH 对实体显示的影响

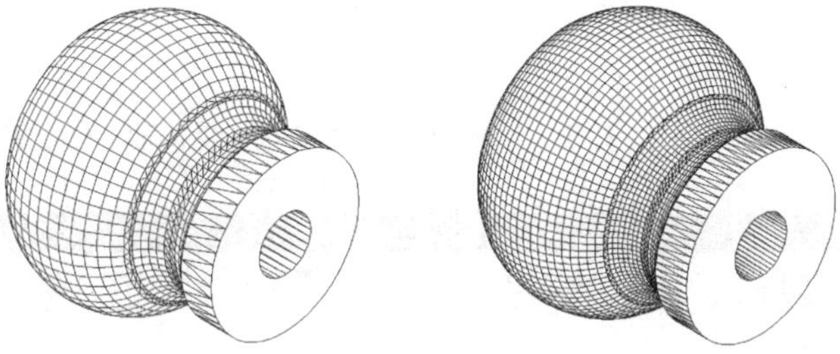

(a) FACETRES=3　　(b) FACETRES=10

图 11－15　FACETRES 对实体显示的影响

第二节　用 AutoCAD 画截交线与相贯线

一、显示三维图形

要在屏幕上以理想的角度来观察三维图形，必须选择适当的视点。所谓视点，是指用户在三维空间观察三维模型的位置。而从某一视点看去所得到的图形就是视图。通常定义视点的方法是，在菜单“视图”→“工具栏…”对话框中调用“视图”（View）工具条，如图 11－16 所示。

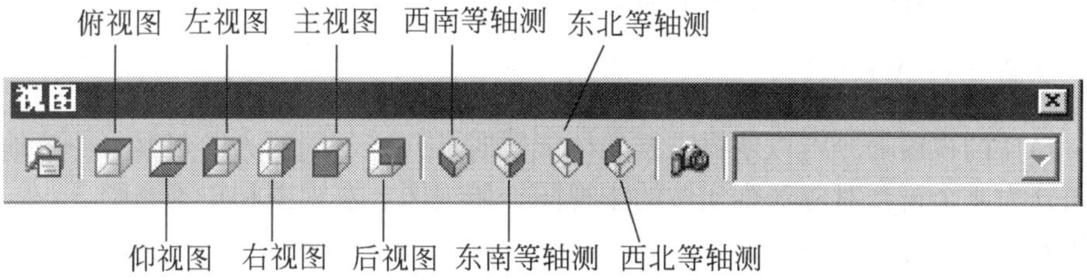

图 11－16　“视图”工具条

如果需要其他的视点方向，则可用专门的“视点”（Vpoint）命令来定义新视点。该命令使用输入的 X、Y 和 Z 坐标，创建定义观察视图的方向的矢量。定义的视图好像是观察者在该点向原点（0，0，0）方向观察。命令位置：下拉菜单“视图”→“三维视图”→“视点”。

另外，AutoCAD 还有一个三维动态观察器(3Dorbit)命令，拖拽鼠标左键，可用于随意调节观察角度进行动态观察。命令位置：下拉菜单“视图”→“三维动态观察器”。

二、用户坐标系（UCS）

AutoCAD 默认的视图平面是 XY 平面，拉伸总是沿着 Z 轴方向进行。定义用户坐标系的目的是改变原点位置、XY 平面和 Z 轴方向，以满足向各方向造型的需要。

用户自定义的 UCS，可以为其命名并在需要再次使用时恢复。当不再需要某个命名的 UCS 时，可以将其删除。还可以恢复 UCS 以便与 WCS 重合。

具体的操作在“工具”下拉菜单的“新建 UCS”命令中，或调用如图 11－17 所示的“UCS”工具条。

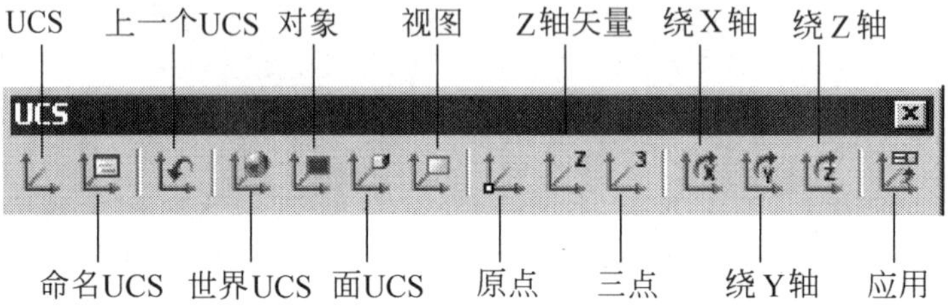

图 11－17　“UCS”工具条

现将工具条中用于建立 UCS 的图标说明如下：

①原点：要求指定一个三维点作为新的原点，而原 X、Y、Z 各轴方向不变。

②三点：要求指定三个点，分别决定原点、正 X 轴方向和 XY 平面。

③视图：建立一个 XY 平面与屏幕平行，但原点位置不变。

④绕 X/Y/Z 轴：这三个选项可以令当前用户坐标系绕指定轴旋转，从而得到新坐标系。

⑤面：将 UCS 与实体对象的选定面对齐。要选择一个面，请在此面的边界内或面的边上单击，被选中的面将亮显，UCS 的 X 轴将与找到的第一个面上的最近的边对齐。

⑥对象：根据选定三维对象定义新的坐标系。新建 UCS 的拉伸方向(Z 轴正方向)与选定对象的拉伸方向相同。

⑦Z 轴矢量：用特定的 Z 轴正半轴定义 UCS。

三、视窗（VIEWPORTS）

AutoCAD 的视窗命令可以使得三维实体能同时从几个不同的方向观察。一般地，建议将屏幕划分为 4 个窗，对应观察实体的主视图、俯视图、左视图和正等测图。

操作方法：

命令：VIEWPORTS↙

菜单：“视图”→“视口”→“4 个视口”

图标：

例 11－1　绘制一个如图 11－18 所示的水平放置的转弯圆柱。

为了方便操作，请预先调出“视图”、“实体”工具条。

(1) 设置 4 个视窗

点菜单“视图”→“视口”→“4 个视口”。

(2) 为每个视窗设置不同视点

在左上角窗口左击，使之被激活，单击“主视”图标，目的是设置该视窗观察正面投影。

用同样的方法设置另外 3 个视窗的视点：

激活左下角视窗，单击“俯视”图标，观察水平投影，即俯视图；

激活右上角视窗，单击“左视”图标，观察侧面投影，即左视图；

激活右下角视窗，单击“西南等轴测”图标，观察正等轴测图。

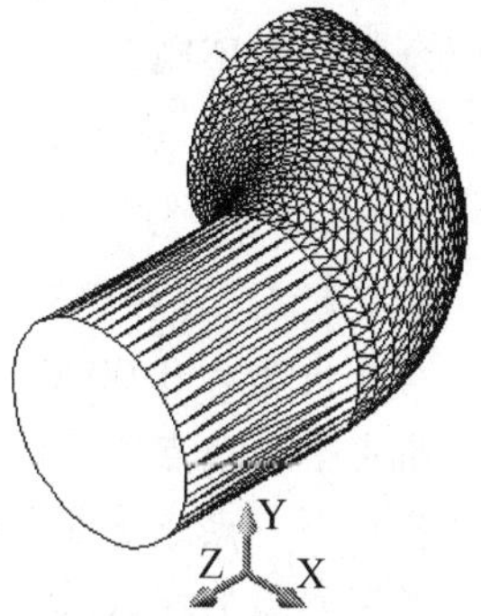

图 11－18　弯头圆柱

(3) 激活右上角视窗，利用“绘图”工具条的“圆”图标作半径为 30 的圆。

(4) 分别激活各视窗，并分别按以下操作调整图形的显示。

Command：Z↙(执行缩放显示命令)

ZOOM

指定窗口的角点，输入比例因子(nX 或 nXP)，或者［全部(A)/中心(C)/动态(D)/范围(E)/上一个(P)/比例(S)/窗口(W)/对象(O)］〈实时〉：s↙(选择比例选项)

输入比例因子(nX 或 nXP)：1.5↙(比例取 1.5)

如果缩放显示之后，发现图形未在视窗中部的位置，可以继续使用“平移”(Pan)命令调整。

该步骤结果如图 11－19 所示。

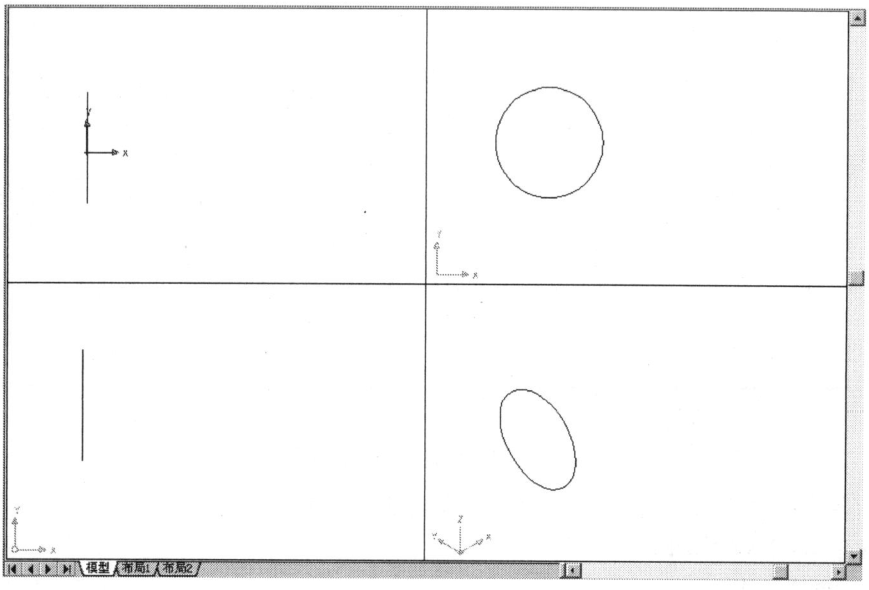

图 11－19　将屏幕分为 4 个视窗并绘制圆

(5) 在左下角视窗绘制拉伸路径

先激活左下角视窗，然后按以下操作用“多段线”(PLINE)命令画路径。

命令：PLINE↙

图标：

_ pline

指定起点：(在视窗中任意拾取一点)

当前线宽为 0.0000

指定下一个点或［圆弧(A)/半宽(H)/长度(L)/放弃(U)/宽度(W)］：@60，0↙

指定下一点或［圆弧(A)/闭合(C)/半宽(H)/长度(L)/放弃(U)/宽度(W)］：a↙

指定圆弧的端点或［角度(A)/圆心(CE)/闭合(CL)/方向(D)/半宽(H)/直线(L)/半径(R)/第二个点(S)/放弃(U)/宽度(W)］：a↙

指定包含角：90↙

指定圆弧的端点或［圆心(CE)/半径(R)］：r↙

指定圆弧的半径：60↙

指定圆弧的弦方向〈0〉：45↙

指定圆弧的端点或［角度(A)/圆心(CE)/闭合(CL)/方向(D)/半宽(H)/直线(L)/半径(R)/第二个点(S)/放弃(U)/宽度(W)］：↙(回车结束多段线)

该步骤的结果如图 11-20 所示。

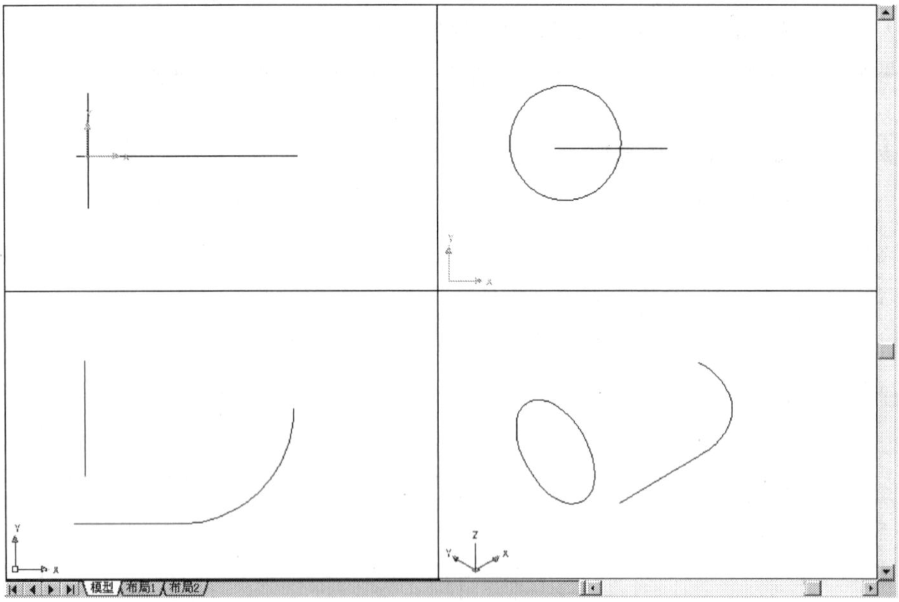

图 11-20 绘制圆的拉伸路径

(6) 用“实体”工具条的“拉伸”命令创建转弯的圆柱

Command：EXTRUDE↙

图标：

_ extrude
当前线框密度：ISOLINES =4
选择对象：单击拾取圆
找到 1 个
选择对象：↙(回车结束选择)
指定拉伸高度或［路径(P)］：p↙
选择拉伸路径或［倾斜角］：(单击多段线拾取路径)
路径已移动到轮廓中心。
(7) 生成消隐图
Command：FACETRES↙(设置网线条数)
输入新的 FACETRES〈0.5000〉值：6↙
在击活的左下角视窗执行 Hide(消隐)命令，再分别激活另外 3 个视窗执行同样的命令，结果如图 11 -21 所示。

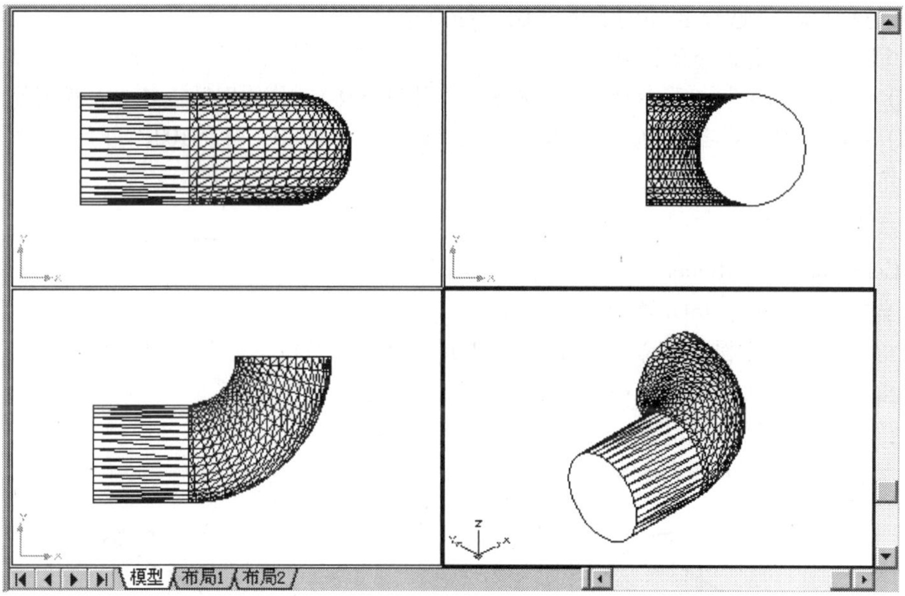

图 11 -21　执行 Hide 命令后的圆柱

四、形体的截交与相贯

在 AutoCAD2006 中可以利用并(Unions)、交(Intersection)、差(Subtraction)、切割(Slice)、截面(Section)等命令来处理形体的截交与相贯，其中前三个命令被称为布尔运算。
各命令所在工具条的位置如图 11 -22 所示。
1. 并(Unions)
功能：将多个实体组合为一个新的整体。
操作：
点击图标 

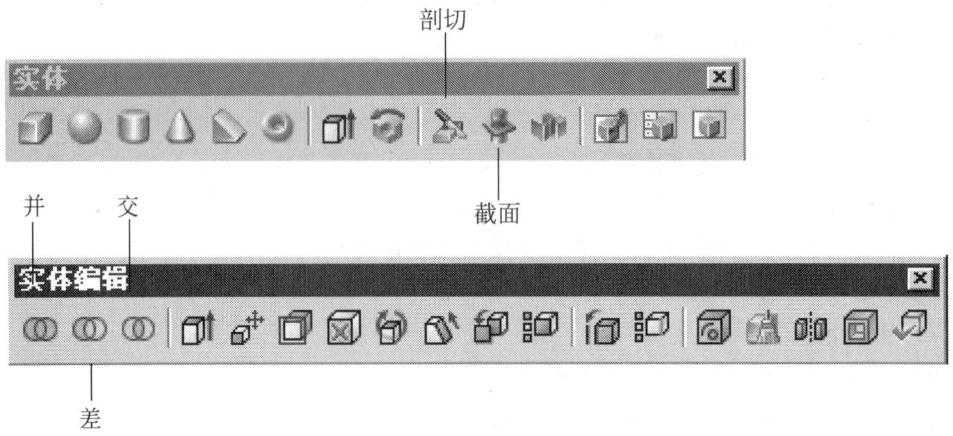

图 11-22　实体 Solids 和实体编辑 Solids Editing 工具条

Command：_union

选择对象：(选择要并的实体，回车结束选择)

例 11-2　绘制正交的两圆柱。

(1) 点击“View”工具条的左视图图标(见图 11-16)，将绘图区设置为左视图的方向。

(2) 点击实体工具条上的圆柱图标绘制水平圆柱，半径 40，长度 100(见图 11-23)。

操作：

点击图标

Command：_cylinder

当前线框密度：ISOLINES =4

指定圆柱体底面的中心点或［椭圆(E)］〈0，0，0〉：(拾取一点为圆柱中心)

指定圆柱体底面的半径或［直径(D)］：40：↙

指定圆柱体高度或［另一个圆心(C)］：100↙

点击西南等轴测图图标后显示如图 11-23 所示。

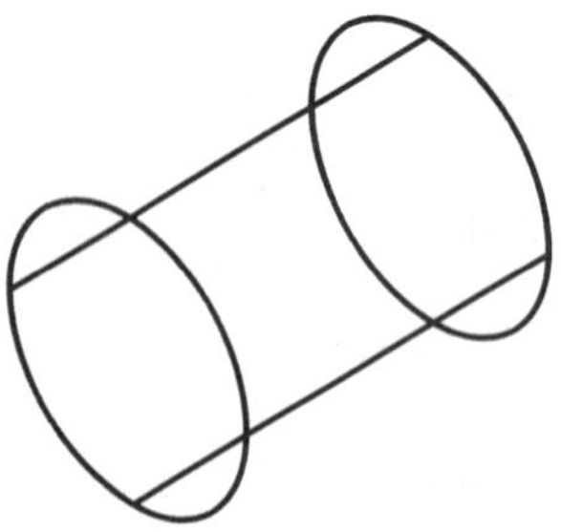

图 11-23　绘制水平圆柱

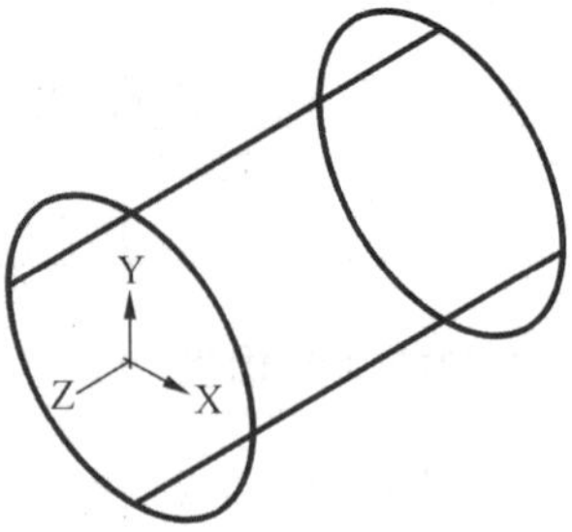

图 11-24　将原点移至圆心

(3) 建立用户坐标系

①在“UCS”工具条中选择“原点”命令，同时保证对象捕捉功能打开且设置了圆心选项，将光标移至圆柱左端面圆周上，稍后在该端面圆心出现一个圆形小标记，即可移近光标拾取之，这样坐标原点就被定在此处了(见图 11-24)。

②再次选择“原点”命令，进行以下操作，将原点移至该圆柱正中偏下65的位置。

Command：_ucs↙

当前UCS名称：*没有名称*

输入选项

[新建(N)/移动(M)/正交(G)/上一个(P)/恢复(R)/保存(S)/删除(D)/应用(A)/?/世界(W)]

〈世界〉：_o

指定新原点〈0，0，0〉：0，-65，-50↙

③在“UCS”工具条中选择“绕X轴”命令，进行以下操作，将坐标系绕X轴旋转90°。完成后如图11-25所示。

Command：_ucs↙

当前UCS名称：*没有名称*

输入选项

[新建(N)/移动(M)/正交(G)/上一个(P)/恢复(R)/保存(S)/删除(D)/应用(A)/?/世界(W)]〈世界〉：_x

指定绕X轴的旋转角度〈90〉：-90↙

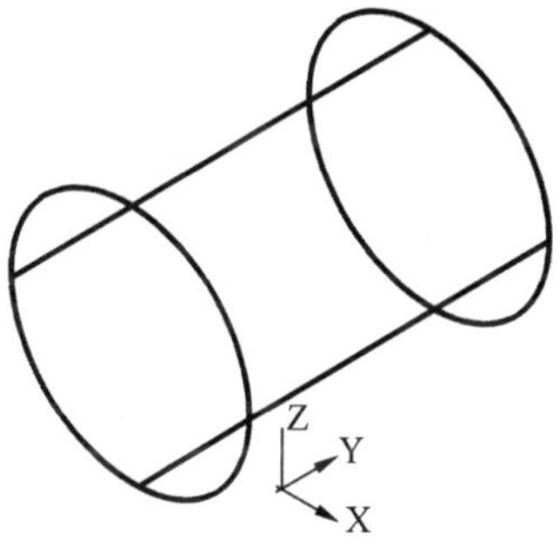

图11-25　将坐标系绕X轴旋转90°

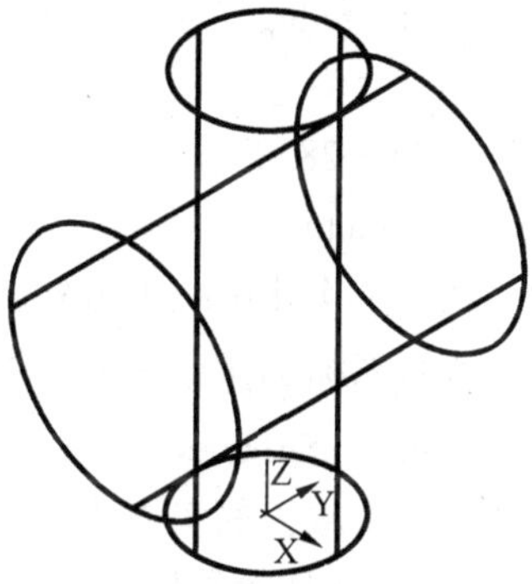

图11-26　绘制垂直圆柱

(4) 绘制垂直圆柱，半径25，长度130(见图11-26)

Command：_cylinder↙

当前线框密度：ISOLINES=4

指定圆柱体底面的中心点或[椭圆(E)]〈0，0，0〉：↙(圆柱的中心确定在坐标原点上)

指定圆柱体底面的半径或[直径(D)]：25↙

指定圆柱体高度或[另一个圆心(C)]：130↙

(5) 合并两个圆柱(图11-27)

Command：_union↙

选择对象：(选择一个圆柱)

选择对象：(选择另一个圆柱)

选择对象：↙(结束求并命令)

图 11－27 合并圆柱

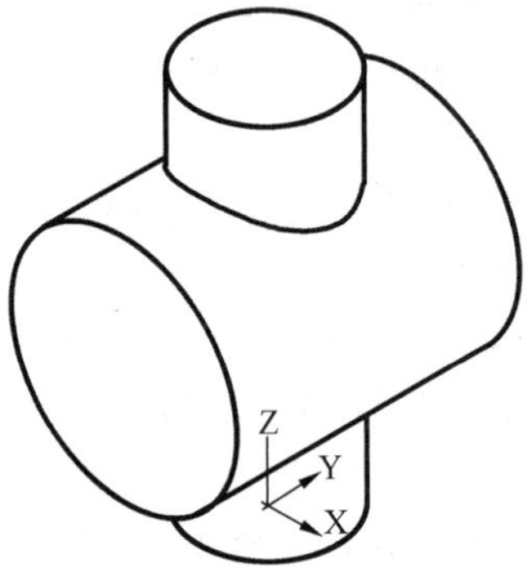

图 11－28 设置显示参数并执行消隐

(6) 设置显示参数来控制圆柱的显示

Command：facetres↙

Enter new value for FACETRES 〈0. 5000〉：6↙(设置曲面精度显示)

Command：dispsilh↙

Enter new value for DISPSILH 〈0〉：1↙ (设置只显示曲面轮廓线)

Command：hide↙(执行消隐命令)

正在重生成模型。

结果如图 11－28 所示。

2. 差 (Subtract)

功能：从一个实体中减去另外的实体，从而形成新的立体。

操作：点击图标(见图 11－22)

Command：_ Subtract

选择要从中减去的实体或面域...

选择对象：(选择母体)

选择对象：(继续选择母体，回车结束选择)

选择要减去的实体或面域...

选择对象：(选择子体，回车结束选择)

选择对象：(继续选择子体，回车结束选择)

3. 交(Intersect)

功能:将多个实体的公共部分提取出来成为一个新的立体。

操作：点击图标

Command：_ Intersect

选择对象：(选择实体)

选择对象：(继续选择实体，回车结束选择)

4. 剖切(Slice)

功能：将立体切开为两部分。

操作：点击图标 (见图 11－22)

Command：_ slice

选择对象：

指定切面上的第一个点，依照［对象(O)/Z 轴(Z)/视图(V)/XY 平面(XY)/YZ 平面(YZ)/ZX 平面(ZX)/三点(3)］〈三点〉：(确定切平面)

在要保留的一侧指定点或［保留两侧(B)］：

说明：Slice 命令提供 7 种定义切平面的方法：

Object：以一个形体来确定切平面；

Zaxis：拾取两点以确定切平面的 Z 轴，而切平面与 Z 轴垂直；

View：切平面与当前视图垂直；

XY/YZ/ZX：切平面与 XY 或 YZ 或 XZ 坐标面平行；

3points：以三点来确定切平面。

例 11－3　绘制被切割的开槽四棱柱。

(1) 绘制开槽四棱柱(见图 11－29)

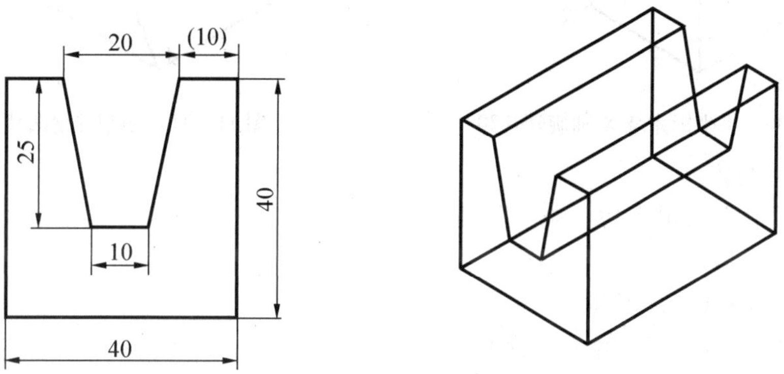

图 11－29　绘制“凹”字形截面并拉伸成柱体

①点击“视图”工具条的“左视图”图标，将屏幕设置为左视图方向。

②点击“绘图”工具条的“多段线”图标，绘制一个“凹”字形的二维轮廓，其尺寸如图 11－29 所示。

③点击“实体”工具条的“拉伸”图标，以拉伸的方式创建开槽四棱柱，命令行如下提示：

Command：_ extrude

当前线框密度：ISOLINES＝4

选择对象：(选择“凹”字形二维轮廓)

选择对象：↙(回车结束选择)

指定拉伸高度或［路径(P)］：60↙

指定拉伸的倾斜角度〈0〉：↙

点击 SW 轴测图图标，观察开槽四棱柱，如图 11－29 所示。

(2) 建立用户坐标系，将坐标系绕 X 轴旋转－30°，结果如图 11－30 所示。

操作：点“UCS”工具条的“绕 X 轴”图标。

Command：_ ucs

当前 UCS 名称：＊左视＊

输入选项

[新建(N)/移动(M)/正交(G)/上一个(P)/恢复(R)/保存(S)/删除(D)/应用(A)/?/世界(W)]〈世界〉：_x

指定绕 X 轴的旋转角度〈90〉：-30↙

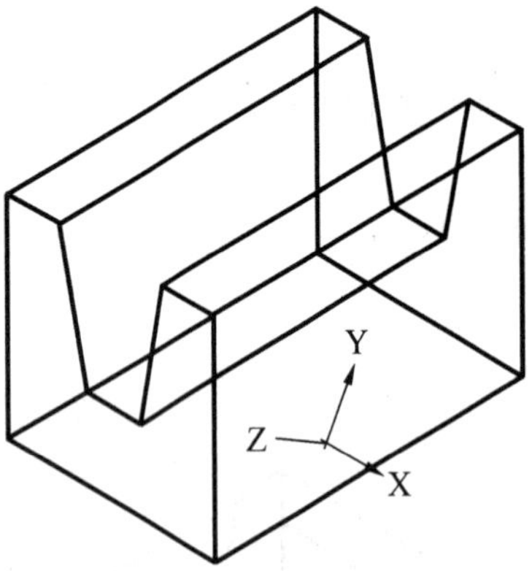

图 11-30 将坐标系绕 X 轴旋转 -30°

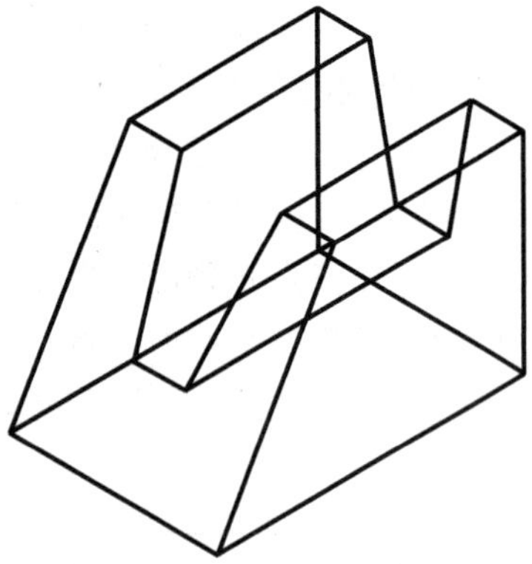

图 11-31 切割开槽四棱柱

(3) 切割实体

选择“实体”工具条的“剖切”图标。

命令：_slice

选择对象：(选择实体)

选择对象：↙(回车结束选择)

指定切面上的第一个点，依照[对象(O)/Z 轴(Z)/视图(V)/XY 平面(XY)/YZ 平面(YZ)/ZX 平面(ZX)/三点(3)]〈三点〉：xy↙

指定 XY 平面上的点〈0，0，0〉：(拾取实体左前下角)

在要保留的一侧指定点或[保留两侧(B)]：(在要保留的部分上拾取一点，如拾取实体的右前下角)

最后可以执行 HIDE 命令，结果如图 11-31 所示。

5. 截面(Section)

功能：提取实体某处的截断面形状。

操作：与 Slice 命令相似(过程略)

例 11-4 绘制轴的截平面图形。

(1) 绘制圆柱，半径 5.5，长度 15

① 点“视图”工具条的“左视图”图标，设置左视图视口。

②用“圆柱”命令绘制一个水平放置的圆柱实体。命令行如下提示：

Command：_cylinder

当前线框密度：ISOLINES =4

指定圆柱体底面的中心点或[椭圆(E)]〈0，0，0〉：(拾取一点为圆柱中心)

指定圆柱体底面的半径或[直径(D)]：5.5↙

指定圆柱体高度或［另一个圆心(C)］：15↙

③点“视图”工具条的“西南轴测”图标，观察圆柱的轴测视图。

(2) 建立新用户坐标系

①点“UCS”工具条的“原点”图标，同时保证对象捕捉功能的“象限点”选项已设置且该功能打开，即可捕捉圆柱左端面圆最前的象限点为新的坐标原点，如图11－32所示。

②点“UCS”工具条的“绕Y轴”图标，使坐标系绕Y轴旋转90°，命令行提示：

Command：_ucs

当前UCS名称：＊左视图＊

输入选项

［新建(N)/移动(M)/正交(G)/上一个(P)/恢复(R)/保存(S)/删除(D)/应用(A)/?/世界(W)］〈世界〉：_y

指定绕X轴的旋转角度〈90〉：90↙

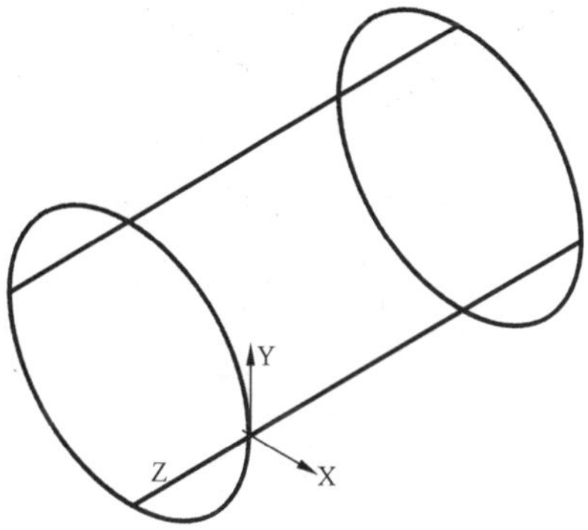

图11－32　绘制圆柱并建立用户坐标系

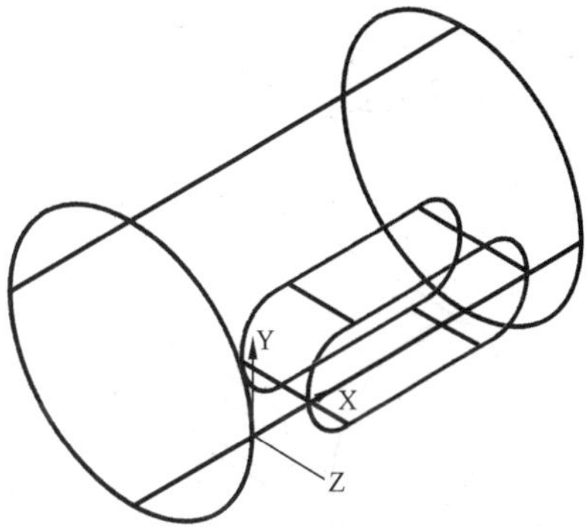

图11－33　绘制键槽

(3) 相对于新的UCS，用多段线命令和拉伸命令来创建键槽实体(见图11－33)

Command：_pline

指定起点：4.5，－2↙

当前线宽为0.0000

指定下一个点或［圆弧(A)/半宽(H)/长度(L)/放弃(U)/宽度(W)］：@6，0↙

指定下一点或［圆弧(A)/闭合(C)/半宽(H)/长度(L)/放弃(U)/宽度(W)］：a↙(圆弧选项)

指定圆弧的端点或［角度(A)/圆心(CE)/闭合(CL)/方向(D)/半宽(H)/直线(L)/半径(R)/第二个点(S)/放弃(U)/宽度(W)］：@0，－4↙

指定圆弧的端点或［角度(A)/圆心(CE)/闭合(CL)/方向(D)/半宽(H)/直线(L)/半径(R)/第二个点(S)/放弃(U)/宽度(W)］：L↙(直线选项)

指定下一点或［圆弧(A)/闭合(C)/半宽(H)/长度(L)/放弃(U)/宽度(W)］：@－6，0↙

指定下一点或［圆弧(A)/闭合(C)/半宽(H)/长度(L)/放弃(U)/宽度(W)］：a↙(圆弧选项)

指定圆弧的端点或［角度(A)/圆心(CE)/闭合(CL)/方向(D)/半宽(H)/直线(L)/半径(R)/第二个点(S)/放弃(U)/宽度(W)］：CL↙(闭合选项，结束多段线命令)

点“实体”工具条的“拉伸”图标，命令行提示：

Command：_ extrude

当前线框密度：ISOLINES =4

选择对象：(选择多段线绘制的轮廓)

选择对象：(回车结束选择)

指定拉伸高度或［路径(P)］：-3↙

指定拉伸的倾斜角度〈0〉：↙

(4) 求差(见图 11-34)

Command：_ subtract

选择要从中减去的实体或面域...

选择对象：(选择圆柱)

选择对象：↙

选择要减去的实体或面域...

选择对象：(选择键槽)

选择对象：↙

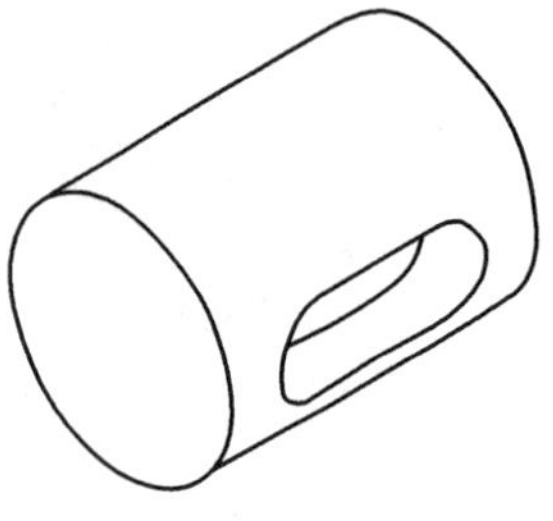

图 11-34　求差

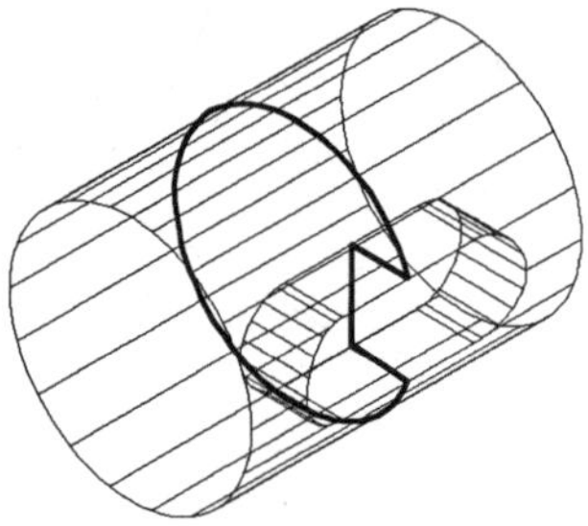

图 11-35　求截面图形

(5) 求截面图形(见图 11-35)。点“实体”工具条的“截面”命令，命令行提示：

Command：_ section

选择对象：(选择轴)

选择对象：↙(回车结束选择)：

指定截面上的第一个点，依照［对象(O)/Z 轴(Z)/视图(V)/XY 平面(XY)/YZ 平面(YZ)/ZX 平面(ZX)/三点 (3)］〈三点〉：yz↙(截面图形将与 YOZ 面平行)

指定 YZ 平面上的点〈0，0，0〉：(捕捉键槽长度方向的中间点)

第三节　用 AutoCAD 绘制组合体综合举例

任务：

①为如图 11-36 所示的组合体进行实体造型；

②将实体及各投影输入图纸空间；

③在图纸空间进行尺寸标注。

一、创建实体

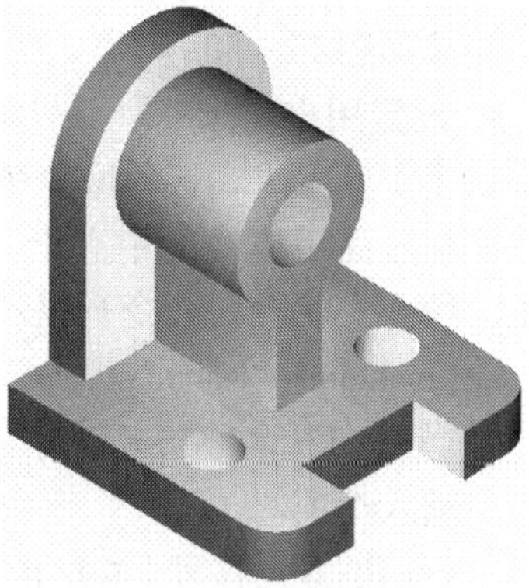

图 11-36 组合体

1. 准备

打开用户样图，并调出有关工具条，如实体、实体编辑、视图等。

2. 创建底板模型（以单击图标方式输入命令）

首先以“多段线”命令绘制底板的二维轮廓。命令行提示如下：

Command：_ pline
指定起点：（任意拾取一点）
当前线宽 0.0000
指定下一个点或［圆弧(A)/半宽(H)/长度(L)/放弃(U)/宽度(W)］：@46，0↙
指定下一个点或［圆弧(A)/半宽(H)/长度(L)/放弃(U)/宽度(W)］：@0，-46↙
指定下一个点或［圆弧(A)/半宽(H)/长度(L)/放弃(U)/宽度(W)］：@-13.5，0↙
指定下一个点或［圆弧(A)/半宽(H)/长度(L)/放弃(U)/宽度(W)］：@0，9
指定下一个点或［圆弧(A)/半宽(H)/长度(L)/放弃(U)/宽度(W)］：@-19，0↙
指定下一个点或［圆弧(A)/半宽(H)/长度(L)/放弃(U)/宽度(W)］：@0，-9↙
指定下一个点或［圆弧(A)/半宽(H)/长度(L)/放弃(U)/宽度(W)］：@-13.5，0↙
指定下一个点或［圆弧(A)/半宽(H)/长度(L)/放弃(U)/宽度(W)］：c↙

点“拉伸”命令产生底板实体。命令行提示如下：

Command：_ extrude（拉伸底板）
当前线框密度：ISOLINES=4
选择对象：（拾取底板轮廓）
选择对象：↙（回车结束对象拾取）
定拉伸高度或［路径（P）］：7↙
指定拉伸的倾斜角度〈0〉：↙

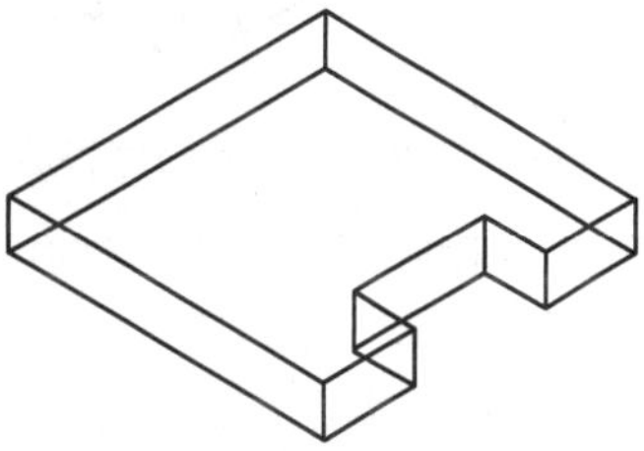

图 11-37 创建底板模型

以“西南正轴测”方向观察，结果如图 11-37 所示。

3. 给底板倒圆角

“绘图”工具条的“圆角”命令既可以对二维对象进行倒圆角操作，也可以对实体棱边倒圆角。所以点击“圆角”图标，命令行如下：

Command：_ fillet
当前设置：模式=修剪，半径=20.0000
选择第一个对象或
［多段线(P)/半径(R)/修剪(T)/多个(U)］：（选择底板左前角的竖直棱线）
输入圆角半径：6↙
选择边或［链(C)/半径(R)］：（选择底板右前角的竖直棱线）
选择边或［链(C)/半径(R)］：↙（回车结束对象拾取）

已选定 2 个边用于圆角。

结果如图 11－38 所示。

4. 设置用户坐标系

为了方便生成底板的两个安装孔，将坐标系原点放置在底板底面后棱线的中点上。所以，点“UCS”工具条的“原点”命令，命令行提示如下：

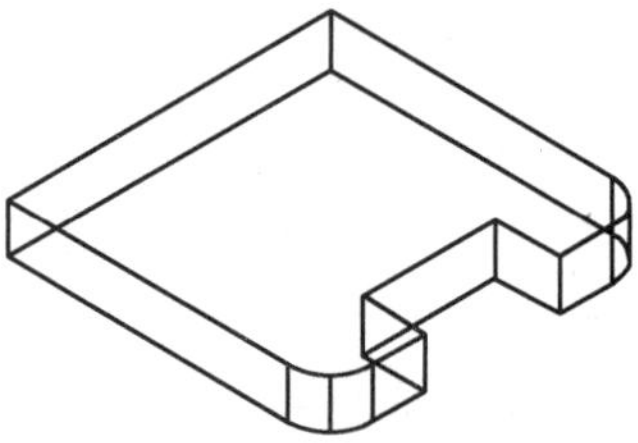

图 11－38 底板倒圆角

Command：_ ucs

当前 UCS 名称：＊没有名称＊

输入选项

[新建(N)/移动(M)/正交(G)/上一个(P)/恢复(R)/保存(S)/删除(D)/应用(A)/? /世界(W)]〈世界〉：_ o

指定新原点〈0，0，0〉：(捕捉边线中点)

结果如图 11－39 所示。

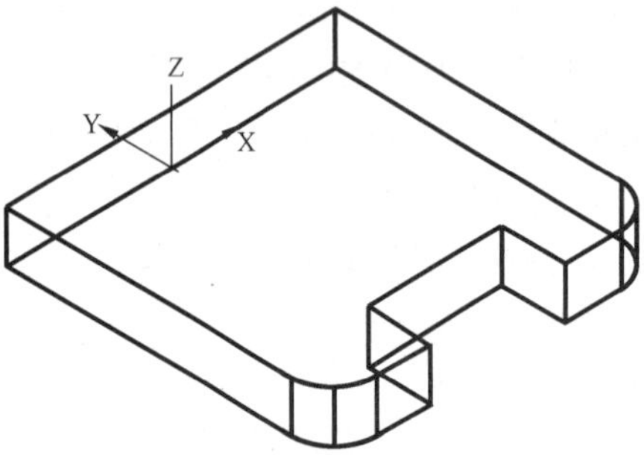

图 11－39 UCS 移至底板后棱线中点

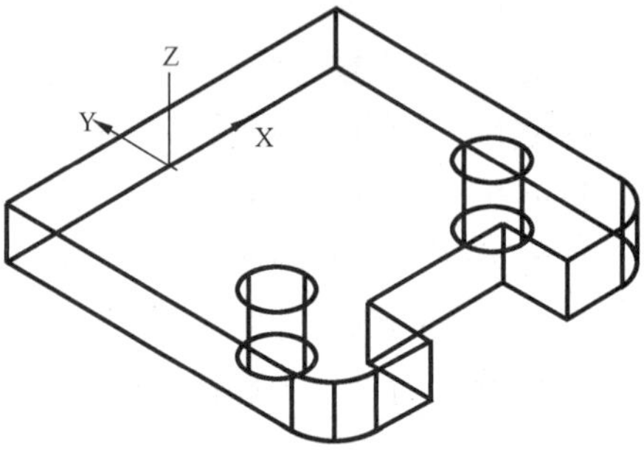

图 11－40 创建安装孔

5. 创建底板的两个安装孔

以“实体”工具条的“圆柱”命令和“实体编辑”工具条的“差集”命令来创建底板的安装孔。命令行提示如下：

Command：_ cylinder(点“圆柱”)

当前线框密度：ISOLINES＝4

指定圆柱体底面的中心点或[椭圆(E)]〈0，0，0〉：15，－30，0↙(右孔中心定位尺寸)

指定圆柱体底面的半径或[直径(D)]：4↙(孔径)

指定圆柱体高度或[另一个圆心(C)]：8↙(孔高)

Command：_ cylinder(点“圆柱”)

当前线框密度：ISOLINES＝4

指定圆柱体底面的中心点或[椭圆 (E)]〈0，0，0〉：－15，－30，0↙(左孔中心定位尺寸)

指定圆柱体底面的半径或[直径(D)]：4↙

指定圆柱体高度或[另一个圆心(C)]：8↙

Command：_ subtract(点“差集”)

选择要从中减去的实体或面域...
选择对象：（选择底板）
选择对象：↙（回车）
选择要减去的实体或面域...
选择对象：（选择左孔圆柱）
选择对象：（选择右孔圆柱）
选择对象：↙（回车）

结果如图 11－40 所示。

6. 建立用户坐标系

为了继续创建组合体的圆柱筒、肋板、竖板，需要将 XY 平面由水平方向转为正立面方向，所以点"UCS"工具条"X 轴"图标，命令行提示如下：

命令：_ucs
当前 UCS 名称：＊俯视＊
输入选项
[新建(N)/移动(M)/正交(G)/上一个(P)/恢复(R)/保存(S)/删除(D)/应用(A)/？/世界(W)]〈世界〉：_x
指定绕 X 轴的旋转角度〈90〉：90↙（绕 X 轴旋转 90°）

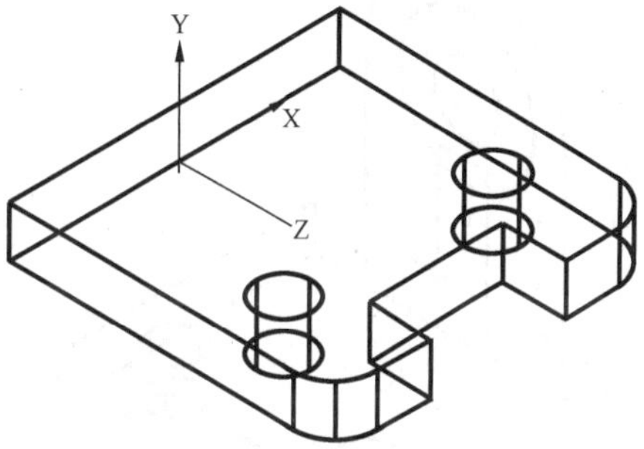

图 11－41　UCS 绕 X 轴旋转 90°

结果如图 11－41 所示。

7. 绘制竖板、圆柱筒和肋板的形状

（1）"多段线"命令绘制竖板轮廓

Command：_pline(点"多段线"图标)
指定起点：16，0↙
当前线宽为 0.0000
指定下一个点或［圆弧(A)/半宽(H)/长度(L)/放弃(U)/宽度(W)］：@0，32↙
指定下一点或［圆弧(A)/闭合(C)/半宽(H)/长度(L)/放弃(U)/宽度(W)］：a↙（圆弧方式）
指定圆弧的端点或［角度(A)/圆心(CE)/闭合(CL)/方向(D)/半宽(H)/直线(L)/半径(R)/第二个点(S)/放弃(U)/宽度(W)］：@－32，0↙
指定圆弧的端点或［角度(A)/圆心(CE)/闭合(CL)/方向(D)/半宽(H)/直线(L)/半径(R)/第二个点(S)/放弃(U)/宽度(W)］：L↙（直线方式）
指定下一点或［圆弧(A)/闭合(C)/半宽(H)/长度(L)/放弃(U)/宽度(W)］：@0，－32↙
指定下一点或［圆弧(A)/闭合(C)/半宽(H)/长度(L)/放弃(U)/宽度(W)］：c↙（闭合方式）

（2）"圆"命令绘制竖板轮廓

Command：_circle(点"圆"图标)
指定圆的圆心或［三点(3P)/两点(2P)/相切、相切、半径(T)］：0，32，0↙（圆心坐标）

指定圆的半径或［直径(D)］〈5.5000〉：d↙

指定圆的直径〈11.0000〉：22↙

(3) 重复画圆命令，绘制圆柱筒内圆

Command：↙

指定圆的圆心或［三点(3P)/两点(2P)/相切、相切、半径(T)］：0，32，0↙(圆心坐标)

指定圆的半径或［直径(D)］〈5.5000〉：d↙

指定圆的直径〈11.0000〉：11↙

(4) “矩形”命令绘制肋板轮廓

Command：_rectang(点“矩形”图标)

指定第一个角点或［倒角(C)/标高(E)/圆角(F)/厚度(T)/宽度(W)］：4，0，0↙

指定另一个角点或［尺寸(D)］：@ -8，24↙

结果如图 11-42 所示。

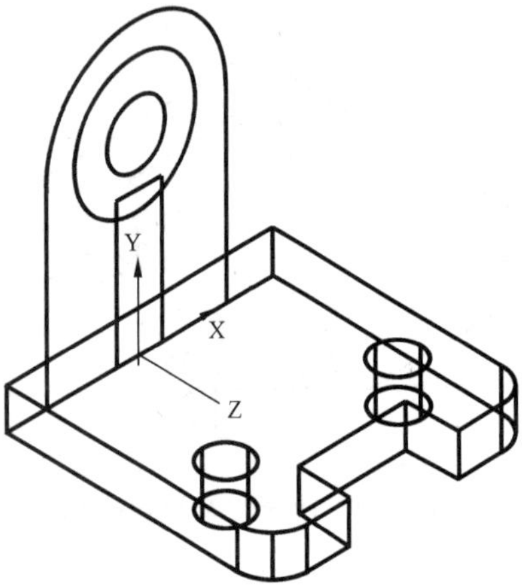

图 11-42　绘制竖板、圆柱筒和肋板形状

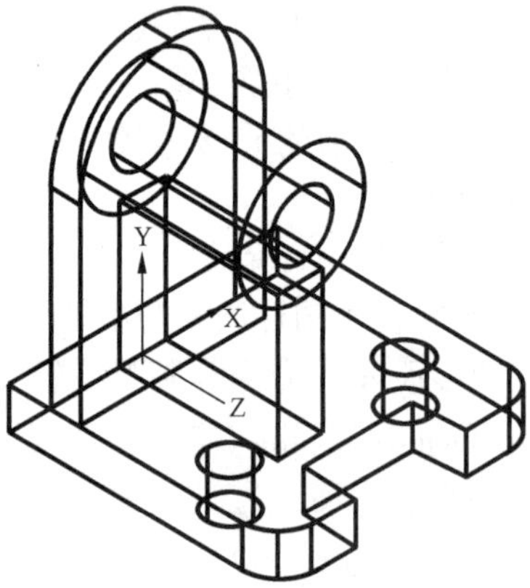

图 11-43　拉伸

8. 拉伸、求并、求差

将 4 个轮廓拉伸为实体(见图 11-43)。

(1) Command：_extrude(点“拉伸”图标)

当前线框密度：ISOLINES =4

选择对象：(选择两个圆以及矩形)

选择对象：↙

指定拉伸高度或［路径(P)］：27↙

指定拉伸的倾斜角度〈0〉：↙

(2) Command：↙(重复“拉伸”)

当前线框密度：ISOLINES =4

选择对象：(选择竖板轮廓)

选择对象：↙

指定拉伸高度或［路径(P)］：5↙

指定拉伸的倾斜角度〈0〉：↙

（3）合并底板、竖板、肋板和大圆柱(见图 11－44)

Command：_ union(点“并集”图标)

选择对象：(选择底板、竖板、肋板和大圆柱)

总计 4 个

选择对象：↙

（4）减去小圆柱，形成圆筒

Command：_ subtract(点“差集”图标)

选择要从中减去的实体或面域...

选择对象：(选择前一操作得到的合并体)

选择对象：↙

选择要减去的实体或面域...

选择对象：(选择小圆柱)

选择对象：↙

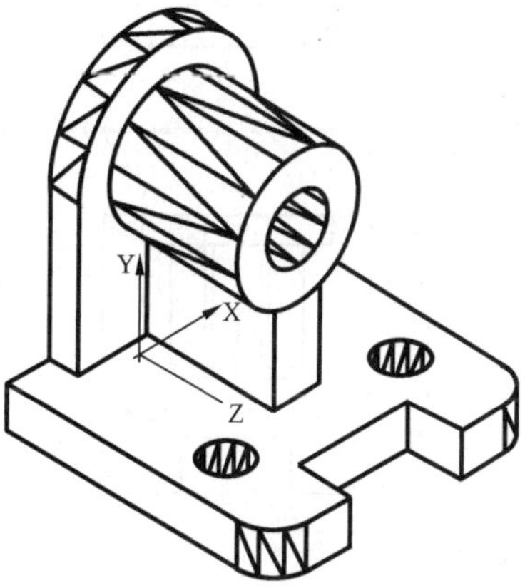

图 11－44　合并及求差

执行“消隐”后结果如图 11－44 所示。

9. 从多个角度观察组合体

点菜单“视图/视口/4 个视口”命令，可设置 4 个视窗，但是，还应为每个视窗设置不同视点才能同时以多角度来观察组合体，因此，点击激活左上角视窗后，选择“视图”工具条的“主视图”图标，即可将该视窗设为主视图的观察方向。以类似操作，把左下角视窗设为“俯视图”、右上角视窗设为“左视图”，而右下角视窗仍保持西南轴测图观察方向。

10. 统一各视窗的缩放比例

激活左上角视窗：

Command：Zoom↙(输入缩放显示命令)

指定窗口角点，输入比例因子（nX 或 nXP)，或

［全部(A)/中心点(C)/动态(D)/范围(E)/上一个(P)/比例(S)/窗口(W)］〈实时〉：s↙

输入比例因子（nX 或 nXP)：4↙

注意：如果视窗的图幅界限与本例不同，以 4 为缩放显示的比例因子可能会过大或过小，用户只要调整一下，另外选择一个恰当的比例因子再缩放一次即可。

以同样的操作，为左下角视窗和右上角视窗设置一样的缩放比例，右下角视窗的缩放比例可以不一样。这样做的目的是使图样插入图纸空间后能够满足“长对正、高平齐、宽相等”的原则。操作结果如图 11－45 所示。

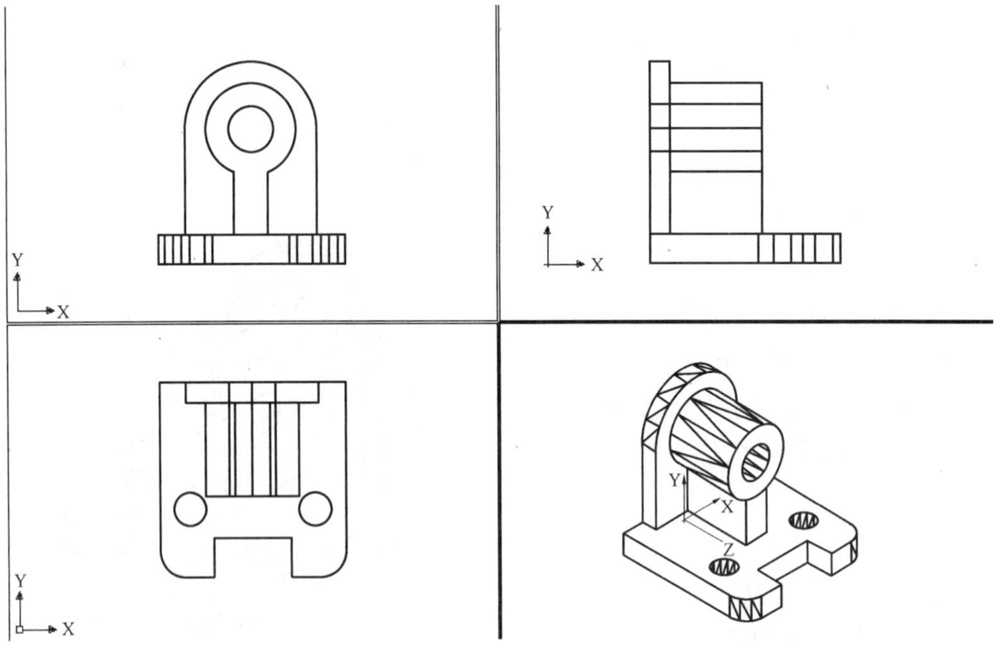

图 11－45　操作结果

二、进入图纸空间

（一）模型空间和图纸空间的概念

前面阐述了多视窗的概念和用途。在本例中采用了 4 个视窗，分别显示该组合体的主视图、俯视图、左视图和西南轴测图 4 个方向，但是，用户每次只能激活一个视窗，对其实施操作。因此，不可能将所有视窗内的视图同时打印输出，也没法作正常的标注和注释。

为了解决这个问题，AutoCAD 为用户提供了图纸空间的概念。相对于图纸空间而言，前面绘制的二维图形、创建的三维实体都是在模型空间中进行的，可以说模型空间就是一个与实际空间对应的空间坐标体系。而图纸空间相当于用户的绘图纸，主要用于将模型空间的图形（或模型）按需要进行布局，增加注释，然后打印出图。

另外，还有一个浮动模型空间的概念。当模型空间的实体插入图纸空间后，要执行三维实体转成二维平面图的操作，必须在图纸空间中"模拟"一个模型空间才能进行，这就是浮动模型空间。

必须指出，在模型空间使用的绘图和编辑等命令，同样适于图纸空间使用；而绘制在模型空间的图样也可以直接打印。但是，建议用户在模型空间造型，在图纸空间出图。若是绘制二维图样，使用图纸空间就没有太大的意义。

（二）模型空间和图纸空间的切换

打开 AutoCAD，首先进入的是模型空间，即在"模型"状态下（见图 11－46）。而点击"布局 1"，再根据此时屏幕下方的状态条上最右边一项显示的是"图纸"或"模型"，就能表明目前是图纸空间或是浮动模型空间。

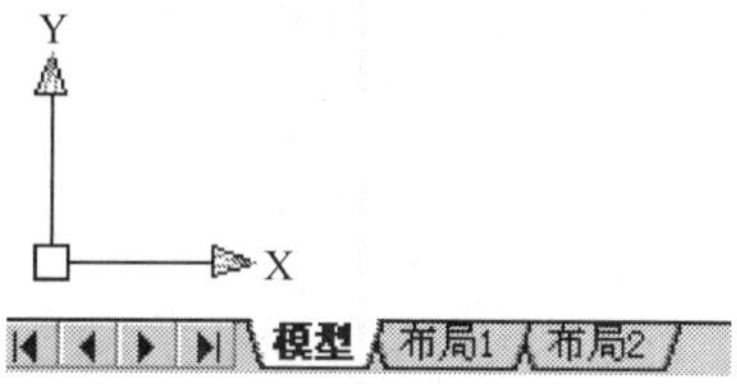

图 11－46　模型空间图标

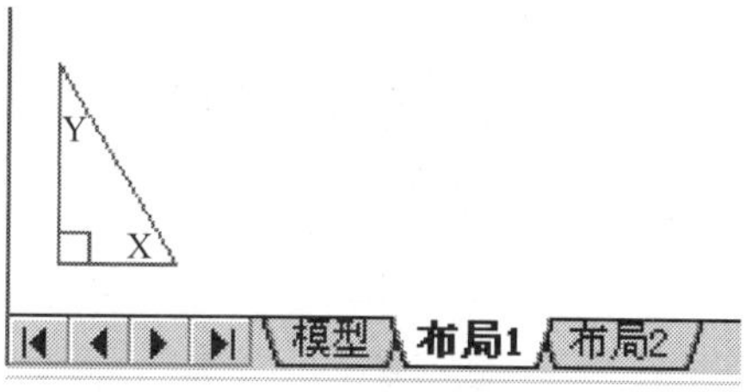

图 11－47　图纸空间图标

从绘图区左下角的坐标系图案也可以看出当前图形处于何种空间，双箭头的图标表示模型空间，而三角形的图标则表示图纸空间(见图 11－47)。

继续上例，将 4 个方向观察的组合体图样插入图纸空间。

11. 进入图纸空间

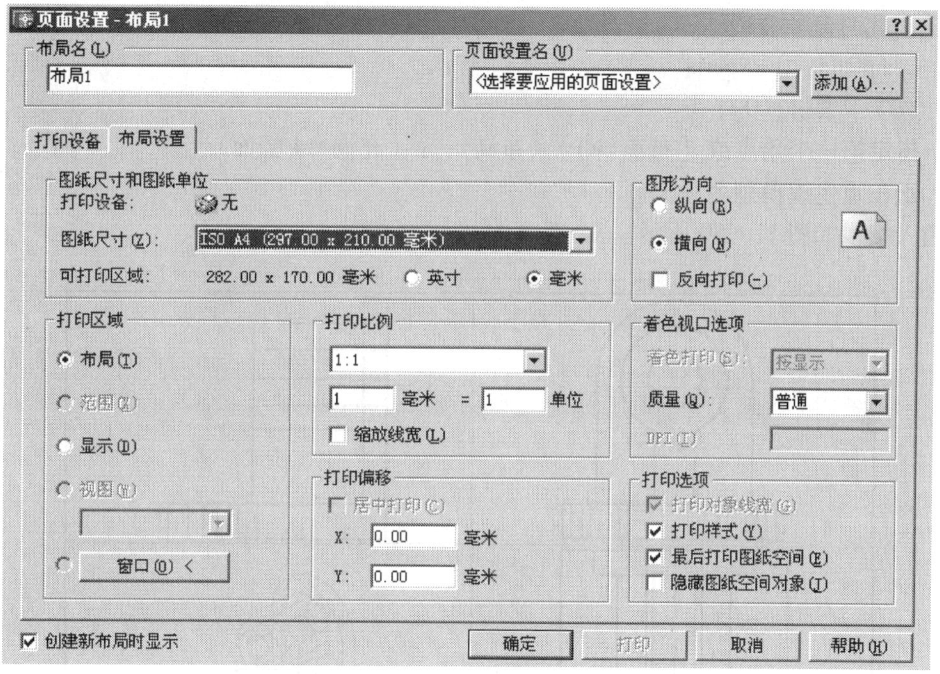

图 11－48　“页面设置”对话框

点击“布局 1”选项卡，进入图纸空间。第一次单击该选项卡，会自动弹出“页面设置”对话框(见图 11－48)。在图中选取“布局设置”选项卡，在“图纸尺寸”列表栏里选择需要的图纸幅面，并选择图形插入的方向以及打印比例，点“确定”。刚才在模型空间中激活的那个视窗就插入到图纸空间了。因为需要 4 个视窗都同时插入，所以，点“擦除”命令擦去刚刚插入的那个视窗的图样，只留下“白纸”(如图 11－49 所示)。

12. 插入 4 个视窗

点菜单“视图”→“视口”→“命名视口…”，弹出“视窗”对话框，在该对话框的“命名视口”列表栏中，目前只有一个已命名的视窗就是该组合体的 4 个视窗，点

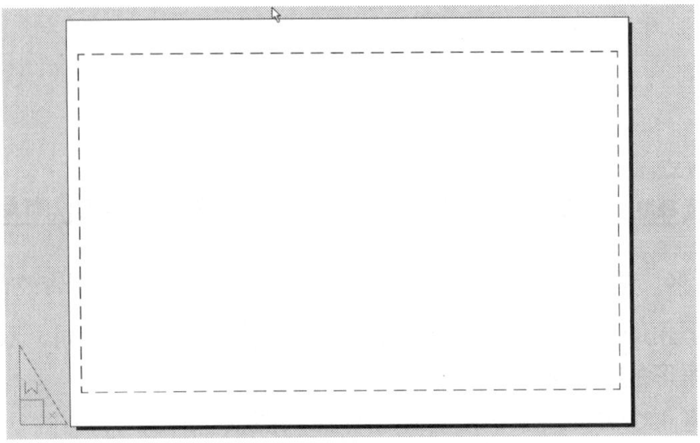

图 11－49 “白纸”

“确定”。此时命令行提示：

Command：_＋vports

选项卡索引〈0〉：1

指定第一个角点或［布满(F)］〈布满〉：↙(充满 A4 幅面)

正在重生成模型。

插入结果如图 11－50 所示。

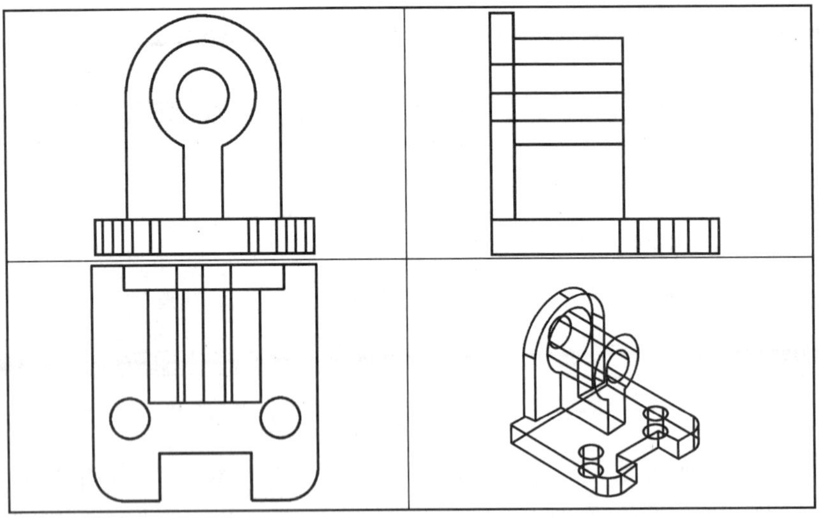

图 11－50 插入 4 个视窗

13. 调整比例

因为通常习惯以 1∶1 的比例来出图，所以要为插入图纸空间后的各视窗设置 1∶1 的比例。调出“视口”工具条(见图 11－51)。双击左上角视窗，使之转为浮动模型空间。

图 11－51 “视口”工具条

在工具条的比例控制下拉列表中选 1∶1。

以同样的操作，为左下角和右上角视窗设置 1∶1 的比例。

14. 进入浮动模型空间提取模型的轮廓线

点界面底下状态条的“图纸”，使之变成“模型”。分别激活 4 个视窗，执行以下操作：下拉菜单“绘图”→“实体”→“设置”→“轮廓”，命令行提示如下：

Command：_ Solprof

选择对象：(选组合体)

选择对象：↙

是否在单独的图层中显示隐藏的轮廓线？[是(Y)/否(N)]〈是〉：↙

是否将轮廓线投影到平面？[是(Y)/否(N)]〈是〉：↙

是否删除相切的边？[是(Y)/否(N)]〈是〉：↙

点状态条的“模型”变成“图纸”，返回图纸空间。将所有不可见的轮廓线所在的图层“Ph –”的线型设为虚线，关闭轴测图不可见轮廓所在层和三维模型所在层，并为所有可见的轮廓线所在的图层“Pv –”设置线宽为 0.6mm。

结果如图 11 – 52 所示。

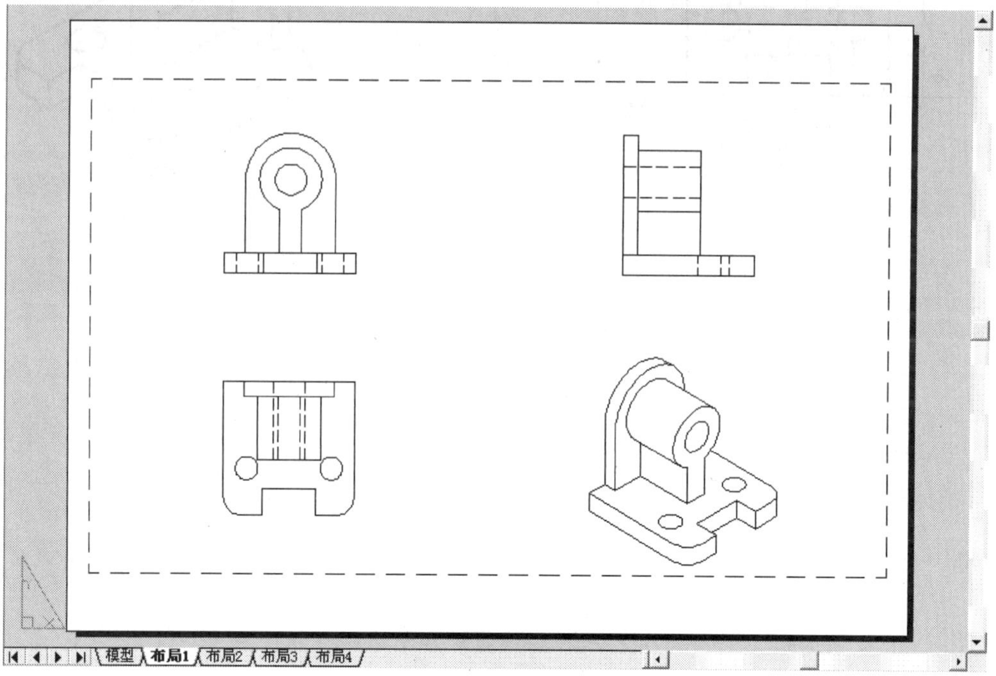

图 11 – 52 提取模型轮廓线

三、在图纸空间进行标注

15. 补画中心线和虚线

在图纸空间为三视图补画中心线和虚线。(过程略)

16. 标注尺寸

设置适当的尺寸标注样式，在尺寸图层标注组合体的尺寸(见图 11 - 53)。(过程略)

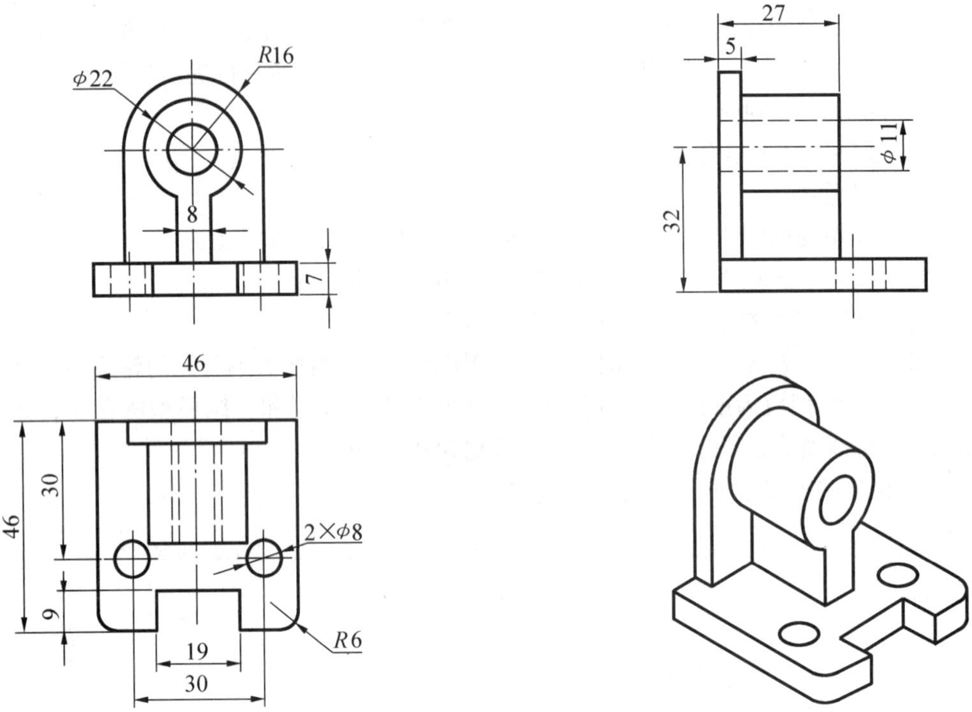

图 11 - 53　在图纸空间标注尺寸

第十二章　计算机绘图

——尺寸标注、图案填充及图块技术

第一节　尺寸标注

AutoCAD 提供了一套完整的尺寸标注命令，用户可以方便迅速地设置所需的尺寸标注样式，然后对图形进行标注。当用户进行尺寸标注时，系统会自动测量图形要素的尺寸，作为缺省值给出。

建议用户尽量采用 1∶1 的比例精确地绘制图形，这样就可以减少对标注后的尺寸文本的修改。

一、尺寸标注的一般步骤

（1）为尺寸标注建立一个专用的图层，与图形文件的其他信息分开。

（2）根据我国工程制图国家标准的规定，修改系统的“尺寸样式设置”。数字采用斜体，宽高比为 2/3，在 AutoCAD 的字体库中应选择 isocp. shx。为了能在标注时随时修改尺寸文本高度，字高暂设为 0。

（3）为使用方便，调用“标注”工具条，如图 12－1 所示。

（4）对图形标注尺寸。

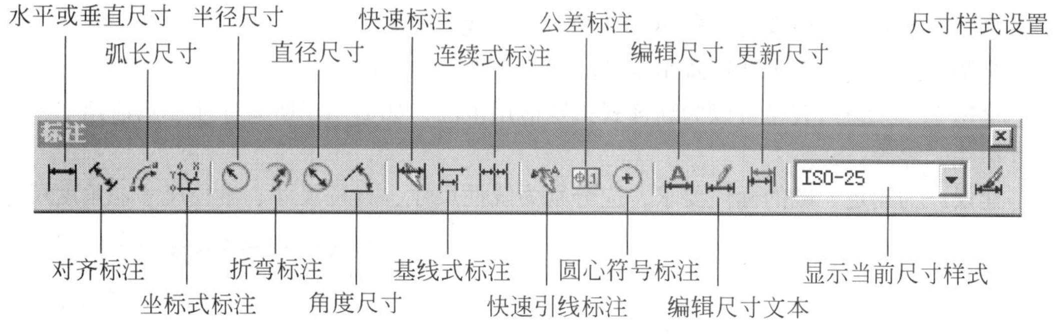

图 12－1　“标注”工具条

二、设置尺寸标注样式

在“标注”工具条上点取尺寸样式设置图标，弹出“标注样式管理器”对话框(见图 12－2)。系统默认的尺寸样式是 ISO－25(ISO 指国际标准组织)，与我国《机械制图》国家标准中有关尺寸标注的规定基本一致，只有小部分要作适当修改，现对要作修改的部分作一说明。

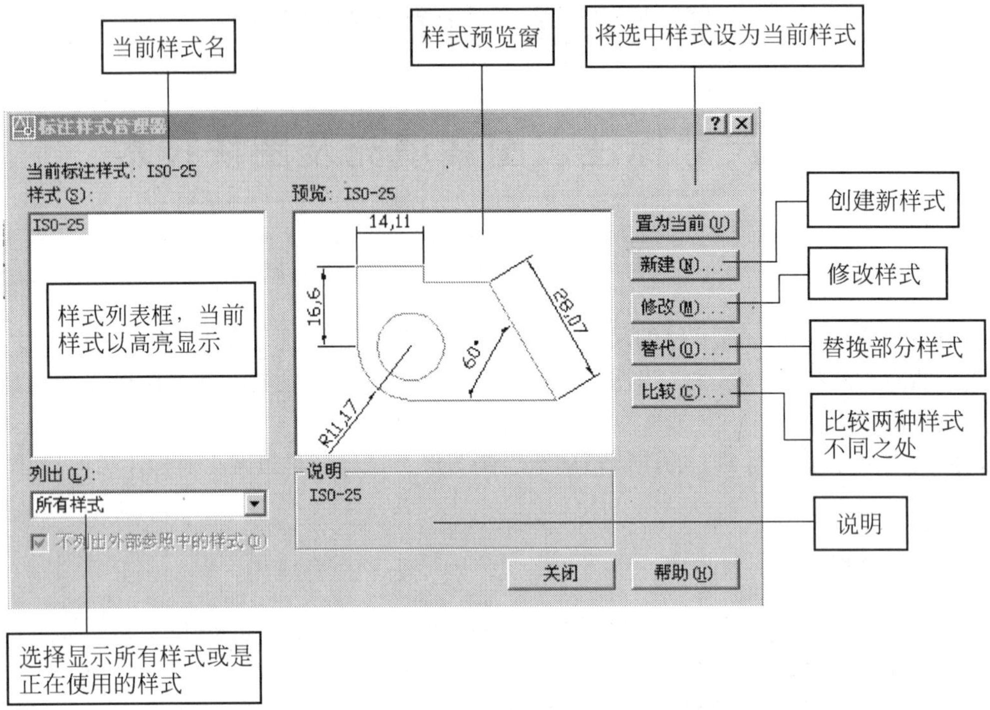

图 12－2 “标注样式管理器”对话框

1. 创建新的尺寸标注样式的方法

首先点“新建…”按钮，弹出“创建新标注样式”对话框，如图 12－3 所示。该框有三栏，说明新样式的名称、用途以及与 ISO－25 样式的关系。

◆新样式名——可以是“Copy of ISO－25”或自命名。

◆基础样式——表示新样式是以 ISO－25 为基础进行修改的。

◆用于——该列表栏可以为新样式指定适用范围，如适用于所有标注、只适用于角度尺寸标注，等等。

建议：为满足一般的标注要求，应分别为线性尺寸、直径尺寸、半径尺寸、角度尺寸

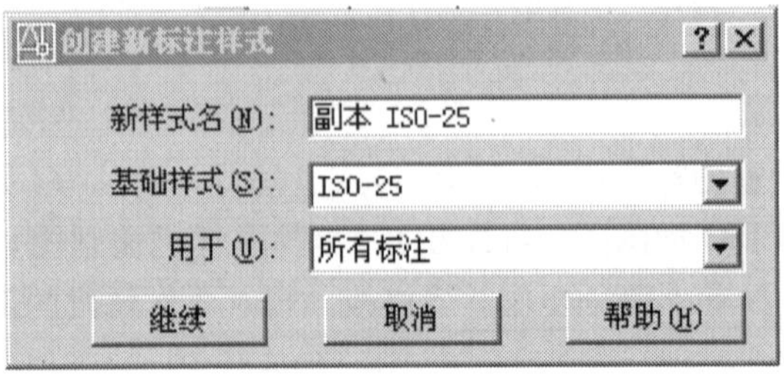

图 12－3 “创建新标注样式”对话框

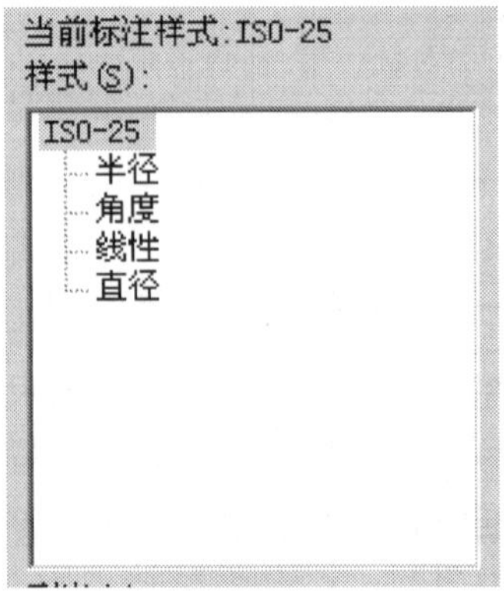

图 12－4 为各种类型尺寸设样式

设置专用样式，在“用于”列表栏里对应选择线性标注、直径标注、半径标注、角度标注。如果整个样式设置的操作完毕，将在“标注样式管理器”（见图 12－2）的“样式”列表框中看到如图 12－4 所示的结果。

其次，点“创建新标注样式”对话框中“继续”按钮，弹出“新建标注样式”对话框，如图 12－5 所示，在这里通过 7 个选项卡(直线、符号和箭头、文字、调整、主单位、换算单位、公差)来为各种样式指定具体的内容。

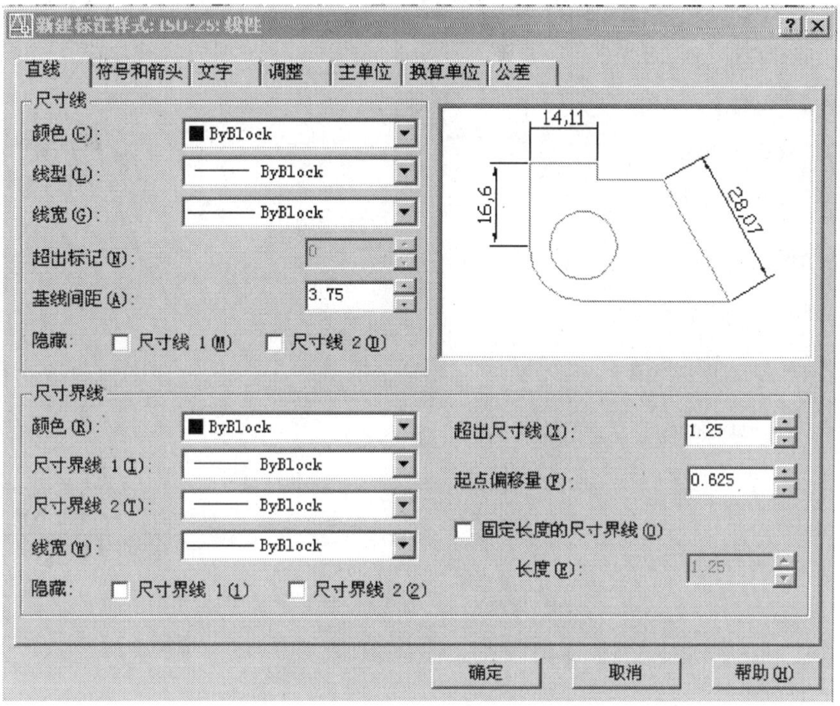

图 12－5　“新建标注样式”对话框

需要修改的地方如下：

(1) 数字文字样式改为字体“isocp. shx”；汉字文字样式改为字体“仿宋”

方法：点击“文本”选项卡，调出该卡的内容，如图 12－6 所示。再点击“文本样式”行右边的“…”按钮，弹出如图 12－7 所示的对话框，可在“Style Name”修改字体名字，并在“Font Name”中选择所要用的字形，如“仿宋”、“isocp. shx”等。

(2) 尺寸取整

方法：在图 12－5“新建标注样式”对话框点击“主单位”选项卡，调出该卡的内容。再点击“精度”行右边的列表行，将“0.00”改为“0”。

(3) 修改圆的直径、半径标注方式

方法：在图 12－5“新建标注样式”对话框点击“调整”选项卡，调出该卡的内容(见图 12－8)。选择“调整选项”组中的“文字和箭头”选项。点击“文字”选项卡，选择“文字对齐”的“ISO 标准”。

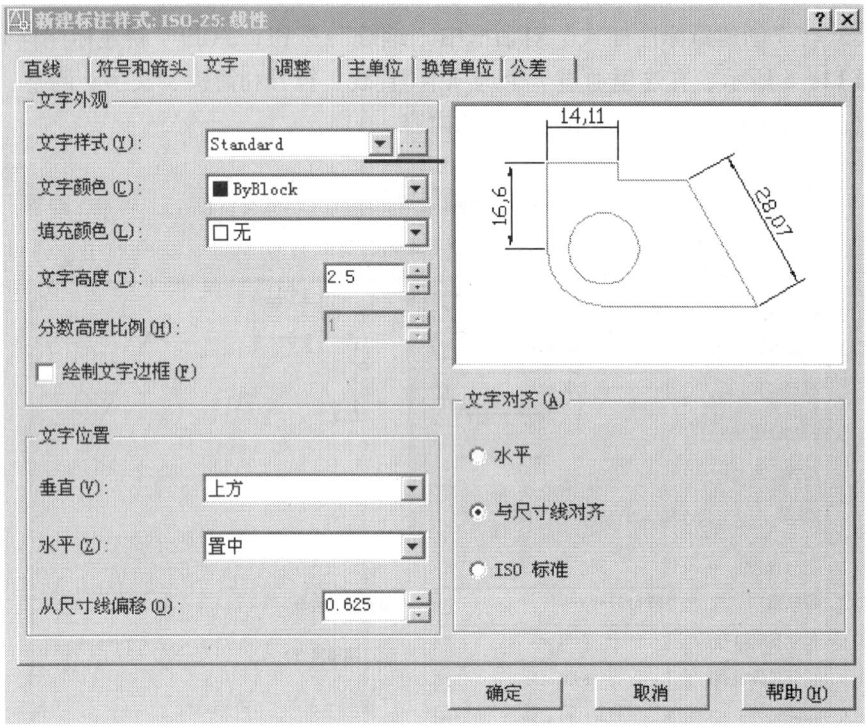

图 12-6 “文字”选项卡

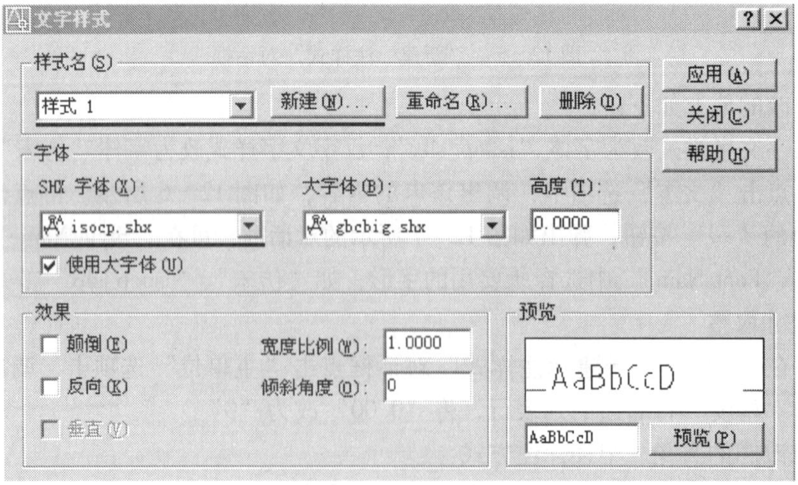

图 12-7 “文字样式”对话框

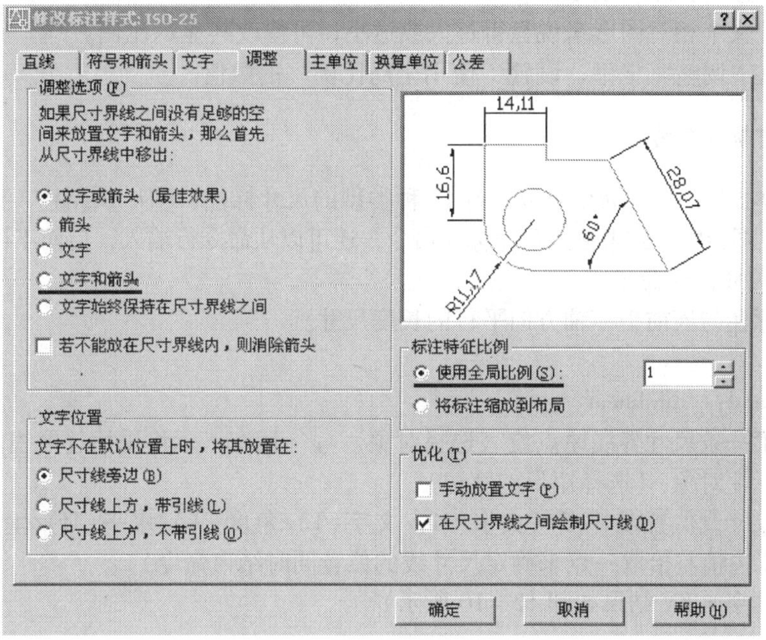

图 12－8　“调整”选项卡

（4）修改角度标注方式(注意此项修改只用于角度标注)

方法：在“文字”选项卡里，选择“文字位置”选项栏中的“垂直”列表项中的“置中”，选择“文字对齐”的“水平”选项(见图 12－9)。

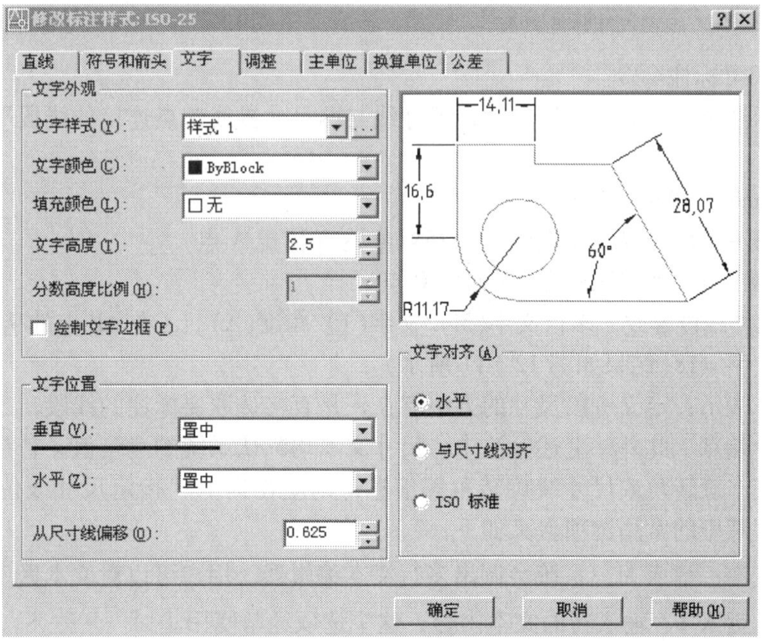

图 12－9　“文字”选项卡

（5）修改尺寸显示比例

如果尺寸文本相对图形来说显得过大或过小，可修改其显示比例。

方法：在“调整”卡里，设置“使用全局比例”的数值。

三、尺寸标注命令

AutoCAD 提供的标注命令可以进行 13 种类型的尺寸标注(可从“标注”下拉菜单中选取，也可以点图标的方式来输入尺寸标注命令，还可以从命令行输入，后面不再说明)。

1. 线性尺寸标注命令

功能：标注与当前坐标轴方向平行的长度尺寸。

操作：

Command：_ dimlinear

指定第一条尺寸界线原点或〈选择对象〉：↙(回车表示将采用选取线段的方式)

选择标注对象：(选择矩形的宽边)

指定尺寸线位置或［多行文字(M)/文字(T)/角度(A)/水平(H)/垂直(V)/旋转(R)］：(在宽边稍左拾取一点来确定尺寸线的位置同时结束命令)

标注文字 =20(结果如图 12 - 10 所示)

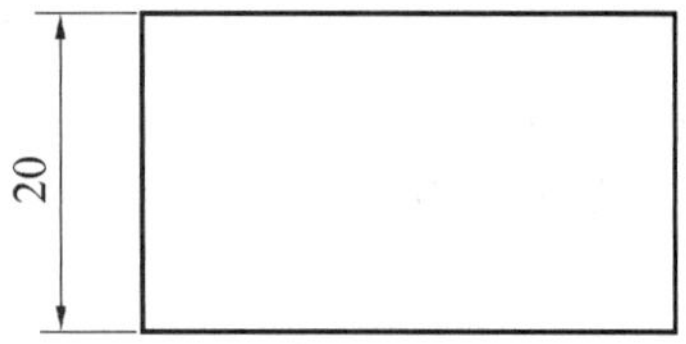

图 12 - 10　线性尺寸标注方法

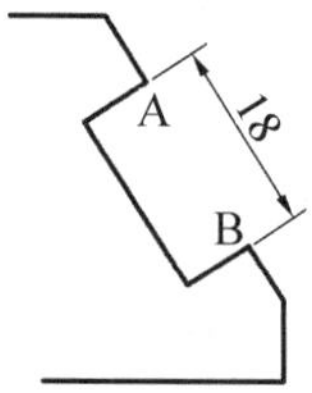

图 12 - 11　对齐尺寸标注方法

2. 对齐尺寸标注命令

功能：标注倾斜方向的长度尺寸，尺寸线与两尺寸界线起点连接的线段平行。

操作：

Command：_ dimaligned

指定第一条尺寸界线原点或〈选择对象〉：(捕捉 A 点)

指定第二条尺寸界线原点：(捕捉 B 点)

指定尺寸线位置或［多行文字(M)/文字(T)/角度(A)］：(在 AB 点的稍右位置点击)

标注文字 =18(结果如图 12 - 11 所示)

以上操作表示，定义一段尺寸的方法有：一是直接选取要标注的线段，二是分别捕捉该线段的两个端点。此外，上述标注中，尺寸文本均默认系统的测量值，若是需要修改尺寸文本值、文本旋转角或尺寸线旋转角等信息，则应在提示“指定尺寸线位置”时键入选项的字母，其中的常用选项含义如下：

◆多行文本：键入 M，系统会调出多行文本编辑器，用户可以对文本做多方面修改。

◆文字：键入 T，输入新的文本内容，这个选项经常使用。

◆角度：键入 A，改变文本的书写角度。

例 12 - 1　标注如图 12 - 12 所示的螺纹尺寸。

Command：_ dimlinear
指定第一条尺寸界线原点或〈选择对象〉：（取 A 点）
指定第二条尺寸界线原点：（取 B 点）
指定尺寸线位置或［多行文字(M)/文字(T)/角度(A)/水平(H)/垂直(V)/旋转(R)］：t↙
输入标注文字〈16〉：M16↙
指定尺寸线位置或
［多行文字(M)/文字(T)/角度(A)/水平(H)/垂直(V)/旋转(R)］：（在螺纹右端外侧点击）
标注文字 =16

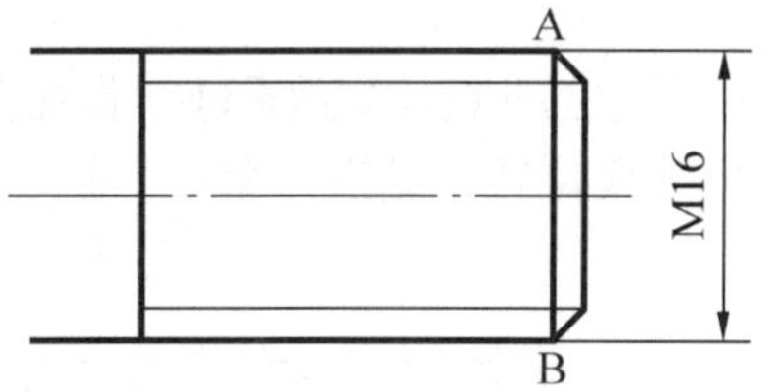

图 12-12　标注螺纹大径

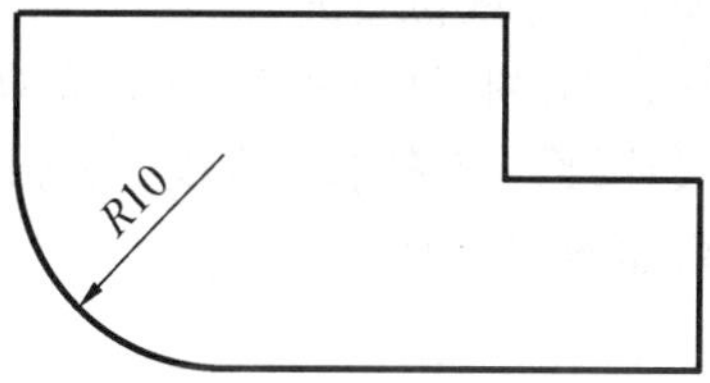

图 12-13　半径标注

3. DimOrdinate（坐标标注）命令
功能：标注某点在当前坐标系中的绝对坐标。
介绍从略。
4. DimRadius（半径标注）命令
功能：标注圆弧或圆的半径。
操作：

Command：_ dimradius
选择圆或者圆弧：（选图形的圆弧线）
标注文字 =10
指定尺寸线位置或
［多行文字(M)/文字(T)/角度(A)］：（拾取圆弧内侧一点为尺寸线位置，结束命令）
结果如图 12-13 所示。
5. DimDiameter（直径标注）命令
功能：标注圆弧或圆的直径。
操作：（与标注半径相同，故介绍从略）
6. DimAngular（角度标注）命令
功能：标注两条直线的夹角或三点之间的角度。
操作：

Command：_ dimangular
选择圆弧、圆、直线或〈指定顶点〉：（选择夹角的一边）
选择第二条直线：（选择夹角的另一边）
指定标注弧线位置或［多行文字(M)/文字(T)/角度(A)］：（在角度内侧点击）
标注文字 =52
结果如图 12-14 所示。

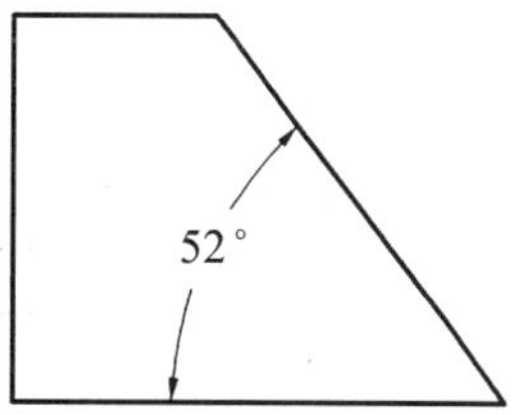

图 12-14　角度标注

7. QDim(快速标注)命令

功能：可以一次选择多个对象进行标注。

操作：

Command：_ qdim

选择要标注的几何图形：(选择第一条水平线段)

选择要标注的几何图形：(选择第二条水平线段)

选择要标注的几何图形：(选择第三条水平线段)

选择要标注的几何图形：↙(回车结束选择)

指定尺寸线位置或

[连续(C)/并列(S)/基线(B)/坐标(O)/半径(R)/直径(D)/基准点(P)/编辑(E)/设置(T)]

〈连续〉：(在水平线段上方拾取一点以确定尺寸线位置，结束命令)

结果如图 12-15a 所示。

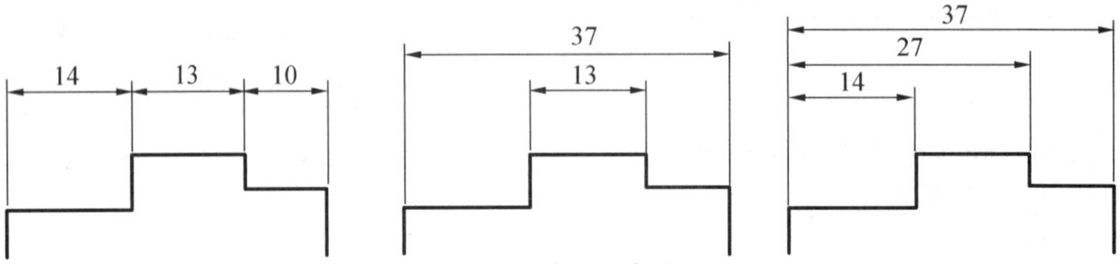

(a) “连续”选项　(b) “并列”选项　(c) “基线”选项

图 12-15　快速标注

说明：在提示输入尺寸线位置时，还可以选择其他选项，图 12-15b、c 是“并列”和“基线”选项的标注结果。

8. DimBaseline(基线标注)命令

功能：用于标注一组基准相同的尺寸。

操作：

Command：_ dimbaseline

选择基准标注：(选择一个已存在的尺寸)

指定第二条尺寸界线原点或［放弃(U)/选择(S)］〈选择〉：(捕捉 A 点)

标注文字 =26

指定第二条尺寸界线原点或［放弃(U)/选择(S)］〈选择〉：↙

选择连续标注：↙(回车结束命令)

标注结果如图 12-16 所示。

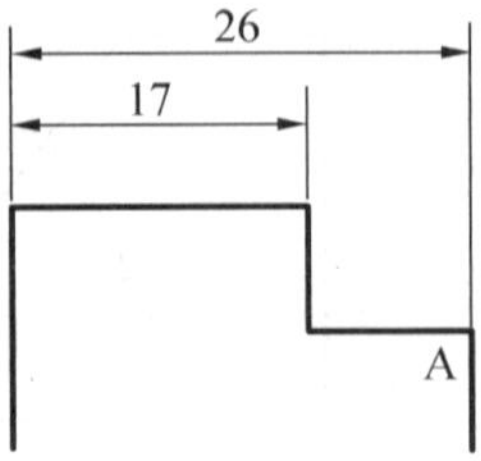

图 12-16　基线标注

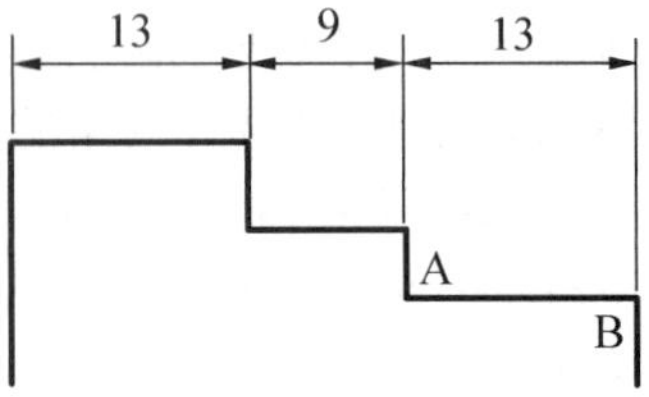

图 12-17　连续标注

说明：

①在进行尺寸标注前应先注出一个基本尺寸，它的第一条尺寸界线将作为基线，如尺寸17；

②进行基线标注时只需拾取另一个点作为第二条尺寸界线的起点；

③可以对多个尺寸作基线标注，以回车结束。

9. DimContinue(连续标注)命令

功能：以前一尺寸的第二条尺寸界线作起点标注尺寸。

操作：

Command：_ dimcontinue
选择连续标注：(选择一个已存在的尺寸)
指定第二条尺寸界线原点或［放弃(U)/选择(S)］〈选择〉：(捕捉 A 点)
标注文字 =9
指定第二条尺寸界线原点或［放弃(U)/选择(S)］〈选择〉：(捕捉 B 点)
标注文字 =13
指定第二条尺寸界线原点或［放弃(U)/选择(S)］〈选择〉：↙
选择连续标注：↙(回车结束命令)

标注结果如图 12－17 所示。

说明：

①连续标注命令的操作类似基线标注；

②无须确定尺寸线的位置，连续标注的尺寸线处在同一条直线上。

10. Tolerance(形位公差标注)命令

功能：标注形位公差

(操作比较简单，故不赘述。)

11. DimCenter（圆心符号标注）命令

功能：为选取的圆或圆弧标注十字中心线。

(操作简单，故不赘述。)

第二节　图 案 填 充

工程图中的剖面线，在 AutoCAD 中是用“图案填充”的方法来实现的。“图案填充”还可以向指定区域内填入其他的图案以及渐变色，包括用户自定义图案。

一、启动图案填充的方法

一般可以在“绘图”下拉菜单处选择“图案填充…”命令，或者直接点“绘图”工具条的“图案填充”图标，弹出“图案填充和渐变色”对话框(见图 12－18)，在此框内指定待填充的区域以及图案，确定之后即可完成填充操作。

二、操作说明

1. 设置填充图案

(1) 选择需要填充的图案类型

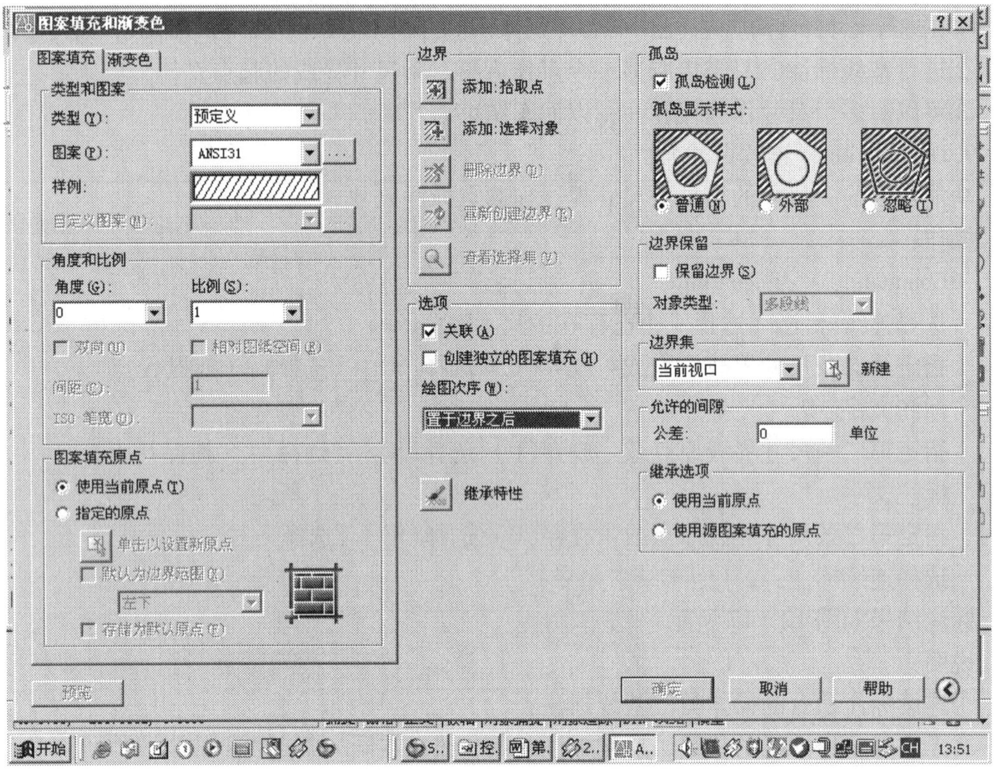

图 12－18　“图案填充和渐变色”对话框

选择图案是填充的重要一步。剖面线的图案名称是 ANSI31，在“图案”下拉列表里可以找到。若需要其他图案却又不清楚其名称的，则点开该列表右边的“…”小按钮，弹出“填充图案选项板”来选择(见图 12－19)，在此选项板中还支持用户自定义图案。

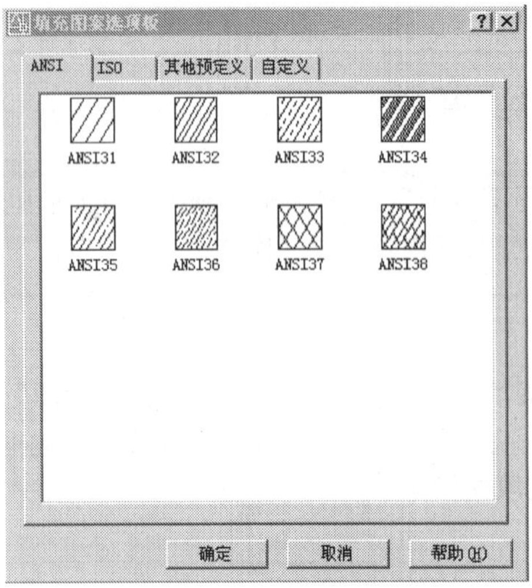

图 12－19　填充图案选项板

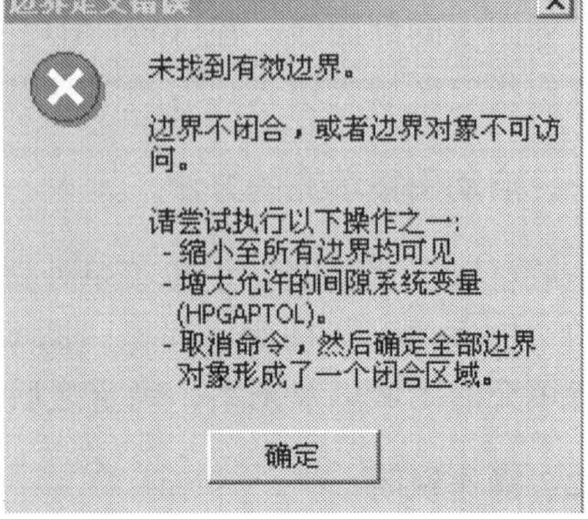

图 12－20　边界定义错误警告框

(2) 设置填充图案属性

选择了填充图案后，根据具体图形的情况有时还要设置填充图案的属性，这包括角度和比例。

◆角度：这是指图案相对于当前 X 轴的夹角。制图国家标准规定一般情况下金属材料的剖面线为 45°或 135°，而 ANS131 图案已是 45°倾斜，所以“角度”不能再设为 45°，应是 0°或 90°。

◆比例：控制填充图案的大小、间距以及疏密程度。不同大小的图形、不同类型的图案需要的比例也不相同，用户应根据美观要求来调整。

2. 定义填充区域边界

填充操作的另一重要步骤是定义填充区域，可以用图 12－18 所示的对话框关于“边界”组的两个按钮：“拾取点”或“选择对象”来实现。

◆拾取点：点击该钮，将返回绘图窗，只要在需填充的区域内拾取一点，系统就会自动寻找封闭边界，并以边界高亮显示为选中状态。然后按 Enter 键，重返对话框，完成填充区域边界的定义。

注意：如果实际边界不封闭，将会给出一个边界定义错误警告框(见图 12－20)，用户则应按照警告框的提示检查区域边界，否则填充无法完成。

◆选择对象：使用该法确定填充区域，要求通过选择多个对象，构成一个封闭的填充区域。常用于填充边界不封闭的情况。

一般通过以上步骤，再单击“确定”按钮，即可完成图案填充。

3. 设置图案填充的关联

“图案填充和渐变色”对话框的一个复选项“关联”，控制图案与边界是否关联。所谓关联就是，图案与填充边界联系起来，如果修改边界，图案填充时亦随之变动，图12－21 中显示了填充关联与否的状态。

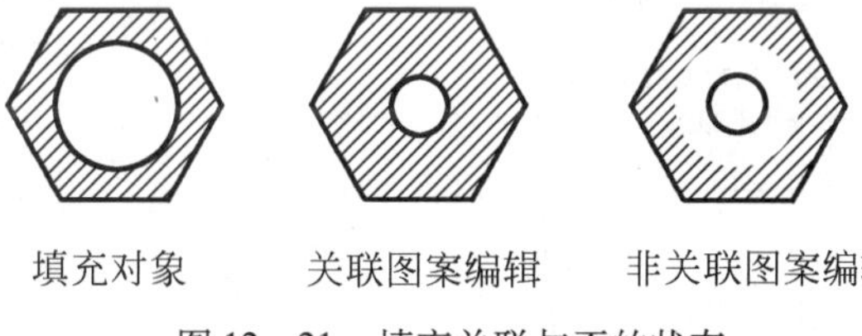

图 12－21　填充关联与否的状态

4. 孤岛检测

在进行图案填充时，位于总填充区域内的封闭区域称为孤岛。该组包括三种方式：普通、外部、忽略。一般“普通”方式作为缺省选择，使图案遇到特殊对象(如文本)会自动断开，以免影响特殊对象的清晰性。

第三节　图块技术的应用

所谓图块是指被赋予名称的某些图形元素的集合。被定义为图块的若干图形元素可以绘制在各个图层上，图块定义后有关图层的信息亦保留其中，待图块插入时即能在各自的图层上显示。图块还可以嵌套，即块中有块，但是不能自身引用。

一、图块定义(BLOCK)命令

1. 功能

将一些图形组合为图块，并赋名。

2. 调用

命令：Block↙

菜单：绘图→块→创建...

图标：

图 12－22 画粗糙度符号

例 12－2 将粗糙度符号定义为图块。

首先用“PLINE ”或“LINE ”命令绘制如图 12－22 所示的粗糙度符号。

Command：Block↙

调出图块定义对话框(见图 12－23)，对话框使用步骤：

(1) 首先在“名称”列表框中输入块名。

(2) 然后点“拾取点”按钮，返回绘图窗定义块的插入基点。该基点用于以后插入图块时定位。

(3) 点“选择对象”按钮，到图形窗选取目标，再回到对话框。

(4) 点“确定”按钮，完成图块定义。

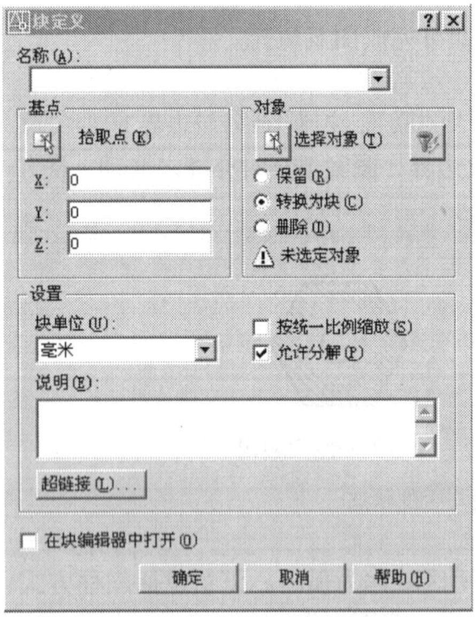

图 12－23 “块定义”对话框

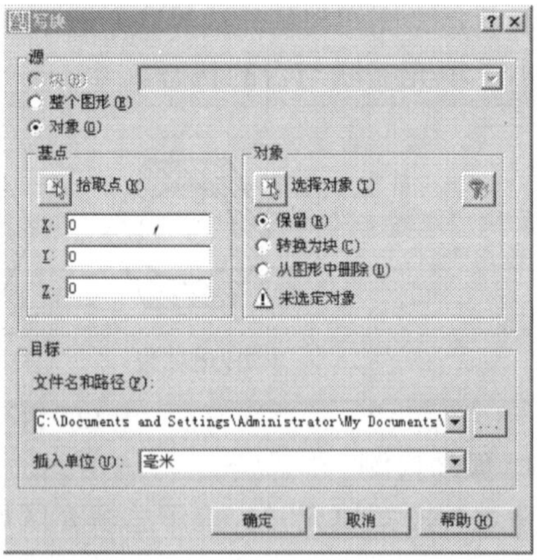

图 12－24 “写块”对话框

二、图块存盘(WBLOCK)命令

1. 功能

将图块作为单独的文件存入硬盘，以便在其他图形文件中插入。

2. 调用

命令：WBlock↙

3. 说明

执行 WBlock 时弹出“写块”对话框(见图 12－24)。

(1)“源”设置：要存盘的对象可以是图块、整个图形或未经定义的图形。

(2)“基点”设置和“对象”设置：如果要存盘操作的对象是未经定义的图形，此处才需要指定。

三、图块插入(INSERT)命令

1. 功能

把图块插到所需的地方，插入时可以旋转、缩放。

2. 调用

命令：Insert↙

菜单：“插入”→“块...”

图标：

3. 说明

执行 insert 时弹出“插入”对话框(见图 12－25)。

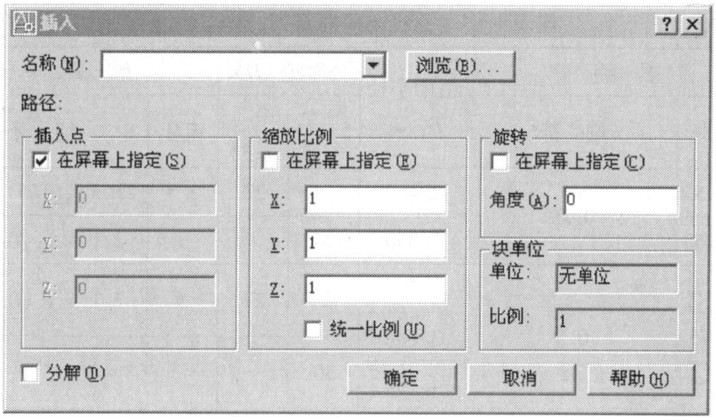

图 12－25　“插入”对话框

(1)“名称”列表栏：选出要插入的图块的名称，点“浏览”按钮可以在其他路径查找图块。以 Block 命令定义的图块，只能在当前图块所在的图形文件中插入，在其他图形文件中只有用 WBlock 进行文件存盘的块才可以插入。

(2)“插入点”设置用于定义图块插入时的位置。建议选中“在屏幕上指定”，可以返回图形窗来拾取插入点；否则要输入 X、Y、Z 坐标值。

(3)“缩放比例”设置可以控制图块插入时的 X、Y、Z 三个方向的比例。选中“在屏幕上指定”则可以返回图形窗以拖动缩放。

(4)“旋转”设置可以控制图块插入时的旋转角度。选中“在屏幕上指定”则可以返回图形窗以光标拖动旋转。

(5)“统一比例”复选项使 X、Y、Z 的缩放等比例。

(6)“分解”复选项控制图块插入后是否炸开，用等比例因子插入的图块才可以选择此项。

附　　录

一、螺纹

（一）普通螺纹（摘自 GB193—1981、GB196—1981）

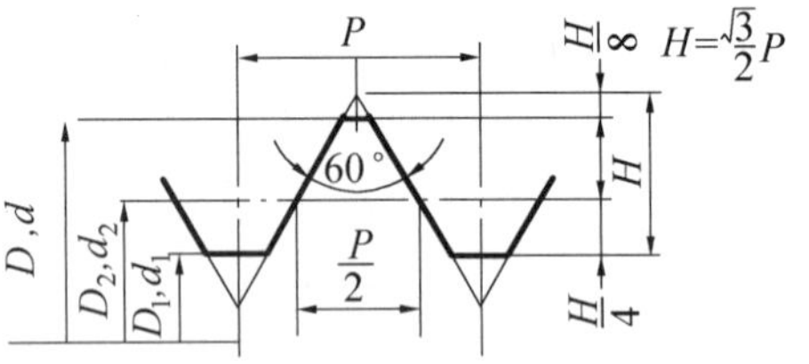

标记示例

公称直径为 24 mm、螺距为 3 mm 的粗牙右旋普通螺纹：M24。

公称直径为 24 mm、螺距为 1.5 mm 的细牙左旋普通螺纹：M24 ×1.5 左。

附表 1－1　直径与螺距系列、基本尺寸　　（单位：mm）

公称直径 D、d		螺距 P		粗牙小径 D_1、d_1	公称直径 D、d		螺距 P		粗牙小径 D_1、d_1
第一系列	第二系列	粗牙	细牙		第一系列	第二系列	粗牙	细牙	
3		0.5	0.35	2.459		22	2.5	2,1.5,1,(0.75),(0.5)	19.294
	3.5	(0.6)		2.850	24		3	2,1.5,1,(0.75)	20.752
4		0.7	0.5	3.242		27	3	2,1.5,1,(0.75)	23.752
	4.5	(0.75)		3.688					
5		0.8		4.134	30		3.5	(3),2,1.5,1,(0.75)	26.211
6		1	0.75,(0.5)	4.917		33	3.5	(3),2,1.5,(1),(0.75)	29.211
8		1.25	1,0.75,(0.5)	6.647	36		4	3,2,1.5,(1)	31.670
10		1.5	1.25,1,0.75,(0.5)	8.376		39	4		34.670
12		1.75	1.5,1.25,1,(0.75),(0.5)	10.106	42		4.5	(4),3,2,1.5,(1)	37.129
	14	2	1.5,(1.25),1,(0.75),(0.5)	11.835		45	4.5		40.129
16		2	1.5,1,(0.75),(0.5)	13.835	48		5		42.587
	18	2.5	2,1.5,1,(0.75),(0.5)	15.294		52	5		46.587
20		2.5		17.294	56		5.5	4,3,2,1.5,(1)	50.046

注：①优先选用第一系列，括号内尺寸尽可能不用。第三系列未列入。

②中径 D_2、d_2 未列入。

附表 1-2　细牙普通螺纹螺距与小径的关系　（单位：mm）

螺距 P	小径 D_1、d_1	螺距 P	小径 D_1、d_1	螺距 P	小径 D_1、d_1
0.35	$d-1+0.621$	1	$d-2+0.918$	2	$d-3+0.835$
0.5	$d-1+0.459$	1.25	$d-2+0.647$	3	$d-4+0.752$
0.75	$d-1+0.188$	1.5	$d-2+0.376$	4	$d-5+0.670$

注：表中的小径按 $D_1=d_1=d-2\times\frac{5}{8}H$，$H=\frac{\sqrt{3}}{2}P$ 计算得出。

（二）梯形螺纹（摘自 GB5796.2—1986、GB5796.3—1986）

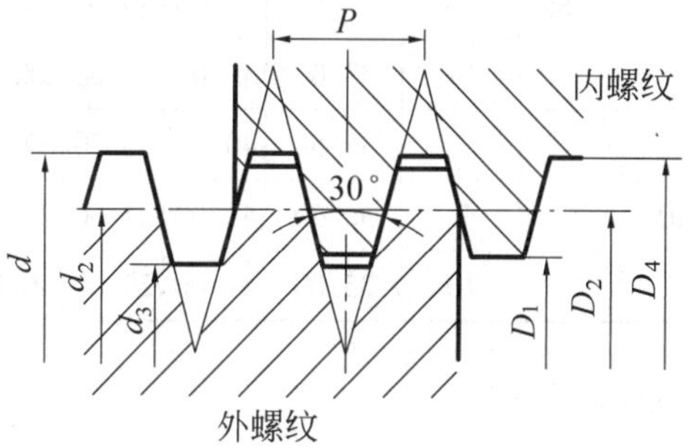

标记示例

公称直径为 40 mm、螺距为 7 mm 的单线右旋梯形螺纹：Tr40×7。

公称直径为 40 mm、导程为 14 mm、螺距为 7 mm 的双线左旋梯形螺纹：

Tr40×14（P7）LH

附表 1-3　直径与螺距系列、基本尺寸　（单位：mm）

公称直径 d 第一系列	公称直径 d 第二系列	螺距 P	中径 $d_2=D_2$	大径 D_4	小径 d_3	小径 D_1	公称直径 d 第一系列	公称直径 d 第二系列	螺距 P	中径 $d_2=D_2$	大径 D_4	小径 d_3	小径 D_1
8		1.5	7.25	8.30	6.20	6.50		26	3	24.50	26.50	22.50	23.00
	9	1.5	8.25	9.30	7.20	7.50			5	23.50	26.50	20.50	21.00
		2	8.00	9.50	6.50	7.00			8	22.00	27.00	17.00	18.00
10		1.5	9.25	10.30	8.20	8.50	28		3	26.50	28.50	24.50	25.00
		2	9.00	10.50	7.50	8.00			5	25.50	28.50	22.50	23.00
	11	2	10.00	11.50	8.50	9.00			8	24.00	29.00	19.00	20.00
		3	9.50	11.50	7.50	8.00		30	3	28.50	30.50	26.50	29.00
12		2	11.00	12.50	9.50	10.00			6	27.00	31.00	23.00	24.00
		3	10.50	12.50	8.50	9.00			10	25.00	31.00	19.00	20.00
	14	2	13.00	14.50	11.50	12.00	32		3	30.50	32.50	28.50	29.00
		3	12.50	14.50	10.50	11.00			6	29.00	33.00	25.00	26.00
16		2	15.00	16.50	13.50	14.00			10	27.00	33.00	21.00	22.00
		4	14.00	16.50	11.50	12.00		34	3	32.50	34.50	30.50	31.00
	18	2	17.00	18.50	15.50	16.00			6	31.00	35.00	27.00	28.00
		4	16.00	18.50	13.50	14.00			10	29.00	35.00	23.00	24.00

（续附表 1－3）

公称直径 d		螺距	中径	大径	小径	
第一系列	第二系列	P	$d_2=D_2$	D_4	d_3	D_1
20		2	19.00	20.50	17.50	18.00
		4	18.00	20.50	15.50	16.00
	22	3	20.50	22.50	18.50	19.00
		5	19.50	22.50	16.50	17.00
		8	18.00	23.00	13.00	14.00
24		3	22.50	24.50	20.50	21.00
		5	21.50	24.50	18.50	19.00
		8	20.00	25.00	15.00	16.00

公称直径 d		螺距	中径	大径	小径	
第一系列	第二系列	P	$d_2=D_2$	D_4	d_3	D_1
36		3	34.50	36.50	32.50	33.00
		6	33.00	37.00	29.00	30.00
		10	31.00	37.00	25.00	26.00
	38	3	36.50	38.50	34.50	35.00
		7	34.50	39.00	30.00	31.00
		10	33.00	39.00	27.00	28.00
40		3	38.50	40.50	36.50	37.00
		7	36.50	41.00	32.00	33.00
		10	35.00	41.00	29.00	30.00

（三）非螺纹密封的管螺纹（摘自 GB7307—1987）

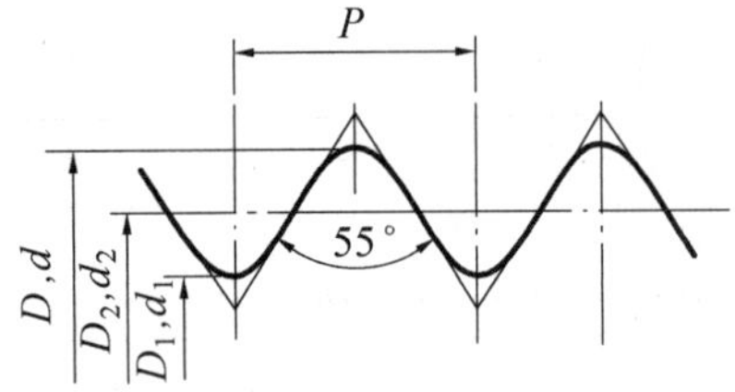

标 记 示 例

管子尺寸代号为 3/4 的非螺纹密封的管螺纹：G3/4

附表 1－4 （单位：mm）

尺寸代号	每25.4 mm 内的牙数	螺　距	基 本 直 径	
	n	P	大径 D、d	小径 D_1、d_1
1/8	28	0.907	9.728	8.566
1/4	19	1.337	13.157	11.445
3/8	19	1.337	16.662	14.950
1/2	14	1.814	20.955	18.631
5/8	14	1.814	22.911	20.587
3/4	14	1.814	26.441	24.117
7/8	14	1.814	30.201	27.877
1	11	2.309	33.249	30.291
$1\frac{1}{8}$	11	2.309	37.897	34.939
$1\frac{1}{4}$	11	2.309	41.910	38.952
$1\frac{1}{2}$	11	2.309	47.803	44.845

（续附表 1－4）

尺寸代号	每 25.4 mm 内的牙数 n	螺　　距 P	基本直径	
			大径 D、d	小径 D_1、d_1
$1\frac{3}{4}$	11	2.309	53.746	50.788
2	11	2.309	59.614	56.656
$2\frac{1}{4}$	11	2.309	65.710	62.752
$2\frac{1}{2}$	11	2.309	75.184	72.226
$2\frac{3}{4}$	11	2.309	81.534	78.576
3	11	2.309	87.884	84.926

二、常用的螺纹件

（一）螺栓

六角头螺栓—C 级（GB/T 5780—2000）　六角头螺栓—A 和 B 级（GB/T 5782—2000）

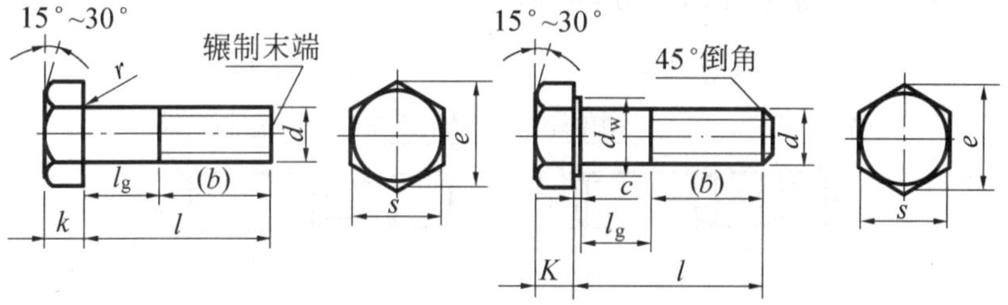

标记示例

螺纹规格 d = M12、公称长度 l = 80 mm、性能等级为 8.8 级，表面氧化、A 级的六角头螺栓：

螺栓　GB/T 5782—2000—M12 × 80

附表 2－1　（单位：mm）

螺纹规格 d			M3	M4	M5	M6	M8	M10	M12	M16	M20	M24	M30	M36	M42
b 参考	$l \leq 125$		12	14	16	18	22	26	30	38	46	54	66	78	—
	$125 < l \leq 200$		—	—	—	—	28	32	36	44	52	60	72	84	96
	$l > 200$		—	—	—	—	—	—	—	57	65	73	85	97	109
c			0.4	0.4	0.5	0.5	0.6	0.6	0.6	0.8	0.8	0.8	0.8	0.8	1
d_w	产品等级	A	4.6	5.9	6.9	8.9	11.6	14.6	16.6	22.5	28.2	33.6	—	—	—
		B、C	—	—	6.7	8.7	11.4	14.4	16.4	22	27.7	33.2	42.7	51.1	60.6
e	产品等级	A	6.07	7.66	8.79	11.05	14.38	17.77	20.03	26.75	33.53	39.98	—	—	—
		B、C	—	—	8.63	10.89	14.20	17.59	19.85	26.17	32.95	39.55	50.85	60.79	72.02

（续附表 2 – 1）

螺纹规格 d	M3	M4	M5	M6	M8	M10	M12	M16	M20	M24	M30	M36	M42
k 公称	2	2.8	3.5	4	5.3	6.4	7.5	10	12.5	15	18.7	22.5	26
r	0.1	0.2	0.2	0.25	0.4	0.4	0.6	0.6	0.8	0.8	1	1	1.2
s 公称	5.5	7	8	10	13	16	18	24	30	36	46	55	65
l（商品规格范围）	20 ~ 30	25 ~ 40	25 ~ 50	30 ~ 60	35 ~ 80	40 ~ 100	45 ~ 120	55 ~ 160	65 ~ 200	80 ~ 240	90 ~ 300	110 ~ 360	130 ~ 400
l 系列	20,25,30,35,40,45,50,(55),60,(65),70,80,90,100,110,120,130 140,150,160,180,200,220,240,260,280,300,320,340,360,380,400												

注：①A 级用于 $d \leqslant 24$ 和 $l \leqslant 10d$ 或 $\leqslant 150$ mm 的螺栓；
B 级用于 $d > 24$ 和 $l > 10d$ 或 > 150 mm 的螺栓。
②括号内的规格尽可能不采用。

（二）双头螺柱

双头螺柱——$b_m = 1d$（GB/T 897—1987）

双头螺柱——$b_m = 1.25d$（GB/T 898—1987）

双头螺柱——$b_m = 1.5d$（GB/T 899—1987）

双头螺柱——$b_m = 2d$（GB/T 900—1987）

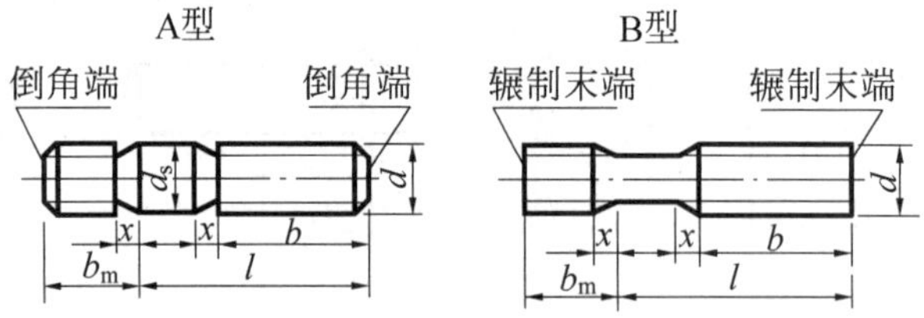

标 记 示 例

两端均为粗牙普通螺纹、$d = 10$ mm、$l = 50$ mm、性能等级为 4.8 级、B 型、$b_m = 1d$ 的双头螺柱；螺柱 GB/T897—1987—M10 × 50。

旋入一端为粗牙普通螺纹、旋螺母一端为螺距 1 mm 的细牙普通螺纹、$d = 10$ mm、$l = 50$ mm、性能等级为 4.8 级、A 型、$b_m = 1d$ 的双头螺柱：螺柱 GB/T897—1988—AM10—M10 × 1 × 50。

旋入一端为过渡配合的第一种配合、旋螺母一端为粗牙普通螺纹、$d = 10$ mm、$l = 50$ mm、性能等级为 8.8 级、B 型、$b_m = 1d$ 的双头螺柱：螺柱 GB/T897—1988—GM10—M10 × 50 – 8.8。

附表 2 – 2 （单位：mm）

螺纹规格		M5	M6	M8	M10	M12	M16	M20	M24	M30	M36	M42
b_m	GB/T 897—1987	5	6	8	10	12	16	20	24	30	36	42
	GB/T 898—1987	6	8	10	12	15	20	25	30	38	45	52
	GB/T 899—1987	8	10	12	15	18	24	30	36	45	54	65
	GB/T 900—1987	10	12	16	20	24	32	40	48	60	72	84

（续附表 2-2）

螺纹规格	M5	M6	M8	M10	M12	M16	M20	M24	M30	M36	M42
d_s	5	6	8	10	12	16	20	24	30	36	42
x	1.5P	1.5P	1.5P	1.5P	1.5P	1.5P	1.5P	1.5P	1.5P	1.5P	1.5P
$\frac{l}{b}$	16~22/10 25~50/16	20~22/10 25~30/14 32~75/18	20~22/12 25~30/16 32~90/22	25~28/14 30~38/16 40~120/26 130/32	25~30/16 32~40/20 45~120/30 130~180/36	30~38/20 40~55/30 60~120/38 130~200/44	35~40/25 45~65/35 70~120/46 130~200/52	45~50/30 55~75/45 80~120/54 130~200/60	60~65/40 70~90/50 95~120/60 130~200/72 210~250/85	65~75/45 80~110/60 120/78 130~200/84 210~300/91	65~80/50 85~110/70 120/90 130~200/96 210~300/109
l 系列	16,(18),20,(22),25,(28),30,(32),35,(38),40,45,50,(55),60,(65),70,(75),80,(85),90,(95),100,110,120,130,140,150,160,170,180,190,200,210,220,230,240,250,260,280,300										

注：P 是粗牙螺纹的螺距。

（三）螺钉

1. 开槽圆柱头螺钉（GB/T 65—2000）

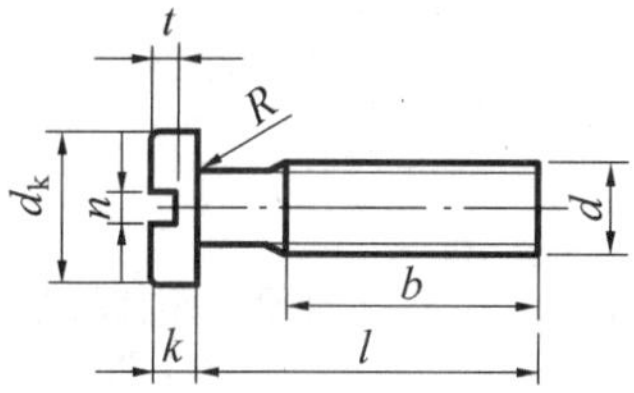

标 记 示 例

螺纹规格 d = M5、公称长度 l = 20 mm、性能等级为 4.8 级、不经表面处理的开槽圆柱头螺钉：

螺钉 GB/T 65—2000—M 5 × 20

附表 2-3　　（单位：mm）

螺纹规格 d	M4	M5	M6	M8	M10
P（螺距）	0.7	0.8	1	1.25	1.5
b	38	38	38	38	38
d_k	7	8.5	10	13	16
k	2.6	3.3	3.9	5	6
n	1.2	1.2	1.6	2	2.5
r	0.2	0.2	0.25	0.4	0.4
t	1.1	1.3	1.6	2	2.4
公称长度 l	5~40	6~50	8~60	10~80	12~80
l 系列	5,6,8,10,12,(14),16,20,25,30,35,40,45,50,(55),60,(65),70,(75),80				

注：①公称长度 $l \leqslant 40$ mm 的螺钉，制出全螺纹。

②括号内的规格尽可能不采用。

2. 开槽沉头螺钉（GB/T68—2000）

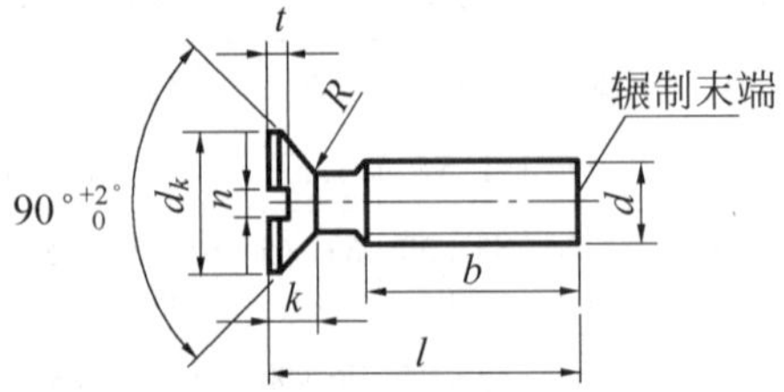

标 记 示 例

螺纹规格 d = M5、公称长度 l = 20 mm、性能等级为 4.8 级，不经表面处理的开槽沉头螺钉：

螺钉 GB/T 68—2000—M 5×20

附表 2-4 （单位：mm）

螺纹规格 d	M1.6	M2	M2.5	M3	M4	M5	M6	M8	M10
P(螺距)	0.35	0.4	0.45	0.5	0.7	0.8	1	1.25	1.5
b	25	25	25	25	38	38	38	38	38
d_k	3.6	4.4	5.5	6.3	9.4	10.4	12.6	17.3	20
k	1	1.2	1.5	1.65	2.7	2.7	3.3	4.65	5
n	0.4	0.5	0.6	0.8	1.2	1.2	1.6	2	2.5
r	0.4	0.5	0.6	0.8	1	1.3	1.5	2	2.5
t	0.5	0.6	0.75	0.85	1.3	1.4	1.6	2.3	2.6
公称长度 l	2.5~16	3~20	4~25	5~30	6~40	8~50	8~60	10~80	12~80
l 系列	2.5,3,4,5,6,8,10,12,(14),16,20,25,30,35,40,45,50,(55),60,(65),70,(75),80								

注：①括号内的规格尽可能不采用。

②M1.6~M3 的螺钉、公称长度 $l \leqslant 30$ mm 的，制出全螺纹；

M4~M10 的螺钉、公称长度 $l \leqslant 45$ mm 的，制出全螺纹。

开槽锥端紧定螺钉（GB/T 71—2000）　　开槽平端紧定螺钉（GB/T 73—2000）　　开槽长圆柱端紧定螺钉（GB/T 75—2000）

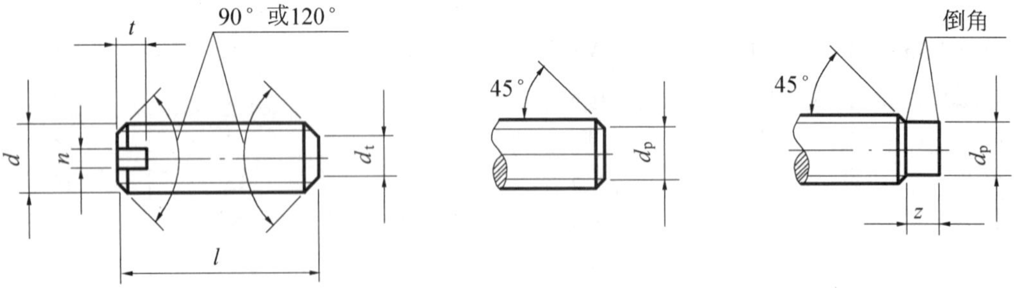

标 记 示 例

螺纹规格 d = M5、公称长度 l = 12 mm、性能等级为 14H 级、表面氧化的开槽长圆柱端紧定螺钉：

螺钉　GB/T 75—2000—M5×12

附表 2－5　　（单位：mm）

螺纹规格 d		M1.6	M2	M2.5	M3	M4	M5	M6	M8	M10	M12
P（螺距）		0.35	0.4	0.45	0.5	0.7	0.8	1	1.25	1.5	1.75
n		0.25	0.25	0.4	0.4	0.6	0.8	1	1.2	1.6	2
t		0.74	0.84	0.95	1.05	1.42	1.63	2	2.5	3	3.6
d_t		0.16	0.2	0.25	0.3	0.4	0.5	1.5	2	2.5	3
d_p		0.8	1	1.5	2	2.5	3.5	4	5.5	7	8.5
z		1.05	1.25	1.5	1.75	2.25	2.75	3.25	4.3	5.3	6.3
l	GB/T71—2000	2～8	3～10	3～12	4～16	6～20	8～25	8～30	10～40	12～50	14～60
	GB/T73—2000	2～8	2～10	2.5～12	3～16	4～20	5～25	6～30	8～40	10～50	12～60
	GB/T75—2000	2.5～8	3～10	4～12	5～16	6～20	8～25	10～30	10～40	12～50	14～60
l 系列		2，2.5，3，4，5，6，8，10，12，（14），16，20，25，30，35，40，45，50，（55），60									

注：①l 为公称长度。

②括号内的规格尽可能不采用。

（四）螺母

1 型六角螺母—C 级（GB/T 41—2000）　　1 型六角螺母—A 和 B 级（GB/T 6170—2000）　　六角薄螺母—A 和 B 级—倒角（GB/T 6172—2000）

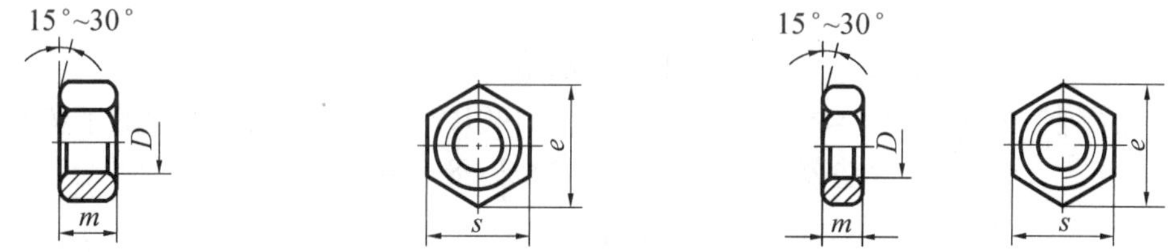

标记示例

螺纹规格 D = M12、性能等级为 5 级、不经表面处理、C 级的 1 型六角螺母：

螺母 GB/T 41—2000—M12

螺纹规格 D = M12、性能等级为 10 级、不经表面处理、A 级的 1 型六角螺母：

螺母 GB/T 6170—2000—M12

附表 2－6　　（单位：mm）

螺纹规格 D		M3	M4	M5	M6	M8	M10	M12	M16	M20	M24	M30	M36	M42
e	GB/T 41—2000			8.63	10.89	14.20	17.59	19.85	26.17	32.95	39.55	50.85	60.79	72.02
	GB/T 6170—2000	6.01	7.66	8.79	11.05	14.38	17.77	20.03	26.75	32.95	39.55	50.85	60.79	72.02
	GB/T 6172—2000	6.01	7.66	8.79	11.05	14.38	17.77	20.03	26.75	32.95	39.55	50.85	60.79	72.02

（续附表2－6）

螺纹规格 D		M3	M4	M5	M6	M8	M10	M12	M16	M20	M24	M30	M36	M42
s	GB/T 41—2000			8	10	13	16	18	24	30	36	46	55	65
	GB/T 6170—2000	5.5	7	8	10	13	16	18	24	30	36	46	55	65
	GB/T 6172—2000	5.5	7	8	10	13	16	18	24	30	36	46	55	65
m	GB/T 41—2000			5.6	6.1	7.9	9.5	12.2	15.9	18.7	22.3	26.4	31.5	34.9
	GB/T 6170—2000	2.4	3.2	4.7	5.2	6.8	8.4	10.8	14.8	18	21.5	25.6	31	34
	GB/T 6172—2000	1.8	2.2	2.7	3.2	4	5	6	8	10	12	15	18	21

注：A 级用于 $D \leqslant 16$；B 级用于 $D > 16$。

（五）垫圈

小垫圈 — A级 (GB/T 848—2002)　　平垫圈 — A级 (GB/T 97.1—2002)　　平垫圈 倒角圈 — A级 (GB/T 97.2—2002)

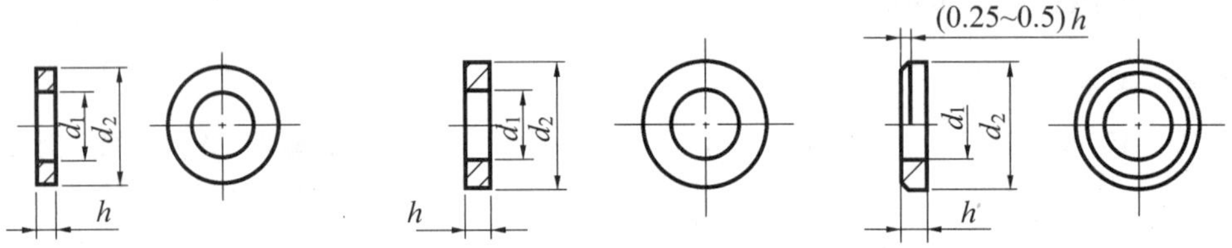

标 记 示 例

标准系列、公称尺寸 d = 8 mm、性能等级为 140HV 级、不经表面处理的平垫圈：

垫圈　GB/T 97.1—2002—8—140HV

附表2－7　（单位：mm）

公称尺寸（螺纹规格 d）		1.6	2	2.5	3	4	5	6	8	10	12	14	16	20	24	30	36
d_1	GB/T 848—2002	1.7	2.2	2.7	3.2	4.3	5.3	6.4	8.4	10.5	13	15	17	21	25	31	37
	GB/T 97.1—2002	1.7	2.2	2.7	3.2	4.3	5.3	6.4	8.4	10.5	13	15	17	21	25	31	37
	GB/T 97.2—2002						5.3	6.4	8.4	10.5	13	15	17	21	25	31	37
d_2	GB/T 848—2002	3.5	4.5	5	6	8	9	11	15	18	20	24	28	34	39	50	60
	GB/T 97.1—2002	4	5	6	7	9	10	12	16	20	24	28	30	37	44	56	66
	GB/T 97.2—2002						10	12	16	20	24	28	30	37	44	56	66
h	GB/T 848—2002	0.3	0.3	0.5	0.5	0.5	1	1.6	1.6	1.6	2	2.5	2.5	3	4	4	5
	GB/T 97.1—2002	0.3	0.3	0.5	0.5	0.8	1	1.6	1.6	2	2.5	2.5	3	3	4	4	5
	GB/T 97.2—2002						1	1.6	1.6	2	2.5	2.5	3	3	4	4	5

标准型弹簧垫圈（GB/T 93—1987）　　轻型弹簧垫圈（GB/T 859—1987）

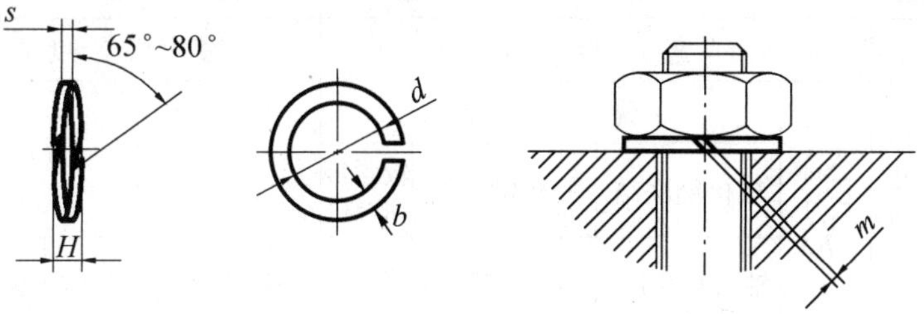

标 记 示 例

规格 16 mm、材料为 56Mn、表面氧化的标准型弹簧垫圈：

垫圈　GB/T 93—1987—16

附表 2－8　　（单位：mm）

规格（螺纹大径）		3	4	5	6	8	10	12	(14)	16	(18)	20	(22)	24	(27)	30
d		3.1	4.1	5.1	6.1	8.1	10.2	12.2	14.2	16.2	18.2	20.2	22.5	24.5	27.5	30.5
H	GB/T 93—1987	1.6	2.2	2.6	3.2	4.2	5.2	6.2	7.2	8.2	9	10	11	12	13.6	15
	GB/T 859—1987	1.2	1.6	2.2	2.6	3.2	4	5	6	6.4	7.2	8	9	10	11	12
S(*b*)	GB/T 93—1987	0.8	1.1	1.3	1.6	2.1	2.6	3.1	3.6	4.1	4.5	5	5.5	6	6.8	7.5
S	GB/T 859—1987	0.6	0.8	1.1	1.3	1.6	2	2.5	3	3.2	3.6	4	4.5	5	5.5	6
m≤	GB/T 93—1987	0.4	0.55	0.65	0.8	1.05	1.3	1.55	1.8	2.05	2.25	2.5	2.75	3	3.4	3.75
	GB/T 859—1987	0.3	0.4	0.55	0.65	0.8	1	1.25	1.5	1.6	1.8	2	2.25	2.5	2.75	3
b	GB/T 859—1987	1	1.2	1.5	2	2.5	3	3.5	4	4.5	5	5.5	6	7	8	9

注：①括号内的规格尽可能不采用。

②*m* 应大于零。

三、键与销

（一）键

1. 平键和键槽的剖面尺寸（GB/T 1095—2003）

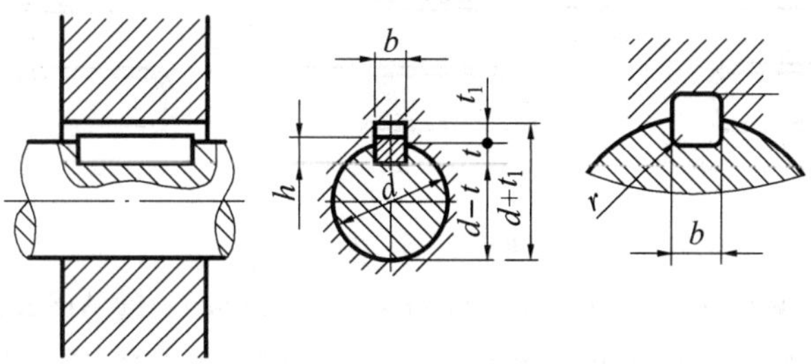

附表 3－1 （单位：mm）

轴	键	键槽											
公称直径 d	公称尺寸 $b\times h$	宽度 b						深度				半径 r	
		公称尺寸 b	偏差					轴 t		毂 t_1			
			较松键联结		一般键联结		较紧键联结						
			轴 H9	毂 D10	轴 N9	毂 Js9	轴和毂 P9	公称	偏差	公称	偏差	最小	最大
自 6～8	2×2	2	+0.025 0	+0.060 +0.020	−0.004 −0.029	±0.0125	−0.006 −0.031	1.2	+0.1 0	1	+0.1 0	0.08	0.16
>8～10	3×3	3						1.8		1.4			
>10～12	4×4	4	+0.030 0	+0.078 +0.030	0 −0.030	±0.015	−0.012 −0.042	2.5		1.8			
>12～17	5×5	5						3.0		2.3		0.16	0.25
>17～22	6×6	6						3.5		2.8			
>22～30	8×7	8	+0.036 0	+0.098 +0.040	0 −0.036	±0.018	−0.015 −0.051	4.0	+0.2 0	3.3	+0.2 0		
>30～38	10×8	10						5.0		3.3		0.25	0.40
>38～44	12×8	12	+0.043 0	+0.120 +0.050	0 −0.043	±0.0215	−0.018 −0.061	5.0		3.3			
>44～50	14×9	14						5.5		3.8			
>50～58	16×10	16						6.0		4.3			
>58～65	18×11	18						7.0		4.4			
>65～75	20×12	20	+0.052 0	+0.149 +0.065	0 −0.052	±0.026	−0.022 −0.074	7.5		4.9		0.40	0.60
>75～85	22×14	22						9.0		5.4			
>85～95	25×14	25						9.0		5.4			
>95～110	28×16	28						10.0		6.4			

注：在工作图中轴槽深用 t 或（$d-t$）标注，轮毂槽深用（$d+t_1$）标注。平键键槽的长度公差带用 H14。

2. 普通平键的型式尺寸（GB/T 1096—2003）

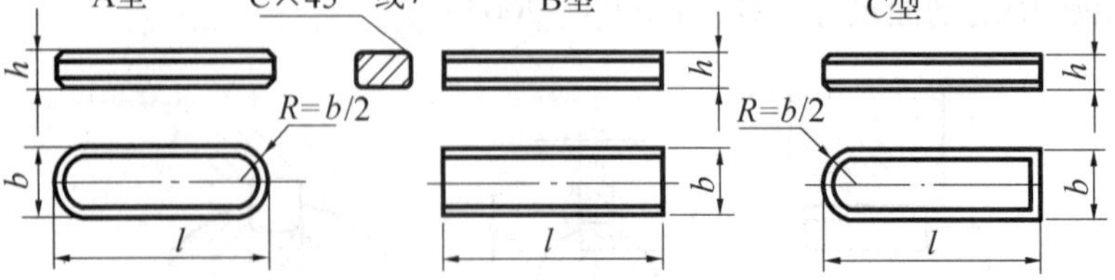

标 记 示 例

圆头普通平键（A 型）、$b=18$ mm、$h=11$ mm、$L=100$ mm：键 A18×100GB/T 1096—2003

方头普通平键（B 型）、$b=18$ mm、$h=11$ mm、$L=100$ mm：键 B18×100GB/T 1096—2003

单圆头普通平键（C 型）、$b=18$ mm、$h=11$ mm、$L=100$ mm：键 C18×100GB/T 1096—2003

附表 3－2　　（单位：mm）

b	2	3	4	5	6	8	10	12	14	16	18	20	22	25
h	2	3	4	5	6	7	8	8	9	10	11	12	14	14
C 或 r	0. 16 ~ 0. 25			0. 25 ~ 0. 40			0. 40 ~ 0. 60					0. 60 ~ 0. 80		
L	6 ~ 20	6 ~ 36	8 ~ 45	10 ~ 56	14 ~ 70	18 ~ 90	22 ~ 110	28 ~ 140	36 ~ 160	45 ~ 180	50 ~ 200	56 ~ 220	63 ~ 250	70 ~ 280
L 系列	6,8,10,12,14,16,18,20,22,25,28,32,36,40,45,50,56,63,70,80,90,100,110,125,140,160,180,200,220,250,280													

注：材料常用 45 钢。

（二）销

1. 圆柱销（GB/T 119. 1—2000）

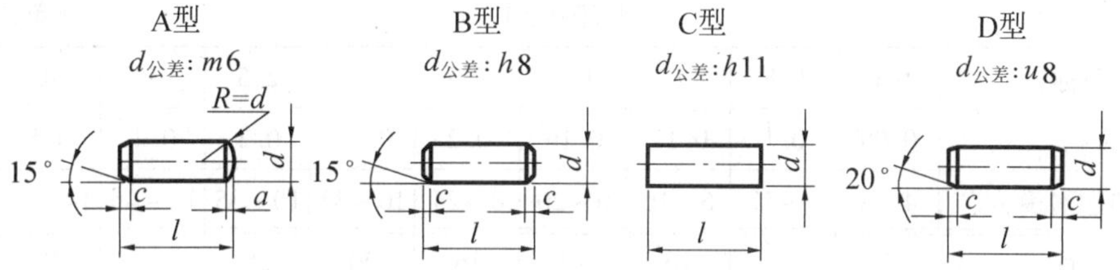

标 记 示 例

公称直径 $d = 8$ mm、长度 $l = 30$ mm、材料为 35 钢、热处理硬度 HRC 28 ~ 38、表面氧化处理的 A 型圆柱销：

销　GB/T 119. 1—2000　A8 × 30

附表 3－3　　（单位：mm）

d(公称)	0. 6	0. 8	1	1. 2	1. 5	2	2. 5	3	4	5
a≈	0. 08	0. 10	0. 12	0. 16	0. 20	0. 25	0. 30	0. 40	0. 50	0. 63
c≈	0. 12	0. 16	0. 20	0. 25	0. 30	0. 35	0. 40	0. 50	0. 63	0. 80
l(商品规格范围公称长度)	2 ~ 6	2 ~ 8	4 ~ 10	4 ~ 12	4 ~ 16	6 ~ 20	6 ~ 24	8 ~ 30	8 ~ 40	10 ~ 50
d(公称)	6	8	10	12	16	20	25	30	40	50
a≈	0. 80	1. 0	1. 2	1. 6	2. 0	2. 5	3. 0	4. 0	5. 0	6. 3
c≈	1. 2	1. 6	2. 0	2. 5	3. 0	3. 5	4. 0	5. 0	6. 3	8. 0
l(商品规格范围公称长度)	12 ~ 60	14 ~ 80	18 ~ 95	22 ~ 140	26 ~ 180	35 ~ 200	50 ~ 200	60 ~ 200	80 ~ 200	95 ~ 200
l 系　列	2,3,4,5,6,8,10,12,14,16,18,20,22,24,26,28,30,32,35,40,45,50,55,60,65,70,75,80,85,90,95,100,120,140,160,180,200									

2. 圆锥销（GB/T 117—2000）

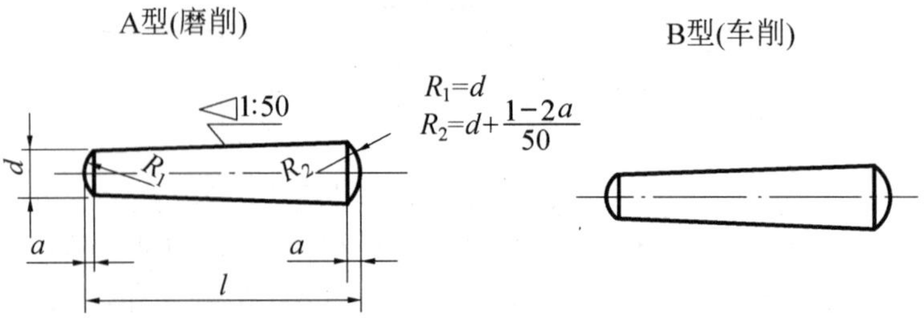

标 记 示 例

公称直径 $d=10$ mm、长度 $l=60$ mm、材料为 35 钢、热处理硬度 HRC 28 ~ 38、表面氧化处理的 A 型圆锥销:

销 GB/T 117—2000 A 10 × 60

附表 3-4 (单位:mm)

d(公称)	0.6	0.8	1	1.2	1.5	2	2.5	3	4	5
$a\approx$	0.08	0.1	0.12	0.16	0.2	0.25	0.3	0.4	0.5	0.63
l(商品规格范围公称长度)	4 ~ 8	5 ~ 12	6 ~ 16	6 ~ 20	8 ~ 24	10 ~ 35	10 ~ 35	12 ~ 45	14 ~ 55	18 ~ 60
d(公称)	6	8	10	12	16	20	25	30	40	50
$a\approx$	0.8	1	1.2	1.6	2	2.5	3	4	5	6.3
l(商品规格范围公称长度)	22 ~ 90	22 ~ 120	26 ~ 160	32 ~ 180	40 ~ 200	45 ~ 200	50 ~ 200	55 ~ 200	60 ~ 200	65 ~ 200
l 系 列	2,3,4,5,6,8,10,12,14,16,18,20,22,24,26,28,30,32,35,40,45,50,55,60,65,70,75,80,85,90,95,100,120,140,160,180,200									

3. 开口销(GB/T 91—2000)

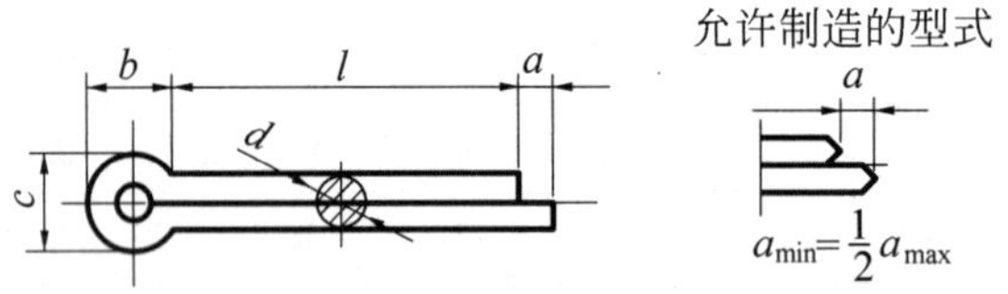

标 记 示 例

公称直径 $d=5$ mm、长度 $l=50$ mm、材料为低碳钢、不经表面处理的开口销:

销 GB/T 91—2000 5 × 50

附表 3-5 (单位:mm)

d(公称)		0.6	0.8	1	1.2	1.6	2	2.5	3.2	4	5	6.3	8	10	12
C	max	1	1.4	1.8	2	2.8	3.6	4.6	5.8	7.4	9.2	11.8	15	19	24.8
	min	0.9	1.2	1.6	1.7	2.4	3.2	4	5.1	6.5	8	10.3	13.1	16.6	21.7
$b\approx$		2	2.4	3	3	3.2	4	5	6.4	8	10	12.6	16	20	26

（续附表 3-5）

a_{max}	1.6	1.6	1.6	2.5	2.5	2.5	2.5	3.2	4	4	4	4	6.3	6.3
l(商品规格范围公称长度)	4 ~ 12	5 ~ 16	6 ~ 20	8 ~ 26	8 ~ 32	10 ~ 40	12 ~ 50	14 ~ 65	18 ~ 80	22 ~ 100	30 ~ 120	40 ~ 160	45 ~ 200	70 ~ 200
l 系　列	4,5,6,8,10,12,14,16,18,20,22,24,26,28,30,32,36,40,45,50,55,60,65,70,75,80,85,90,95,100,120,140,160,180,200													

注：①销孔的公称直径等于 d(公称)；d_{max}、d_{min} 可查阅 GB/T 91—2000，都小于 d(公称)。

②根据使用需要，由供需双方协议，可采用 d(公称)为 3 mm、6 mm 的规格。

四、滚动轴承

1. 深沟球轴承（GB/T276—1993）

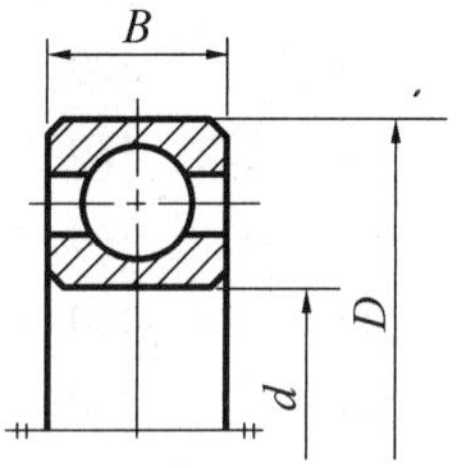

60000 型

标 记 示 例
滚动轴承 6208 GB/T 276—1993

附表 4-1　（单位：mm）

轴承型号	尺寸 d	尺寸 D	尺寸 B	轴承型号	尺寸 d	尺寸 D	尺寸 B
（0）　系　列				（3）　窄　系　列			
606	6	17	6	634	4	16	5
607	7	19	6	635	5	19	6
608	8	22	7	6300	10	35	11
609	9	24	7	6301	12	37	12
6000	10	26	8	6302	15	42	13
6001	12	28	8	6303	17	47	14
6002	15	32	9	6304	20	52	15
6003	17	35	10	6305	25	62	17
6004	20	42	12	6306	30	72	19
6005	25	47	12	6307	35	80	21
6006	30	55	13	6308	40	90	23
6007	35	62	14	6309	45	100	25
6008	40	68	15	6310	50	110	27
6009	45	75	16	6311	55	120	29

（续附表4－1）

轴承型号	尺寸			轴承型号	尺寸		
	d	*D*	*B*		*d*	*D*	*B*
6010	50	80	16	6312	60	130	31
6011	55	90	18				
6012	60	95	18				
（2） 窄 系 列				（4） 窄 系 列			
623	3	10	4	6403	17	62	17
624	4	13	5	6404	20	72	19
625	5	16	5	6405	25	80	21
626	6	19	6	6406	30	90	23
627	7	22	7	6407	35	100	25
628	8	24	8	6408	40	110	27
629	9	26	8	6409	45	120	29
6200	10	30	9	6410	50	130	31
6201	12	32	10	6411	55	140	33
6202	15	35	11	6412	60	150	35
6203	17	40	12	6413	65	160	37
6204	20	47	14	6414	70	180	42
6205	25	52	15	6415	75	190	45
6206	30	62	16	6416	80	200	48
6207	35	72	17	6417	85	210	52
6208	40	80	18	6418	90	225	54
6209	45	85	19	6419	95	240	55
6210	50	90	20				
6211	55	100	21				
6212	60	110	22				

2. 圆锥滚子轴承（GB/T 297—1993）

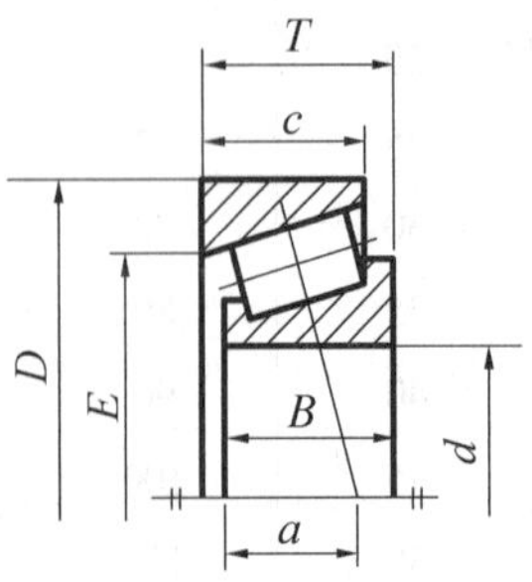

30000 型

标 记 示 例

滚动轴承 30308GB/T 297—1993

附表 4－2　　　　(单位:mm)

轴承型号	尺寸							轴承型号	尺寸						
	d	*D*	*T*	*B*	*C*	*E*≈	*a*≈		*d*	*D*	*T*	*B*	*C*	*E*≈	*a*≈
(2) 系列								(2) 系列							
30204	20	47	15.25	14	12	37.3	11.2	32206	30	62	21.5	20	17	48.9	15.4
30205	25	52	16.25	15	13	41.1	12.6	32207	35	72	24.25	23	19	57	17.6
30206	30	62	17.25	16	14	49.9	13.8	32208	40	80	24.75	23	19	64.7	19
30207	35	72	18.25	17	15	58.8	15.3	32209	45	85	24.75	23	19	69.6	20
30208	40	80	19.75	18	16	65.7	16.9	32210	50	90	24.75	23	19	74.2	21
30209	45	85	20.75	19	16	70.4	18.6	32211	55	100	26.75	25	21	82.8	22.5
30210	50	90	21.75	20	17	75	20	32212	60	110	29.75	28	24	90.2	24.9
30211	55	100	22.75	21	18	84.1	21	32213	65	120	32.75	31	27	99.4	27.2
30212	60	110	23.75	22	19	91.8	22.4	32214	70	125	33.25	31	27	103.7	28.6
30213	65	120	24.75	23	20	101.9	24	32215	75	130	33.25	31	27	108.9	30.2
30214	70	125	26.25	24	21	105.7	25.9	32216	80	140	35.25	33	28	117.4	31.3
30215	75	130	27.25	25	22	110.4	27.4	32217	85	150	38.5	36	30	124.9	34
30216	80	140	28.25	26	22	119.1	28	32218	90	160	42.5	40	34	132.6	36.7
30217	85	150	30.5	28	24	126.6	29.9	32219	95	170	45.5	43	37	140.2	39
30218	90	160	32.5	30	26	134.9	32.4	32220	100	180	49	46	39	148.1	41.8
30219	95	170	34.5	32	27	143.3	35.1								
30220	100	180	37	34	29	151.3	36.5								
(3) 系列								(3) 系列							
30304	20	52	16.25	15	13	41.3	11	32304	20	52	22.25	21	18	39.5	13.4
30305	25	62	18.25	17	15	50.6	13	32305	25	62	25.25	24	20	48.6	15.5
30306	30	72	20.75	19	16	58.2	15	32306	30	72	28.75	27	23	55.7	18.8
30307	35	80	22.75	21	18	65.7	17	32307	35	80	32.75	31	25	62.8	20.5
30308	40	90	25.25	23	20	72.7	19.5	32308	40	90	25.25	33	27	99.2	23.4
30309	45	100	27.75	25	22	81.7	21.5	32309	45	100	38.25	36	30	78.3	25.6
30310	50	110	29.25	27	23	90.6	23	32310	50	110	42.25	40	33	86.2	28
30311	55	120	31.5	29	25	99.1	25	32311	55	120	45.5	43	35	94.3	30.6
30312	60	130	33.5	31	26	107.7	26.5	32312	60	130	48.5	46	37	102.9	32
30313	65	140	36	33	28	116.8	29	32313	65	140	51	48	39	111.7	34
30314	70	150	38	35	30	125.2	30.6	32314	70	150	54	51	42	119.7	36.5
30315	75	160	40	37	31	134	32	32315	75	160	58	55	45	127.8	39
30316	80	170	42.5	39	33	143.1	34	32316	80	170	61.5	58	48	136.5	42
30317	85	180	44.5	41	34	150.4	36	32317	85	180	63.5	60	49	144.2	43.6
30318	90	190	46.5	43	36	159	37.5	32318	90	190	67.5	64	53	151.7	46
30319	95	200	49.5	45	38	165.8	40	32319	95	200	71.5	67	55	160.3	49
30320	100	215	51.5	47	39	178.5	42	32320	100	215	77.5	73	60	171.6	53

五、公差与配合(基轴制、基孔制)

附表 5-1 标准公差数值(GB/T 1800.3—1998)

基本尺寸(mm)		公差等级																			
		IT01	IT0	IT1	IT2	IT3	IT4	IT5	IT6	IT7	IT8	IT9	IT10	IT11	IT12	IT13	IT14	IT15	IT16	IT17	IT18
大于	至	μm													mm						
—	3	0.3	0.5	0.8	1.2	2	3	4	6	10	14	25	40	60	0.10	0.14	0.25	0.40	0.60	1.0	1.4
3	6	0.4	0.6	1	1.5	2.5	4	5	8	12	18	30	48	75	0.12	0.18	0.30	0.48	0.75	1.2	1.8
6	10	0.4	0.6	1	1.5	2.5	4	6	9	15	22	36	58	90	0.15	0.22	0.36	0.58	0.90	1.5	2.2
10	18	0.5	0.8	1.2	2	3	5	8	11	18	27	43	70	110	0.18	0.27	0.43	0.70	1.10	1.8	2.7
18	30	0.6	1	1.5	2.5	4	6	9	13	21	33	52	84	130	0.21	0.33	0.52	0.84	1.30	2.1	3.3
30	50	0.6	1	1.5	3.5	4	7	11	16	25	39	62	100	160	0.25	0.39	0.62	1.00	1.60	2.5	3.9
50	80	0.8	1.2	2	3	5	8	13	19	30	46	74	120	190	0.30	0.46	0.74	1.20	1.90	3.0	4.6
80	120	1	1.5	2.5	4	6	10	15	22	35	54	87	140	220	0.35	0.54	0.87	1.40	2.20	3.5	5.4
120	180	1.2	2	3.5	5	8	12	18	25	40	63	100	160	250	0.40	0.63	1.00	1.60	2.50	4.0	6.3
180	250	2	3	4.5	7	10	14	20	29	46	72	115	185	290	0.46	0.72	1.15	1.85	2.90	4.6	7.2
250	315	2.5	4	6	8	12	16	23	32	52	81	130	210	320	0.52	0.81	1.30	2.10	3.20	5.2	8.1
315	400	3	5	7	9	13	18	25	36	57	89	140	230	360	0.57	0.89	1.40	2.30	3.60	5.7	8.9
400	500	4	6	8	10	15	20	27	40	63	97	155	250	400	0.63	0.97	1.55	2.50	4.00	6.3	9.7

附表 5-2 轴的基本偏差数值(GB/T 1800.3—1998)

基本偏差		上偏差(es)											
		a	b	c	cd	d	e	ef	f	fg	g	h	js
基本尺寸(mm)		公差											
大于	至	所有等级											
—	3	-270	-140	-60	-34	-20	-14	-10	-6	-4	-2	0	偏差 = $\pm\frac{IT}{2}$
3	6	-270	-140	-70	-46	-30	-20	-14	-10	-6	-4	0	
6	10	-280	-150	-80	-56	-40	-25	-18	-13	-8	-5	0	
10	14	-290	-150	-95	—	-50	-32	—	-16	—	-6	0	
14	18												
18	24	-300	-160	-110	—	-65	-40	—	-20	—	-7	0	
24	30												
30	40	-310	-170	-120	—	-80	-50	—	-25	—	-9	0	
40	50	-320	-180	-130									
50	65	-340	-190	-140	—	-100	-60	—	-30	—	-10	0	
65	80	-360	-200	-150									

（续附表 5－2）

基本偏差		上偏差（es）										
		a	b	c	cd	d	e	ef	f	fg	g	h	js
基本尺寸（mm）		公差											
大于	至	所有等级											
80	100	－380	－220	－170	—	－120	－72	—	－36	—	－12	0	偏差 = $\pm\frac{IT}{2}$
100	120	－410	－240	－180									
120	140	－460	－260	－200	—	－145	－85	—	－43	—	－14	0	
140	160	－520	－280	－210									
160	180	－580	－310	－230									
180	200	－660	－340	－240	—	－170	－100	—	－50	—	－15	0	
200	225	－740	－380	－260									
225	250	－820	－420	－280									
250	280	－920	－480	－300	—	－190	－110	—	－56	—	－17	0	
280	315	－1050	－540	－330									
315	355	－1200	－600	－360	—	－210	－125	—	－62	—	－18	0	
355	400	－1350	－680	－400									
400	450	－1500	－760	－440	—	－230	－135	—	－68	—	－20	0	
450	500	－1650	－840	－480									

注：基本尺寸 >500mm 的偏差数值未列入。

（续附表 5－2）　（单位：μm）

下偏差（ei）																		
j			k		m	n	p	r	s	t	u	v	x	y	z	za	zb	zc
等级																		
5、6	7	8	4至7	≤3 >7	所有等级													
－2	－4	－6	0	0	＋2	＋4	＋6	＋10	＋14	—	＋18	—	＋20	—	＋26	＋32	＋40	＋60
－2	－4	—	＋1	0	＋4	＋8	＋12	＋15	＋19	—	＋23	—	＋28	—	＋35	＋42	＋50	＋80
－2	－5	—	＋1	0	＋6	＋10	＋15	＋19	＋23	—	＋28	—	＋34	—	＋42	＋52	＋67	＋97
－3	－6	—	＋1	0	＋7	＋12	＋18	＋23	＋28	—	＋33	—	＋40	—	＋50	＋64	＋90	＋130
												＋39	＋45	—	＋60	＋77	＋108	＋150

（续附表5－2）

下偏差（ei）																		
j			k		m	n	p	r	s	t	u	v	x	y	z	za	zb	zc
等级																		
5、6	7	8	4至7	≤3 >7	所有等级													
－4	－8	—	＋2	0	＋8	＋15	＋22	＋28	＋35	—	＋41	＋47	＋54	＋63	＋73	＋98	＋136	＋188
										＋41	＋48	＋55	＋64	＋75	＋88	＋118	＋160	＋218
－5	－10	—	＋2	0	＋9	＋17	＋26	＋34	＋43	＋48	＋60	＋68	＋80	＋94	＋112	＋148	＋200	＋274
										＋54	＋70	＋81	＋97	＋114	＋136	＋180	＋242	＋325
－7	－12	—	＋2	0	＋11	＋20	＋32	＋41	＋53	＋66	＋87	＋102	＋122	＋144	＋172	＋226	＋300	＋405
								＋43	＋59	＋75	＋102	＋120	＋146	＋174	＋210	＋274	＋360	＋480
－9	－15	—	＋3	0	＋13	＋23	＋37	＋51	＋71	＋91	＋124	＋146	＋178	＋214	＋258	＋335	＋445	＋585
								＋54	＋79	＋104	＋144	＋172	＋210	＋254	＋310	＋400	＋525	＋690
－11	－18	—	＋3	0	＋15	＋27	＋43	＋63	＋92	＋122	＋170	＋202	＋248	＋300	＋365	＋470	＋620	＋800
								＋65	＋100	＋134	＋190	＋228	＋280	＋340	＋415	＋535	＋700	＋900
								＋68	＋108	＋146	＋210	＋252	＋310	＋380	＋465	＋600	＋780	＋1000
－13	－21	—	＋4	0	＋17	＋31	＋50	＋77	＋122	＋166	＋236	＋284	＋350	＋425	＋520	＋670	＋880	＋1150
								＋80	＋130	＋180	＋258	＋310	＋385	＋470	＋575	＋740	＋960	＋1250
								＋64	＋140	＋196	＋284	＋340	＋425	＋520	＋640	＋820	＋1050	＋1350
－16	－26	—	＋4	0	＋20	＋34	＋56	＋94	＋158	＋218	＋315	＋385	＋475	＋580	＋710	＋920	＋1200	＋1550
								＋98	＋170	＋240	＋350	＋425	＋525	＋650	＋790	＋1000	＋1300	＋1700
－18	－28	—	＋4	0	＋21	＋37	＋62	＋108	＋190	＋268	＋390	＋475	＋590	＋730	＋900	＋1150	＋1500	＋1900
								＋114	＋208	＋294	＋435	＋5530	＋660	＋820	＋1000	＋1300	＋1650	＋2100
－20	－32	—	＋5	0	＋28	＋40	＋68	＋126	＋232	＋330	＋490	＋595	＋740	＋920	＋1100	＋1450	＋1850	＋2400
								＋132	＋252	＋360	＋540	＋660	＋820	＋1000	＋1250	＋1600	＋2100	＋2600

附表5-3　孔的基本偏差数值(GB/T 1800.3—1998)

基本偏差		下偏差 (EI)												上偏差 (ES)						
		A	B	C	CD	D	E	EF	F	FG	G	H	Js	J			K		M	
基本尺寸(mm)		公差																		
大	至	所有等级												6	7	8	≤8	>8	≤8	>8
—	3	+270	+140	+60	+34	+20	+14	+10	+6	+4	+2	0	偏差 $= \pm\frac{IT}{2}$	+2	+4	+6	0	0	-2	-2
3	6	+270	+140	+70	+46	+30	+20	+14	+10	+6	+4	0		+5	+6	+10	-1+Δ	—	-4+Δ	-4
6	10	+280	+150	+80	+56	+40	+25	+18	+13	+8	+5	0		+5	+8	+12	-1+Δ	—	-6+Δ	-6
10	14	+290	+150	+95	—	+50	+32	—	+16	—	+6	0		+6	+10	+15	-1+Δ	—	-7+Δ	-7
14	18																			
18	24	+300	+160	+110	—	+65	+40	—	+20	—	+7	0		+8	+12	+20	-2+Δ	—	-8+Δ	-8
24	30																			
30	40	+310	+170	+120	—	+80	+50	—	+25	—	+9	0		+10	+14	+24	-2+Δ	—	-9+Δ	-9
40	50	+320	+180	+130																
50	65	+340	+190	+140	—	+100	+60	—	+30	—	+10	0		+13	+18	+28	-2+Δ	—	-11+Δ	-11
65	80	+360	+200	+150																
80	100	+380	+220	+170	—	+120	+72	—	+36	—	+12	0		+16	+22	+34	-3+Δ	—	-13+Δ	-13
100	120	+410	+240	+180																
120	140	+460	+260	+200	—	+145	+85	—	+43	—	+14	0		+18	+26	+41	-3+Δ	—	-15+Δ	-15
140	160	+520	+280	+210																
160	180	+580	+310	230																
180	200	+660	+340	+240	—	+170	+100	—	+50	—	+15	0		+22	+30	+47	-4+Δ	—	-17+Δ	-17
200	225	+740	+380	+260																
225	250	+820	+420	+280																
250	280	+920	+480	+300	—	+190	+110	—	+56	—	+17	0		+25	+36	+55	-4+Δ	—	-20+Δ	-20
280	315	+1050	+540	+330																
315	355	+1200	+600	+360	—	+210	+125	—	+62	—	+18	0		+29	+39	+60	-4+Δ	—	-21+Δ	-21
355	400	+1350	+680	+400																
400	450	+1500	+760	+440	—	230	+135	—	+68	—	+20	0		+33	+43	+66	-5+Δ	—	-23+Δ	-23
450	500	+1650	+840	+480																

注:基本尺寸>500mm 的偏差数值未列入。

（续附表 5－3）（单位：μm）

上偏差（ES）															△					
N		P至ZC	P	R	S	T	U	V	X	Y	Z	ZA	ZB	ZC						
等级																				
≤8	>8	≤7	>7												3	4	5	6	7	8
-4	-4	在>7的相应数值上增加一个△值	-6	-10	-14	—	-18	—	-20	—	-26	-32	-40	-60	0					
-8+△	0		-12	-15	-19	—	-23	—	-28	—	-35	-42	-50	-80	1	1.5	1	3	4	6
-10+△	0		-15	-19	-23	—	-28	—	-34	—	-42	-52	-67	-97	1.5	1.5	2	3	6	7
-12+△	0		-18	-23	-28	—	-33	—	-40	—	-50	-64	-90	-130	1	2	3	3	7	9
								-39	-45	—	-60	-77	-108	-150						
-15+△	0		-22	-28	-35	—	-41	-47	-54	-63	-73	-98	-136	-188	1.5	2	3	4	8	12
						-41	-48	-55	-64	-75	-88	-118	-160	-218						
-17+△	0		-26	-34	-43	-48	-60	-68	-80	-94	-112	-148	-200	-274	1.5	3	4	5	9	14
						-54	-70	-81	-97	-114	-136	-180	-242	-325						
-20+△	0		-32	-41	-53	-66	-87	-102	-122	-144	-172	-226	-300	-405	2	3	5	6	11	16
				-43	-59	-75	-102	-120	-146	-174	-210	-274	-360	-480						
-23+△	0		-37	-51	-71	-91	-124	-146	-178	-214	-258	-335	-445	-5585	2	4	5	7	13	19
				-54	-79	-104	-144	-172	-210	-254	-310	-400	-525	-690						
-27+△	0		-43	-63	-92	-122	-170	-202	-248	-300	-365	-470	-620	-800	3	4	6	7	15	23
				-65	-100	-134	-190	-228	-280	-340	-415	-535	-700	-900						
				-68	-108	-146	-210	-252	-310	-380	-4655	-600	-780	-1000						
-31+△	0		-50	-77	-122	-166	-236	-284	-350	-425	-520	-670	-880	-1150	3	4	6	9	17	26
				-80	-130	-180	-258	-310	-385	-470	-575	-740	-960	-1250						
				-84	-140	-196	-284	-340	-425	-520	-640	-820	-1050	-1350						
-34+△	0		-56	-94	-158	-218	-315	-358	-475	-580	-710	-920	-1200	-1550	4	4	7	9	20	29
				-98	-170	-240	-350	-425	-525	-650	-790	-1000	-1300	-1700						
-37+△	0		-62	-108	-190	-268	-390	-475	-590	-730	-900	-1150	-1500	-1900	4	5	7	11	21	32
				-114	-208	-294	-435	-530	-660	-820	-1000	-1300	-1650	-2100						
-40+△	0		-68	-126	-232	-330	-490	-595	-740	-920	-1100	-1450	-1850	-2400	5	5	7	11	23	34
				-132	-252	-360	-540	-660	-820	-1000	-1250	-1600	-2100	-2600						

附表 5-4 优先配合中轴的极限偏差数值(摘自 GB/T 1801—1999) (单位:μm)

基本尺寸(mm)		公差带												
		c	d	f	g	h				k	n	p	s	u
大于	至	11	9	7	6	6	7	9	11	6	6	6	6	6
—	3	-60 -120	-20 -45	-6 -16	-2 -8	0 -6	0 -10	0 -25	0 -60	+6 0	+10 +4	+12 +6	+20 +4	+24 +18
3	6	-70 -145	-30 -60	-10 -22	-4 -12	0 -8	0 -12	0 -30	0 -75	+9 +1	+16 +8	+20 +12	+27 +19	+31 +23
6	10	-80 -170	-40 -76	-13 -28	-5 -14	0 -9	0 -15	0 -36	0 -90	+10 +1	+19 +10	+24 +15	+32 +23	+37 +28
10	14	-95 -205	-50 -93	-16 -34	-6 -17	0 -11	0 -18	0 -43	0 -110	+12 +1	+23 +12	+29 +18	+39 +28	+44 +33
14	18													
18	24	-110 -240	-65 -117	-20 -41	-7 -20	0 -13	0 -21	0 -52	0 -130	+15 +2	+28 +15	+35 +22	+48 +35	+54 +41
24	30													+61 +48
30	40	-120 -280	-80 -142	-25 -50	-9 -25	0 -16	0 -25	0 -62	0 -160	+18 +2	+33 +17	+42 +26	+59 +43	+76 +60
40	50	-130 -290												+86 +70
50	65	-140 -330	-100 -174	-30 -60	-10 -29	0 -19	0 -30	0 -74	0 -190	+21 +2	+39 +20	+51 +32	+72 +53	+106 +87
65	80	-150 -340											+78 +59	+121 +102
80	100	-170 -390	-120 -207	-36 -71	-12 -34	0 -22	0 -35	0 -87	0 -220	+25 +3	+45 +23	+59 +37	+93 +71	+146 +124
100	120	-180 -400											+101 +79	+166 +144
120	140	-200 -450	-145 -245	-43 -83	-14 -39	0 -25	0 -40	0 -100	0 -250	+28 +3	+52 +27	+68 +43	+117 +92	+195 +170
140	160	-210 -460											+125 +100	+215 +190
160	180	-230 -480											+133 +108	+235 +210
180	200	-240 -530	-170 -285	-50 -96	-15 -44	0 -29	0 -46	0 -115	0 -290	+33 +4	+60 +31	+79 +50	+151 +122	+265 +236
200	225	-260 -550											+159 +130	+287 +258
225	250	-280 -570											+169 +140	+313 +284
250	280	-300 -620	-190 -320	-56 -108	-17 -49	0 -32	0 -52	0 -130	0 -320	+36 +4	+66 +34	+88 +56	+190 +158	+347 +315
280	315	-330 -650											+202 +107	+382 +350

（续附表5－4）

基本尺寸(mm)		公差带												
		c	d	f	g	h				k	n	p	s	u
大于	至	11	9	7	6	6	7	9	11	6	6	6	6	6
315	355	－360 －720	－210 －350	－62 －119	－18 －54	0 －36	0 －57	0 －140	0 －360	＋40 ＋4	＋73 ＋37	＋98 ＋62	＋226 ＋190	＋426 ＋390
355	400	－400 －760											＋244 ＋208	＋471 ＋435
400	450	－440 －840	－230 －385	－68 －131	－20 －60	0 －40	0 －63	0 －155	0 －400	＋45 ＋5	＋80 ＋40	＋108 ＋68	＋272 ＋232	＋530 ＋490
450	500	－480 －880											＋292 ＋252	＋580 ＋540

附表5－5 优先配合中孔的极限偏差数值(摘自GB/T 1801—1999) （单位：μm）

基本尺寸(mm)		公差带												
		C	D	F	G	H				K	N	P	S	U
大于	至	11	9	8	7	7	8	9	11	7	7	7	7	7
—	3	＋120 ＋60	＋45 ＋20	＋20 ＋6	＋12 ＋2	＋10 0	＋14 0	＋25 0	＋60 0	0 －10	－4 －14	－6 －16	－14 －24	－18 －28
3	6	＋145 ＋70	＋60 ＋30	＋28 ＋10	＋16 ＋4	＋12 0	＋18 0	＋30 0	＋75 0	＋3 －9	－4 －16	－8 －20	－15 －27	－19 －31
6	10	＋170 ＋80	＋76 ＋40	＋35 ＋13	＋20 ＋5	＋15 0	＋22 0	＋36 0	＋90 0	＋5 －10	－4 －19	－9 －24	－17 －32	－22 －37
10	14	＋205 ＋95	＋93 ＋50	＋43 ＋16	＋24 ＋6	＋18 0	＋27	＋43 0	＋110 0	＋6 －12	－5 －23	－11 －29	－21 －39	－26 －44
14	18													
18	24	＋240 ＋110	＋117 ＋65	＋53 ＋20	＋28 ＋7	＋21 0	＋33 0	＋52 0	＋130 0	＋6 －15	－7 －28	－14 －35	－27 －48	－33 －54
24	30													－40 －61
30	40	＋280 ＋120	＋142 ＋80	＋64 ＋25	＋34 ＋9	＋25 0	＋39 0	＋62 0	＋160 0	＋7 －18	－8 －33	－17 －42	－34 －59	－51 －76
40	50	＋290 ＋130												－61 －86
50	65	＋330 ＋130	＋174 ＋100	＋76 ＋30	＋40 ＋10	＋30 0	＋46 0	＋74 0	＋190 0	＋9 －21	－9 －39	－21 －51	－42 －72	－76 －106
65	80	＋340 ＋150											－48 －78	－91 －121
80	100	＋390 ＋170	＋207 ＋120	＋90 ＋36	＋47 ＋12	＋35 0	＋54 0	＋87 0	＋220 0	＋10 －25	－10 －45	－24 －59	－58 －93	－111 －146
100	120	＋400 ＋180											－66 －101	－131 －166

（续附表5－5）

基本尺寸（mm）		公差带												
		C	D	F	G	H				K	N	P	S	U
大于	至	11	9	8	7	7	8	9	11	7	7	7	7	7
120	140	+450 +200											−77 −117	−155 −195
140	160	+460 +210	+245 +145	+106 +43	+54 +14	+40 0	+63 0	+100 0	+250 0	+12 −28	−12 −52	−28 −68	−85 −125	−175 −215
160	180	+480 +230											−93 −133	−195 −235
180	200	+30 +240											−105 −151	−219 −265
200	225	+550 +260	+285 +170	+122 +50	+61 +15	+46 0	+72 0	+115 0	+290 0	+13 −33	−14 −60	−33 −79	−113 −159	−241 −287
225	250	+570 +280											−123 −169	−267 −313
250	280	+620 +300	+320 +190	+137 +56	+69 +17	+52 0	+81 0	+130 0	+320 0	+16 −36	−14 −66	−36 −88	−138 −190	−295 −347
280	315	+650 +330											−150 −202	−330 −382
315	355	+720 +360	+350 +210	+151 +62	+75 +18	+57 0	+89 0	+140 0	+360 0	+17 −40	−16 −73	−41 −98	−169 −226	−369 −426
355	400	+760 +400											−187 −244	−414 −471
400	450	+840 +440	+385 +230	+165 +68	+83 +20	+63 0	+97 0	+155 0	+400 0	+18 −45	−17 −80	−17 −108	−209 −272	−467 −530
450	500	+880 +480											−229 −292	−517 −580

参考文献

[1] 强毅. 设计制图实用标准手册 [M]. 北京：科学出版社，2000.
[2] 中华人民共和国国家标准《技术制图与机械制图》[M]. 北京：中国标准出版社，1996.
[3] 唐克中，等. 画法几何及工程制图. 2 版 [M]. 北京：高等教育出版社，1993.
[4] 华中理工大学等院校. 画法几何及机械制图. 4 版 [M]. 北京：高等教育出版社，1989.
[5] 同济大学等院校《机械制图》编写组. 机械制图. 4 版 [M]. 北京：高等教育出版社，1997.
[6] 马晓湘，等. 画法几何及机械制图. 2 版 [M]. 广州：华南理工大学出版社，1998.
[7] 陈锦昌，等. 计算机工程制图 [M]. 广州：华南理工大学出版社，1998.
[8] 东北工学院机械制图教研室. 画法几何及机械制图 [M]. 北京：高等教育出版社，1987.
[9] 大连理工大学工程画教研室. 画法几何. 5 版 [M]. 北京：高等教育出版社，1992.
[10] 大连理工大学工程画教研室. 机械制图. 4 版 [M]. 北京：高等教育出版社，1993.
[11] 孙江宏，等. AutoCAD 2000 应用与开发技巧 [M]. 北京：科学出版社，1999.
[12] 郭启全，等. AutoCAD 2000 基础教程 [M]. 北京：北京理工大学出版社，2000.

画法几何及工程制图习题集

(第三版)

主　编　王　玲
副主编　许淑慧　李辛沫
参　编　马国刚　郑觉清
　　　　周俊荣　陈敏华
主　审　温文炯

华南理工大学出版社
·广州·

内 容 简 介

本习题集与王玲主编的《画法几何及工程制图》教材（华南理工大学出版社出版，2010.9）及相应的CAI课件配套使用。内容包括：制图基本知识、投影法基本知识、立体的投影、轴测投影、组合体、表达方法、标准件和常用件、零件图、装配图、计算机绘图等方面练习。本习题集可作为高等学校非机械类和非土木类各工科专业教材使用，也可供其他专业师生和技术人员参考。

图书在版编目(CIP)数据

画法几何及工程制图习题集/王玲主编.—3版.—广州：华南理工大学出版社，2010.9（2019.9重印）
ISBN 978-7-5623-2870-4

Ⅰ.①画… Ⅱ.①王… Ⅲ.①画法几何-高等学校-习题②工程制图-高等学校-习题
Ⅳ.①TB23-44

中国版本图书馆CIP数据核字（2010）第177324号

总 发 行：华南理工大学出版社（广州五山华南理工大学17号楼，邮编510640）
营销部电话：020-22236378 87113487 22236378（传真）
E-mail：scutc13@scut.edu.cn http://www.scutpress.com.cn
责任编辑：詹志青
印 刷 者：佛山市浩文彩色印刷有限公司
开 本：787mm×1092mm 1/8 印张：35.5 字数：622千
版 次：2010年9月第3版 2019年9月第18次印刷
定 价：49.50元（教材、习题集）

目　　录

工程制图国家标准上下左右大小机械系

电子化纺建设现代学校文明名称技术销

轴孔旋转专业中心生产平面车削钻铣磨

班级号数材料总共第张螺栓柱钉垫圈环

描绘审核长短线段好优良劣差评价高低备件比例因

用户定期检查质量规格浮沉升降主视俯仰后剖断向

ABCDEFGHIJKLMNOPQRSTUVWXYZ

ABCDEFGHIJKLMNOPQRS

abcdefghijklmnopqrstuvwxyz

abcdefghijklmnopqrstuvwxyz

1 2 3 4 5 6 7 8 9 0 *1 2 3 4 5 6 7 8 9 0*

1 2 3 4 5 6 7 8 9 0 *1 2 3 4 5 6 7 8 9 0*

1 2 3 4 5 6 7 8 9 0 *1 2 3 4 5 6 7 8 9 0*

班级 学号 姓名 审核

1-2　按尺寸1:1重画图形。

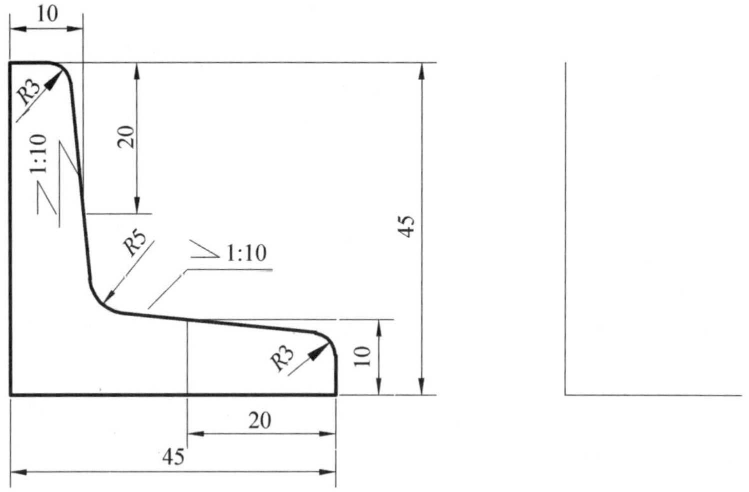

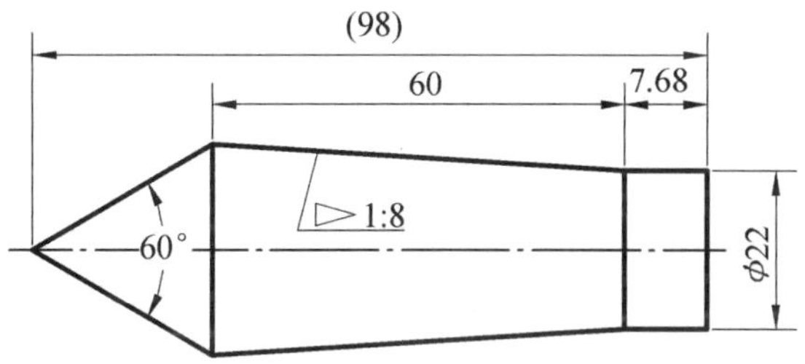

1-3　补画尺寸箭头，并标注尺寸（数值按图以1:1量取，并取整）。

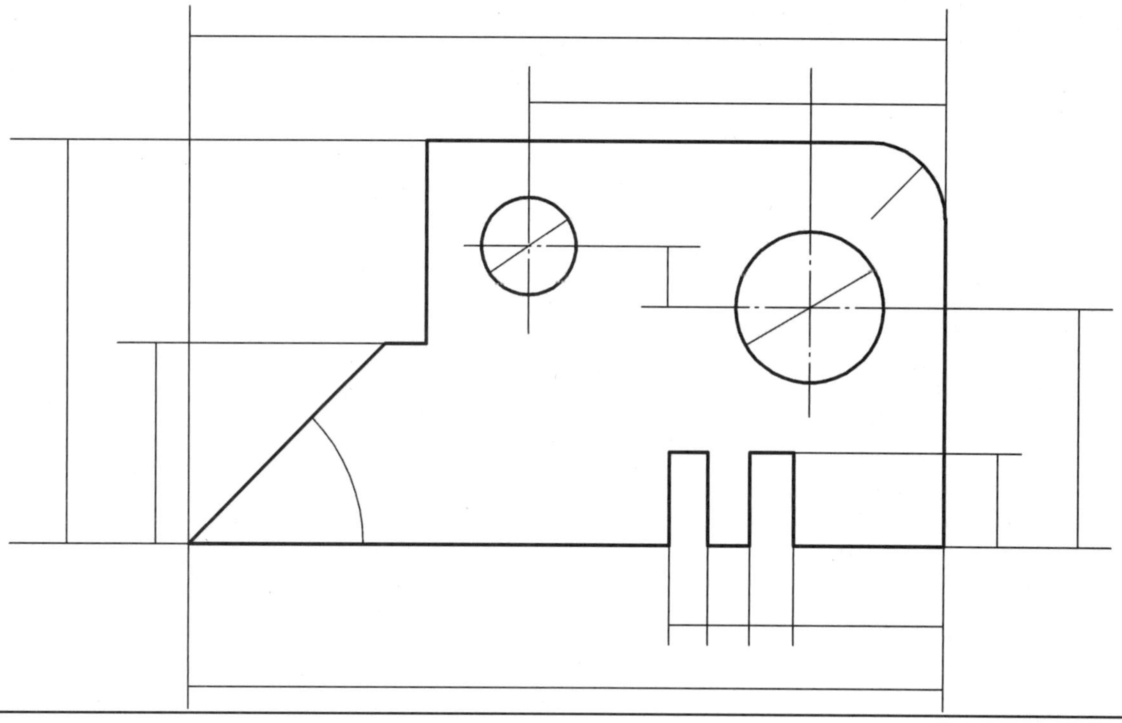

1-4　左图尺寸标注有错，请在右图重新标注。

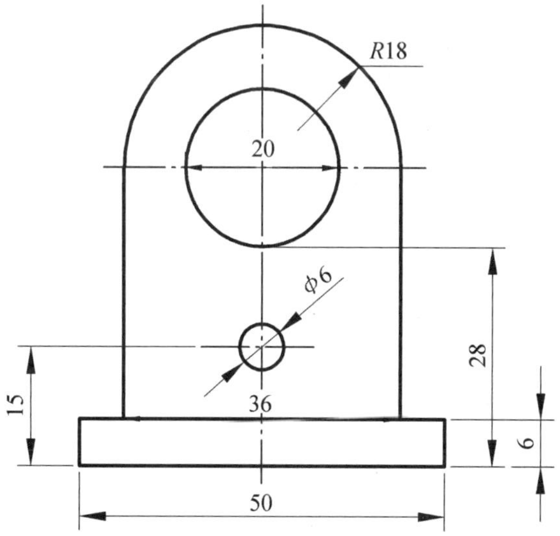

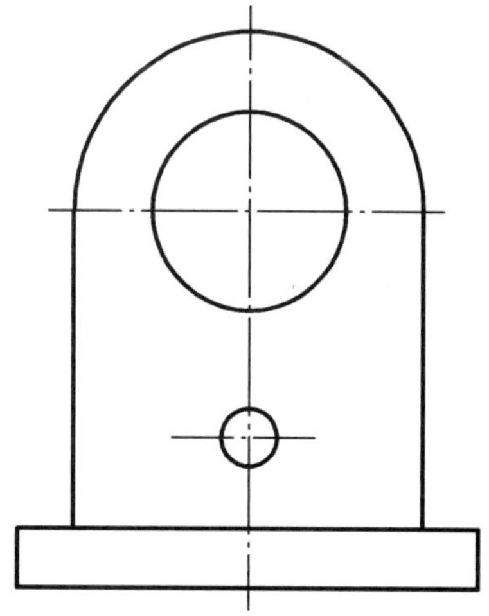

1–5　线型练习，在 A4 图纸上抄画下列图形。	1–6　圆弧连接练习，在 A4 图纸上按 1:1 抄画下列图形。
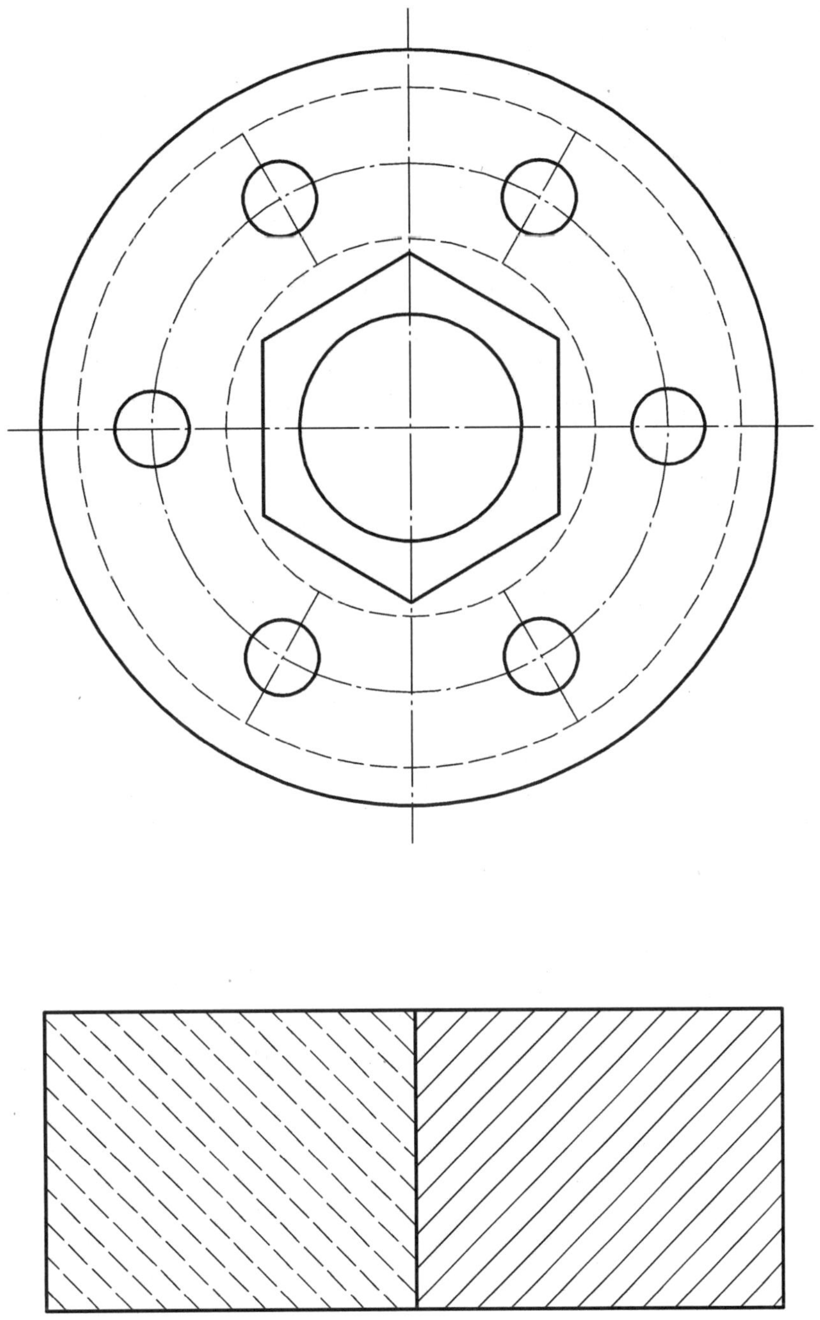	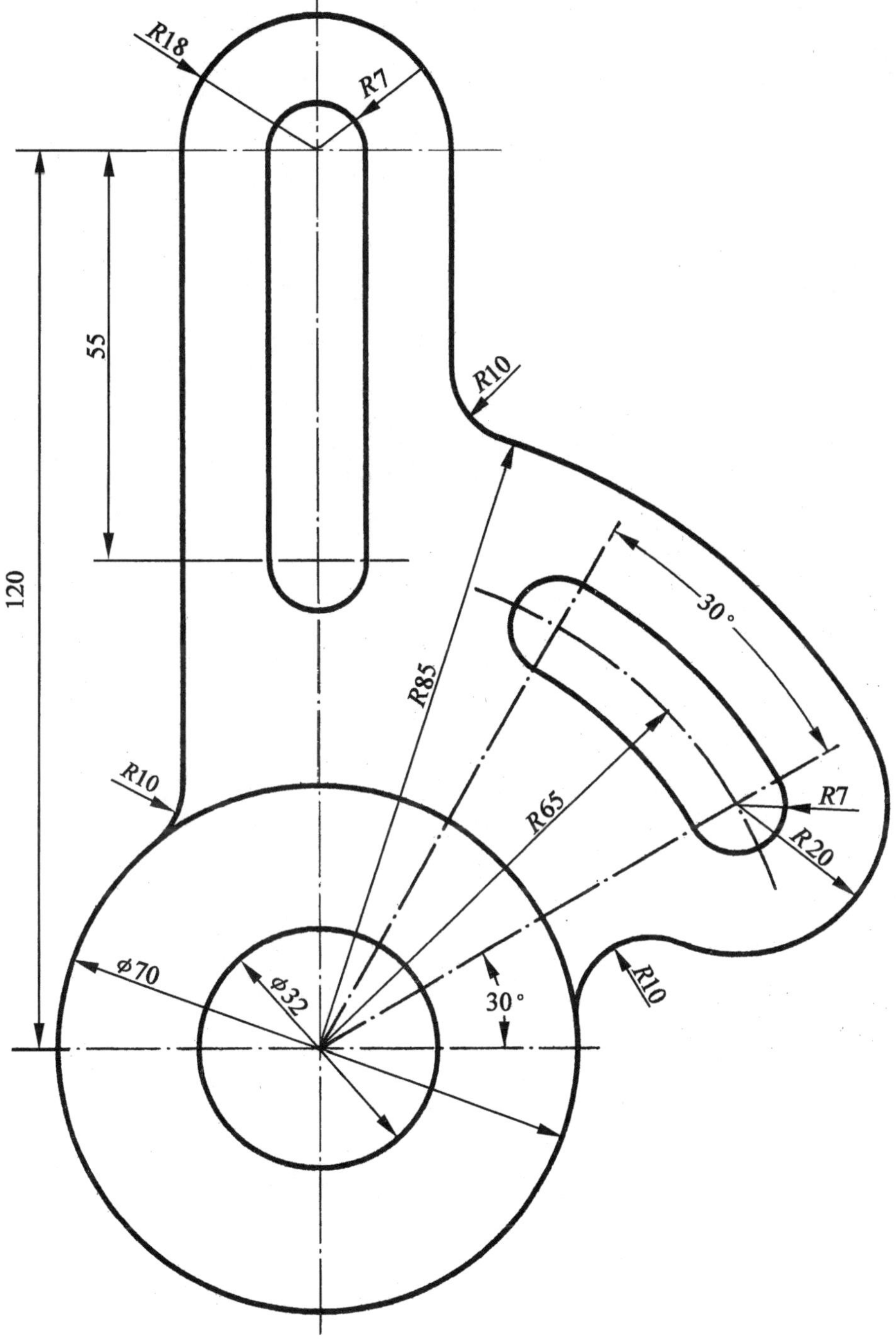

2-1 根据轴测图找出对应的三视图,在视图的括号内填写对应的轴测图号码。

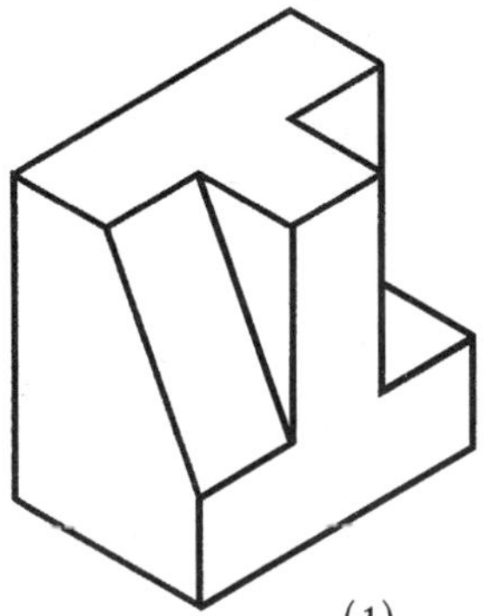
(1)

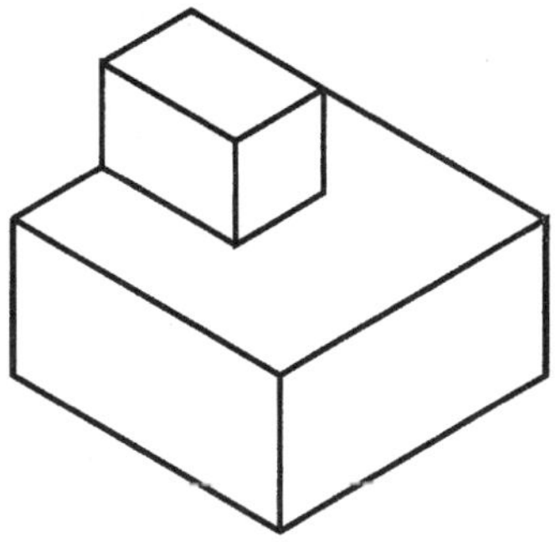
(5)

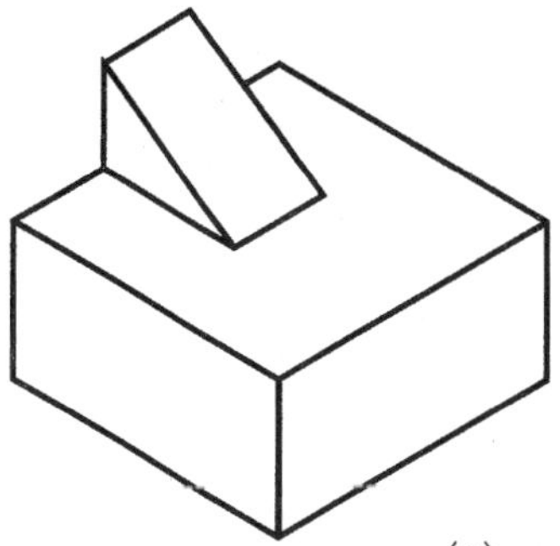
(9)

(2)

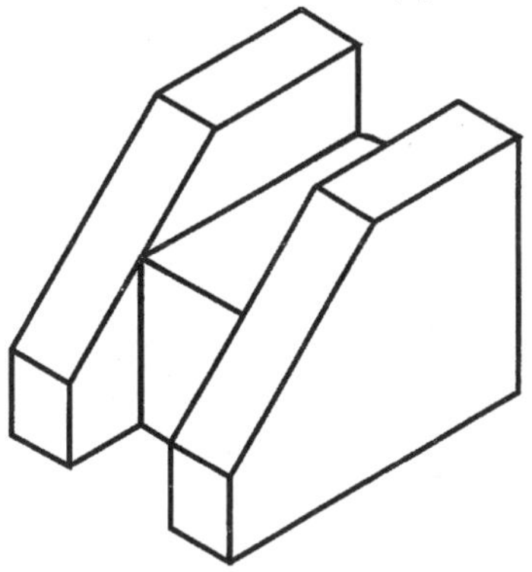
(6)

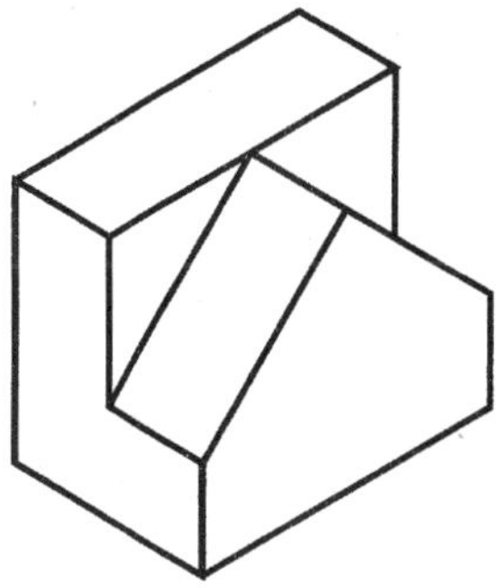
(10)

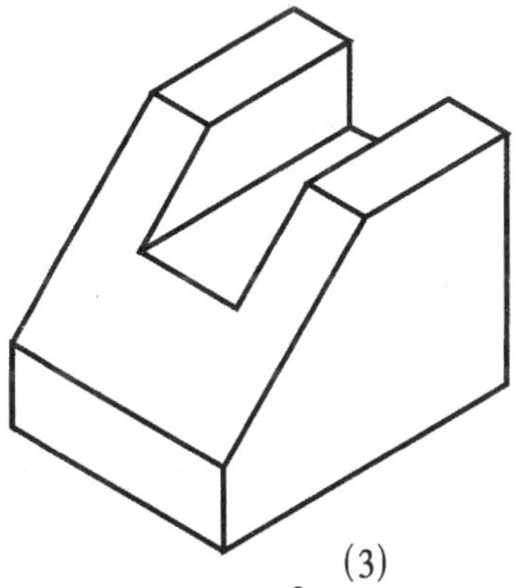
(3)

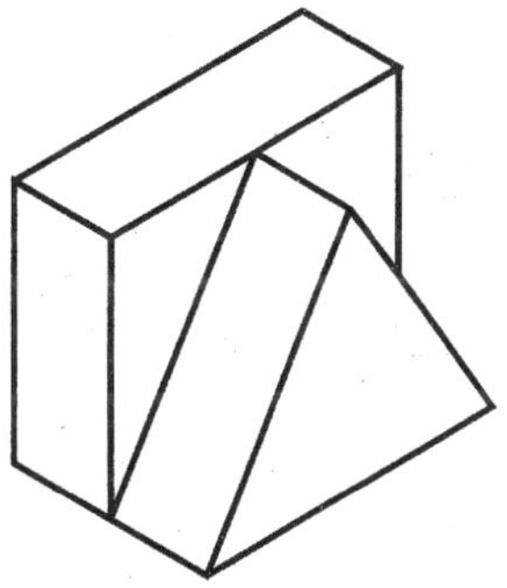
(7)

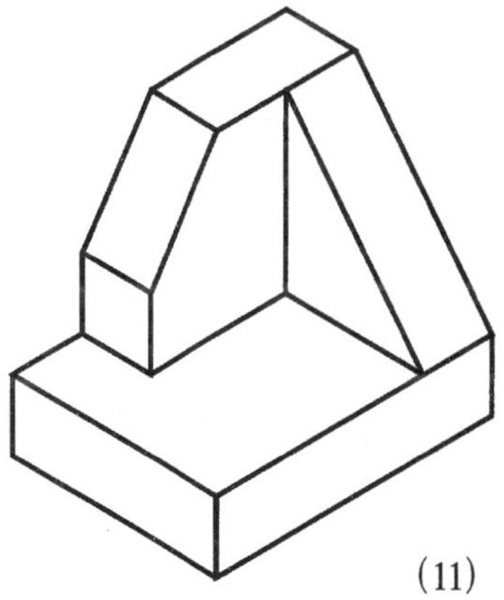
(11)

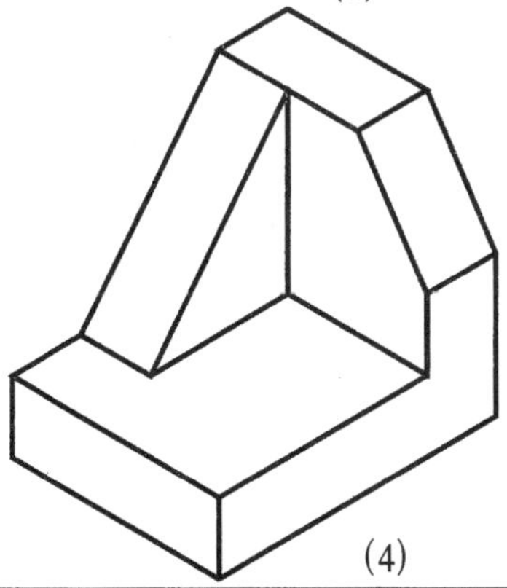
(4)

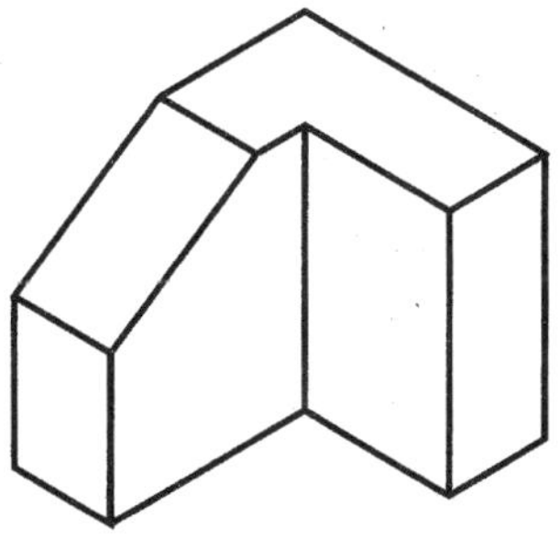
(8)

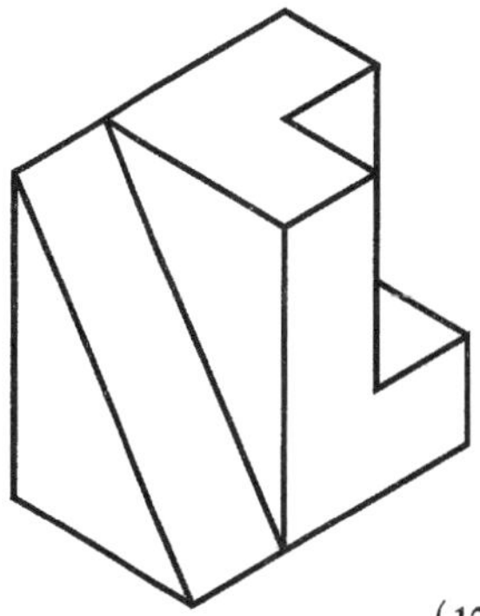
(12)

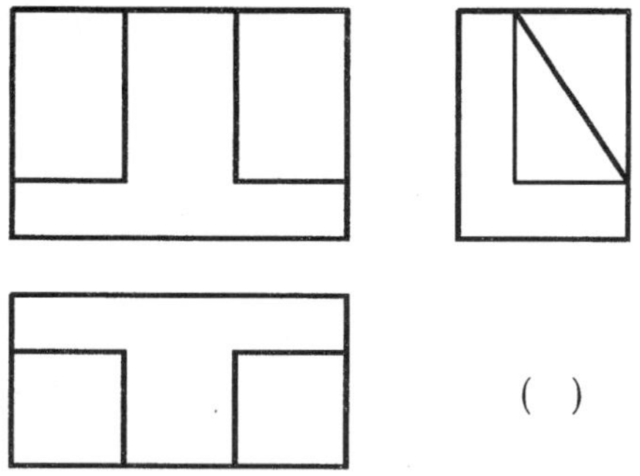
( )

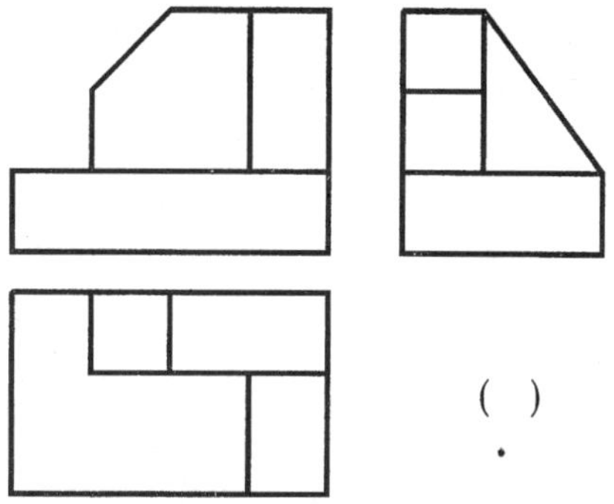
( )

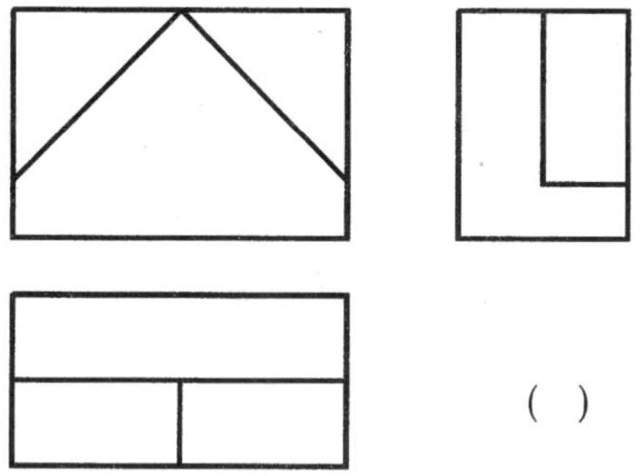
( )

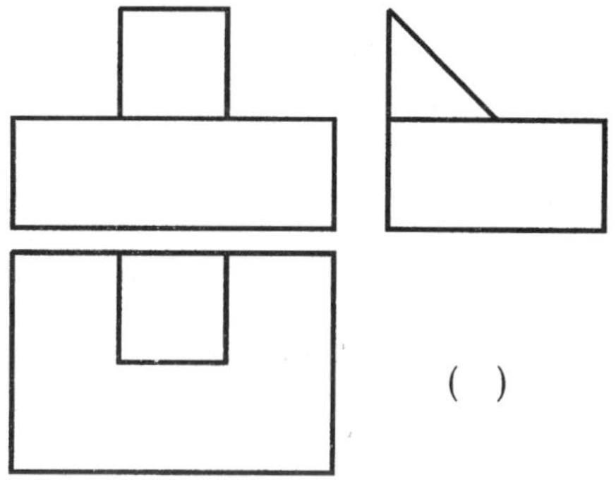
( )

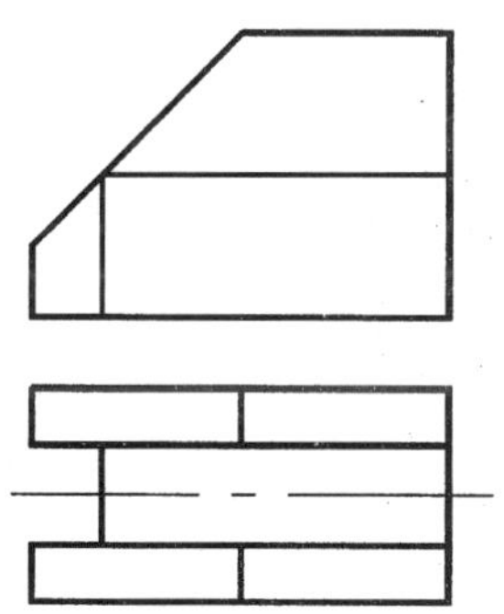
( )

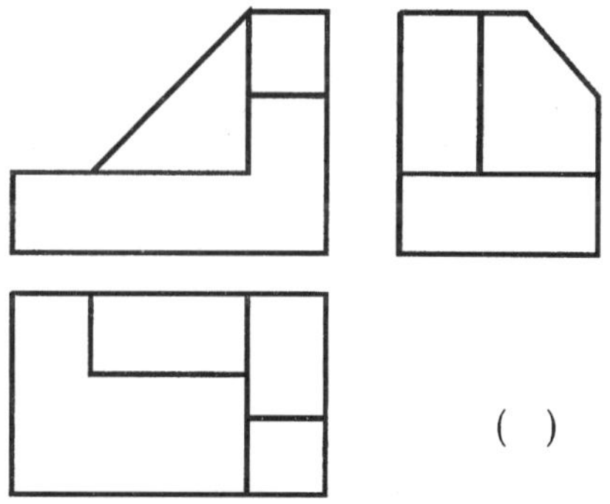
( )

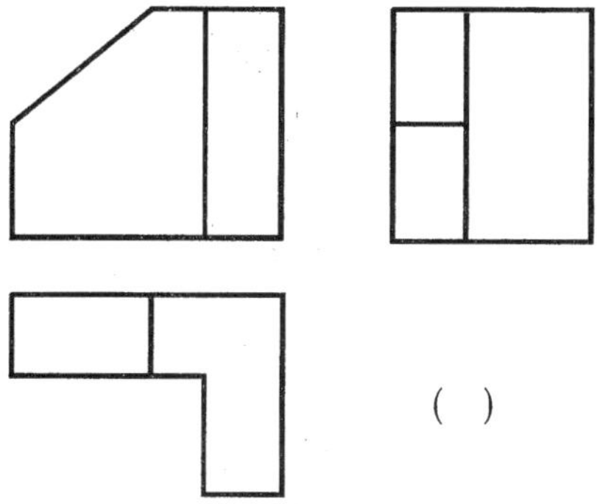
( )

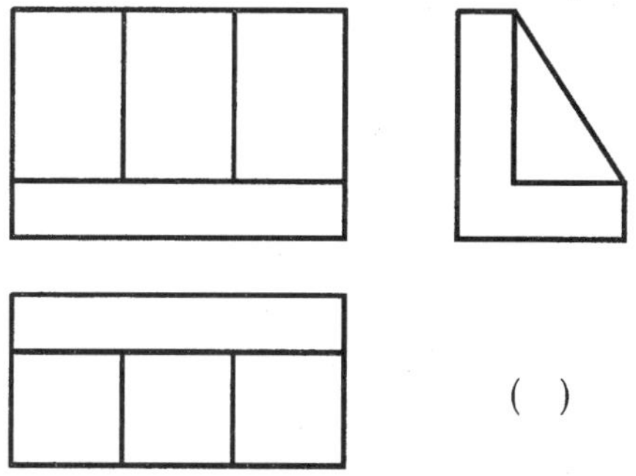
( )

2-2 已知A、B、C三点的两面投影，求作第三面投影。

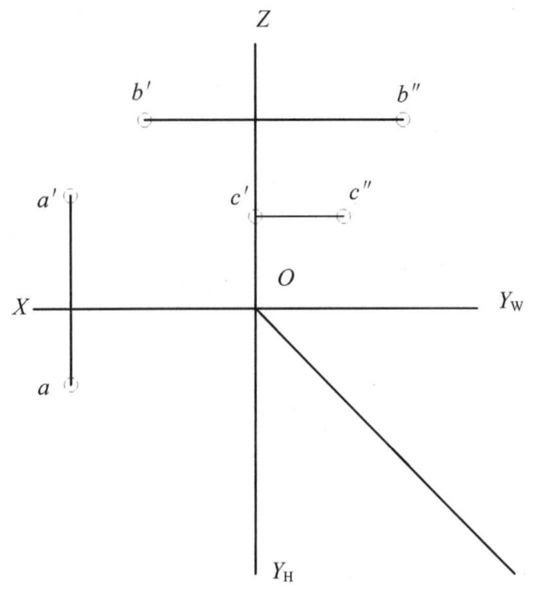

2-3 已知两点的坐标为A（30, 20, 25）、B（15, 20），作两点的三面投影。

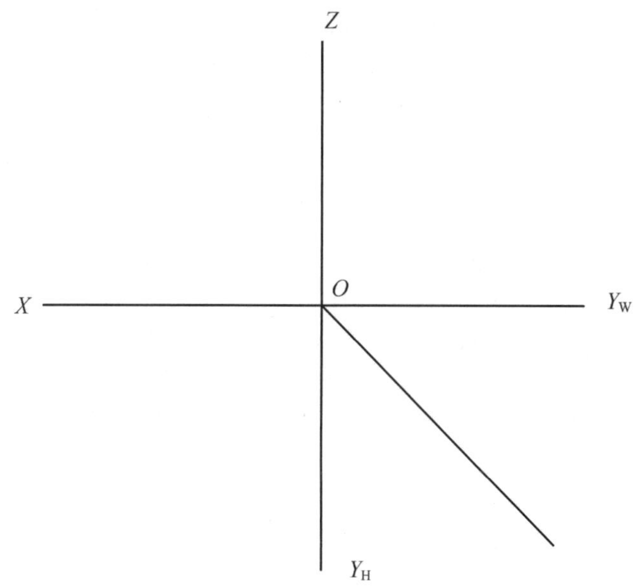

2-4 已知点A的三面投影，B点在A点之右方10、后方15、下方20，C点距V面的10、H面20、W面35，作B、C两点的三面投影。

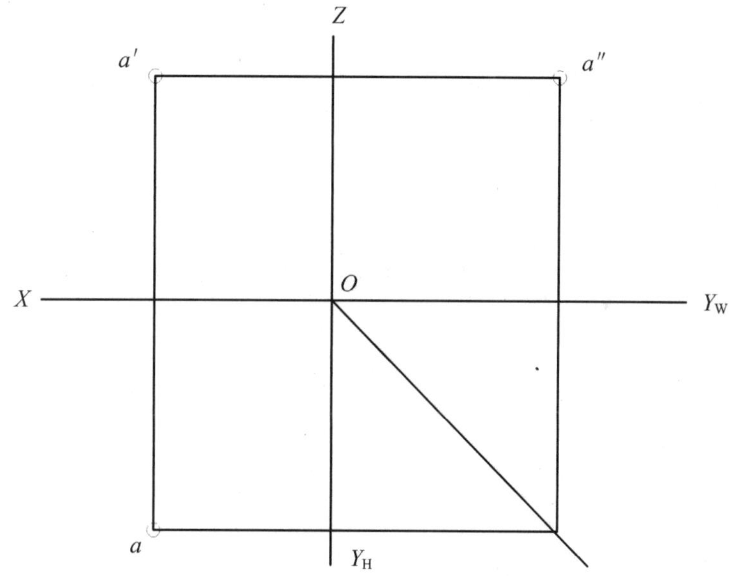

2-5 在三视图上标出A、B、C三点的投影。

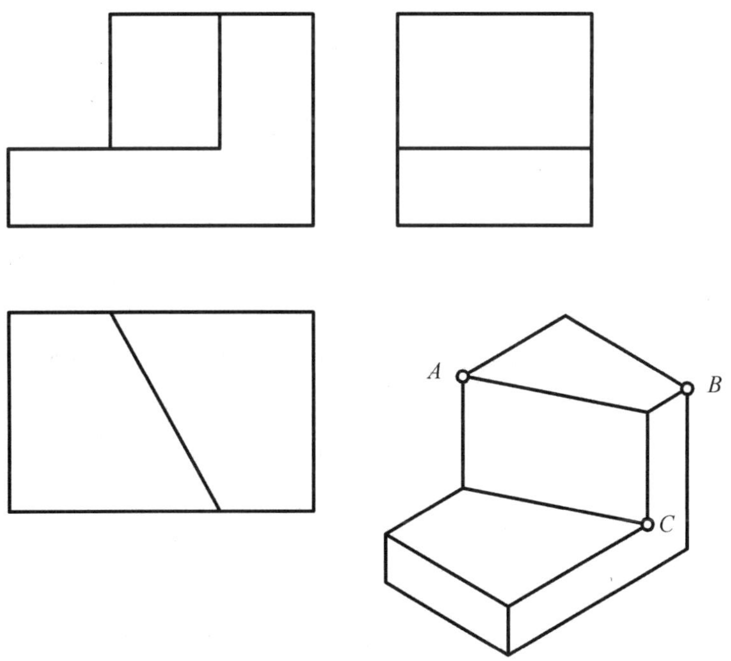

2-6 已知立体投影图中点A、B、C、D的二面投影，求其第三面投影。

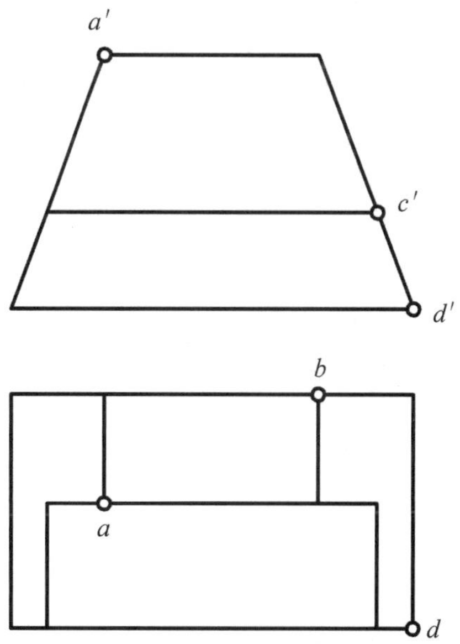

2-7 给出重影点A、B、C、D、E、F的三面投影，并标明可见性。

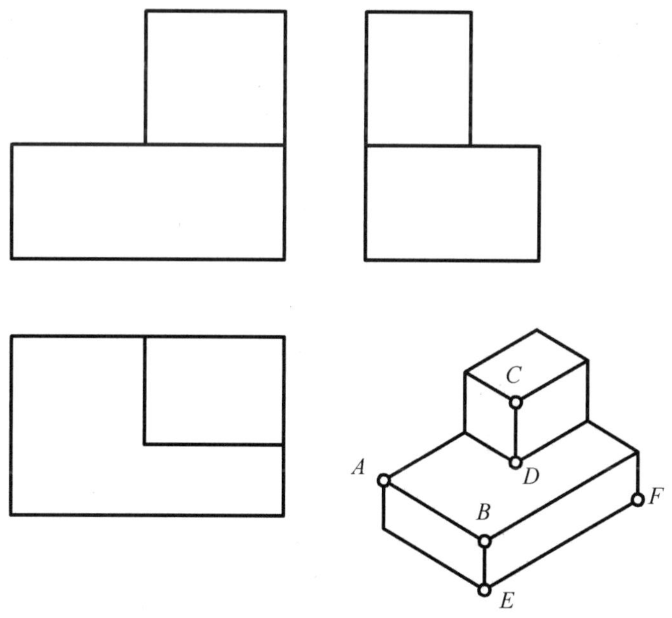

班级　　学号　　姓名　　审核

2-8 判别三棱锥线对投影面的相对位置，并画出棱锥的第三投影。

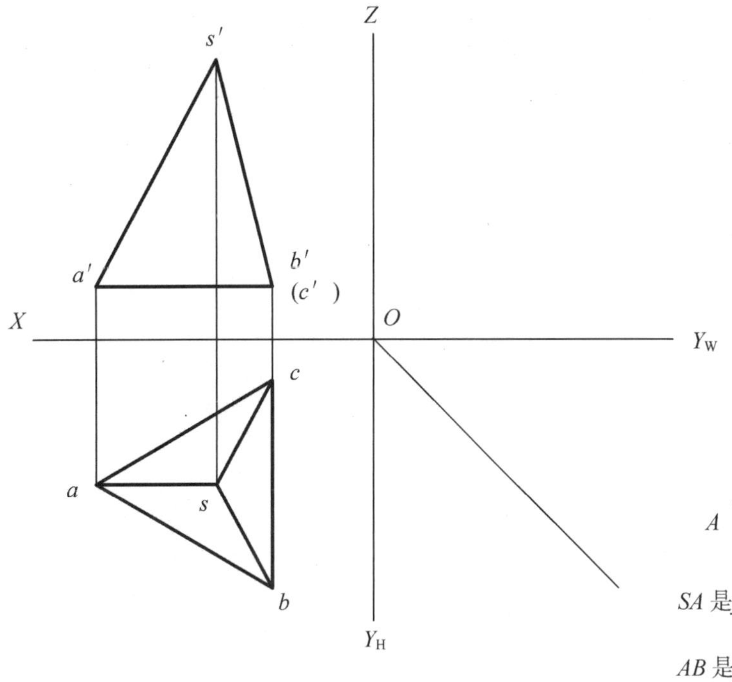

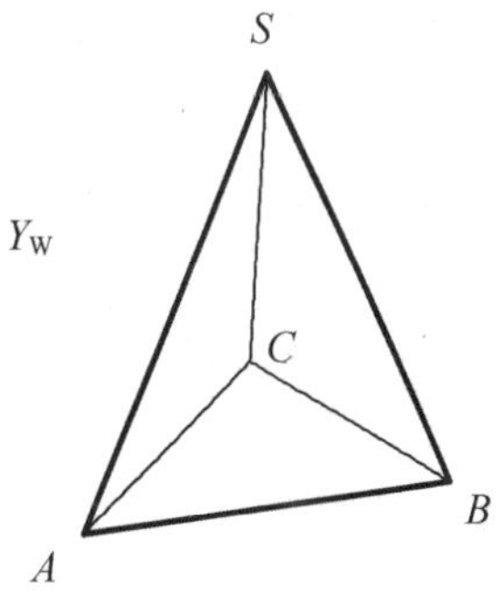

SA 是______线；SB 是________线；

AB 是______线；BC 是________线；

2-9 作下列直线的三面投影。

(1)过点 A 作正平线 AB，长 20，α=60°。

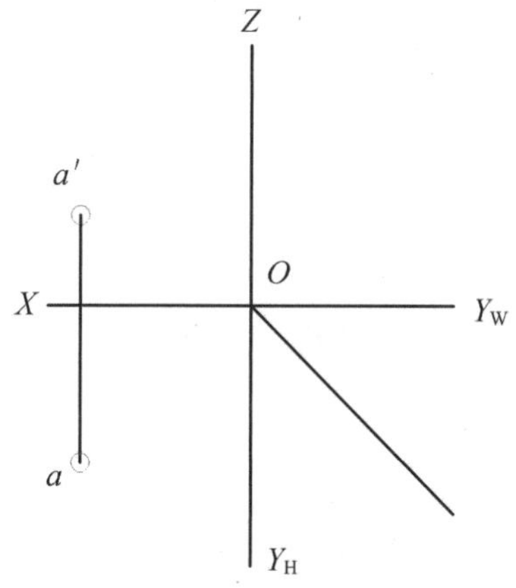

(2)过点 C 向右作侧垂线 CD，长 15。

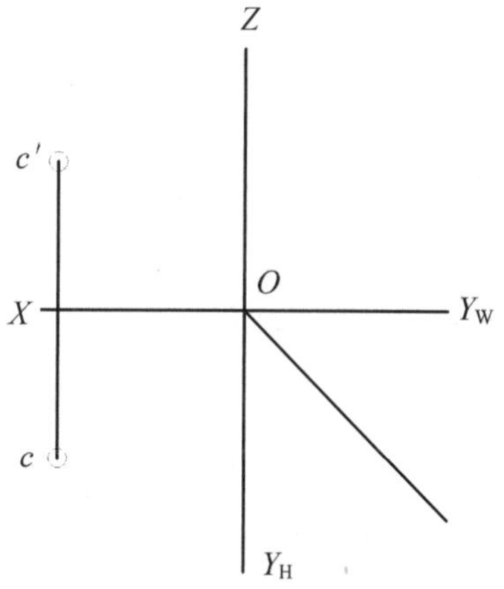

2-10 在下列直线上各作一点 K 的两面投影。

(1)K 距 V 面 15。 (2)K 到 V、H 面的距离相等。

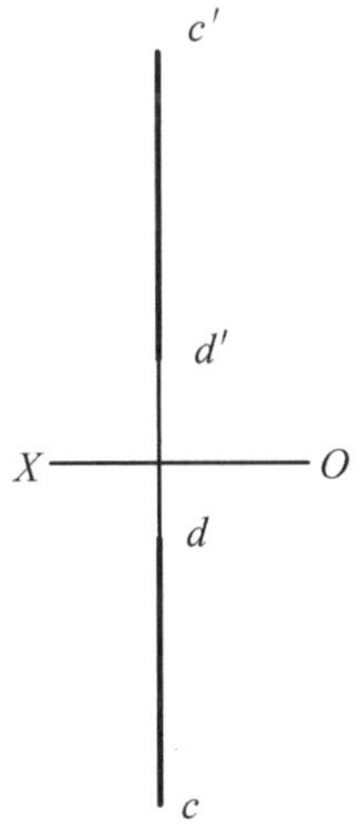

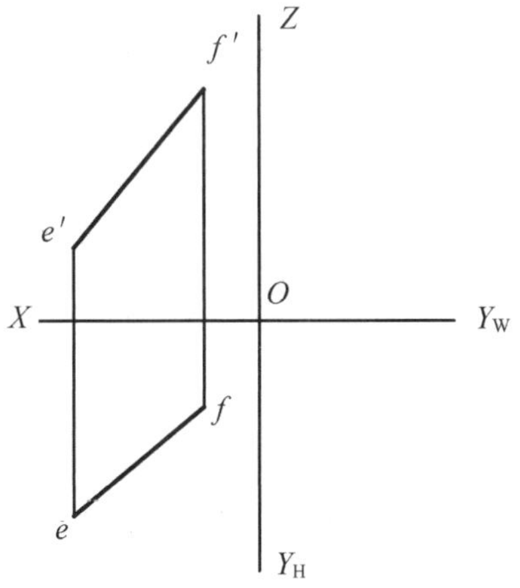

2-11 在物体的三视图中，标出线段 AB、CD、EF 的投影。

AB 是______线；CD 是________线；EF 是________线；

2-12 在物体的三视图中，标出线段 AB、CD 的其余投影，在轴测图中标出端点 A、B、C、D 的位置。

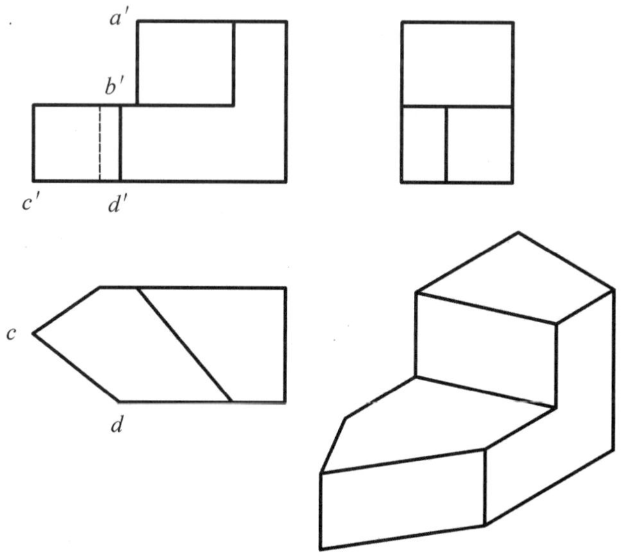

2-13　已知点 *A*、*B* 在三棱锥的棱线上，试补全点的另外两个投影。

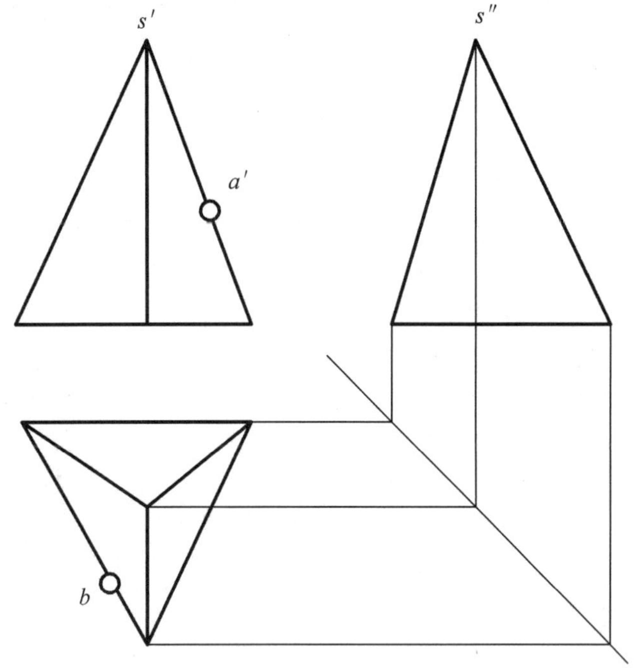

2-14　过点 *M* 作一直线 *MN*，平行于棱线 *AB*(*MN* 长度任选)。

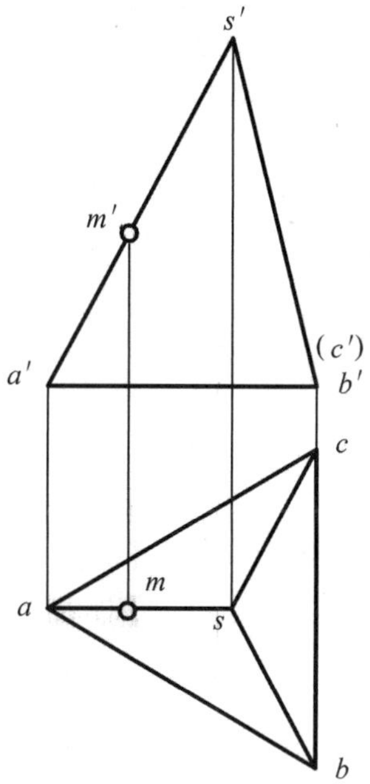

2-15　补画三棱锥上两交叉棱线*SA*，*BC*的水平投影，并标出重影点*M*、*N*，判断可见性。

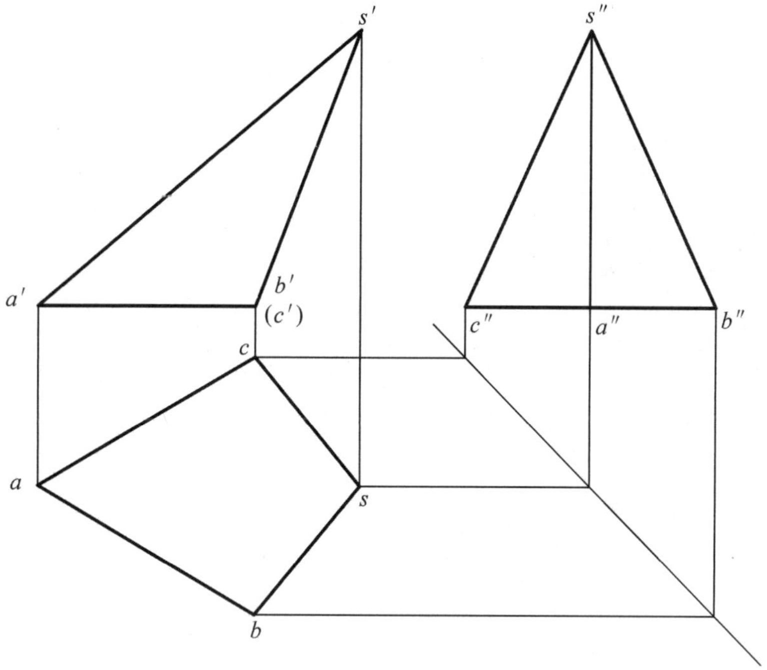

2-16　判断下列两直线的相对位置。

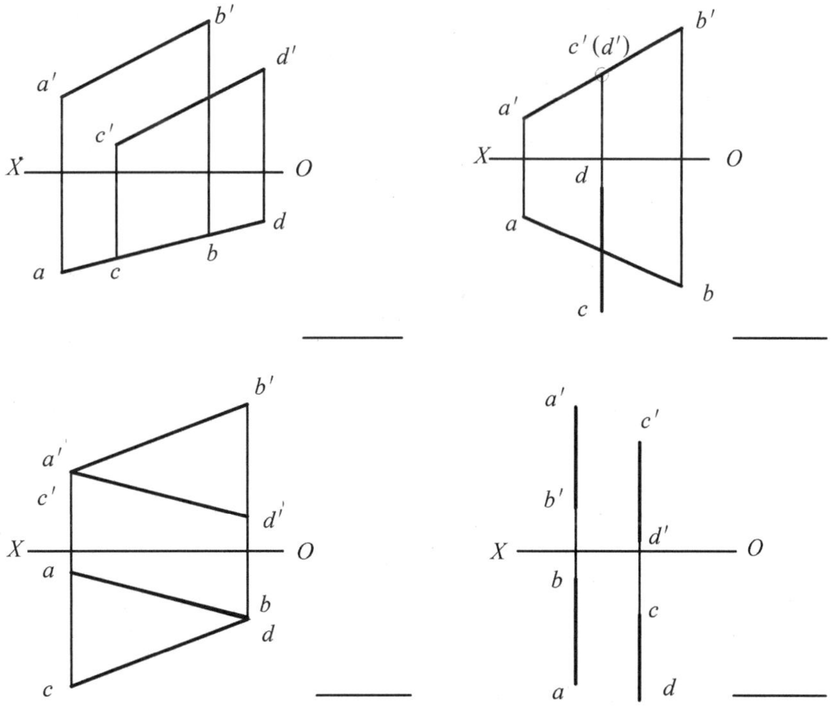

2-17　完成正方形 *ABCD* 的两面投影。

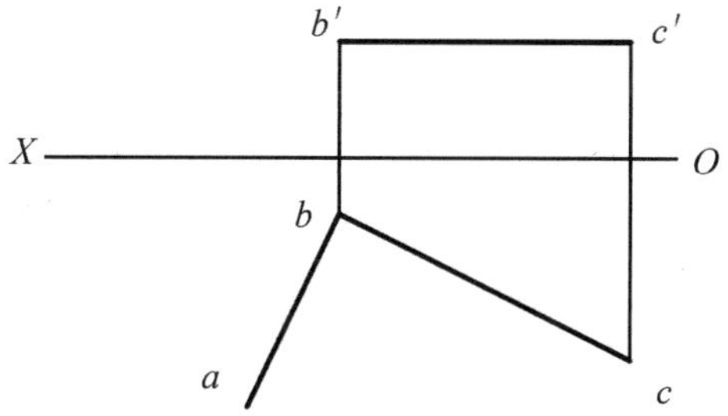

2-18　等腰△*ABC*的底边*AB*在*EF*上，三角形的高*CD*⊥*MN*，且*C*点*MN*上，*AB*=*CD*，求△*ABC*的两面投影。

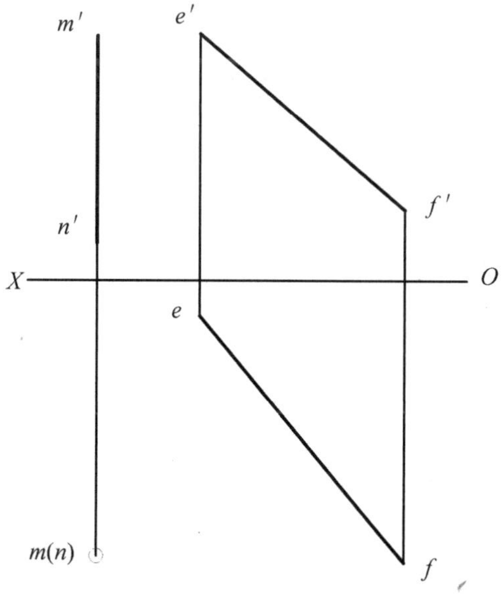

2-19 在立体图和投影图上，用字符标出平面A、B、C（如平面P）。

(1)

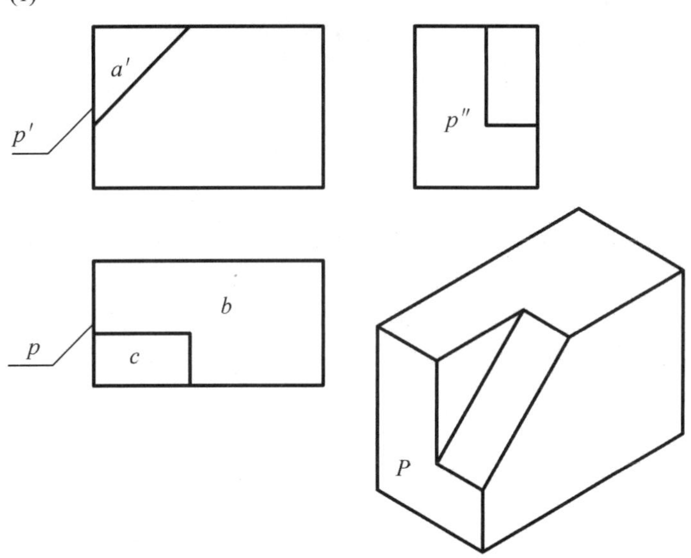

面 P 是侧平面；　面 A 是______面；

面 B 是______面；　面 C 是______面。

(2)

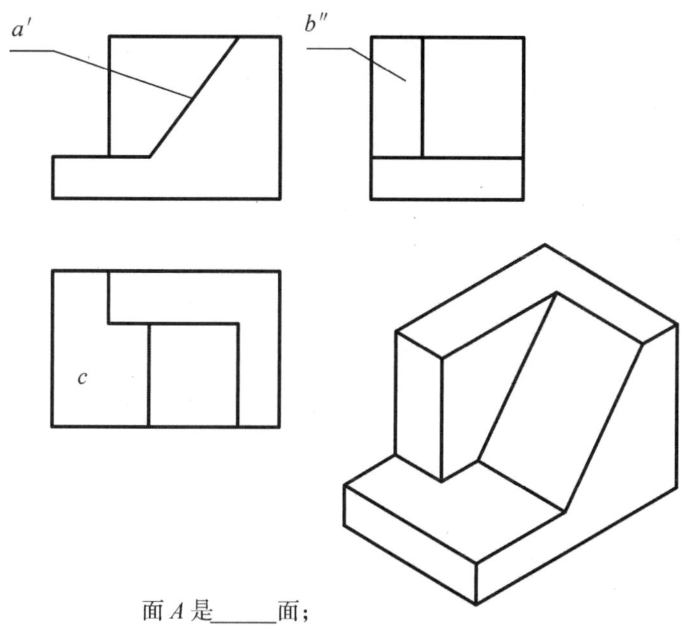

面 A 是______面；

面 B 是______面；　面 C 是______面。

(3)

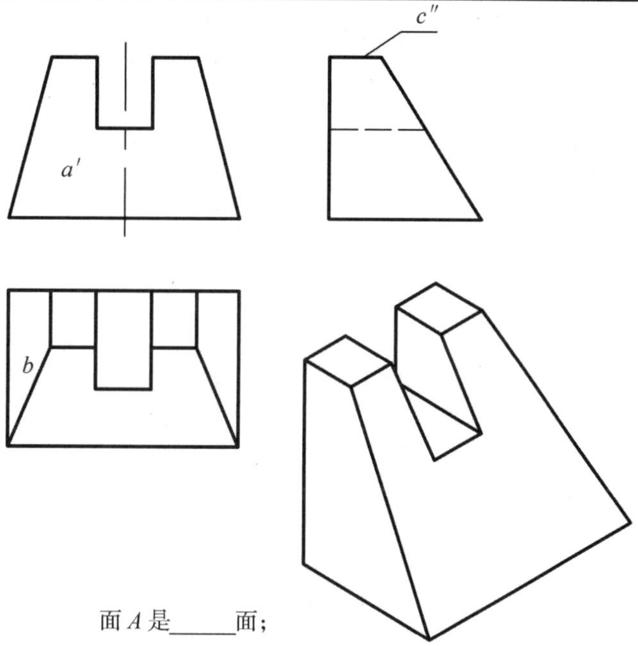

面 A 是______面；

面 B 是______面；　面 C 是______面。

2-20 在完成下列平面图形及平面上点 K 的三面投影。

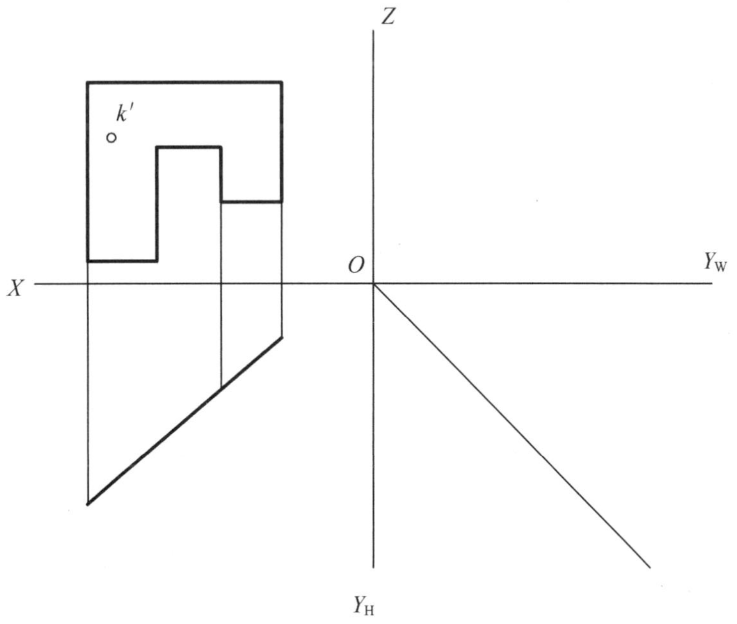

2-21 判断 D 点是否在平面△ABC 上。

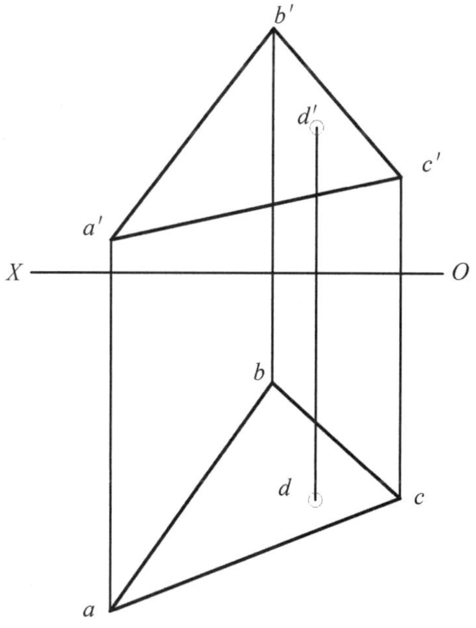

2-22 判别A、B、C、D四点是否在同一平面上。

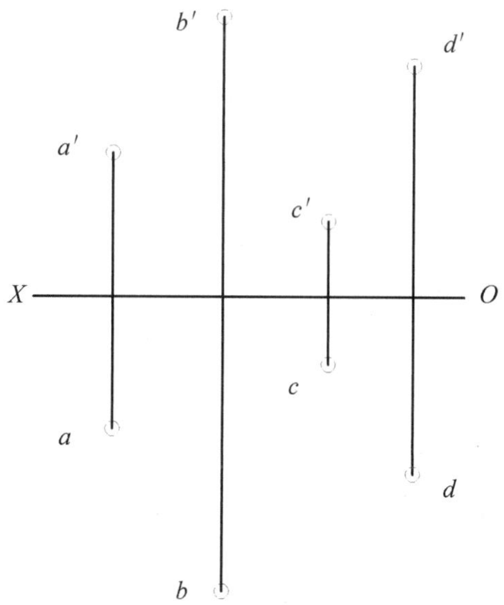

2-23　在平行四边形*ABCD*上作一点*K*，*K*距离*V*面15，距离*H*面20。

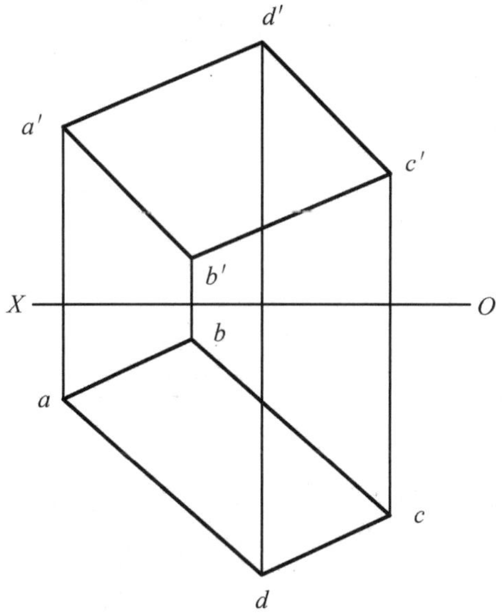

2-24　完成下列平面图形的二面投影。

(1)

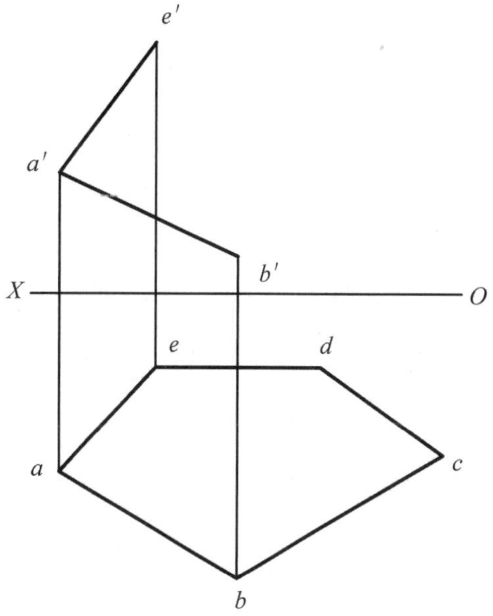

(2)

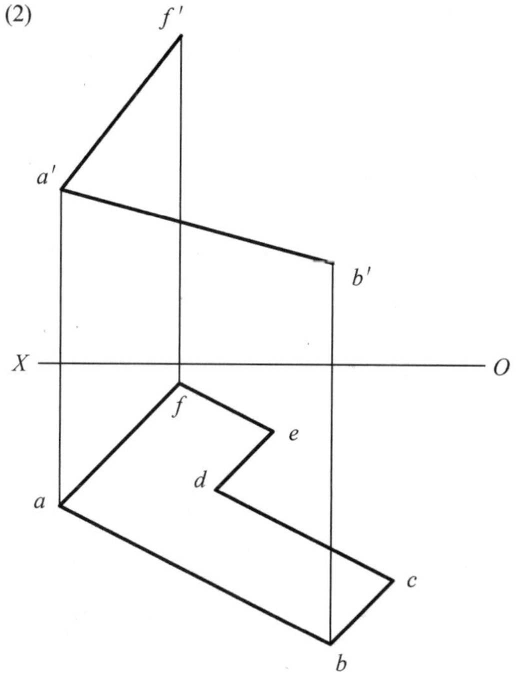

(3)

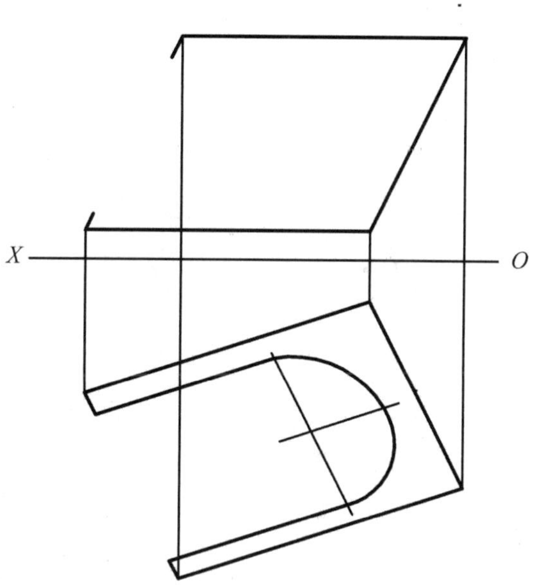

2-25　补全平面图形 *ABCDEFG* 的三视图。

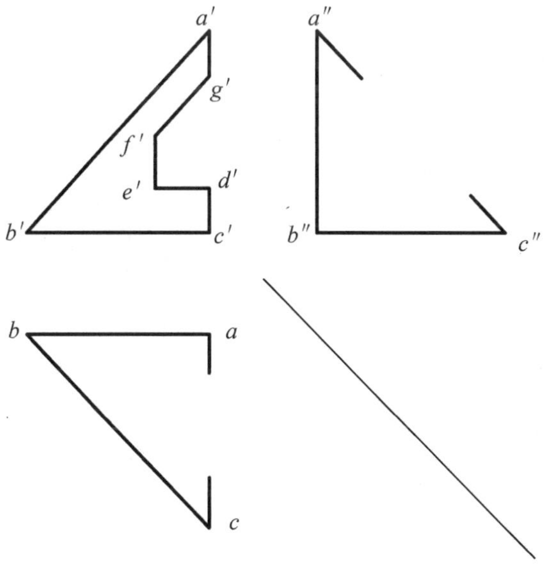

2-26　已知平面图形的主视图和左视图，求俯视图。

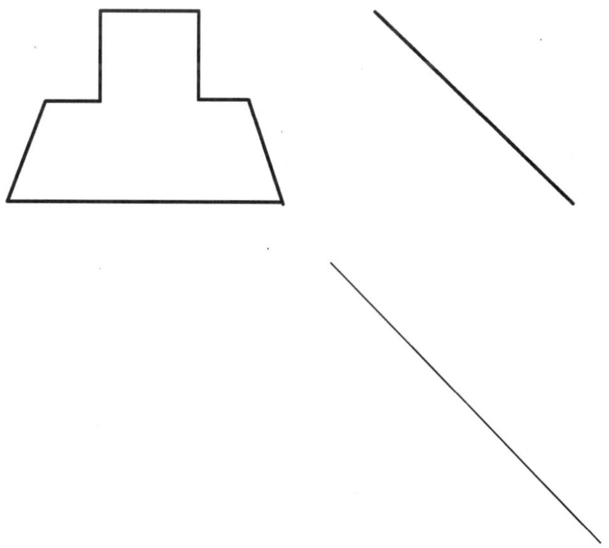

2-27　已知平面图形的主视图和俯视图，求左视图。

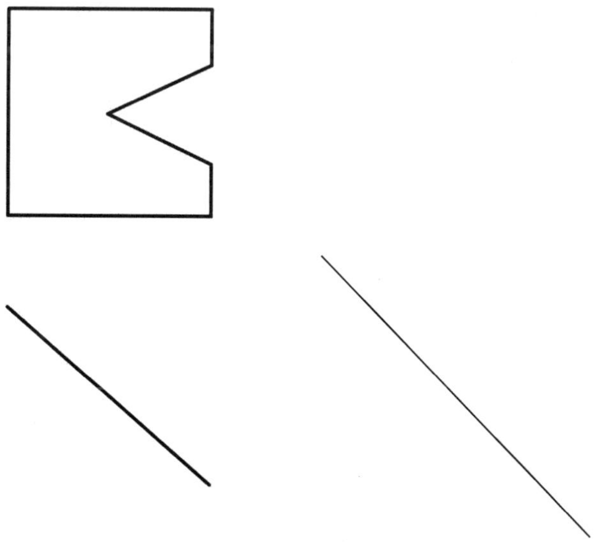

2-28　作直线 *DE* 与△*ABC* 的交点 *K* 的两面投影，并判断可见性。

(1)

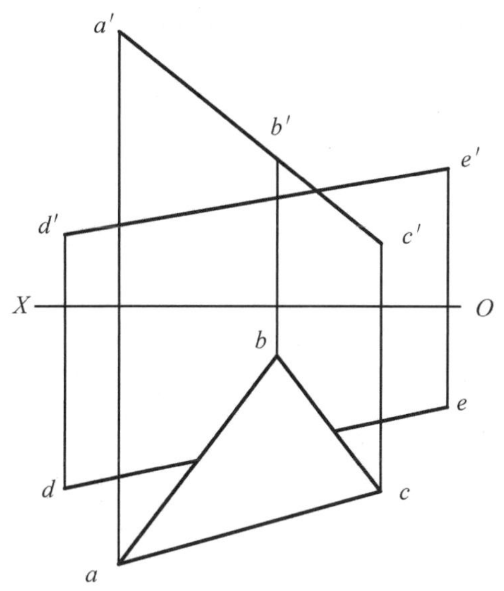

(2)

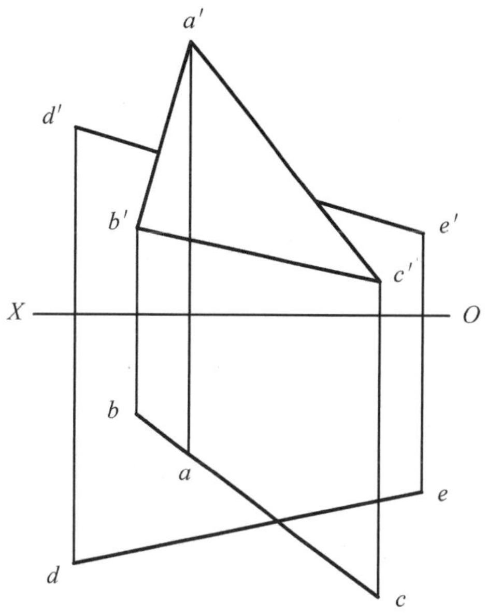

2-29　作直线 *AB* 与平面 *CDEF* 的交点的两面投影，并判断可见性。

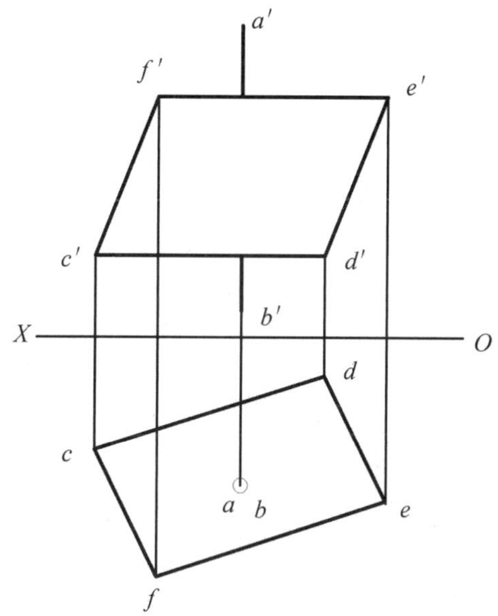

2-30　过 *A* 点作一直线与△*DEF* 平行且与直线 *MN* 相交。

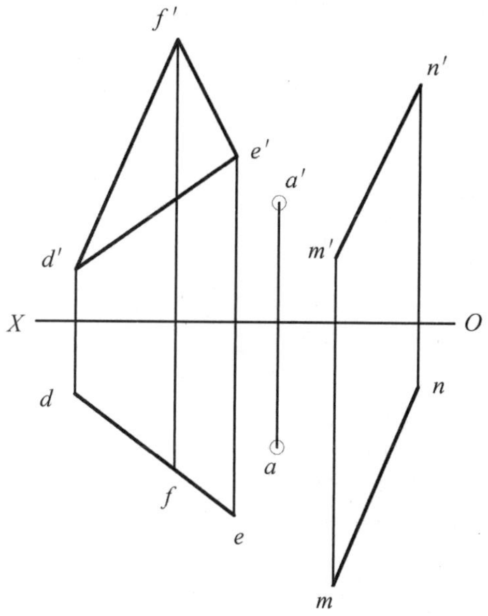

2-31　作相交两平面的交线的两面投影，并判断可见性。

(1)

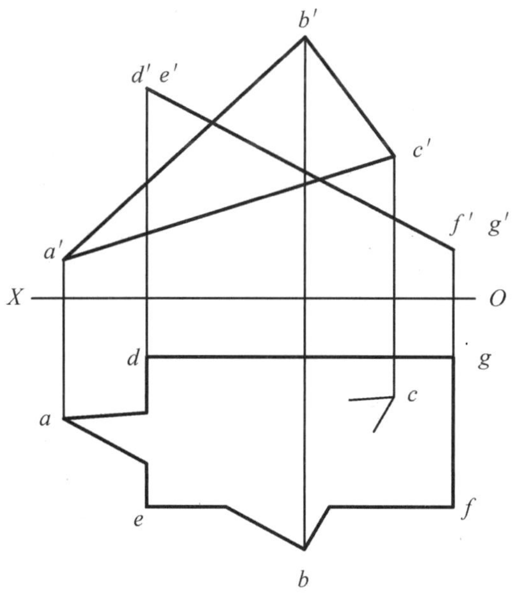

(2)

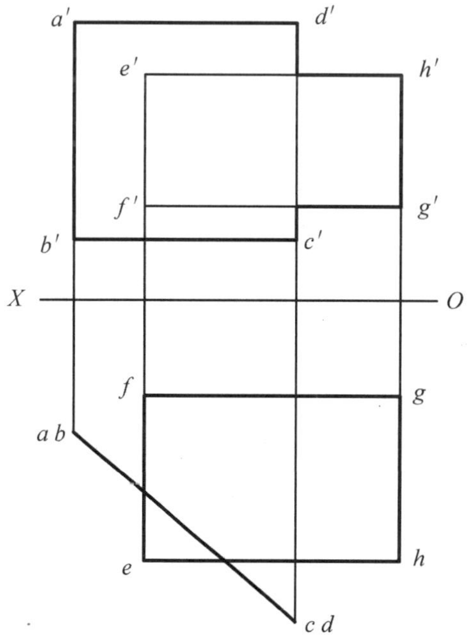

(3)

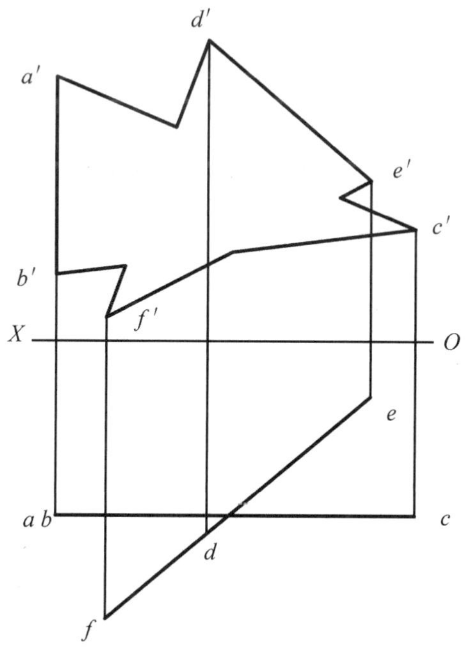

2-32　过 *A* 点作直线垂直于平面△*DEF*。

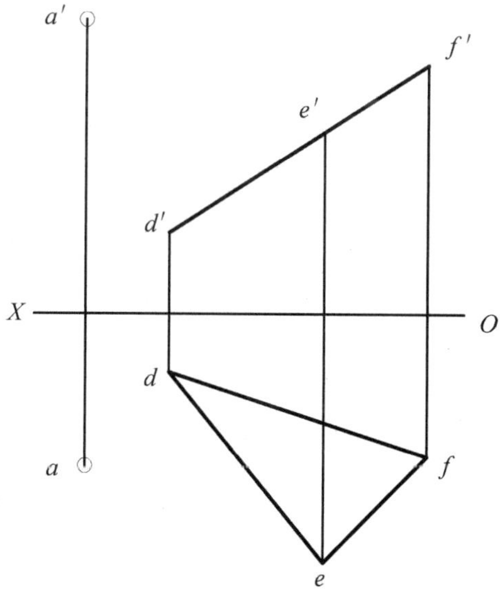

2-33　过 *D* 点作一铅垂面垂直于△*ABC*。

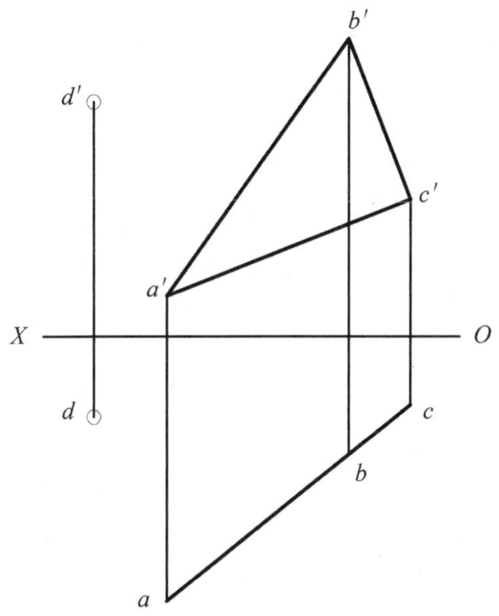

2-34　过 *A* 点作正平线 *AB* 与△*DEF* 相交于 *B* 点，且使 *AB*=40mm，判断可见性。

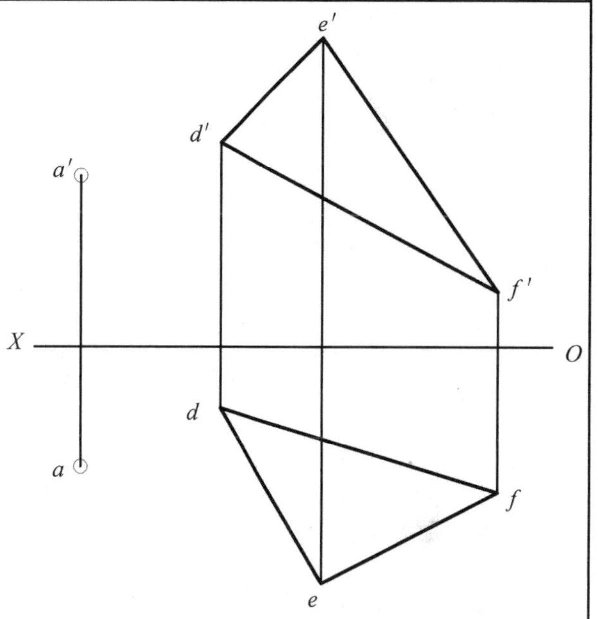

2-35　求直线 *AB* 的实长及倾角 *β*。

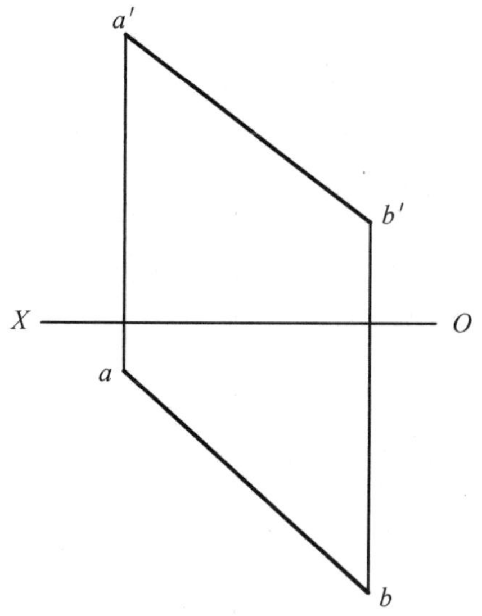

2-36　已知直线 *AB* 的实长为 40mm，求 *a′b′*。

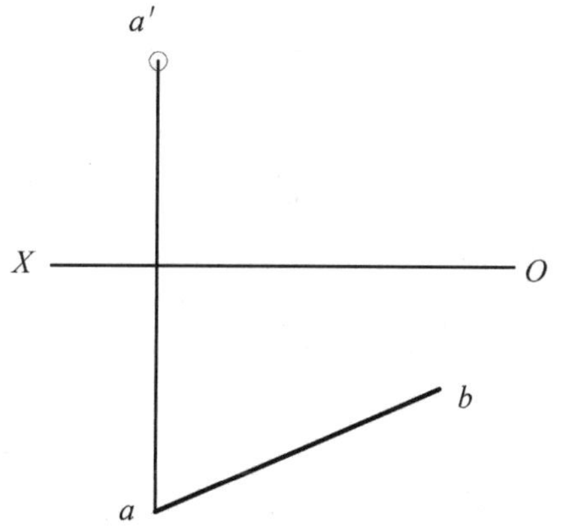

2-37　已知直线 *AB* 与 *CD* 垂直相交，求 *CD* 的正面投影。

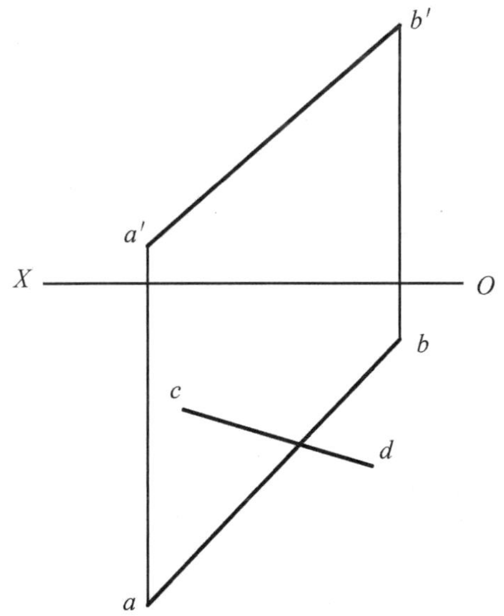

2-38　求△*ABC* 的实形。

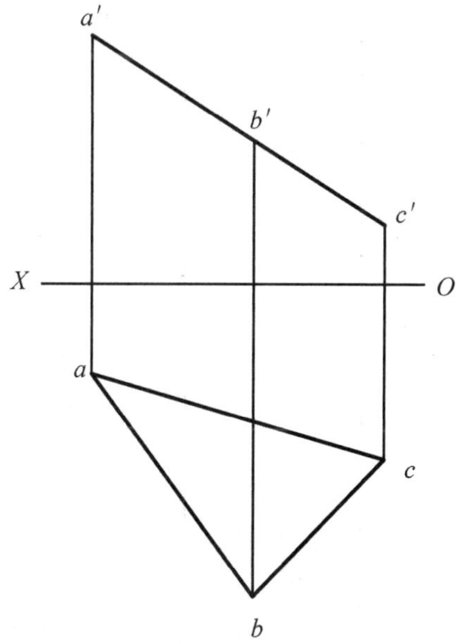

2-39　求 *A* 点到四边形 *CDEF* 的距离。

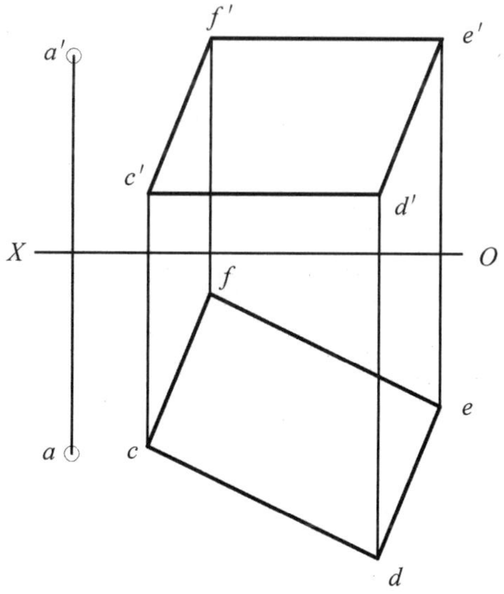

2-40　求直线 *AB* 与△*DEF* 的交点，并判断可见性。

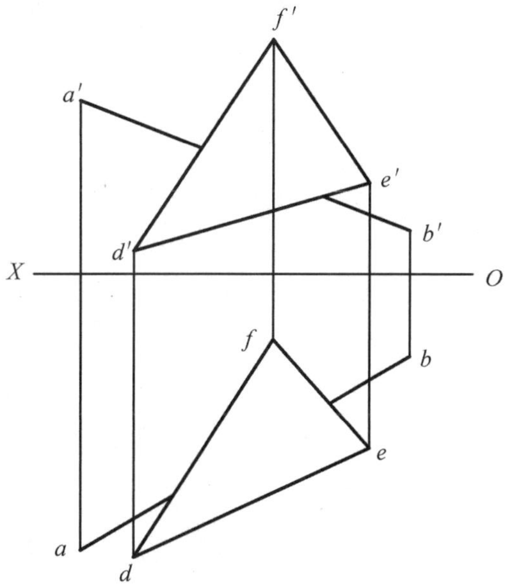

2-41　求 *A* 点到直线 *BC* 的距离。

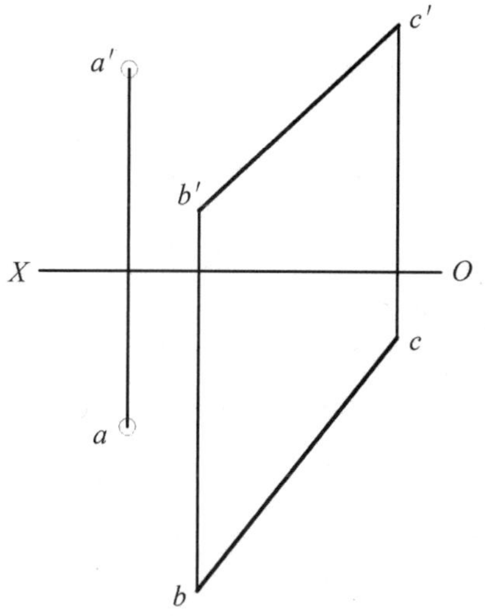

2-42　求两交叉直线间的最短距离和两面投影。

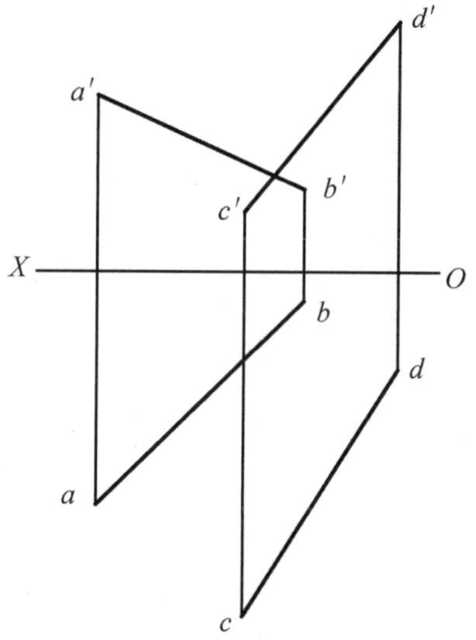

2-43　求△*ABC* 的实形和倾角 α。

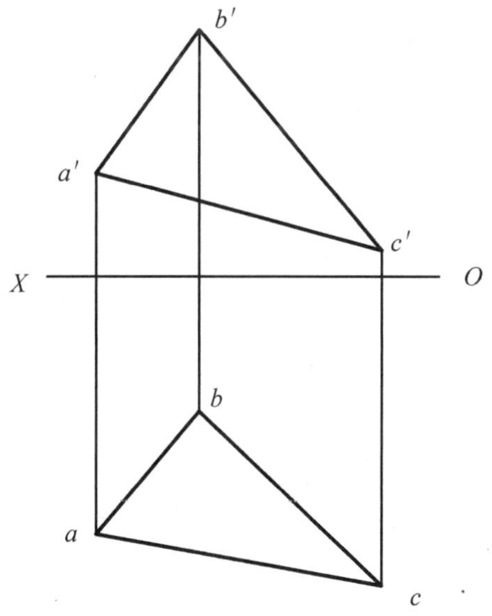

2-44　求平面 *ABCD* 和平面 *ABEF* 的夹角。

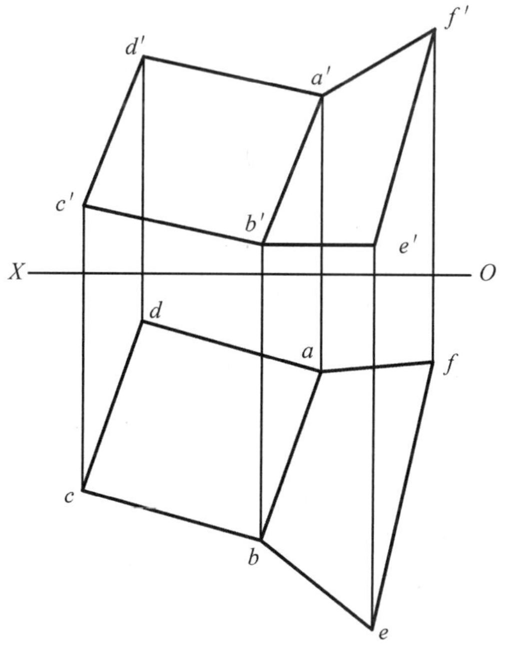

3-1 已知平面立体的两个视图，求作第三视图。

(1)

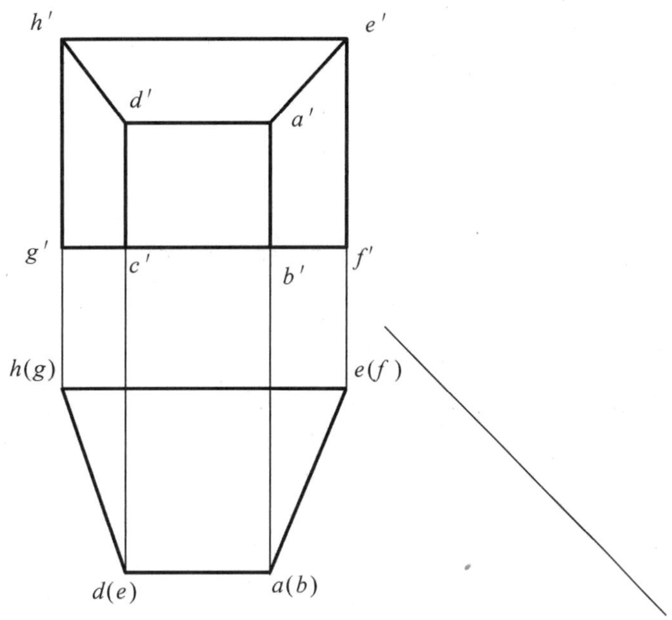

(2)

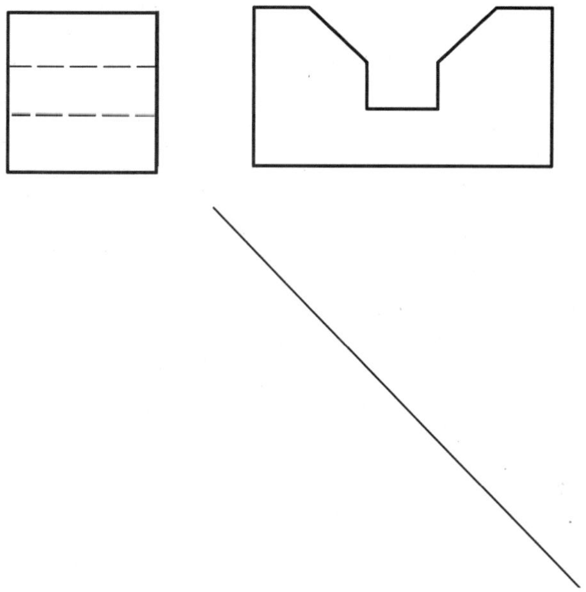

(3)

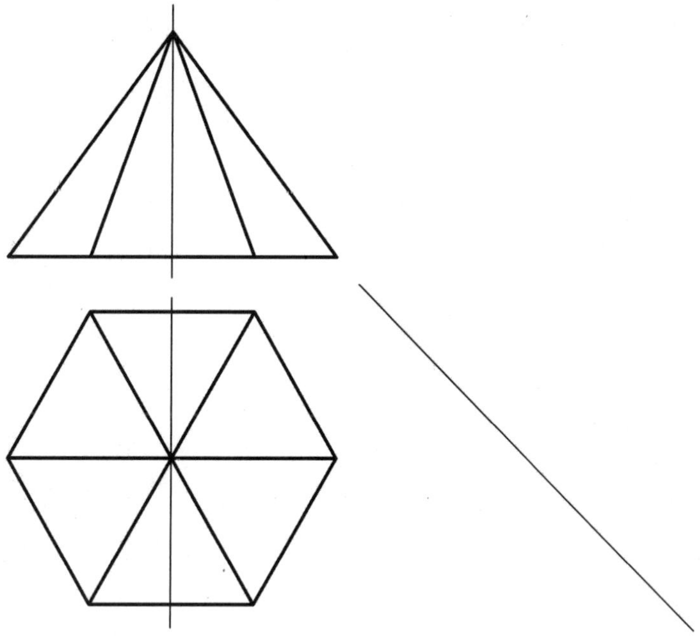

3-2 作出五棱柱的侧面投影，并补全表面上诸点的三面投影。

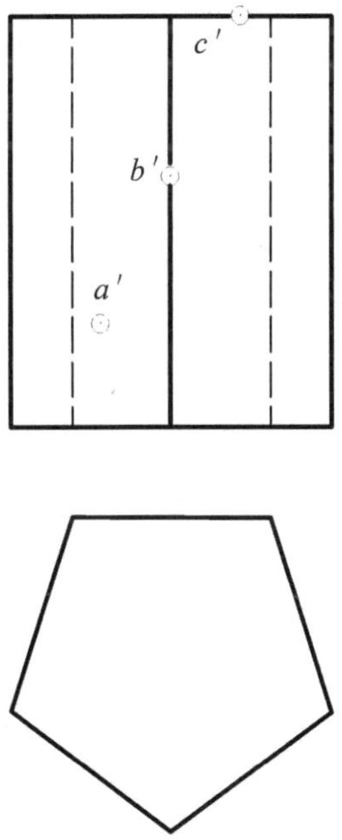

3-3 作出三棱锥的侧面投影，并补全表面上诸点的三面投影。

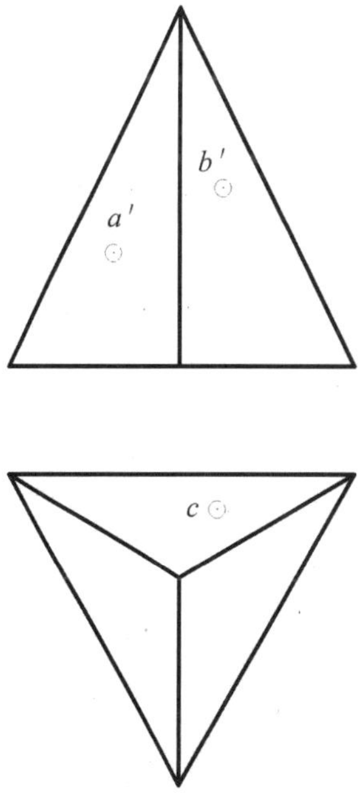

3-4 作出六棱台的侧面投影，并补全表面上诸点的三面投影。

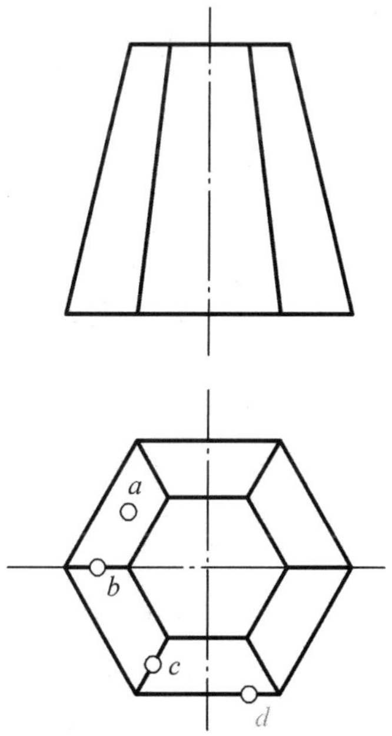

3-5　补全棱柱表面点和线的三面投影。

(1)

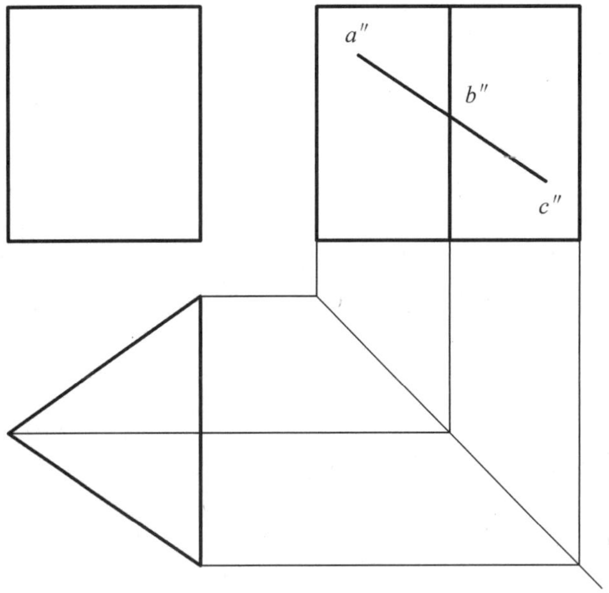

(2)

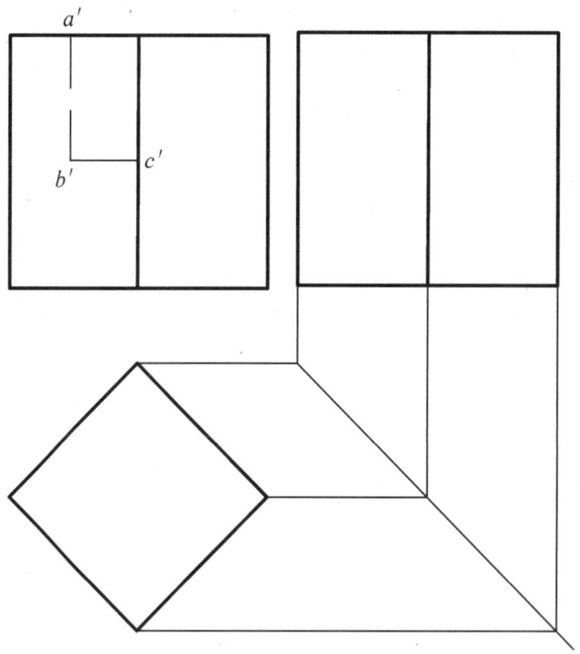

(3)

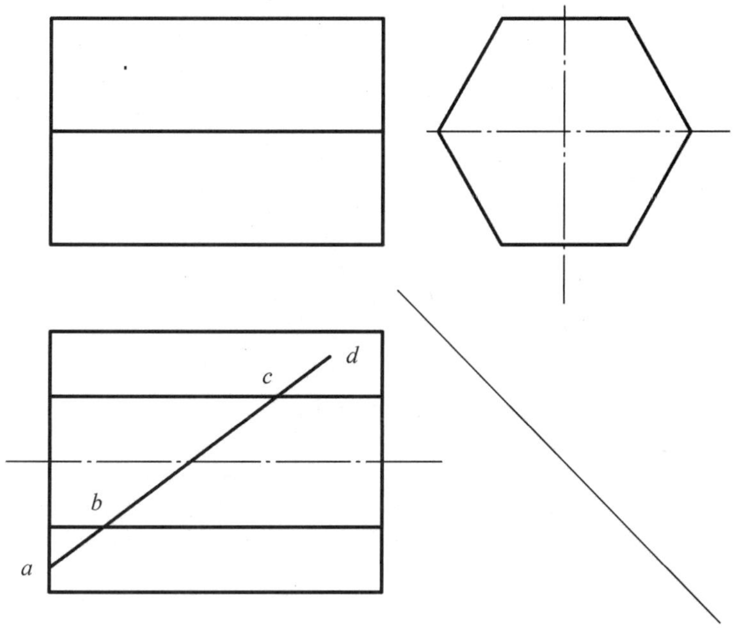

3-6　补全棱锥表面点和线的三面投影。

(1)

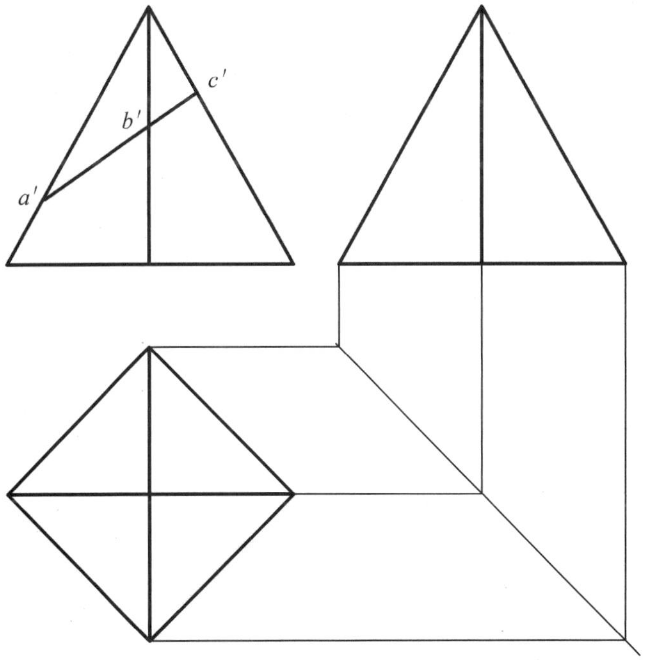

(2)

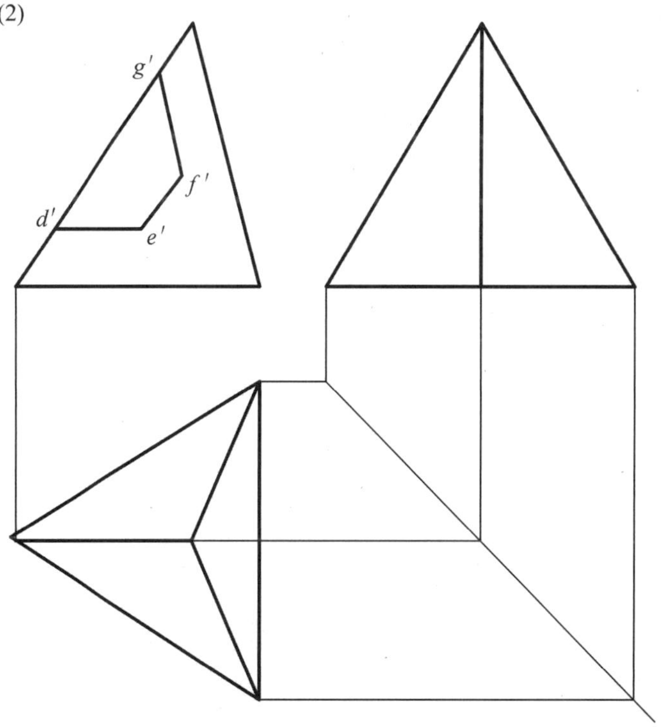

(3)

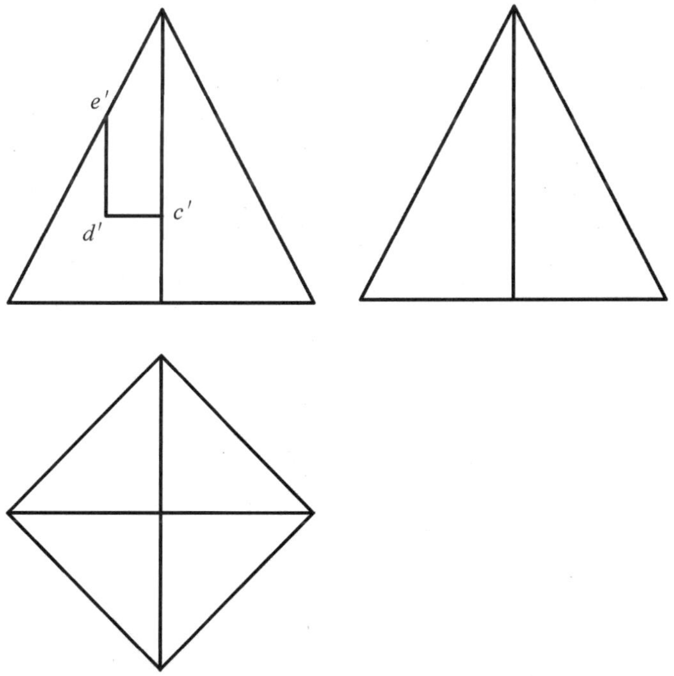

3-7 完成截头六棱柱的左视图，并画出俯视图。

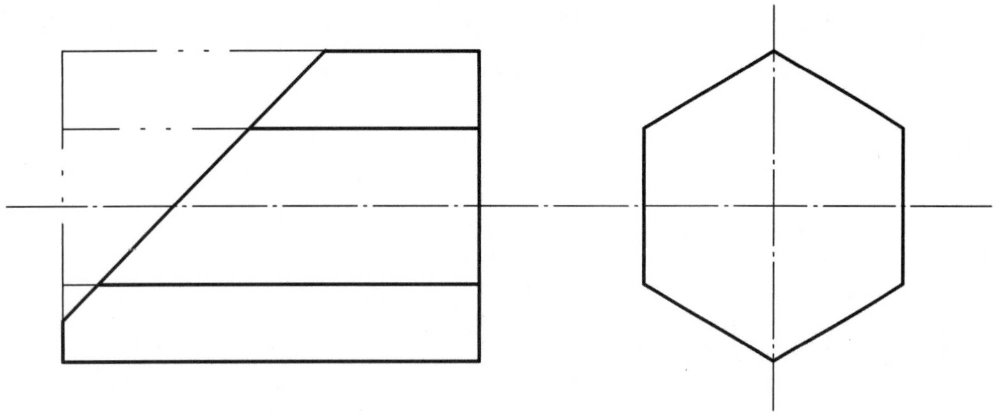

3-8 完成截头四棱锥的左视图，并画出俯视图。

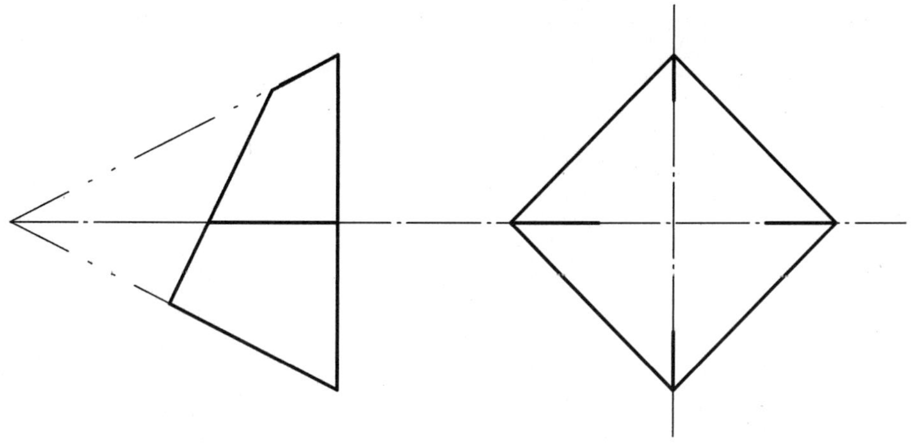

3-9 根据立体的正面投影和水平投影，画出其侧面投影。

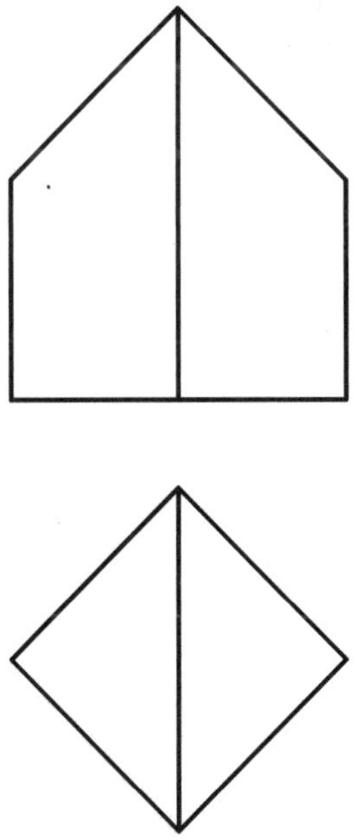

3-10 根据立体的正面投影和侧面投影，画出其水平投影。

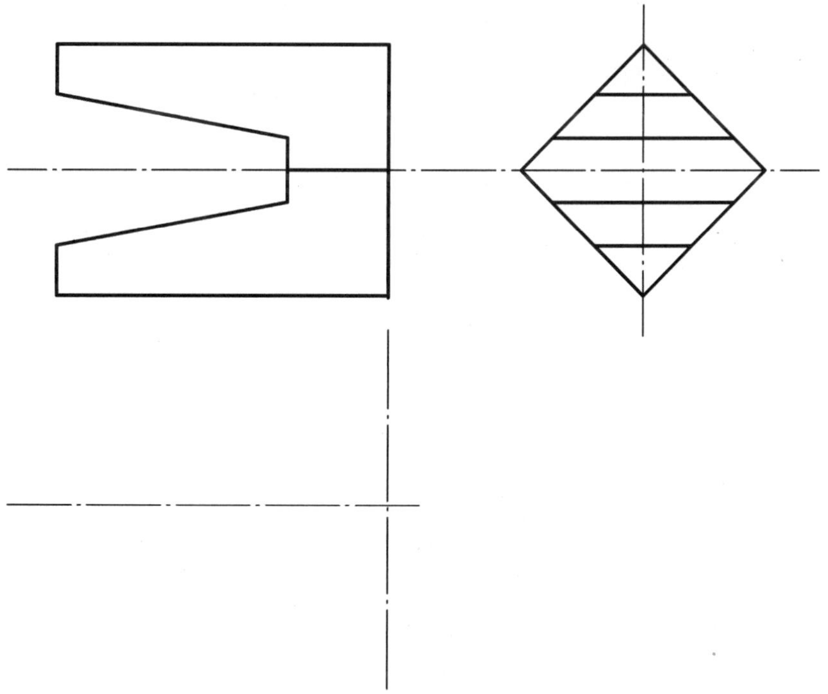

班级 学号 姓名 审核

3-11　根据立体的正面投影和水平投影，画出其侧面投影。

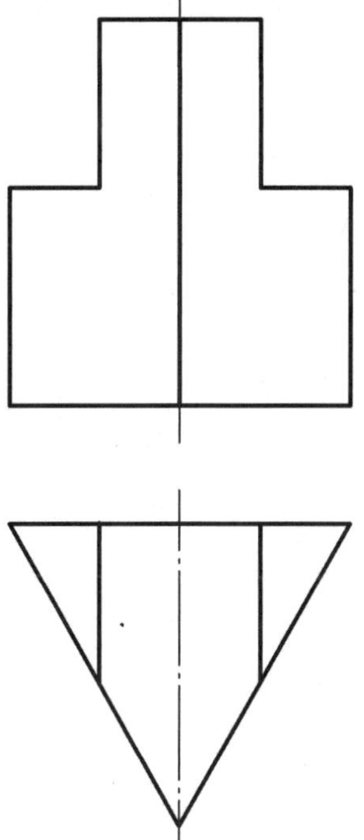

3-12　根据立体的侧面投影和水平投影，画出其正面投影。

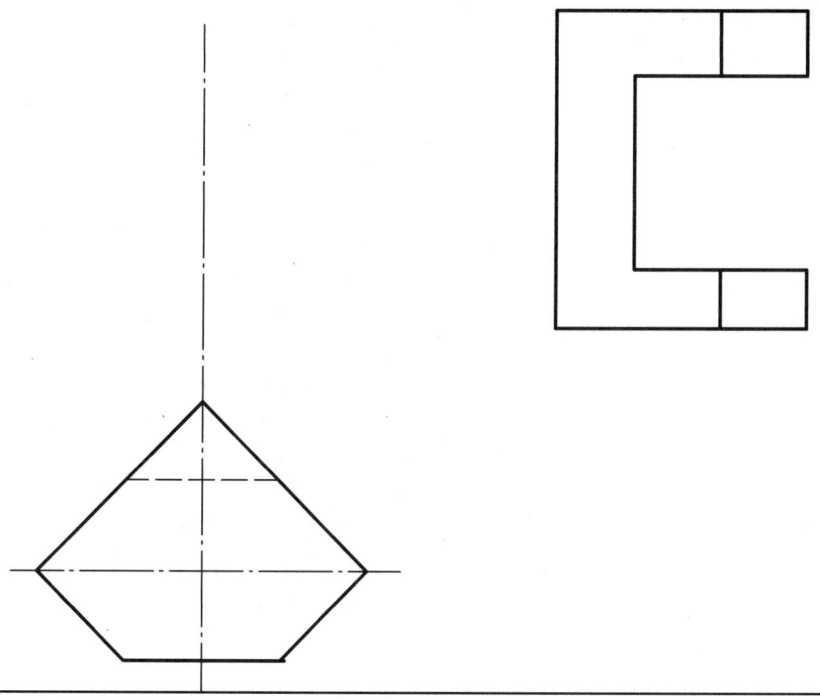

3-13　根据立体的正面投影和水平投影，画出其侧面投影。

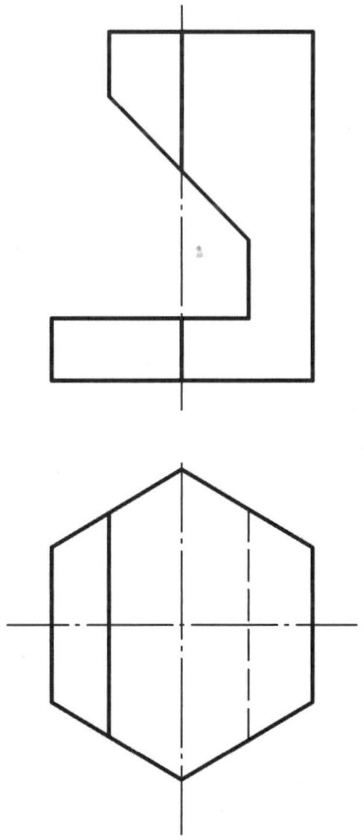

3-14　根据立体的正面投影和侧面投影，画出其水平投影。

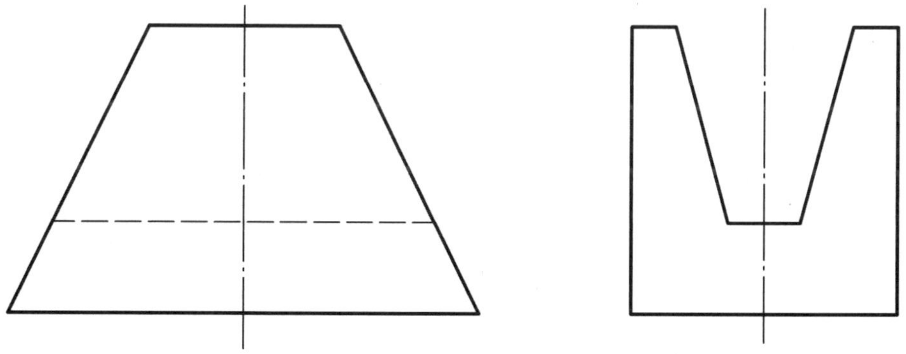

班级　　　　学号　　　　姓名　　　　审核

3-15 已知回转立体两视图，求作第三视图。

(1)

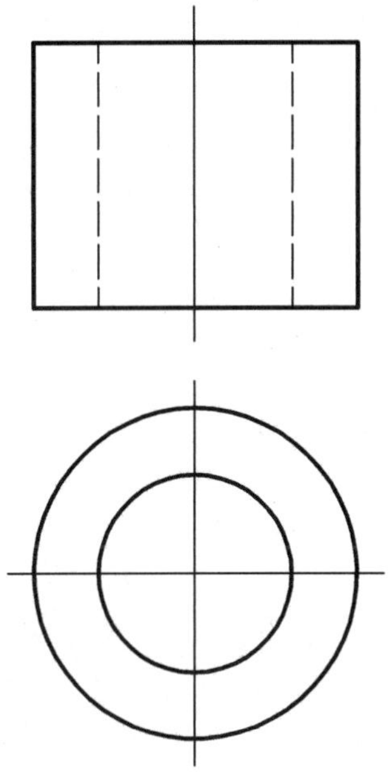

(2)

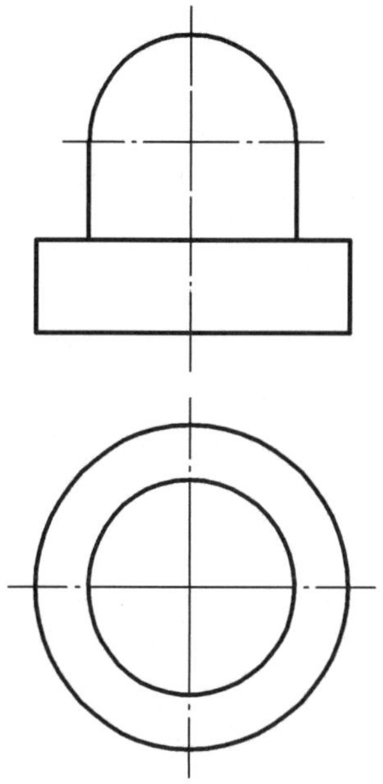

(3)

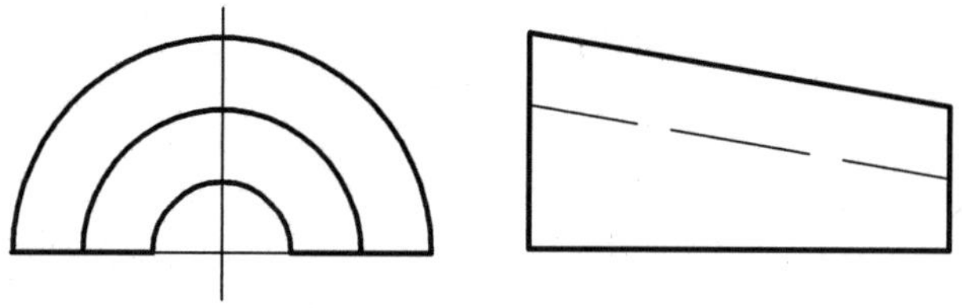

3-16 作出圆柱的侧面投影，并补全表面上诸点的三面投影。

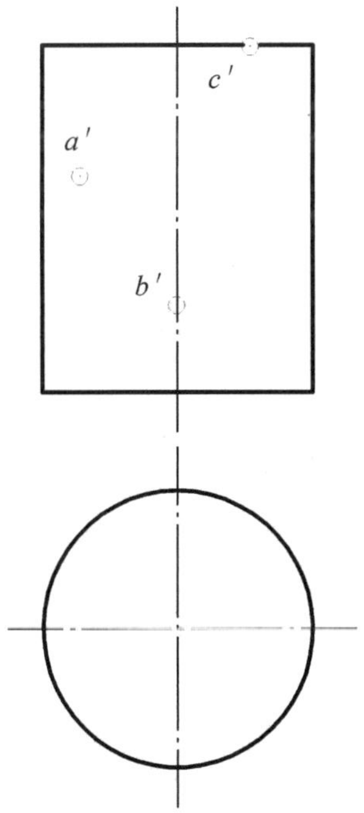

3-17 作出圆柱的正面投影，并补全表面上线段的三面投影。

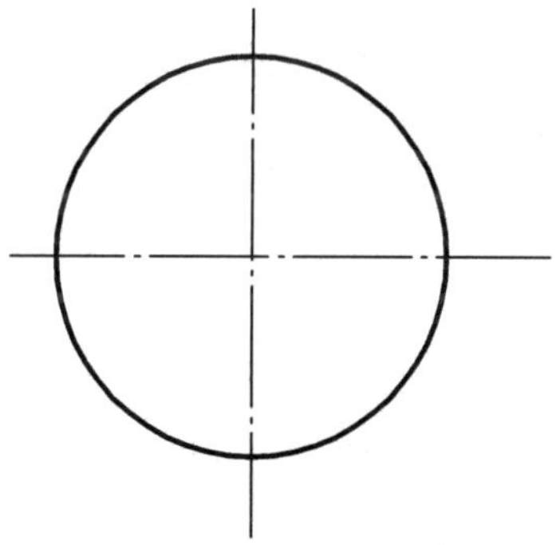

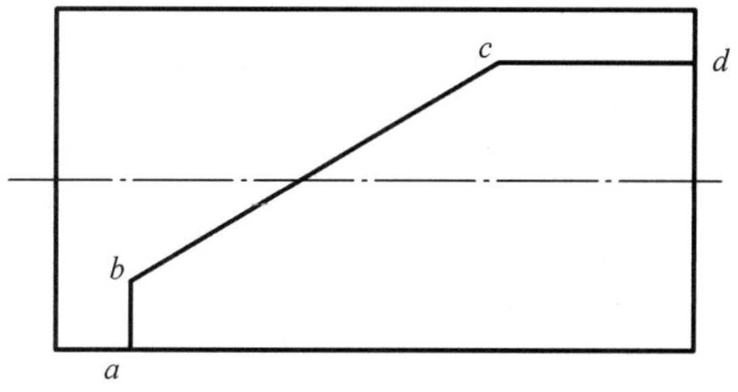

3-18　作出圆锥的侧面投影，并补全表面上诸点的三面投影。

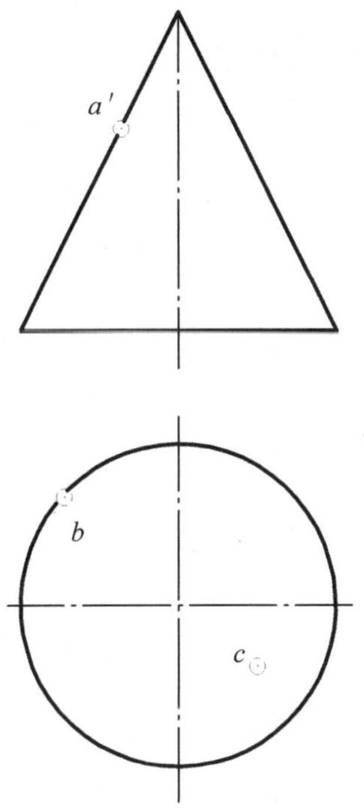

3-19　作出圆球的侧面投影，并补全表面上诸点的三面投影。

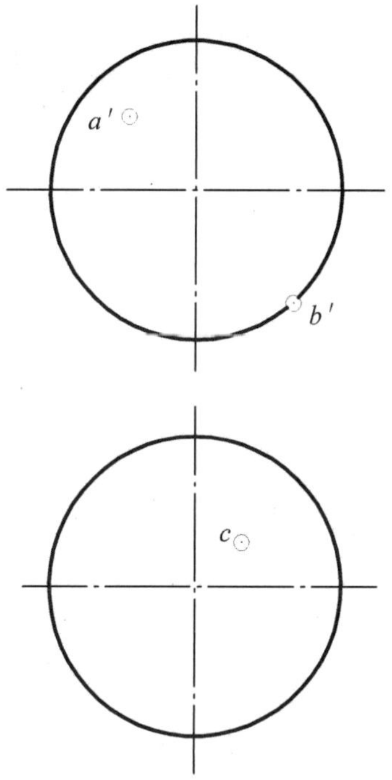

3-20　作出半球及其表面线段 *AB*、*BC* 的水平投影和侧面投影。

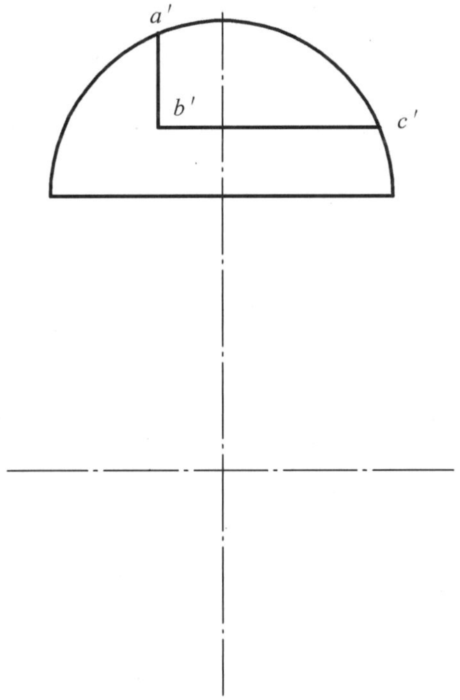

3-21　作出圆环体表面上诸点的另一个投影。

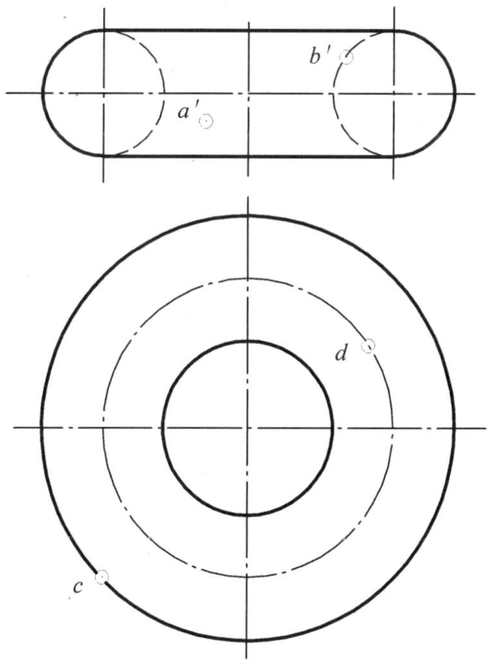

3-22 根据立体的正面投影和水平投影画出其侧面投影。

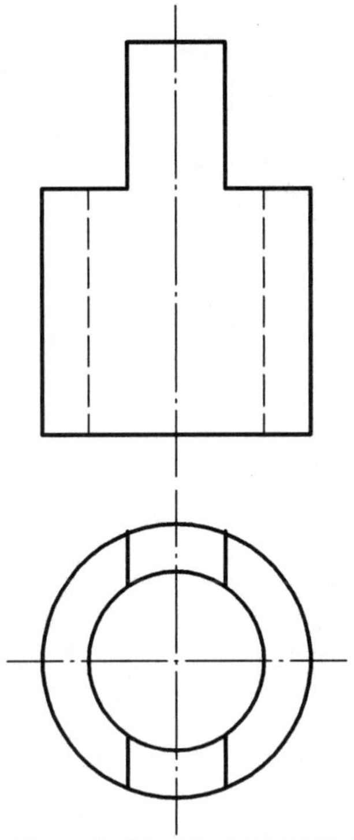

3-23 根据立体的正面投影和水平投影画出其侧面投影。

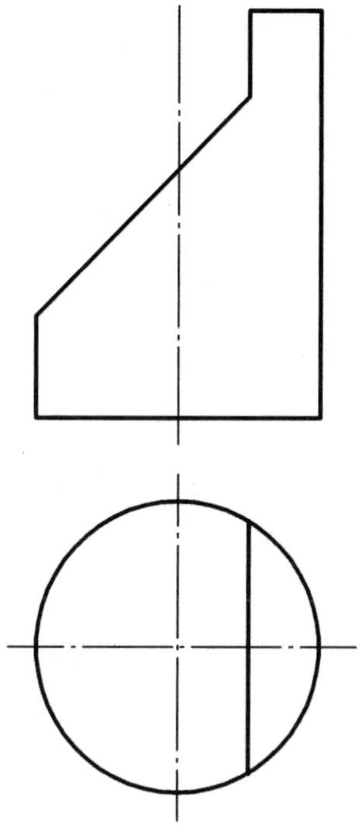

3-24 根据立体的正面投影，补全侧面投影，并画出其水平投影。

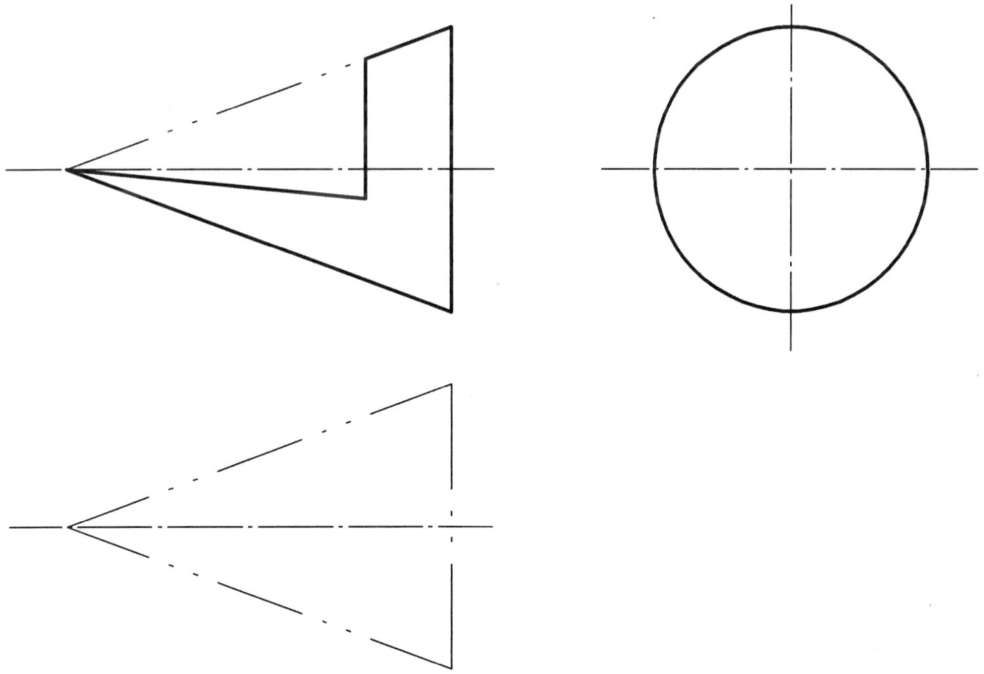

3-25 根据圆锥体被切割后的正面投影画全水平投影，作出侧面投影。

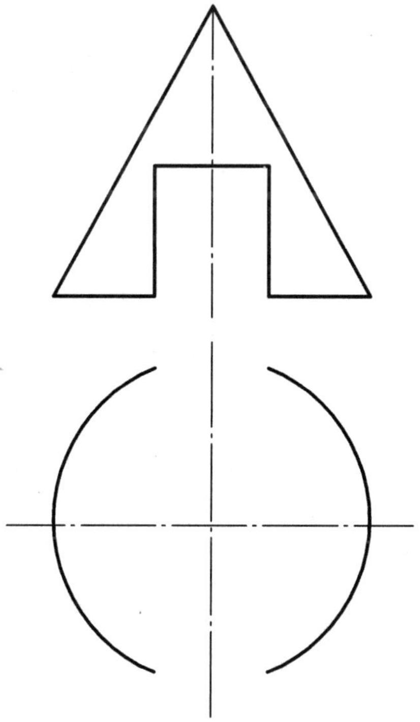

3–26 根据立体的正面投影作出水平投影和侧面投影。

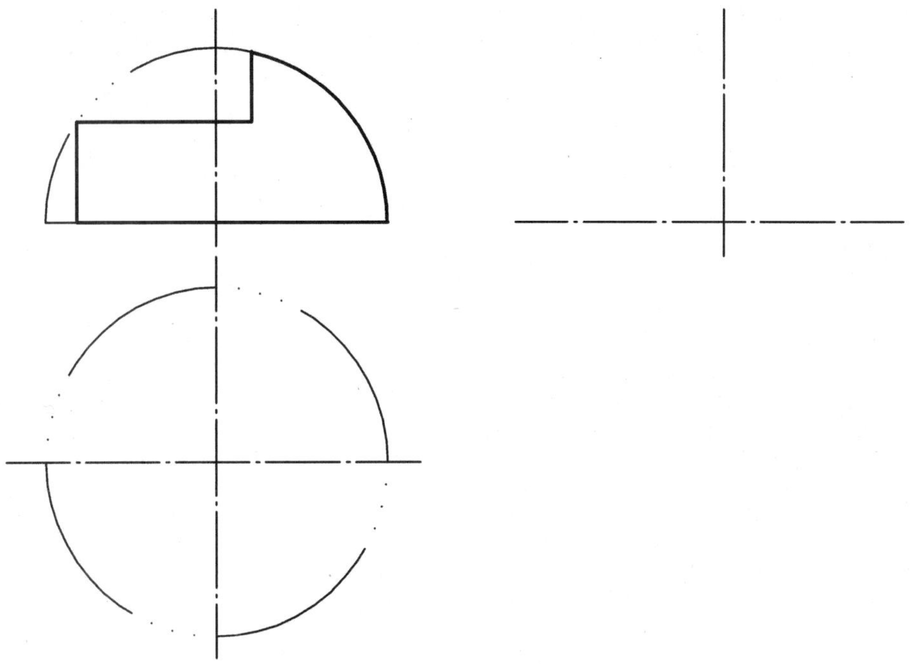

3–27 根据立体的正面投影作出水平投影和侧面投影。

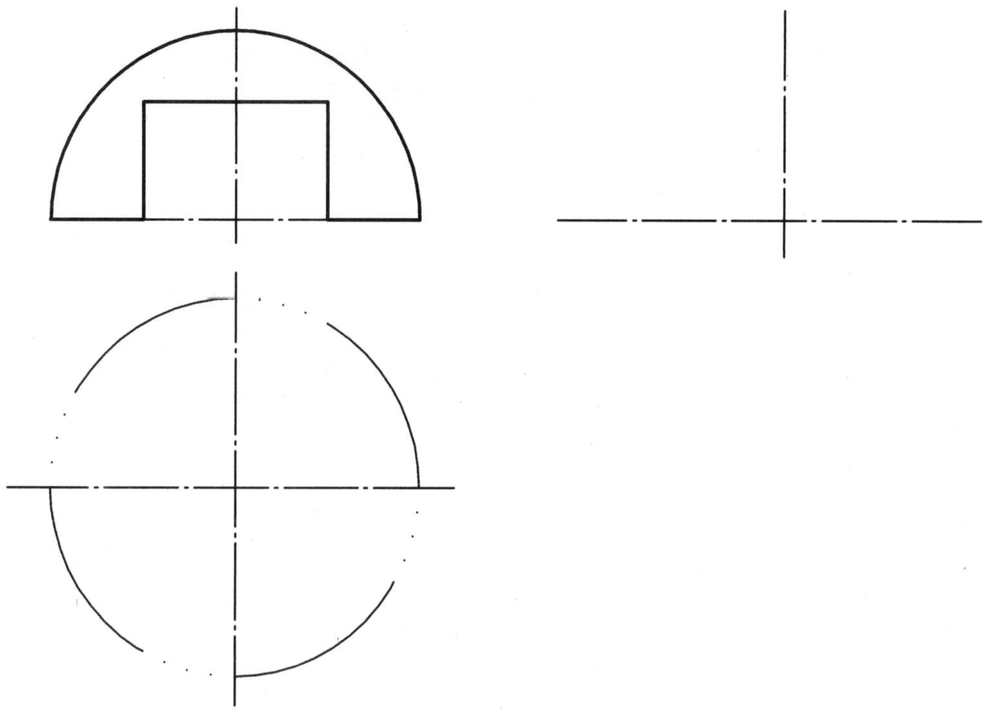

3–28 根据立体的正面投影和水平投影作出侧面投影。

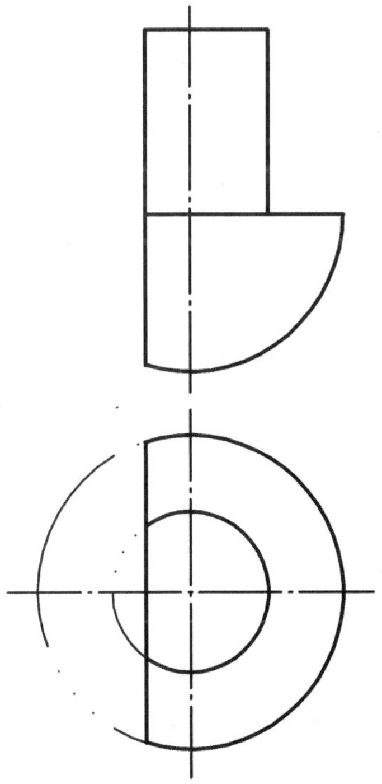

3–29 根据立体的正面投影和侧面投影补全其水平投影。

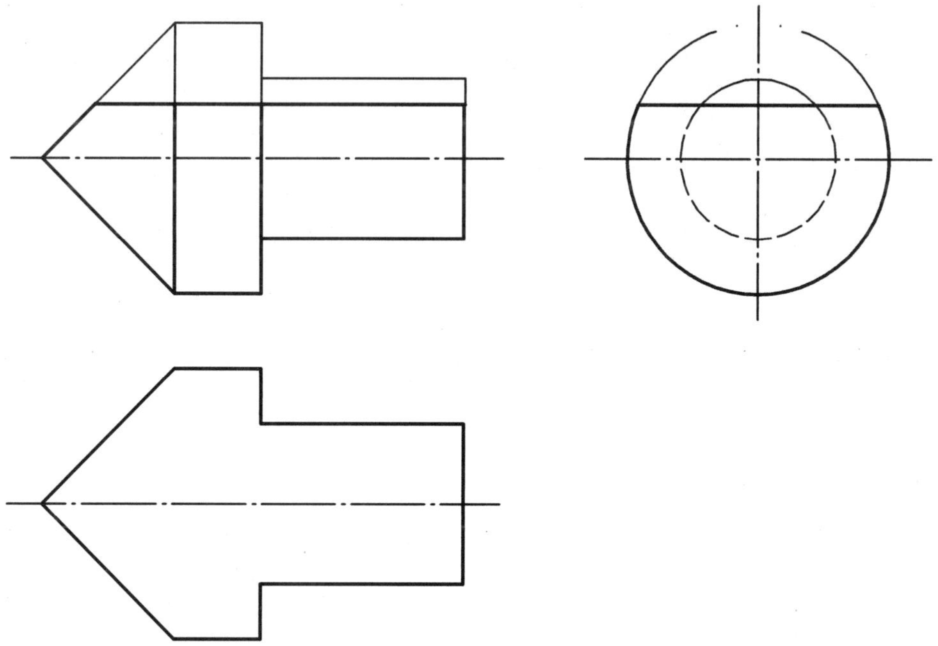

班级　　学号　　姓名　　审核

3-30 根据立体的水平投影和侧面投影补全正面投影。

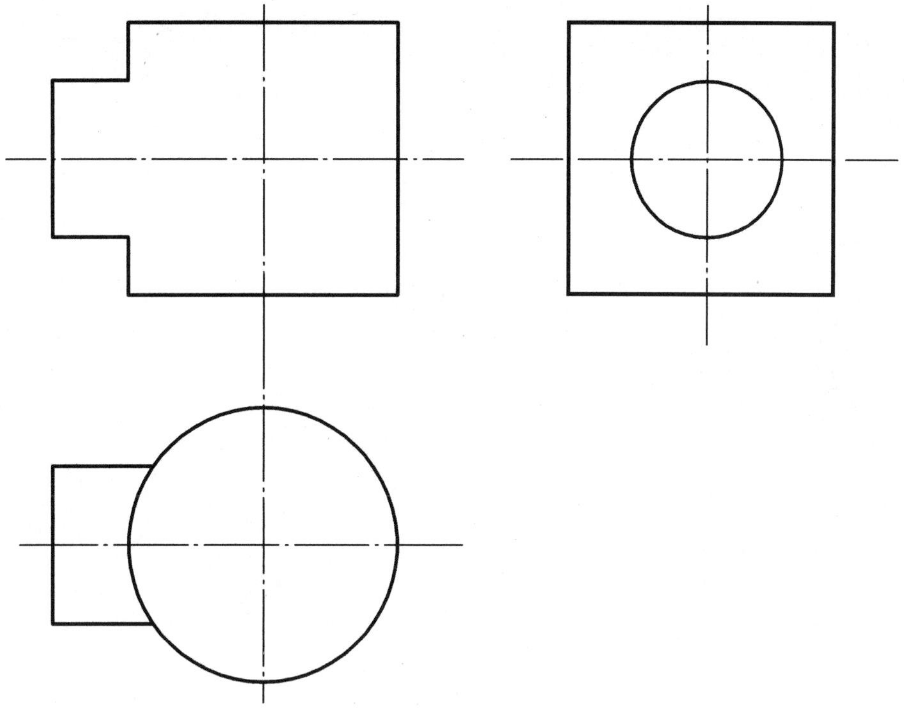

3-31 根据立体的水平投影和侧面投影补全正面投影。

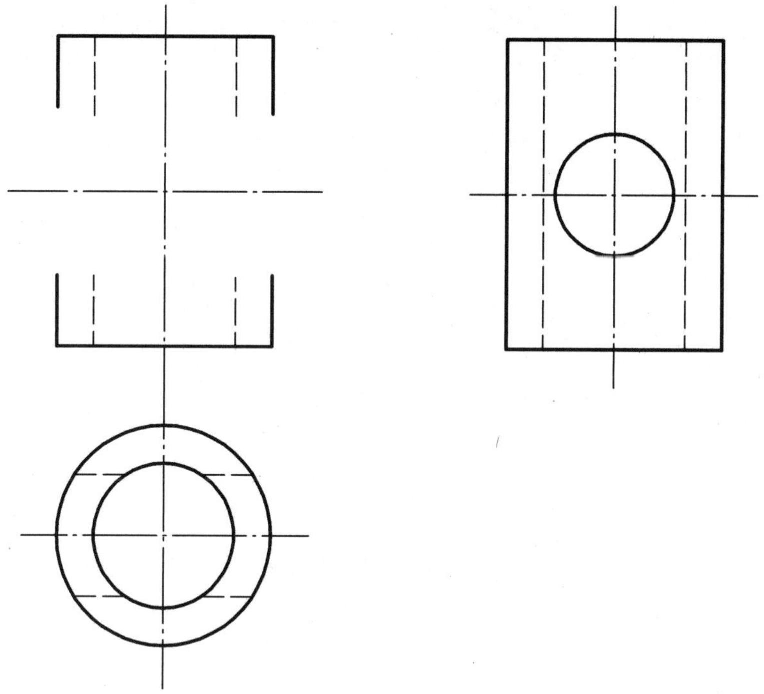

3-32 画出立体正面投影。

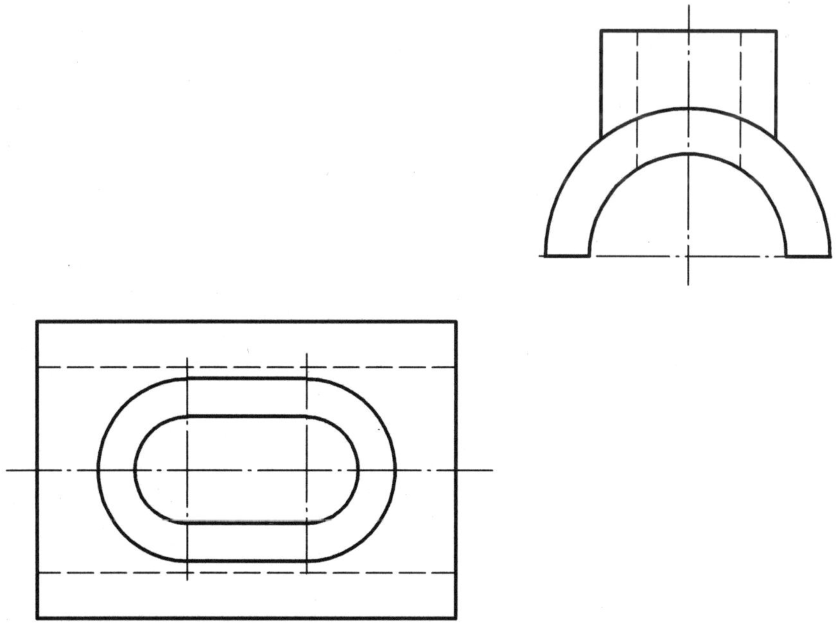

3-33 画出立体正面投影。

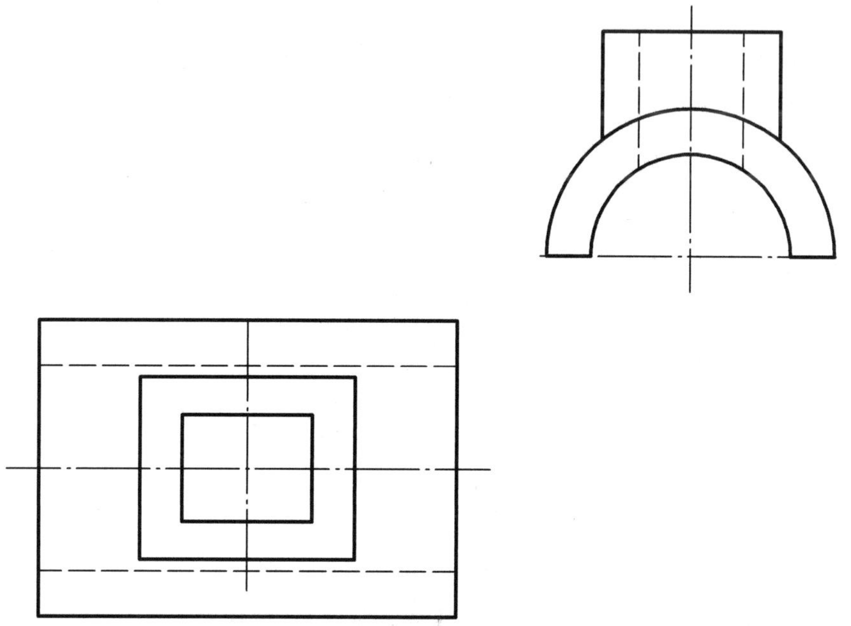

3-34 根据立体的水平投影和侧面投影作出正面投影。

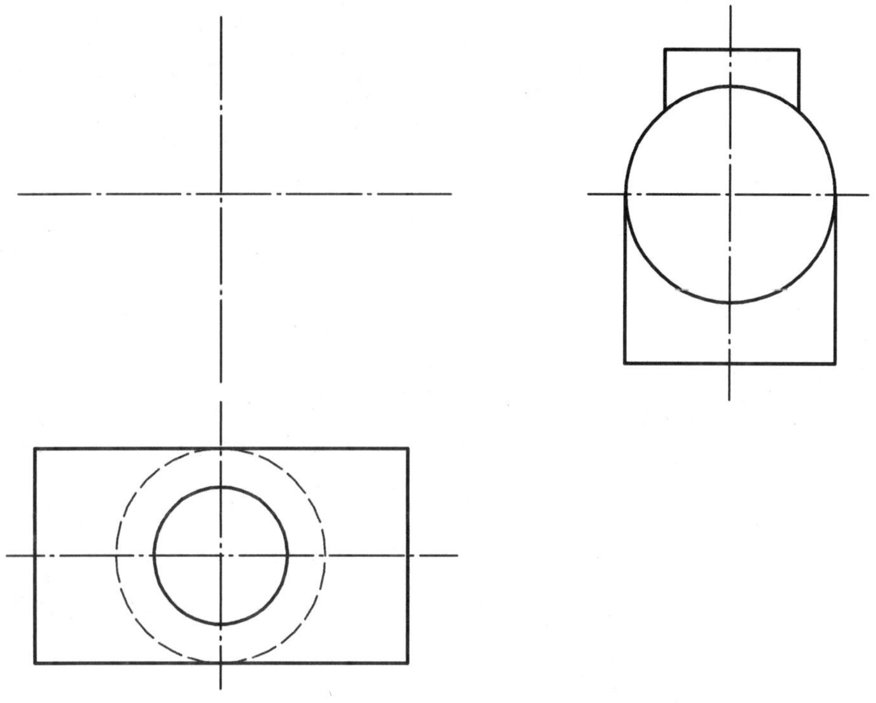

3-35 求作相贯线。

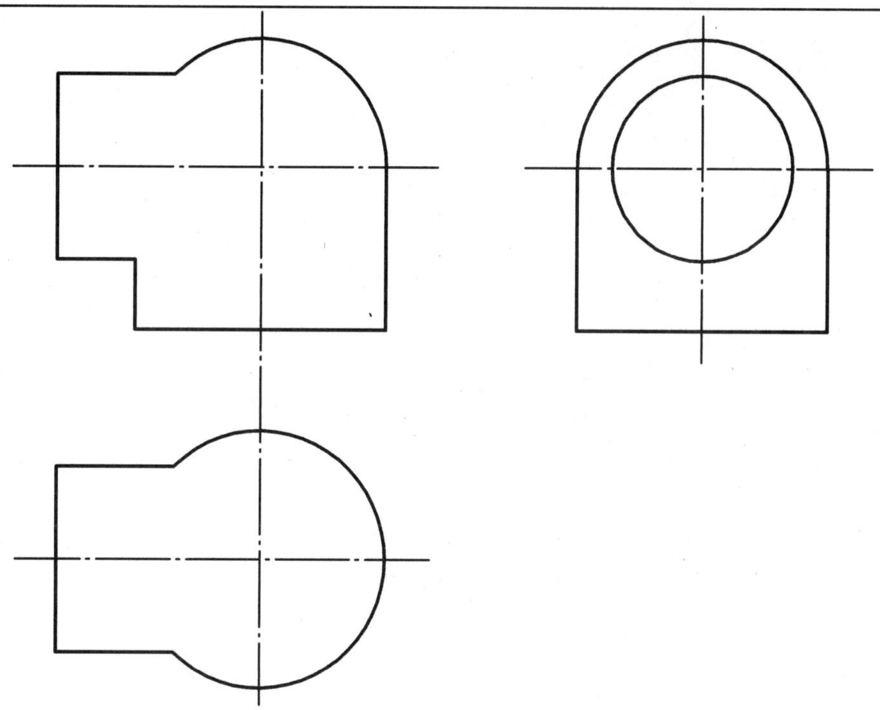

3-36 求圆柱与圆锥的相贯线。

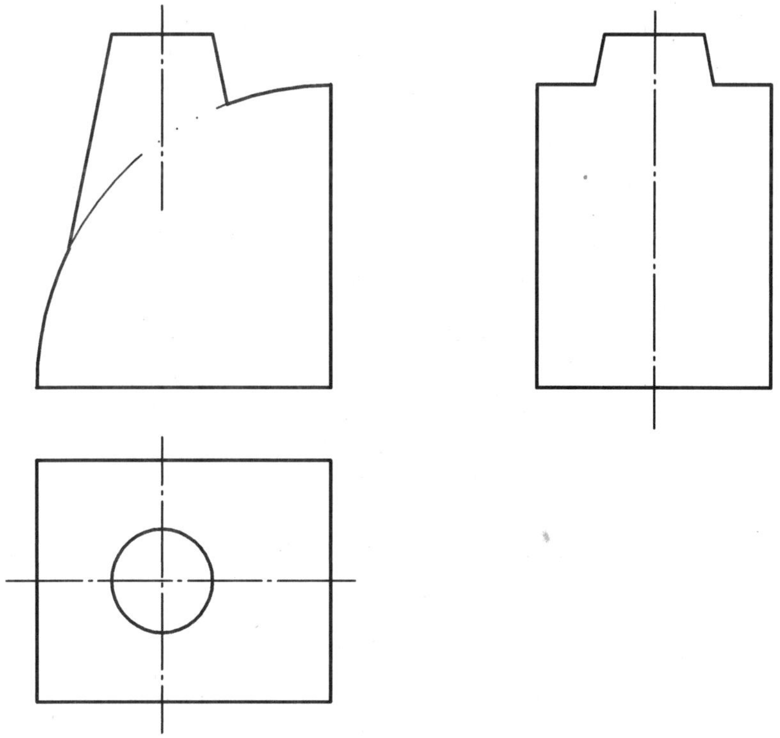

3-37 根据立体的侧面投影补全正面投影和水平投影。

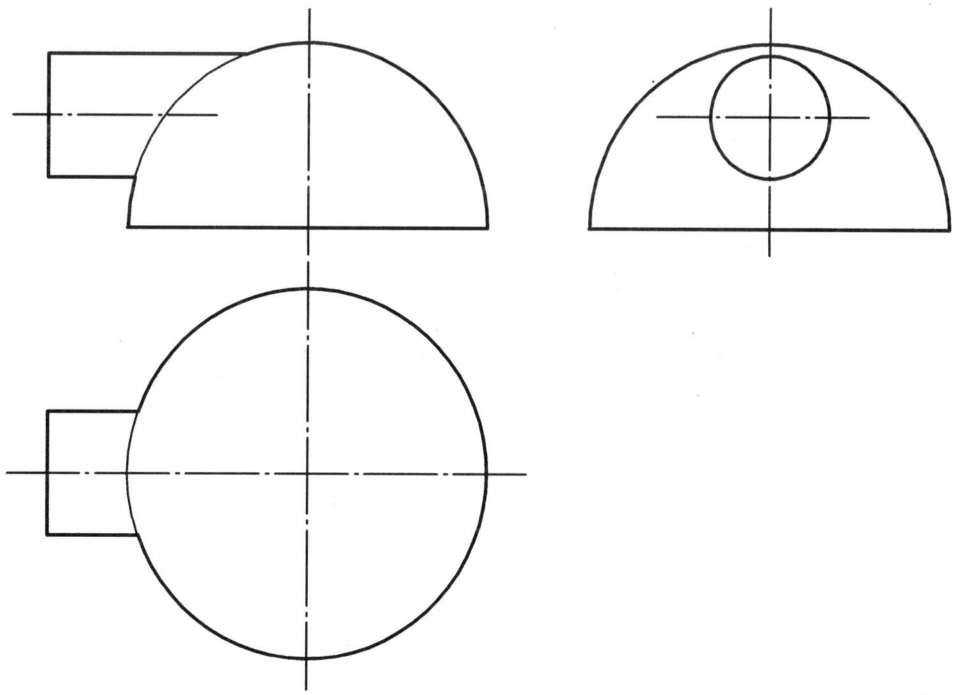

3-38 根据立体的正面投影和侧面投影作出水平投影。

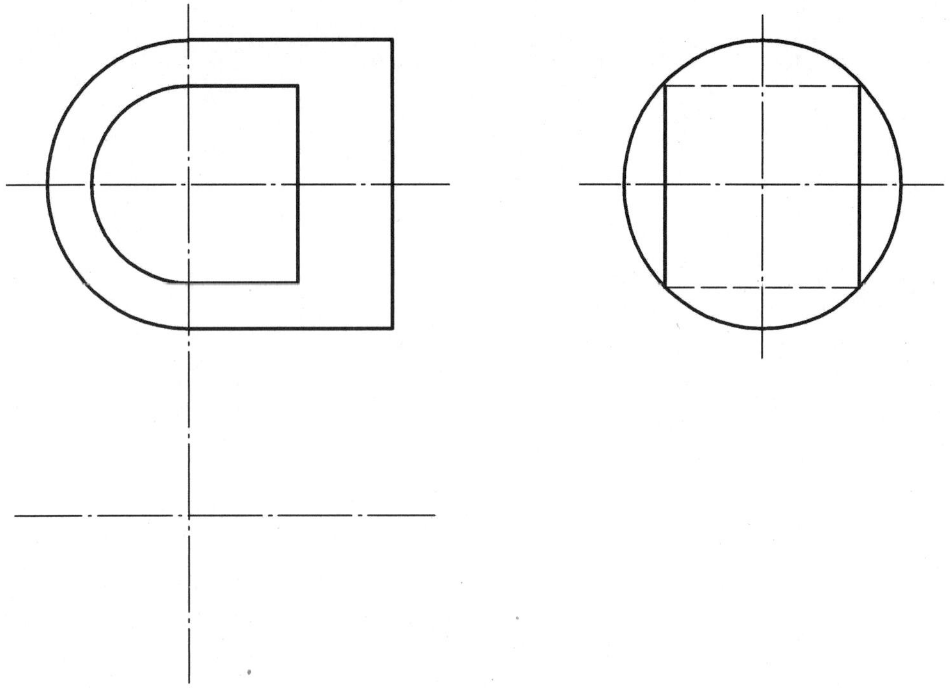

3-39 根据立体的正面投影和水平投影作出侧面投影。

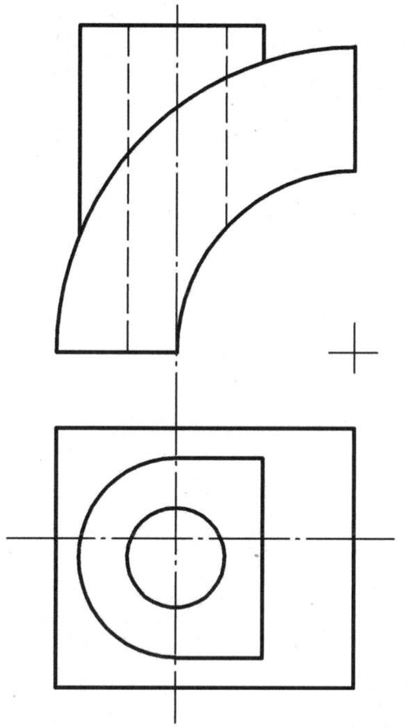

3-40 根据立体的水平投影和侧面投影作出正面投影。

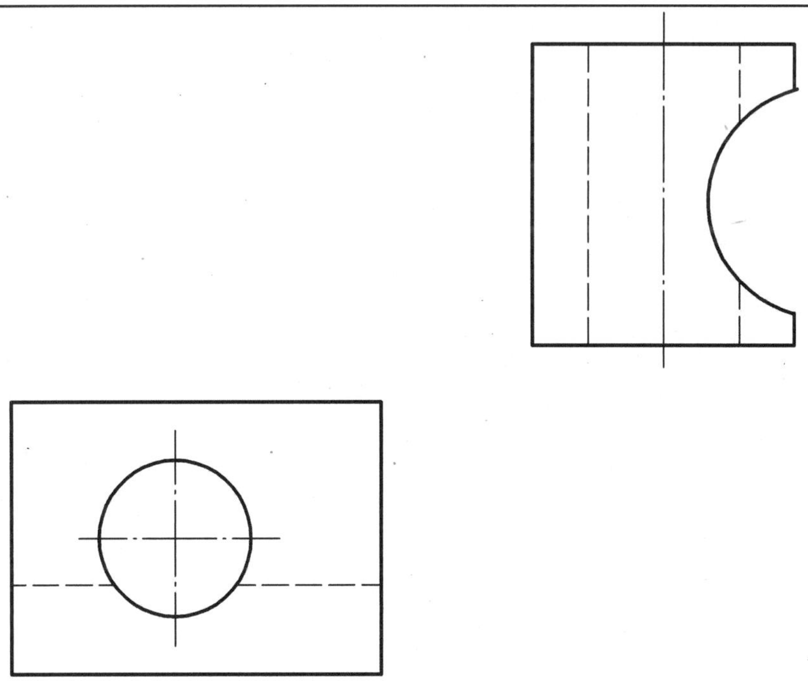

3-41 根据立体的水平投影和侧面投影作出正面投影。

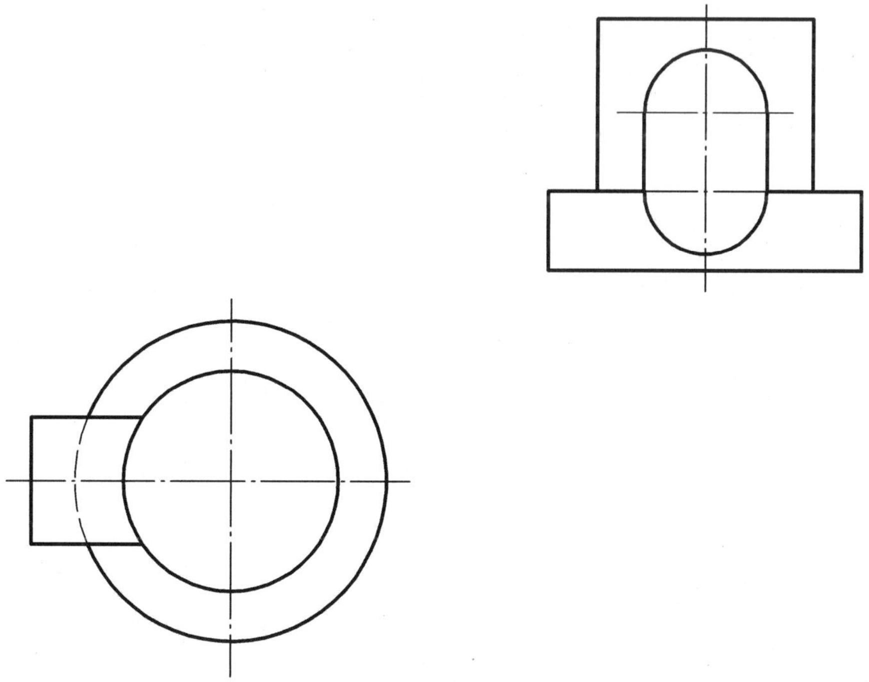

4-1 根据两面投影作物体的正等测。

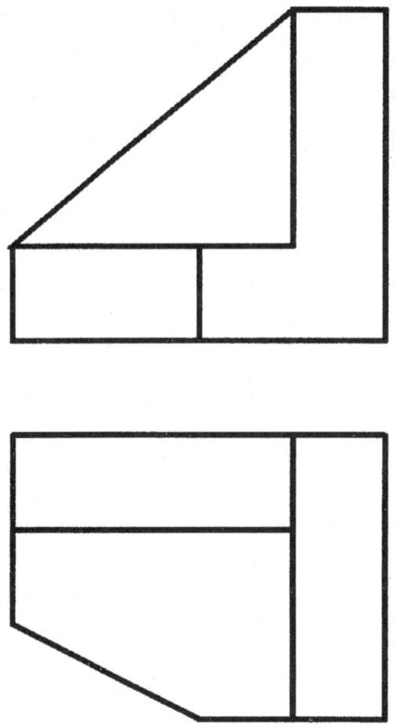

4-2 根据两面投影作物体的正等测。

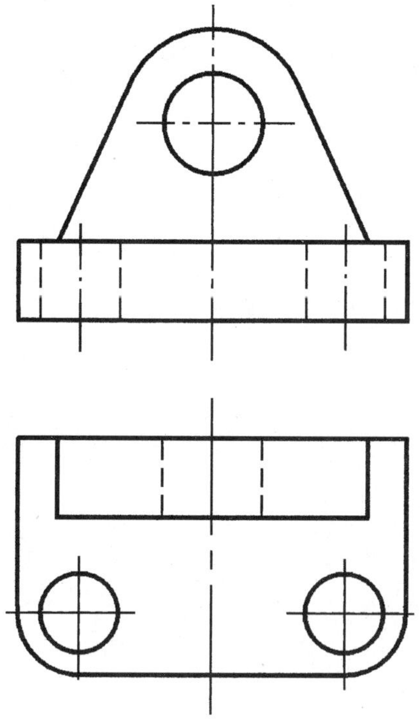

4-3 根据两面投影作物体的斜二测。

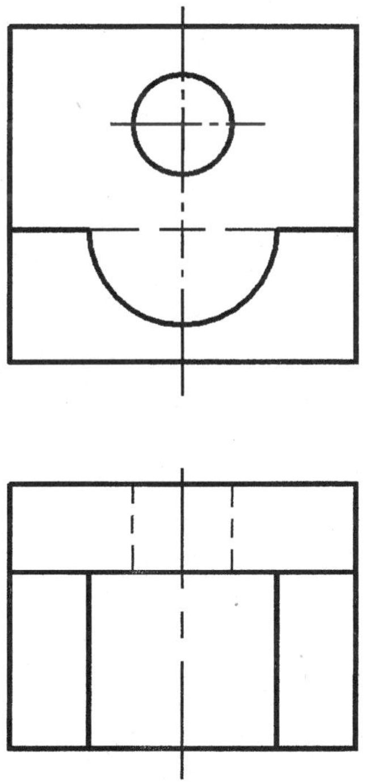

4-4 根据两面投影作物体的斜二测。

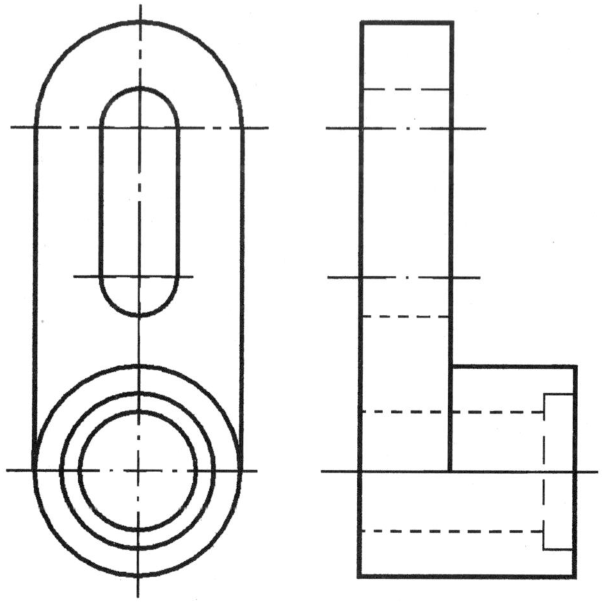

5-1 根据组合体轴测图，徒手绘制物体的三视图。

(1)

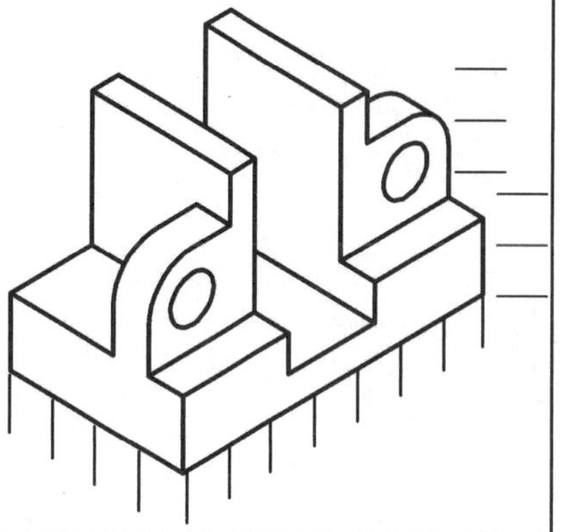

(2)

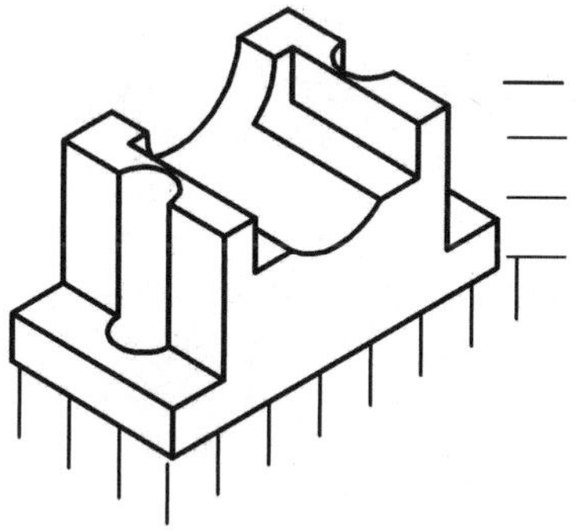

(3)

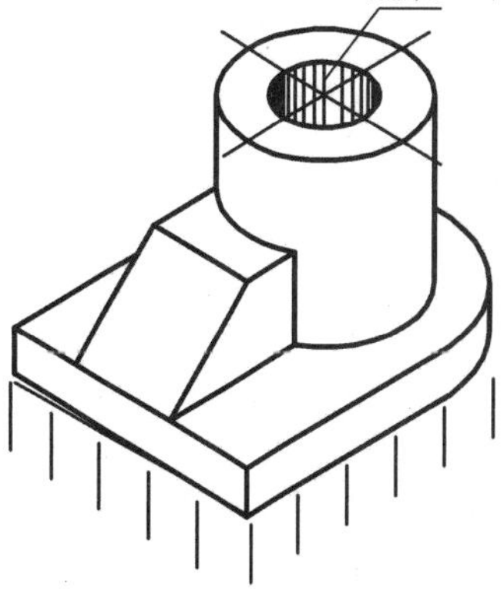

(4)

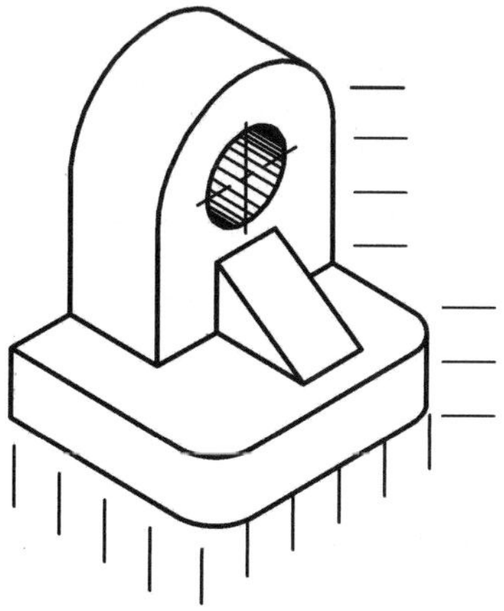

5-2 补全视图中缺漏的线条。

(1)

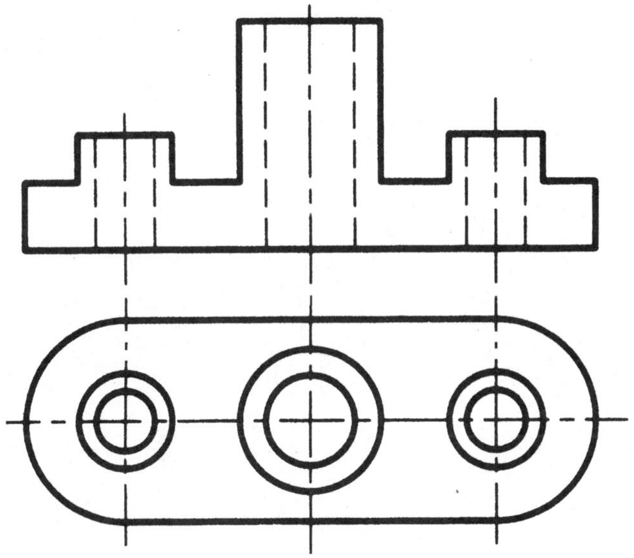

(2)

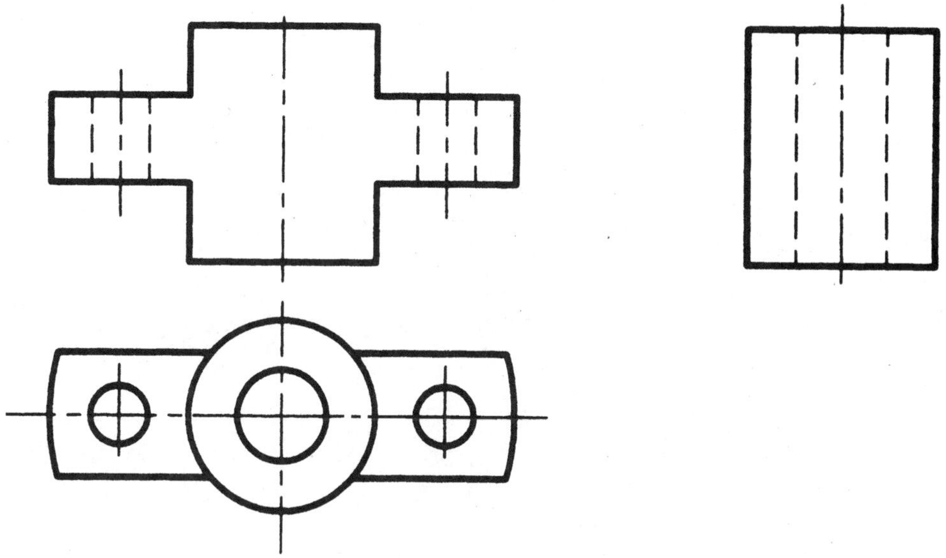

(3)

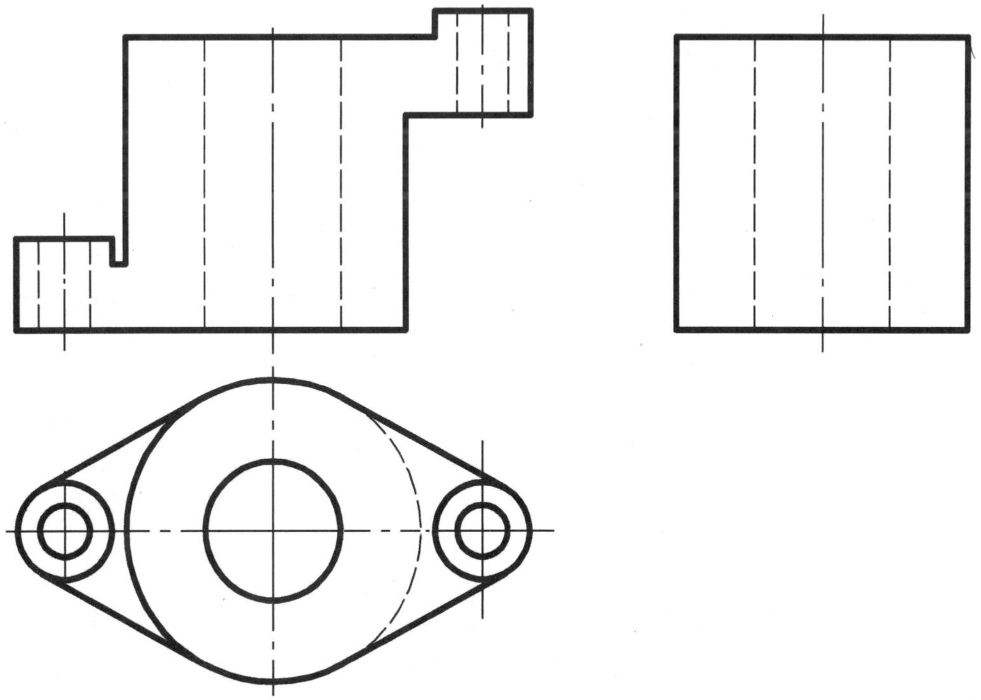

(4)

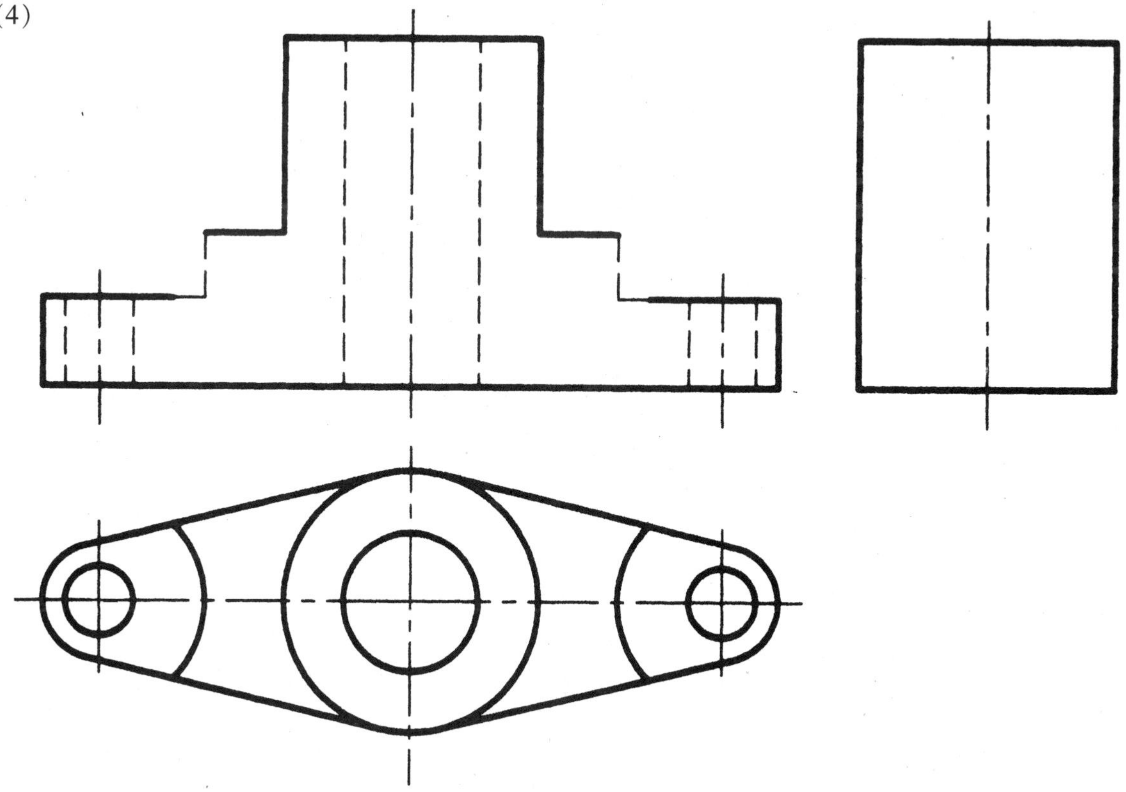

5-3 用仪器绘制立体的三视图。

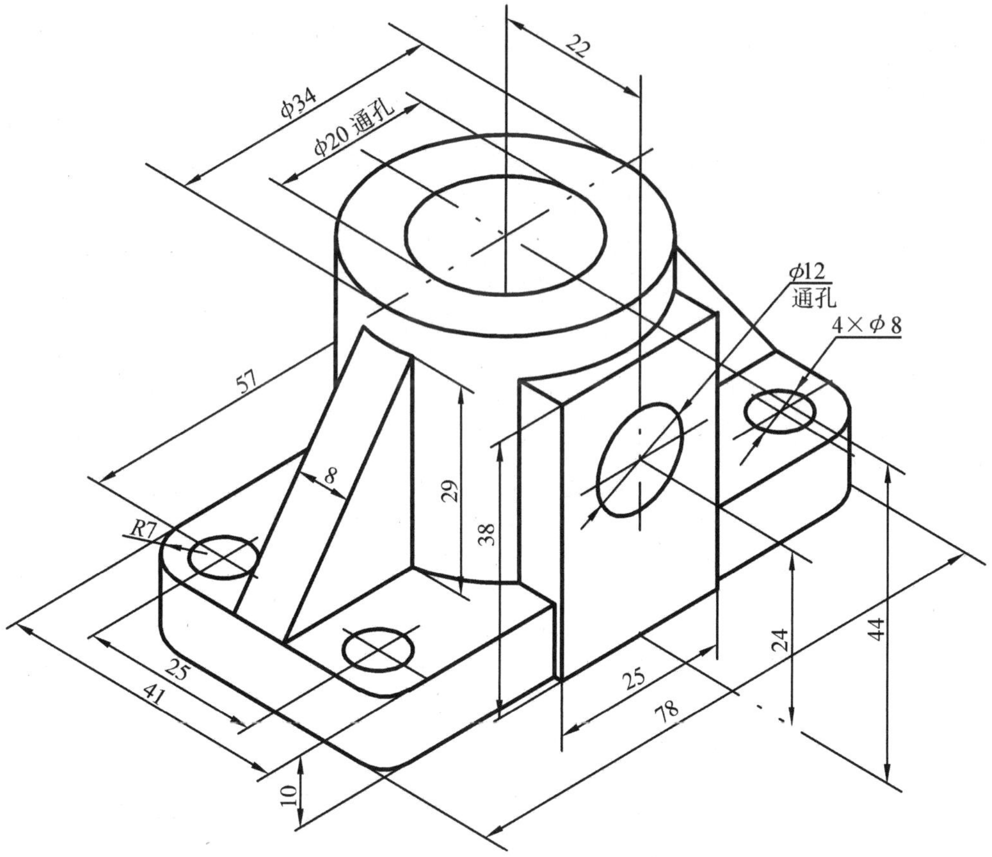

5-4　根据轴测图在图纸上用 2:1 的比例画出组合体三视图，并标注尺寸。

组合体的三视图

一、目的、内容与要求

1．目的、内容：进一步理解与巩固“物”与“图”之间的对应关系，运用形体分析的方法，根据轴测图（或模型）绘制组合体的三视图，并标注尺寸。本作业共四个分题，不同专业按需要完成其中 1　2 个分题。

2．要求：完整表达组合体的内外形状。标注尺寸要完整、清晰，并符合国家标准。

二、图名、图幅、比例

1．图名：组合体三视图

2．图幅：A3 图纸

3．比例：2∶1

三、绘图步骤与注意事项

1．对所绘组合体进行形体分析，选择主视图，按轴测图所注尺寸（或模型实际大小）布置三个视图位置（注意视图之间预留标注尺寸），画出各视图的中心轴线和底面（顶面）位置线。

2．逐步画出组合体各部分的三视图（注意表面相切或相贯时的画法）

3．标注尺寸时应注意不要照搬轴测图上的尺寸注法，应重新考虑视图上尺寸的配置。以尺寸完整、符合标准、配置适当为原则。

4．完成底稿，经仔细校核后用铅笔加深。

5．图面质量与标题栏填写的要求，同第一次制图作业。

(1)

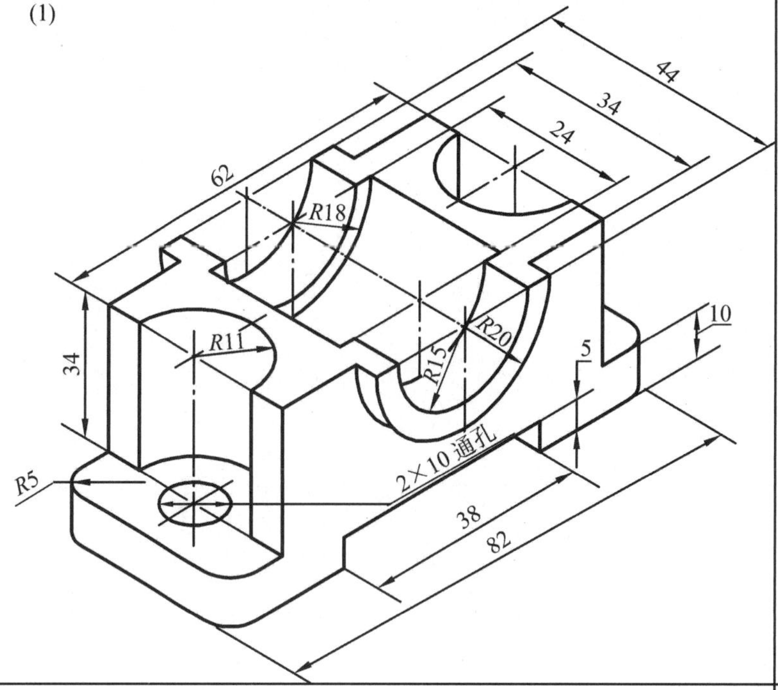

(2)

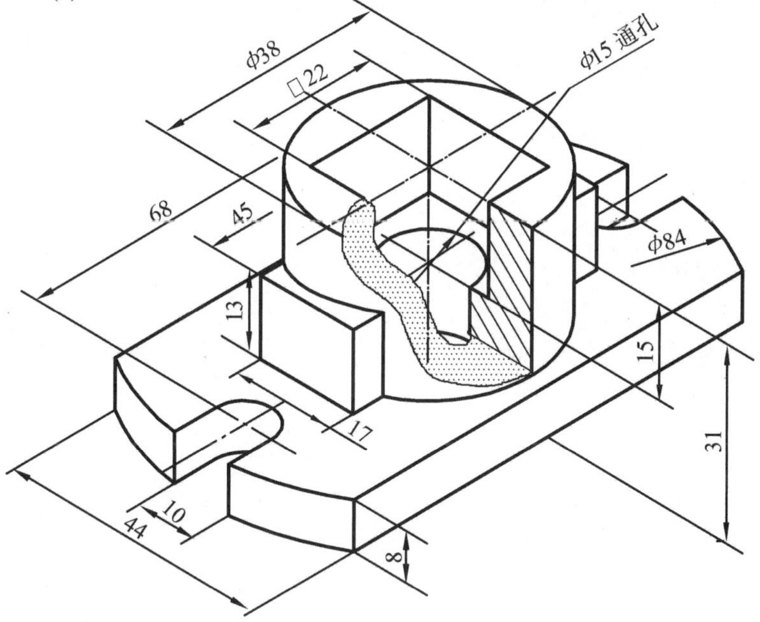

(3)

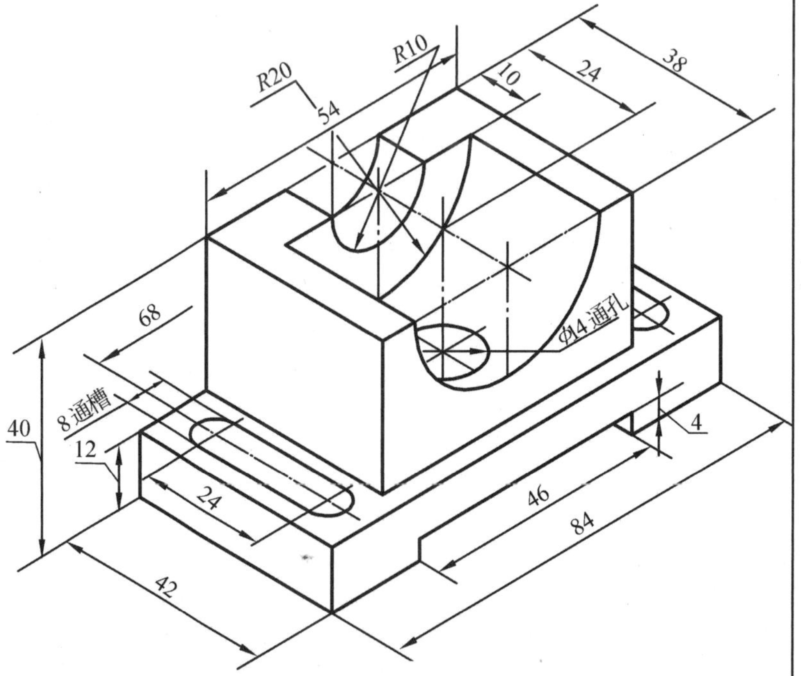

(4)

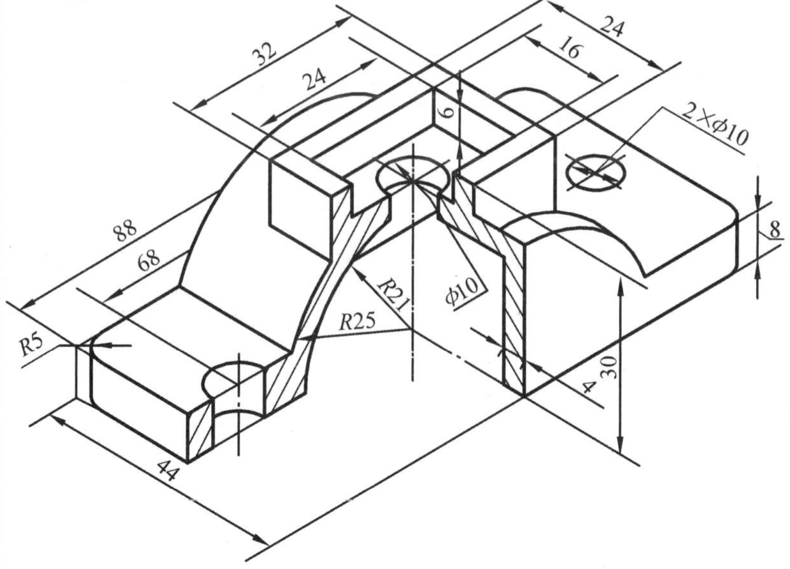

5-5 标注下列组合体的尺寸(数值从图上按 1∶1 比例量取整数)。

(1)

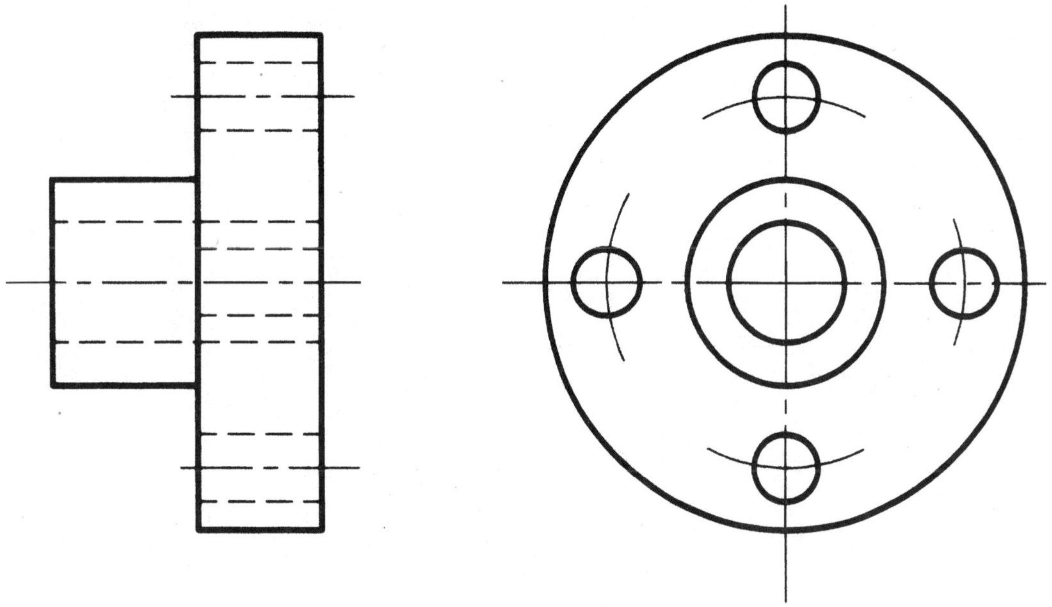

(2)

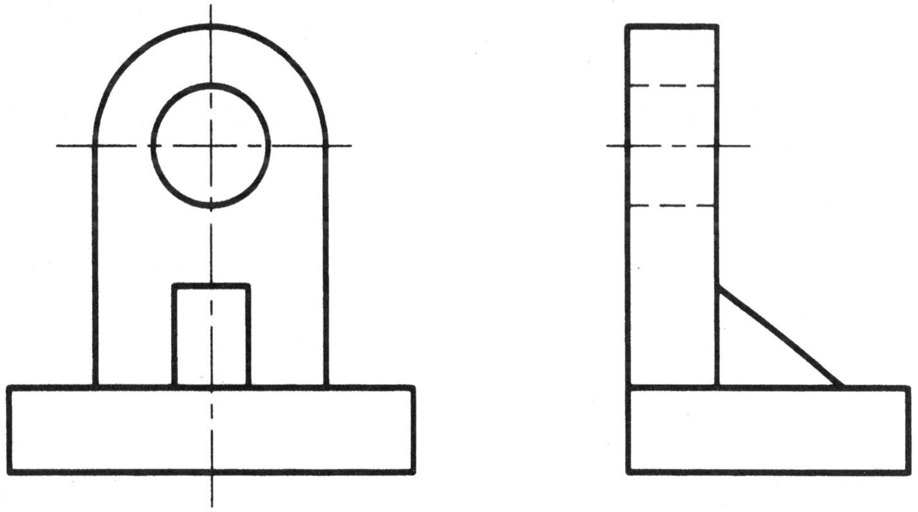

(3)

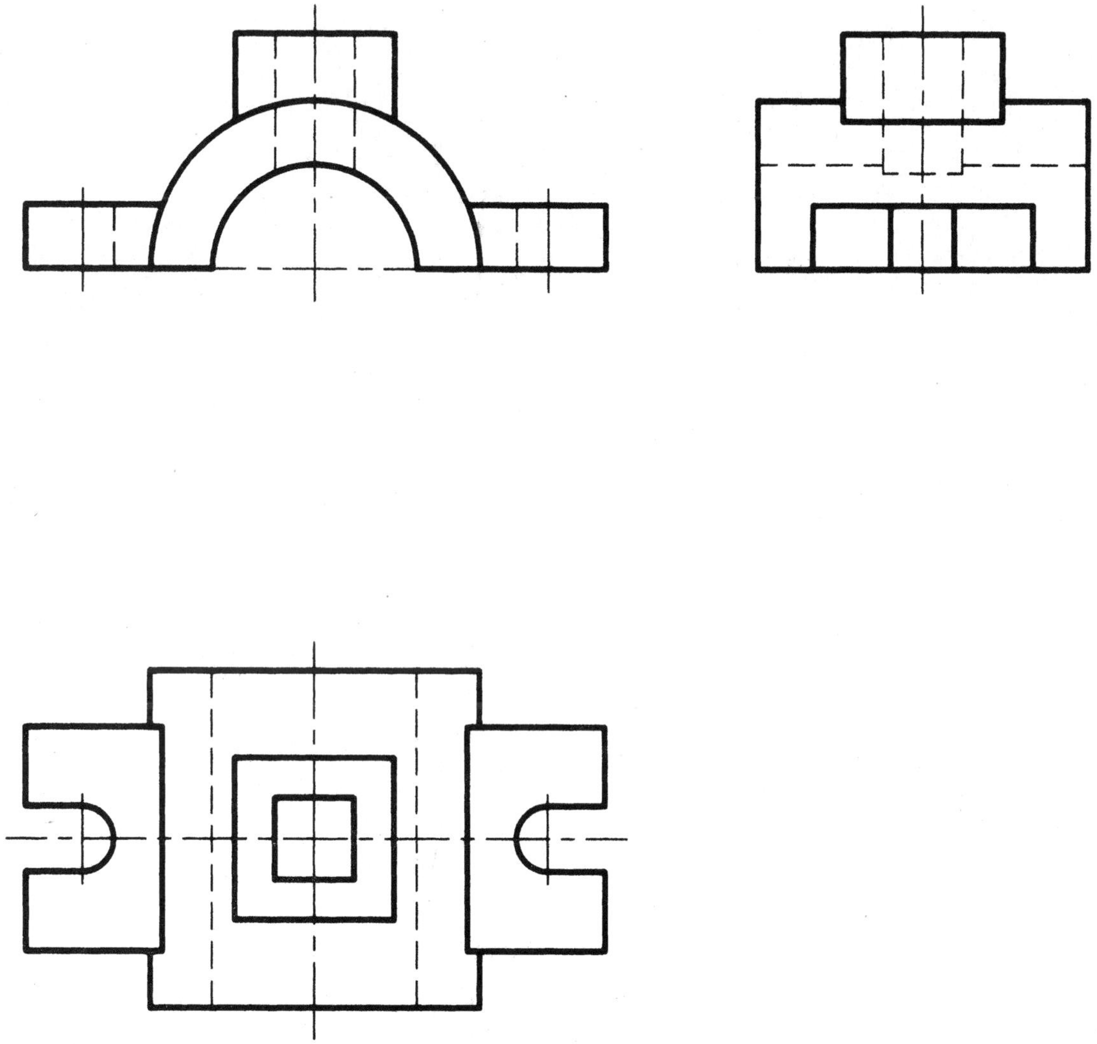

班级　　　　学号　　　　姓名　　　　审核

5-6 根据相同的主视图,设计构思不同形状的组合体,并画出俯、左视图。

(1)

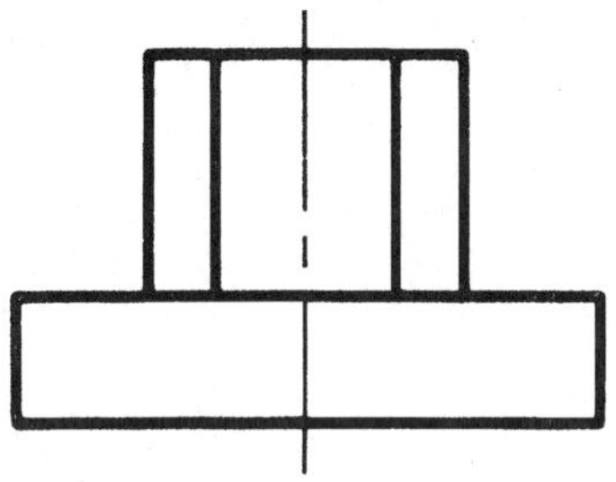

(2)

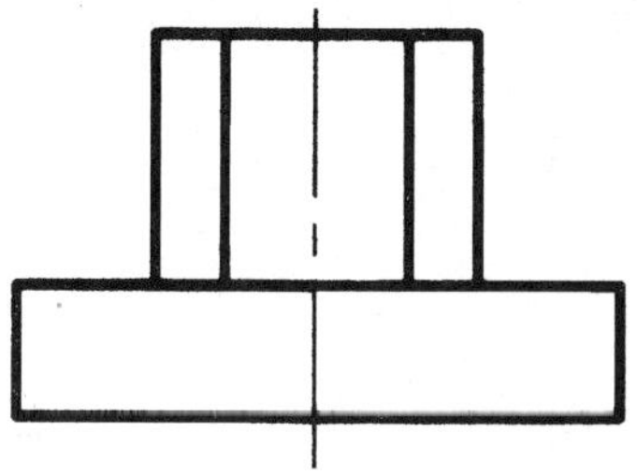

(3)

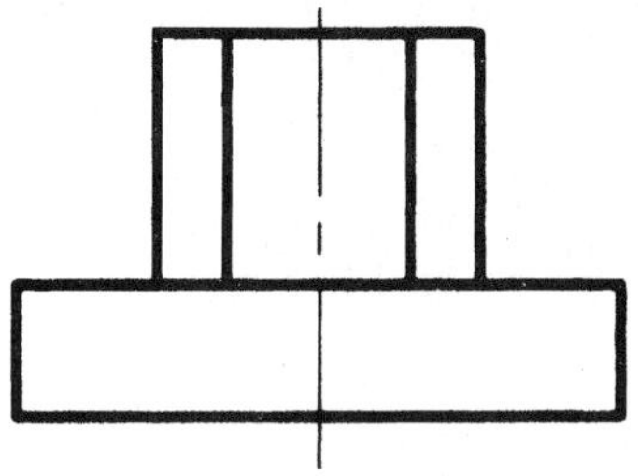

(4)

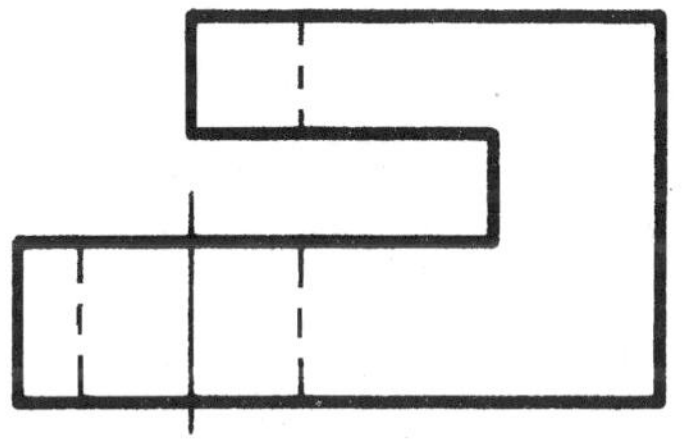

(5)

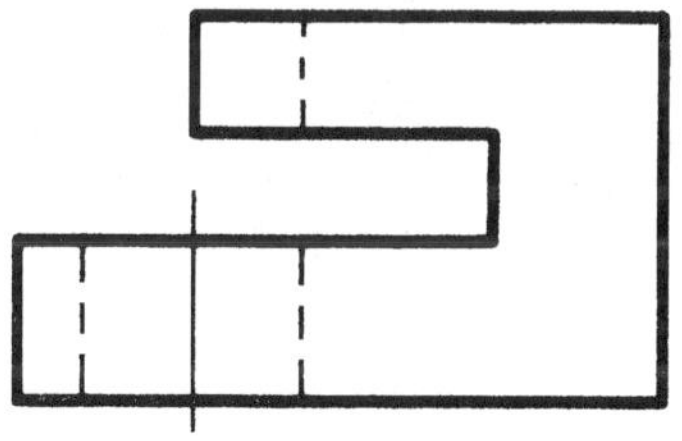

(6)

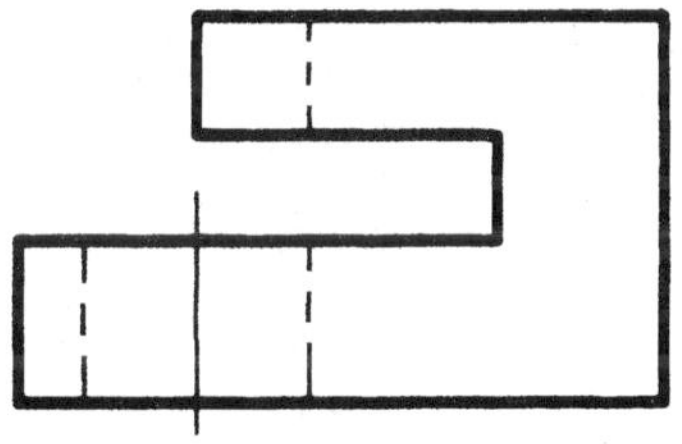

5-7 根据两视图想像出立体的形状，并画出第三视图。

(1)

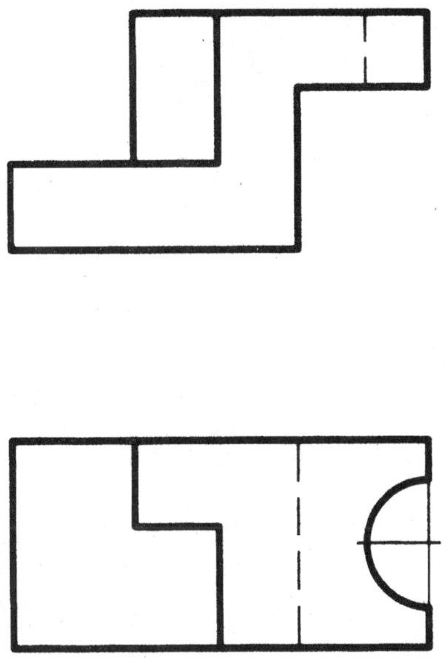

(2)

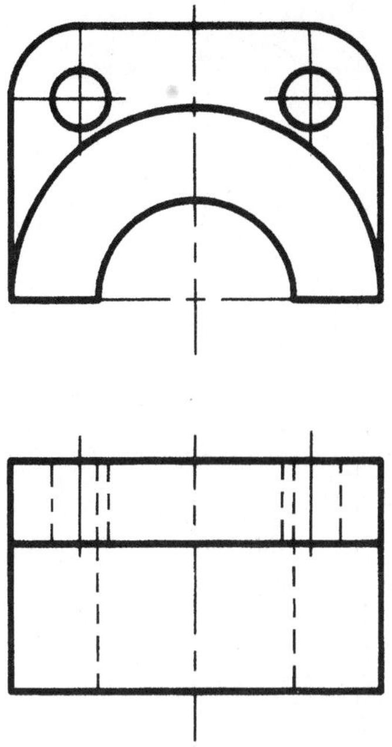

(3)

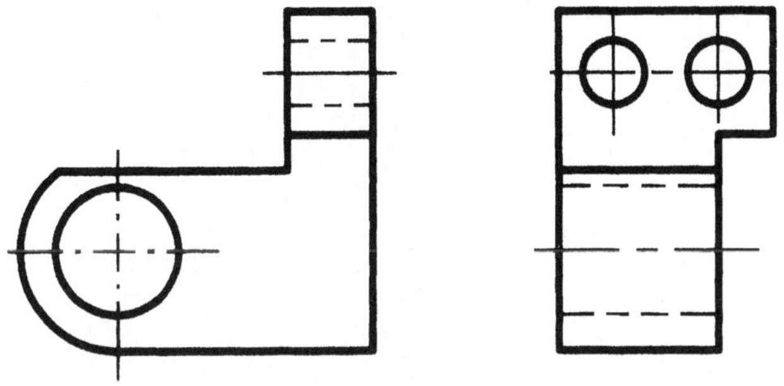

(4)

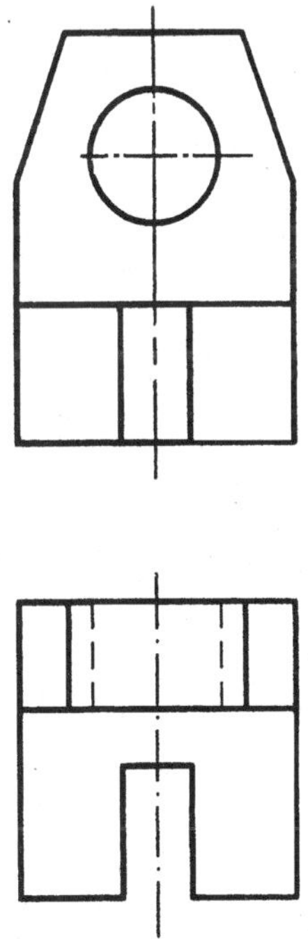

(5)

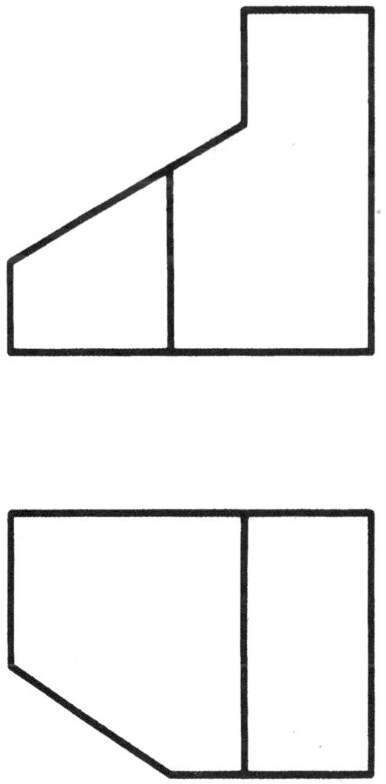

(6)

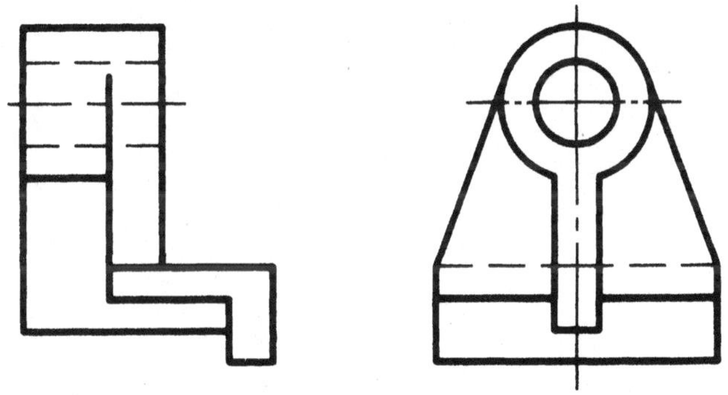

5-8 补画第三视图。

(1)

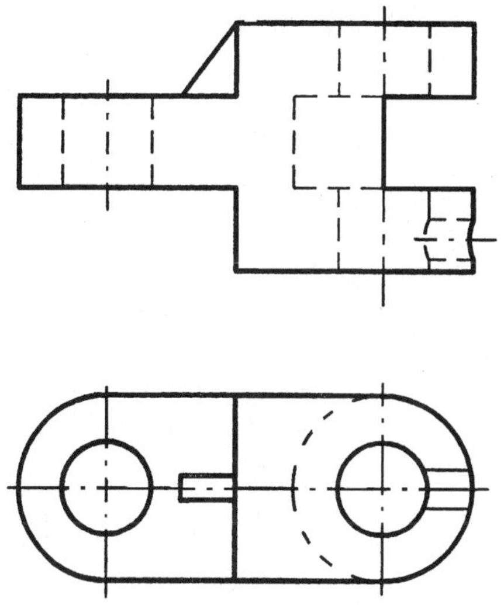

(2)

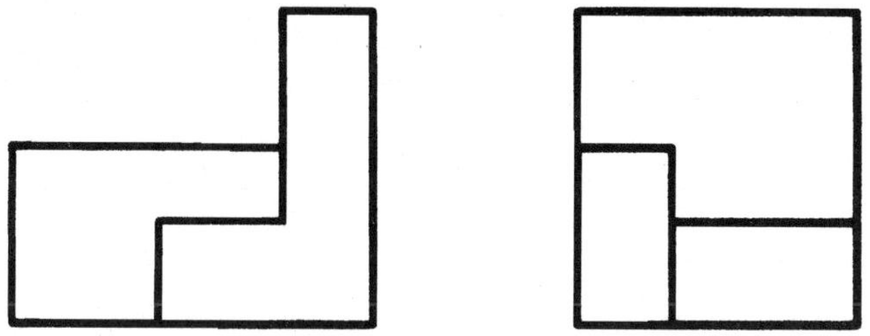

(3)

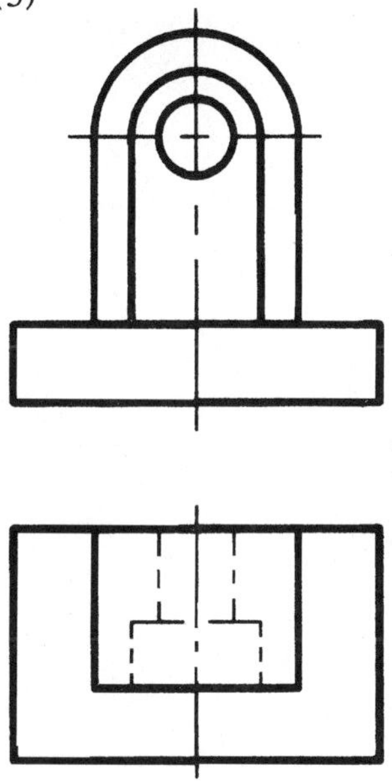

(4)

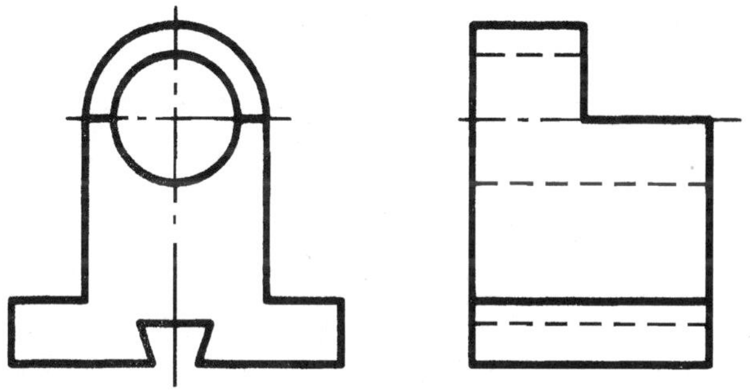

(5)

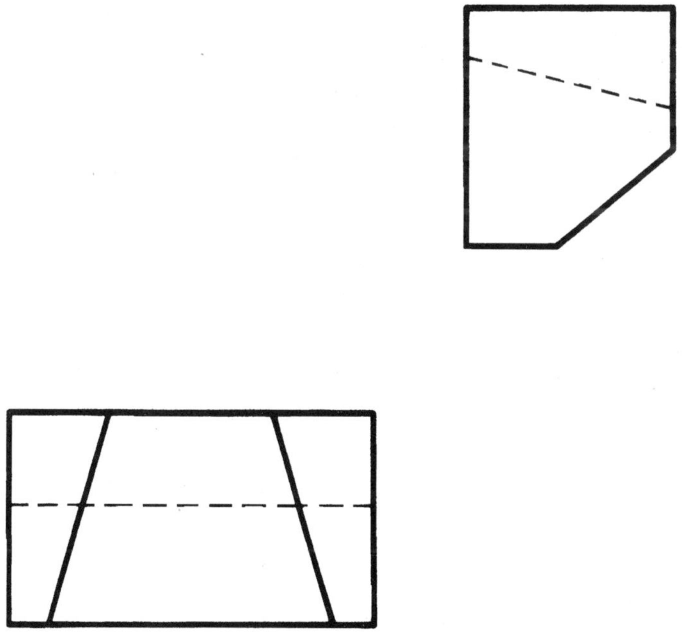

(6)

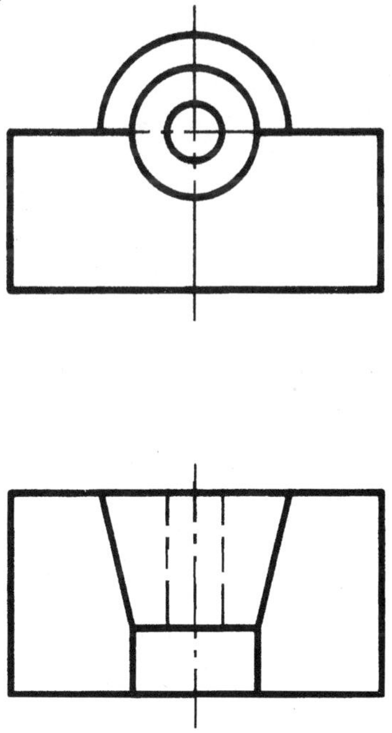

5-9 补画各视图中所缺的图线。

(1)

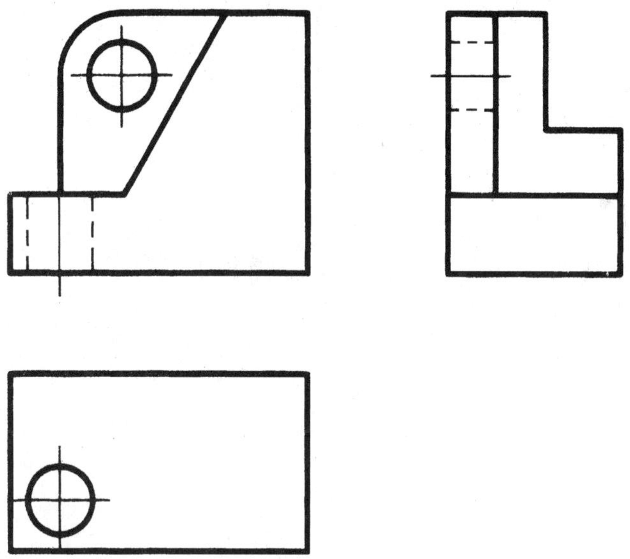

(2)

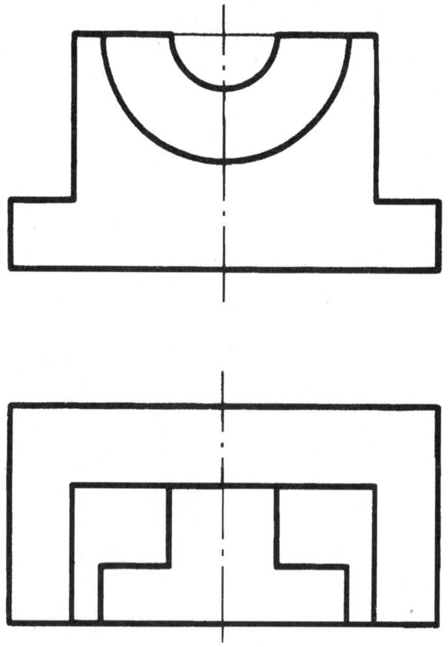

(3)

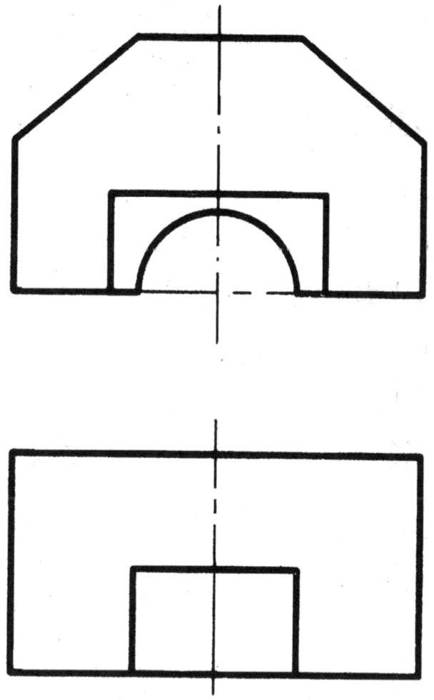

(4)

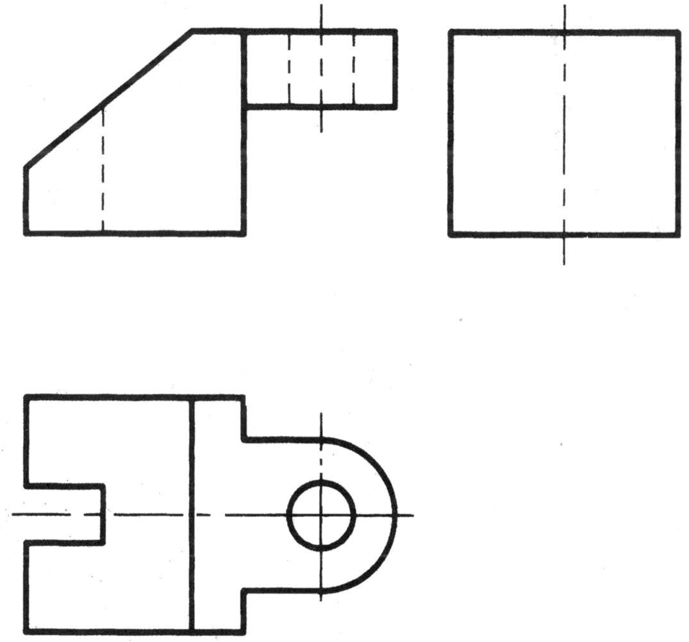

(5)

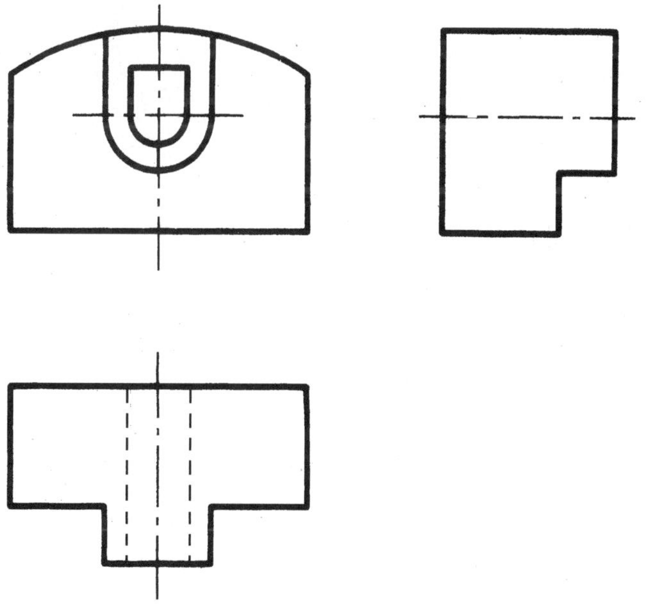

(6)

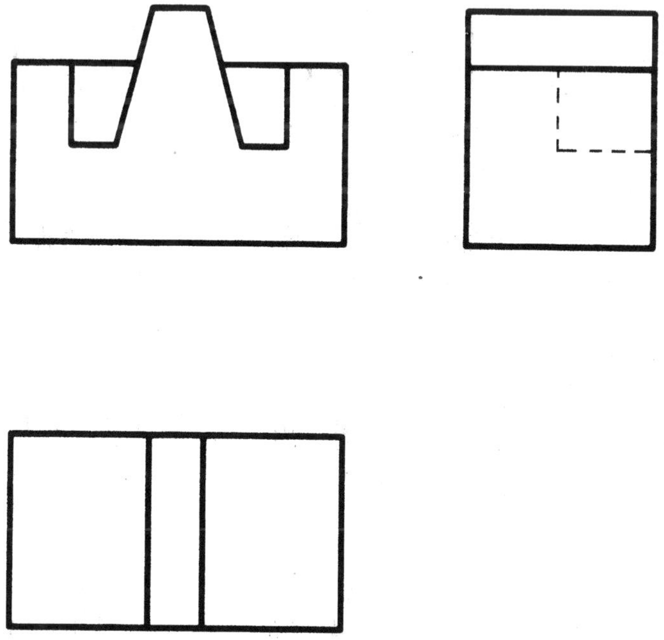

5-10 根据两视图想像出立体的形状,并画出第三视图。

(1)

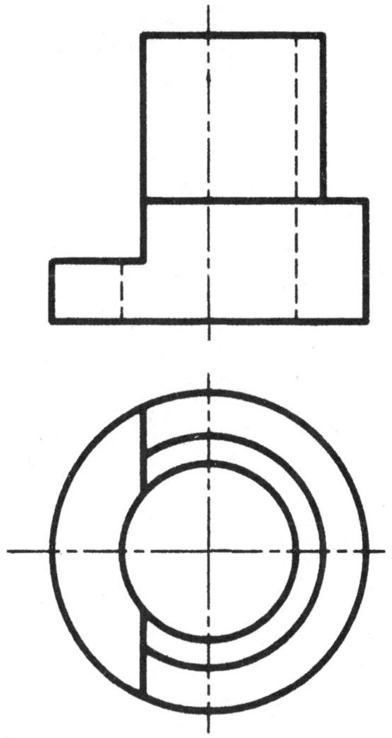

(2)

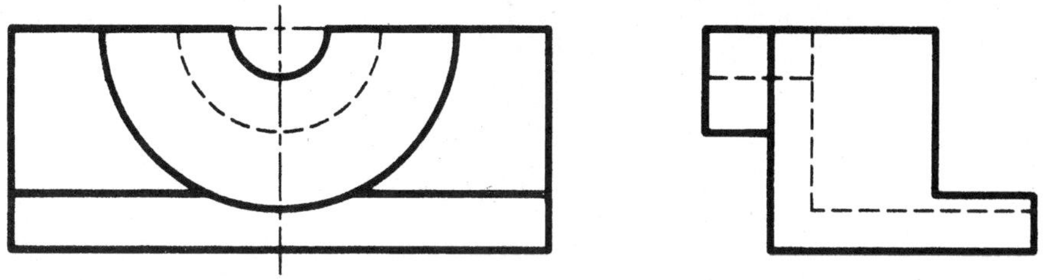

(3)

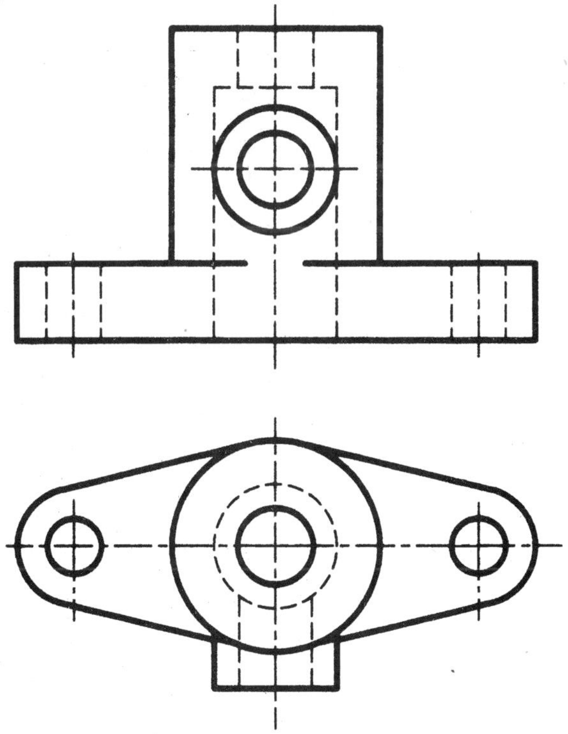

(4)

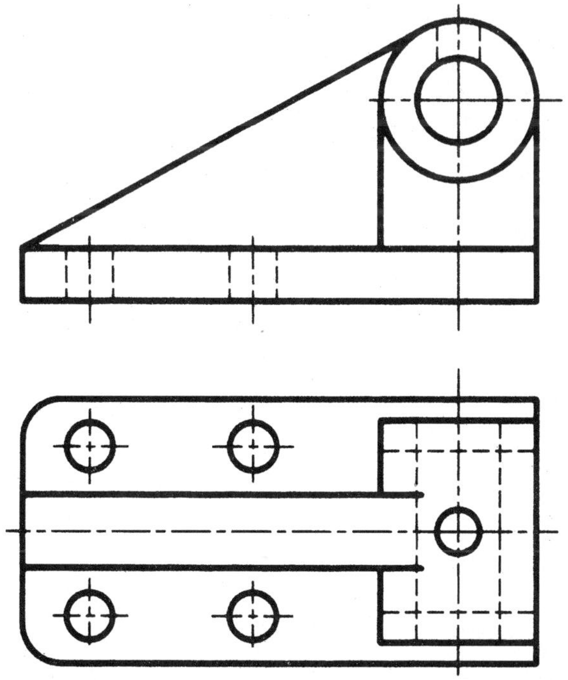

班级　　学号　　姓名　　审核

5-11 想像出立体的形状，补齐视图中所缺漏的线条。

(1)

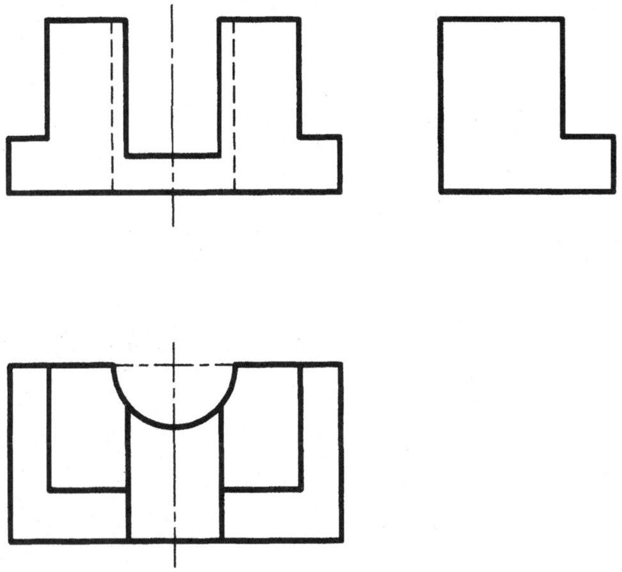

(2)

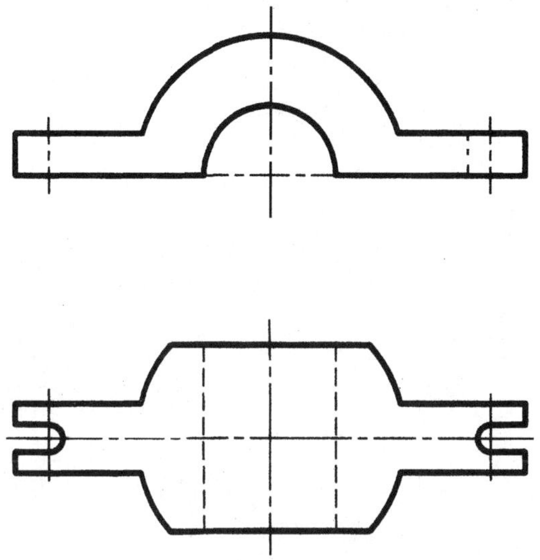

(3)

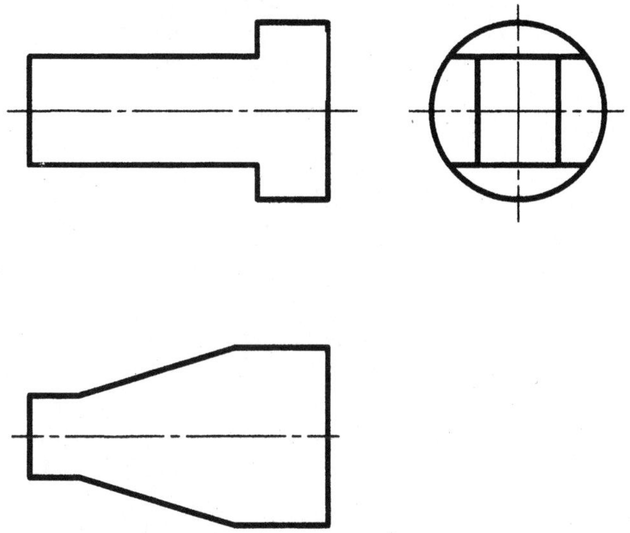

(4)

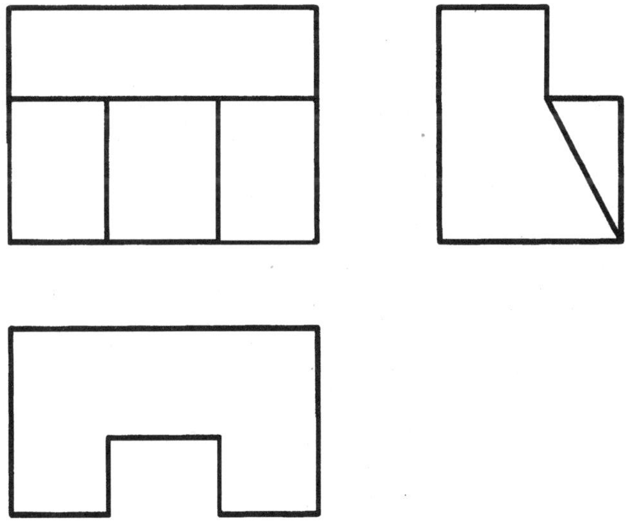

(5)

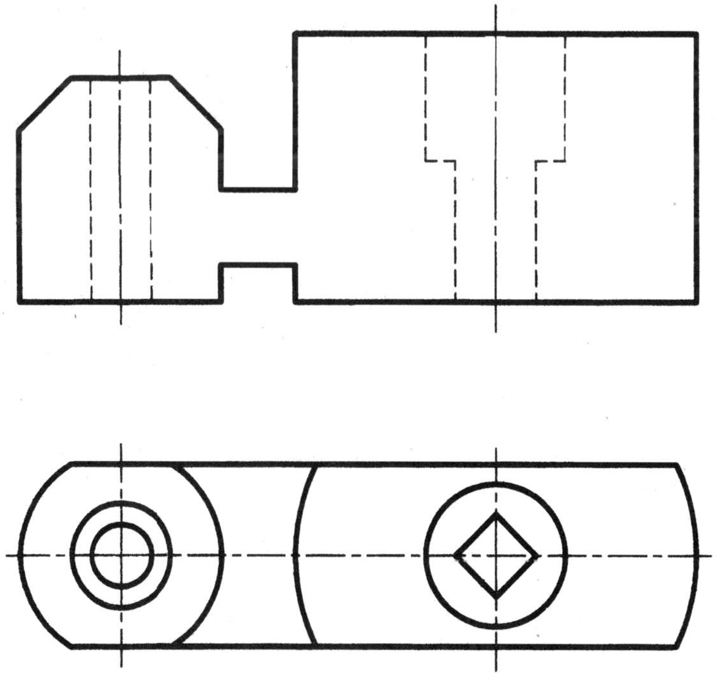

(6)

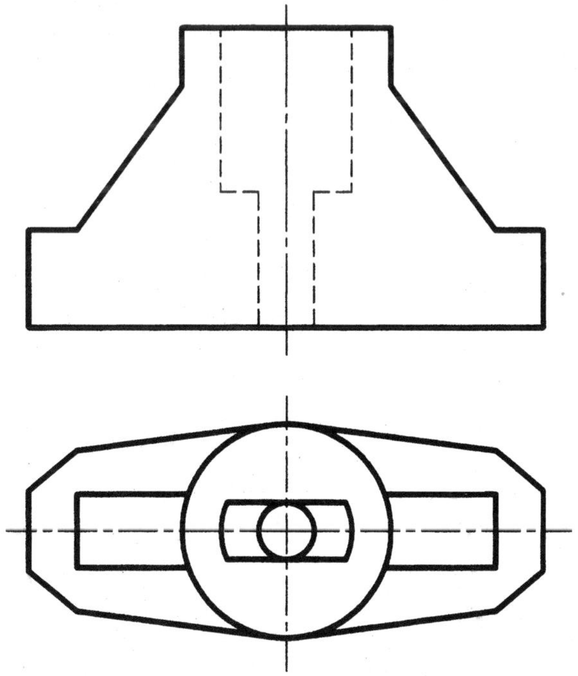

6-1 补画右视图、仰视图和后视图中缺漏的图线。

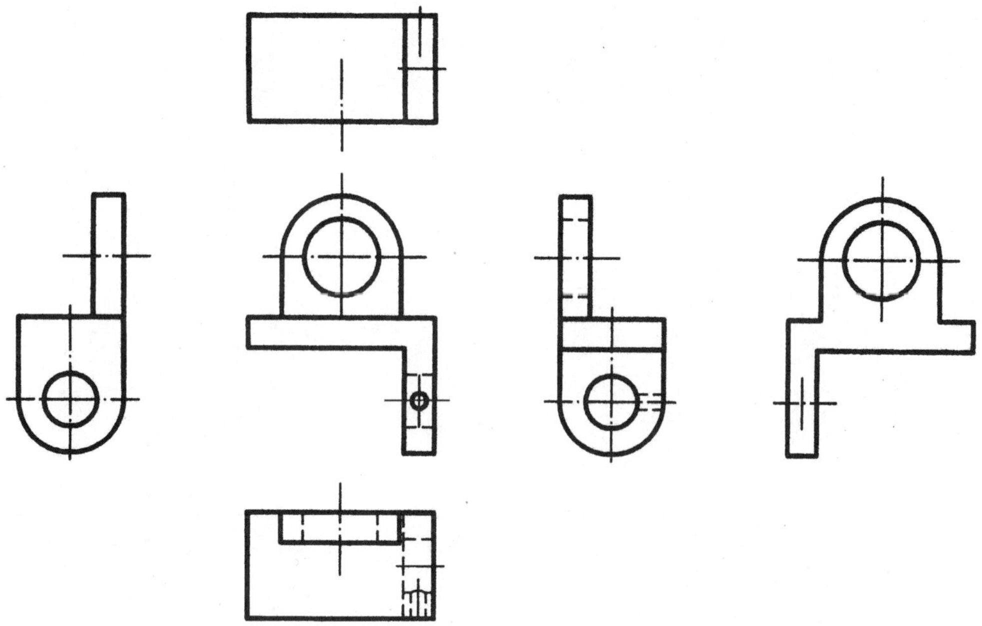

6-2 根据主视图、俯视图和轴测图画 *A* 向局部视图。

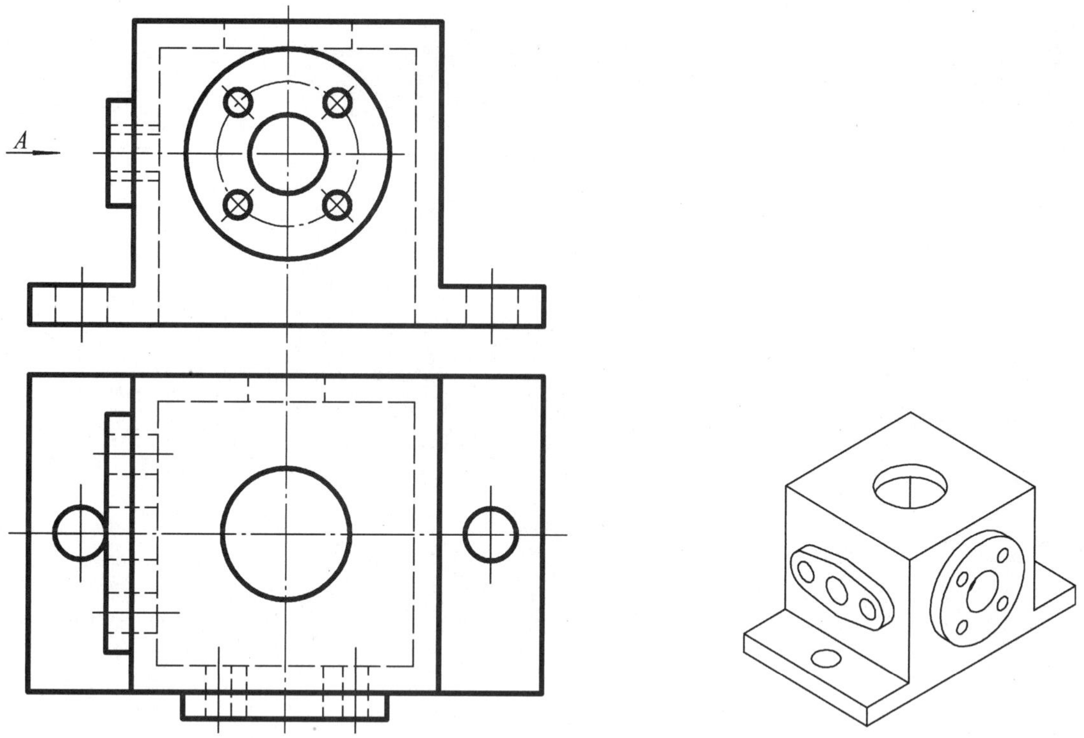

6-3 画出机件的 *A* 向斜视图。

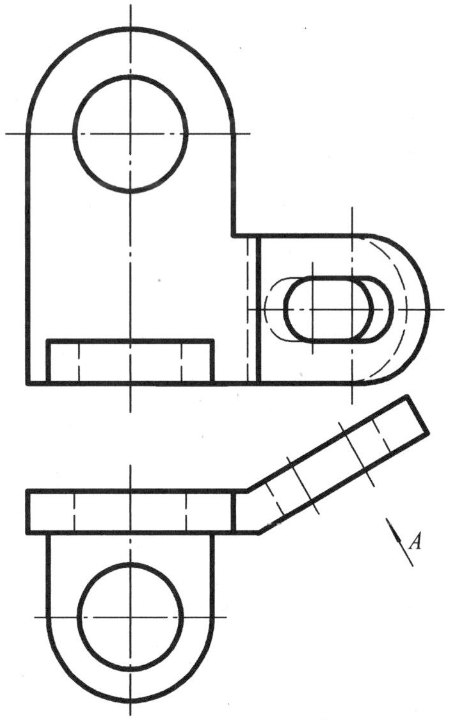

6-4 画出机件的 *A* 向视图。

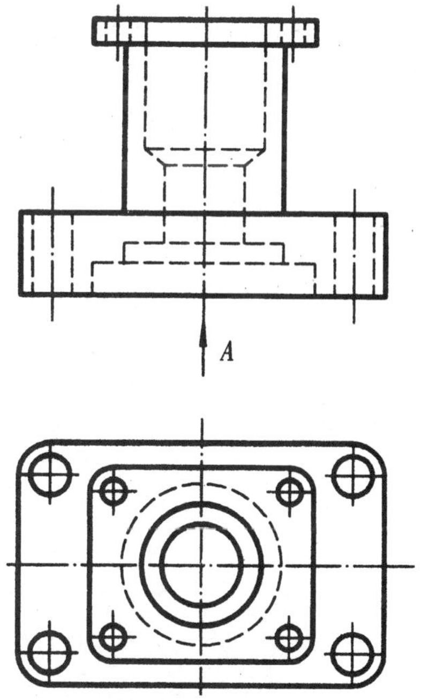

6-5 把主视图画成全剖视图。

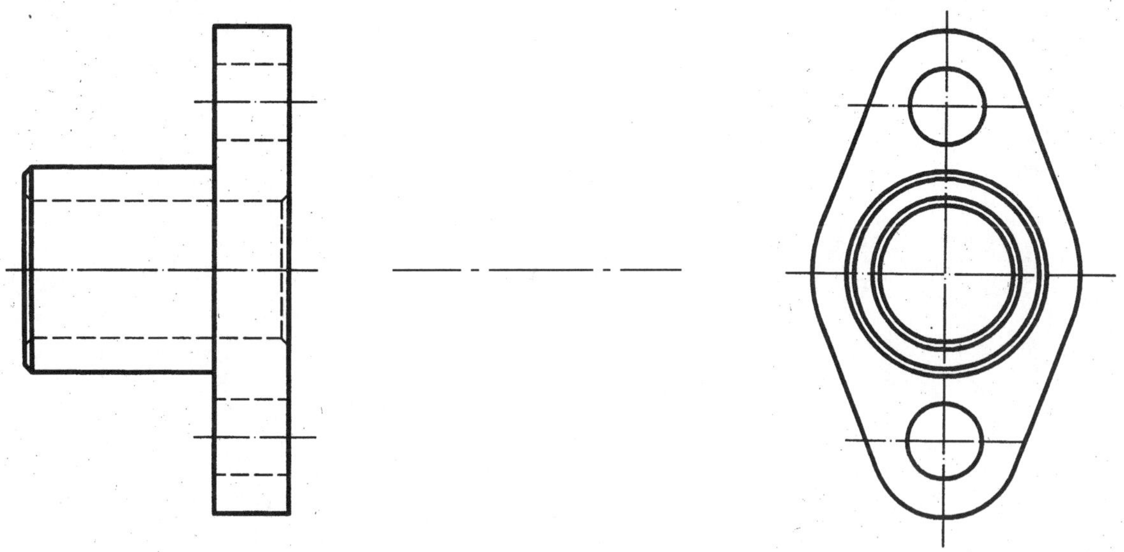

6-6 把主视图画成全剖视图。

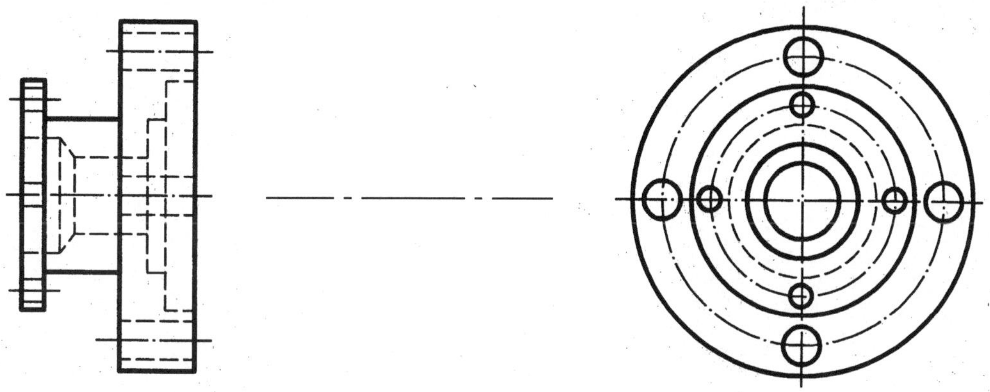

6-7 把主视图画成全剖视图。

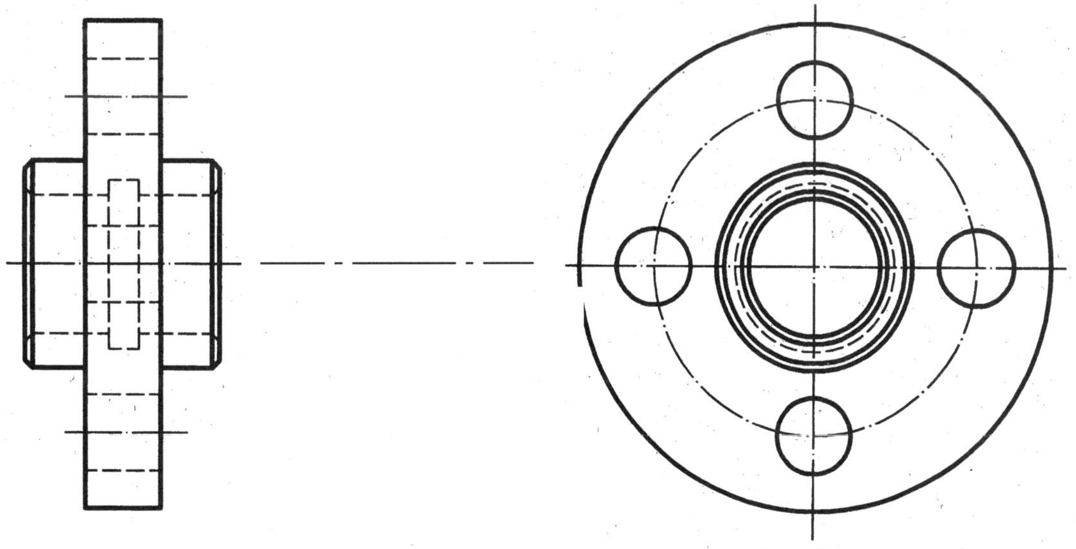

6-8 把主视图和俯视图均画成半剖视图。

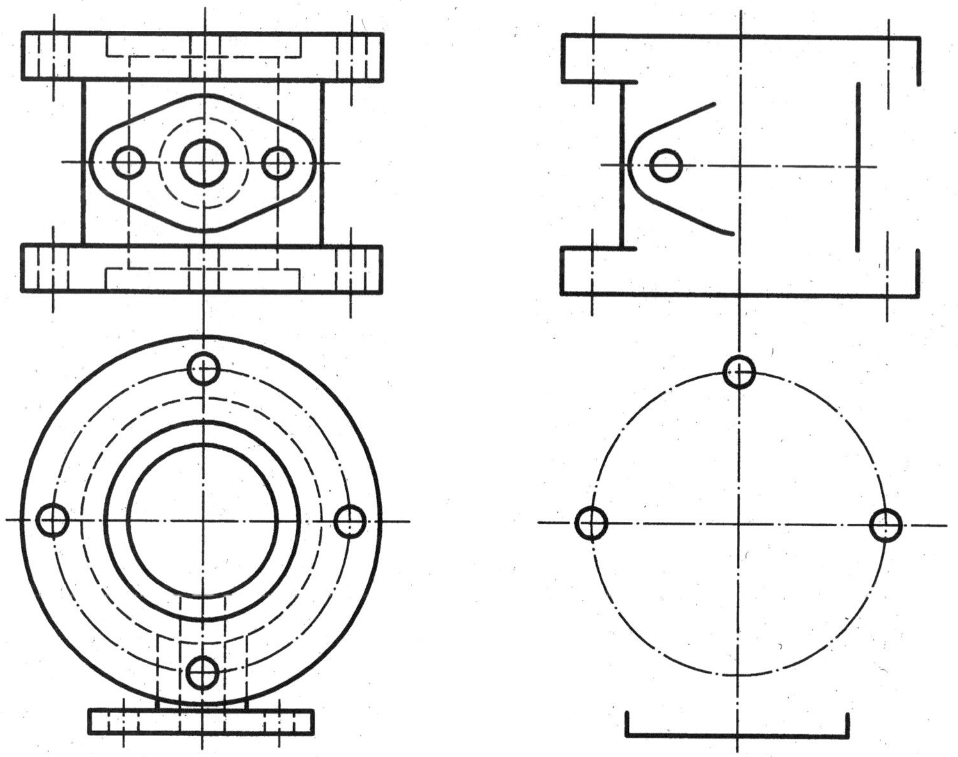

6-9 把主视图和俯视图均画成半剖视图。

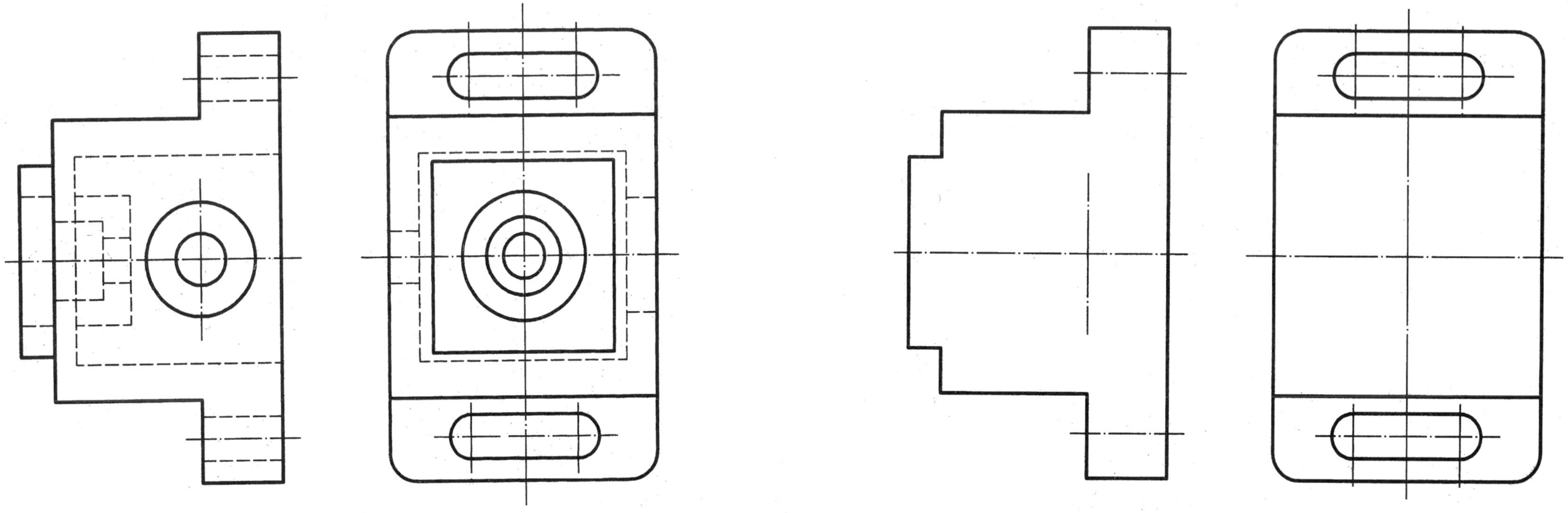

6-10 把主视图和俯视图画成半剖视图及局部剖视图。

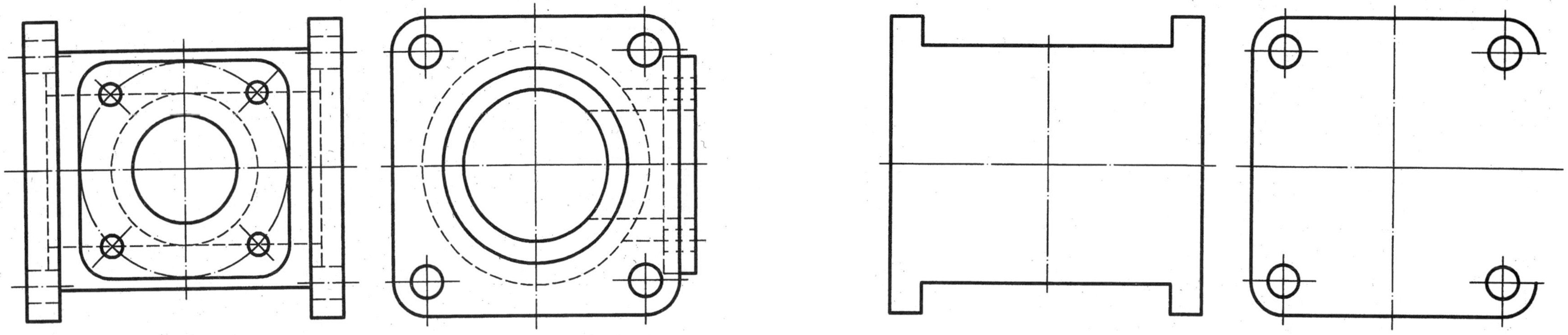

6-11 把视图改画成局部剖视图(不要的图线画“×”)。

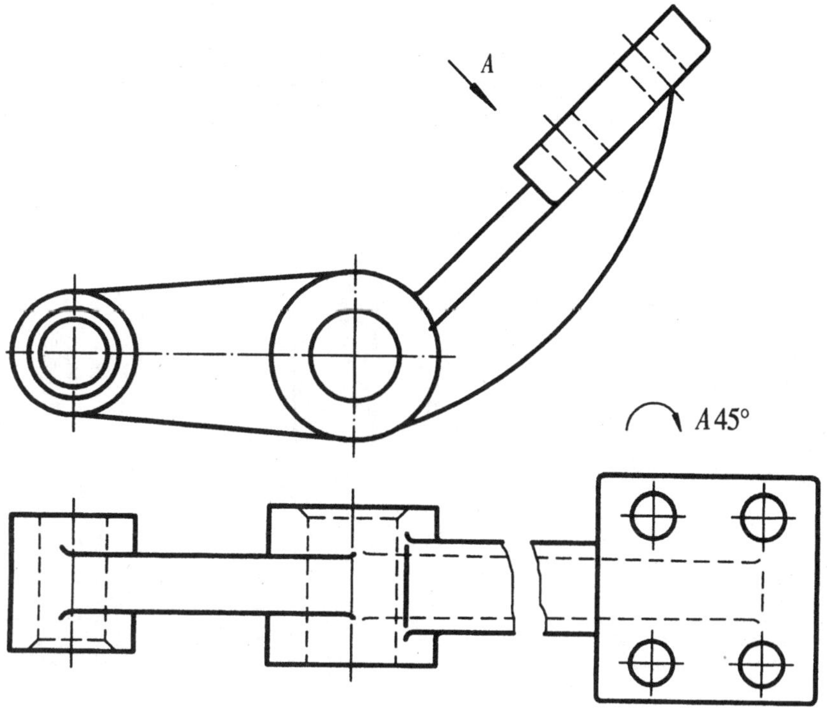

6-12 把主视图和俯视图均画成局部剖视图。

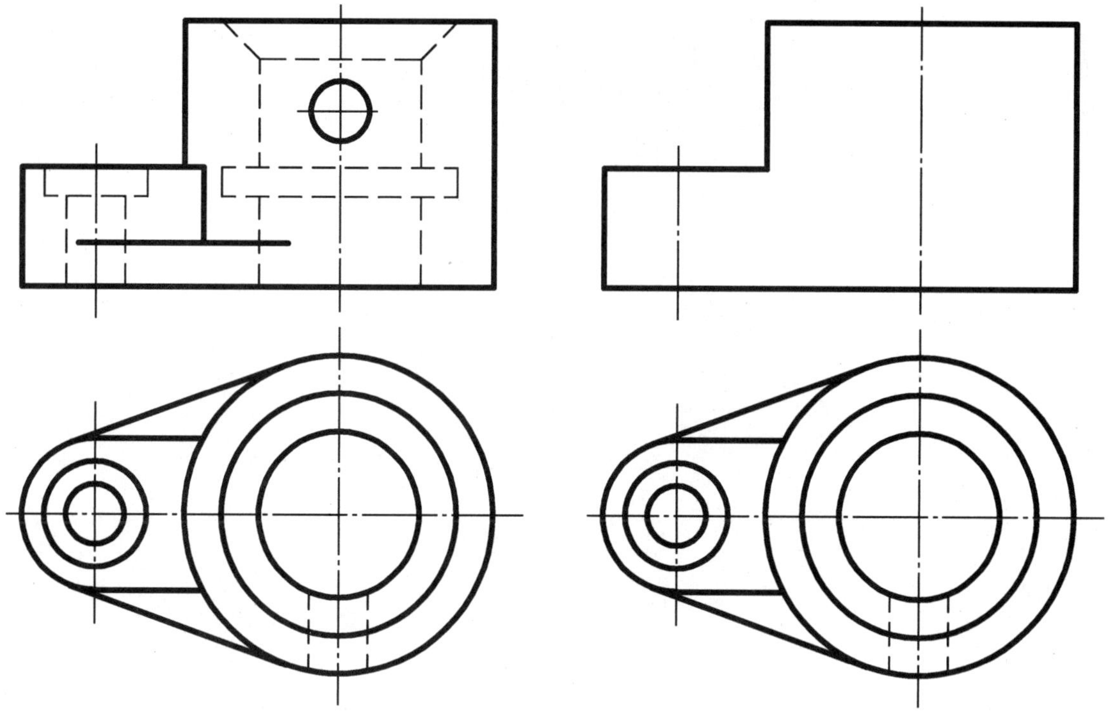

6-13 把主视图和俯视图画成局部剖视图。

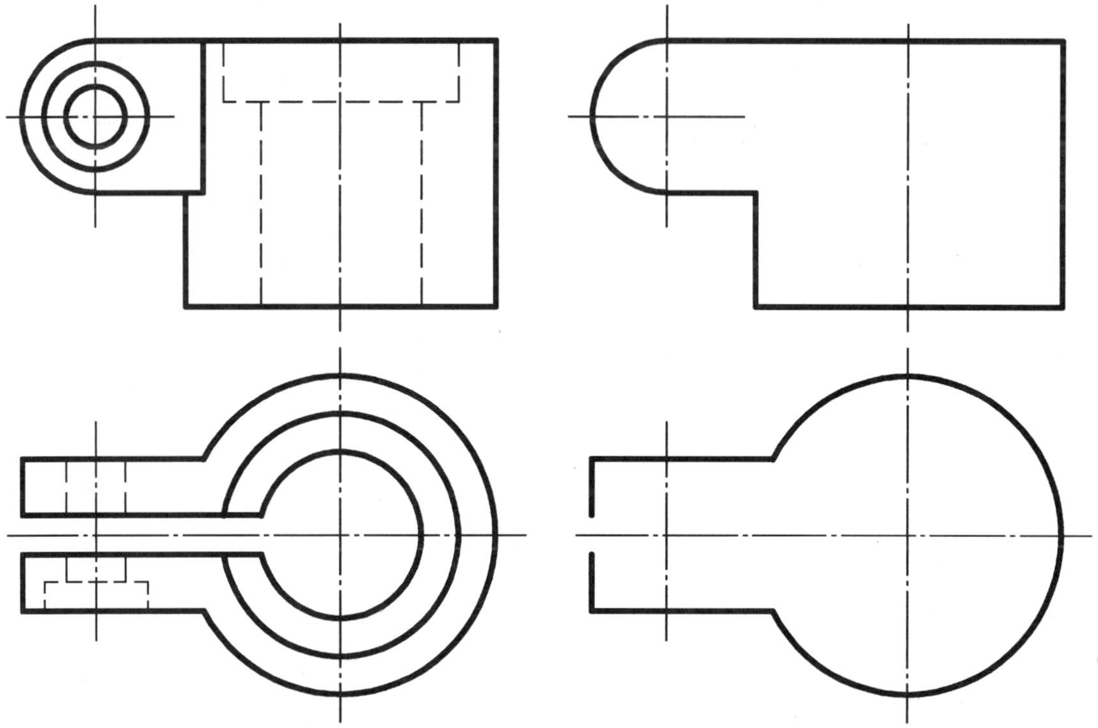

6-14 把视图画成局部剖视图。

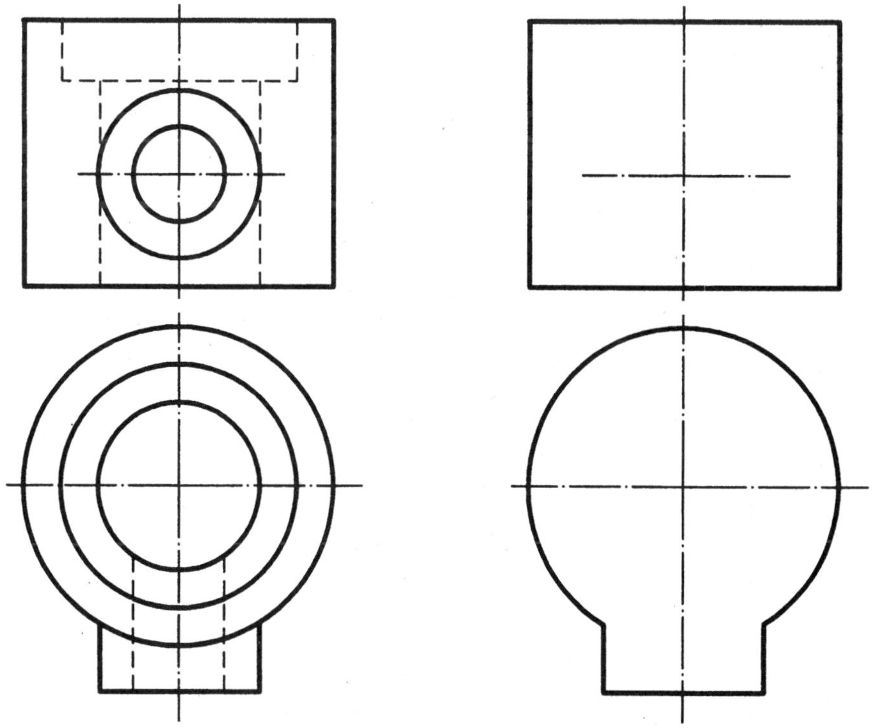

班级　　学号　　姓名　　审核

6-15 用两相交剖切面把左视图画成剖视图(画于右边)。

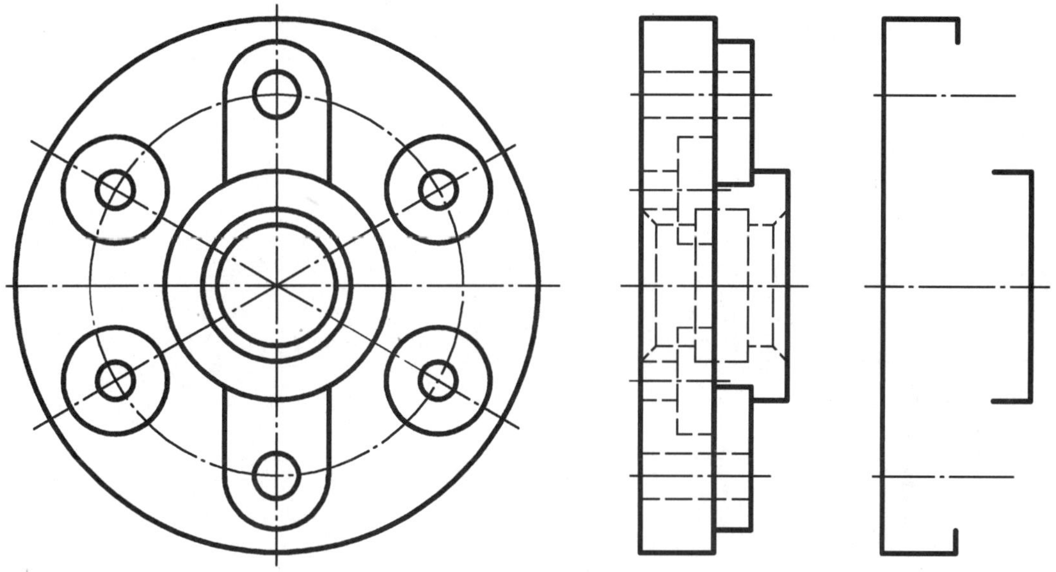

6-16 用两平行剖切面把主视图画成剖视图。

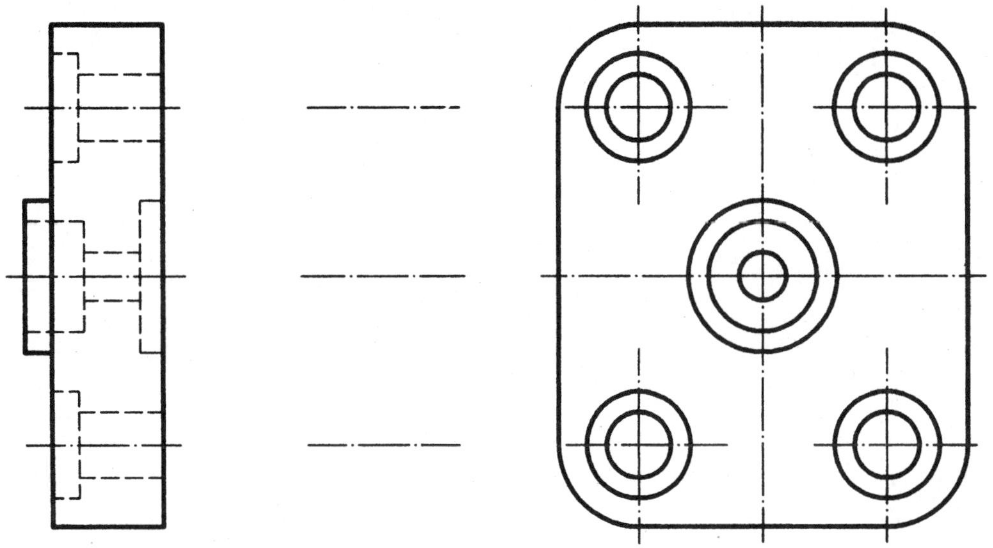

6-17 画 *A*-*A* 剖视图。

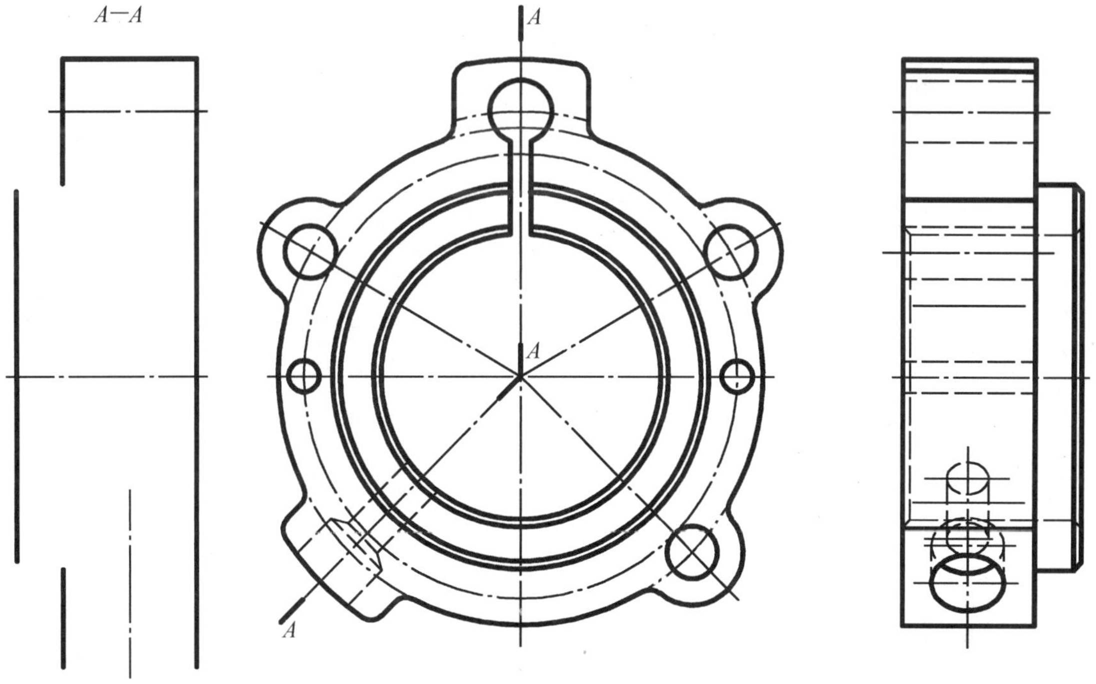

6-18 用平行剖切面把主视图画成剖视图。

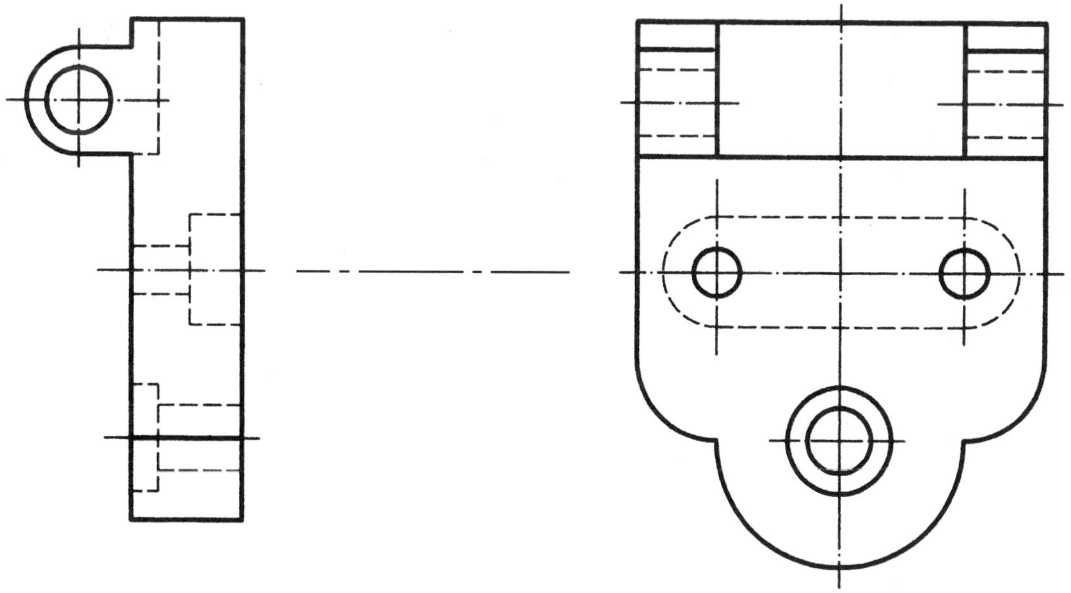

6-19 画 A-A 剖视图。

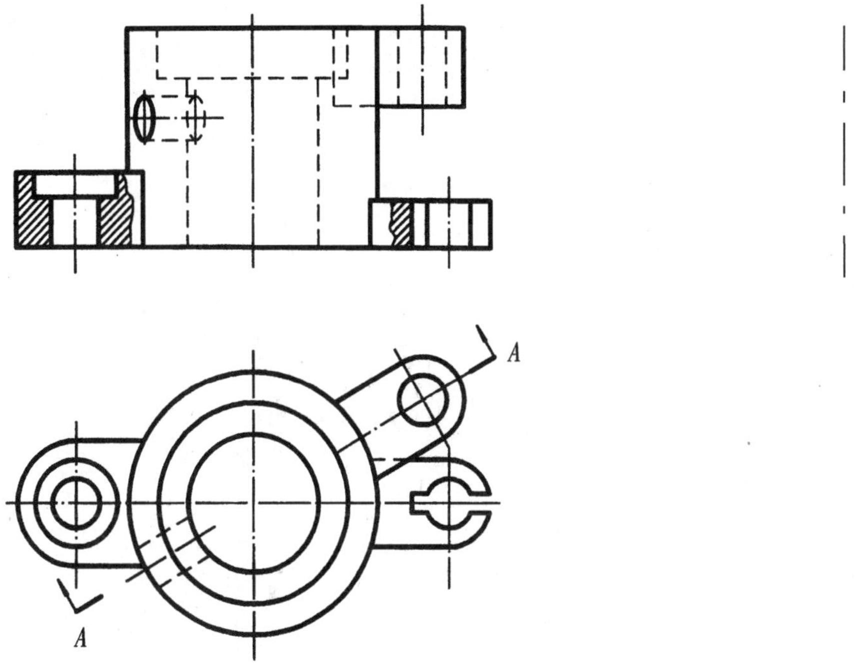

6-20 使用组合剖切面画剖视图。

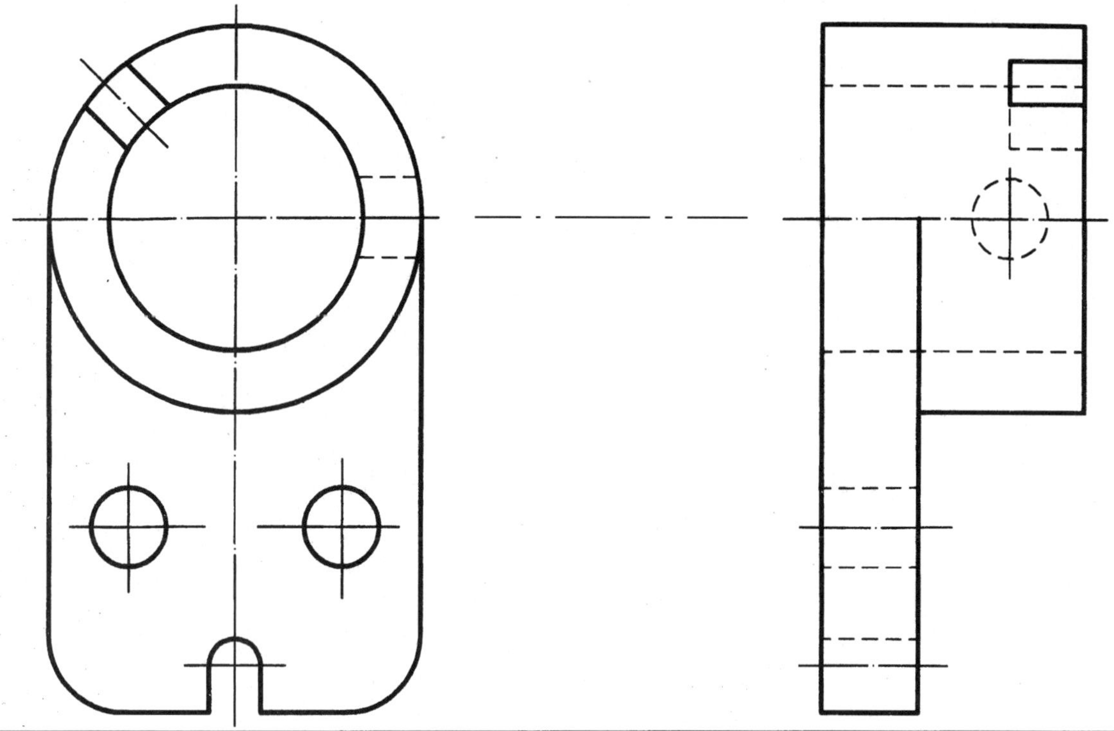

6-21 用组合剖切面把主视图画成全剖视图(六个小圆全为通孔)。

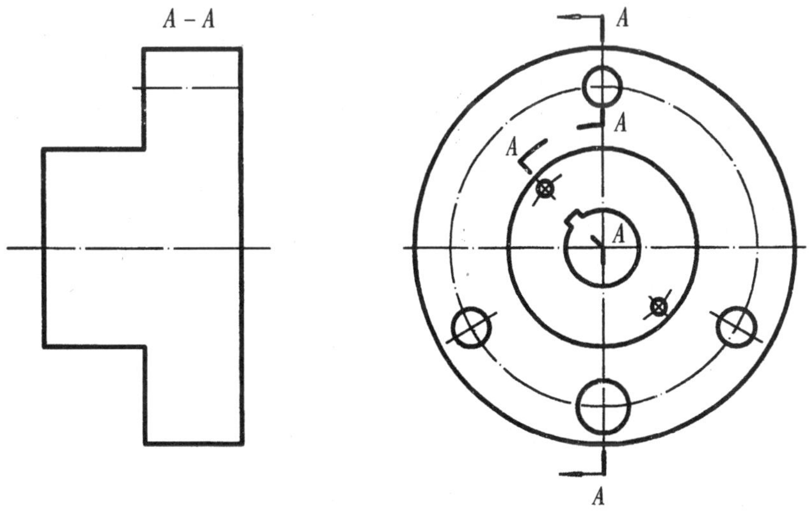

6-22 使用组合剖切面画剖视图。

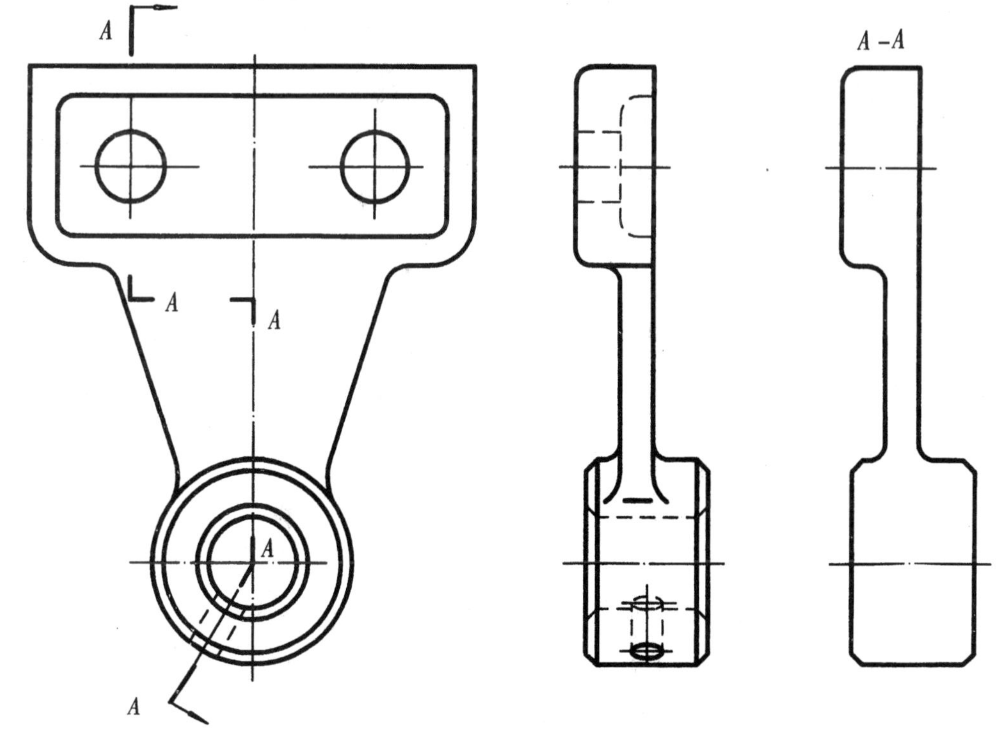

班级 学号 姓名 审核

6-23 把主视图画成局部剖视图，并画 A-A 断面图。

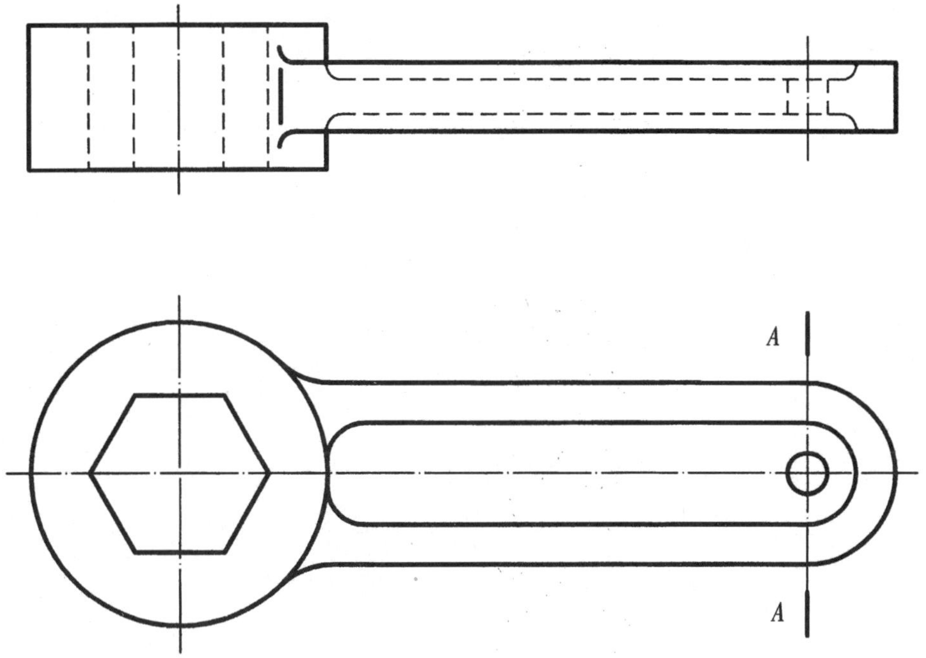

6-24 把主视图画成剖视图。

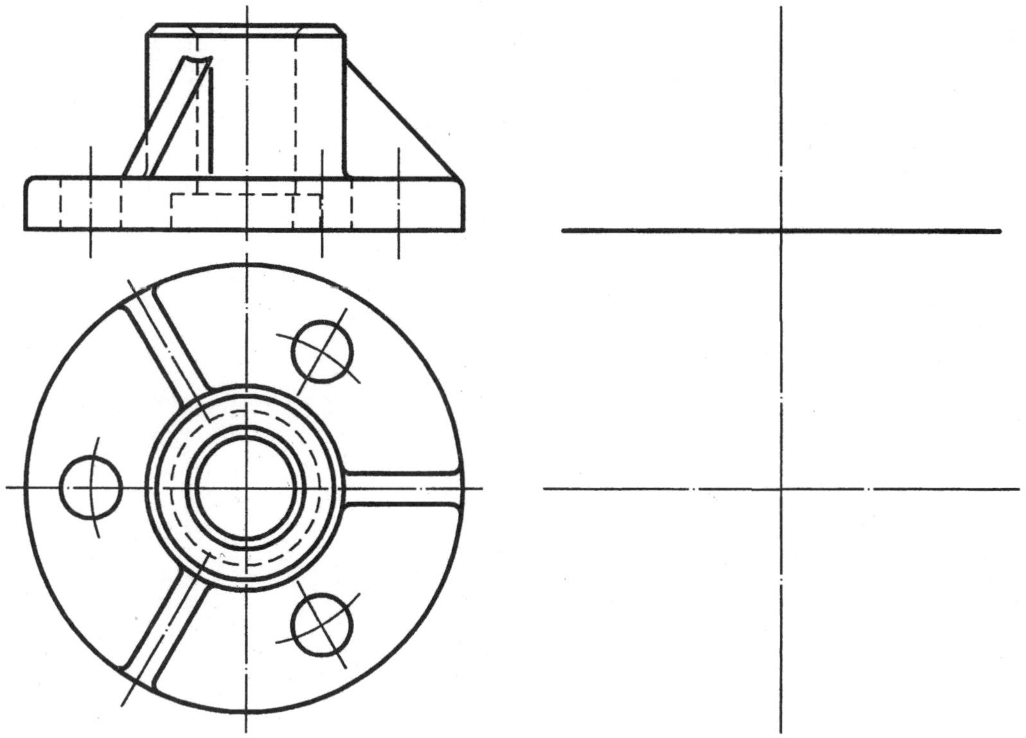

6-25 画 A-A、B-B 和 C-C 断面图及局部放大图。

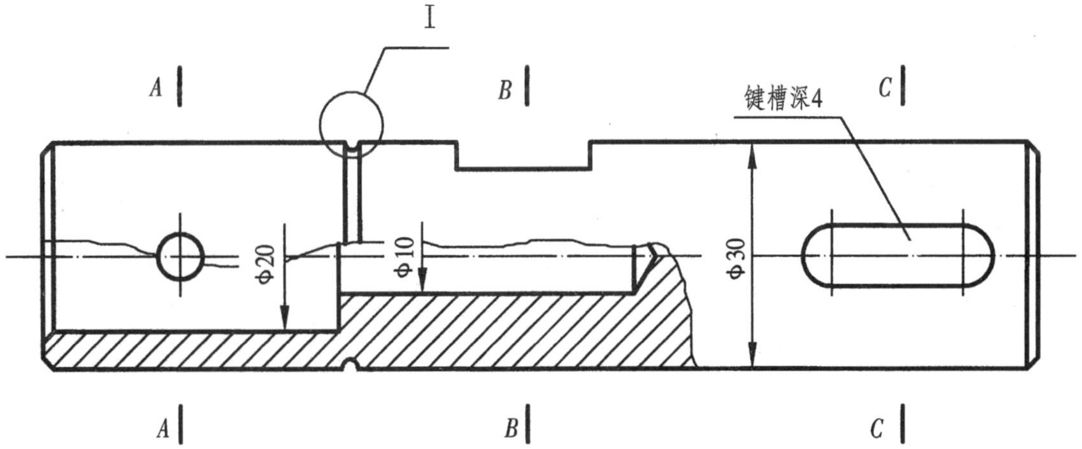

6-26 把主视图画成剖视图。

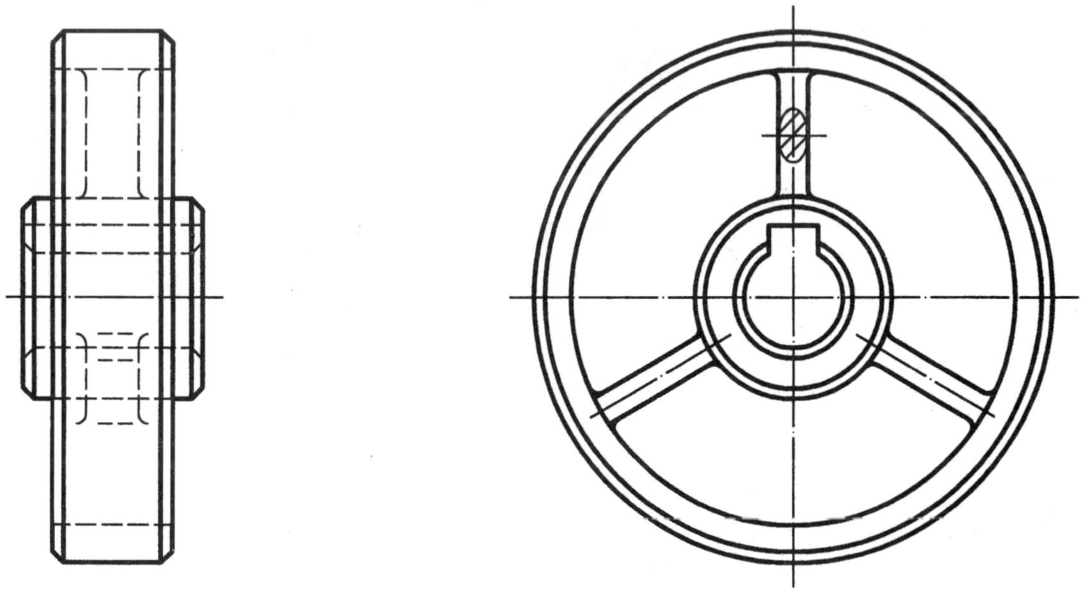

6-27 在A3幅面的图纸上，采用恰当的表达方法重新画出下图表达的机件的多面正投影图。并标注尺寸(按比例1：1量取)。

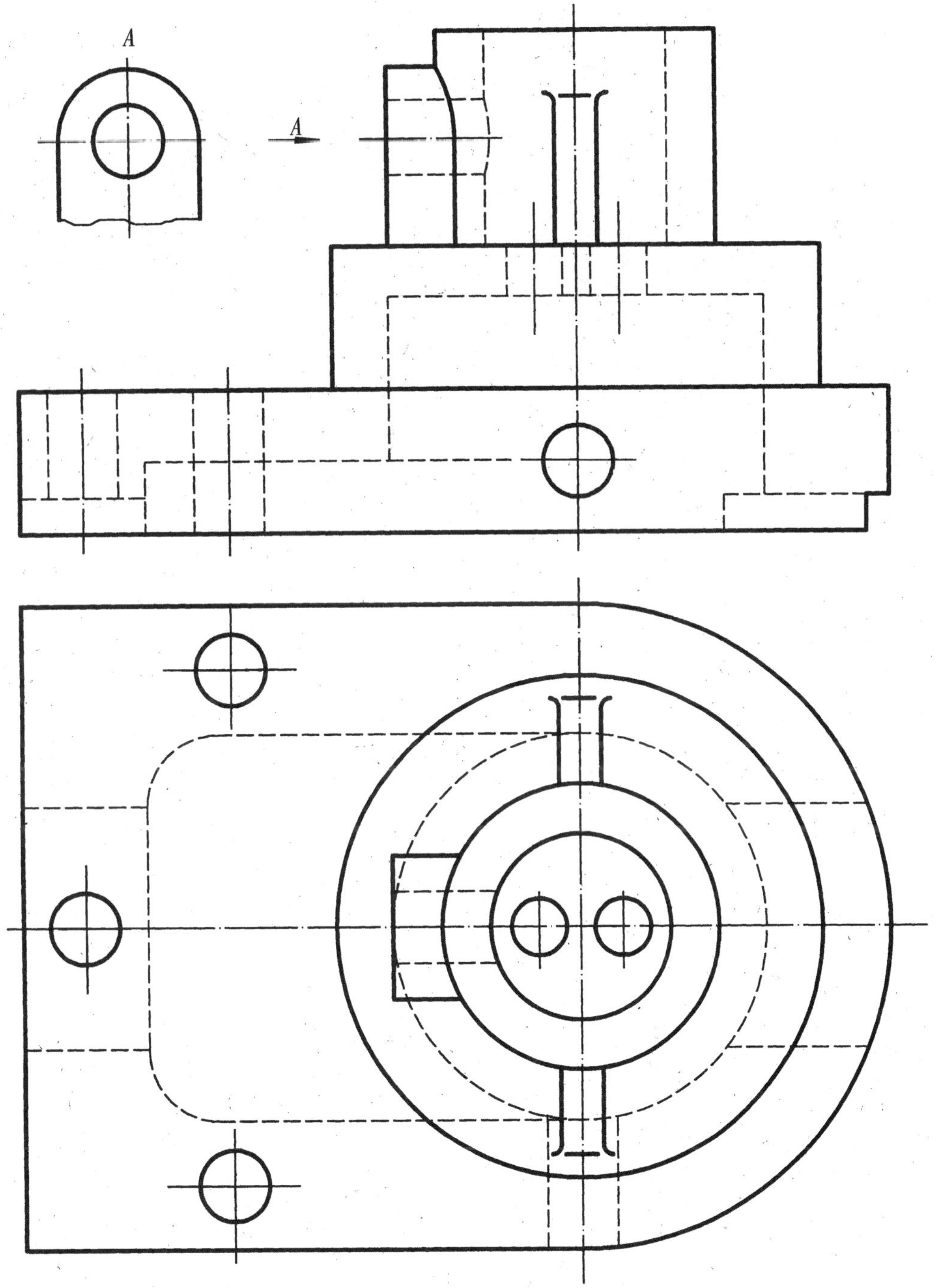

6-28 在A3幅面的图纸上，采用恰当的表达方法重新画出下图表达的机件的多面正投影图。并标注尺寸(按比例1：1量取)。

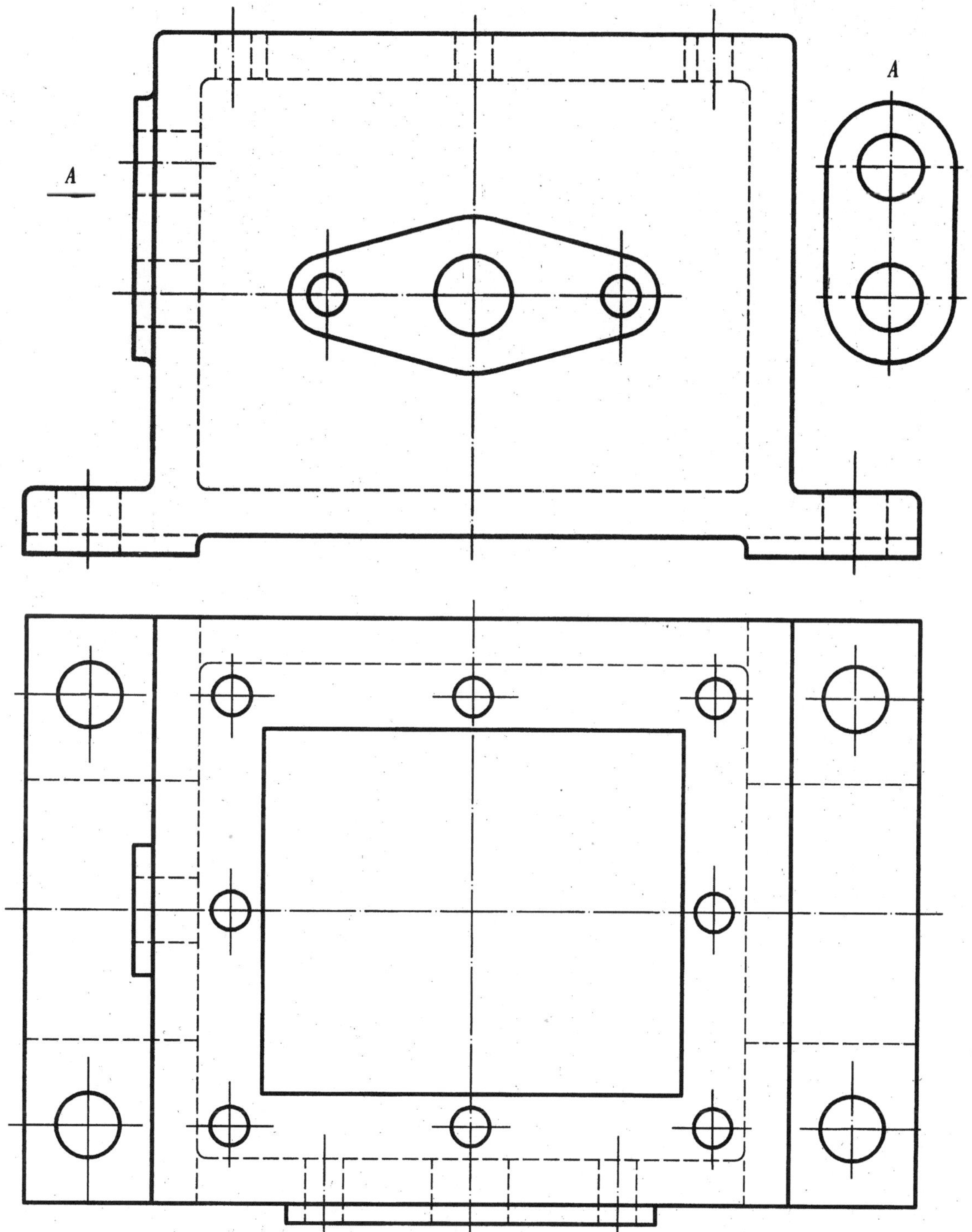

7-1 标注螺纹的标记。

(1)粗牙普通螺纹，大径为10，螺距为1.5，右旋，中径和顶径公差带代号为5g6g，中等旋合长度。

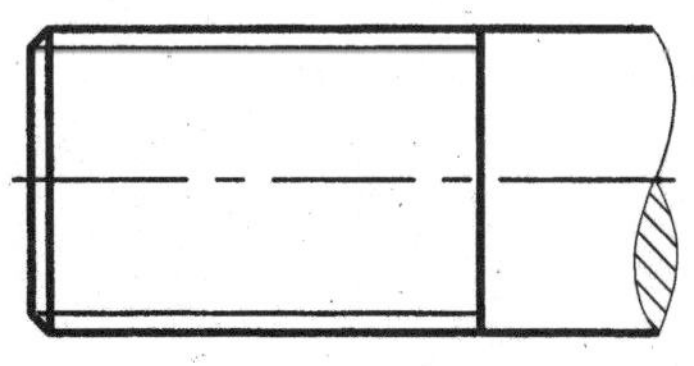

(2)梯形螺纹，公称直径为12，螺距为3，双线，左旋，中径公差带代号为7e，中等旋合长度。

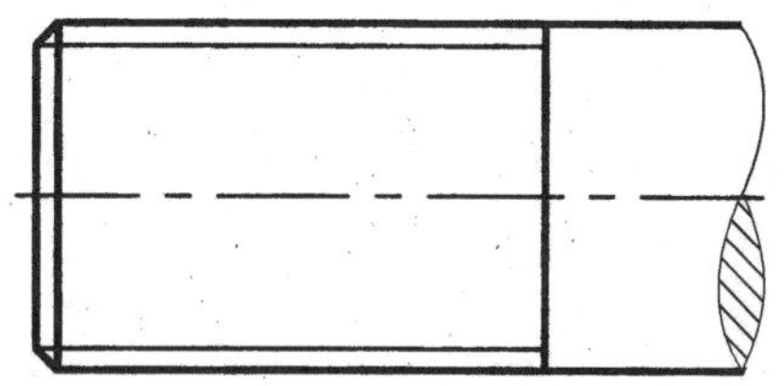

(3)细牙普通螺纹，大径为8，螺距为1，左旋，中径和顶径公差带代号相同，外螺纹为6f，内螺纹为7H。

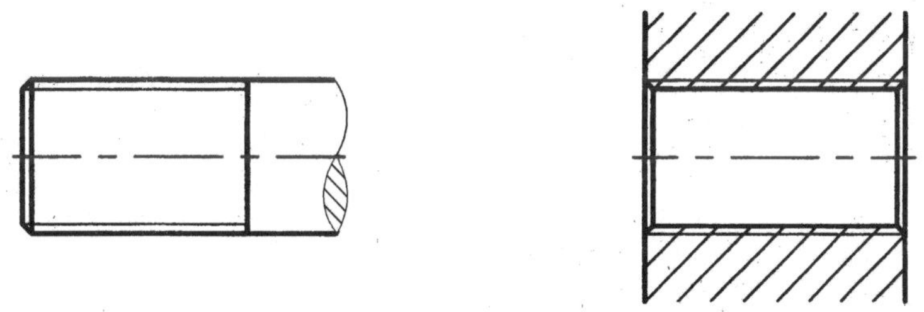

7-2 内、外螺纹及旋合画法。

(1)在$\phi 20$的圆杆左端，制出一段长为25 mm的粗牙普通螺纹，中径和顶径的公差带代号均为6g，倒角为C2.5。试画出螺杆的主、左视图（螺纹小径按0.85d绘制），并标注上述尺寸。

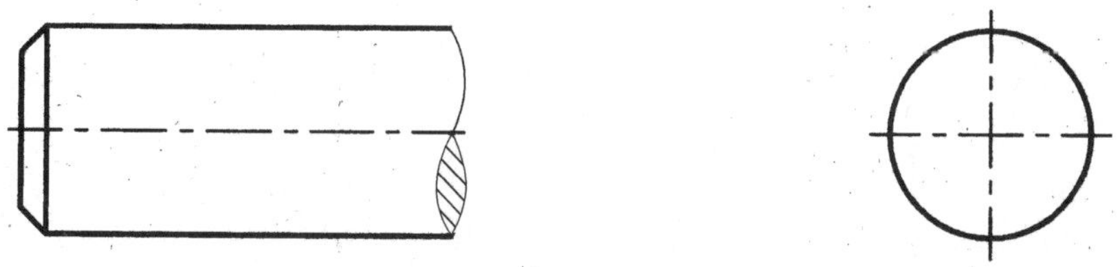

(2)已知零件左边制出一个粗牙普通螺纹的螺孔，公称直径为20 mm，中径和顶径的公差带代号均为6H，螺孔深度为30 mm，钻孔深度为42 mm。试画出螺孔的主、左视图（主视图采用全剖视图，左视图不剖，钻孔直径按0.85d绘制），并标注上述尺寸。

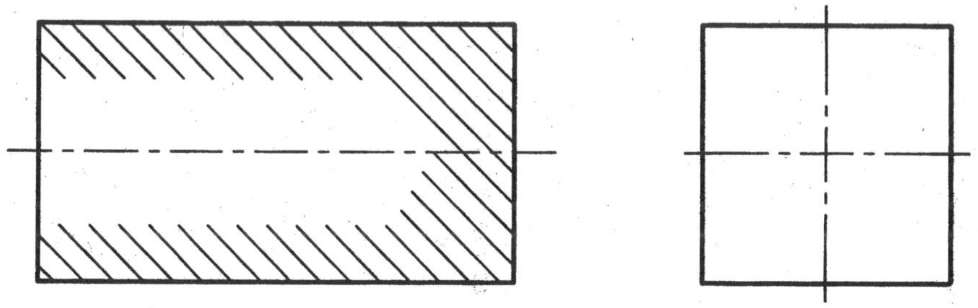

(3)将题(1)、(2)的螺杆和螺孔画成连接图，它们的旋合长度为20 mm，主、左视图采用全剖视图。

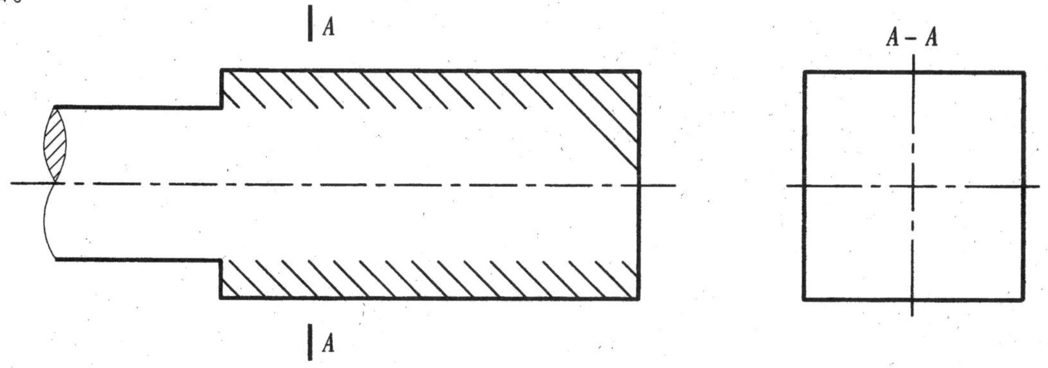

7-3　以螺栓 GB/T5782—2000—M16×L 连接两零件，用比例画法画出螺栓连接的主、俯视图（按 1:1 画出）。在右下方写出螺栓标记（应计算并查表取标准值）。

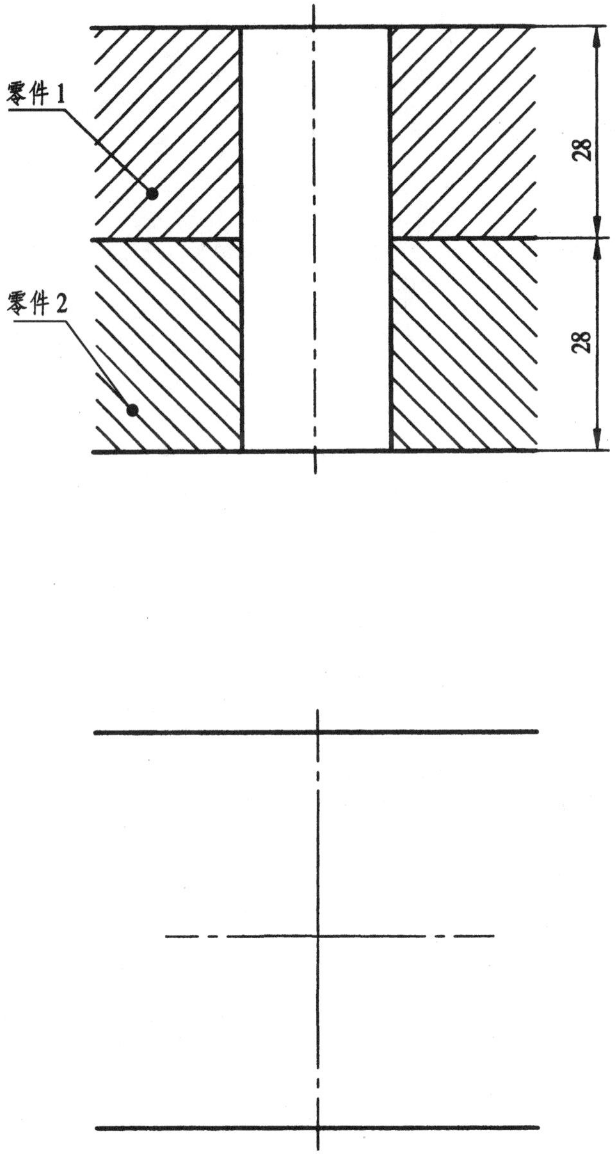

7-4　以螺柱 GB/T898—1988—M16×L 连接两零件，用比例画法画出螺柱连接的主、俯视图（按 1:1 画出）。在右下方写出螺柱标记（应计算并查表取标准值）。

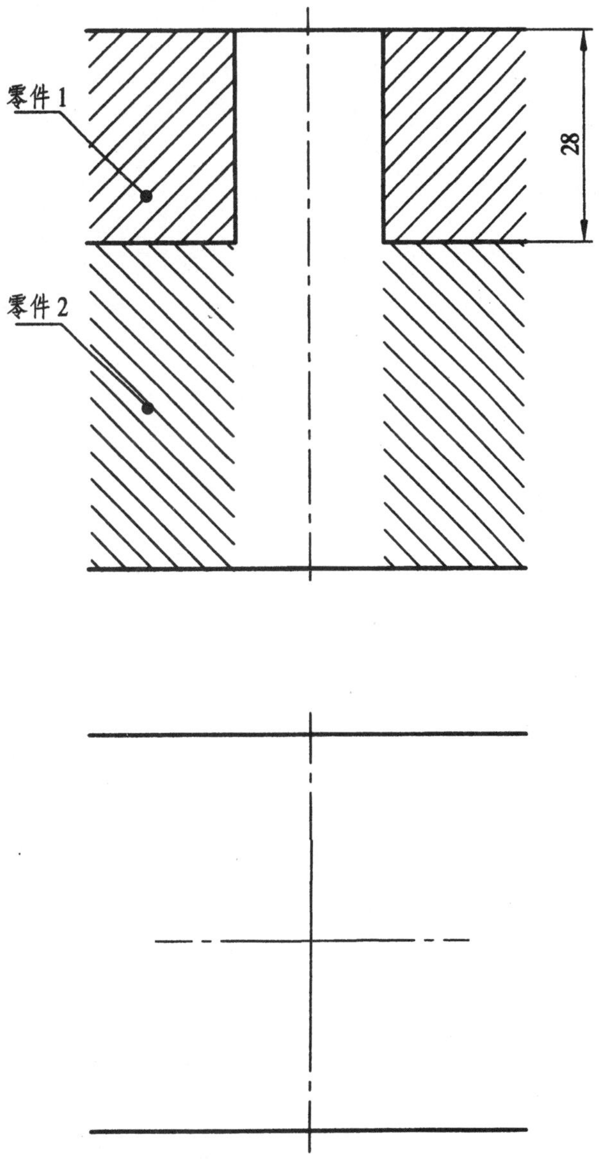

7-5　以螺钉 GB/T65—2000—M8×L(旋入深 1.25d) 连接两零件，画出螺钉连接的主、俯视图（螺纹件的尺寸均从表格上查取，按 2:1 画出）。在右下方写出螺钉标记（应计算并查表取标准值）。

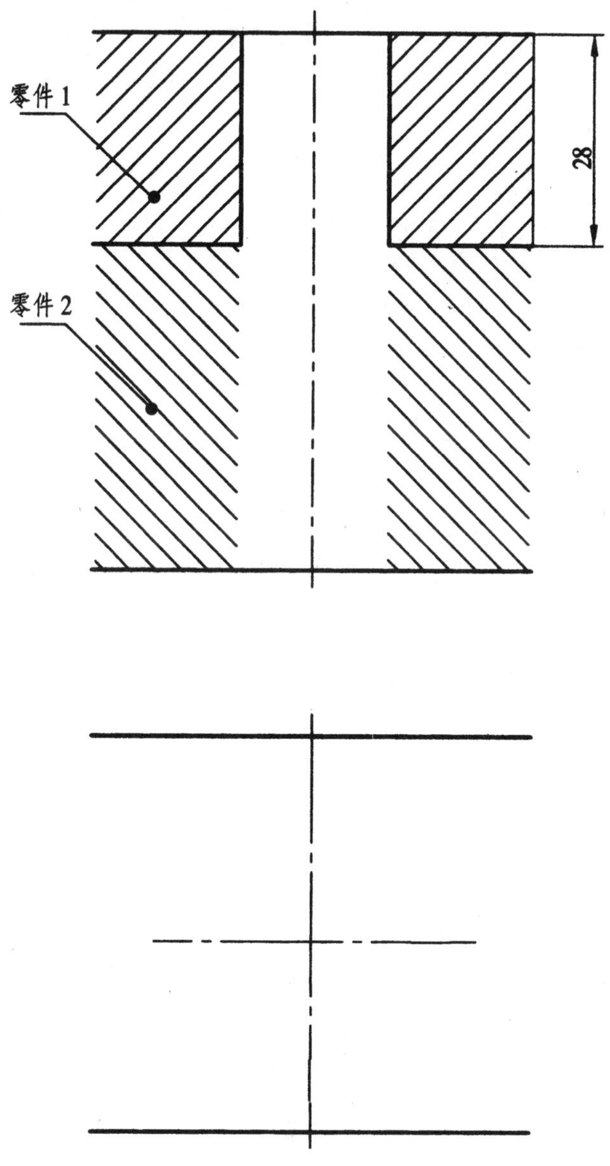

7-6 用A型普通平键联结轴和齿轮，根据孔径查表选用键。已知键的长度为40，写出键的规定标记。完成轴、孔及装配图相应的键槽和键联结部位的图形，并标注键槽的尺寸。

键的规定标记＿＿＿＿＿＿＿＿

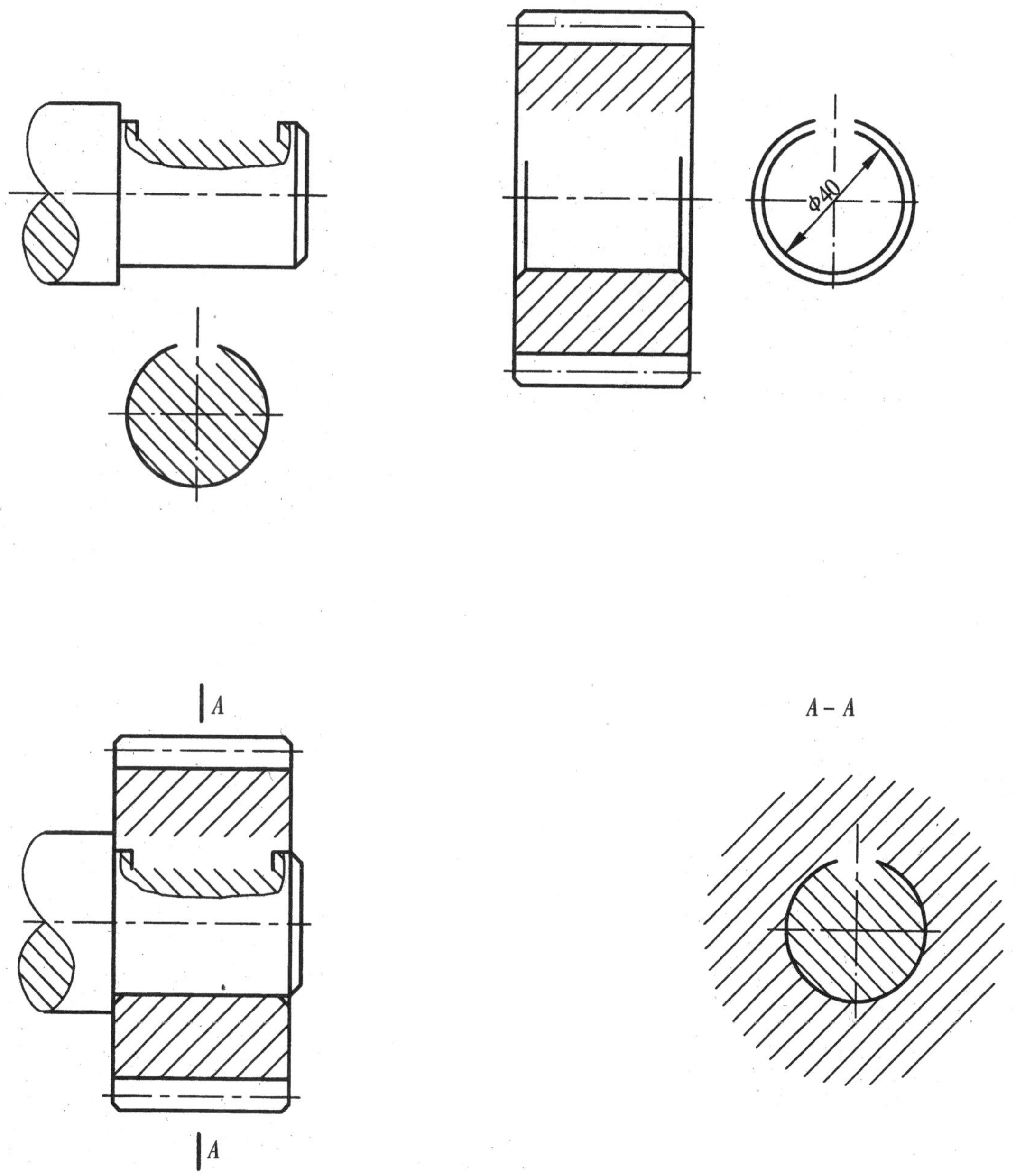

7-7 已知两直齿圆柱齿轮模数 $m=4$，齿数 $Z_1=17$，$Z_2=20$，齿宽25。两轴孔开平键槽。请完成啮合的两视图。(主视图全剖)(下方一个齿轮齿数为20)

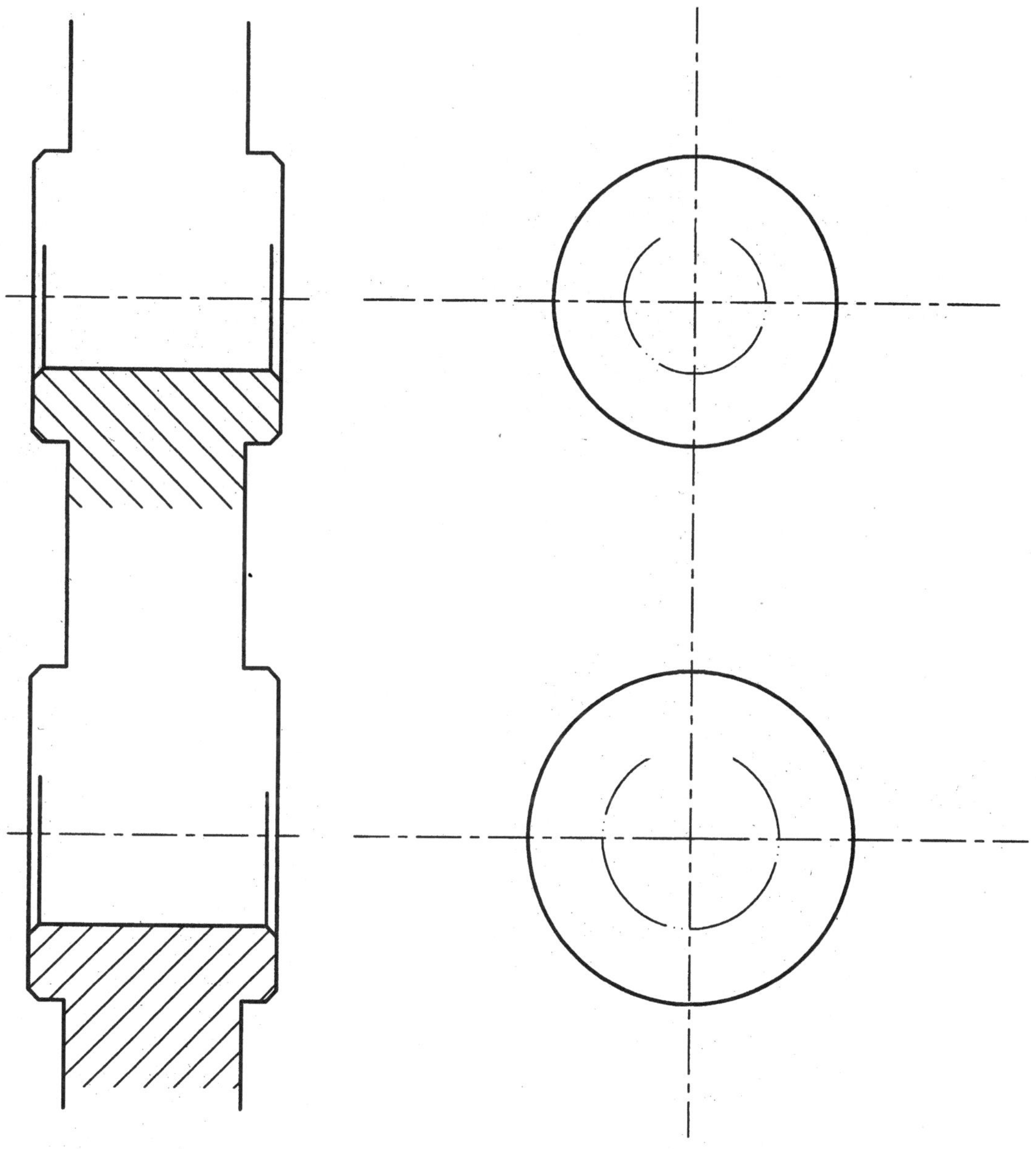

7-8　圆柱螺旋压缩弹簧外径 $D=80$ mm，节距 $t=16$ mm，簧丝直径 $d=8$ mm，有效圈数 $n=8$，支承圈数 $n_2=2.5$，右旋。画出弹簧的全剖视图（比例为 1∶1）。

7-9　请按规定画法绘制轴承 6309。

7-10　请按规定画法绘制轴承 32211。

班级　　学号　　姓名　　审核

8-1 据给定的表面粗糙度值,在视图中标注相应的表面粗糙度代号。

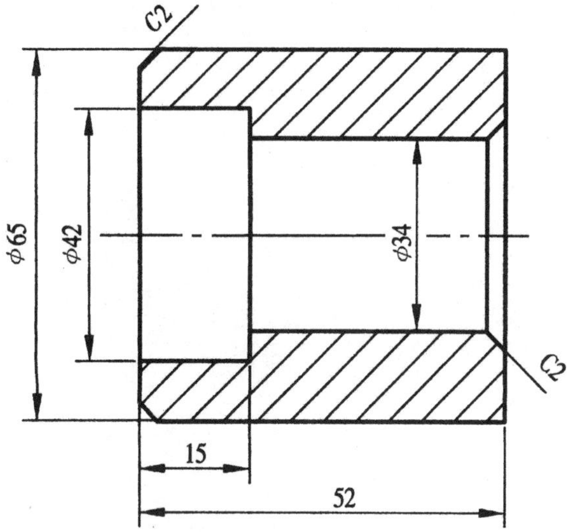

表面	表面粗糙度代号
φ65 圆柱面	Ra6.3
φ42 圆柱面	Ra3.2
φ34 圆柱面	Ra1.6
左端面	Ra6.3
右端面	Ra6.3
其余	Ra12.5

8-2 据右图给定的配合尺寸,完成下面练习:

(1)说明配合尺寸φ35H7/g6 的含义:

① φ35 表示________________;

② g 表示__________________;

③ 6 和 7 分别表示________________;

(2)分别在轴和孔上标注基本尺寸及极限偏差数值。

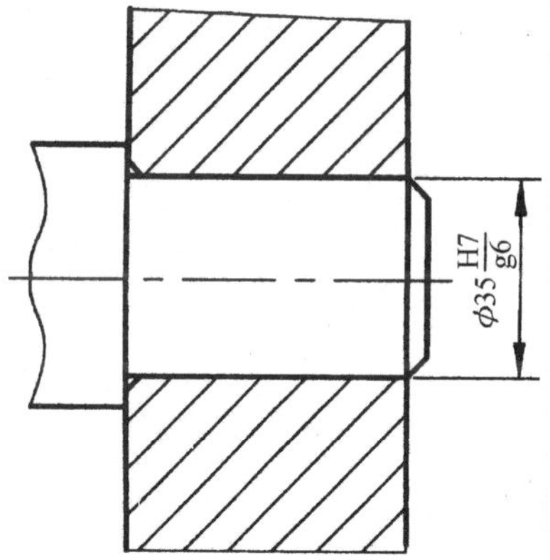

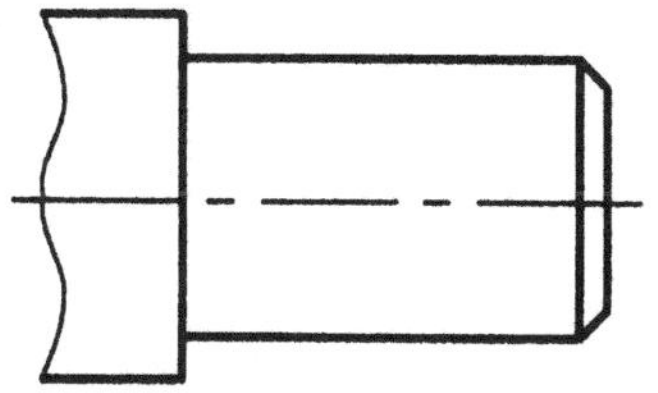

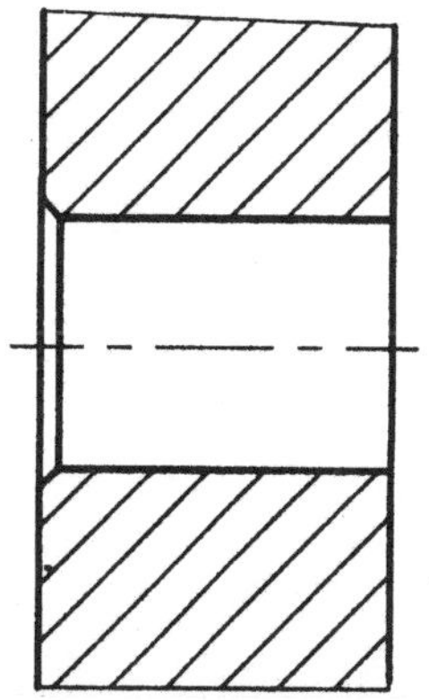

8-3 读懂零件图,并完成下列要求。

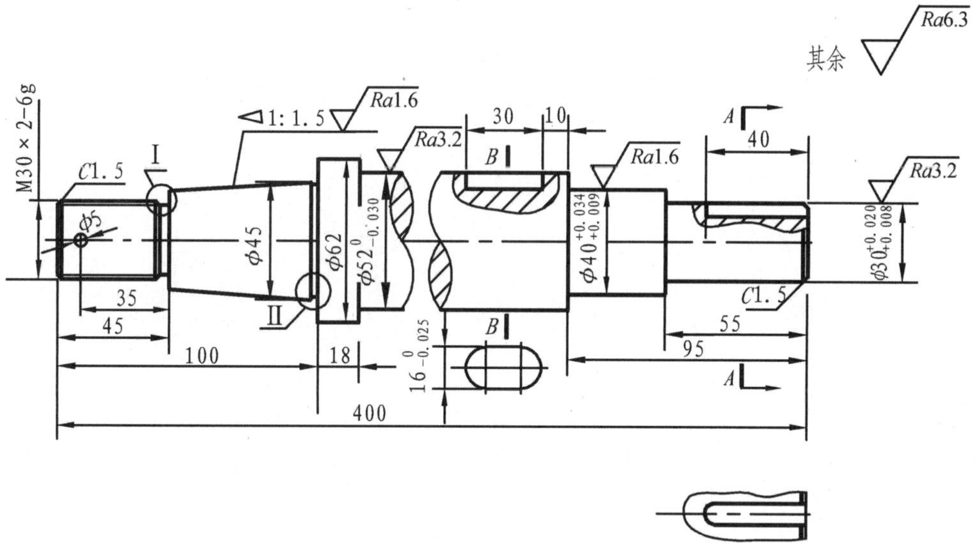

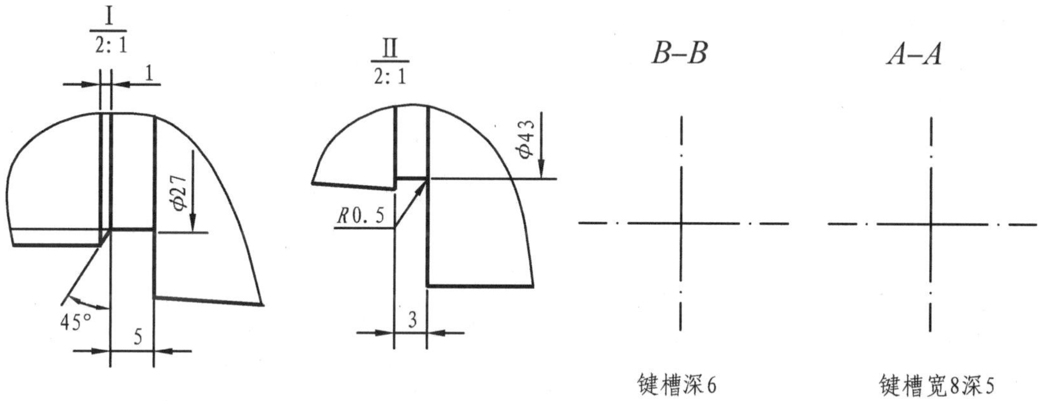

(1) $φ52^{0}_{-0.030}$ 的最大极限尺寸是________,最小极限尺寸是________,公差是________。

(2) M30×2-6g 表示___牙______螺纹,公称直径______,螺距______,中径和大径公差带代号是______。

(3) φ62 和M30×2-6g表面的表面粗糙度要求分别是________和________。

(4) 画出两处键槽的移出断面图并标注尺寸。

8-4 读懂衬套零件图，画出 *A*-*A* 半剖视图，查出 ϕ100 k6 的上偏差和下偏差，填于括号内。

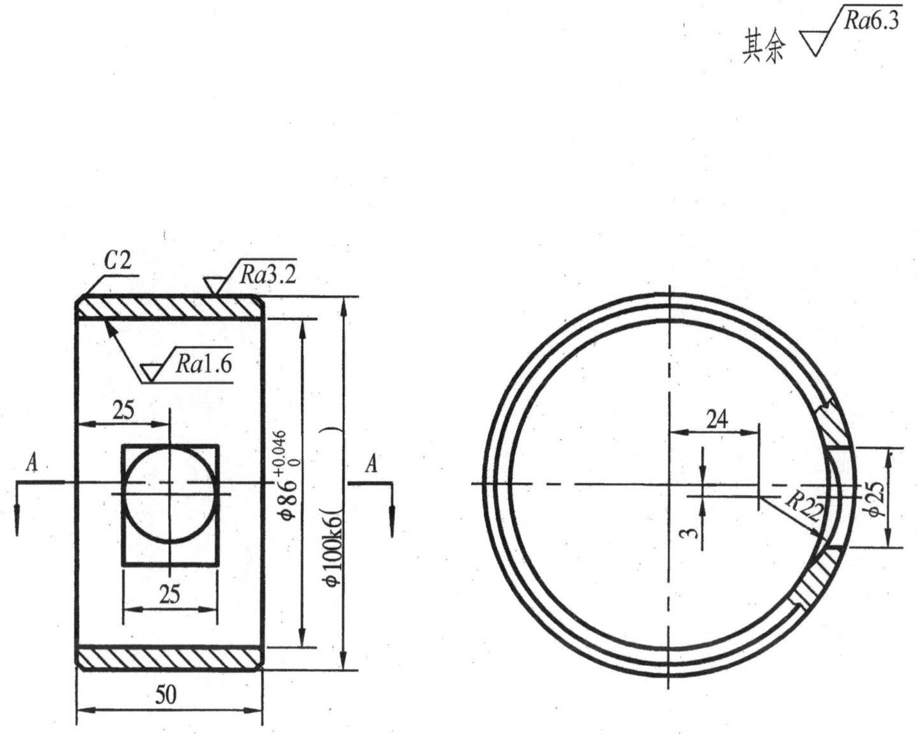

衬　　套			比例	1:1
			数量	1
制图			重量	
审核			材料	HT200

8-5 读懂泵体零件图并画出 *C*-*C* 半剖视图。

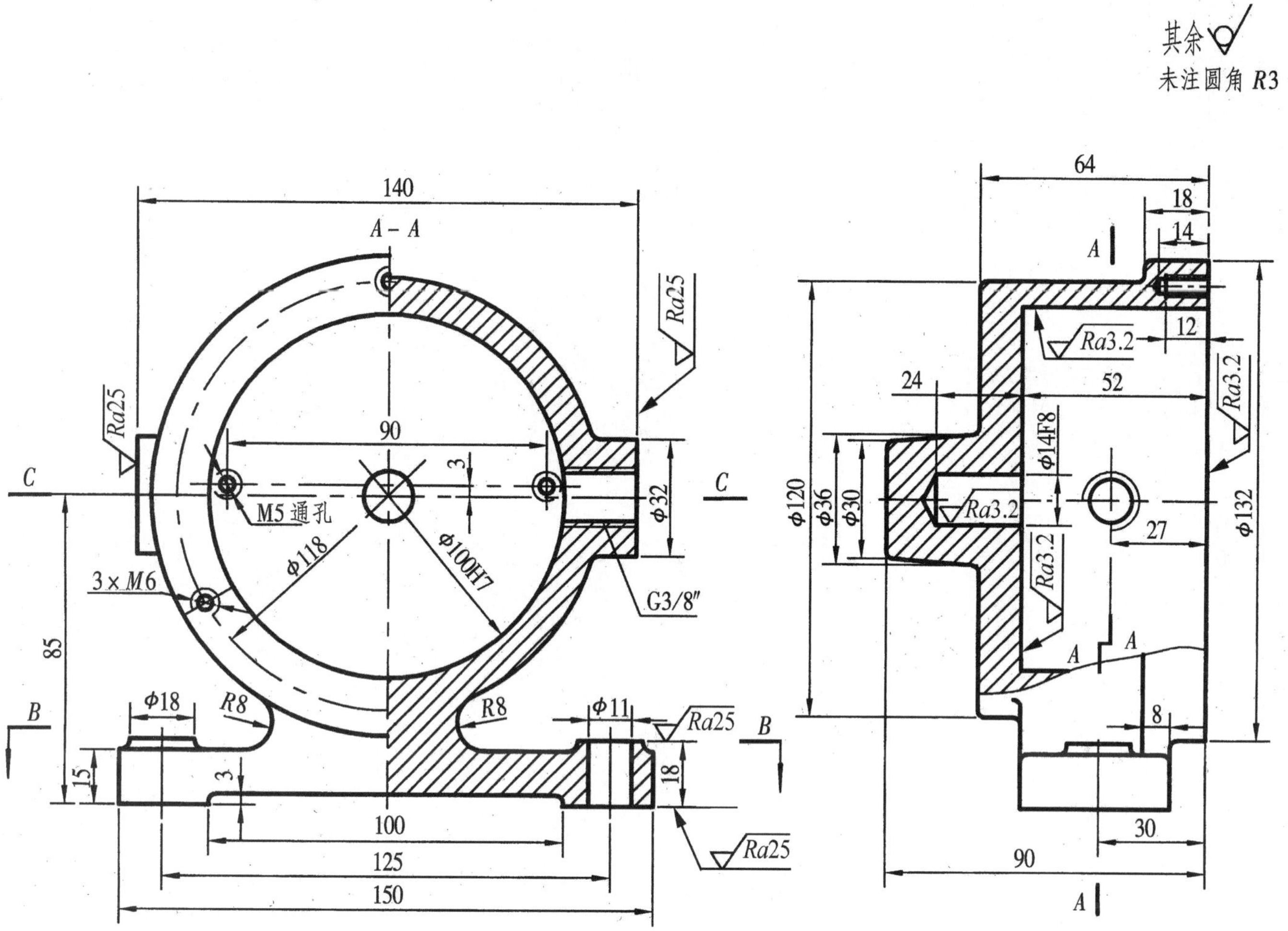

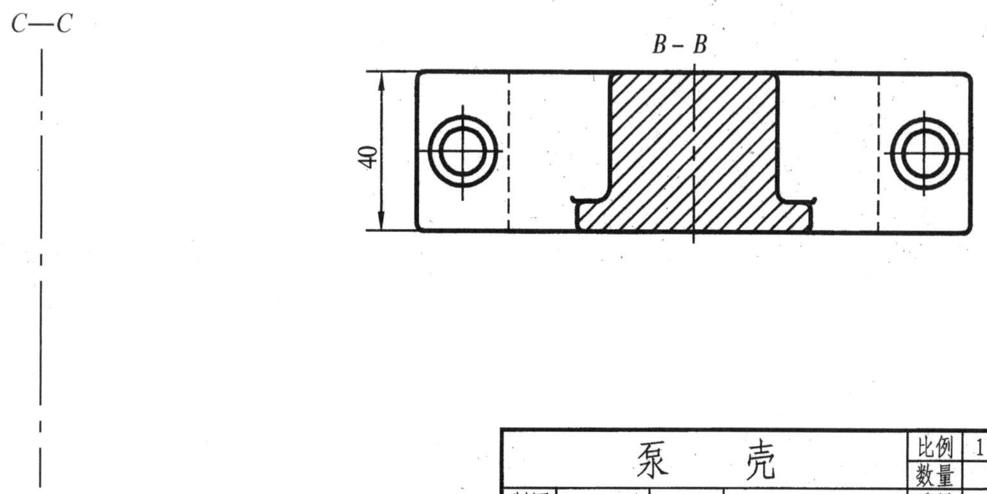

泵　　壳			比例	1:1
			数量	1
制图			重量	
审核			材料	HT200

8-6 绘制轴的零件图。(退刀槽尺寸查表给出,键槽居轴段中)

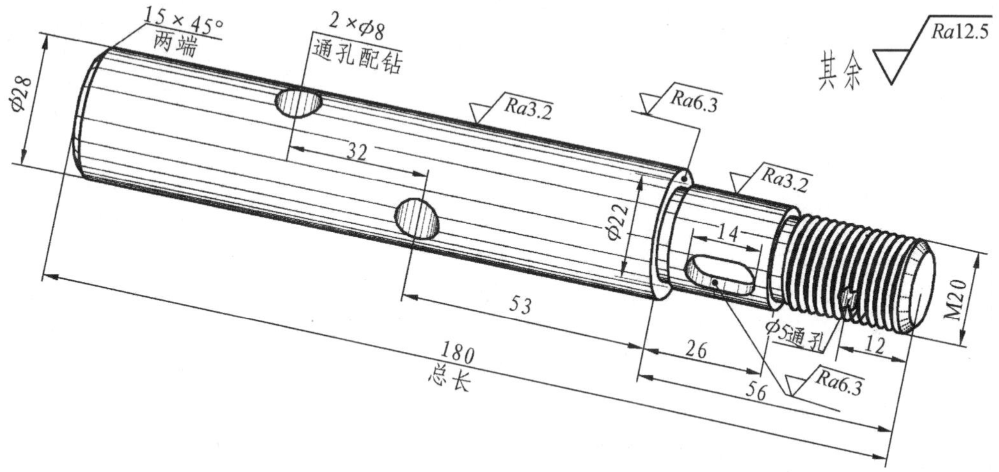

8-7 绘制盖的零件图。

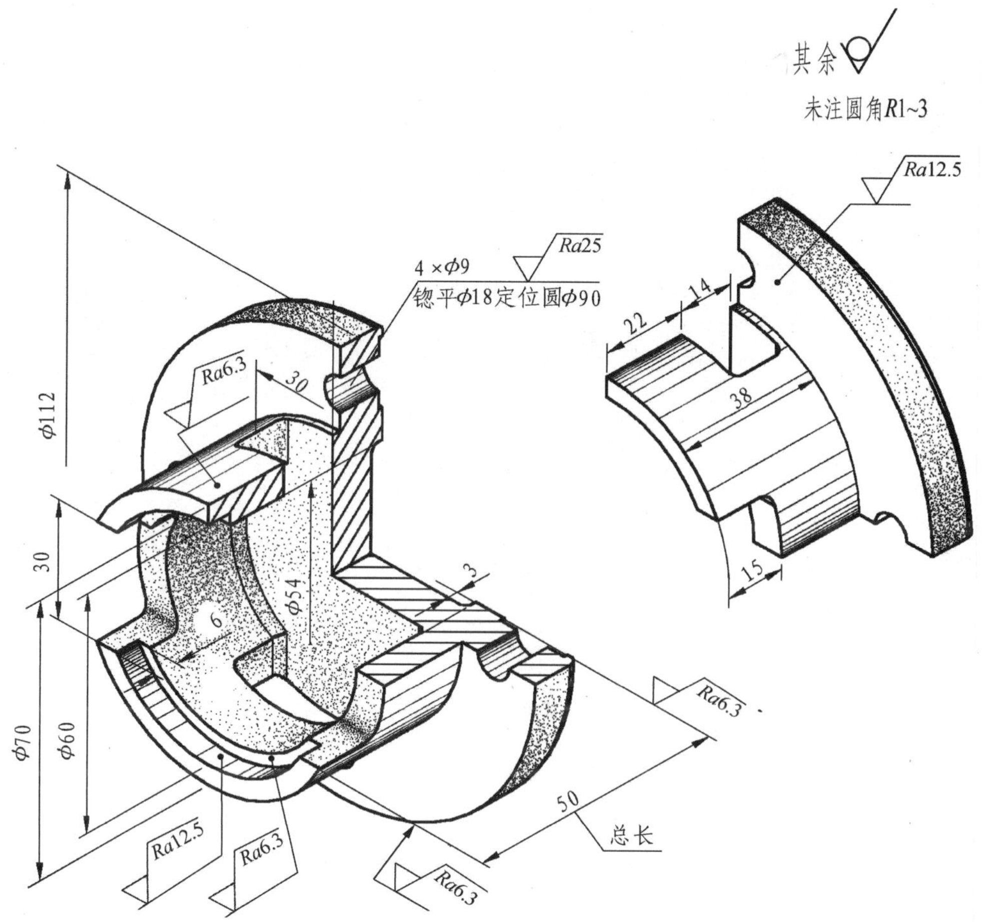

9－1 根据定位器装配示意图和零件图画装配图（比例 2∶1，A4 图幅，图号 9－1－00）。（注：零件图位于本页及 51 页）

工作原理

定位器安装在仪器箱体内壁上，用于固定零件的位置。工作时定位轴的一端插入被固定零件的孔中。拉手右拉将定位轴从孔中拉出后，则可变换零件的位置。放松拉手后，则弹簧推动定位轴左移再次固定工件。（套筒与支架采用铆合装配）。

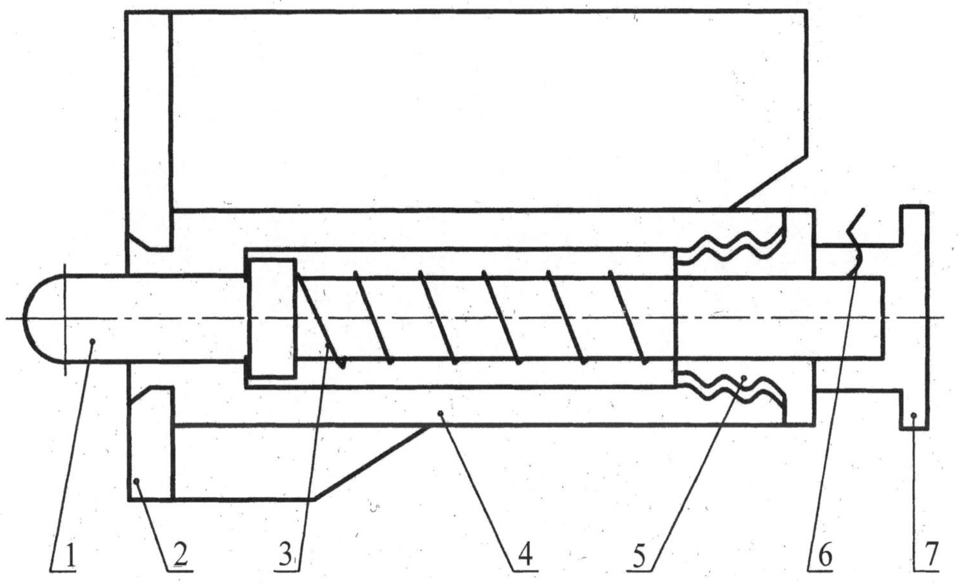

序号	零件名称	数量	材料	备注
7	拉手	1	酚醛层压板	GB73-1985
6	螺钉	1	35	
5	螺母	1	35	
4	套筒	1	35	
3	弹簧	1	60Mn	
2	支架	1	35	
1	定位轴	1	45	

定位器		比例	
		共 张 第 张	
制图		9-1	
审核			

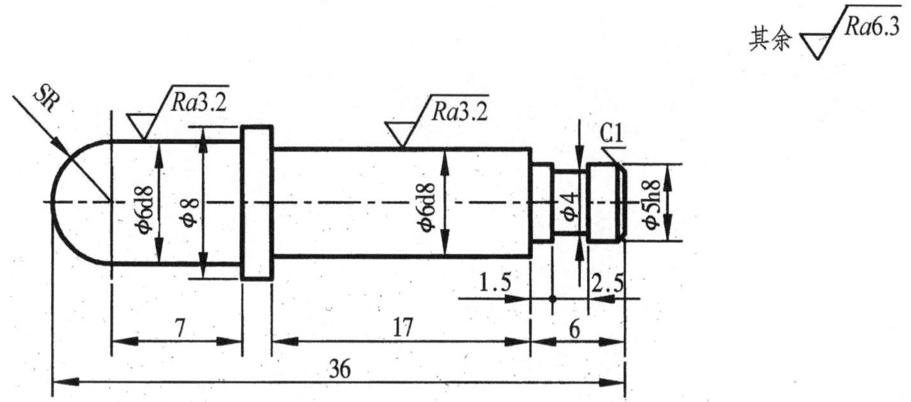

定位轴	比例	2:1
	数量	1
制图	重量	
审核	材料	45

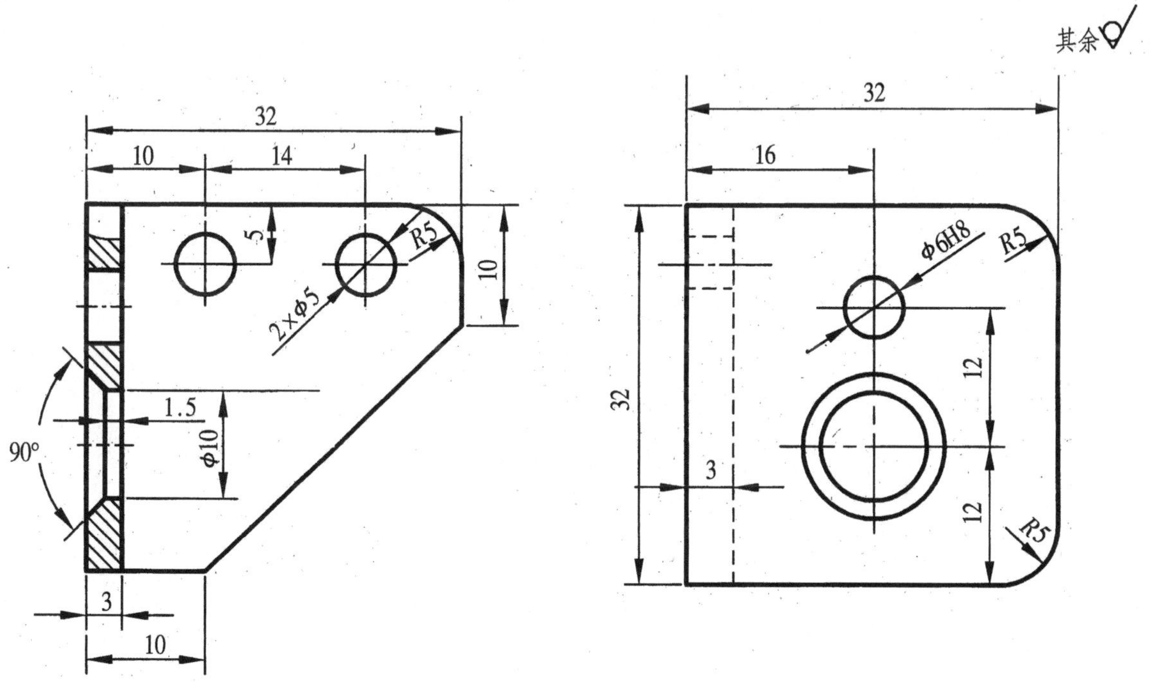

支架	比例	2:1
	数量	1
制图	重量	
审核	材料	35

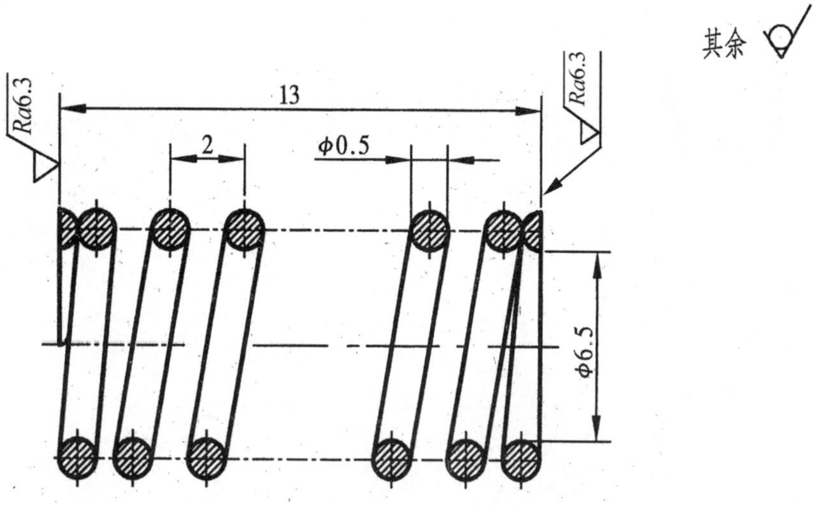

弹　簧			比例	5:1
			数量	1
制图			重量	
审核			材料	60Mn

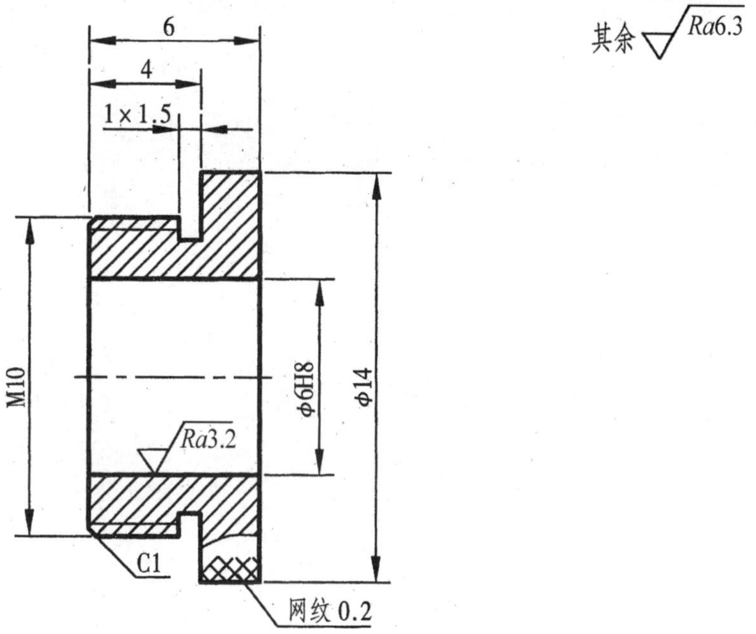

螺　母			比例	4:1
			数量	1
制图			重量	
审核			材料	35

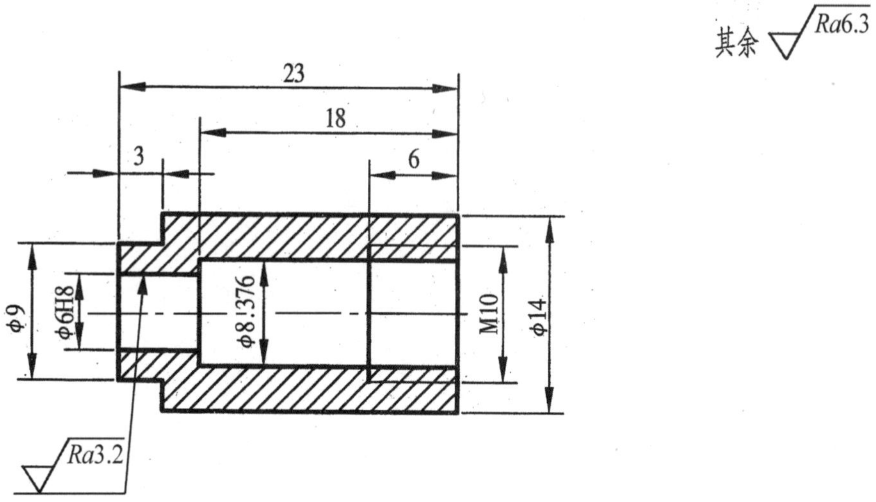

套　筒			比例	2:1
			数量	1
制图			重量	
审核			材料	35

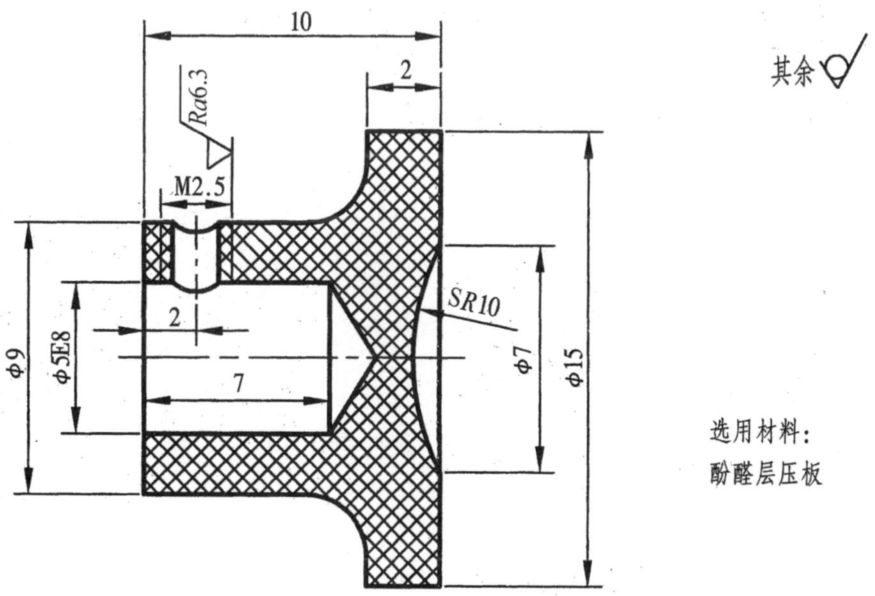

选用材料：
酚醛层压板

拉　手			比例	4:1
			数量	1
制图			重量	
审核			材料	

9–2 根据齿轮油泵的装配示意图和零件图,拼画其装配图。

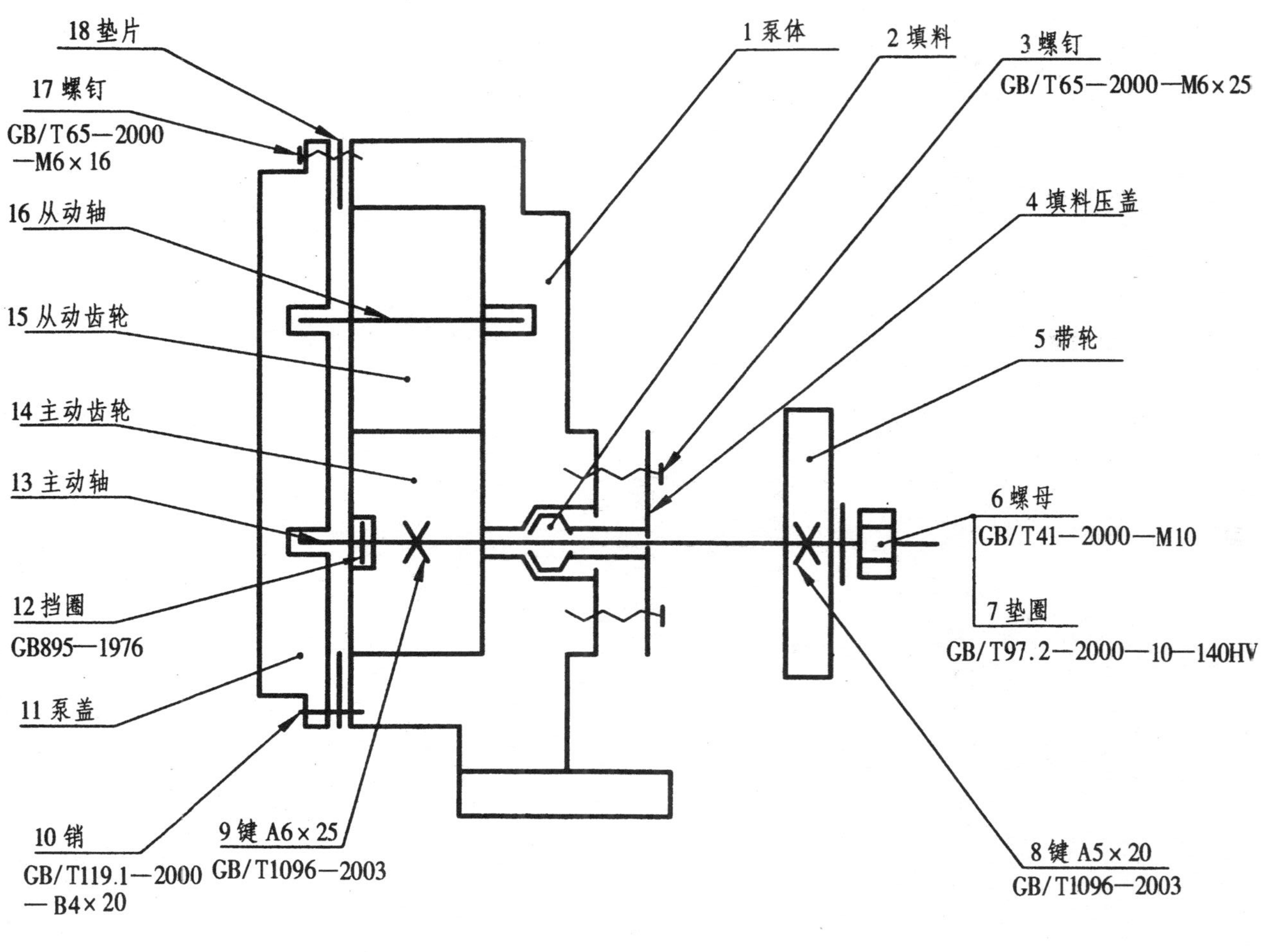

齿轮油泵工作原理:

动力驱动带轮转动,通过键和主动轴把扭矩传递给主动齿轮,从而使主动齿轮转动,并驱动从动齿轮做相反方向转动。泵体的一侧进油处产生局部真空,压力降低,油被吸入。油从齿轮的侧隙被带到另一侧出油处。当齿轮连续转动时便把压力油输送出去。

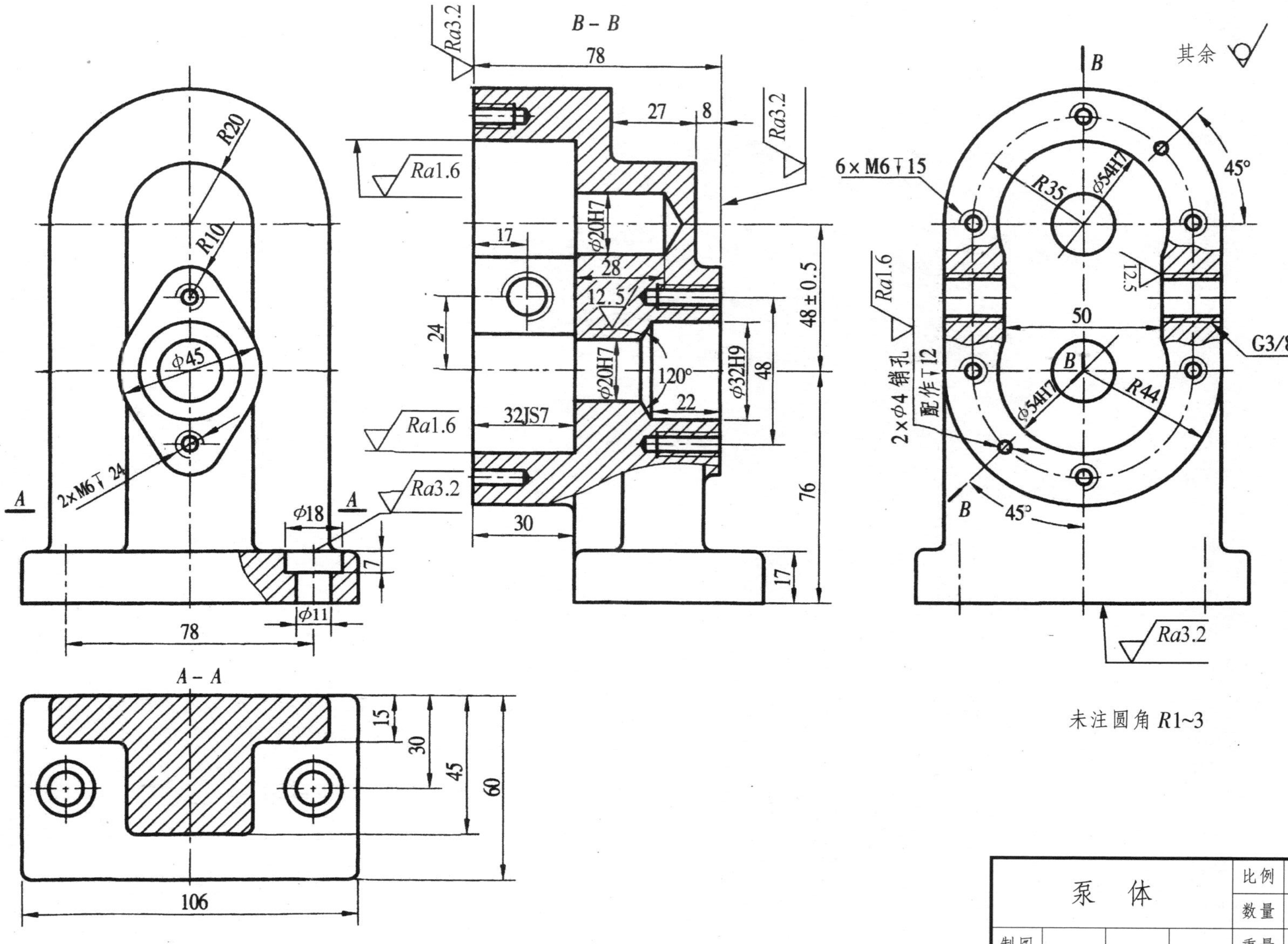

泵　体			比例	1:1
			数量	1
制图			重量	
审核			材料	HT200

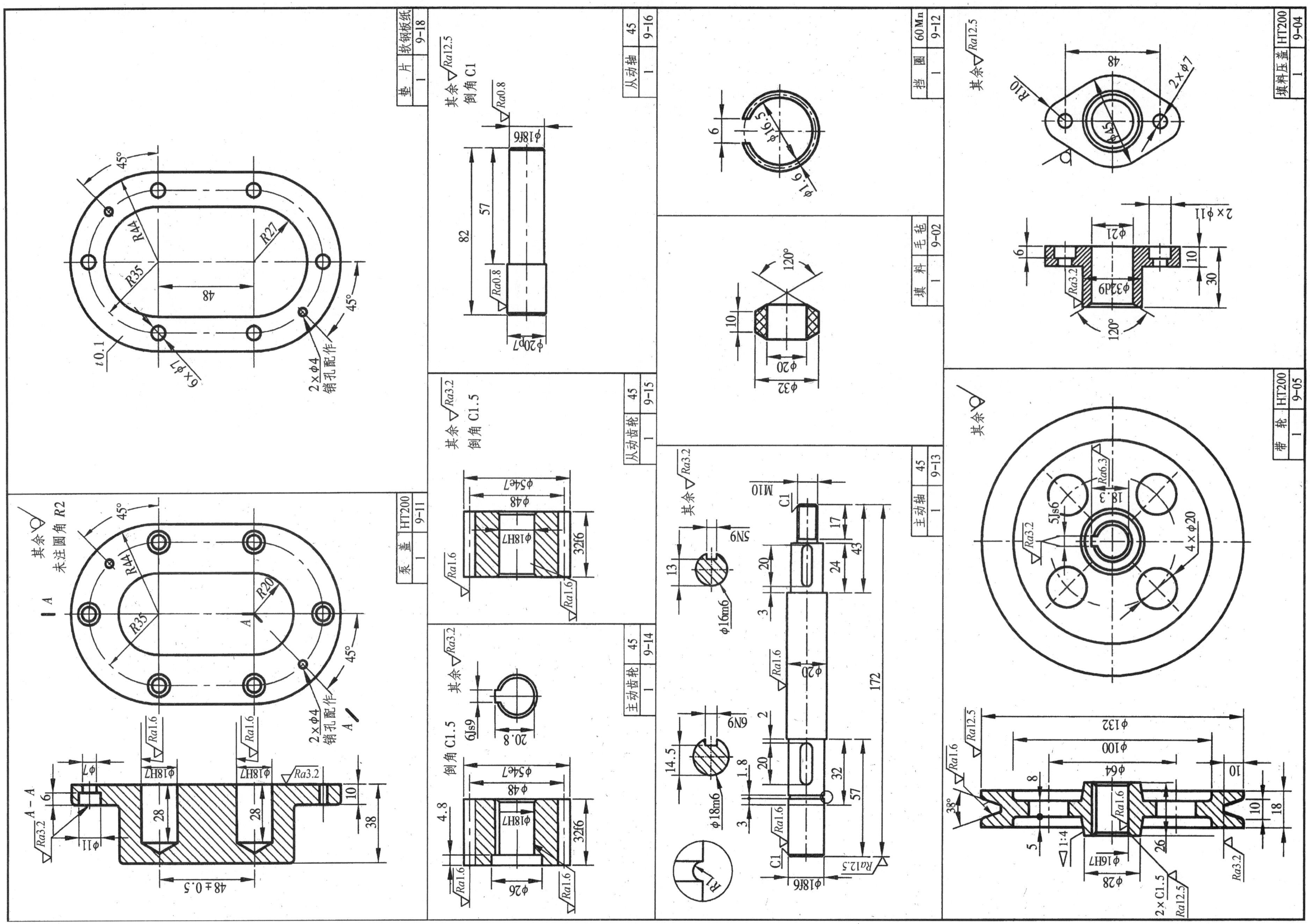
垫片 1 软钢板纸 9-18
从动轴 1 45 9-16
挡圈 1 60Mn 9-12
填料压盖 1 HT200 9-04
填料 1 毛毡 9-02
从动齿轮 1 45 9-15
泵盖 1 HT200 9-11
主动轴 1 45 9-13
主动齿轮 1 45 9-14
带轮 1 HT200 9-05

9-3 读懂“阀”的装配图,并绘出序号1、2、3、6的零件图(比例、图幅自定)。

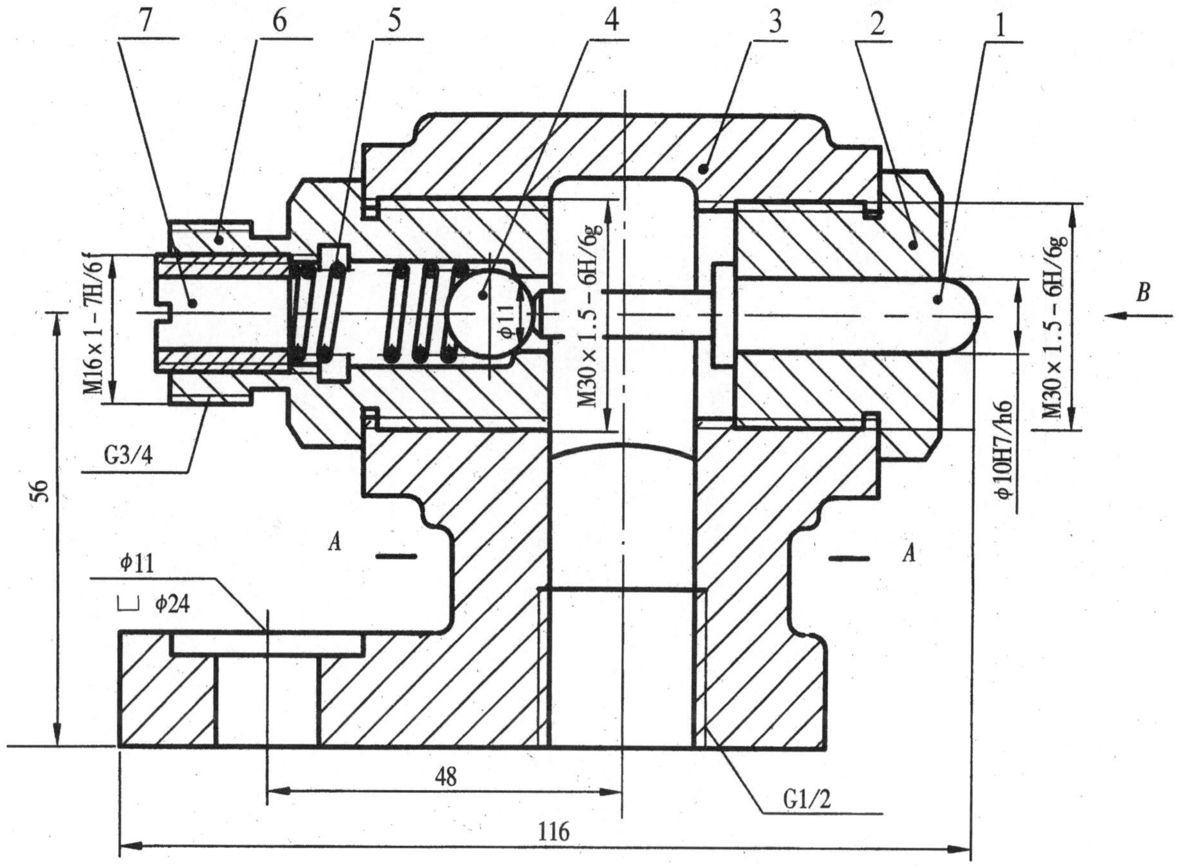

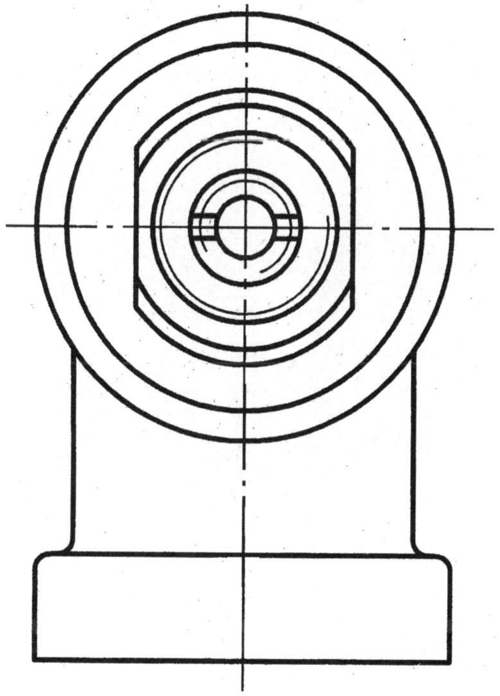

B(件2)

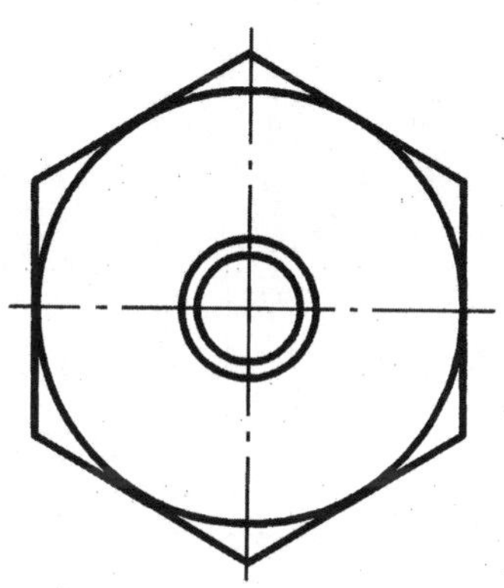

A-A

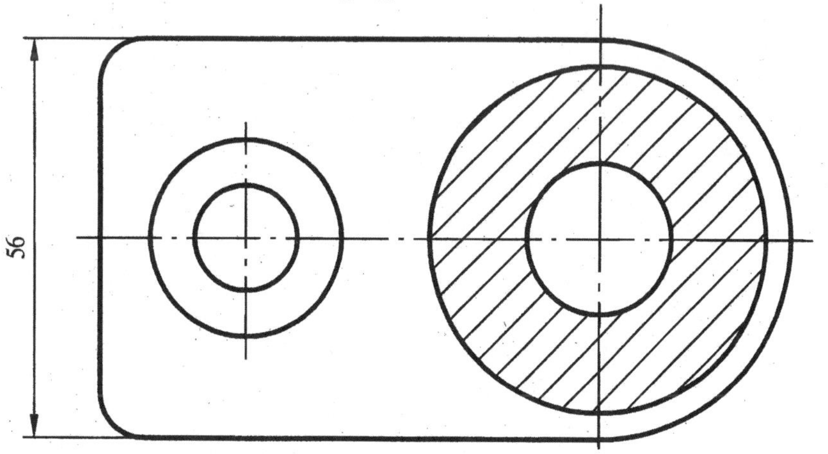

工作原理

阀安装在管路系统中,用以控制管路的“通”或“不通”。当杆1受外力作用向左移动时,钢珠4压缩压簧5,阀门被打开。当去掉外力时,钢珠在弹簧力的作用下,将阀门关闭。

序号	零件名称	数量	材料	备注
7	旋塞	1	30	
6	管接头	1	30	
5	压簧1×12×26	1	60Mn	
4	钢珠	1	60	
3	阀体	1	HT200	
2	塞子	1	30	
1	杆	1	30	

阀		比例	1:1
		共1张	第1张
制图			9-30
审核			

9-4 读懂装配图，画出阀体和阀盖的零件工作图。

请问：

(1)齿杆能否转动？

(2)齿杆和阀盖、阀盖与阀体分别是哪种配合？

(3)说明装配顺序。

蝴蝶阀工作原理：

蝴蝶阀是用于截断流体的闸门装置，当齿杆左右移动时就带动齿轮及阀杆转动，使阀门开启或关闭。图示是阀门位于开启的位置。

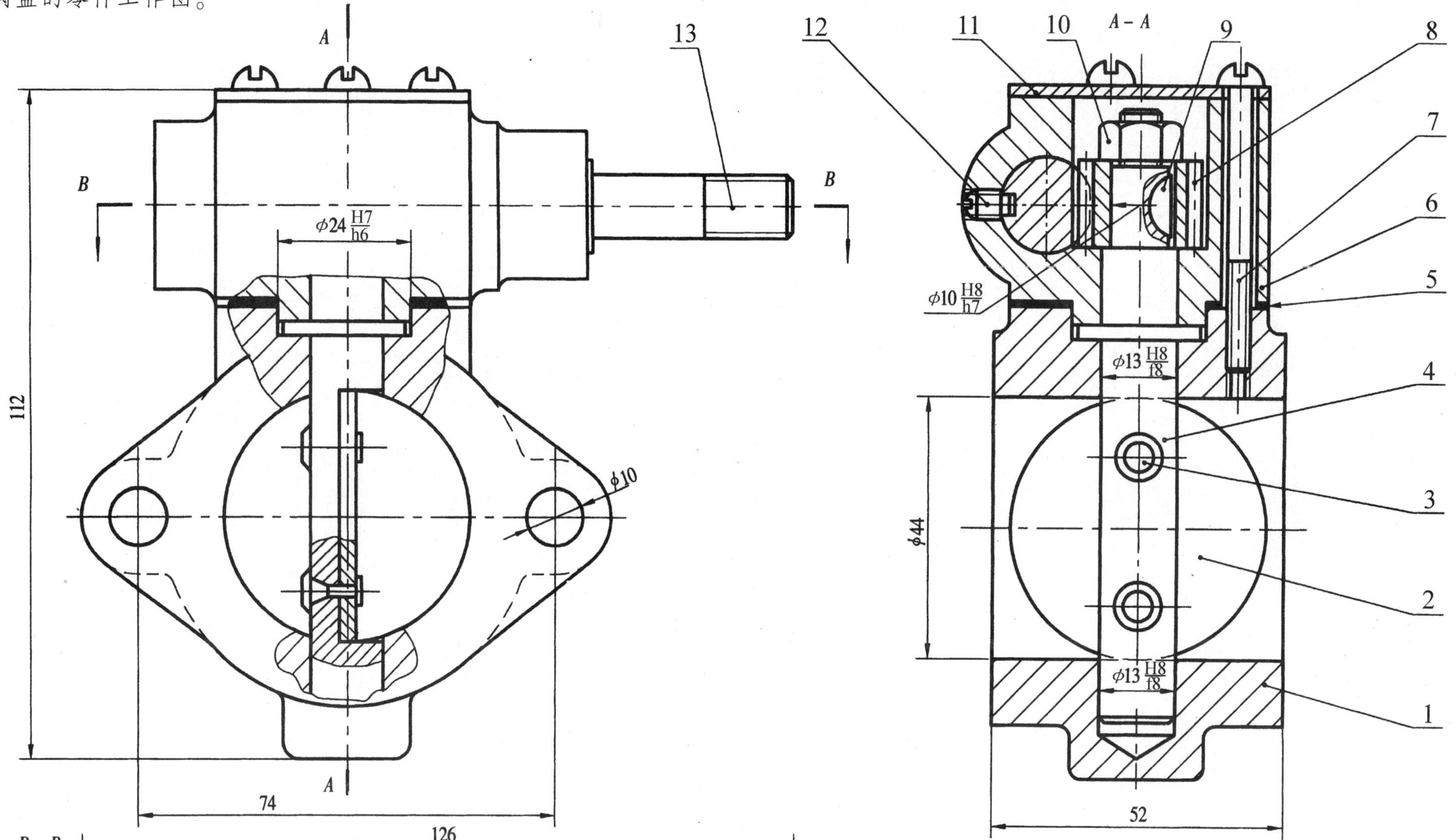

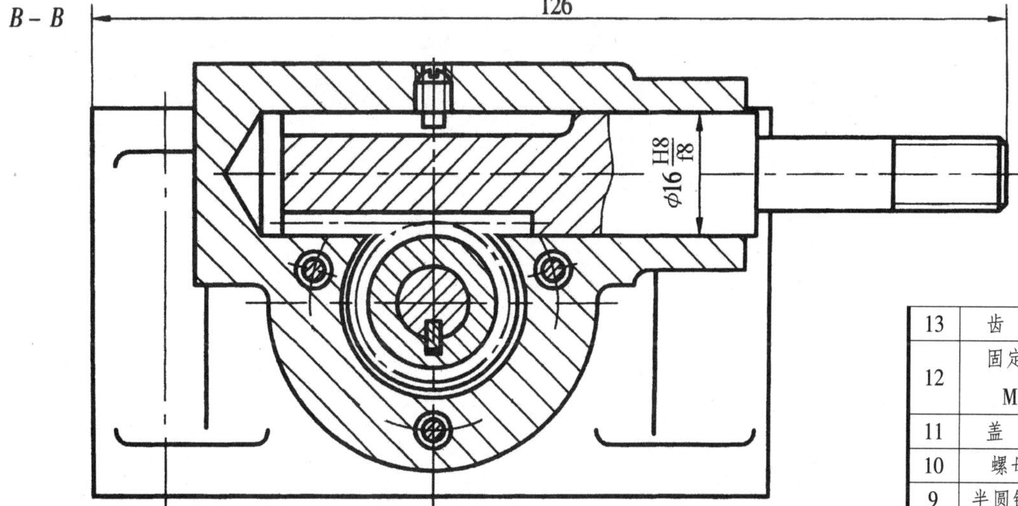

序号	零件名称	数量	材料	
13	齿杆	1	45	
12	固定螺钉 M5×8	1	35	GB/T72
11	盖板	1	A3	GB/T1098
10	螺母 M8	1	35	GB/T45
9	半圆键 4×13	1	45	
8	齿轮	1	45	
7	螺钉 M4×45	3	35	GB/T67
6	阀盖	1	HT20-40	
5	垫片	1	工业用纸	
4	阀杆	1	45	
3	锥头铆钉	2	Q235	
2	阀门	1	Q235	
1	阀体	1	HT20-40	

蝴蝶阀			比例	1:1
			共1张	第1张
制图	陈锦绣	12.1	五邑大学	9-20
审核	温光明	1.12		

10–1　用绘制直线命令绘制下列图形。

(1)

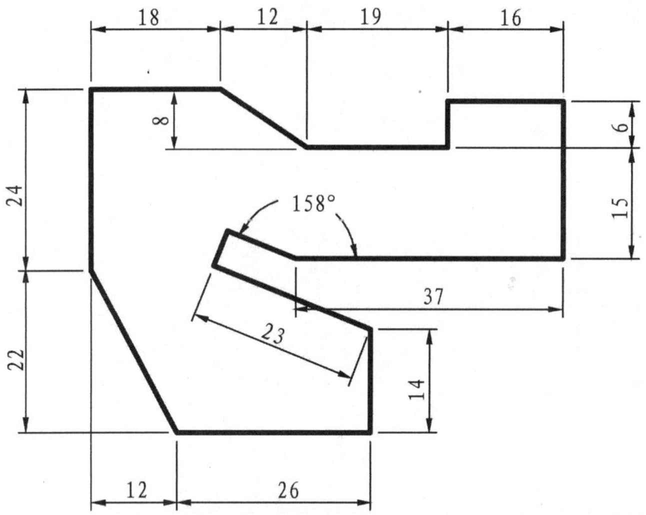

(2)

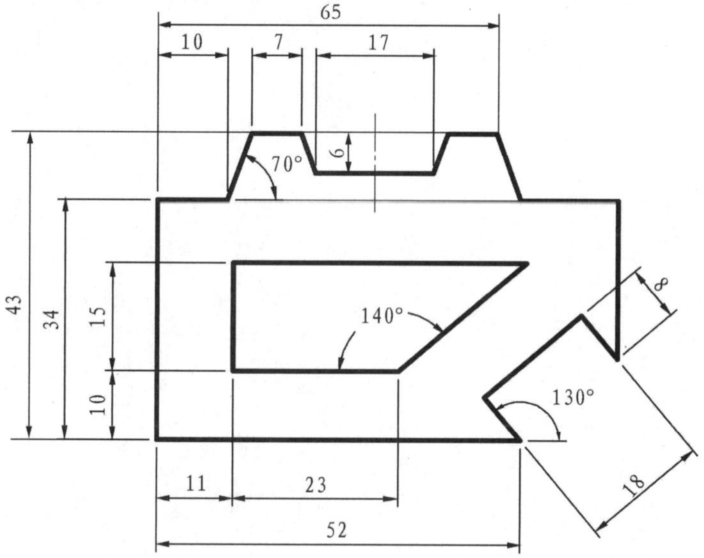

(3)

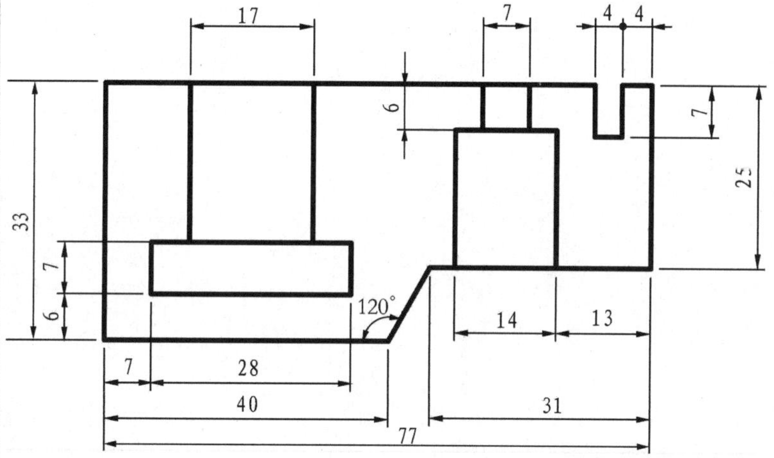

10–2　用绘制圆、圆弧、椭圆和正多边形等命令绘制下列图形。

(1)

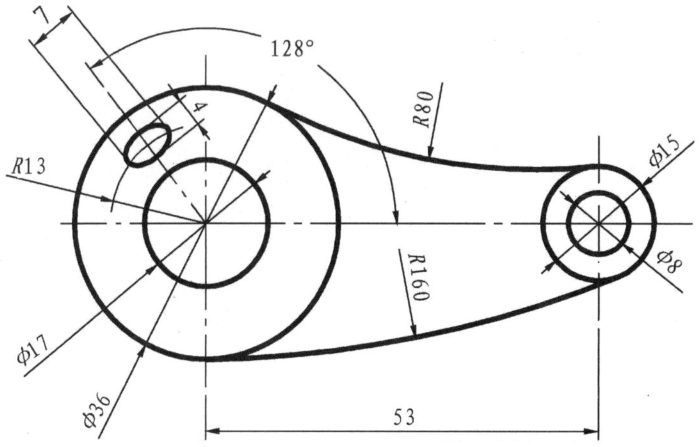

(2)

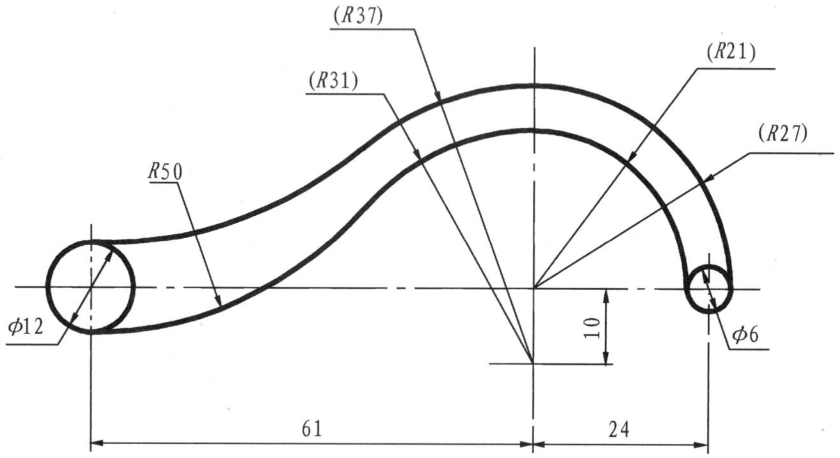

(3)

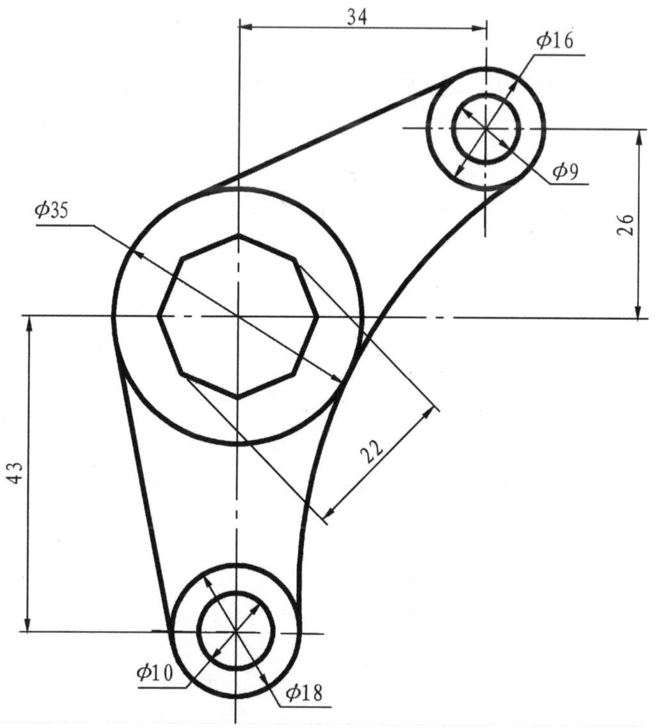

10-3 绘制下列平面图形。

(1)

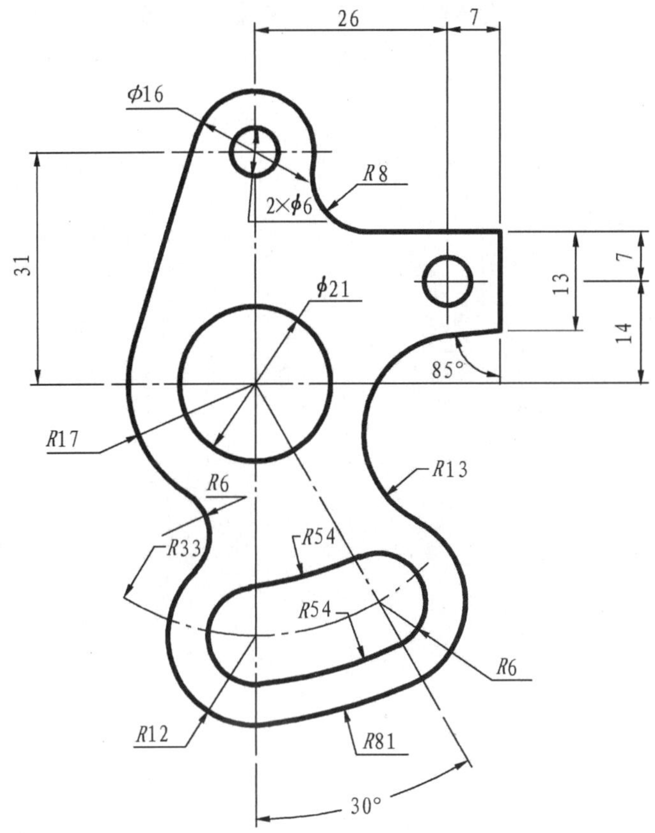

(2)

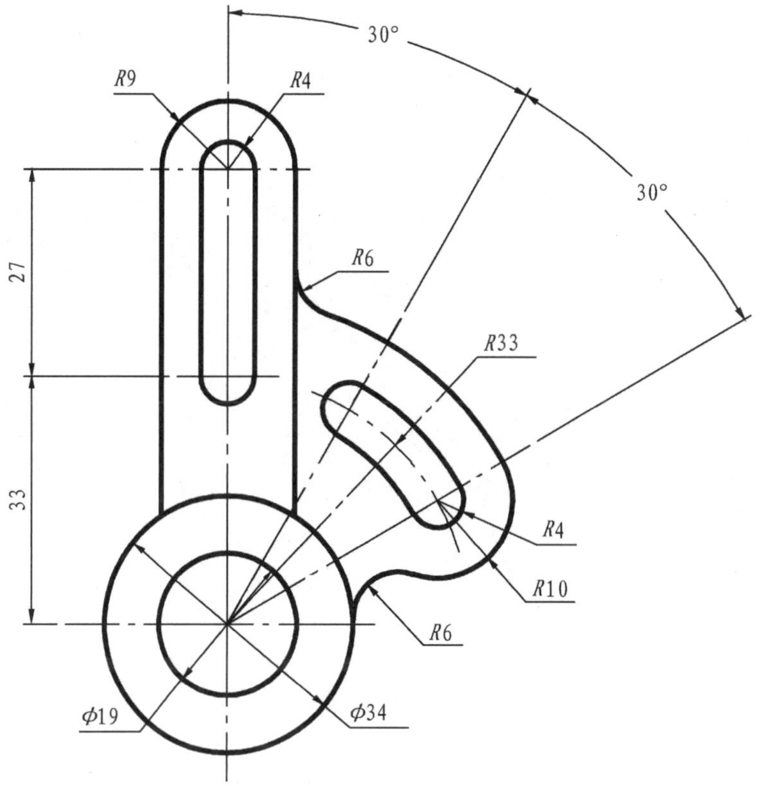

(3)

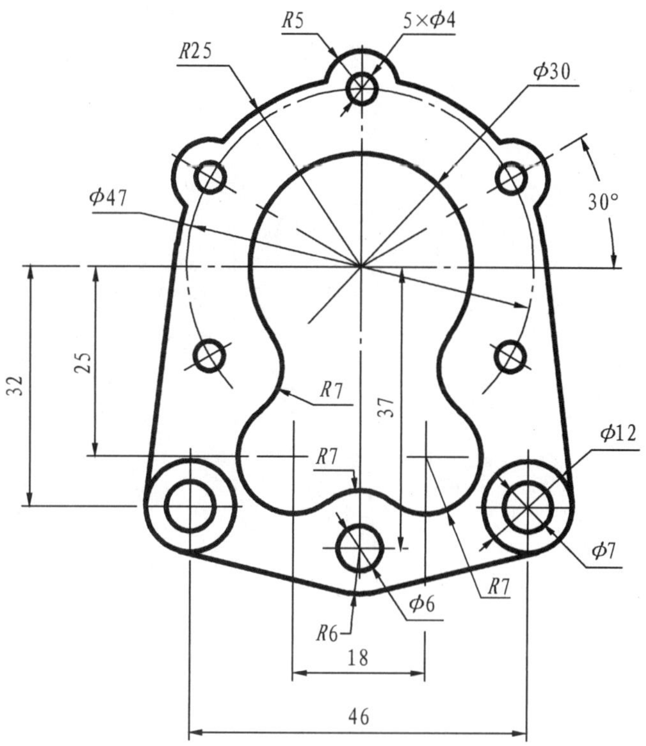

(4)

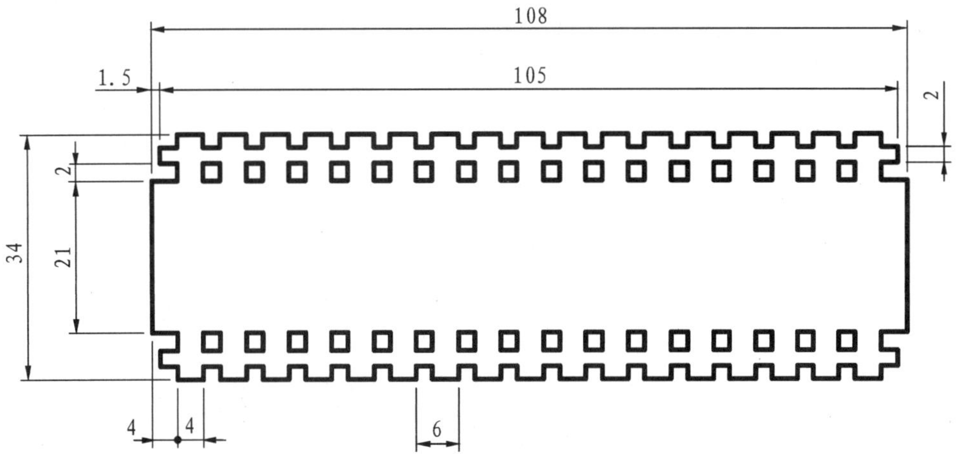

(5)

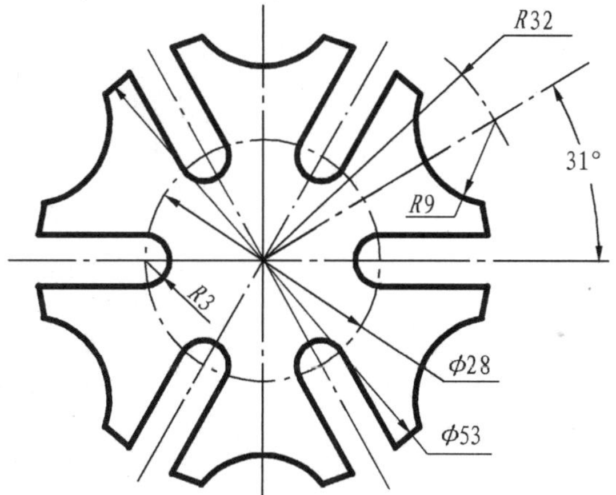

(6)

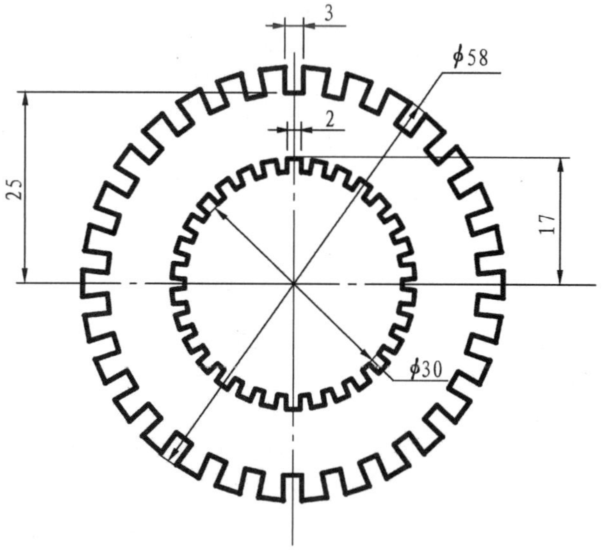

班级　　学号　　姓名　　审核

10–4 绘制下列平面图形。

(1)

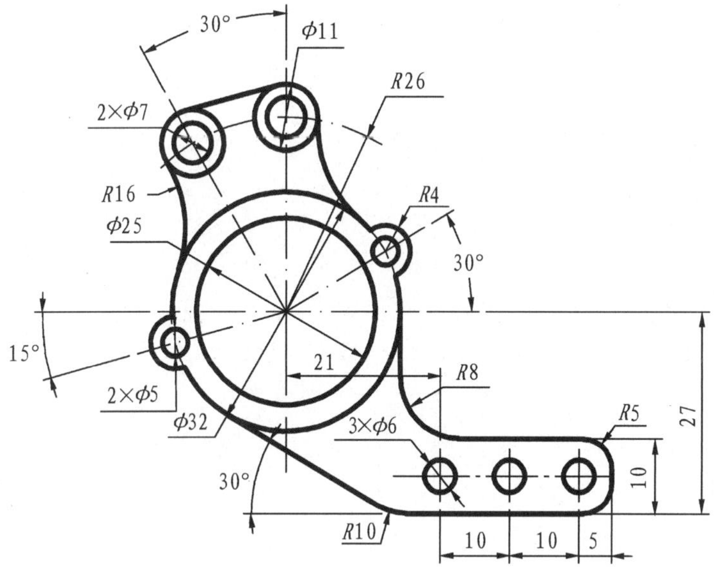

(2)

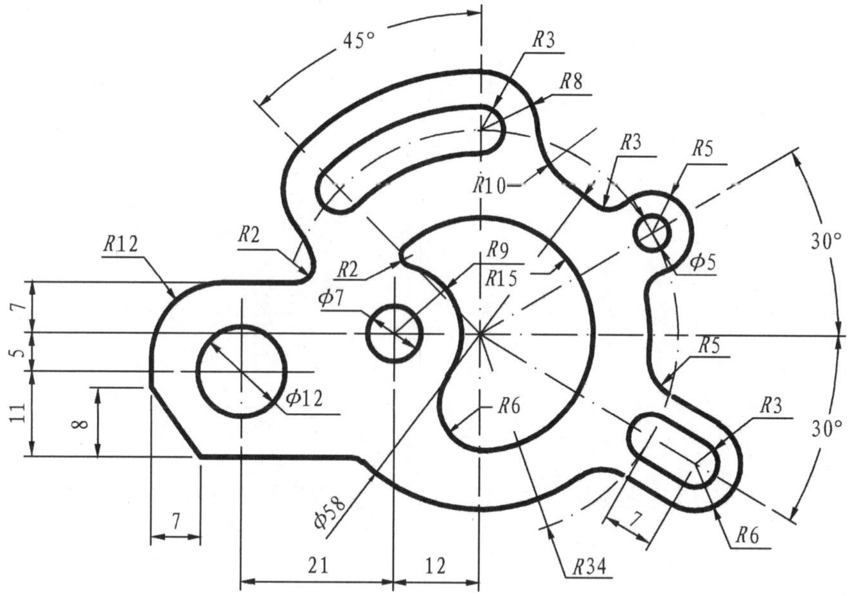

(3)

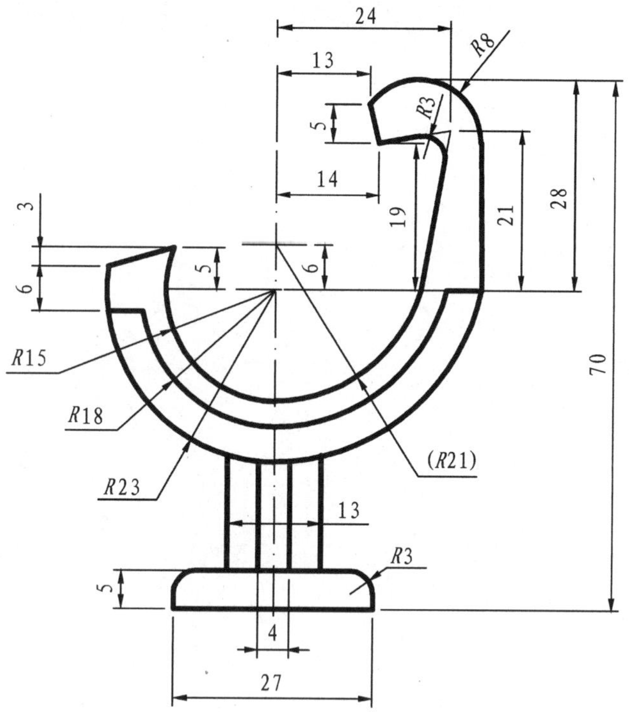

(4)

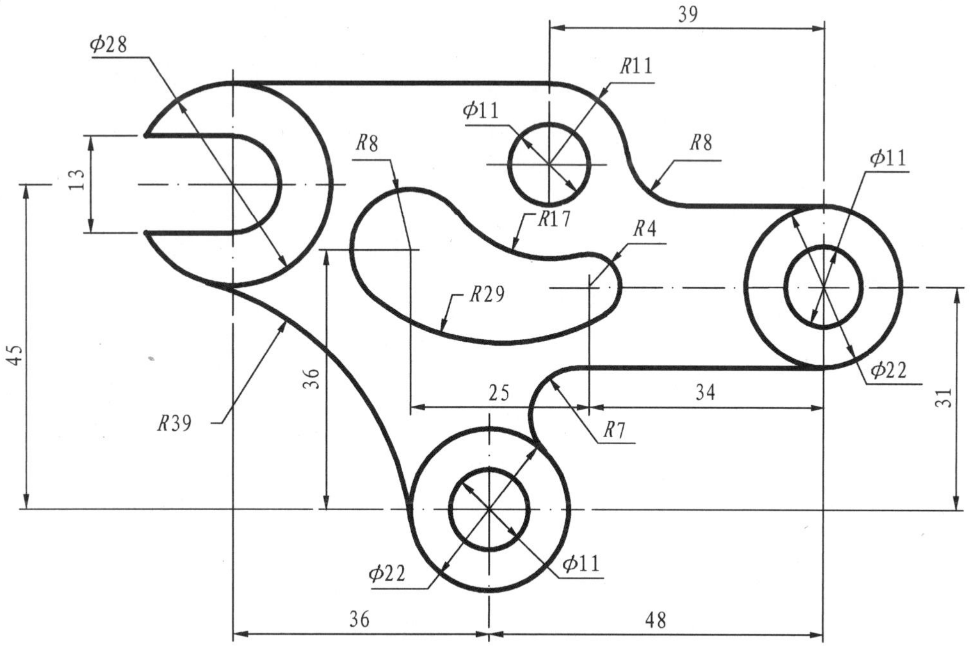

(5)

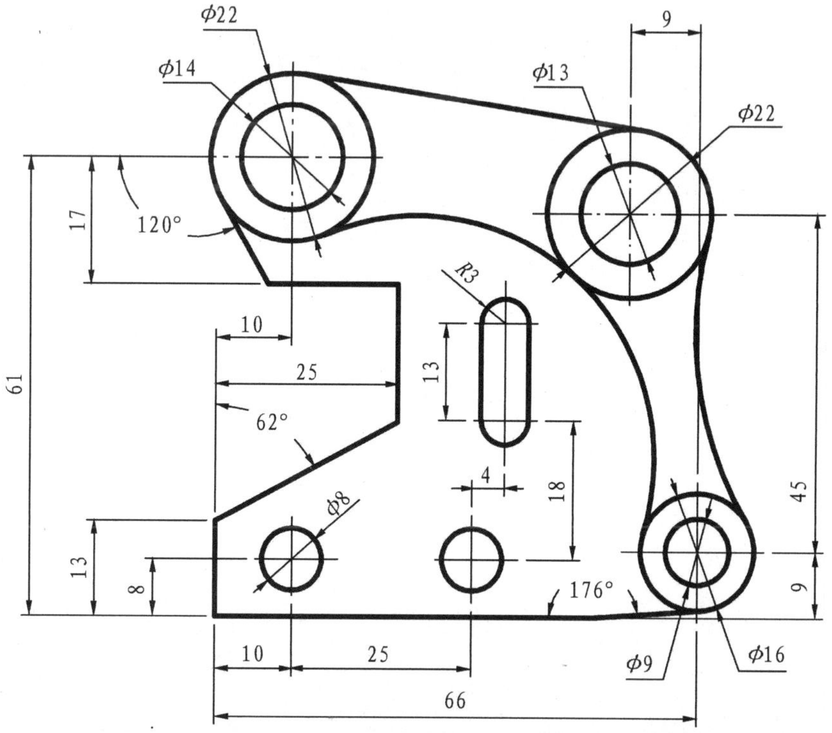

10-5 绘制下列三视图并标注尺寸。

(1)

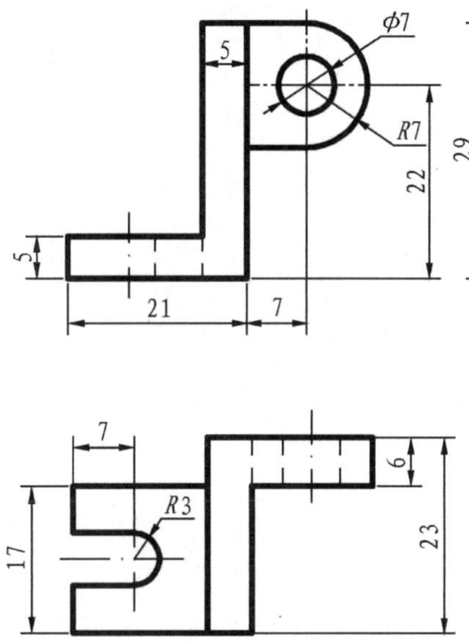

(2)

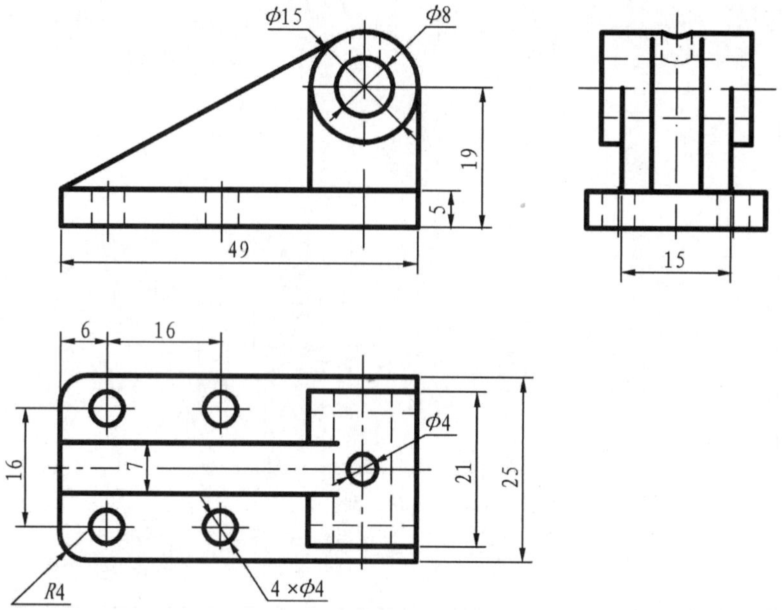

(3)

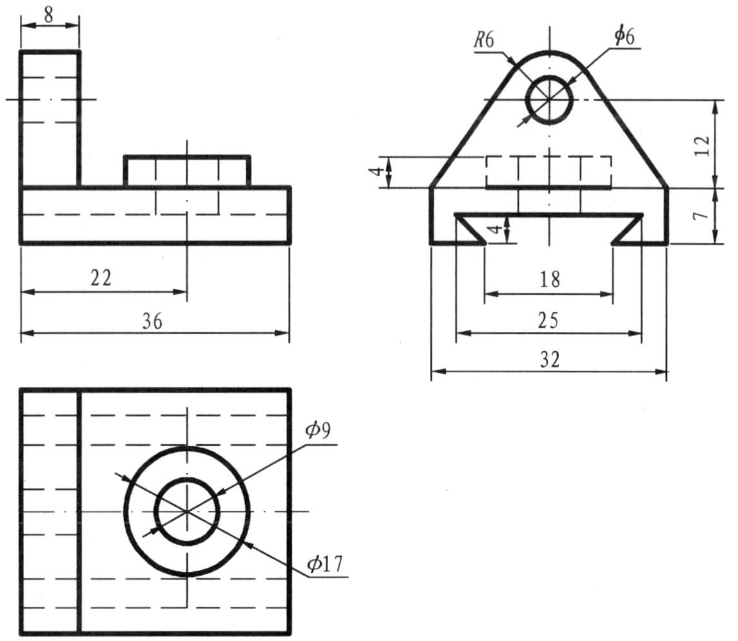

(4)

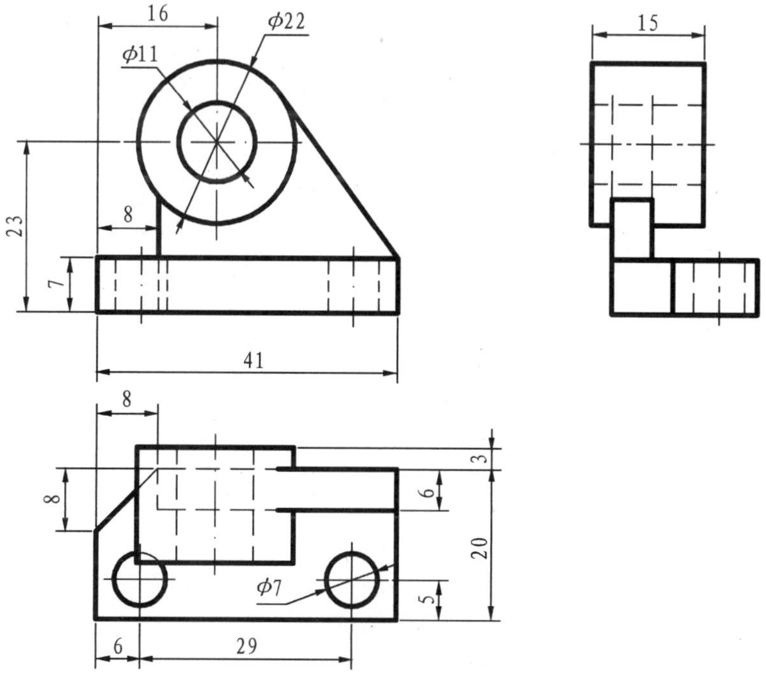

10-6 绘制下列三视图并标注尺寸。

(1)

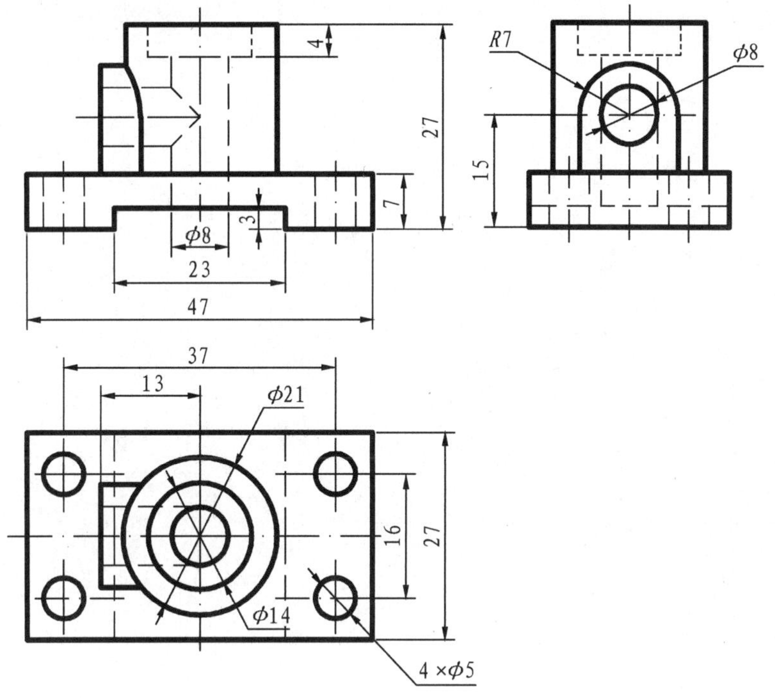

(2)

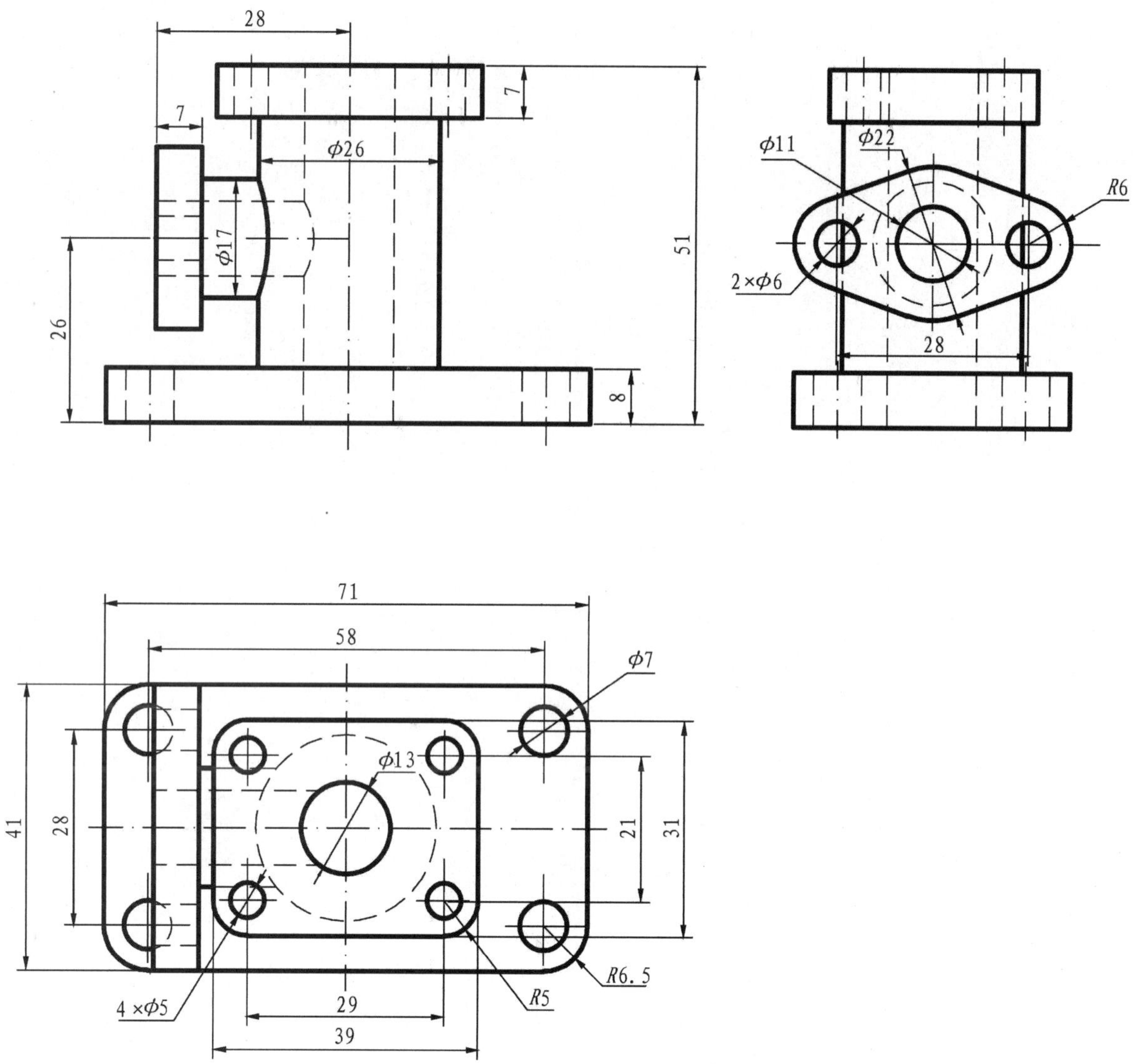

(3)

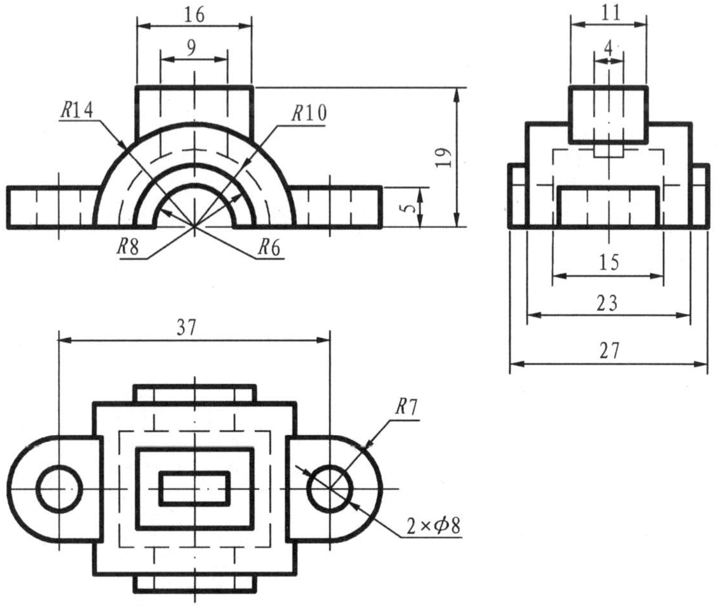

10-7 绘制下列视图并标注尺寸。

(1)

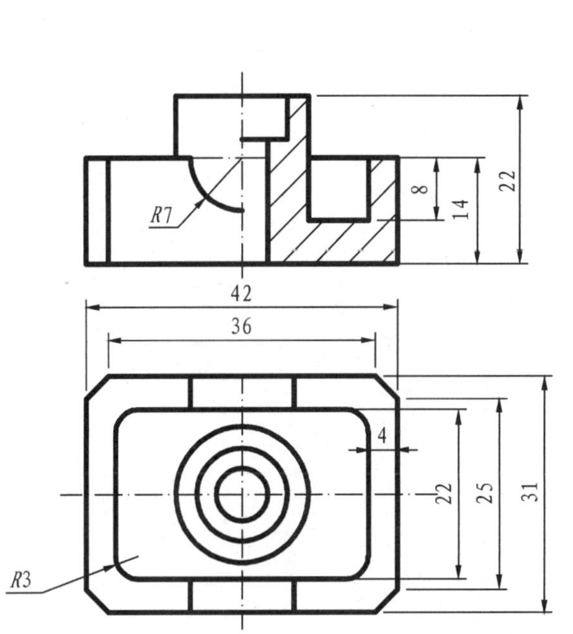

(2)

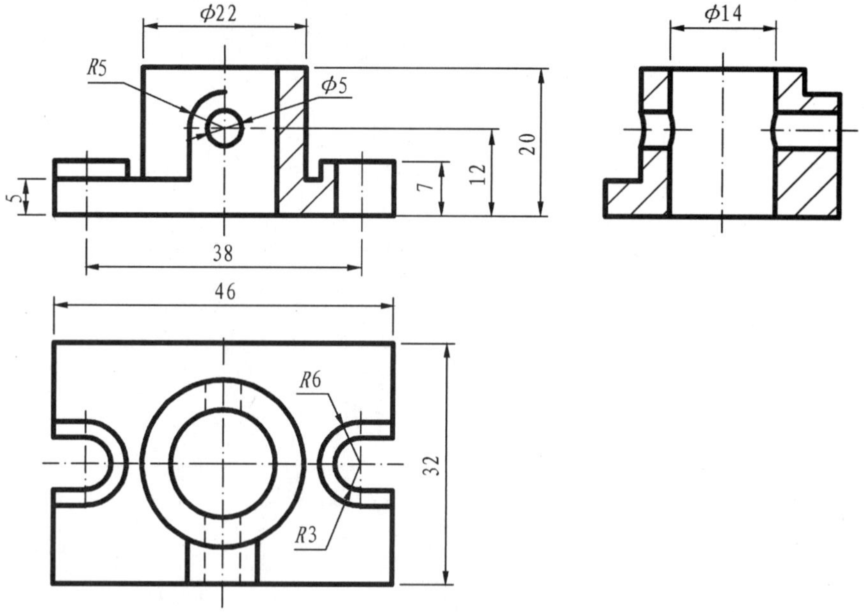

(3)

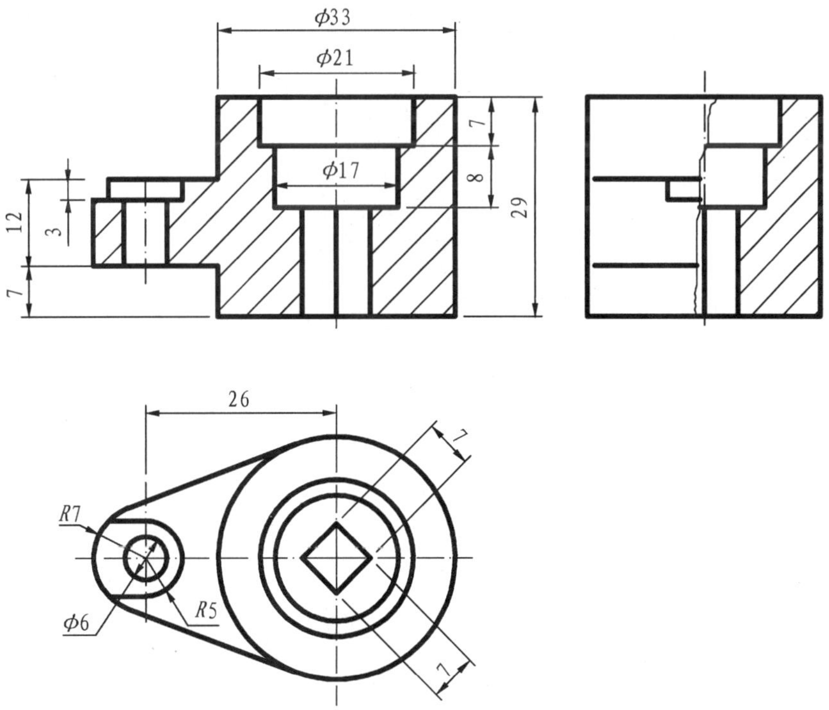

(4)

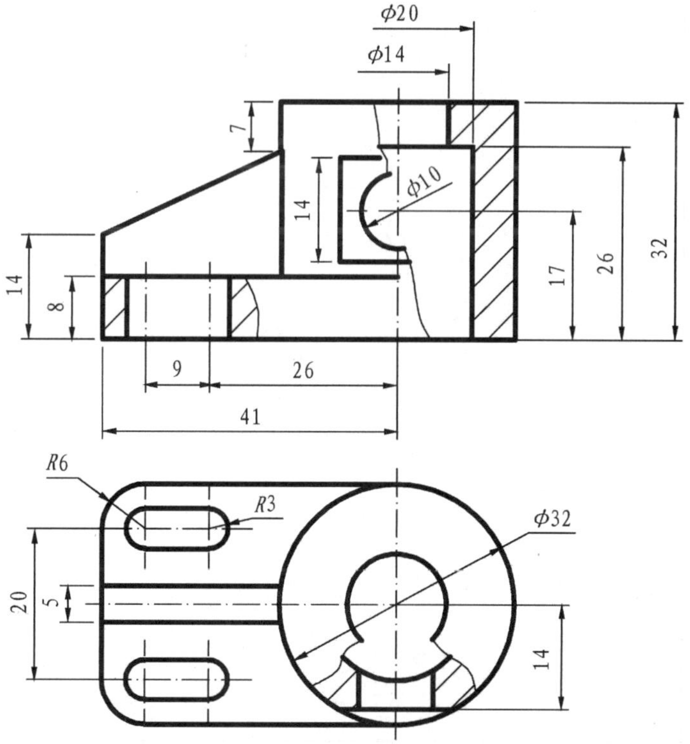